定義：給定任務 T 和性能度量 P, 建立模型 M 從資料 D 中學習, 如果在任務 T 上的性能度量 P 隨著資料 D 增多而改善, 那麼可稱機器在學習。

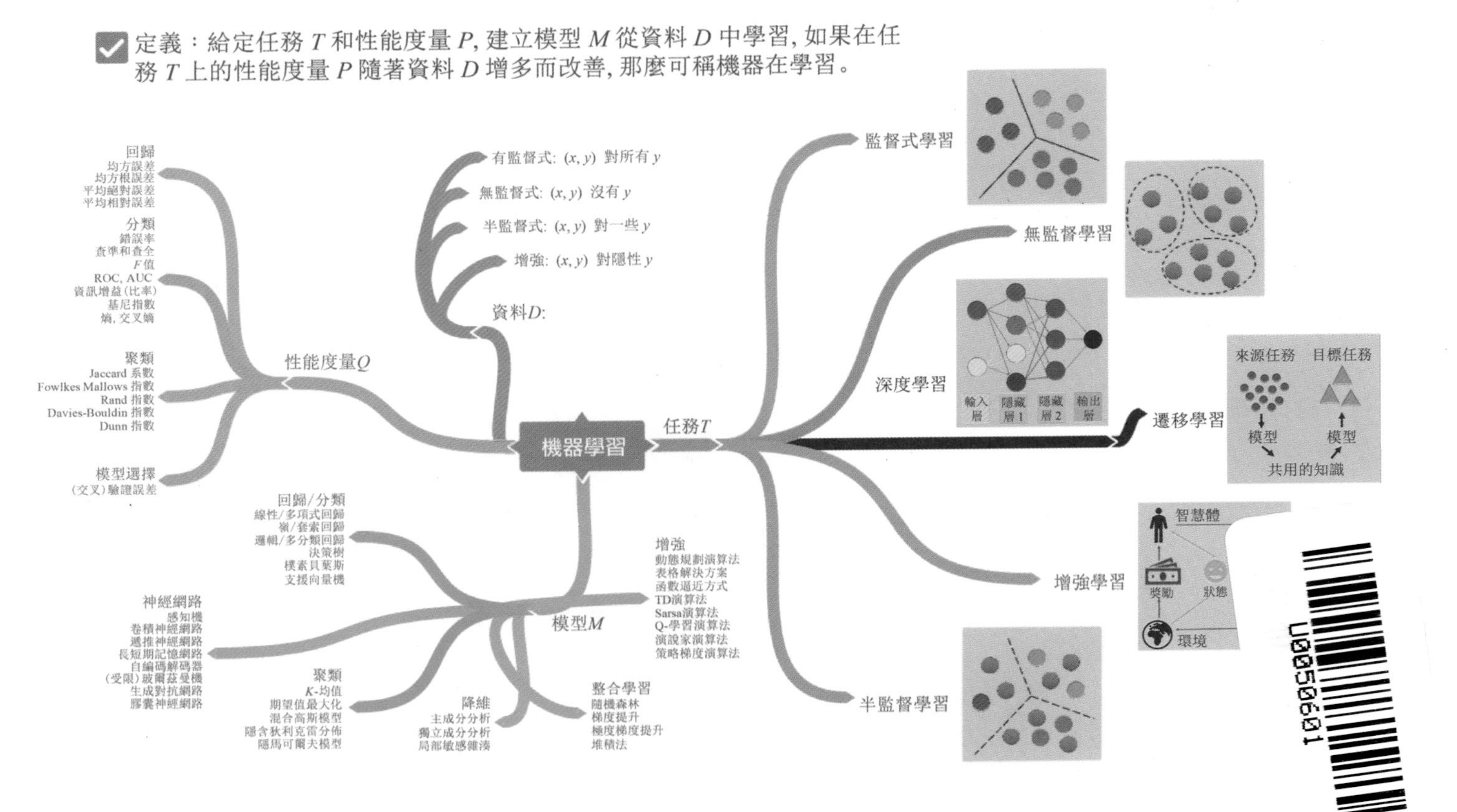

▲ 機器學習概覽（彩頁 1-1）

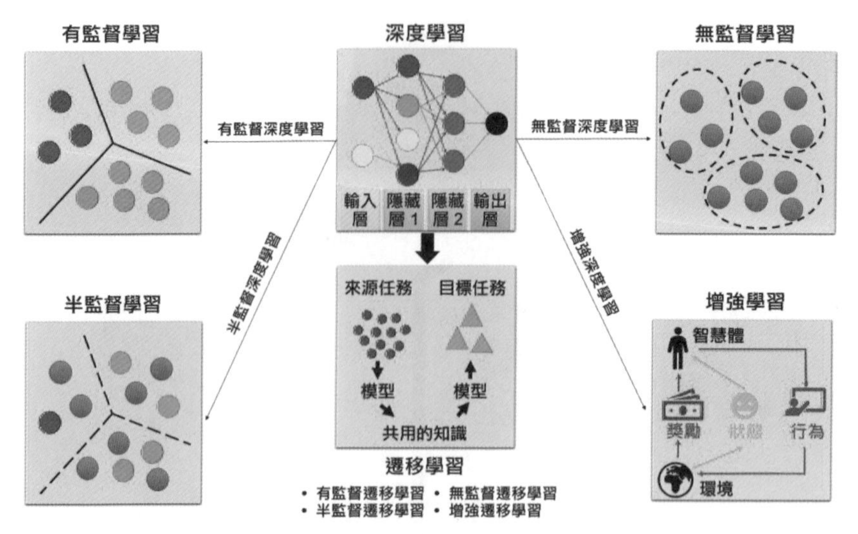

▲ 各種機器學習之間的關係（彩圖 1-2）

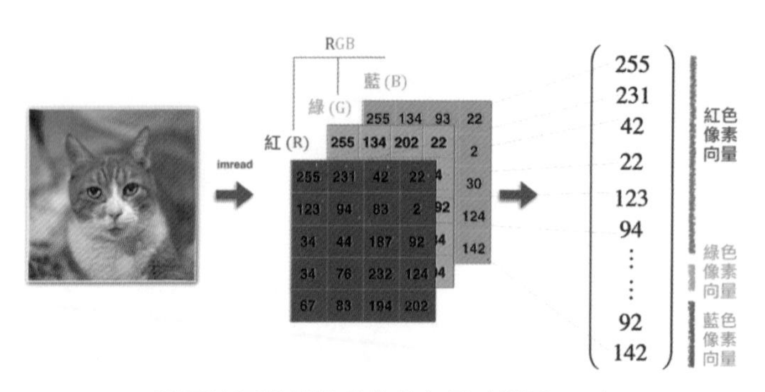

▲ 將原始圖片轉換成數值向量（彩圖 1-3）

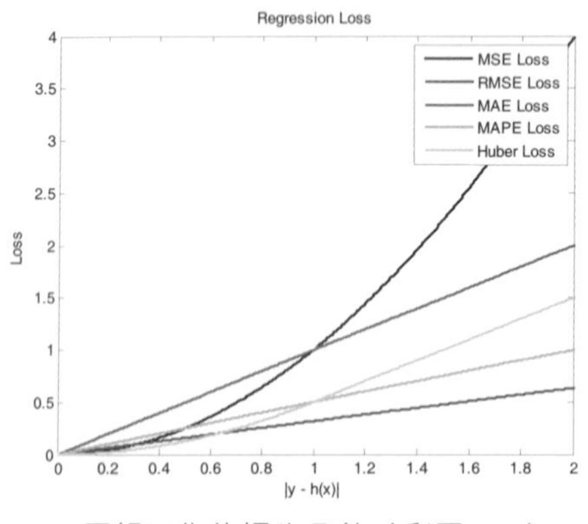

▲ 回歸工作的損失函數（彩圖 1-4）

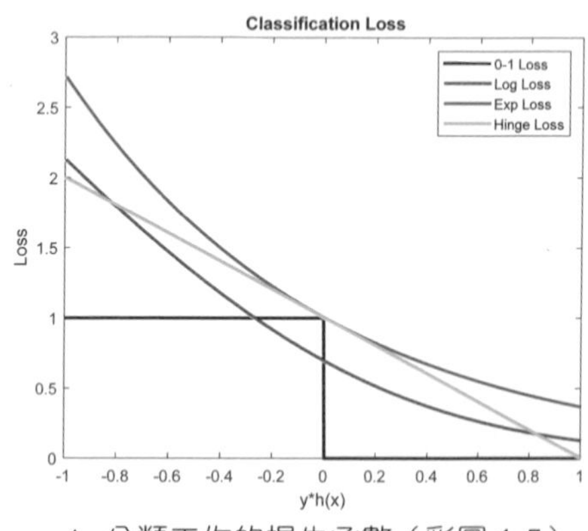

▲ 分類工作的損失函數（彩圖 1-5）

二元分類實例	圖　示
正射線（Positive Ray） 正射線：在某一個點的右邊全是正類。 其有 3 種情況（見右圖）： （1）正類在負類的右邊 （2）只有正類沒有負類 （3）只有負類沒有正類	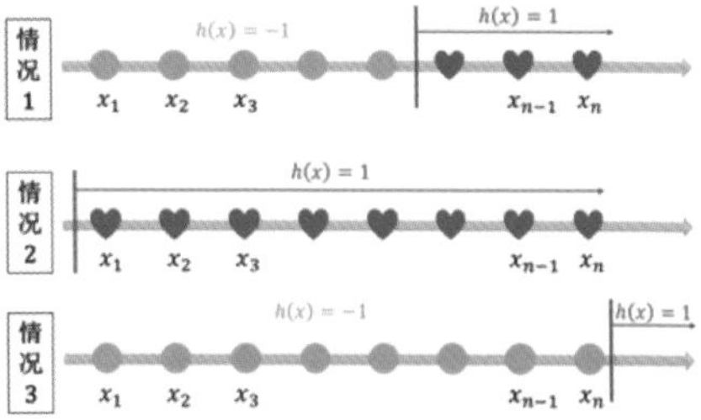 ▲ 正射線的 3 種情況
正間隔（Positive Interval） 正間隔：在兩個點的中間全是正類。 其有 5 種情況（見右圖）： （1）正類在負類的中間 （2）只有正類沒有負類 （3）只有負類沒有正類 （4）正類右邊沒有負類 （5）正類左邊沒有負類	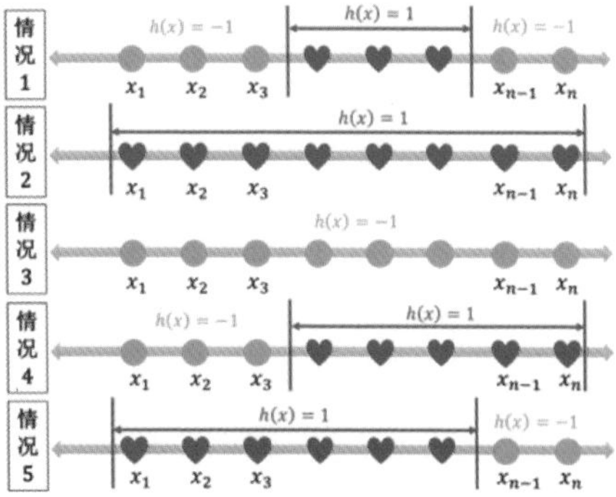 ▲ 正間隔的 5 種情況
一維感知器（1D Perceptron） 一維感知器：正射線加負射線，即在一維資料中的分類器。 其有 4 種情況（見右圖）： （1）正類在負類的右邊 （2）正類在負類的左邊 （3）只有正類沒有負類 （4）只有負類沒有正類	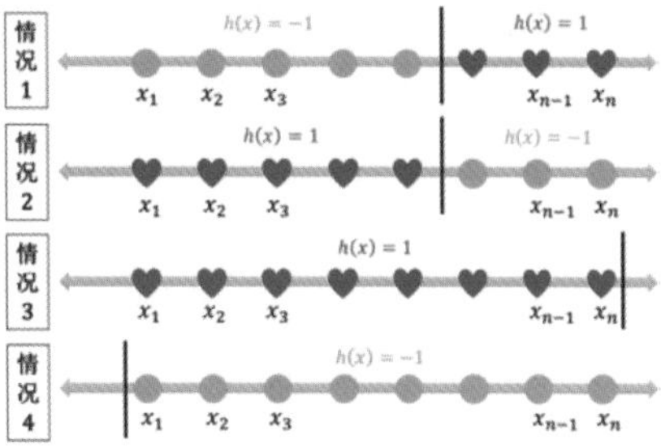 ▲ 一維感知器的 4 種情況
二維感知器（2D Perceptron） 二維感知器就是將一維感知器從線升級到面，即它是二維資料的分類器（見右圖）。	 ▲ 二維感知器

▲ 二元分類表（彩圖 2-1）

彩色圖例

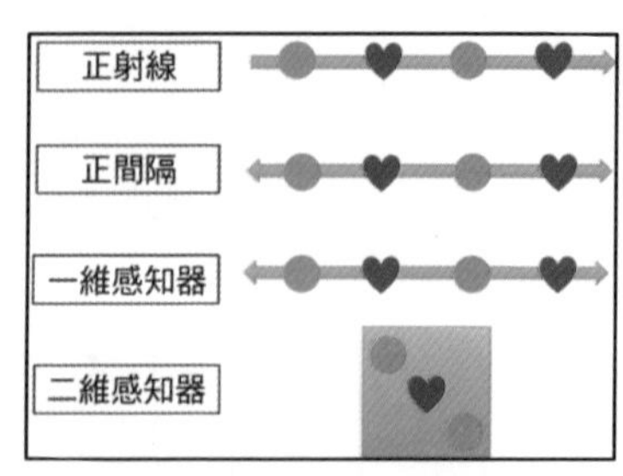

▲ 線性不可分的實例（彩圖 2-2）

二元分類實例	圖示
正射線 n 個褐色點可被 $n+1$ 條虛線劃分。對於每條虛線，將其右邊所有褐色點變成紅心，左邊所有褐色點變成綠圓，就是一種對分操作（見右圖）。正射線的對分種類為 $d_H(n) = n + 1 \leqslant 2^n$	▲ 正射線的對分情況（單向箭頭）
正間隔 在 $n+1$ 條虛線中任取兩條虛線，把其中間所有褐色點變成紅心，而其他褐色點變成綠圓，就是一種對分操作，總共有 $0.5n(n+1)$ 種結果（見右圖）；此外，全是綠圓的結果也是一種對分操作。正間隔的對分種類為 $d_H(n) = 0.5n^2 + 0.5n + 1 \leqslant 2^n$	▲ 正間隔的對分情況（雙向箭頭）
一維感知器 n 個褐色點可被 $n-1$ 條虛線劃分。對於每條虛線，把其右邊（或左邊）所有褐色點變成紅心，把其左邊（或右邊）所有褐色點變成綠圓（見右圖）；此外，全是紅心或綠圓的結果是兩種對分操作。一維感知器的對分種類為 $d_H(n) = 2(n-1) = 2n \leqslant 2^n$	▲ 一維感知器的對分情況（雙向箭頭）
二維感知器 二維感知器的對分情況比較複雜，要根據範例的個數來討論。	1 個範例對分 ▲ 二維感知器：1 個範例的對分情況

<table>
<tr><th>二元分類實例</th><th>圖示</th></tr>
<tr><td>當 $n=1$ 時，對分結果只可能是右圖所示的兩種情況：
$$d_H(1)=2^1=2$$
當 $n=2$ 時，對分結果只可能是右圖所示的 4 種情況：
$$d_H(2)=2^2=4$$</td><td>2 個範例對分
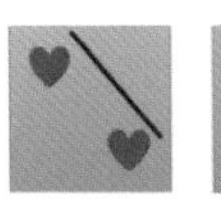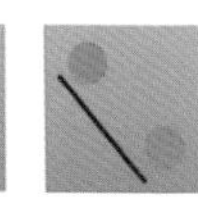
▲ 二維感知器：2 個範例的對分情況</td></tr>
<tr><td>當 $n=3$ 時，只有 1 種對分結果，如右圖所示。在這種情況下的對分結果種類為
$$d_{情況\ 1}(3)=2^3=8$$
但是，還有別的對分情況嗎？有！
右圖所示的二維感知器的對分結果只有 6 種。其中在兩個底色為黑色的圖中，是不能用一條直線將紅心和綠圓對分的。
在這種情況下的對分結果的種類為
$$d_{情況\ 2}(3)=6<2^3$$</td><td>3 個範例對分：情況 1
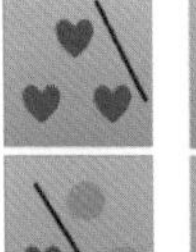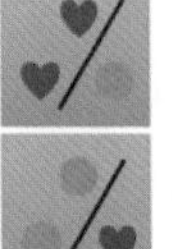
3 個範例對分：情況 2
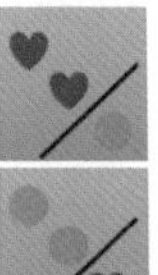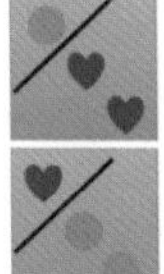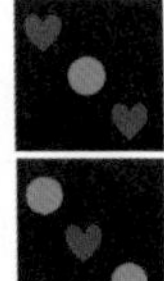
▲ 二維感知器：3 個範例的對分情況</td></tr>
<tr><td colspan="2">綜上所述，3 個範例的二維感知器的對分種類可能為 6，也可能為 8。</td></tr>
<tr><td>當 $n=4$ 時，對分結果只可能是右圖所示的 14 種情況：
$$d_H(4)=14<2^4$$</td><td>4 個範例對分
▲ 二維感知器：4 個資料的對分情況</td></tr>
<tr><td colspan="2">當 $n\geqslant 5$ 時，二維感知器的對分情況也越來越複雜，但是根據上面的結果，可以猜測
$$d_H(n)<2^n$$</td></tr>
</table>

▲ 二元分類實例（彩圖 2-3）

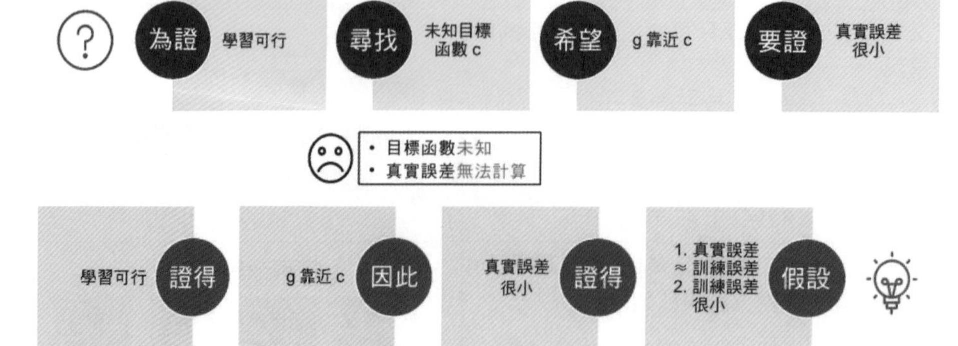

▲ 證明機器學習可行的邏輯鏈（彩圖 2-4）

$$\text{仿真版:}\quad P(|e_{\text{in}}(g)-e_{\text{out}}(g)|>\varepsilon)\leqslant 2\frac{m_H(n)}{\mathrm{e}^{2\varepsilon^2 n}}=2\frac{\sum_{i=0}^{k-1}\binom{n}{i}}{\mathrm{e}^{2\varepsilon^2 n}}$$

$$\text{真正版:}\quad P(|e_{\text{in}}(g)-e_{\text{out}}(g)|>\varepsilon)\leqslant 4\frac{m_H(2n)}{\mathrm{e}^{\frac{1}{8}\varepsilon^2 n}}=4\frac{\sum_{i=0}^{k-1}\binom{2n}{i}}{\mathrm{e}^{\frac{1}{8}\varepsilon^2 \mathrm{n}}}$$

▲（彩圖 2-5）

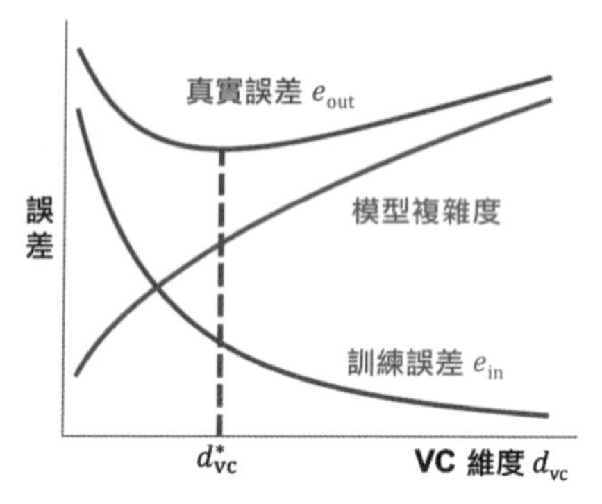

▲ 模型複雜度和 VC 維度的關係（彩圖 2-6）

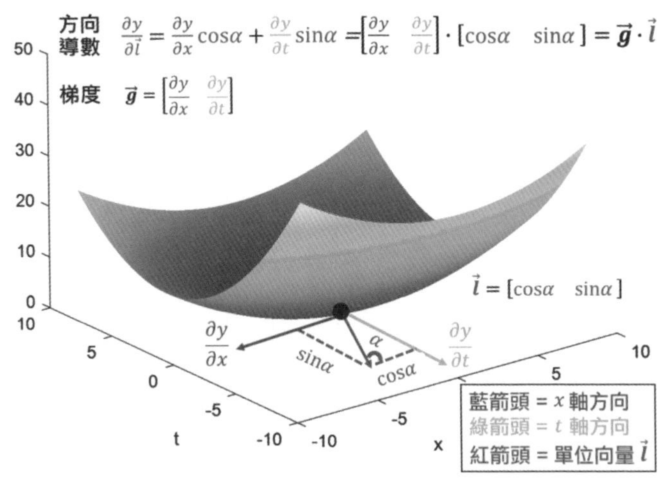

▲ 方向導數和梯度（彩圖 4-1）

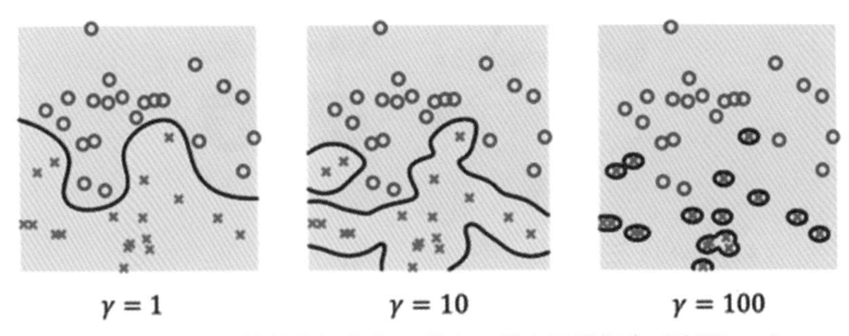

▲ 高斯徑向基函數核的超參數 γ 越大，越容易過擬合（彩圖 7-1）

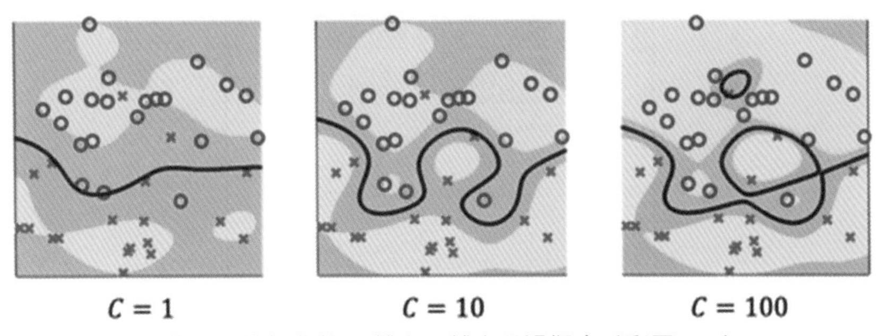

▲ 軟分隔的超參數 C 越大，越容易過擬合（彩圖 7-2）

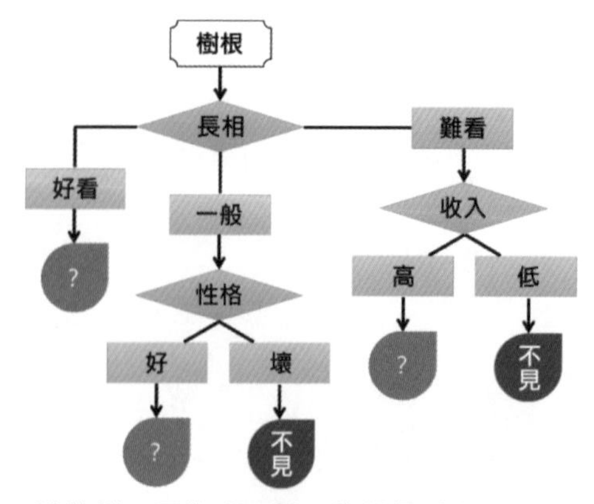

▲ 決策樹：兩條「不見」的路徑（彩圖 9-1）

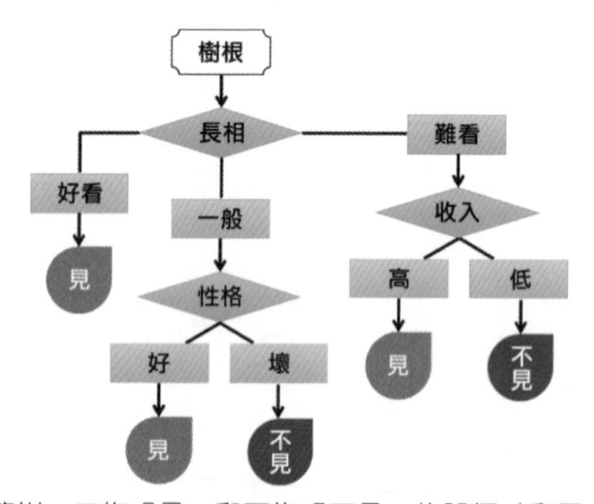

▲ 決策樹：三條「見」和兩條「不見」的路徑（彩圖 9-2）

▲ 混淆矩陣圖（訓練混淆矩陣、驗證混淆矩陣、測試混淆矩陣和總混淆矩陣，彩圖 10-1）

Deepen Your Mind

Deepen Your Mind

前言

作者寫作本書的目的就是用通俗的文字來說明機器學習，最好通俗得如作者在女兒生日時寫給她的信：

親愛的欣玥：

從 2020 年開始，願你：

- **學習**不要死記硬背，避免過擬合；也不要蜻蜓點水，避免欠擬合。
- **心態**像隨機梯度下降一樣，不要過分注重眼前的利益和一時的得失，進而看不清大局而被假象矇騙。
- **抉擇**像隨機森林一樣，各取所長，集思廣益，這樣你才能做出最正確的決定。
- **操行**像自我調整提升一樣，知錯能改，這樣你才能越來越優秀。
- **說話**像奧卡姆剃刀原理一樣，牢記「少就是多」，當一個好的聆聽者。
- **脾氣**不要像梯度爆炸一樣越來越大，也不要像梯度消失一樣沒有，要穩定地敢愛敢恨。
- **容忍**像支援向量機一樣，最大化你的容錯間隔。有一些錯誤是在所難免的，要學會將硬間隔變成軟間隔。
- **生活**像偏差和方差達到最佳點一樣，不偏不倚，不驕不躁。

從 2020 年開始，爸爸會

- 最初輔導你有監督學習。
- 然後鍛煉你半監督學習。
- 接著放任你無監督學習。
- 不斷評估你要增強學習。

當學習到了某個臨界點時，不管外界資源多麼豐富，你的表現一定會趨於穩定，這時必須靠深度學習才能大幅地突破自我，最後獲得遷移學習的能力。

學習並精通一種學科無外乎要經過四個步驟：它是什麼？它可行嗎？怎麼學它？如何學好它？學習機器學習也不例外，本書就以這四個步驟來解讀機器學習。

- 第 1 章介紹「機器學習**是什麼**」，即從定義開始，詳細介紹機器學習有關的知識、資料和效能度量。
- 第 2 章介紹「機器學習**可行嗎**」，即機器具備學習樣本以外的資料的能力。本章從機率的角度證明樣本內誤差和樣本外誤差的關係。
- 第 3 章介紹「機器學習**怎麼學**」，即機器如何選出最佳模型。本章介紹機器學習版本的樣本內誤差（訓練誤差）和樣本外誤差（測試誤差），再透過驗證誤差來選擇模型。

前 3 章屬於機器學習的概述：第 1 章介紹機器學習的概念，為了讓讀者打好基礎；第 2 章為證明機器學習是可行的，讓讀者做到心中有數；第 3 章運用機器學習效能指標而建置架構，看懂它們不需要精通任何機器學習的演算法。作者在這 3 章的寫作上花費的時間最多，光這 3 章的內容就絕對讓讀者有所收穫。

第 4~14 章介紹「**如何學好**機器學習」，重點介紹機器學習的各種演算法和調參技巧。在本書中，機器學習模型分為線性模型、非線性模型和整合模型。

- 第 4~8 章介紹線性模型，包含線性回歸模型、對率回歸模型、正規化回歸模型、支援向量機模型。
- 第 9~11 章介紹非線性模型，包含單純貝氏模型、決策樹模型、類神經網路模型、正向/反向傳播模型。
- 第 12~14 章介紹整合模型，包含隨機森林模型、提升樹模型、極度梯度提升模型。

第 15 章介紹機器學習中一些非常實用的經驗，包含學習策略、目標設定、誤差分析、偏差和方差分析。

為了幫助讀者閱讀，下面的流程圖展示了整本書的大架構。

本書的每一章都以通俗的引言開始，吸引讀者；以精美的思維導圖過渡，讓說明想法更清晰；以簡要的歸納結束，讓讀者加強所學的知識。此外，每個基礎知識都是理論和實作相結合，既有嚴謹的數學推導，又有多樣（Python 和 MATLAB）的程式展示，圖文並茂，以最好的內容服務各種讀者。

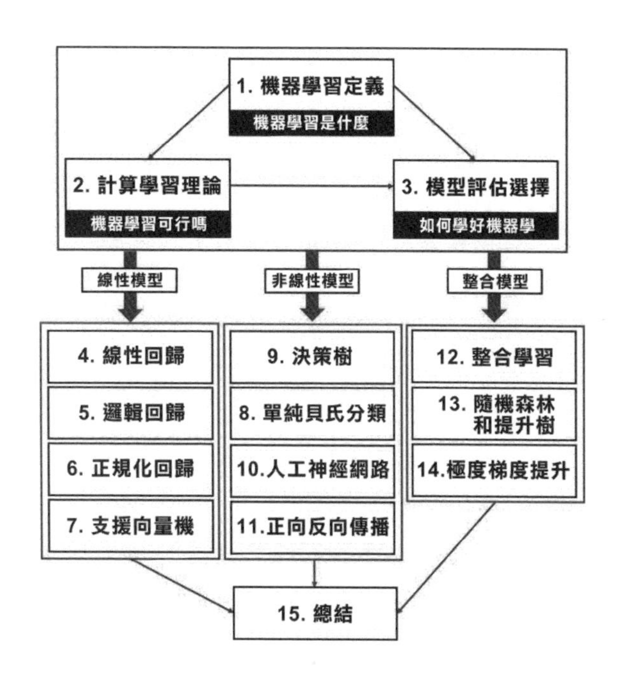

作者非常欣賞 Google 大腦研究員 Chris Olah 的觀點 "I want to understand things clearly, and explain them well"，即力爭把每個基礎知識弄清楚、弄透，然後以通俗容易的方式讓其他人學會、學透。作者願意做「把困難的東西研究透而簡單展示給大眾」的人（Research Distiller），因為學術界中的論文雖然「高大上」，但是很多會讓讀者讀完還是一頭霧水。用 Chris Olah 的話來講，這種以不清不楚的方式來解釋高難課題的做法，欠下太多研究債務（Research Debt）。

本書能夠完成，受到很多機器學習優質課程的啟發，比如史丹佛大學 Andrew Ng 教授的 CS229 課程、加州理工學院 Yaser S. Abu-Mostafa 教授的 Learning from Data 課程、台灣大學林軒田教授的機器學習基礎和技法、華盛頓大學 Emily Fox 和 Carlos Guestrin 教授的 Machine Learning Specialization。他們的課程都是理論結合實際，通俗而不失嚴謹，學習這些課程可以讓我解決工作中的很多需求，可見這些課程的功力之高，在這裡我想對他們表達最真摯的感謝（即使他們也不認識我☺）！

此外，感謝父母無條件地支援我寫書，感謝爺爺、大伯和姐夫經常閱讀我的公眾號文章，經常鼓勵我，感謝夫人在我寫書時幫著帶女兒，感謝女兒給我的無窮動力：想像著以後她拿著我寫的書可以自豪地跟別的小朋友說「這是我爸爸寫的書」。最後感謝所有「王的機器」公眾號的讀者，你們的支援和回饋一直激勵著我不斷進步，這本書是特別為你們而寫的。

由於作者水準有限，書中難免會有錯漏之處，歡迎諸位專家和讀者們斧正。

王聖元

本書閱讀說明

書中符號說明

符號	表達的意思
$\boldsymbol{x} = (x_1, x_2, \ldots, x_n)$	特徵值(輸入,引數)，通常用n 維向量表示
y	標籤(輸出,變數)，通常用純量表示
$(\boldsymbol{x}, y)$	資料點
$D: \{(\boldsymbol{x}^{(1)}, y^{(1)}), \ldots, (\boldsymbol{x}^{(m)}, y^{(m)})\}$	資料集，m 表示資料的個數
$c: c(\boldsymbol{x}) = y$	目標函數(真實函數)，未知的函數，也是機器學習的原因和動力
$h: h(\boldsymbol{x}) = y$	假設函數(假想函數)，被嘗試的函數
$H = \{h_1, h_2, \ldots, h_M\}$	假設函數集合，M 表示函數的個數
$g: g(\boldsymbol{x}) = y$	最佳假設函數，從H 中選出最佳g (即g 接近c)，機器學習的結果
A	機器學習演算法
$M = \{A, H\}$	機器學習模型，模型由假設函數集合和演算法組成
$e_{\text{out}}(h), e_{\text{in}}(h)$	假設函數h對應的樣本外誤差、樣本內誤差
$e_{\text{train}}(h), e_{\text{val}}(h), e_{\text{test}}(h)$	假設函數h對應的訓練誤差、驗證誤差、測試誤差

使用程式範例

本書有一些簡單的 Python、Matlab 和 Keras 的程式範例，各自對應的圖示見下表以方便讀者區分。

	Python 3.6		Matlab R2018a

本書中的一些補充程式，例如

- 線性回歸玩轉金郡房價預測（Linear Regression - King County Housing Price Prediction）
- 對率回歸玩轉亞馬遜情感分析（Logistic Regression: Amazon Sentiment Analysis）
- 正規化回歸玩轉金郡房價預測（Regularized Regression - King County Housing Price Prediction）
- 決策樹玩轉借貸俱樂部（Decision Tree - Lending Club）
- 整合樹玩轉借貸俱樂部（Ensemble Tree - Lending Club）
- 極度梯度提升玩轉借貸俱樂部（XGBoost - Lending Club）

均可從作者公眾號「王的機器」中下載。

圖示說明

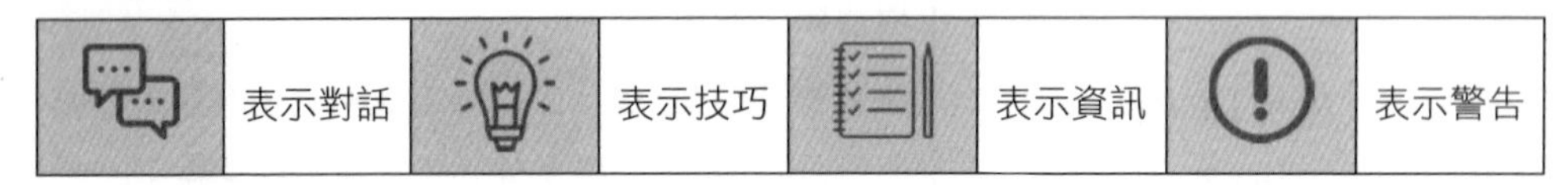

目錄

01 | 機器學習是什麼--機器學習定義

02 | 機器學習可行嗎--計算學習理論

03 | 機器學習怎麼學--模型評估選擇

04 | 線性回歸

05 | 邏輯回歸

06 | 正規化回歸

07 | 支援向量機

08 | 單純貝氏

09 | 決策樹

10 | 類神經網路

11 | 正向/反向傳播

12 | 整合學習

13 | 隨機森林和提升樹

14 | 極度梯度提升

15 | 本書歸納

A | 結語

01 機器學習是什麼--機器學習定義

Machine learning is the science of getting computers to act without being explicitly programmed.

–Stanford

引言

2018 年 6 月 1 日，電視台正在轉播美國職業籃球聯賽（NBA）總決賽，此時是勇士隊對騎士隊第一場比賽的延長賽，我一看勇士隊領先了 10 分而且是主場作戰，就預測騎士隊會輸掉比賽，勇士隊會奪得冠軍。這時，我突然發現自己的 Python 作業還沒寫完，就關上電視，聚精會神地完成用 Python 撰寫程式列印 "Hello Machine Learning！" 的作業。

- 先看上面這段文字的前半部分，這裡有關基於經驗做出的預判。舉例來說，為什麼在勇士隊主場作戰並領先 10 分的情況下，我就認為勇士隊會贏呢？因為在本賽季中，勇士隊在主場作戰的情況下只輸過兩場，而且在延長賽領先 10 分時獲勝的機率是 100%。為什麼勇士隊贏一場比賽我就認為會奪得 NBA 冠軍呢？因為據統計，在決賽中贏得第一場比賽的球隊有 79%的機率會奪得 NBA 冠軍。這些對經驗的利用是靠我們本身完成的，但這是機器學習嗎？不是，我是人，不是機器，是我在預測，而非機器在預測。

- 再看上面這段文字的後半部分，電腦根據用 Python 撰寫的程式，列印了一句話。但這是機器學習嗎？不是，列印一句話也好意思稱為學習？它只不過是在機械地執行指令罷了。

所以，到底什麼是機器學習？從字面上來講就是（人用）電腦來學習。談起機器學習就一定要提起湯姆・米切爾（Tom M・Mitchell），就像在談起音樂時大多會提起貝多芬，在談起籃球時大多會提起麥可・喬丹一樣。米切爾對機器學習的定義是[1]：

> A computer program is said to learn from experience *E* with respect to some class of tasks *T* and performance measure *P* if its performance at tasks in *T*, as measured by *P*, improves with experience *E*.

這段英文有一點抽象、難懂。首先，要注意兩個詞：computer program 和 learn，翻譯成中文就是「機器（電腦程式）」和「學習」。把上面的英文翻譯成中文就是：

> 假設用效能度量 *P* 來評估模型在某類別工作 *T* 中的效能，若該模型透過利用經驗 *E* 在工作 *T* 中改善其效能度量 *P*，那麼可以說機器對經驗 *E* 進行了學習。

在該定義中，除核心詞「機器」和「學習」外，還有關鍵字經驗 *E*、效能度量 *P* 和工作 *T*。在電腦系統中，通常經驗 *E* 是以資料 *D* 的形式存在的，而機器學習就是在指定不同的工作 *T* 中，從資料中產生模型，模型的好壞就用效能度量 *P* 來評估。現在面臨兩個問題：

（1）模型的效能如何定量評估？這就需要根據不同的學習工作 ***T*** 在資料 ***D*** 上定義對應的效能度量 ***P***。

（2）模型的效能如何定性評估？模型效能的好壞通常要看它在沒有見過的資料上的表現。但是這很矛盾，因為模型是基於看到的資料而學習的。你根本不知道你沒看到的資料（未來發生的）是什麼樣的，那麼又如何來評估模型效能呢？

1.3 節會解決問題（1），透過設計誤差函數來最佳化模型，旨在減少誤差而加強模型效能。問題（2）比較難回答，需要透過第 2 章和第 3 章兩章介紹的內容來解決它。

下圖展示了機器學習包含的各種元素：資料 D、工作 T、效能度量 P 和演算法 A。

根據學習的工作模式，機器學習可分為四大類：有監督學習、無監督學習、半監督學習和增強學習，這樣分類是符合 MECE 分析法[1]的。而現今我們聽到最多的深度學習只是其中的一種方法，不是工作模式，與上面四種不屬於同一個維度。但是深度學習與它們可以疊加成：有監督深度學習、無監督深度學習、半監督深度學習和增強深度學習。遷移學習也是一種方法，也可以分為有監督遷移學習、無監督遷移學習、半監督遷移學習和增強遷移學習。下圖中展示了各種機器學習之間的關係。

其中：

- 有監督學習將貼有不同標籤的資料（用紅、藍、綠 3 種顏色區分）分類。
- 無監督學習將未貼標籤的資料（灰色資料）分群。
- 半監督學習先將灰色資料分群，再結合紅、藍、綠色資料將資料分類。
- 增強學習根據環境對智慧體在不同狀態下的行為的評價進行獎勵或懲罰。
- 深度學習透過神經網路結構應用前面介紹的四種機器學習。
- 遷移學習把已訓練好的模型參數遷移到新的模型中進行訓練，而訓練好的模型通常由深度學習完成。

---

1 MECE 分析法是麥肯錫思維的準則，即 Mutually Exclusive Collective Exhaustive，意思是相互獨立，完全窮舉。

定義：給定任務 T 和性能度量 P, 建立模型 M 從資料 D 中學習, 如果在任務 T 上的性能度量 P 隨著資料 D 增多而改善, 那麼可稱機器在學習。

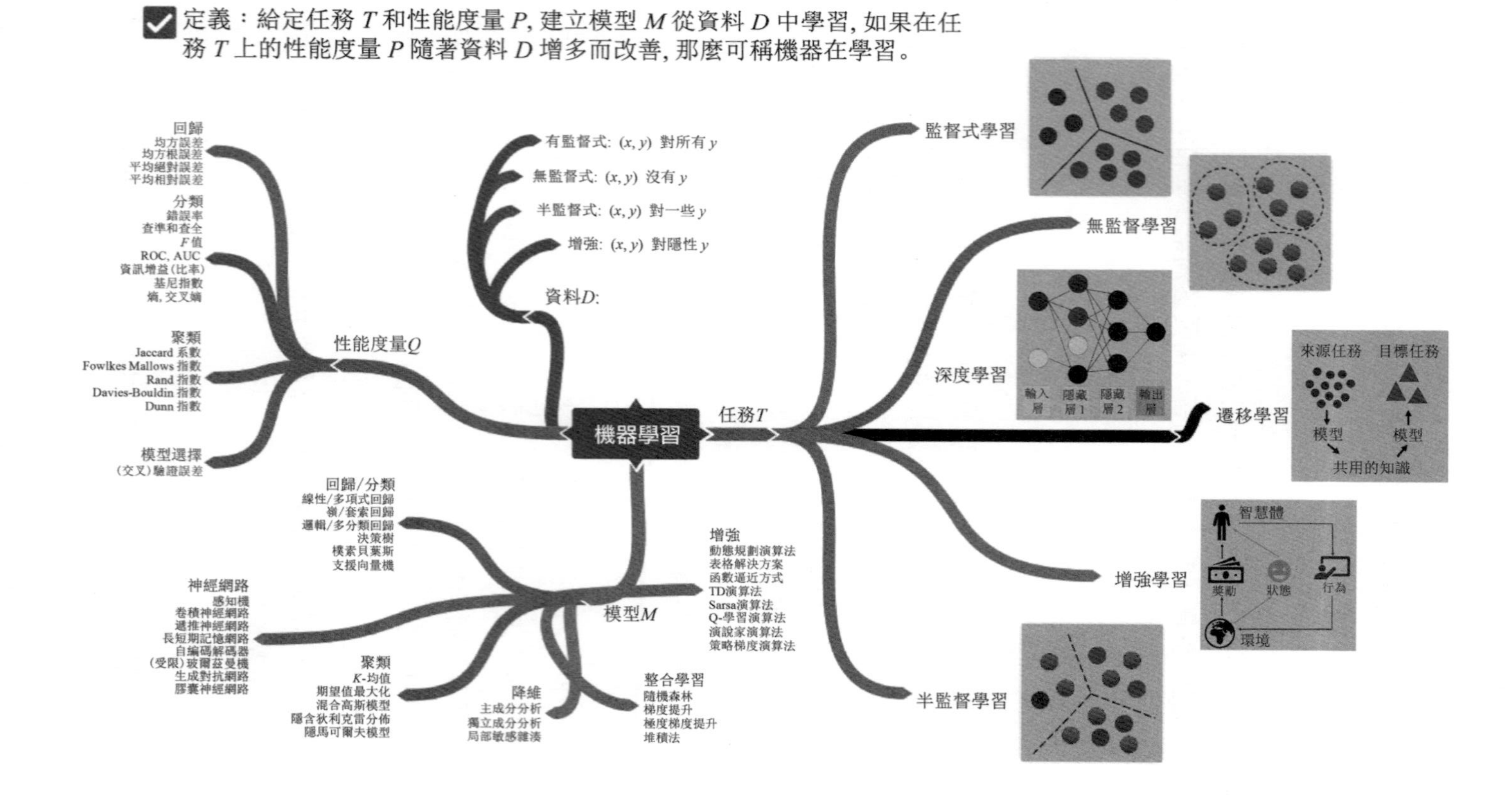

▲ 機器學習概覽（請參照彩頁 1-1）

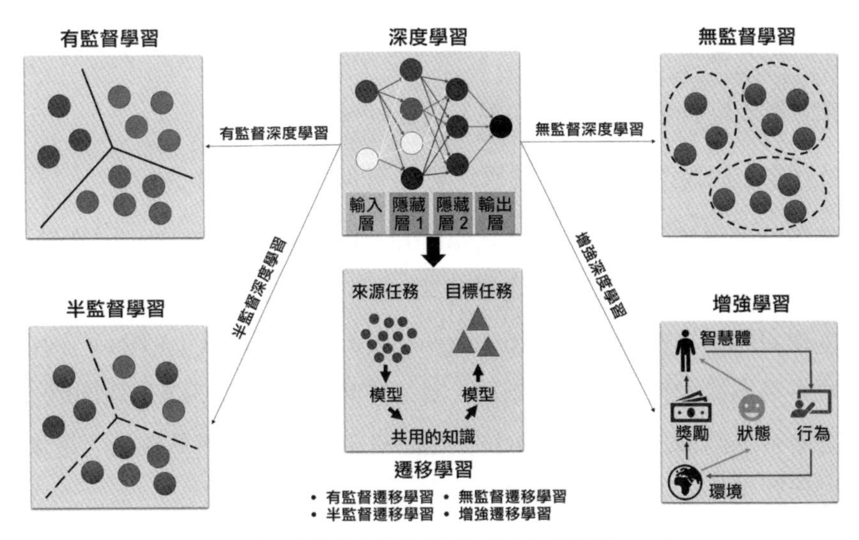

▲ 各種機器學習之間的關係（請參照彩頁 1-2）

本書只介紹有監督學習，一是它占現在機器學習應用的絕大部分，二是它符合人類學習的順序。就像前言所說的一樣，我們先被指導著進行「有監督學習」，然後是「半管半放」的「半監督學習」，再然後是完全自覺的「無監督學習」，接著是自己回饋的「增強學習」，等學到某種程度時再開始「深度學習」，最後可以實現「遷移學習」。

1.1 資料

資料是經驗的另一種說法，也是資訊的載體。資料可被分為結構類型資料和非結構類型資料，也可被分為原始資料和加工後的資料，還可被分為樣本內資料和樣本外資料。第一種是根據資料實際類型劃分的，第二種是根據資料的表達形式劃分的，第三種是根據資料統計性質劃分的。

1.1.1 結構型與非結構類型資料

結構類型資料是用二維度資料表結構來邏輯表達和實現的資料。非結構類型資料是沒有預先定義的資料模型，不使用二維度資料表來表現的資料。

1. 非結構類型資料

非結構類型資料封包含圖片、文字、語音等，如圖所示。

對於以上非結構類型資料，相關應用實例有：

- 深度學習的卷積神經網路（Convolutional Neural Network，CNN），用於對圖像資料做人臉識別或物體分類。
- 深度學習的循環神經網路（Recurrent Neural Network，RNN），用於對語音資料做語音辨識或機器對話，對文字資料進行文字產生或閱讀了解。
- 增強學習的阿爾法狗（AlphaGo）在對棋譜資料學習無數遍後，最後打敗了世界圍棋高手李世石和柯潔。

本書的機器學習模型主要使用的是結構類型資料，即二維的資料表。

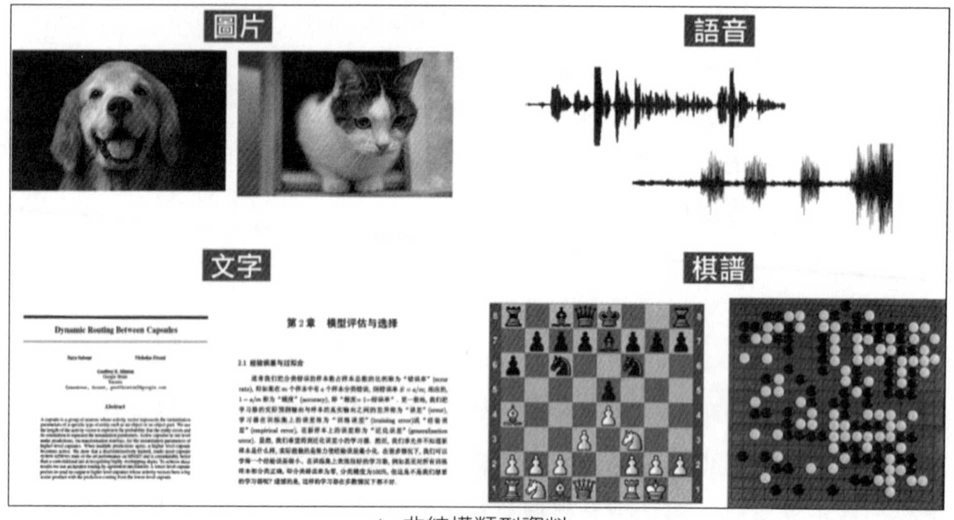

▲ 非結構類型資料

2. 結構類型資料

首先介紹乾淨資料的定義。假設我們收集了小皇帝詹姆斯（Lebron James）四場比賽的資料，見下表。

	得分	籃板（次）	助攻（次）
1	27	10	12
2	33	9	9
3	51	10	8
4	40	13	15

根據 Wickham 在 Tide Data 論文[2]中對乾淨資料的定義：

- 每一列代表一個特徵，例如得分、籃板和助攻是 3 個特徵。
- 每一行代表一個範例，例如第 1 行的範例（得分=27，籃板=10，助攻=12）。

可知表格中的資料是乾淨的。

對於下面的術語，讀者在深入了解機器學習前一定要弄清楚：

- 每行的記錄（這裡是在一場比賽中對詹姆斯的個人得分統計），被稱為一個**案例**（**Instance**）。
- 反映物件在某方面的表現或性質，例如得分、籃板、助攻，被稱為**特徵**（**Feature**）或**輸入**（**Input**）。
- 特徵上的設定值，例如範例 1 對應的 27、10、12 被稱為**特徵值**（**Feature Value**）。

假設我們想分析詹姆斯的得分、籃板、助攻達到什麼水準就可以幫助湖人隊贏得比賽，下表在上表的基礎上多加了一列資料標籤，記錄每場比賽的輸贏。

	得分	籃板（次）	助攻（次）	比賽結果
1	27	10	12	贏
2	33	9	9	輸
3	51	10	8	輸
4	40	13	15	贏

乍一看，會發現詹姆斯的助攻在 10 次以上就可以幫助湖人隊贏得比賽，反之得分再多也不能贏得比賽。這也合理，因為助攻多會讓全隊配合流暢，就會贏得比賽。但是這只是直覺，不是模型。

模型還需要考慮得分和籃板次數比賽結果的影響。

其中有關的術語如下所示。

- 關於範例結果的資訊，例如贏，被稱為**標籤**（Label）或**輸出**（Output）。
- 包含標籤資訊的範例，則被稱為**範例**(Example)，即範例＝(特徵, 標籤)。
- 從資料中學習並獲得模型的過程被稱為**學習**（Learning）或**訓練**（Training）。
- 在訓練資料中，每個範例被稱為**訓練範例**（Training Example），整個集合被稱為**訓練集**（Training Set）。

下面將以上內容濃縮為一張圖，如下圖所示。

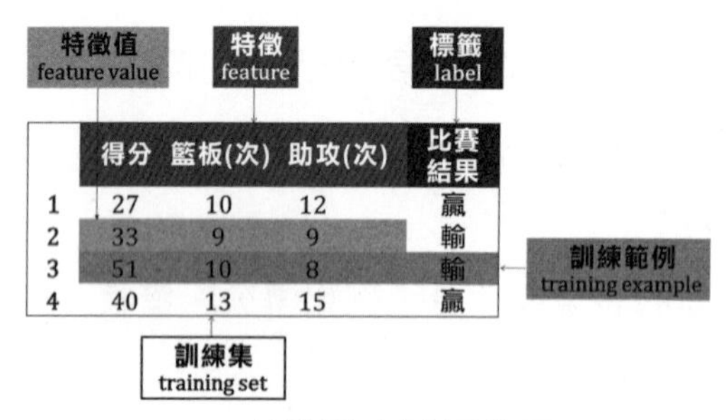

	得分	籃板(次)	助攻(次)	比賽結果
1	27	10	12	贏
2	33	9	9	輸
3	51	10	8	輸
4	40	13	15	贏

▲ 結構類型資料及術語

1.1.2 原始資料與加工

電腦在處理數值型的結構類型資料時效率是最高的，但是，在現實世界裡，原始資料通常有以下兩種情況。

- 非結構類型資料，例如圖片類型資料和文字類型資料（情況一）。
- 結構類型資料，但是某些特徵不是數值類型資料（情況二）。

在情況一中，以圖片為例，透過特定函數 imread 將彩色圖片用 RGB[2]像素表示出來，再按紅色、綠色、藍色的順序，將所有像素排成一個數值列向量

2 RGB 色彩模式是工業界的一種顏色標準，是透過對紅色（R）、綠色（G）、藍色（B）三種顏色通道的轉換以及它們之間的疊加來得到各種顏色。

（Column Vector），而電腦可以接受這樣的輸入。實際轉換過程見圖。

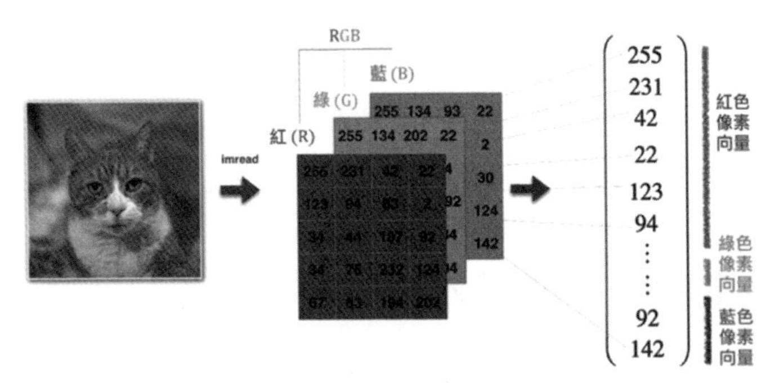

▲ 將原始圖片轉換成數值向量（請參照彩頁 1-3）

在情況二中，結構類型資料是一個二維資料表，每列的特徵可能是數值型變數或分類型變數。

- 數值型變數：其變數值是定量的，是被人為定義的數字（如整數、小數、實數等）。
- 分類型變數：其變數值是定性的，表現為互不相容的類別或屬性。

	得分	籃板（次）	助攻（次）	比賽結果
1	27	10	12	贏
2	33	9	9	輸
3	51	10	8	輸
4	40	13	15	贏

數值型變數不需要進行轉換，例如將表中的得分直接表示成

$$x_{得分} = [27\ 33\ 51\ 40]$$

分類型變數用 0-1 編碼，例如將比賽結果 = {贏，輸} 表示成 $y = [1\ 0\ 0\ 1]$，1 代表贏，0 代表輸。

	射門	傳球（次）	控球（次）	比賽結果
1	9	2	12	贏
2	4	30	9	平
3	6	14	8	贏
4	0	2	15	輸

假如現在有一場足球比賽，那麼結果有贏、平、輸（見表），分別用 0、1、2 來表示，那麼 $y = [0\ 1\ 0\ 2]$。但更常見的是用獨熱編碼（One-Hot Encoding）表示：

$$贏 = \begin{bmatrix}1\\0\\0\end{bmatrix}, 平 = \begin{bmatrix}0\\1\\0\end{bmatrix}, 輸 = \begin{bmatrix}0\\0\\1\end{bmatrix}, y = \begin{bmatrix}1 & 0 & 1 & 0\\0 & 1 & 0 & 0\\0 & 0 & 0 & 1\end{bmatrix}$$

1.1.3 樣本內資料與樣本外資料

在統計學中，把研究物件的全體稱為整體（Population），把組成整體的各個元素稱為個體，把從整體中取出的許多個體稱為樣本（Sample）（見下圖）。

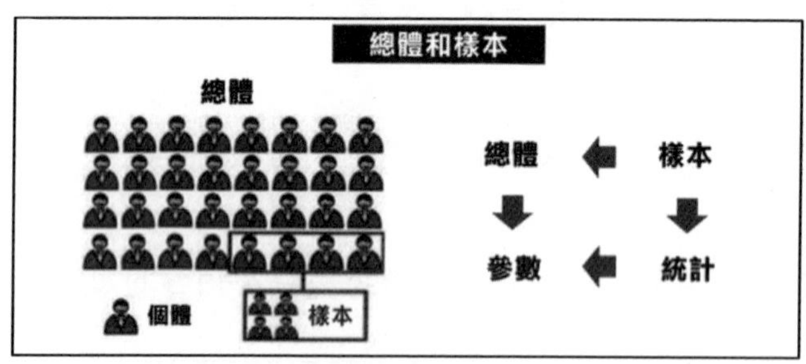

▲ 整體和樣本

下面舉一個調查中國男性平均身高的實例，其中：

- 全國的男性就是整體。
- 每個男性是個體。

如果要調查中國所有男性的身高，則所需的金錢和時間成本太高。通常會取出許多名男性作為樣本，透過計算樣本裡的男性平均身高作為整體裡的所有男性平均身高。

統計學的工作就是根據樣本資料的統計來推出整體資料的參數（Parameter）。樣本資料也被稱為樣本內資料，除樣本內資料外的整體資料被稱為樣本外資料。

在機器學習中，樣本內資料和樣本外資料的定義有一些不同，如下圖所示。

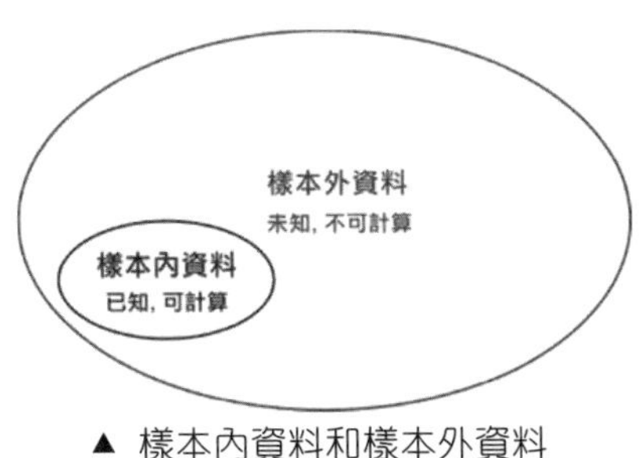

▲ 樣本內資料和樣本外資料

機器學習的困難就是如何透過準確的樣本內資料預測來保障準確的樣本外資料預測，這也是第 2 章重點介紹的內容。

- 樣本內資料：用來訓練模型的資料，也被稱為訓練資料。它們是已知的，是可計算的。
- 樣本外資料：模型未來沒見過的資料。它們是未知的，是不可計算的。

機器學習在樣本內資料中訓練模型用來做以下預測。

- 樣本內預測：根據訓練模型對樣本內資料進行預測，可與已知的標籤比較來評估模型效果。
- 樣本外預測：根據訓練模型對樣本外資料進行預測，不能與未知的標籤比較。

1.2 機器學習類別

根據訓練資料是否有標籤，機器學習可分四種：有監督學習（有標籤）、無監督學習（無標籤）、半監督學習（有部分標籤）和增強學習（有評級標籤）。深度學習可以應用到這四種機器學習中，而遷移學習是一種新類別。

1.2.1 有監督學習

有監督學習（Supervised Learning）利用輸入資料及其對應的標籤來訓練模型。這種學習方法類似學生透過研究問題和參考答案來學習，在掌握問題和答案之間的對應關係後，學生對於相似問題可自己列出答案。

在有監督學習中，資料 =（特徵,標籤），其主要工作是分類和回歸。下面以前面介紹的詹姆斯的個人資料統計預測結果為例來實際介紹。

如果預測的是離散值，例如比賽結果為贏或輸（見下表），則這種學習工作被稱為**分類**。

	得分	籃板（次）	助攻（次）	比賽結果
1	27	10	12	贏
2	33	9	9	輸
3	51	10	8	輸
4	40	13	15	贏

如果預測的是連續值，例如詹姆斯的效率為 65.1、70.3 等（見下表），則這種學習工作被稱為**回歸**。

	得分	籃板（次）	助攻（次）	效率
1	27	10	12	50.1
2	33	9	9	48.7
3	51	10	8	65.1
4	40	13	15	70.3

1.2.2 無監督學習

無監督學習（Unsupervised Learning）用於找出輸入資料的模式。舉例來說，它可以根據電影的各種特徵做分群，為電影推薦系統提供標籤。此外，無監督學習還可以降低資料的維度，它可以幫助我們更進一步地了解資料。

在無監督學習中，資料 =（特徵,）。在上例中，我們除可以根據詹姆斯的個人資料統計來預測湖人隊輸贏或詹姆斯個人效率值外，還可以對該資料做分群，即將訓練集中的資料分成許多組，每組成為一個簇。

假設使用分群方法將下表所示的資料聚成兩個簇：A 和 B，如下圖所示。

	得分	籃板（次）	助攻（次）	簇
1	27	10	12	A
2	33	9	9	B
3	51	10	8	B
4	40	13	15	A

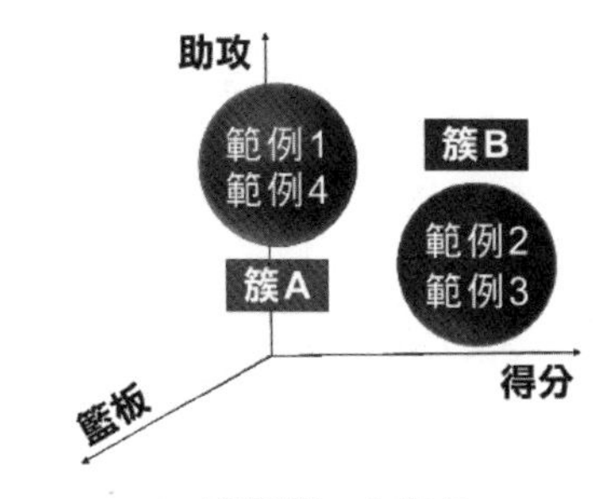

▲ 兩個簇：A 和 B

後來發現簇 A 代表贏，簇 B 代表輸。分群的作用就是可以找到一個潛在的原因來解釋為什麼範例 1 和範例 4 可以贏得比賽。難道真的是只要詹姆斯「大三元」[3]就可以贏得比賽？

1.2.3 半監督學習

半監督學習（Semi-Supervised Learning）介於有監督學習和無監督學習之間。有監督學習只利用標記的範例集進行學習，而無監督學習只利用未標記的範例集進行學習。在很多實際問題中，只有少量的資料帶有標籤，因為有時對大多數資料進行標記的代價很高，而半監督學習適用於範例集中有一部分資料沒有標籤的情況。

在半監督學習中，資料 =（特徵,標籤）或（特徵,）。例如對貓和狗的照片進行分類：

- 有監督學習根據已有的貓和狗的標籤，對新照片進行分類。
- 無監督學習將照片裡的特徵聚成兩大類（貓和狗）。
- 半監督學習結合分類與分群的思維，先將未標記的照片分群產生標籤，再結合已有的標籤進行分類。

半監督學習可以降低取得標籤的成本，很多時候也可以取得比無監督學習更好的效果。

---

3 「大三元」指的是得分、籃板次數和助攻次數都大於 10。

1.2.4 增強學習

增強學習（Reinforcement Learning）是在行動中學習，與有監督學習不同，它不需要輸入和標籤，而是需要根據環境對智慧體（Agent）在不同狀態（State）下的行為（Action）進行評價。評價通常用回報表示，正回報就是獎勵，負回報就是懲罰。

在增強學習中，資料 =（特徵, 評價）。以股票交易為例，股票市場就是環境，智慧體就是交易系統，股票價格就是狀態，而買賣一定數量的股票就是行為。交易系統會從一個很簡單的交易開始，起初大機率是虧錢的（回報為負），但是在學習過程中，交易系統與市場不斷互動並獲得回饋，進一步會不斷調整策略，越來越強大。

1.2.5 深度學習

深度學習（Deep Learning）只是機器學習的一種方法，它受生物學啟發，透過各種神經網路來建模。深度學習可以解決以下問題（見下圖）。

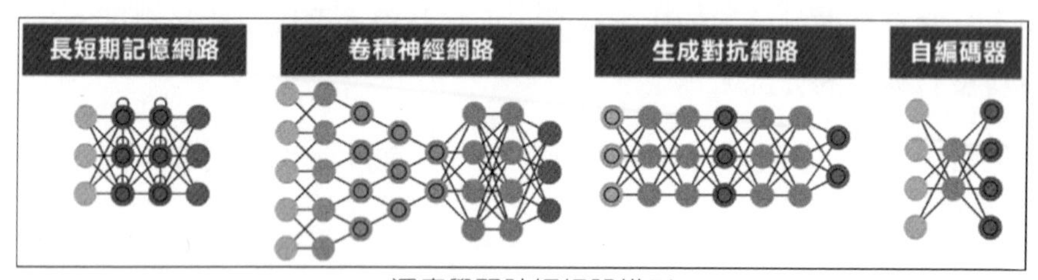

▲ 深度學習神經網路模型

- 有監督學習裡的分類問題（卷積神經網路在影像分類中的應用[3]）。
- 有監督學習裡的回歸問題（循環神經網路的長短期記憶網路在時間序列上的應用[4]）。
- 無監督學習裡的分群問題（自編碼器在圖片分群上的應用[5]）。
- 半監督學習裡的產生問題（生成對抗網路在影像產生中的應用[6]）。
- 增強學習裡的玩遊戲問題（在 Atari 遊戲中的應用[7]）。

深度學習無處不在，但它目前最讓人期待的應用也許就在遷移學習上。

1.2.6 遷移學習

遷移學習是把已訓練好的模型參數遷移到新的模型中進行訓練，而不需要從零學習。遷移學習的核心問題是——找到新問題與原問題之間的相似性，只有這樣才可以順利地實現知識的遷移。遷移學習是中國領先於其他國家的幾個人工智慧領域之一，目前比較權威的遷移學習概述性文章見參考資料[9]。

在遷移學習中，有一個有標籤的資料 s =（特徵 s, 標籤 s）和一個無標籤的資料 t =（特徵 t,），在這兩個領域中，特徵 s 和特徵 t 的分佈不同，我們要借助資料 s 的知識（模型參數）來學習資料 t 中的知識（標籤 t）。

人類與生俱來就具有遷移學習的能力，例如我們學會 C++，就可以觸類旁通地學習 Python，因為這些知識具有相似性。遷移學習也可以被分成有監督遷移學習、無監督遷移學習、半監督遷移學習和增強遷移學習，而這四種遷移學習都借助了深度學習的神經網路。

1.3 效能度量

在對模型進行評估時，衡量模型推廣能力的評價標準被稱為效能度量。效能度量是與工作相關的。接下來就以有監督學習裡的回歸工作和分類工作為例，介紹它們相對應的效能度量。效能度量包含誤差函數和其他度量。下圖首先介紹一組數學符號。

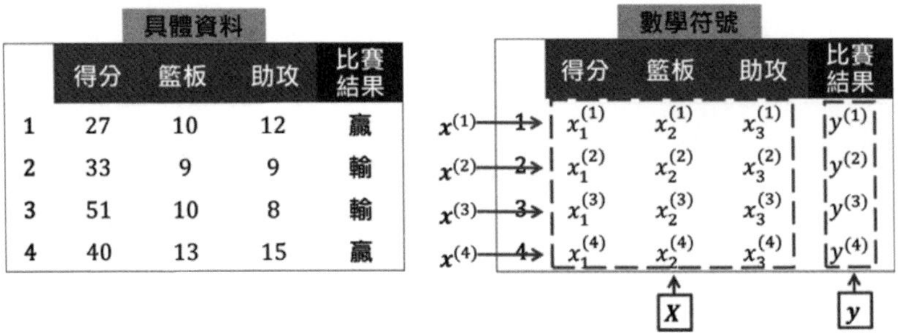

具體資料

	得分	籃板	助攻	比賽結果
1	27	10	12	贏
2	33	9	9	輸
3	51	10	8	輸
4	40	13	15	贏

數學符號

	得分	籃板	助攻	比賽結果
$x^{(1)}$ → 1	$x_1^{(1)}$	$x_2^{(1)}$	$x_3^{(1)}$	$y^{(1)}$
$x^{(2)}$ → 2	$x_1^{(2)}$	$x_2^{(2)}$	$x_3^{(2)}$	$y^{(2)}$
$x^{(3)}$ → 3	$x_1^{(3)}$	$x_2^{(3)}$	$x_3^{(3)}$	$y^{(3)}$
$x^{(4)}$ → 4	$x_1^{(4)}$	$x_2^{(4)}$	$x_3^{(4)}$	$y^{(4)}$
		X		y

▲ 數學符號

其中：

- 特徵用 x 表示，標籤用 y 表示。
- 第 i 組特徵為 $x^{(i)}$，第 i 個標籤為 $y^{(i)}$，(i) 在上標位置。將 i 用小括號括起來是為了避免和 i 次方混淆。
- 第 i 個範例用（$x^{(i)}, y^{(i)}$）表示。
- 第 j 個特徵用 x_j 表示。
- 第 i 組中的第 j 個特徵用 $x_j^{(i)}$ 表示。

本書中的數學符號都會遵循以上的表示法。記住：**範例看上標，特徵看索引**。

1.3.1 誤差函數

誤差就是真實值與估計值之間的「差距」，它可以測量一個數據點，也可以測量多個數據點（常見用法）。下表中分別對單點誤差和多點誤差進行了舉例。

	回歸型誤差	分類型誤差
單點誤差	科比的身高為 1.98 m，我估計他的身高為 1.97 m 單點誤差 = 1.98 – 1.97 = 0.01	科比愛打籃球，我估計科比愛打籃球 單點誤差 = 0 / 1 = 0
多點誤差	科比的身高為 1.98 m，我估計他的身高為 1.97 m C 羅的身高為 1.87 m，我估計他的身高為 1.88 m 多點誤差 = [(1.98 – 1.97)+(1.87 – 1.88)] / 2 = 0	科比愛打籃球，我估計科比愛打籃球 C 羅愛踢足球，我卻估計他愛打網球 多點誤差 = (0+1) / 2 = 0.5

上面對科比和 C 羅的身高估計都有誤差，綜合起來誤差是 0，這看上去有一點問題，如果取絕對值就沒問題了，即誤差 = [|1.98 – 1.97| + |1.87 – 1.88|] / 2 =1。

一般，絕對值函數用於計算回歸型誤差，而 0-1 函數用於計算分類型誤差。用 $h(x)$ 代表預測結果，用 y 代表真實標籤，上面的誤差描述可用誤差函數來表現，如下表所示。

	誤差函數	解　釋
單點誤差	$e\left(h\left(x^{(i)}\right), y^{(i)}\right) = \left\|h\left(x^{(i)}\right) - y^{(i)}\right\|$ $e\left(h\left(x^{(i)}\right), y^{(i)}\right) = I\left\{h\left(x^{(i)}\right) \neq y^{(i)}\right\}$	$\|a\|$ 表示絕對值函數； $I\{a\}$ 表示 0-1 函數，當 $a > 0$ 時等於 1，當 a 為其他情況時等於 0
多點誤差 樣本內誤差	$e_{\text{in}}(h) = \frac{1}{m}\sum_{i=1}^{m}\left\|h\left(x^{(i)}\right) - y^{(i)}\right\|$ $e_{\text{in}}(h) = \frac{1}{m}\sum_{i=1}^{m} I\left\{h\left(x^{(i)}\right) \neq y^{(i)}\right\}$	多點誤差就是單點誤差的累加再除以總數。一旦能顯性寫成這種累加再求平均值的形式，則這種誤差就被稱為樣本內誤差，因為這些資料點都是樣本內的點。 注意，每個點都用上標 (i) 表示
多點誤差 樣本外誤差	$e_{\text{out}}(h) = E_x[\|h(x) - y\|]$ $e_{\text{out}}(h) = E_x[I\{h(x) \neq y\}]$	樣本外誤差不能顯性寫成累加再求平均值的形式，因此引進期望值符號 E_x，隱性表示在 x 上面求平均值

一個數據點上的誤差函數被稱作**損失函數**，多個數據點上的誤差函數被稱作**代價函數**。代價函數是損失函數的均值，進一步使得多點誤差和單點誤差的比例一致。

在實際操作中，很少用絕對值函數和 0-1 函數作為誤差函數，原因是這些函數不是處處可導的。有監督學習問題最後都會被轉換成誤差函數的最佳化問題，因此，我們要儘量保障函數是可導的。在 1.3.2 節和 1.3.3 節會介紹回歸工作和分類工作中最常見的誤差函數，以及一些有用的效能度量（見下表）。

工作	效能度量	
	誤差函數	其他度量
回歸	均方誤差、均方根誤差、平均絕對/相對誤差、Huber 誤差	—
分類	0-1、對數、指數、合頁	錯誤率、查全率、查準率、F_1 得分、AUC、ROC

1.3.2 回歸度量

回歸工作的誤差函數用於評估在資料集 D上，模型的連續型預測值 $h(x)$ 與連續型真實值 y 的距離，y 和 $h(x)$ 可以取任意實數，誤差函數是一個非負實數值函數，通常使用 $E_D[h]$ 來表示，如下表所示。

誤差函數類型	函數運算式$E_D[h]$
均方誤差 (Mean Square Error，MSE)	$\frac{1}{m}\sum_{i=1}^{m}\left[h\left(x^{(i)}\right)-y^{(i)}\right]^2$
均方根誤差：均方誤差的平方根 (Root Mean Square Error，RMSE)	$\sqrt{\frac{1}{m}\sum_{i=1}^{m}[h(x^{(i)})-y^{(i)}]^2}$
平均絕對誤差：絕對誤差的平均值 (Mean Absolute Error，MAE)	$\frac{1}{m}\sum_{i=1}^{m}\left\|h\left(x^{(i)}\right)-y^{(i)}\right\|$
平均相對誤差：相對誤差的平均值 (Mean Absolute Percentage Error，MAPE)	$\frac{1}{m}\sum_{i=1}^{m}\left\|\frac{h\left(x^{(i)}\right)-y^{(i)}}{y^{(i)}}\right\|$
Huber 誤差	$\frac{1}{m}\sum_{i=1}^{m}\begin{cases}\left[h\left(x^{(i)}\right)-y^{(i)}\right]^2, & \left\|h\left(x^{(i)}\right)-y^{(i)}\right\|\leqslant\delta \\ 2\delta\left(\left\|h\left(x^{(i)}\right)-y^{(i)}\right\|-\delta\right), & \left\|h\left(x^{(i)}\right)-y^{(i)}\right\|>\delta\end{cases}$

在誤差函數累加項中取出一項，以 $|y-h(x)|$ 為引數畫出損失函數曲線，如下圖所示。

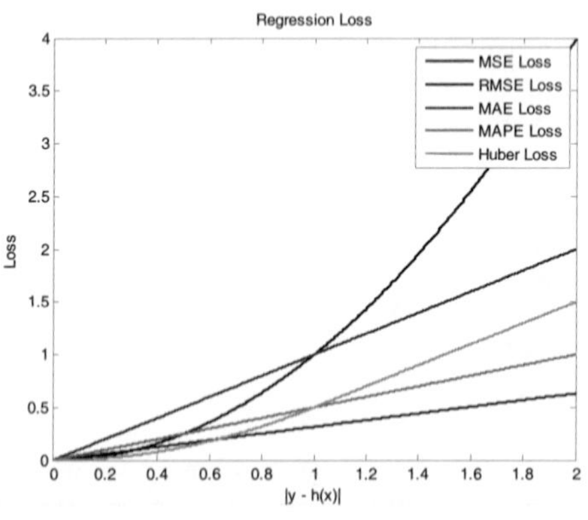

▲ 回歸工作的損失函數（請參照彩頁 1-4）

真實值 y 和預測值 $h(x)$ 是任意實數。在所有損失函數中都含有 $|y-h(x)|$ 這一項，且是它的增函數。

- 當 y 和 $h(x)$ 的差別越小時，損失越小。
- 當 y 和 $h(x)$ 的差別越大時，損失越大。

1.3.3 分類度量

分類工作的誤差函數用於評估在資料集 D 上，模型的離散型預測值 $h(x)$ 與離散型真實值 y 的不一致程度。

慣例是 y 和 $h(x)$ 取 ±1，例如正類取 1，負類取 –1。

誤差函數類型	函數運算式 $E_D[h]$
0-1	$\frac{1}{m}\sum_{i=1}^{m}\begin{cases}1, & y^{(i)}h\left(x^{(i)}\right)<0)\\0, & y^{(i)}h\left(x^{(i)}\right)>0)\end{cases}=I\{y^{(i)}h\left(x^{(i)}\right)<0\}$
對數	$\frac{1}{m}\sum_{i=1}^{m}\ln\left(1+\exp\left(-2y^{(i)}h\left(x^{(i)}\right)\right)\right)$
指數	$\frac{1}{m}\sum_{i=1}^{m}\exp\left(-y^{(i)}h\left(x^{(i)}\right)\right)$
合頁	$\frac{1}{m}\sum_{i=1}^{m}\left(1-y^{(i)}h\left(x^{(i)}\right)\right)^{+}$

在誤差函數累加項中取出一項，以 $y\times h(x)$ 為引數畫出損失函數曲線，如下圖所示。

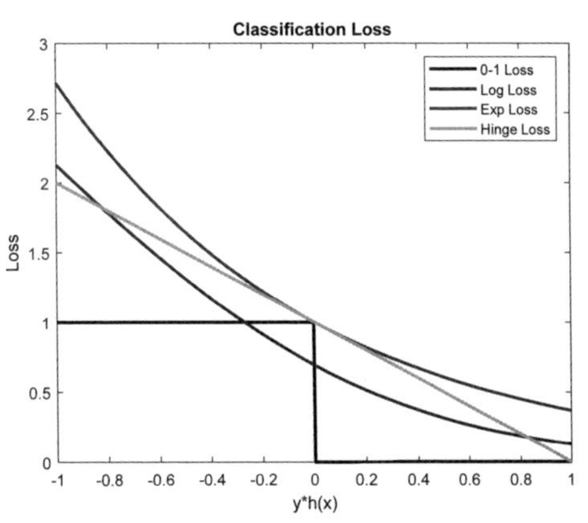

▲ 分類工作的損失函數（請參照彩頁 1-5）

規定真實值 y 和預測值 $h(x)$ 只能取 ±1。所有損失函數中都含有 $y \times h(x)$ 這一項，且是它的減函數。

- $y \times h(x) > 0$ 代表預測值和真實值一致，損失變小。
- $y \times h(x) < 0$ 代表預測值和真實值不一致，損失變大。

除上述損失函數外，在分類工作中還有很多其他有用的效能度量，實際介紹如下。

錯誤率：分類錯誤的樣本數占樣本總數的比例被稱為**錯誤率**（**Error Rate**）；對應地，分類正確的樣本數占樣本總數的比例被稱為**精度**（**Accuracy**）。如果在 10 個樣本中，有 2 個樣本分類錯誤，則錯誤率為 20%，而精度為 80%。

查準率和查全率：錯誤率和精度雖然常用，但它們不能滿足所有工作的需求，舉例來說，用訓練好的模型預測騎士隊會贏。顯然，錯誤率只能衡量在多少比賽中有多少比例是輸的。但是若我們關心的是「預測出比賽中有多少比例是贏的」，或「贏的比賽有多少被預測出了」，那麼錯誤率這個指標顯然就不夠用了，這時需要引進更為細分的效能度量，即**查準率**（Precision）和**查全率**（Recall）[4]。

對於二元分類問題，可將範例根據其真實類別與模型的預測類別的組合劃分為真正類（True Positive，TP）、真負類（True Negative，TN）、假正類（False Positive，FP）和假負類（False Negative，FN）。

- **用預測類別的真假**來描述「正類和負類」，**預測為真 = 正類，預測為假 = 負類**。
- **用真實類別和預測類別的同異**來描述「**真假**」，**相同 = 真，不同 = 假**。
- **真正類** = 預測類別為真且和真實類別相同，**真負類** = 預測類別為假且和真實類別相同。

4 查準率和查全率也被稱為準確率和召回率，但筆者覺得前者的定義更直觀，因為查準率就是查準的（準 = **查出的內容有多少是有用的**），而查全率就是查全的（全 = **有用的內容有多少被查出**）。

- **假正類** = 預測類別為真但和真實類別不同，**假負類** = 預測類別為假但和真實類別不同。

理想的情況**是將所有**真實類別為正類的都挑選出來，但「夢想太豐滿，現實太骨感」，模型總會犯錯誤。模型選對了就是真正類，模型選錯了就是假正類。一旦你了解了上面繞口的劃分標準，則下圖的意義不言而喻；如果不了解，則希望下圖能直觀地幫助你了解。

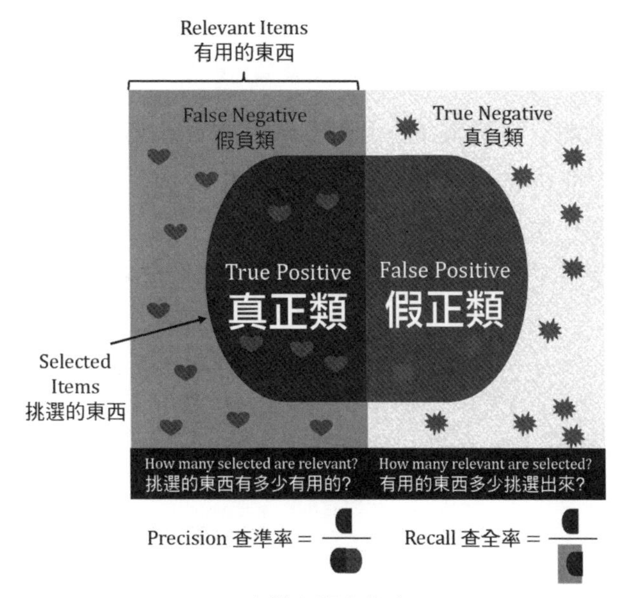

▲ 查準率和查全率

有用的東西 = 所有真實的正類

挑選的東西 = 所有預測的正類

$$查準率 = \frac{真正類}{真正類 + 假正類} = \frac{正確預測的正類}{所有預測的正類}$$

$$查全率 = \frac{真正類}{真正類 + 假負類} = \frac{正確預測的正類}{所有真實的正類}$$

混淆矩陣：在分類工作中，模型預測和標籤不總是完全符合的，而**混淆矩陣**就是用來記錄模型表現的 $N \times N$ 表格（其中 N 為類別的數量），通常其中一個座標軸為真實類別，另一個座標軸為預測類別。以二元分類工作為例（$N = 2$），其混淆矩陣的一般形式和實際實例如下圖所示。

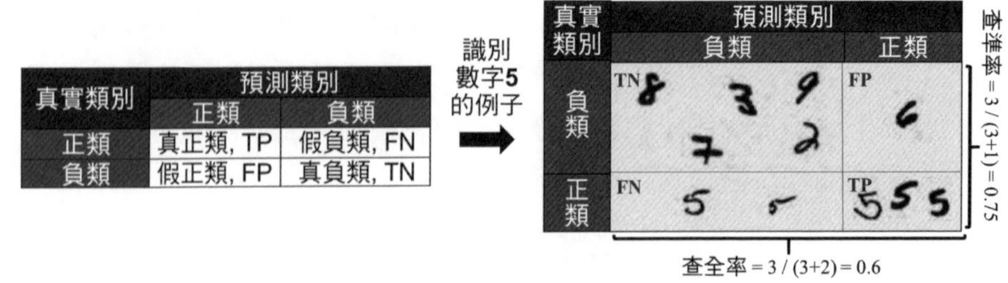

▲ 混淆矩陣的定義和實例

查全與查準的權衡：查準率和查全率互為衝突，一般來説，當查準率高時，查全率常常低；而當查全率高時，查準率常常低。如下圖所示，模型 A 的查全查準曲線完全在模型 B 的查全查準曲線之上，因此模型 A 好於模型 B。理想的模型曲線是圖中的（1, 1）點，即查準率和查全率都是 100%。

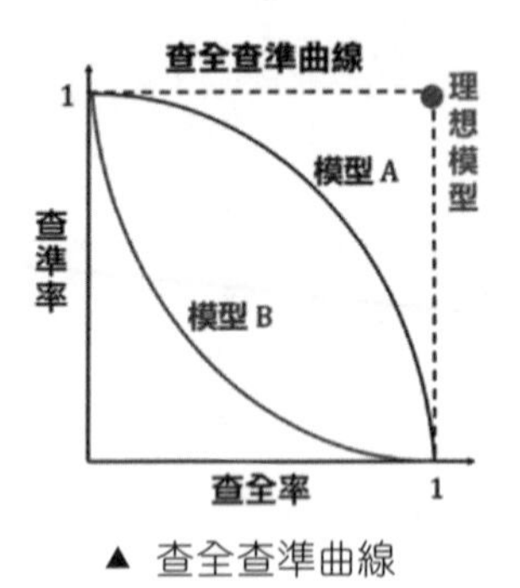

▲ 查全查準曲線

舉一個簡單的實例，在 6 個人玩《三國殺》遊戲時，你是主公（假設有 1 個主公、1 個忠臣、1 個內奸和 3 個反賊）：

- 當你的目標是**不錯殺任何**忠臣時，那麼最有把握的就是不殺任何人，因此查準率為 100%，而查全率為 0%。
- 當你的目標是**殺掉所有**反賊時，那麼最有把握的就是殺了所有人，因此查全率為 100% ，但查準率為 60%。

通常對於一些非常**簡單的工作**或當你**作弊**時，查準率和查全率才會都很高。舉例來說，你知道每個人的身份，當然是一殺一個準，直到遊戲結束，查準率和查全率都是 100%。

$\boldsymbol{F_1}$**得分**：是基於查準率和查全率的調和平均（Harmonic Mean）定義的：

$$\frac{1}{F_1}=\frac{1}{2}\times\left(\frac{1}{P}+\frac{1}{R}\right) \quad \Rightarrow \quad F_1=\frac{2PR}{P+R}$$

與算術平均（Arithmetic Mean，$P+R$）和幾何平均（Geometric Mean，$\sqrt{PR}$）相比，調和平均更重視較小值。從上式的左部分可以看出，P 和 R 都在分母位置，其中較小值的變動比較大值的變動對 F_1 得分的影響更大一些。用 F_1 得分的弊端是對查準率和查全率的重視程度相同，但在實際的機器學習中，我們對查準率和查全率的重視程度不同。例如：

（1）當我們向使用者推薦商品時，為了盡可能避免打擾使用者，我們更希望推薦的內容是使用者有興趣的，此時查準率更重要。

（2）當員警追捕逃犯時，更希望不漏掉逃犯，此時查全率更重要。

（3）當醫生為病人診斷癌症時，如果跟一個沒有得癌症的病人說他得了癌症（追求查全率），則病人的壓力就會很大，而且會花費很多金錢和時間在檢查上；如果跟得了癌症的病人說他沒得癌症（追求查準率），則會影響病人的治療。此時似乎查準率和查全率都很重要（筆者認為查準率更重要，畢竟生命比金錢更重要）。

目前還沒有找到查準率和查全率都不重要的實例，如果二者都不被重視，那麼還用機器學習做什麼？

為了區分不同的重要程度，下面介紹一下 F_1 得分的一般形式 F_β（其中 β 度量了查準率和查全率的相對重要性）。

$$\frac{1}{F_\beta}=\frac{1}{1+\beta^2}\times\left(\frac{1}{P}+\frac{\beta^2}{R}\right) \quad \Rightarrow \quad F_\beta=\frac{(1+\beta^2)PR}{\beta^2P+R}$$

- 當 $\beta=1$時，F_β 公式退化成 F_1 公式，此時查準率和查全率都重要，適用於癌症診斷。

- 當 $\beta > 1$時，查全率的影響更大，此時更希望查全，適用於員警追捕逃犯。
- 當 $0 < \beta < 1$時，查準率的影響更大，此時更希望查準，適用於向使用者推薦商品。

ROC 曲線：Receiver Operating Characteristic，ROC，意思為受試者工作特徵。該曲線類似查全查準曲線，但其圖形的水平座標軸、垂直座標軸並不是查準率和查全率。ROC 曲線反映在不同分類設定值上，真正類率（True Positive Rate）和假正類率（False Positive Rate）的關係。

- 真正類率是真正類和所有正類（真正類+假負類）的比率：真正類率 = 查全率。
- 假正類率是假正類和所有負類（假正類+真負類）的比率：假正類率 = 1 – 真負類率 = 1 – 特異率（Specificity）。

查全查準曲線和 ROC 曲線比較圖如下圖所示。ROC 曲線和橫坐軸之間的面積叫 AUC，即 Area Under the Curve。AUC 將所有可能分類設定值的評估標準濃縮成一個數值，根據 AUC 的大小，我們得出

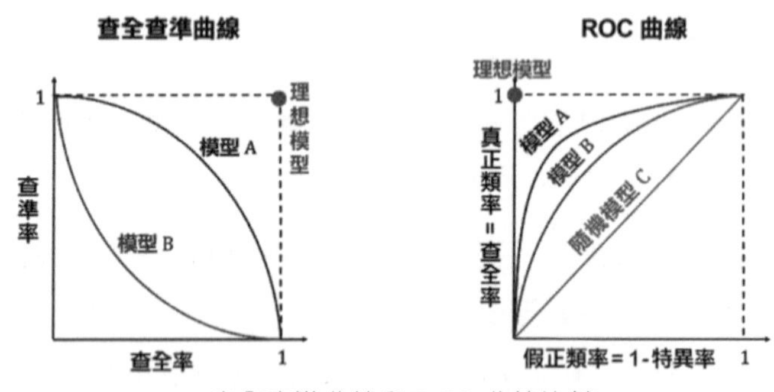

▲ 查全查準曲線和 ROC 曲線比較

1.4 歸納

機器學習透過資料（經驗）來學習其中的模式和規則，進而推廣到未來新的資料上。在學習中會面臨不同的工作，機器學習的學習效果也可以使用不同的效能度量來評估。

資料可分為結構類型資料和非結構類型資料，也可分為原始資料和加工資料，還可分為樣本內資料和樣本外資料。非結構類型資料可以透過某種方式轉換成結構類型資料，例如將圖片轉換成數值向量，將文字轉換成詞向量等。在機器學習中，模型只能在樣本內資料上訓練，但要將其推廣還要看它在樣本外資料上的表現。

機器學習的工作實際介紹如下。

- **有監督學習是對**有標籤的資料的學習，回歸和分類是主要工作。
- **無監督學習是對**無標籤的資料的學習，分群和降維是主要工作。
- **半監督學習**是對部分有標籤、部分無標籤的資料的學習，先分群再分類。
- **增強學習**是對有評價的資料在行動中的學習，邊試錯邊回饋。
- **深度學習**是一種機器學習的方法，在前 4 種學習模型因數據過多致使模型效能達到瓶頸時，可以造成幫助的作用。
- **遷移學習**是一種機器學習的方法，即將在一個工作上預訓練後的模型重新用在另一個工作中。

機器學習的效能度量主要使用誤差函數，以及一系列評估模型的指標。

本書主要說明有監督學習，也就是預測數值（回歸工作）和預測類別（分類工作），其中核心是下表中的假設函數 h。

回歸任務	分類任務
h  ( ) = 5 265 000	h  ( ) = 狗

在傳統程式設計中，重點是程式，人類總結經驗並將其歸納成嚴謹的邏輯公式，然後用程式語言描述出來並編譯成機器碼，交給電腦去執行。而在機器學習中，重點是表示（Representation），它是一種新的程式設計方式，它不需要人類來總結經驗、輸入邏輯，人類只需要把大量資料登錄電腦中，電腦就可以從資料中學習，該過程被稱作訓練，訓練後獲得的產物就是模型。

細心的讀者可能發現有一個問題沒有講清楚，也就是引言中所說的：

模型的效能如何定性評估？模型效能的好壞通常要看它在沒有見過的資料上的表現。但是這很矛盾，因為模型是基於看到的資料而學習的。你根本不知道你沒看到的資料（未來發生的）是什麼樣的，那麼又如何來評估模型效能呢？

第 2 章的機器學習理論就是用來解決如何根據模型在樣本內的表現，推出其在樣本外的表現，即在沒看到的資料上的表現。

參考資料

1. *Machine Learning* [book]
   Tom M.Mitchell, Chapter 1 - 1.1, 1997
2. Tidy Data [paper]
   Hadley Wickham, Journal of Statistical Software, August 2014, Volume 59, Issue 10
3. Prediction of Sea Surface Temperature using Long Short-Term Memory [paper]
   Qin Zhang, Hui Wang, Junyu Dong, Guoqiang Zhong, Xin Su, 19 May 2017, arXiv: 1705.06861
4. ImageNet Classification with Deep Convolutional Neural Networks [paper]
   Alex Krizhevsky, Ilya Sutskever, Geoffrey E. Hinton, NISP 2012
5. Deep Unsupervised Clustering Using Mixture of Autoencoders [paper]
   Dejiao Zhang, Yifan Sun, Brian Eriksson, Laura Balzano. 21 Dec 2017, arXiv:1712.07788

6. Good Semi-supervised Learning that Requires a Bad GAN [paper]
Zihang Dai, Ruslan Salakhutdinov, et.al. 3 Nov 2017, arXiv:1705.09783
7. Playing Atari with Deep Reinforcement Learning [paper]
Volodymyr Mnih, et.al. 19 Dec 2013. arXiv:1312.5602
8. 《遷移學習簡明手冊——一點心得體會》V1.0 [notes]
王晉東，中國科學院計算技術研究所，2018 . 4
9. A Survey on Transfer Learning [paper]
Sinno Jialin Pan, Qiang Yang, IEEE 2009

02

機器學習可行嗎--計算學習理論

If you do not understand computational learning theory, you do not understand machine learning deeply.

引言

胡巒才、斯蒂文和孟凡田都是研究機器學習的，他們都覺得自己的水準高。有一次，他們舉行了一場比賽，3 個人的模型在訓練集中的表現完美，模型的輸出標籤和範例的目標標籤完全一樣。

在訓練集中表現好不算什麼，要判斷模型的好壞，還要看其在測試集中的表現。讓人驚訝的是，他們的模型在測試集中輸出的結果完全不同，如下表所示。

	特徵 $\boldsymbol{x}$	標記 $\boldsymbol{y}$	胡巒才	斯蒂文	孟凡田
訓練資料	[0, 0]	0	0	0	0
	[1, 1]	1	1	1	1
測試資料	[1, 0]	?	0	1	1
	[0, 1]	?	0	0	1

假設特徵 $\boldsymbol{x} = [x_1, x_2]$ 中的x_1和x_2只能取 0 和 1。

- 胡巒才是指「胡亂猜」，用拋硬幣的方式獲得結果 0 和 0。
- 斯蒂文是指筆者，用決策樹獲得結果 1 和 0。
- 孟凡田是指「猛翻天」，用神經網路獲得結果 1 和 1。

僅從模型上看，孟凡田的模型優於斯蒂文和胡巒才的模型，真的是這樣嗎？假設目標函數 $y = c(x)$ 可以是下表中第一列裡的任意一個。

目標函數 c($\boldsymbol{x}$)	測試資料 [1,0]	測試資料 [0,1]	結論
$x_1 \cup x_2$	$1 \cup 0 = 1$	$0 \cup 1 = 1$	孟凡田完勝
$x_1 \cap x_2$	$1 \cap 0 = 0$	$0 \cap 1 = 0$	胡巒才完勝
x_1	$1 = 1$	$0 = 0$	斯蒂文完勝

由上表可知，使用這 3 種目標函數會得出 3 種不同結論。上表中顯示的結論就是機器學習中大名鼎鼎的「無免費午餐」（No Free Lunch，NFL）定理[1]。對於所有模型（無論是進階模型還是初級模型），它們的期望表現都是相同的！一切脫離實際問題來討論機器學習模型優劣的行為都是「詐欺」。

現在你有沒有一種被冷水澆頭的感覺：

既然胡巒才和孟凡田的模型期望表現相同，那麼還有什麼可學習的？

目標函數是未知的，完美地預測樣本內資料不算什麼，只有在樣本外資料上表現好才能稱得上是真正的學習，但樣本外資料又是未知的，機器能學習到嗎？機器學習是一種騙局嗎？

如果說機器學習沒什麼可學習的，或是一種騙局，那麼本書到第 1 章也就結束了。幸運（或不幸）的是，機器學習是可學習的，但是需要從機率的角度來學習。本章的思維導圖如下。

1 NFL 定理證明見本章附錄 A。

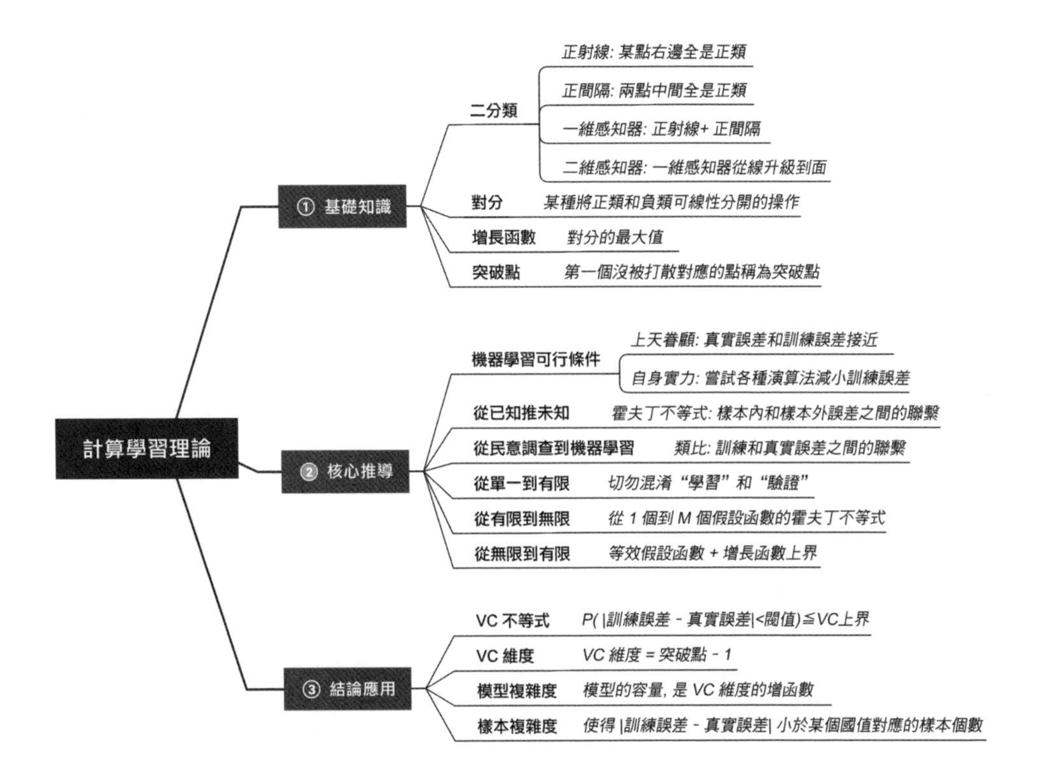

2.1 基礎知識

2.1.1 二元分類

二元分類（Binary Classification）問題是將一組資料按照某個規則分為兩種：用 $h(x) = 1$ 表示正類，用 $h(x) = -1$ 表示負類。實際的二元分類實例包含正射線、正間隔、一維感知器和二維感知器，實際介紹如下表所示。

二元分類實例	圖　示
正射線（Positive Ray） 正射線：在某一個點的右邊全是正類。 其有 3 種情況（見右圖）： （1）正類在負類的右邊 （2）只有正類沒有負類 （3）只有負類沒有正類	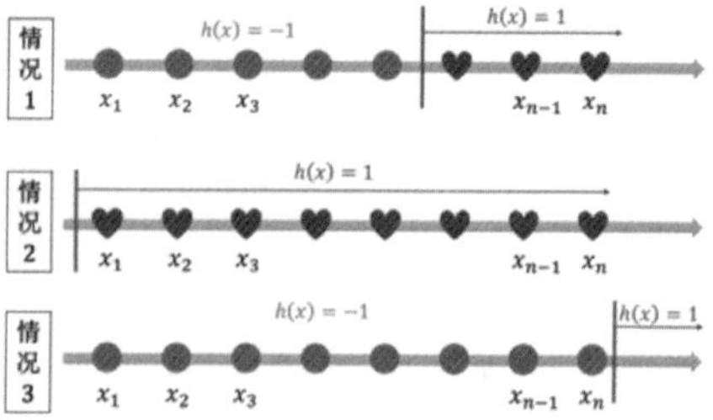 ▲ 正射線的 3 種情況
正間隔（Positive Interval） 正間隔：在兩個點的中間全是正類。 其有 5 種情況（見右圖）： （1）正類在負類的中間 （2）只有正類沒有負類 （3）只有負類沒有正類 （4）正類右邊沒有負類 （5）正類左邊沒有負類	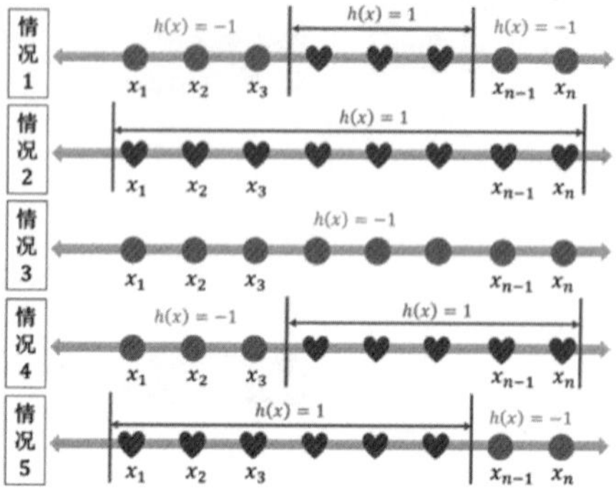 ▲ 正間隔的 5 種情況
一維感知器（1D Perceptron） 一維感知器：正射線加負射線，即在一維資料中的分類器。 其有 4 種情況（見右圖）： （1）正類在負類的右邊 （2）正類在負類的左邊 （3）只有正類沒有負類 （4）只有負類沒有正類	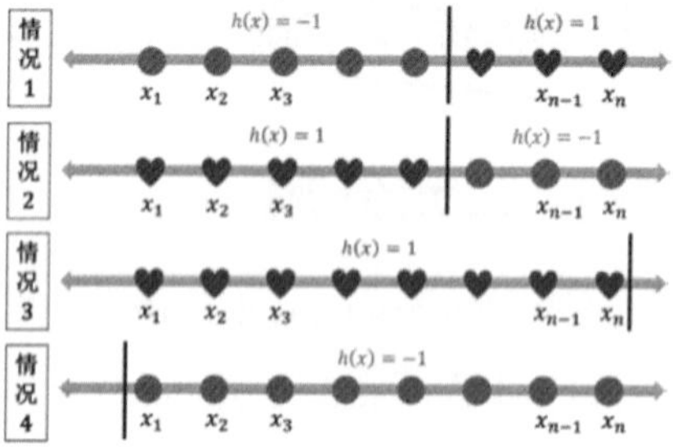 ▲ 一維感知器的 4 種情況
二維感知器（2D Perceptron） 二維感知器就是將一維感知器從線升級到面，即它是二維資料的分類器（見右圖）。	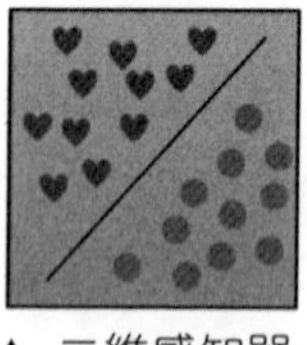 ▲ 二維感知器

▲ 二元分類表（請參照彩頁 2-1）

本章在證明機器學習是可行的同時，僅以二元分類問題來舉例。細心的讀者可能會看出來，在上面的實例中，紅心和綠圓正好是線性可分的，但是在有些情況下範例是線性不可分的，如下圖所示。

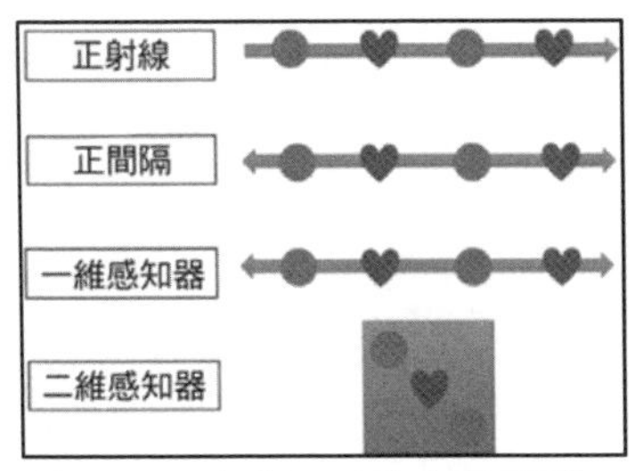

▲ 線性不可分的實例（請參照彩頁 2-2）

左圖所示的 4 種二元分類問題根據其定義都不可能用一條直線把紅心和綠圓分開，而我們有興趣的是，對於每個二元分類問題，在什麼情況下 n 個範例能被線性對分？

2.1.2 對分

假設資料集中包含 n 個範例，每個範例可以被分為兩種，n 個範例就有 2^n 種分類結果。舉例來說，當 $n = 2$ 時，正類為紅心，負類為綠圓，將兩個點分別設為紅心或綠圓，則一共有 $2^2 = 4$ 種分類結果。

   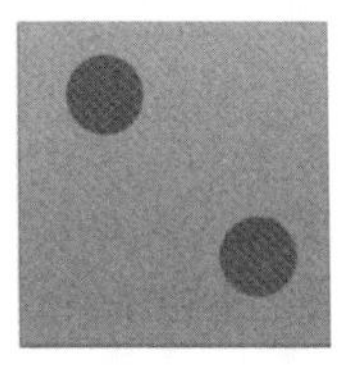

▲ 兩個範例有 4 種不同的分類結果

假設之後經過某種操作 H 將紅心和綠圓線性分開，則這種操作被定義為**對分**（Dichotomy）。如下圖所示，對分操作可以被看成是用一條直線把紅心和綠圓分開，兩個範例的對分結果一共有 4 種。

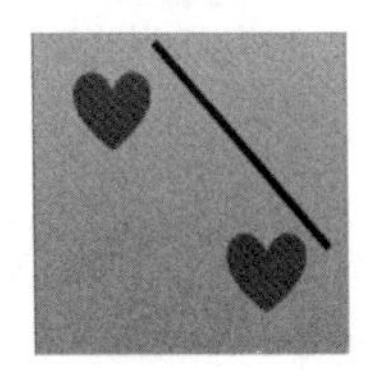  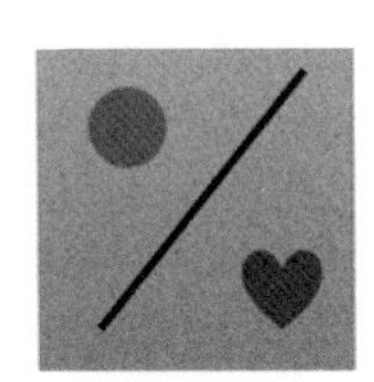 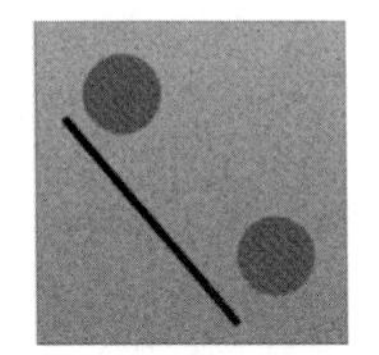

▲ 兩個範例的對分

因此，n 個範例的對分結果最多有 2^n 種，但是通常會少於 2^n 種。

下面分析 2.1.1 節介紹的 4 種二元分類問題的對分結果有多少種。這裡將對分結果定義為 $d_H(n)$，其中 H 是某種對分操作，n 是資料的個數。

二元分類實例	圖示
正射線 n 個褐色點可被 $n+1$ 條虛線劃分。對於每條虛線，將其右邊所有褐色點變成紅心，左邊所有褐色點變成綠圓，就是一種對分操作（見右圖）。正射線的對分種類為 $d_H(n) = n + 1 \leqslant 2^n$	▲ 正射線的對分情況（單向箭頭）
正間隔 在 $n+1$ 條虛線中任取兩條虛線，把其中間所有褐色點變成紅心，而其他褐色點變成綠圓，就是一種對分操作，總共有 $0.5n(n+1)$ 種結果（見右圖）；此外，全是綠圓的結果也是一種對分操作。正間隔的對分種類為 $d_H(n) = 0.5n^2 + 0.5n + 1 \leqslant 2^n$	▲ 正間隔的對分情況（雙向箭頭）
一維感知器 n 個褐色點可被 $n-1$ 條虛線劃分。對於每條虛線，把其右邊（或左邊）所有褐色點變成紅心，把其左邊（或右邊）所有褐色點變成綠圓（見右圖）；此外，全是紅心或綠圓的結果是兩種對分操作。一維感知器的對分種類為 $d_H(n) = 2(n-1) = 2n \leqslant 2^n$	▲ 一維感知器的對分情況（雙向箭頭）
二維感知器 二維感知器的對分情況比較複雜，要根據範例的個數來討論。 當 $n=1$ 時，對分結果只可能是右圖所示的兩種情況： $d_H(1) = 2^1 = 2$ 當 $n=2$ 時，對分結果只可能是右圖所示的 4 種情況： $d_H(2) = 2^2 = 4$	1 個樣例對分   ▲ 二維感知器：1 個範例的對分情況 2 個樣例對分 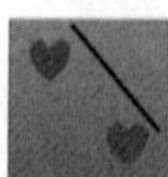 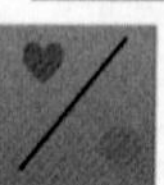 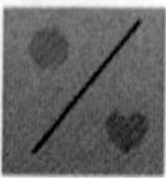 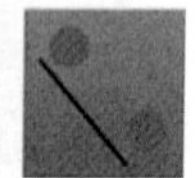 ▲ 二維感知器：2 個範例的對分情況

二元分類實例	圖示
當 $n=3$ 時，只有 1 種對分結果，如右圖所示。在這種情況下的對分結果種類為 $$d_{情況\,1}(3)=2^3=8$$ 但是，還有別的對分情況嗎？有！ 右圖所示的二維感知器的對分結果只有 6 種。其中在兩個底色為黑色的圖中，是不能用一條直線將紅心和綠圓對分的。 在這種情況下的對分結果的種類為 $$d_{情況\,2}(3)=6<2^3$$	3 個樣例對分：情況 1 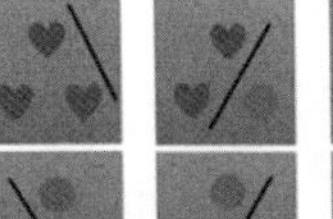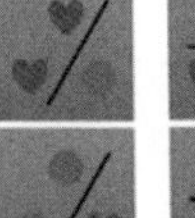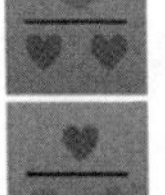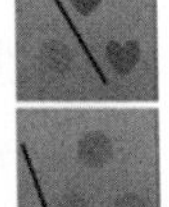 3 個樣例對分：情況 2 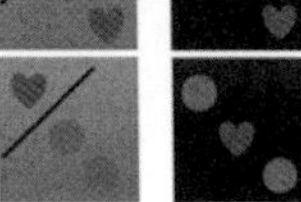 ▲ 二維感知器：3 個範例的對分情況
綜上所述，3 個範例的二維感知器的對分種類可能為 6，也可能為 8。	
當 $n=4$ 時，對分結果只可能是右圖所示的 14 種情況： $$d_H(4)=14<2^4$$	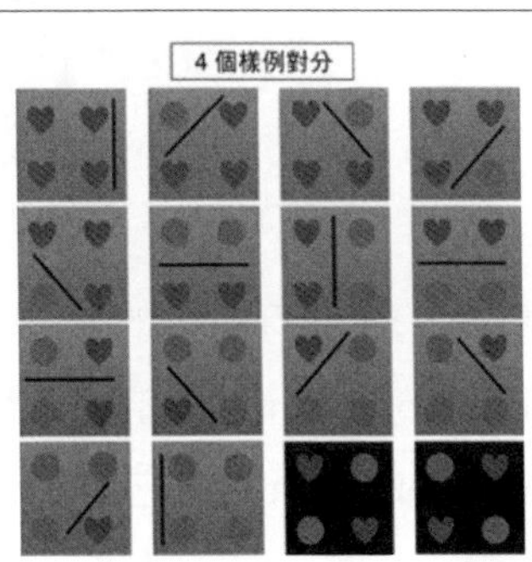 ▲ 二維感知器：4 個資料的對分情況
當 $n \geqslant 5$ 時，二維感知器的對分情況也越來越複雜，但是根據上面的結果，可以猜測 $$d_H(n)<2^n$$	

▲ 二元分類實例（請參照彩頁 2-3）

下表中歸納了各種二元分類問題的對分結果種類 $d_H(n)$。

二分類	增長函數 $m_H(n)$	二分類	增長函數 $m_H(n)$
正射線	$n+1$	二維感知器	• $n=1, m_H(1)=2 \leqslant 2^1$ • $n=2, m_H(2)=4 \leqslant 2^2$ • $n=3, m_H(3)=8 \leqslant 2^3$ • $n=4, m_H(4)=14 < 2^4$ • $n \geqslant 5, m_H(n) < 2^n$
正間隔	$\frac{n^2}{2}+\frac{n}{2}+1$		
一維感知器	$2n$		

2.1.3 增長函數

由於對分結果 $d_H(n)$ 在固定為 n 個範例的情況下可能有多個值，例如在二維感知器有 3 個範例的情況下，$d_H(3)$ 等於 6 或 8，這 3 個範例不同的分佈情況如下圖所示。

$$m_H(n) = \max(d_H(n))$$

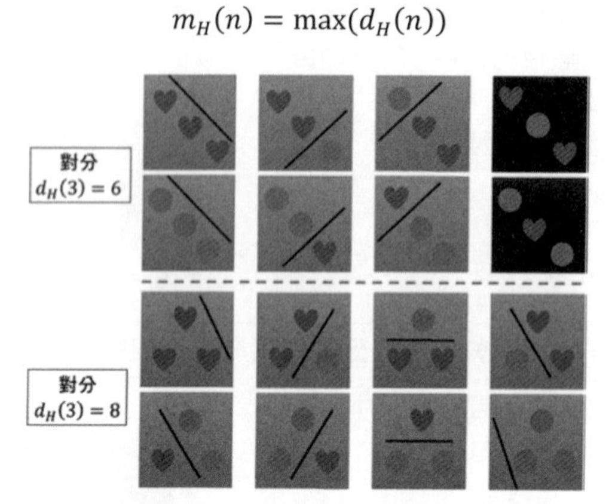

▲ 二維感知器：3 個範例的兩種對分情況

這樣看來，在進行對分時有一點麻煩，因為對分不僅與範例的個數 n 有關，還與範例的分佈情況有關。我們定義一個只與 n 有關的函數：**增長函數**（Growth Function），它取每個 n 在對分時的最大值。

增長函數值越大，則操作 H 的表示能力越強（後來我們把這個操作 H 定義成機器學習的假設空間 H），其複雜度越高，模型學習工作的適應能力也越強。下表中歸納了各種二元分類問題對應的增長函數。

<table>
<tr><th>二元分類問題</th><th>增長函數 $m_H(n)$</th><th>突破點 k</th><th>二元分類問題</th><th>增長函數 $m_H(n)$</th><th>突破點 k</th></tr>
<tr><td>正射線</td><td>$n+1$</td><td>2</td><td rowspan="3">二維感知器</td><td rowspan="3">• $n = 1, m_H(1) = 2 \leqslant 2^1$
• $n = 2, m_H(2) = 4 \leqslant 2^2$
• $n = 3, m_H(3) = 8 \leqslant 2^3$
• $n = 4, m_H(4) = 14 < 2^4$
• $n \geqslant 5, m_H(n) < 2^n$</td><td rowspan="3">4</td></tr>
<tr><td>正間隔</td><td>$\frac{n^2}{2}+\frac{n}{2}+1$</td><td>3</td></tr>
<tr><td>一維感知器</td><td>$2n$</td><td>3</td></tr>
</table>

2.1.4 突破點

假設經過某種操作 H，能實現資料集上所有資料的對分，則稱此資料集能被這個操作 H **打散**（Shatter）。既然能實現所有資料的對分，那麼打散時對應的增長函數為 2^n。下圖所示的就是一個將兩個範例（點）打散的案例，這裡實現了所有點的對分，增長函數為 $2^2 = 4$。

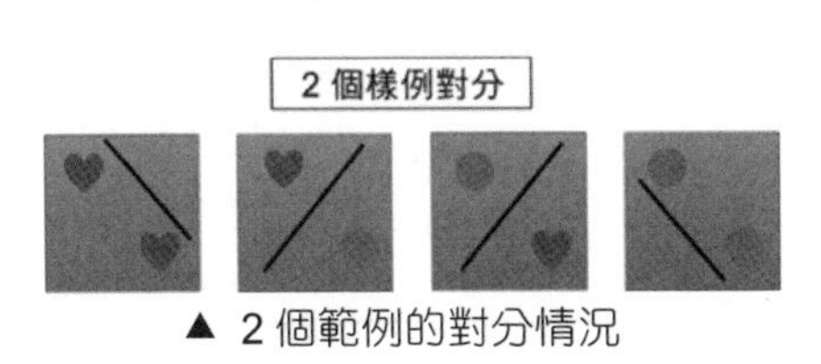

▲ 2 個範例的對分情況

打散的概念固然重要，但了解「不打散」的概念更加重要。第一個沒被打散的 k 點被稱為**突破點**（Break Point）。下圖中展示了各種二元分類問題沒有被打散的情況。

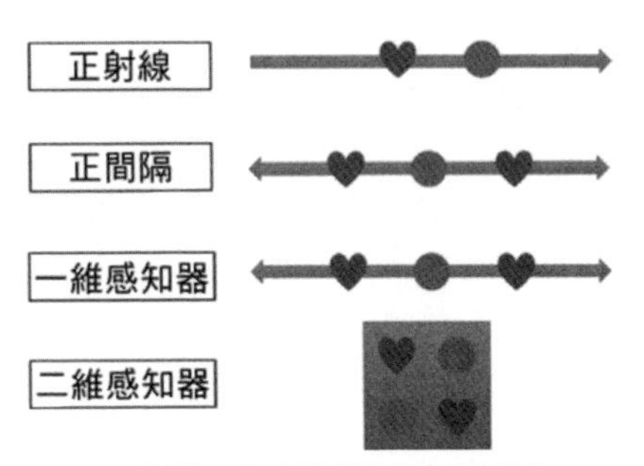

▲ 各種二元分類問題的突破點

正射線：不能打散這樣的兩個點，因為紅心一定要在綠圓右邊，突破點 $k = 2$。

正間隔：不能打散這樣的 3 個點，因為紅心一定要在綠圓中間，突破點 $k = 3$。

一維感知器：不能打散這樣的 3 個點，因為紅心或綠圓一定要連在一起，突破點 $k = 3$。

二維感知器：不能打散這樣的 4 個點，突破點 $k = 4$。

二維感知器在有 3 個點的情況下不是也不能被打散嗎？為什麼突破點不是 3 呢？因為也有 3 個點能被打散的情況，只要有一種情況能被打散就屬於能被打散。而 4 個點在各種情況下都不能被打散，因此突破點是 4。

下表中歸納了各種二元分類問題的突破點。

<table>
<tr><th>二元分類問題</th><th>增長函數 $m_H(n)$</th><th>突破點 k</th><th>二元分類問題</th><th>增長函數 $m_H(n)$</th><th>突破點 k</th></tr>
<tr><td>正射線</td><td>$n+1$</td><td>2</td><td rowspan="3">二維感知器</td><td rowspan="3">• $n=1, m_H(1)=2\leqslant 2^1$
• $n=2, m_H(2)=4\leqslant 2^2$
• $n=3, m_H(3)=8\leqslant 2^3$
• $n=4, m_H(4)=14<2^4$
• $n\geqslant 5, m_H(n)<2^n$</td><td rowspan="3">4</td></tr>
<tr><td>正間隔</td><td>$\frac{n^2}{2}+\frac{n}{2}+1$</td><td>3</td></tr>
<tr><td>一維感知器</td><td>$2n$</td><td>3</td></tr>
</table>

從上表中可以觀察出增長函數 $m_H(n)$ 是 n 階多項式，而 n 小於 $k-1$，舉例來說，

- 正射線 $m_H(n)$ 是一階多項式，而突破點 $k=2$，即 $k-1=1$。
- 正間隔 $m_H(n)$ 是二階多項式，而突破點 $k=3$，即 $k-1=2$。
- 一維感知器 $m_H(n)$ 是一階多項式，而突破點 $k=3$，即 $k-1=2\geqslant 1$。

那麼二維感知器的增長函數 $m_H(n)$ 也是 $k-1$ 階多項式嗎？

2.2 核心推導

2.2.1 機器學習可行條件

可能讀者對於本章引言中的案例會存在以下兩個疑惑。

疑惑 1：既然胡巒才和孟凡田的模型期望表現相同，那麼機器還有什麼可學習的？

疑惑 2：目標函數是未知的，完美地預測樣本內資料不算什麼，只有在樣本外資料上表現好才稱得上是真正的學習，但樣本外資料又是未知的，機器能學習到嗎？機器學習是一種騙局嗎？

疑惑 1 好解釋。根據 NFL 定理，假設所有目標函數發生的可能性都相同，但是，實際上並非如此。例如某組資料呈現出明顯的線性關係，那麼其目標函數最有可能為線性函數，而幾乎不可能為十階多項式函數。由此可知，每個實際問題都有一個最有可能的目標函數，以及最佳演算法，而脫離實際問題空談演算法毫無意義。

解決疑惑 2 才是本章的重點。我們的最後目的就是找到一個可以將**任意資料都能正確分類**的目標函數 c 。但是，這是不可能的，因為任意資料中都包含模型還沒有見過的資料，資料是未知的，那麼又如何能學習到作用在未知數據上的目標函數 c 呢？這時我們做一些退讓，既然不可能找到 c，那麼就來找 c 的「影子」g。

機器學習的流程圖如下圖所示。

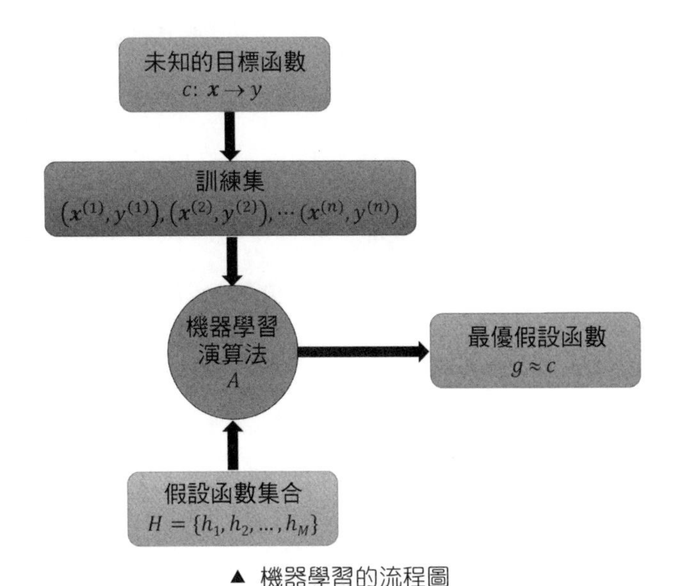

▲ 機器學習的流程圖

機器學習就是將演算法 A 用在訓練集

$$(\boldsymbol{x}^{(1)}, y^{(1)}), (\boldsymbol{x}^{(2)}, y^{(2)}), \cdots, (\boldsymbol{x}^{(m)}, y^{(m)})$$

上，並從假設函數集合 $H = \{h_1, h_2, \cdots, h_M\}$ 中選取最逼近目標函數 c 的**最佳假設函數** g。

既然 g 是 c 的「影子」，那麼 $g \approx c$。

有一個重要假設：「所有資料特徵 $\boldsymbol{x}$ 都來自相同機率分佈 P，即使 P 是未知的」。沒有它，機器學習無法進行。讓在訓練集（正態分佈）中學習過的模型在未見過的資料上（帕松分布）做分類，模型表現無參考價值。加上機率分佈 P 的機器學習流程圖如右圖所示。

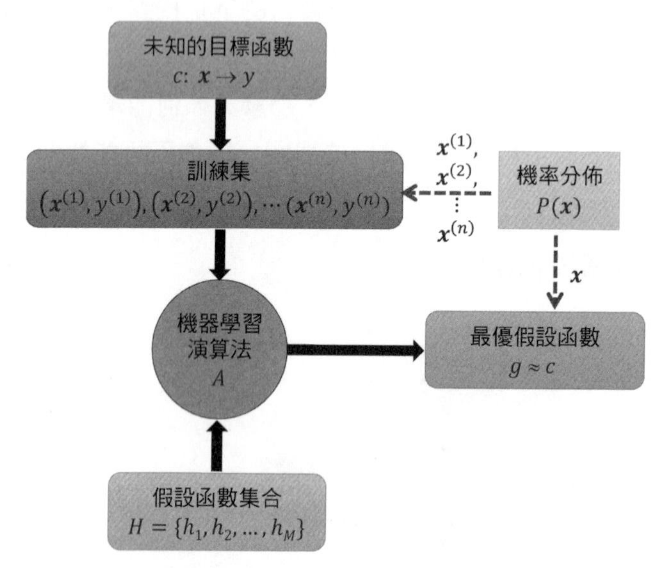

▲ 機器學習流程圖（加上機率分佈 P）

至此，已經有一個機器學習的架構了，下面的目標是找一個 g，並且 $g \approx c$。

- 如果找到 g，則機器學習可行。
- 如果找不到 g，則機器學習不可行。
- 從誤差角度看，在機器學習過程中：
- 當找到 c（理想世界）時，真實誤差為零。
- 當找到 g（努力目標）時，真實誤差很小。

當沒找到 g 時，真實誤差很大。

要證明機器學習是可行的，需要完成下圖所示的邏輯鏈。

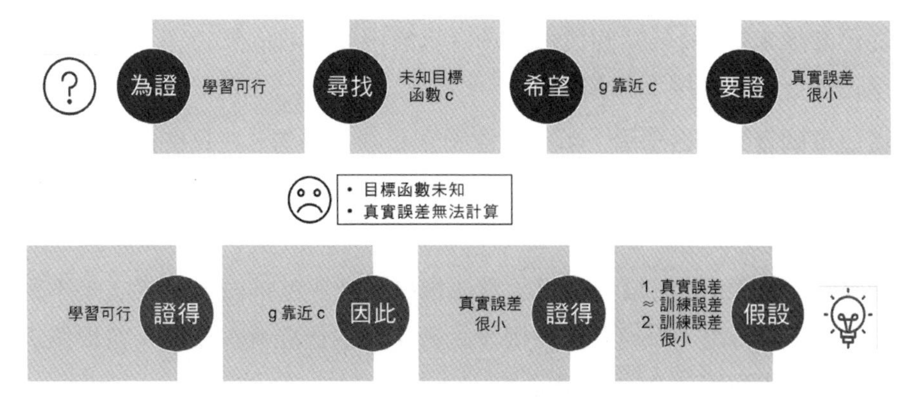

▲ 證明機器學習可行的邏輯鏈（請參照彩頁 2-4）

下表中歸納了邏輯鏈中的步驟和有關的問題。

上圖中的藍色邏輯鏈	兩個未解決的問題	上圖中的紅色邏輯鏈
證明機器學習可行 ⇨ 尋找到目標函數 c ⇨ 間接找到 g 逼近 c ⇨ 最小化真實誤差[2]	（1）目標函數 c 未知 （2）真實誤差無法計算	如果真實誤差和訓練誤差在某些條件下會很接近；如果有能力最小化訓練誤差，則 ⇨ 最小化真實誤差 ⇨ 找到一個 g 逼近 c ⇨ 機器學習可行

上表中的兩個「如果」（條件）分別對應了「上天眷顧」（運氣）和「本身實力」（實力）：

- 真實誤差和訓練誤差在某些條件下會很接近 [上天眷顧]
- 有能力最小化訓練誤差 [本身實力]

當兩個條件成真時，那麼真實誤差也很小，機器學習可行。「上天是眷顧機器學習者的」。下面會證明「真實誤差和訓練誤差在某些條件下會很接近」；而最小化訓練誤差要透過本身實力來實現，因此你只有努力學習各種演算法了。學完本章，至少你會獲得「上天眷顧」，有了理論支援，從此可以鑽研各種演算法。後面會介紹以下內容。

---

2 在極限情況下，當「影子」g 是 c 時，真實誤差為零；當 g 越來越逼近 c 時，真實誤差越來越小。

- **從已知推未知**：將已知的透過民意調查獲得的川普的支持率和未知的全體選民支援川普的機率聯繫起來。
- **從民意調查到機器學習**：類比民意調查和機器學習，在只能選擇單一假設函數的情況下，根據已知的樣本內誤差（訓練誤差）推測出未知的樣本外誤差（真實誤差）。
- **從單一到有限**：使用單一假設函數並根據訓練誤差推測出真實誤差不算學習，頂多算驗證；而從有限多假設函數中選取最佳假設函數，並根據訓練誤差推測出真實誤差才算學習。
- **從有限到無限**：假設函數通常有無限多個，因此，上面證明的結論不適用。
- **從無限到有限**：透過增長函數和突破點等概念，將無限個假設轉換成有限個假設。

此時，看完上面的內容你可能會一頭霧水，但看完本節的內容後保證你會茅塞頓開。

2.2.2 從已知推未知

民意調查就是做統計取樣。例如在美國的加州做民意調查，從全部選民中隨機挑選一批選民，記錄他們的投票傾向，將結果綜合起來就獲得加州選民的意向了。

- 隨便找一個加州人調查，只能獲得「一邊倒」的結論，這種民意調查的結果沒有任何意義。
- 調查了上萬個選民後，綜合後的結果就相當準了，這種**民意調查的結果可以作為整體選民意向**。

上面粗體的文字只能說是「機率上近似正確」（Probably Approximately Correct，PAC）。這種說法是不是很難了解？先看下圖。

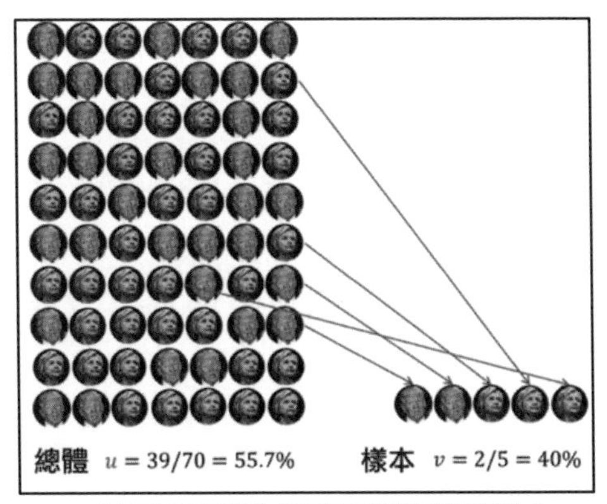

▲ 以民意調查為例來解釋整體和樣本

右圖的左半部分代表整體，用川普的圖示個數除以總圖示個數，就獲得川普的真實支持率 u：

- u 是一個**未知量**（因為人太多，計算起來費財又費力）。
- u 是一個**確定量**（不會變，客觀存在於全體選民結果中）。

右圖的右半部分代表樣本，從整體選民中隨機選出選民並記錄支援川普的資料。在樣本中，川普的圖示個數除以樣本的總圖示個數就是川普的調查支持率 v：

- v 是一個**已知量**（樣本數少，便於計算）。
- v 是一個**隨機量**（隨著每次民意調查取樣的不同而變化）。

透過民意調查之後，我們計算出 v，但是了解 v 對於了解 u 有幫助嗎？

斯蒂文：沒有！雖然大多數選民都選希拉蕊（u 很大），但是在民意調查中的那些選民可能都選川普（v 很大），因此 v 和 u 沒什麼關係。

霍夫丁：你說的這種情況是可能的（possible），但不是很有可能的（probable）。當樣本足夠多時，$v \approx u$ 這個說法在機率上近似正確（PAC）。

你看，這就是斯蒂文與霍夫丁的差距。斯蒂文自作聰明地以為舉了一個反例就能推翻「從樣本 v 不能推斷整體 u」這個結論；而大師霍夫丁則從「機率上近似正確」上做文章，稱「當樣本足夠多時，$v \approx u$」，並且還列出嚴謹的數學公式證明。

霍夫丁不等式[3]（Hoeffding's Inequality）就量化了 v 與 u 的關係。

$$P(|v-u|>\varepsilon) \leqslant 2\mathrm{e}^{-2\varepsilon^2 n}$$

$$P(|v-u| \leqslant \varepsilon) \leqslant 1-2\mathrm{e}^{-2\varepsilon^2 n}$$

其中，

ε 是任意正數。

n 是樣本個數。

$|v-u|>\varepsilon$ 指的是 v 和 u 相差大於 ε。

P 是事件 $|v-u|>\varepsilon$ 的機率。

上面兩個不等式是相等的，通常我們會用第一個。不要被它嚇住，其實它很直觀：如果選一個很小的 ε（言外之意就是想讓 v 和 u 的值接近），那麼為了讓不等式右邊的 $2\mathrm{e}^{-2\varepsilon^2 n}$ 很小，只能調大 n 值。

舉一個實例，如果你希望川普真實的支持率 v 和民意調查的支持率 u 相差不超過 2%，那麼在調查 5000 個人後（$n=5000$），計算出 $1-2\mathrm{e}^{-2\varepsilon^2 n}=0.9816$，換句話說就是在 98.16% 的情況下，

$$v-0.02 \leqslant u \leqslant v+0.02$$

這時，如果用 v 來代替 u，在 98.16% 的情況下是沒問題的。上面的公式和實例簡單地說就是：

如果 n 很大，則 $v \approx u$ 這個說法在機率上近似正確。

這時容易計算的 v 是難計算的 u 的一個很好的逼近。這個不等式的更厲害之處是：

（1）右邊的機率上界 $2\mathrm{e}^{-2\varepsilon^2 n}$與 u 完全無關。

（2）n 是樣本個數，不是整體個數，容易計算。

---

3 霍夫丁不等式證明見本章技術附錄 B。

不管整體個數是多少，不管整體變數 u 的未知程度如何，指定一個 n 就能計算一個「從已知到未知」的機率上界。到現在，經過「從已知推未知」這一步，我們應該學習到了一些知識，例如透過 v 了解 u。

2.2.3 從民意調查到機器學習

民意調查的原理我們已經弄清楚了，可本書講的是機器學習，與它有什麼關係？透過比較可以發現兩者的本質是一樣的，這樣我們就可以把用在民意調查的那一套方法用在機器學習上。

根據霍夫丁不等式，證得民意調查不等式，下表將其進行類比，將 v、u 用 $e_{\text{in}}(h)$、 $e_{\text{out}}(h)$ 取代，獲得機器學習不等式

$$\overbrace{P(|v-u|>\varepsilon)\leqslant 2\mathrm{e}^{-2\varepsilon^2 n}}^{\text{民意調查}} \quad \overset{\text{類比}}{\Longleftrightarrow} \quad \overbrace{P(|e_{\text{in}}(h)-e_{\text{out}}(h)|>\varepsilon)\leqslant 2\mathrm{e}^{-2\varepsilon^2 n}}^{\text{機器學習}}$$

	民意調查	機器學習
標記	支援希拉蕊，支援川普	分類正確，分類錯誤
目標	獲得川普的支持率	學習並獲得目標函數 $c(x)=y$
資料	選民集	範例集
資料分佈	每個選民獨立同分佈	每個範例獨立同分佈
樣本內/外	整體/樣本	總資料集/訓練集
樣本內統計量	v = 樣本內川普的支持率	$\overbrace{e_{\text{in}}(h)}^{\text{訓練誤差}}=\frac{1}{n}\sum_{i=1}^{n}I\{h(x^{(i)})\neq c(x^{(i)})\}$
樣本外統計量	u = 樣本外川普的支持率	$\overbrace{e_{\text{out}}(h)}^{\text{真實誤差}}=P(h(x)\neq c(x))$

對於上面的不等式：

- 對所有 n 和 ε 都成立。
- 與 $e_{\text{out}}(h)$ 無關，因此目標函數 c 仍然可以保持未知。
- $e_{\text{out}}(h)\approx e_{\text{in}}(h)$ 在機率上近似正確。

換句話說，當資料足夠多（n 足夠大）時，訓練誤差和真實誤差的差別非常小（ε 很小），只要你有能力找到好的演算法，使得訓練誤差很小，那麼真實誤差也會很小。

更通俗一點地說，把「訓練誤差和真實誤差差別大的 h」當成「壞 h」，因為這時我們無法透過 h 很小的訓練誤差推出 h 很小的真實誤差，那麼將上面的不等式（機器學習版本）可以寫成

$$P(|e_{\text{in}}(h) - e_{\text{out}}(h)| > \varepsilon) \leqslant 2\mathrm{e}^{-2\varepsilon^2 n} \quad \Rightarrow \quad P(\text{壞 } h) \leqslant 2\mathrm{e}^{-2\varepsilon^2 n}$$

為了證明機器學習是可行的，我們希望證明 h 不是「壞」的，以及「$P(\text{壞 } h)$」很小，進而要證明 $2\mathrm{e}^{-2\varepsilon^2 n}$ 很小。這樣看，只要增大 n 就可以證明以上結果。難道這樣就已經證完了學習是可行的？還沒有……

2.2.4 從單一到有限

2.2.3 節中的結論只用了一個固定的假設函數 h，而非一組假設函數 $h_1, h_2, \cdots, h_M$，機器沒有學習到任何東西，最多只能說驗證了固定 h 和目標函數 c 的差距，驗證的結果有兩種（現在已經知道 $e_{\text{out}}(h) \approx e_{\text{in}}(h)$ 而 $e_{\text{out}}(c) = 0$）：

（1）如果 $e_{\text{out}}(h) \approx 0$，那麼 $e_{\text{in}}(h) \approx 0$，$h$ 學到 c，用 h 來預測的真實誤差接近於 0，h 就預測準了。

（2）如果 $e_{\text{out}}(h) \gg 0$，那麼 $e_{\text{in}}(h) \gg 0$，h 沒學到 c，用 h 來預測的真實誤差遠大於 0，h 預測不準。

如果 $e_{\text{out}}(h) \approx 1$，那麼 $e_{\text{in}}(h) \approx 1$，$h$ 完全沒學到 c，但是每次反過來，h 就能學到 c。因此，當 $e_{\text{out}}(h) = 0.5$ 時，才是最壞的情況，上述驗證過程的流程圖如下圖所示。

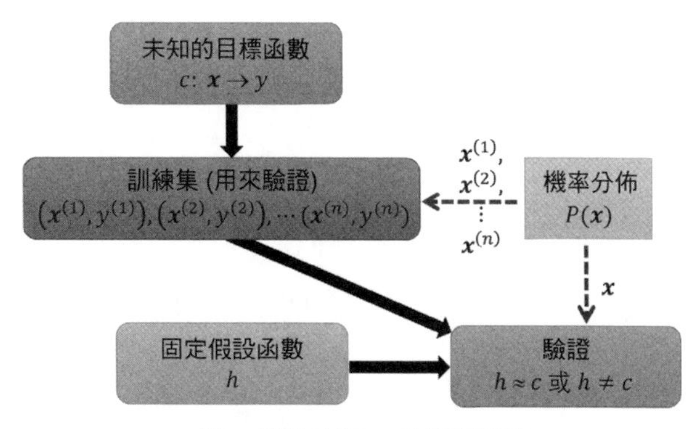

▲ 單一假設函數 h 的驗證過程

與前面機器學習過程的流程圖相比，本圖不同之處在於把 h 用到新資料中計算誤差。

- 如果誤差很小，則驗證出 h 學到了 c。
- 如果誤差很大，則驗證出 h 沒學到 c。

記住，該過程只是驗證，和學習無關！因為當只有一個 h 時，它的訓練誤差就是客觀存在的，我們只能驗證它是大還是小，卻不能減小它（減小誤差才和學習掛鉤）。

現在所有問題都集中到如何用一個機制使得 $e_{\text{in}}(h) \approx 0$。很簡單，從一組假設函數 $h_1, h_2, \cdots, h_M$ 中選出一個使得 $e_{\text{in}}(h)$ 最小，並將這個最佳假設函數設定為 g，只要滿足

$$P(|e_{\text{in}}(g) - e_{\text{out}}(g)| > \varepsilon) \leqslant \text{很小的數}$$

那麼 $e_{\text{out}}(g) \approx 0$，$g$ 真的學到了 c。上面不等式成立嗎？成立—— 霍夫丁。

$$\begin{aligned}
&P(|e_{\text{in}}(g) - e_{\text{out}}(g)| > \varepsilon) = P(\text{壞}g) \\
&\leqslant P(\text{壞 } h_1 \text{ 或 壞 } h_2 \text{ 或} \dots \text{或 壞 } h_M) \\
&\leqslant P(\text{壞 } h_1) + P(\text{壞 } h_2) + \cdots + P(\text{壞 } h_M) \\
&\leqslant 2\mathrm{e}^{-2\varepsilon^2 n} + 2\mathrm{e}^{-2\varepsilon^2 n} + \cdots + 2\mathrm{e}^{-2\varepsilon^2 n} \\
&= 2M\mathrm{e}^{-2\varepsilon^2 n}
\end{aligned}$$

- 從數學公式到通俗說法的轉換。

- 如果 g 是「壞」的，那麼至少有一個 h 是「壞」的。
- 聯合上界。
- 將霍夫丁不等式用在每一個 h_m 上。
- 簡單加總。

從 h 升級到 g，唯一的改變就是不等式的右邊多出一個 M（假設函數的個數）：

$$P(\text{壞 } h) \leqslant 2\mathrm{e}^{-2\varepsilon^2 n} \qquad \Rightarrow \qquad P(\text{壞} g) \leqslant 2M\mathrm{e}^{-2\varepsilon^2 n}$$

為了證明機器學習是可行的，我們希望證明 g 不是「壞」的，進一步要證明「$P(\text{壞} g)$」很小，進而要證明 $2M\mathrm{e}^{-2\varepsilon^2 n}$ 很小。這樣看，只要增大 n 就可以證明以上結果。現在我們應該證完了機器學習是可行的了。

2.2.5 從有限到無限

在實際問題中，假設函數的個數 M 真的是有限個嗎？看一看下圖。

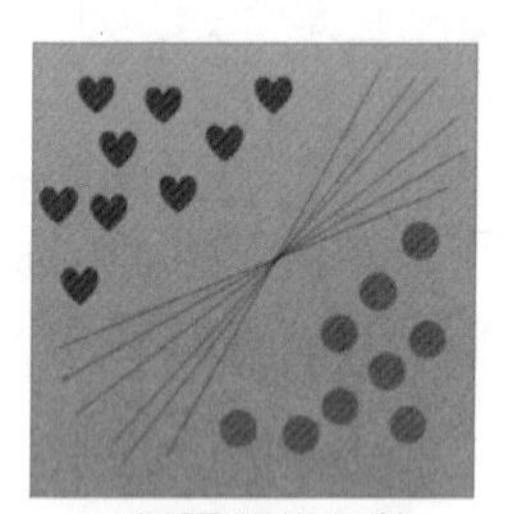

▲ 無限假想函數

圖中的所有黑線都可以將紅心和綠圓線性分開，但是這種黑線有無數條。假如每一條黑線對應著一個假設函數，那麼 M 是正無限大的。下面代入 2.2.4 節證出的不等式看一看：

$$P(\text{壞} g) \leqslant 2M\mathrm{e}^{-2\varepsilon^2 n} = 2\frac{M}{\mathrm{e}^{2\varepsilon^2 n}} = \text{很大的數}$$

即使增大 n，當 M 是正無限大時，我們只能證出「$P(\text{壞} g) \leqslant$ 很大的數」，顯而易見，一般人都知道「$P(\text{壞} g)$」是一個機率，而且小於或等於 1。問題到底出在哪兒呢？

2.2.6 從無限到有限

問題出在壞事情是相互重合的，「壞h_1」和「壞h_2」可能基本是一樣的，而使用聯合上界會使得上界過鬆，也就是下面的不等式的右邊的數值過大。

$$P(\text{壞}g) \leqslant P(\text{壞 } h_1) + P(\text{壞 } h_2) + \cdots + P(\text{壞 } h_M)$$

既然找到了問題的根源，現在就要解決問題，看是否能將無限值 M 變成一個有限值。答案是可以，但首先得介紹一下相等假設函數，如下圖所示。

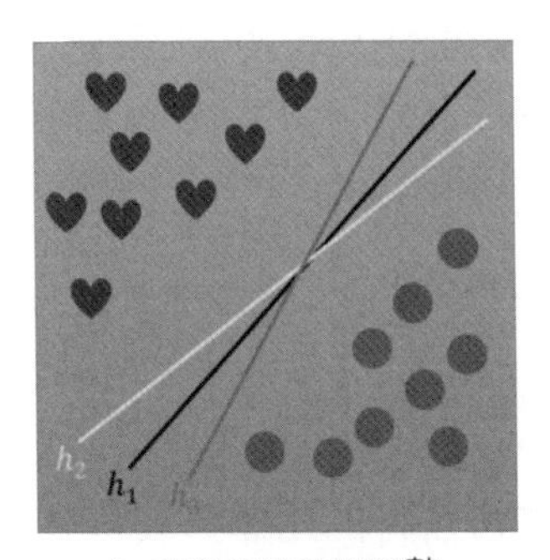

▲ 有限相等假想函數

圖中的 h_1、h_2 和 h_3 是相等的，被歸結為相等的一種（相等類別），而增長函數 $m_H(n)$ 是計算相等類別的個數。因為增長函數的上界是 2^n，所以用 $m_H(n)$ 來替代上面不等式裡的 M，獲得

$$P(\text{壞}g) \leqslant 2M\mathrm{e}^{-2\varepsilon^2 n} = \frac{2m_H(n)}{\mathrm{e}^{2\varepsilon^2 n}} \leqslant \frac{2\times 2^n}{\mathrm{e}^{2\varepsilon^2 n}} = 2\frac{\mathrm{e}^{\ln 2n}}{\mathrm{e}^{2\varepsilon^2 n}} \leqslant \text{比 1 大的數}$$

在 $2\frac{\mathrm{e}^{\ln 2n}}{\mathrm{e}^{2\varepsilon^2 n}} \leqslant \text{比 1 大的數}$ 這一步中，分子和分母都寫入成 e^{an} 的形式，這樣它們是等階無限大的（當 n 趨近無限大時，分子和分母趨近無限大的速率一樣），因為 ln2 通常會比 $2\varepsilon^2$ 大，因此，最後的結果會比 1 大。但是，一般人都知道機率小於或等於 1。

問題就出在增長函數的上界 2^n 過大，如果能證明 $m_H(n)$ 是 $\mathrm{e}^{2\varepsilon^2 n}$ 的低階無限大就好了（即當 n 趨近無限大時，分母趨近無限大的速率比分子快）。還記得 2.1.3 節最後對 $m_H(n)$ 是多項式的猜測嗎？多項式函數的確是指數函數的低階無限大，如果該猜測成立，則機器學習的可行性就獲得證明了。

事實上，增長函數的確有一個更小的上界，那就是多項式[4]，

$$m_H(n) \leqslant \sum_{i=0}^{\overbrace{k}^{\text{突破點}}-1} \binom{\overbrace{n}^{\text{資料點的個數}}}{i} = O(n^{k-1})$$

這時再來看一看「壞g」的機率是否能被限制為一個很小的數。

$$P(\text{壞}g) \leqslant 2M\mathrm{e}^{-2\varepsilon^2 n} = 2\frac{m_H(n)}{\mathrm{e}^{2\varepsilon^2 n}} \leqslant 2\frac{O(n^{k-1})}{\mathrm{e}^{2\varepsilon^2 n}} \leqslant \text{很小的數}$$

最後一步是由洛必達法則獲得的，對 $k-1$ 階多項式函數和指數函數分別求 $k-1$ 次導數後，分子為常數，而分母還是與 n 相關的指數函數，這樣，當 n 很大時，整個商會很小。於是我們獲得

$$P(|e_{\text{in}}(g) - e_{\text{out}}(g)| > \varepsilon) \leqslant \overbrace{2\frac{\sum_{i=0}^{k-1}\binom{n}{i}}{\mathrm{e}^{2\varepsilon^2 n}}}^{n\text{ 很大，該項很小}}$$

再回到 2.2.1 節證明機器學習可行的兩個必要條件：

- 證明在某種條件下 $e_{\text{in}}(g) \approx e_{\text{out}}(g)$。 [上天眷顧]
- 使用不同演算法使得訓練誤差 $e_{\text{in}}(g)$ 很小。 [本身實力]

「上天眷顧」這個條件已被上面的不等式證明了，**「本身實力」**這個條件要看個人運氣。

---

4 增長函數的上界推導比較煩瑣，見本章參考資料 **[1]**。

2.3 結論應用

2.3.1 VC 不等式

2.2 節得出的不等式就是著名 VC（Vapnik-Chervonenkis）不等式的「模擬版」，真正的 VC 不等式有幾個係數要修改，介紹如下（請參照彩頁 2-5）。

$$\text{仿真版:}\quad P(|e_{\text{in}}(g)-e_{\text{out}}(g)|>\varepsilon)\leqslant 2\frac{m_H(n)}{\mathrm{e}^{2\varepsilon^2 n}}=2\frac{\sum_{i=0}^{k-1}\binom{n}{i}}{\mathrm{e}^{2\varepsilon^2 n}}$$

$$\text{真正版:}\quad P(|e_{\text{in}}(g)-e_{\text{out}}(g)|>\varepsilon)\leqslant 4\frac{m_H(2n)}{\mathrm{e}^{\frac{1}{8}\varepsilon^2 n}}=4\frac{\sum_{i=0}^{k-1}\binom{2n}{i}}{\mathrm{e}^{\frac{1}{8}\varepsilon^2 n}}$$

上式中，紅色和藍色符號顯示出模擬版 VC 不等式和真正版 VC 不等式的不同處，完整地證出那些藍色符號需要很多的專業知識，對 VC 不等式證明有興趣的讀者可參見本章參考資料 [2]。VC 不等式右邊的項被稱為 VC 上界。

2.3.2 VC 維度

指定資料集 D 有 n 個點以及假設函數空間 H，下面先回憶一下打散和突破點的定義：

- **打散**是 n 個點能被 H 實現所有對分。
- **突破點**是第一個無法被打散的點，記作 k 點。

既然 k 點是第一個無法被打散的點，那麼 $k-1$ 點一定是**最後被打散**的點，通常把它定義成 VC 維度（VC Dimension），有 $d_{\text{vc}}=k-1$。把 VC 維度帶入 VC 不等式（即用 d_{vc} 替代 $k-1$）獲得

$$P(|e_{\text{in}}(g)-e_{\text{out}}(g)|>\varepsilon)\leqslant \overbrace{4\frac{\sum_{i=0}^{d_{\text{vc}}}\binom{2n}{i}}{\mathrm{e}^{\frac{1}{8}\varepsilon^2 n}}\leqslant 4\frac{(2n)^{d_{\text{vc}}}+1}{\mathrm{e}^{\frac{1}{8}\varepsilon^2 n}}}^{\text{只保留多項式的最高階項 }(2n)^{d_{\text{vc}}}\text{ 和常數項 1}}$$

只要 d_{vc} 是有限的，那麼當 n 很大時，不等式的最右邊都是一個很小的數，

即真實誤差 $e_{\mathrm{out}}(g)$ 逼近訓練誤差 $e_{\mathrm{in}}(g)$，那麼假設函數 g 具有很好的推廣能力。

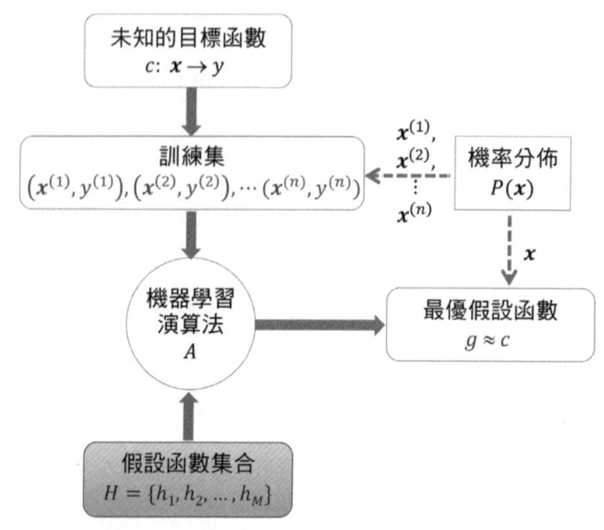

▲ 訓練資料 + 假設函數集 + 有限 VC = 機器學習可行

由 VC 不等式可知「有限的 VC 維度才是機器學習可行的條件」。進一步獲得下面這個結論：

- 不需要知道**演算法** A。
- 不需要知道**資料分佈** $P(\boldsymbol{x})$。
- 不需要知道**目標函數** c。

只需要知道**訓練集** D 和**假設函數集** H 就能找到最佳假設函數 g 來學習 c。

上圖中將不需要的元素用灰色來淡化。

2.3.3 模型複雜度

設定一個機率 δ，計算樣本數 n 和容忍度 ε 的關係：

$$P(|e_{\mathrm{in}}(g) - e_{\mathrm{out}}(g)| > \varepsilon) \leqslant 4\frac{(2n)^{d_{\mathrm{vc}}} + 1}{\mathrm{e}^{\frac{1}{8}\varepsilon^2 n}} = \delta \quad \Rightarrow \quad \varepsilon = \sqrt{\frac{8}{n}\ln\left(4\frac{(2n)^{d_{\mathrm{vc}}} + 1}{\delta}\right)}$$

因此，在大於 $1-\delta$ 的機率下，

$$|e_{\text{in}}(g)-e_{\text{out}}(g)|\leqslant\varepsilon$$

$$\Rightarrow e_{\text{in}}(g)-\sqrt{\frac{8}{n}\ln\left(4\frac{(2n)^{d_{\text{vc}}+1}}{\delta}\right)}\leqslant e_{\text{out}}(g)\leqslant e_{\text{in}}(g)+\sqrt{\frac{8}{n}\ln\left(4\frac{(2n)^{d_{\text{vc}}+1}}{\delta}\right)}$$

$$\Rightarrow e_{\text{in}}(g)-\Omega(d_{\text{vc}},n,\delta)\leqslant e_{\text{out}}(g)\leqslant e_{\text{in}}(g)+\Omega(d_{\text{vc}},n,\delta)$$

在上式的最後引進了懲罰函數 Ω，也被稱為模型複雜度（Model Complexity）。這個參數表達的意義是，假設空間 H 越強，演算法越需要強大的推廣能力。一般來說，H 容量越大，d_{vc} 越大，那麼模型就越難學習。

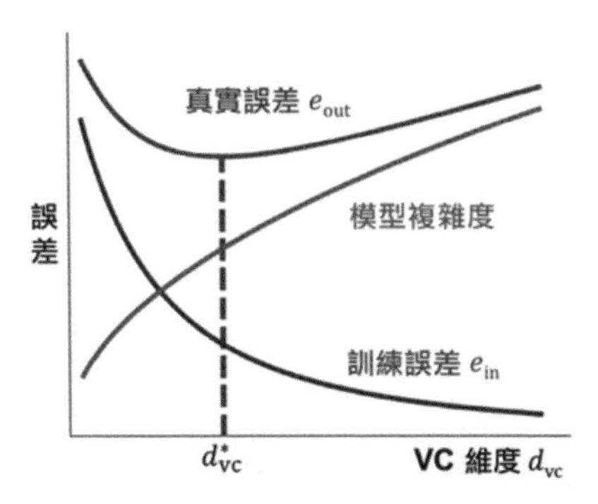

▲ 模型複雜度和 VC 維度的關係（請參照彩頁 2-6）

如上圖所示，模型複雜度是 d_{vc} 的增函數（紅線），而訓練誤差是 d_{vc} 的減函數（藍線）。

- 當 d_{vc} 增大時：訓練誤差減小（模型越複雜，越容易解釋訓練集），模型複雜度增大。
- 當 d_{vc} 減小時：訓練誤差增大（模型越簡單，越難以解釋訓練集），模型複雜度減小。

因為真實誤差 = 訓練誤差 + 模型複雜度，因此真實誤差和 d_{vc} 不是簡單的單調關係，d_{vc} 變大雖然可使得訓練誤差變小，但不見得是最好的選擇，因為它要為模型複雜度 Ω 付出代價。

機器學習的工作就是找到有最佳 VC 維度 d^*_{vc} 的模型（對應著最小的真實誤差）。

2.3.4 樣本複雜度

你還可以設定想要的容忍度 ε，看看需要多少個樣本 n 能實現，即計算出樣本複雜度（Sample Complexity）：

$$\varepsilon = \sqrt{\frac{8}{n}\ln\left(4\frac{(2n)^{d_{\mathrm{vc}}}+1}{\delta}\right)} \quad \Rightarrow \quad n = \frac{8}{\varepsilon^2}\ln\left(4\frac{(2n)^{d_{\mathrm{vc}}}+1}{\delta}\right)$$

雖然解出了 n，但上式的左右兩邊都含有 n，因此需要用反覆運算方法（如牛頓法）求解，例如進行以下設定：

- $\varepsilon = 0.1$，希望真實誤差和訓練誤差的差距的絕對值不要超過 0.1。
- $\delta = 0.1$，上述情況有 90%的可能性會發生。

由反覆運算法算出，當 $d_{\mathrm{vc}} = 3$ 時，$n \approx 30000$；當 $d_{\mathrm{vc}} = 4$ 時，$n \approx 40000$；從理論上看 $n \approx 10000d_{\mathrm{vc}}$，但實際上 $n \approx 10d_{\mathrm{vc}}$。為什麼樣本數量可以從 10^4 倍減少到 10 倍呢？因為 VC 上界是很鬆的，原因有以下 4 點。

- 霍夫丁不等式適用於**任何**資料分佈和**任何**目標函數。
- 增長函數適用於**任何**資料。
- VC 維度適用於**任何**假設空間。
- 聯合上界適用於**最差**的狀況。

在實作中，「任何」和「最差」同時發生的可能性不大，因而，樣本複雜度的實際值和理論值可能相差很大。

2.4 歸納

自從歐盟的《通用資料保護條例》（*General Data Protection Regulation*，GDPR）在 2018 年 5 月 25 日生效之後，機器學習的過程需要變得透明且可解釋，因為 GDPR 中規定，企業有義務提供對個人的演算法決策的詳細解釋或關於演算法決策的一般資訊。這樣看來，弄清楚機器學習的理論顯得尤為重要。至少我們可以知道，當一個模型的 VC 維度是有限的時，大的訓練資料集可以使得訓練誤差約等於真實誤差，那麼只需要把精力放在降低訓練誤差上即可。本章討論的計算學習理論，並沒有有關深度學習理論，有興趣的讀者可以參考史丹佛大學的相關課程[3]，主要透過逼近理論（Universal Approximation Theorem）和調和分析（Harmonic Analysis）來建立神經網路背後的理論系統。此外，希伯來大學電腦科學家和神經學家 Naftali Tishby 等人提出了「資訊瓶頸」理論[4]，不但能夠解釋深度學習的根本原理，還能解釋人類的學習過程。就連深度學習始祖 Hinton 也說過：「資訊瓶頸理論是近年來少有的突破，我還得聽 10000 次才能真正了解它。」

本章首先透過 NFL 定理讓讀者意識到脫離實際問題而空談演算法的優劣毫無意義，其次，本章的重點是證明機器學習的可行性，核心是用霍夫丁不等式（以及對分、增長函數和突破點等概念）建立以下不等式：

$$\text{訓練誤差近似於真實誤差的機率} \leqslant \frac{\text{多項式函數}}{\text{指數函數}}$$

上面介紹的多項式函數和指數函數都是對樣本個數來說的，而多項式的階數是 VC 維度。只要 VC 維度有限，樣本個數越大，兩者的商就越趨近於零，那麼訓練誤差和真實誤差就越相近，進而證明機器學習是可行的。雖然機器學習可行，但要使機器能學好，則需要以下幾個條件：

- 好的假設空間：存在突破點，使得訓練誤差和真實誤差能夠接近。
- 好的資料：資料足夠多，使得訓練誤差和真實誤差很接近。
- 好的演算法：透過演算法可以選出一個訓練誤差很小的假設。

在實際操作中：

- 從模型複雜度來看，找一個最佳 VC 維度最小化真實誤差。
- 從樣本複雜度來看，訓練資料的數量至少是 VC 維度的 10 倍。

本章關於機器學習可行的理論看上去很美，但是在實作中要評估將一個模型推廣到新樣本中的效果，唯一的辦法就是試驗，實際有以下兩種方法。

- 一種方法是將模型部署到生產環境中，觀察它的效能。如果模型的效能很差，就會引起使用者抱怨。（✕）
- 另一種方法是將資料分成兩個集合：訓練集和測試集，用訓練集進行訓練，用測試集進行測試。模型在新樣本中的錯誤率被稱作樣本外誤差，透過模型對測試集的評估，可以用測試誤差預估這個錯誤。透過這個值可以加強模型在新樣本中的效能。更進一步，還可以用驗證集評估模型的效能。（✓）

第 3 章介紹的模型評估選擇就是提供一個系統且實操性強的架構，用訓練誤差來訓練模型，用驗證誤差來選擇模型，用測試誤差來評估模型。

參考資料

1. *Learning from Data: A Short Course* [book]
   Yaser S. Abu-Mostafa, Malik Magdon-Ismail, Hsuan-Tien Lin, Chapter 2 - 2.1.2, 2012
2. https://www.csie.ntu.edu.tw/~htlin/course/ml08fall/doc/vc_proof.pdf [notes]
   NTU, Fall 2008
3. https://stats385.github.io/[paper]
4. Opening the black box of Deep Neural Networks via Information [paper]
   Ravid Schwartz-Ziv, Naftali Tishby, 29 Apr 2017, arXiv:1703.00810v3

技術附錄

A. NFL 定理

定義 A 為演算法，x_{in} 為樣本內資料，x_{out} 為樣本外資料（N 個），c 為目標函數，h 為假設函數。在考慮所有 c 的情況下，演算法 A 在樣本外的誤差期望如下所示。

$$
\begin{aligned}
E[A|x_{\text{in}},c] &= \sum_c \sum_h \sum_{x_{\text{out}}} \overbrace{P(x_{\text{out}})}^{x_{\text{out}}\text{的機率分布}} \overbrace{I\{h(x_{\text{out}}) \neq c(x_{\text{out}})\}}^{h\text{ 在 }x_{\text{out}}\text{的誤差}} \overbrace{P(h|x_{\text{in}},A)}^{\text{在 }A\text{ 和 }x_{\text{in}}\text{ 下 }h\text{ 的機率分布}} \\
&= \sum_{x_{\text{out}}} P(x_{\text{out}}) \sum_h P(h|x_{\text{in}},A) \sum_c I\{h(x_{\text{out}}) \neq c(x_{\text{out}})\} \\
&= \sum_{x_{\text{out}}} P(x_{\text{out}}) \sum_h P(h|x_{\text{in}},A) \times \frac{1}{2} \times 2^N \\
&= 2^{N-1} \sum_{x_{\text{out}}} P(x_{\text{out}}) \sum_h P(h|x_{\text{in}},A) \\
&= 2^{N-1} \sum_{x_{\text{out}}} P(x_{\text{out}})
\end{aligned}
$$

在第 4 行中，當 c 為均勻分佈時，c 和 h 的預測結果有一半不一致。那麼 c 一共有 2^N 個預測結果，一半就是 2^{N-1}。

上述結果與演算法 A 無關，可見「胡亂猜」的演算法和進階演算法的期望誤差或期望效能相同。

B. 霍夫丁不等式

霍夫丁不等式（Hoeffding's Inequality）是根據切諾夫上界（Chernoff Bound）和霍夫丁引理（Hoeffding's Lemma）證明出來的，而切諾夫上界由馬可夫不等式（Markov's Inequality）證明出來的。

它們的關係如下圖所示。

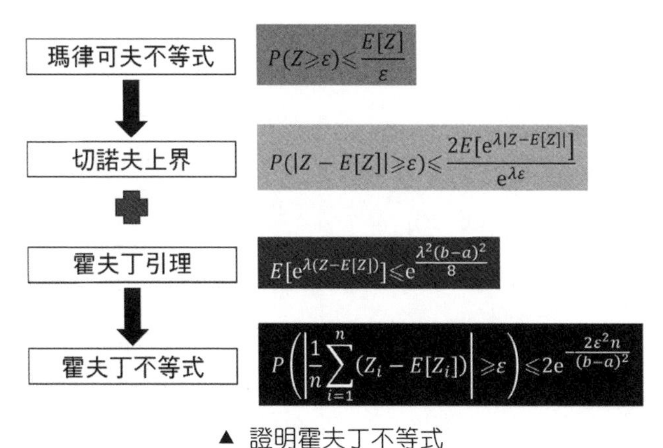

▲ 證明霍夫丁不等式

馬可夫不等式、切諾夫上界、霍夫丁引理和霍夫丁不等式的實際證明如下表所示。

馬可夫不等式的證明

假設 $Z \geqslant 0$，$\epsilon > 0$，證明

$$
\begin{aligned}
P(Z \geqslant \varepsilon) &= E[\mathrm{I}\{Z \geqslant \varepsilon\}] \\
&\leqslant E[1] \\
&\leqslant E\left[\frac{Z}{\varepsilon}\right] \\
&\leqslant \frac{E[Z]}{\varepsilon}
\end{aligned}
$$

- 機率和指示函數的相等轉換
- 因為指示函數小於或等於 1
- 因為 $Z \geqslant \varepsilon$
- 因為 ε 不是隨機變數，而 Z 是隨機變數

切諾夫上界的證明

假設 $\lambda \geqslant 0$，$\epsilon > 0$，證明

$$
\begin{aligned}
P(Z - E[Z] \geqslant \varepsilon) &= P\left(\mathrm{e}^{\lambda(Z-E[Z])} \geqslant \mathrm{e}^{\lambda\varepsilon}\right) \\
&\leqslant \frac{E\left[\mathrm{e}^{\lambda(Z-E[Z])}\right]}{\mathrm{e}^{\lambda\varepsilon}}
\end{aligned}
$$

同理可證

$$
\begin{aligned}
P(Z - E[Z] \leqslant -\varepsilon) &= P\left(\mathrm{e}^{-\lambda(Z-E[Z])} \geqslant \mathrm{e}^{\lambda\varepsilon}\right) \\
&\leqslant \frac{E\left[\mathrm{e}^{-\lambda(Z-E[Z])}\right]}{\mathrm{e}^{\lambda\varepsilon}}
\end{aligned}
$$

將上面兩個不等式綜合成一個不等式

$$
P(|Z - E[Z]| \geqslant \varepsilon) \leqslant \frac{2E\left[\mathrm{e}^{\lambda|Z-E[Z]|}\right]}{\mathrm{e}^{\lambda\varepsilon}}
$$

- 因為當 $\lambda \geqslant 0$ 時，$\mathrm{e}^{\lambda x}$ 是 x 的增函數
- 套用馬可夫不等式

霍夫丁引理的證明

假設 $\lambda \geqslant 0$，證明

$$
\begin{aligned}
E\left[\mathrm{e}^{\lambda(Z-E[Z])}\right] &= E\left[\mathrm{e}^{\lambda X}\right] \\
&= \frac{b - E[X]}{b-a}\mathrm{e}^{\lambda a} + \frac{E[X]-a}{b-a}\mathrm{e}^{\lambda b} \\
&= \frac{b}{b-a}\mathrm{e}^{\lambda a} + \frac{-a}{b-a}\mathrm{e}^{\lambda b} \\
&= \mathrm{e}^{\lambda a}\left[1 - \frac{a}{b-a}\left(1 + \mathrm{e}^{\lambda(b-a)}\right)\right] \\
&= \mathrm{e}^{-\hbar p + \ln(1-p+p\mathrm{e}^{\hbar})} \\
&= \mathrm{e}^{L(\hbar)} \\
&= \mathrm{e}^{\frac{1}{8}\hbar^2} \\
&\leqslant \mathrm{e}^{\frac{\lambda^2(b-a)^2}{8}}
\end{aligned}
$$

- 令 $X = Z - E[Z]$，假設 $a \leqslant X \leqslant b$
- $\mathrm{e}^{\lambda X}$ 是 X 的凸函數
- $E[X] = E[Z] - E\big[E[Z]\big] = 0$
- 恒等變形
- 令 $\hbar = \lambda(b-a)$ 和 $p = -a/(b-a)$
- 令 $L(\hbar) = -\hbar p + \ln(1 - p + p\mathrm{e}^{\hbar})$
- 計算 $L'(h) = -p + p\mathrm{e}^h/(1 - p + p\mathrm{e}^h)$

$$L''(h) = (1-p)p\mathrm{e}^h/(1-p+p\mathrm{e}^h)^2$$

有$L(0) = L'(0) = 0$，$L''(0) = 0.25$，再用泰勒公式

霍夫丁不等式的證明

假設 Z_i 服從獨立同分佈，$a \leqslant Z_i \leqslant b$，$\epsilon > 0$，證明

$$P\left(\left|\frac{1}{n}\sum_{i=1}^{n}(Z_i - E[Z_i])\right| \geqslant \varepsilon\right)$$

$$= P(|X - E[X]| \geqslant n\varepsilon)$$

$$\leqslant 2 \times E\left[e^{\lambda|X-E[X]|}\right] \times e^{-\lambda n\varepsilon}$$

$$= 2 \times \prod_{i=1}^{n} E\left[e^{\lambda|Z_i-E[Z_i]|}\right] \times e^{-\lambda n\varepsilon}$$

$$= 2 \times \prod_{i=1}^{n} e^{\frac{\lambda^2(b-a)^2}{8}} \times e^{-\lambda n\varepsilon}$$

$$= 2e^{\frac{\lambda^2 n(b-a)^2}{8}-\lambda n\varepsilon}$$

$$\leqslant 2e^{-\frac{2\varepsilon^2 n}{(b-a)^2}}$$

- 令 $X = \sum_{i=1}^{n} Z_i$
- 直接套用切諾夫上界
- Z_i 服從獨立同分佈
- 對 Z_i 用霍夫丁引理
- 整理運算式
- 在 λ 上求最小值（因為對任意 λ 都成立）

當 Z_i 服從伯努利分佈時，那麼 $a = 0$，$b = 1$，將上式和機器學習結合獲得

$$e_{\text{in}}(h) = \frac{1}{n}\sum_{i=1}^{n} I\{h(x^{(i)}) \neq c(x^{(i)})\} = \frac{1}{n}\sum_{i=1}^{n} Z_i$$

$$e_{\text{out}}(h) = P(h(x) \neq c(x)) = E[Z] = \frac{1}{n}\sum_{i=1}^{n} E[Z_i]$$

$$\Rightarrow P(|e_{\text{in}}(h) - e_{\text{out}}(h)| \geqslant \varepsilon) = P\left(\left|\frac{1}{n}\sum_{i=1}^{n} Z_i - \frac{1}{n}\sum_{i=1}^{n} E[Z_i]\right| \geqslant \varepsilon\right) \leqslant 2e^{-\frac{2\varepsilon^2 n}{(b-a)^2}} = 2e^{-\frac{2\varepsilon^2 n}{(1-0)^2}}$$

$$= 2e^{-2\varepsilon^2 n}$$

03

機器學習怎麼學--模型評估選擇

All models are wrong, some are useful.

– *George Box*

引言

人類學習

在一次測驗前，斯蒂文給同學們講了 5 道不同風格的訓練題。舒岱梓死記硬背地學，背下了每道題的細節；肖春丹心不在焉地學，斯蒂文講的時候他一直在走神；甄薛申[1]舉一反三地學，主要學習求解的想法和方法。講完題後，老師發卷子測驗，其中有 5 道不同於訓練題的測驗題。舒岱梓學得太死板，以至於測驗題稍有變動就做不出，是典型的「應試教育派」；肖春丹學習能力不佳，訓練題都沒學好，測驗題一樣也做不好，是典型的「不學無術派」；甄薛申歸納了測試題的普遍規律，發現所有題都是萬變不離其宗，測試題做得很好，是典型的「素質教育派」。

舒岱梓這種學習被叫作「過學習」，只會做過的題；肖春丹這種學習被叫作「欠學習」，什麼題都不會做。這兩者都不好，我們要向甄薛申學習。斯蒂文看了看其中的一道測驗題和他們給的答案，一下就明白了過學習和欠學習為什麼不好了（見下圖）。

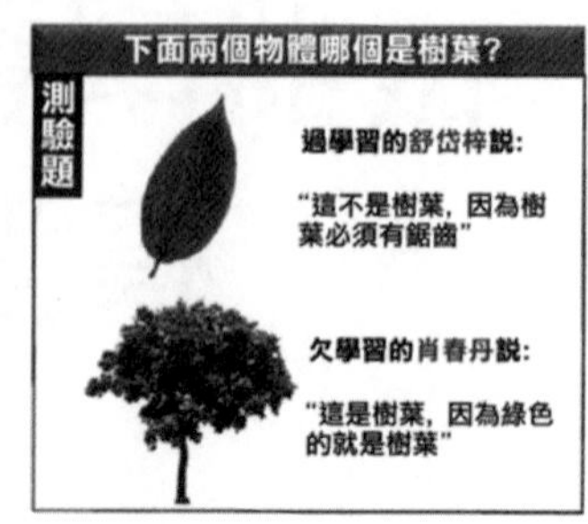

▲ 過學習和欠學習（該圖來自周志華的《機器學習》第 2 章 [1] ）

過學習的舒岱梓學得太仔細，把訓練樣本身的一些特點（樹葉的鋸齒）當作了潛在樣本（沒有鋸齒的樹葉）都會具有的特徵。欠學習的肖春丹學得太粗糙，連訓練樣本的一般特徵（樹葉至少不會有樹幹吧）都沒學好。機器學習類似人類的學習。對人類來說，訓練題都做對不算什麼，厲害的是每次測驗都能得高分；對機器學習來說，訓練資料能擬合好不算什麼，厲害的是每次擬合測試資料的誤差都很小。

機器學習

斯蒂文是一名房地產仲介。一天，有一位富豪想買一棟海邊的公寓，需要給他一個報價。老闆讓斯蒂文根據週邊公寓的價格建立一個模型。斯蒂文覺得這很簡單，他收集了如右圖所示的資料。

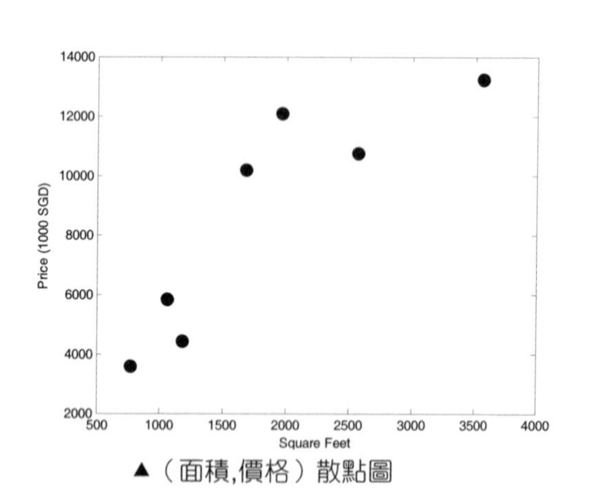

▲（面積,價格）散點圖

註：這種圖為軟體輸出圖，其中水平座標單位為面積（平方英尺），垂直座標單位為價格（新幣）

面積（平方英尺）	價格（千新幣）
1180	4438
2570	10760
770	3600
1960	12080
1680	10200
1060	5837
3560	13250

註：1 平方英尺約等於 0.09 平方公尺，這裡的新幣為新加坡元的簡稱

首先斯蒂文用一階多項式做了線性擬合，把結果展示給老闆看，如下圖所示。

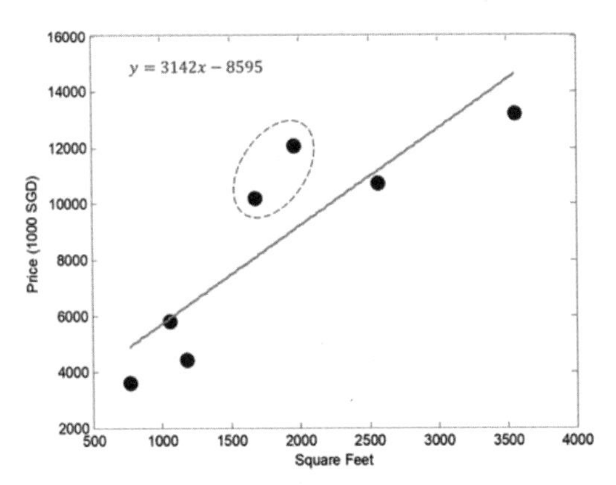

▲ 用一階多項式做擬合，點是真實資料，線是預測模型

老闆：這擬合的是什麼結果？圈出來的那兩個點離預測模型太遠了，整體誤差也太大了。什麼爛模型!

斯蒂文：☹☹☹

圈出來的兩個點的誤差確實有一點大，可是怎麼最佳化模型呢？突然，斯蒂文靈機一動：可以用高階多項式。用六階多項式可以完美擬合所有點！他馬上用六階多項式做了擬合（見下圖），並興高采烈地將結果展示給老闆，心裡想自己做到了零誤差，一定會獲得老闆的肯定。

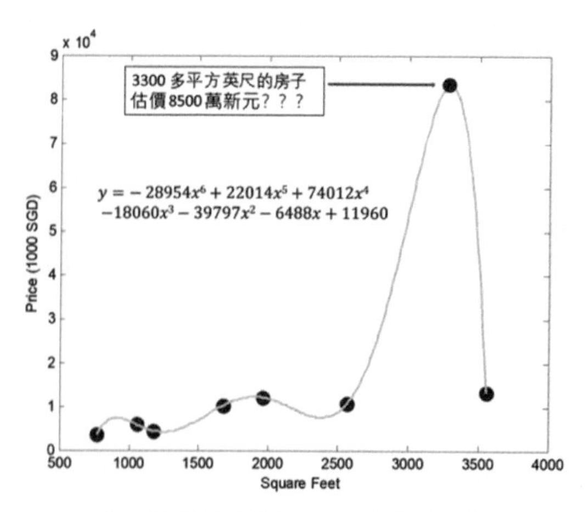

▲ 用六階多項式做擬合，圓點是新資料

老闆：有一位客戶想買一棟面積大概為 3300 平方英尺的房子，你的模型計算出他需要付 8500 萬新幣？而市場上 3500 平方英尺的房子才 1300 多萬新幣！什麼爛模型！

斯蒂文：☹☹☹

誤差大不行，零誤差也不行，到底是哪裡出了問題？想了一會，斯蒂文摸索出以下規則：

- 太簡單的模型擬合現有資料的品質不太好，誤差比較大，沒有人會用它來預測。
- 太複雜的模型擬合現有資料的品質會很好甚至很完美，但適應新資料的能力差，也沒有什麼用。
- 找一個處於兩者中間的模型，即使擬合現有資料的品質低於複雜模型，但它也能更進一步地適應新資料。

經過一輪偵錯，斯蒂文使用「中間模型」二階多項式來擬合數據，結果如下圖所示。

老闆：這個模型不錯，對現有資料擬合得很好，而且似乎對新資料的預測也比較合理。客戶想買的 3300 平方英尺的房子大概需要 1250 萬新幣。

斯蒂文：☺☺☺ ✌✌✌

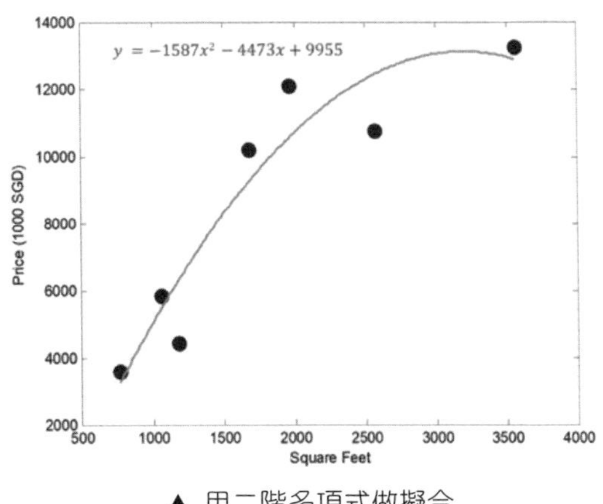

▲ 用二階多項式做擬合

透過上述 3 個實例可以看出，一階多項式「欠擬合」資料（基本上沒學習到資料的非線性特徵），六階多項式「過擬合」資料（學習過頭了，以致輸入一個新資料後列出的結果太離譜），而二階多項式擬合的結果看起來比它們都好。這個「好」可以量化嗎？說一個模型「好」是因為它能適應新資料，但是在沒見到新資料之前，怎麼判斷模型的好壞呢？本章來幫你解疑。本章的思維導圖如下圖所示。

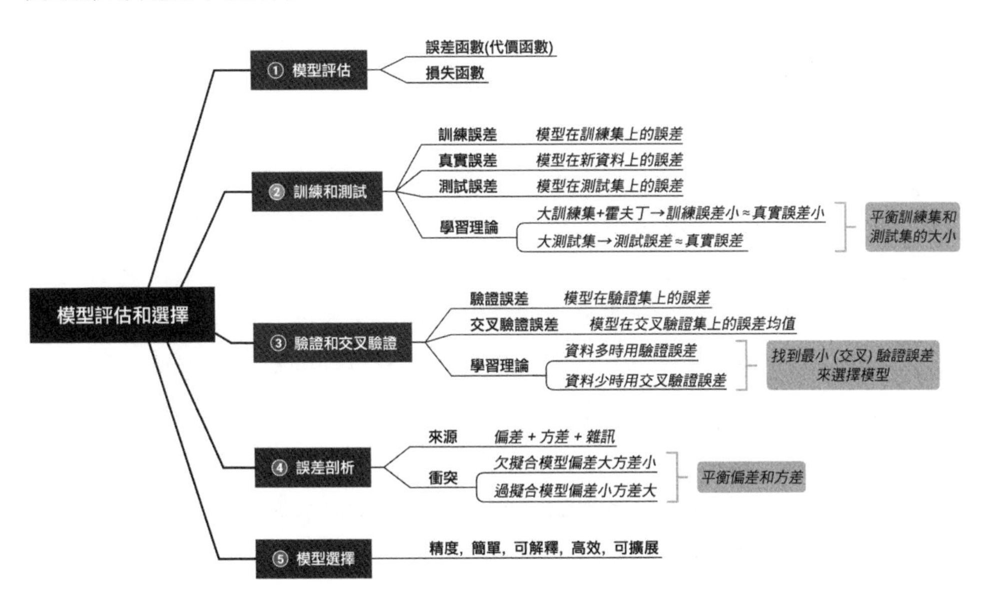

3.1 模型評估

評估一個模型的好壞需要量化指標，該指標就是誤差函數。通常也把誤差函數叫作代價函數。代價函數是作用在多個數據點上的，而損失函數是作用在單一資料點上的，是一種衡量預測損失程度的函數。本章主要以回歸問題來舉例，相對應的損失函數的通俗定義為：

$$L(\text{預測}, \text{標籤}) = (\text{預測} - \text{標籤})^2$$

為什麼可以把預測不準看為一種損失？以預測房價為例：

- 如果你是賣家，那麼房屋估價太低，你的獲益就少；房屋估價太高，你很可能會失去買家。
- 如果你是買家，那麼房屋估價太低，你很可能會失去賣家；房屋估價太高，你的花費就多。

不論哪種情況（對於買家或賣家），估不準房價（估高或估低）都會造成損失。損失函數用「平方」計量因估高或估低房價而使雙方蒙受損失的情況。

3.2 訓練誤差和測試誤差

人在學習時，要做訓練題，判斷其是否學好時，要透過測試題進行檢驗；模型在學習時，要透過訓練集進行訓練，判斷模型是否學好時，要透過測試集進行檢驗。測試題和訓練題要分開，因為雖然訓練題做得好，但是無法說明人是否真正學會了知識；同理，測試集要和訓練集分開。介紹了這麼多，就是為了強調「在機器學習中，一定要將資料劃分為訓練集和測試集，前者用來訓練模型，後者用來評估模型」。訓練就是在訓練集上讓模型的預測值與真實值的差異越來越小的操作，即減少訓練誤差；而評估就是在測試集上計算模型的預測值與真實值的差異的操作，即計算測試誤差。下面用實例來解釋訓練誤差和測試誤差（真實誤差的一種替代）。

3.2.1 訓練誤差

訓練集（Training Set）是由訓練資料組成的集合，本章引言中的 7 個 [面積, 房價] 資料即為訓練集（見下表），即對應下圖中的 7 個點。假設線是擬合出來的線性模型，點和線的差距的平均值就是訓練誤差。

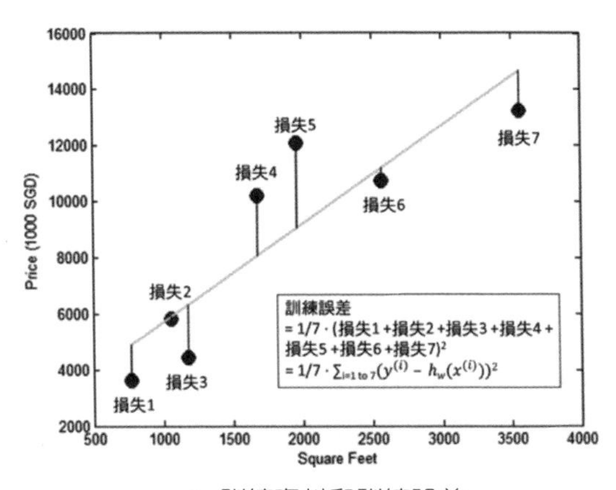

▲ 訓練資料和訓練誤差

面積（平方英尺）	價格（千新幣）
1180	4438000
2570	10760000
770	3600000
1960	1208000
1680	100000
1060	5837000
3560	1325000

訓練誤差（Training Error）是模型在訓練集上的誤差，通常用均方值來表示：

$$\text{訓練誤差} = e_{\text{train}}(h) = \frac{1}{m}\sum_{i=1}^{m}(h(x^{(i)}) - y^{(i)})^2$$

下圖中展示了用零階、一階、二階和六階多項式擬合後的訓練誤差，由此我們會發現，模型越複雜，訓練誤差越小（六階多項式已經達到零訓練誤差了）。

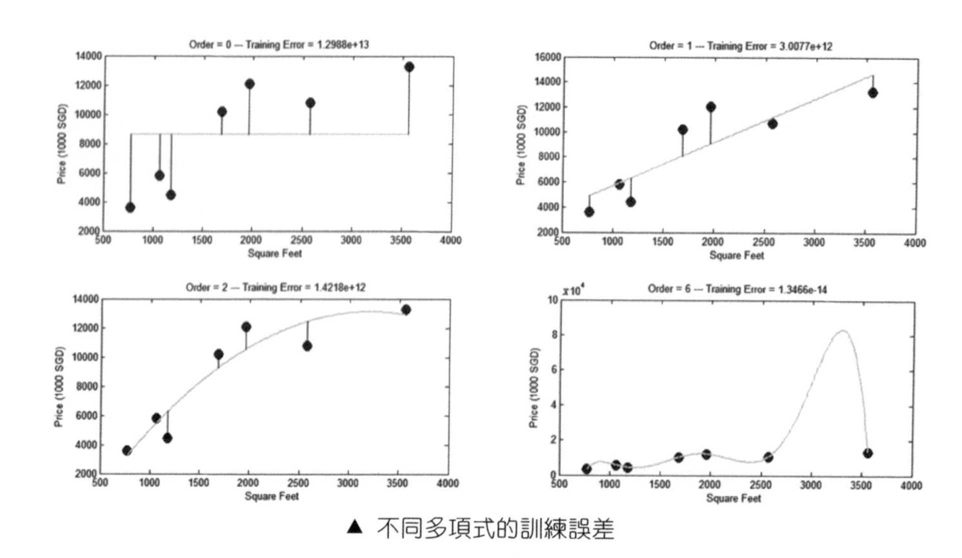

▲ 不同多項式的訓練誤差

透過分析上圖中的 4 個訓練誤差與其對應的模型複雜度（即多項式階數），可以發現訓練誤差與模型複雜度成反比關係，如下圖所示。

在下圖中，六階多項式完美地擬合了訓練資料，訓練誤差為零。看著這個瘋狂的「形狀」，你會對它的預測能力有信心嗎？其中點對應的房價會不會太瘋狂？

問題：訓練誤差可以極佳地度量模型的效能嗎？是不是訓練誤差越小，模型的預測就越準？

回答：不是！除非訓練資料包含了**所有資料**！反例可見下圖。

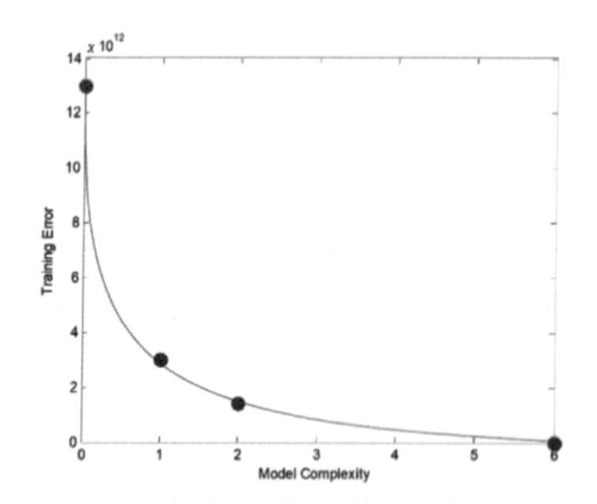

註：水平座標軸為模型複雜度，垂直座標軸為訓練誤差

▲ 訓練誤差和模型複雜度成反比關係

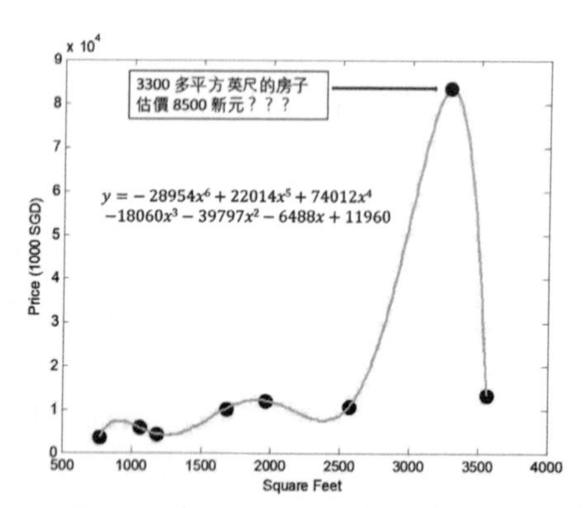

▲ 過擬合點數據，3300 平方英尺的房子估價 8500 萬新幣？

3.2.2 真實誤差

真實誤差（True Error）又被稱作泛化誤差（Generalization Error），是指訓練完的模型在預測新資料時產生的誤差。真實誤差主要用於衡量模型的推廣能力，即從訓練資料中歸納規則，進一步適應新資料的能力。

回到引言中的實例，我們的目的是能預測出所有房子的價格，不僅包含訓練集內的房子，還包含訓練集外的房子。雖然這些房子的面積和價格未知，但它們總會服從某個機率分佈，如右圖所示。

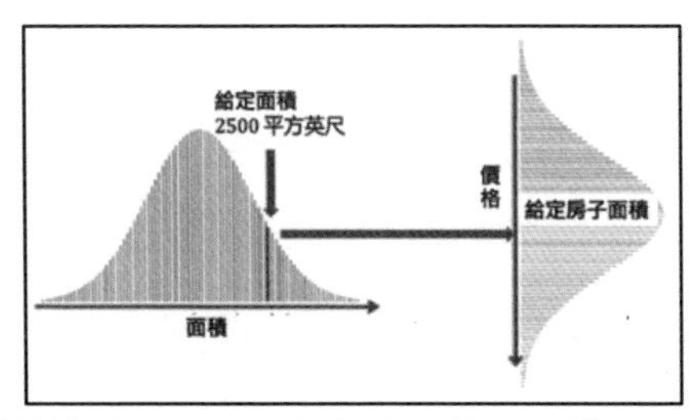

▲ 真實的房子價格對於指定面積是一個機率分佈，而房子面積也是一個機率分佈

首先，用一個直觀的實例來計算真實誤差。假設同為面積 2500 平方英尺的房子，價格有 800 萬新幣、1000 萬新幣和 1500 萬新幣這 3 種。800 萬新幣和 1500 萬新幣的房子分別有 1 棟和 2 棟，而中間價 1000 萬新幣的房子有 7 棟。這棟房子用模型擬合得出的價格是 1050 萬新幣，那麼在房子面積為 2500 平方英尺時，模型的真實誤差為

$$\text{真實誤差}_{2500}=\frac{1}{10}\times(800-1050)^2+\frac{7}{10}\times(1000-1050)^2+\frac{2}{10}\times(1500-1050)^2$$
$$=\sum_{i=1}^{3}\text{房價分佈機率}_i\times(\text{真實價格}_i-\text{擬合價格})^2$$

假設市場上只有兩種不同面積的房子：10 棟 2500 平方英尺的房子和 5 棟 3000 平方英尺的房子，那麼最後模型的真實誤差為

$$\text{真實誤差}=\frac{10}{15}\times\text{真實誤差}_{2500}+\frac{5}{15}\times\text{真實誤差}_{3000}$$

但實際上，在房屋市場中，面積為 2500 平方英尺和 3000 平方英尺的房子有無數棟，每種面積對應的房價也有無數種，而且未來會不斷有新房子出現，

因此，我們需要列出真實誤差的嚴謹運算式。在指定房子面積 x 時列出以下運算式：

$$e_{\text{out}}(h, x) = E_y[(y - h(x))^2]$$

y = 真實的房價（隨機變數）

$h(x)$ = 模型預測的房價

E_y 的索引 y 表示在真實房價維度上求積分

上式裡的期望符號相當於上例中的累加符號。對於所有 x，真實誤差的運算式為

$$e_{\text{out}}(h) = E_x[e_{\text{out}}(h, x)] = E_x\left[E_y\left[\left(y - h(x)\right)^2\right]\right] = E_{x,y}[(y - h(x))^2]$$

最後 $E_{x,y}$的索引 x、y 表示在真實房價和面積兩個維度上求積分。現在你可能認為對於真實誤差，根本計算不出一個實際的數值。你的直覺是對的。

首先，我們用不同多項式模型擬合房價，粗略地看一看真實誤差和模型複雜度（多項式階數）的關係。

一階多項式模型

對於未見過的房子，即使指定面積，它們的價格也是不確定的，但有一個機率分佈，假設能畫出價格的邊界和均值，如下圖所示。

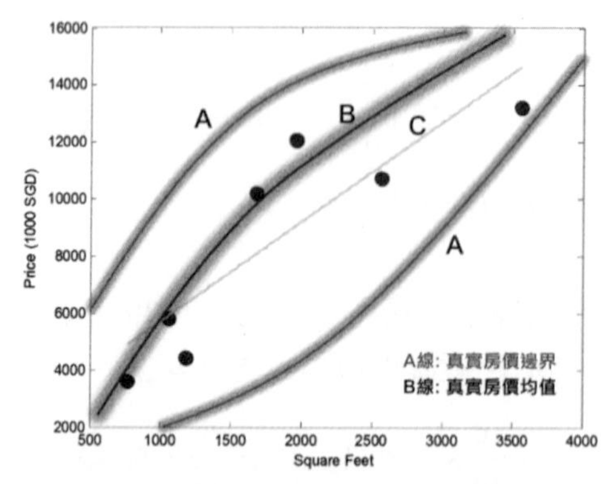

▲ 真實房價的均值和邊界（一階多項式模型）

- 兩條 A 線分別表示真實房價的上、下邊界。

- B 線表示真實房價的均值。
- C 線表示擬合的一階多項式模型。
- C 線和 B 線的差異較大，因此一階多項式模型對應的真實誤差較大。

二階多項式模型

如下圖所示，C 線表示擬合的二階多項式模型。C 線和 B 線的差異較小，因此，該模型對應的真實誤差較小。

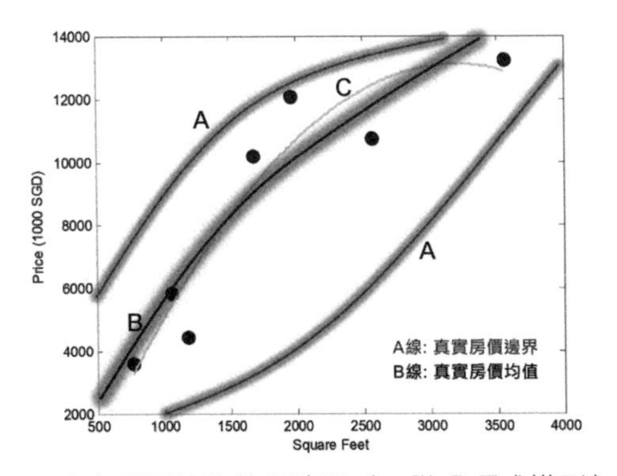

▲ 真實房價的均值和邊界（二階多項式模型）

六階多項式模型

如下圖所示，C 線表示擬合的六階多項式模型。C 線和 B 線的差異非常大，因此該模型對應的真實誤差非常大。

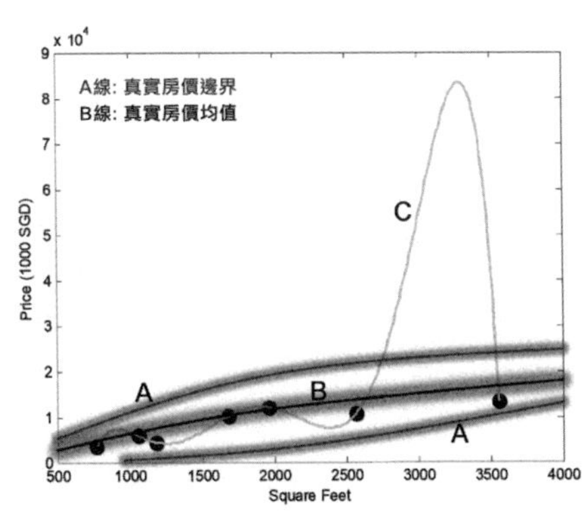

▲ 真實房價的均值和邊界（六階多項式模型）

將透過上面 3 幅圖發現的「真實誤差隨著模型複雜度的增加先變小再變大」的規律畫成一張圖，如下面左圖所示；再把「訓練誤差隨著模型複雜度的增加而單調變小」的規律畫成一張圖，如下面右圖所示。

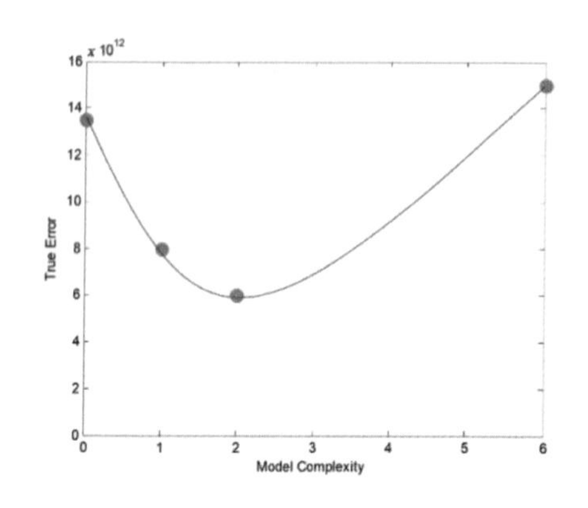

註：水平座標軸為模型複雜度，垂直座標軸為訓練誤差

▲ 真實誤差隨著模型複雜度的增加先變小再變大

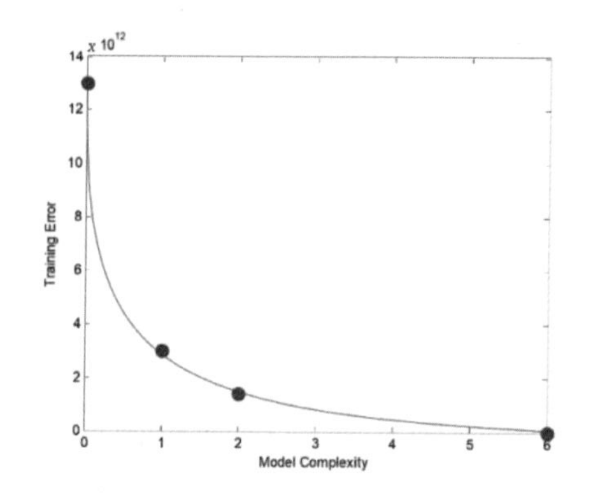

▲ 訓練誤差隨著模型複雜度的增加而單調變小

我們都希望找到真實誤差最小的模型。但上面所有關於真實誤差的圖都是筆者臆想的（我們最多只能推斷出其大概的形狀，但得不到實際的數值），因為真實誤差是基於所有資料的，沒有人可以計算出基於未來資料的誤差，因此，**真實誤差只可「意會」，不能計算，是一個理想卻不實用的概念**。「實用派」的測試誤差終於上場了。

3.2.3 測試誤差

測試集（Test Set）是由選出來用於測試的樣本資料組成的集合。其最重要的特點是不包含任何訓練集中的資料。當你選好訓練集之後，測試集是「模擬」那些從來都沒見過但未來可能會見到的資料集，如下圖所示。

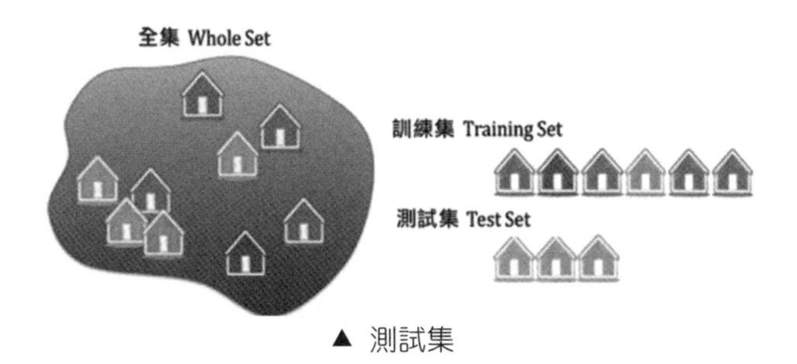

▲ 測試集

測試誤差（Test Error）是指模型在測試集上的誤差，其計算公式如下：

$$\text{測試誤差} = e_{\text{test}}(h) = \frac{1}{m_{\text{test}}}\sum_{i=1}^{m_{\text{test}}}(h(x^{(i)}) - y^{(i)})^2$$

h中的參數是透過訓練集（不是測試集）擬合出來的，用在測試集的 m_{test} 個範例上（$x^{(i)}, y^{(i)}$）。

如下圖所示，直線是透過訓練集（7 個 A 點）擬合出來的線性模型，而 3 個 B 點是測試集。B 點和線的差距的平均值就是測試誤差。

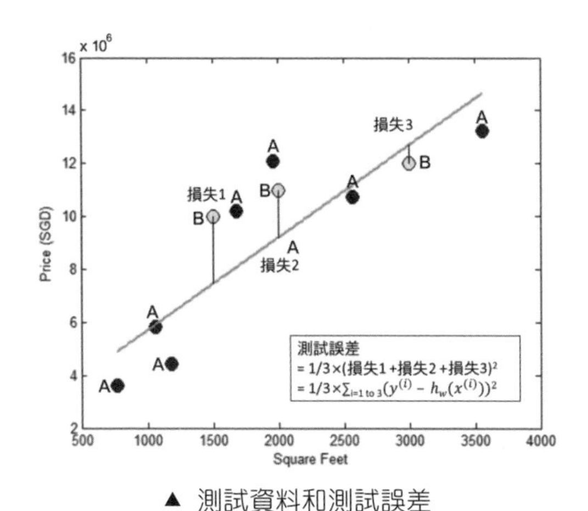

▲ 測試資料和測試誤差

3.2.4 學習理論

斯蒂文剛剛為一個大客戶開發了一個垃圾郵件分類系統，然後向客戶匯報結果。

斯蒂文：我的模型對於 100000 個訓練資料（郵件），能做到正確識別其中 99% 的垃圾郵件，訓練誤差為 1%。

大客戶：看起來可以，這個模型對新郵件的識別表現如何呢？

斯蒂文：我沒看過新郵件的內容，怎麼會知道模型的表現呢？

大客戶：那你帶著模型回家吧。

斯蒂文：☹☹☹

斯蒂文是不會這麼輕易就放棄的，他想起了霍夫丁不等式可以將已知的樣本內誤差和未知的樣本外誤差連接起來（見 2.2.2 節）。首先，把訓練誤差 $e_{\text{train}}(g)$ 類比為樣本內誤差 $e_{\text{in}}(g)$，把真實誤差 $e_{\text{true}}(g)$ 類比為樣本外誤差 $e_{\text{out}}(g)$，其中，斯蒂文訓練出來的模型被定義為 g。[註：3.2.4 和 3.3.3 節的內容創作靈感來自參考資料 [**2**]。]

斯蒂文：霍夫丁不等式可以列出在某個機率上，模型在新資料上的表現，即你想要看的真實誤差。假設在 90% 的情況下模型的表現很好（$\delta = 10\%$），我用的模型 g 的複雜度為適中（$d_{\text{vc}} = 5$），而樣本數 $m_{\text{train}} = 100000$，那麼訓練誤差和真實誤差的差距 ε 滿足如下關係：

$$P(|e_{\text{train}}(g) - e_{\text{true}}(g)| > \varepsilon) \leqslant \delta \text{，其中 } \delta = 4\frac{(2m_{\text{train}})^{d_{\text{vc}}} + 1}{\mathrm{e}^{\frac{1}{8}\varepsilon^2 m_{\text{train}}}}$$

$$\Rightarrow \varepsilon = \sqrt{\frac{8}{m_{\text{train}}}\ln\left(4\frac{(2m_{\text{train}})^{d_{\text{vc}}+1}}{\delta}\right)} = \sqrt{\frac{8}{100000}\ln\left(4\frac{(2\times100000)^5+1}{0.1}\right)} \approx 7\%$$

$$\Rightarrow e_{\text{true}}(g) \leqslant e_{\text{train}}(g) + \varepsilon \approx 1\% + 7\% = 8\%$$

大客戶：所以呢？

斯蒂文：在 90% 的情況下，真實誤差小於 8%，考慮到這個上界非常大，實際誤差可能會更小。

大客戶：模型表現還可以，但是我想要的是一個真實誤差值，而非一個範圍。

斯蒂文：真實誤差只是一個概念，不能計算，你能對未知的事物計算出一個實際的數值嗎？

大客戶：那你帶著模型回家吧。

斯蒂文：☹☹☹

斯蒂文並沒有放棄，他想：既然算不出隨機量（真實誤差）的實際值，總可以算出它的估計量吧。

斯蒂文：我把 100000 個資料分成 80000 個訓練集和 20000 個測試集。訓練集小了會導致:（1）訓練誤差稍微變大，為 1.05%；（2）容忍度也達到 8%。這樣在 90% 的情況下真實誤差會小於 9.05%。

大客戶：這裡的重點是什麼？

斯蒂文：模型在 20000 個測試集上的測試誤差為 8.8%，這就是你想要的真實誤差值。

大客戶：這麼説雖然沒錯，但你怎麼知道測試誤差可以極佳地代替真實誤差呢？

斯蒂文：首先，測試集中的資料是訓練模型時沒有用到的，根據霍夫丁不等式，對於單模型 g 上的不等式，在 99% 的情況下模型的表現很好（$\delta = 1\%$），測試樣本數為 $m_{\text{train}} = 20000$，則測試誤差和真實誤差的差距 ε 滿足

$$P(|e_{\text{test}}(g) - e_{\text{true}}(g)| > \varepsilon) \leqslant \delta \text{，其中 } \delta = 2\mathrm{e}^{-2\varepsilon^2 m_{\text{test}}}$$

$$\Rightarrow \varepsilon = \sqrt{\frac{1}{2m_{\text{test}}}\ln\left(\frac{2}{\delta}\right)} = \sqrt{\frac{1}{2\times 20000}\ln\left(\frac{2}{0.01}\right)} \approx 0.01\%$$

$$\Rightarrow |e_{\text{test}}(g) - e_{\text{true}}(g)| \leqslant 0.01\%$$

上式表示在 99% 的情況下，測試誤差和真實誤差的差距是 0.01%，相當小了，因此，測試誤差可以代替真實誤差，8.8% 的測試誤差可以被當作真實誤差的合理評估。

大客戶：為何分析訓練誤差和測試誤差的霍夫丁不等式不一樣？

斯蒂文：☹☹☹

離成功越來越近了，斯蒂文不可能現在就放棄，他查了查第 2 章的內容，想法越發清晰。

斯蒂文：訓練集霍夫丁不等式：$P(|e_{\text{train}}(g) - e_{\text{true}}(g)| > \varepsilon) \leqslant 4\frac{(2m_{\text{train}})^{d_{\text{VC}}+1}}{\mathrm{e}^{\frac{1}{8}\varepsilon^2 m_{\text{train}}}} < 2M\mathrm{e}^{-2\varepsilon^2 m_{\text{train}}}$

測試集霍夫丁不等式：$P(|e_{\text{test}}(g) - e_{\text{true}}(g)| > \varepsilon) \leqslant 2\mathrm{e}^{-2\varepsilon^2 m_{\text{test}}} = 2\times 1\times \mathrm{e}^{-2\varepsilon^2 m_{\text{test}}}$

在訓練過程中，最佳模型 g 是從 M 個假設函數 $h_1,h_2,\cdots,h_M$ 中選出來的，因此，其對應的上界帶有 M；將訓練好的單一模型 g 用在測試集上，它不會隨測試集的不同而改變，因此對應的上界會小很多。

大客戶：好像有道理，你還有什麼想補充的？

斯蒂文感覺已經讓大客戶滿意了，他還可以再做一些錦上添花的事情。

斯蒂文：

（1） 訓練集和測試集中的資料是獨立同分佈的，如果沒有這個假設，則上面的所有結論都不成立。

（2） 雖然說測試誤差是真實誤差的很好的樣本估計，但其只在測試集很大的條件下成立，因此測試集不能太小。

（3） 測試集也不能太大，留有足夠的資料用來訓練模型即可。

訓練集大會導致訓練誤差和真實誤差小，但測試集小導會致測試誤差不能逼近真實誤差，進而難以評估模型的表現，如下所示。

$$\overbrace{e_{\text{train}}(g)\downarrow}^{\text{訓練集大}} \Rightarrow \overbrace{e_{\text{true}}(g)\downarrow \not\approx e_{\text{test}}(g)\,?}^{\text{測試集小}}$$

訓練集小會導致訓練誤差大，而真實誤差更大，測試集大會導致測試誤差逼近真實誤差，因此可以說模型爛，如下所示。

$$\overbrace{e_{\text{train}}(g)\uparrow}^{\text{訓練集小}} \Rightarrow \overbrace{e_{\text{true}}(g)\uparrow\uparrow \approx e_{\text{test}}(g)\uparrow\uparrow}^{\text{測試集大}}$$

大客戶：我服了，就用你的模型了，關鍵是我在向上級主管匯報時也有理由了。這就是我需要的！

斯蒂文：☺☺☺ ✌✌✌

下圖所示的兩種極端情況的結果都不好，因此需要平衡訓練集和測試集的大小，通常 80:20 是常見的劃分方法：

- 80% 的資料隨機被分為訓練集。
- 20% 的資料隨機被分為測試集。

只要測試集中的資料足夠多，我們就把測試誤差近似地認為是真實誤差，或樣本外誤差。

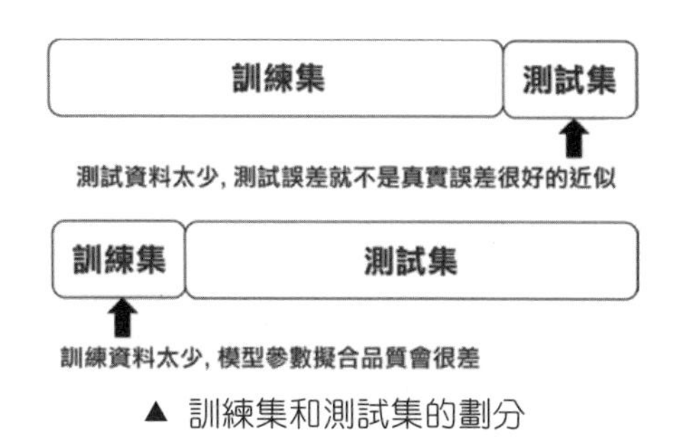

▲ 訓練集和測試集的劃分

3.3 驗證誤差和交換驗證誤差

欠擬合的問題容易解決，加強模型的複雜度即可；而過擬合卻是一個難題，主要解決方法有正規化（Regulariation）和驗證（Validation）。機器學習的主要工作就是最小化真實誤差而非訓練誤差，而且通常前者會比後者大，因為模型在未知的資料集上的表現不太可能會比在訓練集中的表現好。因此，可以把真實誤差分解成訓練誤差和一項 Ω（在第 6 章被稱為懲罰項），實際公式如下。

$$e_{\text{true}}(g) = e_{\text{train}}(g) + \Omega$$

$$\text{正規化：} e_{\text{true}}(g) = e_{\text{train}}(g) + \overbrace{\Omega}^{\text{估計懲罰}}$$

$$\text{驗證：} \overbrace{e_{\text{true}}(g)}^{\text{直接估計真實差}} = e_{\text{train}}(g) + \Omega$$

機器學習的真諦就是找到樣本外誤差的樣本內估計（In-sample Estimate），但是使用正規化方法和驗證方法做估計有所不同。

- 正規化方法透過間接估計懲罰項 Ω 再加上容易估計的訓練誤差，獲得真實誤差的估計值。
- 驗證方法則直接估計真實誤差，獲得的估計值就叫作驗證誤差。

3.3.1 驗證誤差

驗證集幾乎和測試集一樣，是從整個資料集中分析出來的子集。驗證集和測試集的區別是：

- 驗證集不是用來訓練模型的，而是用來做模型選擇的。
- 測試集既不是用來訓練模型的，也不是用來做模型選擇的。

測試集是最乾淨的，因此，首先將其從整個資料集中分析出來。例如隨機選取 20%的資料作為測試集，剩餘的 80% 的資料作為訓練集。而現在會隨機從訓練集中選取 25%的資料作為驗證集（占整個資料集的 20%），剩餘的 75%的資料作為訓練集（占整個資料集的 60%），如下圖所示。

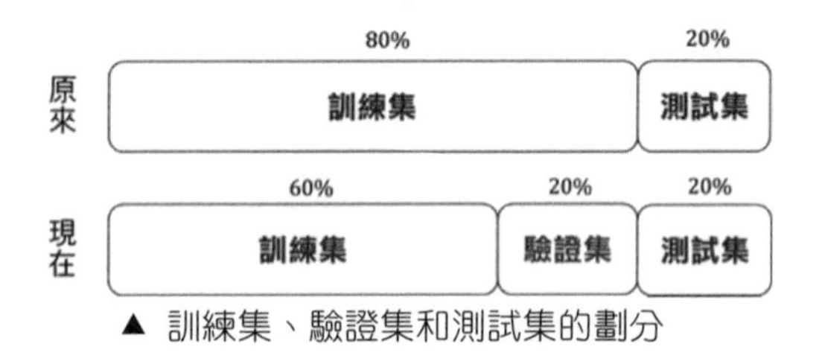

▲ 訓練集、驗證集和測試集的劃分

驗證誤差（Validation Error）是指模型在驗證集上的誤差，其計算公式如下：

$$\text{驗證誤差} = e_{\text{val}}(h) = \frac{1}{m_{\text{val}}}\sum_{i=1}^{m_{\text{val}}}\left(h(x^{(i)}) - y^{(i)}\right)^2$$

h 裡面的參數是從訓練集中擬合出來的，用在驗證集的 m_{val} 個範例上。

3.3.2 交換驗證誤差

當資料不多時，像上面這樣分析出測試集和驗證集會導致沒有足夠多的資料用來訓練模型。這時可以建立 K 折交換驗證集（K-Fold Cross Validation Set），即把整個資料集平均但隨機分成 K 份，每份大概包含 m/K 個資料。當 $K=1$ 時，獲得了 K 折交換驗證法的特例：留一交換驗證法（Leave-One-Out Cross Validation，LOOCV），它不受隨機樣本劃分方式的影響。下面用 10 個資料來描述這兩種驗證法。

5 折交換驗證法（5-Fold CV）

1, 2	5, 8	4, 7	3, 9	6, 10
9, 1	**8, 4**	10, 2	7, 5	6, 3
8, 6	1, 7	**10, 5**	3, 4	9, 2
10, 7	5, 6	4, 9	**2, 7**	1, 3
2, 3	4, 10	8, 1	7, 5	**6, 9**

隨機打亂 10 個資料 5 次，產生 5 組，對於第 i 組：

- 選取 8 個資料當作訓練集，訓練模型為 g_i。
- 選取 2 個資料當作驗證集，計算驗證誤差 $e_{\text{val}}(g_i)$。

那麼交換驗證差為：

$$\text{交換驗證誤差} = e_{\text{CV}} = \frac{1}{5}\sum_{i=1}^{5} e_{\text{val}}(g_i)$$

留一交換驗證法（LOOCV）

1	2	3	4	5	6	7	8	9	10
1	**2**	3	4	5	6	7	8	9	10
1	2	**3**	4	5	6	7	8	9	10
1	2	3	**4**	5	6	7	8	9	10
1	2	3	4	**5**	6	7	8	9	10
1	2	3	4	5	**6**	7	8	9	10
1	2	3	4	5	6	**7**	8	9	10
1	2	3	4	5	6	7	**8**	9	10
1	2	3	4	5	6	7	8	**9**	10
1	2	3	4	5	6	7	8	9	**10**

這裡以 10 個資料舉例，即$N = 10$，交換驗證誤差為：

$$\text{交換驗證誤差} = e_{\text{LOOCV}} = \frac{1}{N}\sum_{i=1}^{N} e_{\text{val}}(g_i)$$

當資料集比較大時，LOOCV 的計算成本較大。在實作中，通常選擇 K 為 5 或 10。

3.3.3 學習理論

一年後，斯蒂文的那個大客戶又來了，他覺得模型將垃圾郵件分類的能力越來越差了。

大客戶：上次你幫我開發的垃圾郵件分類模型現在的表現變差了。

斯蒂文：有可能，我準備多用幾個模型，哪個在測試集上的誤差最小就用哪個。

大客戶：怎麼能在整個學習過程中引進測試集？那測試集不就被污染了嗎？我對你有一點失望。

斯蒂文：☹☹☹

斯蒂文感到沮喪，既然不能用測試集，那麼就用一個類似測試集的資料集，即驗證集。

斯蒂文：將整個資料集分成訓練集D_{train}（m_{train}個資料）、驗證集 D_{val}（m_{val} 個資料）和測試集 D_{test}（m_{test} 個資料），用驗證集來計算驗證誤差，不會碰到測試集。

大客戶：怎麼確保驗證誤差可極佳地估計真實誤差？

斯蒂文：先了解幾個定義，如下圖所示。

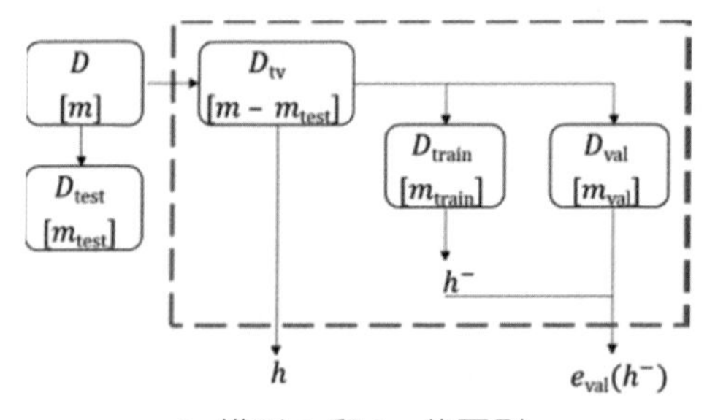

▲ 模型 h 和 h^- 的區別

- 從驗證集（D_{val}）中獲得的模型為 h^-，用上標 "–" 表示有一些資料被拿走用於訓練模型了。
- 原來在整個訓練集（$D_{\text{tv}} = D_{\text{train}} + D_{\text{val}}$）上重新訓練的模型被稱為 h。
- $e^{(i)}(h^-)$ 是模型 h^- 測量第 i 個點上的誤差函數。

因為資料是獨立同分佈的，再加上霍夫丁不等式（和測試集對應的不等式一樣），可獲得

$$E_{D_{\text{val}}}[e_{\text{val}}(h^-)] = \overbrace{E_{D_{\text{val}}}\left[\frac{\sum_{i=1}^{m_{\text{val}}} e^{(i)}(h^-)}{m_{\text{val}}}\right]}^{\text{驗證誤差定義}} = \overbrace{\frac{\sum_{i=1}^{m_{val}} E_{D_{\text{val}}}[e^{(i)}(h^-)]}{m_{\text{val}}}}^{\text{線性性質}} = \frac{m_{\text{val}} \times \overbrace{e_{\text{true}}(h^-)}^{\text{獨立同分布}}}{m_{\text{val}}}$$

$$= e_{\text{true}}(h^-)|e_{\text{val}}(h^-) - e_{\text{true}}(h^-)| \leqslant \sqrt{\frac{1}{2m_{\text{val}}}\ln\left(\frac{2}{\delta}\right)} = O\left(\frac{1}{\sqrt{m_{\text{val}}}}\right)$$

可以看出，驗證誤差的均值是真實誤差（即驗證誤差是真實誤差的無偏估計），而兩者的差距與驗證集大小 m_{val} 成反比。當驗證集足夠大時，驗證誤差可極佳地反映真實誤差。

大客戶：h 和 h^- 為什麼會不同？

斯蒂文：模型在不同資料集上訓練一定會不同，當然，資料集的差別越小，h 和 h^- 之差也越來越小。

大客戶：明白了。最後用的模型是 h，但你的結論都和 h^- 相關，怎麼和 h 產生聯繫？

斯蒂文：用以下不等關係，雖然沒有嚴謹的數學證明，但是通常我們都認為資料越多，真實誤差越小。

$$e_{\text{true}}(h) \leqslant e_{\text{true}}(h^-) \leqslant e_{\text{val}}(h^-) + O\left(\frac{1}{\sqrt{m_{\text{val}}}}\right)$$

大客戶：驗證誤差只不過像測試誤差一樣可以估計真實誤差，但我還沒看出它具有決定性作用。

斯蒂文：☹☹☹

機器學習模型太多了，因此，我們必須要有一個系統、科學的方法來選擇模型，此時驗證集就有用武之地了。

斯蒂文：驗證集可以用來進行模型選擇！假設有 P 個模型，用訓練集來訓練它們，獲得 $H = \{h_1^-, h_2^-, \cdots, h_P^-\}$（上標 "–" 表示有一些資料被拿走用於訓練模型了），用驗證集來計算每個模型的驗證誤差，選一個最小的驗證誤差，其對應的模型就是最佳模型 $g^- = h_{p*}^-$。再在原來整個訓練集（$D_{\text{tv}} = D_{\text{train}} + D_{\text{val}}$）中重新訓練模型，獲得的模型被稱為 g。整個流程如下圖所示。

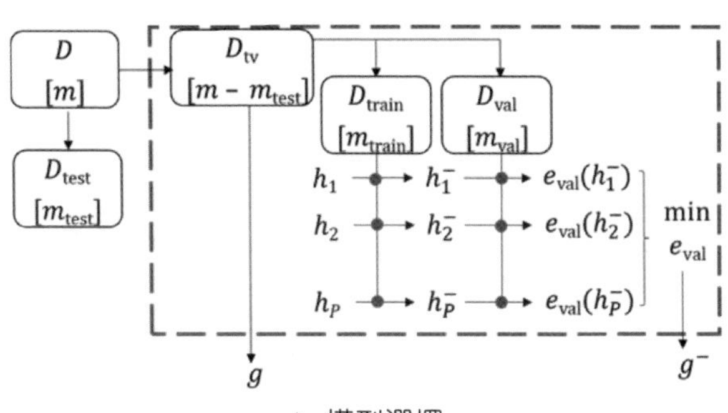

▲ 模型選擇

通常模型個數 P 是有限的，而 g^- 是從這 P 個模型中選出來的。類比上面關於單一模型 h 的不等關係，將霍夫丁不等式應用到 g^- 上，可以獲得（區別是 O 中的 "1" 變成了 "$\sqrt{\ln P}$"）：

$$e_{\text{true}}(g) \leqslant e_{\text{true}}(g^-) \leqslant e_{\text{val}}(g^-) + O\left(\frac{\sqrt{\ln P}}{\sqrt{m_{\text{val}}}}\right)$$

現在又遇到一個關於驗證集 m_{val} 大小的問題：

$$e_{\text{true}}(g) \underbrace{\approx}_{\text{驗證集要小}} e_{\text{true}}(g^-) \underbrace{\approx}_{\text{驗證集要大}} e_{\text{val}}(g^-)$$

m_{val} 越大，g 和 g^- 的真實誤差的差距越大，最後模型 g 的推廣能力一定不好，最好 $m_{\text{val}} = 1$。

大客戶：當驗證集中只有一個資料時，你還好意思說驗證誤差的均值是真實誤差（無偏估計）？

斯蒂文：☹☹☹

斯蒂文想：既然一個單點的驗證誤差不好，有沒有辦法找到很多這樣的驗證誤差，然後加總再求平均值可能好一些。

斯蒂文：換一個想法，除了測試集，我們有 $m_{\text{tv}} = m_{\text{train}} + m_{\text{val}}$ 個資料，用交換驗證的想法，每次選一個資料當驗證集，檢查除測試集外的所有資料，獲得 m_{tv} 個驗證誤差，然後加總求平均值。

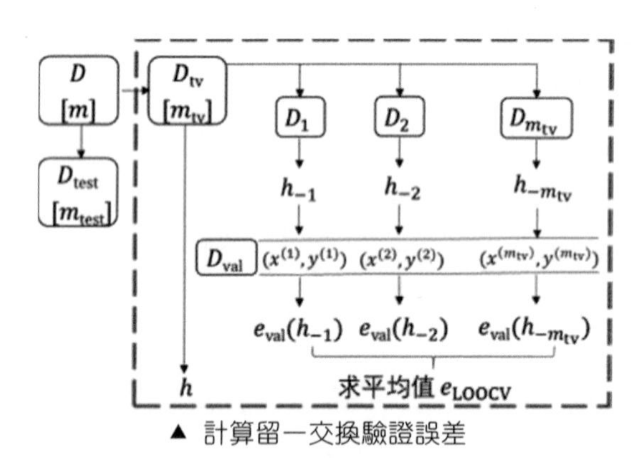

▲ 計算留一交換驗證誤差

從驗證集（$x^{(i)}, y^{(i)}$）獲得的模型為 h_{-i}，索引 "–" 表示除第 i 個資料都用來訓練模型了，原來整個訓練集（D_{tv}）上的重新訓練的模型被稱為 h，如左圖所示。

計算平均的交換誤差

$$e_{\text{LOOCV}} = \frac{1}{m_{\text{tv}}}\sum_{i=1}^{m_{\text{tv}}} e_{\text{val}}(h_{-i})$$

大客戶：如果訓練一個模型需要 t 秒，那麼選擇最佳模型需要 $m_{\text{tv}}t$ 秒，不是很高效，還有沒有更高效的？

斯蒂文：還是根據交換驗證的想法，將資料大概平均分成 K 份，獲得 K 個驗證誤差，然後加總求平均值，將 K 取 5 或 10 都是常見的做法。K 折交換誤差為 $e_{\text{CV}} = \frac{1}{K}\sum_{i=1}^{K} e_{\text{val}}(g_{-i})$，這樣效率加強了 m_{tv}/K 倍。

大客戶：這個 K 折交換驗證聽起來很合理，就按這個方法做吧。

斯蒂文：☺☺☺ ✌✌✌

3.4 誤差剖析

3.4.1 誤差來源

接著使用上面關於房價的實例，讓我們再進一步剖析真實誤差。假設指定一個模型，使用該模型根據指定的房子面積來預測房價是一定會有誤差的，那麼誤差的來源有哪些呢？這個模型只用了一個 [面積,房價] 訓練集來擬合模型參數，而市場中有無數個同樣大小的 [面積,房價] 訓練集。用每個訓練集來擬合模型都會得出不同的模型參數。假設市場中有一個真實模型（想得到卻摸不著）可以描述面積與房價的關係。

- 對用**所有**訓練集獲得的所有模型求平均值，獲得一個**平均模型**，它與真實模型之間的差距叫作偏差。
- 用**所有**訓練集獲得的所有模型本身也各不相同，它們的變動水平叫作方差。
- 這些房子的成交價不一定只與面積相關，還可能與當時買家或賣家的心情，甚至成交當天的天氣有關。這些因素造成的誤差都可以被看作雜訊。

為了便於解釋，將常函數（高階多項式函數）稱為簡單（複雜）模型。接下來看**不同**資料擬合出來的兩種模型。

簡單模型：不同資料擬合出來的模型變化**不大**（見下圖中平緩移動的 B 線）。

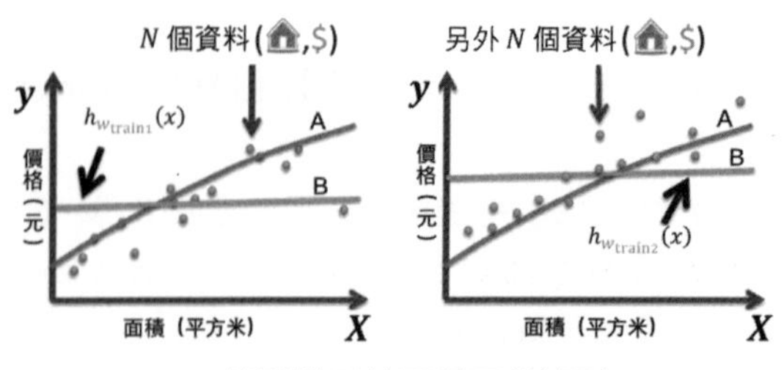

▲ 簡單模型的兩種可能情形

解釋

- A 線是真實模型，B 線是擬合模型。
- $h_{w_{\text{train1}}}$ 是用第一套訓練資料擬合出來的模型，索引 w_{train1} 代表第一套參數。
- $h_{w_{\text{train2}}}$ 是用第二套訓練資料擬合出來的模型，索引 w_{train2} 代表第二套參數。

複雜模型：不同資料擬合出來的模型區別**很大**（見下圖中「瘋狂」震動的 B 線）。

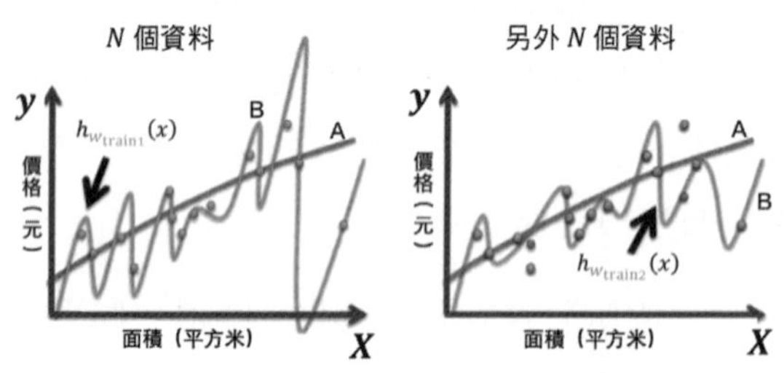

▲ 複雜模型的兩種可能情形

註：本節所用圖參考自參考資料[3]。

從上圖所示的兩張圖中可以看出不同訓練資料可擬合出不同的簡單或複雜的模型：

- 簡單的模型千篇一律。
- 複雜的模型差別很大。

接下來研究在這兩種模型中偏差和方差的性質。首先介紹以下概念及在下圖中的表示形式。

- 擬合模型：一套訓練集擬合出來的模型，用實線表示。
- 平均模型：無數個擬合模型的期望，用虛線表示。
- 真實模型：在現實中客觀存在的模型，用加粗實線表示。
- 偏差：真實模型和平均模型的差異。
- 方差：無數個擬合模型的差異。
- $h_{w_{\text{model}}}(x)$：擬合模型、平均模型、真實模型，由索引 $w_{\text{model}} = w_{\text{train}}, w_{\text{mean}}, w_{\text{true}}$ 決定。

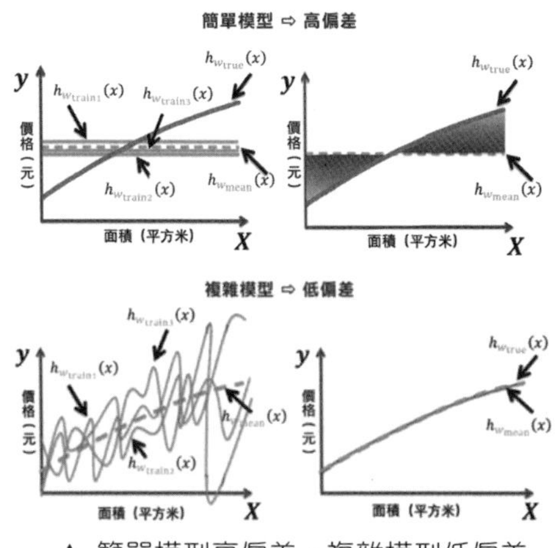

▲ 簡單模型高偏差，複雜模型低偏差

偏差

由左圖可見，虛線和曲線相差甚遠。

簡單模型就是一組水平直線，求平均值之後還是一條直線，和真實模型的曲線差別大，因此，簡單模型通常是**高偏差**（見陰影面積）。

由左圖可見，虛線和曲線相差很近。

複雜模型是一組起伏很大的波浪線，求平均值之後最大值和最小值都會相互抵消，和真實模型的曲線差別小，因此複雜模型通常是**低偏差**（見曲線和虛線幾乎重合）。

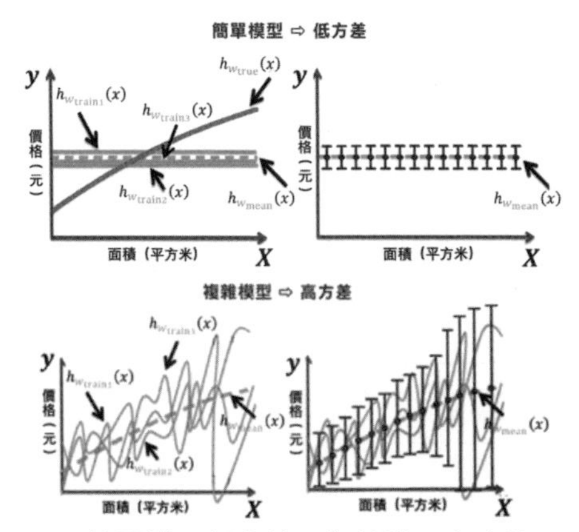

▲ 簡單模型低方差，複雜模型高方差

方差

由左圖可見，實線的震動有規律而且區間很窄。

簡單模型對資料的變動不敏感，通常是**低方差**（見很窄的上下界）。

由左圖可見，實線的震動毫無規律而且區間很寬。

複雜模型對資料的變動很敏感，通常是**高方差**（見很寬的上下界）。

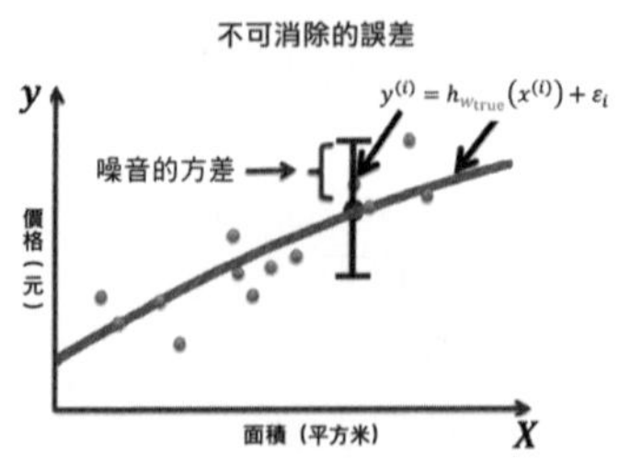

▲ 雜訊代表不可消除的誤差

雜訊

由左圖可見，雜訊表達了在目前工作中任何學習演算法所能達到的期望真實誤差的下界（不可消除的誤差），即學習問題本身的難度。

3.4.2 偏差—方差權衡

下面將 3.4.1 節對偏差和方差的分析歸納成下圖。

- 簡單模型高偏差、低方差，複雜模型低偏差、高方差。
- 簡單模型欠擬合，複雜模型過擬合。

欠擬合的模型為高偏差、低方差，過擬合的模型為低偏差、高方差，因此偏差和方差是有衝突的，這被稱為偏差—方差權衡（Bias-Variance Trade-off），如下圖所示。假設指定學習工作：

- 當模型訓練不足時，模型擬合能力弱，資料的擾動不足以使模型產生顯著變化，此時偏差是總誤差的主要來源。
- 當模型訓練充足時，模型擬合能力強，資料的輕微擾動導致模型發生顯著變化，此時方差是總誤差的主要來源。

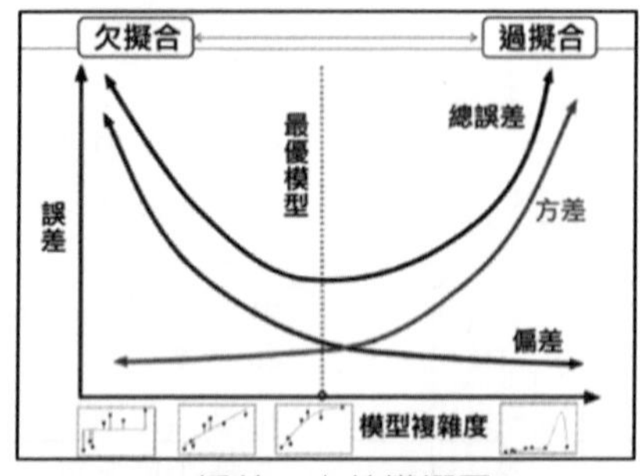

▲ 偏差—方差權衡圖

如上圖所示，最佳模型對應著總誤差最小的那點。綜上所述，真實誤差有 3

個來源：偏差、方差和雜訊。由於真實誤差是衡量模型的推廣效能的，因此，模型的推廣效能是由模型學習演算法的能力、資料的充分性和學習工作本身的難度所共同決定的。指定學習工作（因為其本身難度是無法降低的，就像雜訊是無法消除的一樣），為了獲得好的泛化效能（降低真實誤差），有兩種方法可以選擇：增強擬合數據能力（降低偏差）和增強抗擾資料能力（降低方差）。對如何「將真實誤差分解成偏差、方差和雜訊」有興趣的讀者請參考本章的附錄 A。

3.5 模型選擇

在實作中，在選擇一個模型時通常需要考慮以下 5 點[4]：

(1) 精度（Accuracy）

(2) 簡單（Simplicity）

(3) 可解釋（Interpretability）

(4) 高效（Efficiency）

(5) 可擴充（Scalability）

精度：假設有 P 個模型 $h_1, h_2, \cdots, h_P$，如何選取一個最佳模型（即誤差最小的模型）？

快速方法：將資料集隨機按 80:20 的比例劃分為訓練集和測試集，用訓練集來訓練 P 個模型，計算每個模型的測試誤差，選一個測試誤差最小的模型 h_{p^*}，如下圖所示。

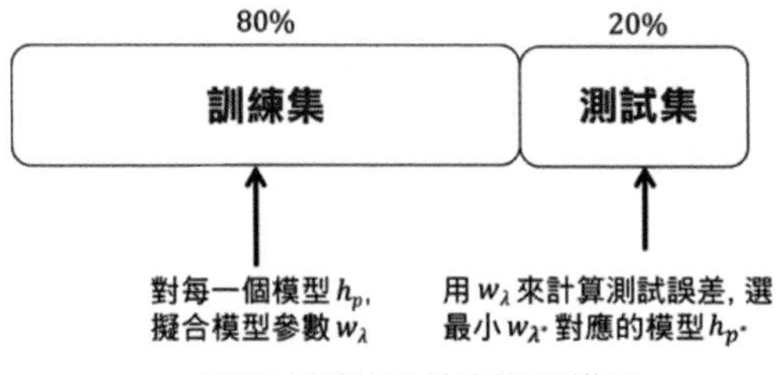

▲ 用最小測試誤差來選擇模型

劃分訓練集和測試集來選擇參數

```
1   from sklearn.model_selection import train_test_split
2   (train, test)= train_test_split(data, train_size=0.8,
3               random_state=0)
4   Lambda_set = np.logspace(-1, 5, num=13)
5   for lambda in lambda_set
6       model = ANY_MODEL(train, lambda)
7       e = ((test['y']-model.predict(test['x']))**2).sum()
8       error_list.append(e)
9   best_error = min(error_list)
10  best_lambda = lambda_set[np.argmin(best_error)]
```

這個方法最大的缺點就是會過擬合測試集，因為測試集會不知不覺地幫助你選擇了模型。因此不推薦使用該方法！

正統方法：在訓練集之外建立兩個資料集：用調解參數來選擇模型的資料集被叫作驗證集；用來評估最佳模型的實際推廣能力的資料集被叫作測試集。再隨機按 6:2:2 的比例來劃分訓練集、驗證集和測試集，如下圖所示。

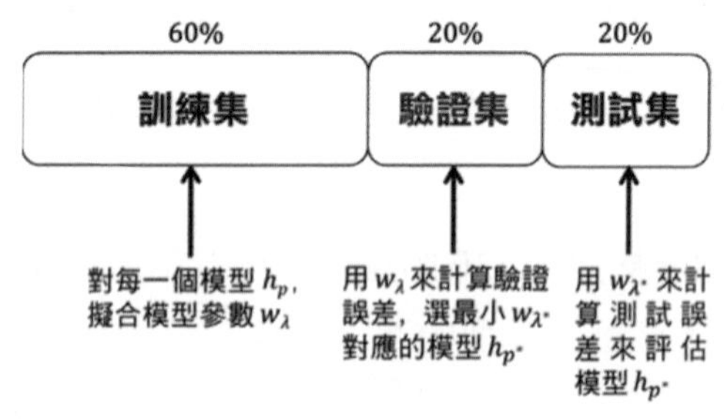

▲ 用最小驗證誤差來選擇模型

劃分訓練集、驗證集和測試集來選擇參數

```
1   from sklearn.model_selection import train_test_split
2   (train_and_vali, test)= train_test_split( data,
3               train_size=0.8, random_state=0 )
4   (train, vali)= train_test_split(train_and_vali,
5                           train_size=0.75, random_state=0 )
```

先把 20% 的測試集劃分出來，再在剩下的 80% 資料中選擇 75%的資料當訓練集，25% 的資料當驗證集。將 random_state 設為 0 是為了能複現結果。之後選擇參數 λ 的步驟與上面的程式一樣，只需要注意在計算誤差 e 時用驗證集 vali，而非測試集 test。

在吳恩達的 *Machine Learning Yearning* 一書中介紹過，劃分訓練集、驗證集和測試集的方法可由資料的多少來決定。

- 在大數據時代之前，當樣本數量還是上萬個時，將訓練集、驗證集和測試集的比例設為 6:2:2，例如隨機將 10000 個資料中的 6000 個資料用來訓練，2000 個資料用來驗證，2000 個資料用來測試。
- 在大數據時代來臨時，當樣本數量達到百萬個時，將訓練集、驗證集和測試集的比例設為 98:1:1，例如隨機將 1000000 個資料中的 980000 個資料用來訓練，10000 個資料用來驗證，10000 個資料用來測試。

對於驗證集大小的設定，應該遵循的準則是該數量能夠檢測不同演算法或模型的區別，以便選出更好的模型。例如模型 A 和 B 的精度是 90% 和 90.1%，兩者相差 0.1%。那麼，對於開發集：

- 100 個資料不夠，因為 100 × 0.1% = 0.1 個資料，所以也無法分辨模型 A 和 B 的差異。
- 1000 個資料也不夠，因為 1000 × 0.1% = 1 個資料，所以比較難分辨模型 A 和 B 的差異。
- 10000 個資料夠了，因為 10000 × 0.1% = 10 個資料，所以容易分辨模型 A 和 B 的差異。

對於測試集大小的設定，傳統上是設為全部資料的 20% ~ 30%。在大數據時代不再按百分比設定，而是設定一個絕對數值，例如 1000 ~ 10000 個。

在傳統的機器學習中，如果資料不夠多，則可以使用 K 折交換驗證法，如下圖所示。

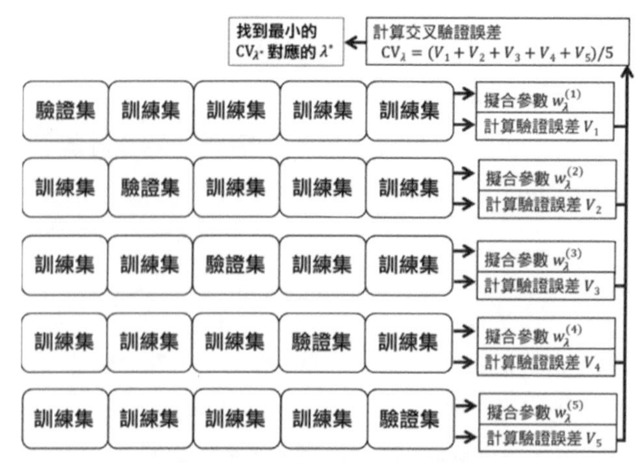

▲ 用最小交換驗證誤差來選擇模型

K 折交換驗證

```
1  from sklearn.utils import shuffle
2  def k_fold_CV( k, lambda, data ):
3      vali_err = 0.0;
4      for i in xrange(k):
5          is = (n*i)/k
6          ie = (n*(i+1))/k-1
7          vali = data[is:ie+1]
8            train = data[0:is].append(data[ie+1:n])
9         model = ANY_MODEL(train, lambda)
10         y_true = vali['y']
11         y_pred = model.predict(vali['x'])
12           vali_err += ((y_true- y_pred)**2).sum()
13  return vali_err / k
```

上面所示的 k_fold_CV 函數的輸入 data 上是事先需要被 shuffle 函數隨機打亂的，因此這裡寫為 k_fold_CV(5, 0.1, shuffle(data))

簡單：永遠從簡單模型開始，然後根據需求再增加模型的複雜度。透過加強模型的複雜度，可以加強模型的精度，但是加強精度的幅度在遞減。鑑於此，在選擇模型時不要總要求模型是最精準的，有時還必須考慮其他因素。

可解釋：指定一個應用程式，你需要在模型的精度和可解釋性之間進行折中。通常類神經網路（ANN）和 SVM 的預測精度高，但是它們對非專業人士來說就是一個「黑盒子」。當預測效能是首要目標，並且不需要解釋模型是運行原理和預測時，可以優先選擇複雜的黑盒演算法。然而在某些情況下，模型的可解釋性是首要考慮因素，有時甚至是法律強制的。例如金融機構中的信用卡申請應用程式，如果申請人被拒絕申請信用卡並客訴金融機構，則金融機構需要解釋他們是如何做出該決定的。如果使用的是 ANN 或 SVM 那麼這幾乎是不可能實現的，但如果使用的是決策樹卻很容易實現。

高效和可擴充：在一些應用程式中，高效和可擴充是關鍵因素，特別是在廣泛使用、接近即時分析的應用程式（電子商務網站）中，當輸入一個新資料時，模型就需要快速更新，並且基於大數據進行預測。

綜上所述，應該優選簡單的模型（除非加強模型的精度對模型有顯著的增益，才會選擇複雜的模型）。簡單模型通常更高效、更容易擴充，也更容易解釋。

3.6 歸納

在人類學習和機器學習中，有很多可類比的名詞，例如下表所示。

人類學習	機器學習
訓練題	訓練集
測試題	測試集
欠學習	欠擬合
過學習	過擬合
會做新題	適應新資料

機器學習可以從人類學習中獲得很多靈感，而機器學習的核心就是建置推廣能力強的模型，使其適應新資料。這個模型不能欠擬合，更不能過擬合。如何把握這個度，需要透過一個效能度量（誤差函數）來評估，再從多個模型中選出一個最佳模型。

1. 如何評估模型？

- 永遠不要看訓練誤差，要看真實誤差。
- 由於真實誤差不可計算，通常用測試誤差或驗證誤差來代表它。

2. 如何劃分資料集？

- 如果資料足夠多（達到十萬等級），則將資料集按 6:2:2 的比例來劃分訓練集、驗證集和測試集。
- 如果資料不夠多，則分為以下兩種情況。
  - 如果算力不夠，則採用 5 折或 10 折交換驗證法來劃分訓練集和驗證集。
  - 如果算力足夠，則可以考慮採用留一交換驗證法。

3. 如何選擇模型？

- 用交換驗證誤差作為基準，選取最小的交換驗證誤差對應的模型。
- 在選擇模型時，遵循「簡單為大」的原則（除非加強模型的精度對模型有顯著的增益）。此外，可解釋性、高效性和可擴充性也是需要考慮的因素。

至此，前 3 章在沒有有關實際機器學習模型的情況下，介紹了機器學習的定義及組成元素（資料、工作和效能度量），證明了機器學習的可行性（在 VC 維度是有限的情況下），設計了一套系統的機器學習模型評估和選擇的架構（透過劃分訓練集、驗證集、測試集）。打牢基礎後，讀者就可以專心學習機器學習模型和演算法了，第 4 章從最簡單的線性回歸模型開始說明。

參考資料

1. 《機器學習》[book]
   周志華 著，北京：清華大學出版社，2015（第 2 章 模型評估與選擇）
2. *Learning from Data: A Short Course* [book]
   Yaser S. Abu-Mostafa, Malik Magdon-Ismail, Hsuan-Tien Lin, Chapter 2 - 2.2.3, Chapter 4 - 4.3, 2012
3. Machine Learning Specialization, Regression – Assessing Performance [course]
   Emily Fox, Carlos Guestrin, Coursera, University of Washington

4．Machine Learning: An In-Depth Guide - Data Selection, Preparation, and Modeling [webpage]
Alex Castrounis, InnoArchiTech

技術附錄

A. 真實誤差分解

回顧 3.2.2 節中的實例，對於所有房子面積 x 和真實房價 y，真實誤差的運算式為

$$真實誤差 = E_{x,y}[(y - h_w(x))^2]$$

需要注意的是，每次的訓練集也都是**隨機選擇**的。假設有 1000 個資料，今天選擇前 100 個資料，明天選擇後 100 個資料，後天選擇中間的 100 個資料，每次擬合得出的模型都不同。因此，我們要用不同的訓練集來計算真實誤差（擬合得出不同的房價 h 和真實房價 y），然後求平均值，這被稱為預期誤差，其嚴謹的數學公式為：

$$預期誤差 = E_{訓練集}[真實誤差] = E_{訓練集}\left[E_{x,y}\left[(y - h_{訓練參數}(x))^2\right]\right]$$

接下來，我們從數學上來推出真實誤差是偏差、方差和雜訊的總和。

偏差、方差雜訊的分解	
$E_D\left[E_{x,y}\left[\left(y - h_{w_{\text{train}}}(x)\right)^2\right]\right]$ $= E_{D,y_t}\left[\left(y_t - h_{w_{\text{train}}}(x_t)\right)^2\right]$	• 訓練集用 D 來表示 • 關注訓練集 D 裡特定的 x_t
$= E_{D,y_t}[((y_t - h_{w_{\text{true}}}(x_t) + (h_{w_{\text{true}}}(x_t) - h_{w_{\text{train}}}(x_t)))^2]$ $= E_{D,y_t}[((y_t - h_1) + (h_1 - h_2))^2]$ $= E_{D,y_t}[(y_t - h_1)^2] + 2E_{D,y_t}[(y_t - h_1)(h_1 - h_2)] + E_{D,y_t}[(h_1 - h_2)^2]$ $= E_{y_t}[(y_t - h_1)^2] + 2E_{D,y_t}[(y_t - h_1)(h_1 - h_2)] + E_D[(h_1 - h_2)^2]$	• $(a - b) = (a - c) + (c - b)$ • $h_1 = h_{w_{\text{true}}}, h_2 = h_{w_{\text{train}}}$ • $(a + b)^2 = a^2 + 2ab + b^2$
$= \sigma^2 + 2E_{D,y_t}[y_t - h_1]E_{D,y_t}[h_1 - h_2] + E_D[(h_1 - h_2)^2]$ $= \sigma^2 + 2 \times 0 \times E_{D,y_t}[h_1 - h_2] + E_D[(h_1 - h_2)^2]$	• $y_t - h_1$ 與 D 無關，$h_1 - h_2$ 與 y_t 無關 • 雜訊= $y_t - h_1$與其他變數無關

$= \sigma^2 + E_D[(h_1 - h_2)^2]$	• 雜訊的均值是 0
$= \sigma^2 + E_D[((h_1 - h_m) + (h_m - h_2))^2]$	
$= \sigma^2 + E_D[(h_1 - h_m)^2]2E_D[(h_1 - h_m)(h_m - h_2)] + E_D[(h_m - h_2)^2]$	• 引進訓練誤差均值 $h_m = E_D[h_2]$
$=$ noise + bias + $2E_D[(h_1 - h_m)(h_m - h_2)]$ + variance	• $(a+b)^2 = a^2 + 2ab + b^2$
$=$ noise + bias + $2E_D[h_1 - h_m]E_D[h_m - h_2]$ + variance	• 偏差$= h_1 - h_m$, 方差$= h_m - h_2$
$=$ noise + bias + $2E_D[h_1 - h_m] \times 0$ + variance	• 條件期望的 $E_D[XY] = E_D[X]E_D[Y]$
$=$ noise + bias + variance	• 根據定義 $h_m = E_D[h_2]$

假設資料沒有雜訊，真實誤差只被分解成偏差和方差，那麼證明更加簡單。

偏差、方差的分解

$= E_{D,y_t}\left[\left(y_t - h_{w_{\text{train}}}(x_t)\right)^2\right]$	• 訓練集用 D 表示
$= E_D[(h_1 - h_2)^2]$	• 關注訓練集 D 裡特定的 x_t
$= E_D[((h_1 - h_m) + (h_m - h_2))^2]$	• $h_1 = y_t$，$h_2 = h_{w_{\text{train}}}$
$= E_D[(h_1 - h_m)^2] + 2E_D[(h_1 - h_m)(h_m - h_2)] + E_D[(h_m - h_2)^2]$	• 引進訓練誤差均值 $h_m = E_D[h_2]$
$=$ bias + $2E_D[(h_1 - h_m)(h_m - h_2)]$ + variance	• $(a+b)^2 = a^2 + 2ab + b^2$
$=$ bias + $2E_D[h_1 - h_m]E_D[h_m - h_2]$ + variance	• 偏差 $= h_1 - h_m$，方差 $= h_m - h_2$
$=$ bias + $2E_D[h_1 - h_m] \times 0$ + variance	• 條件期望的 $E_D[XY] = E_D[X]E_D[Y]$
$=$ bias + variance	• 根據定義 $h_m = E_D[h_2]$

04 線性回歸

In theory, theory and practice are the same. In practice, they are not.

—Albert Einstein

引言

塞樂瀕臨破產，現在賣掉房子來還債。

塞樂清楚的是自己房子的面積，他最關注的是這個面積的房子現在值多少錢。塞樂根據市場資料擬合出一條直線，根據房子面積為 2700 平方英尺，估計可以賣 1130 萬新幣（見下圖中逆時鐘箭頭）。

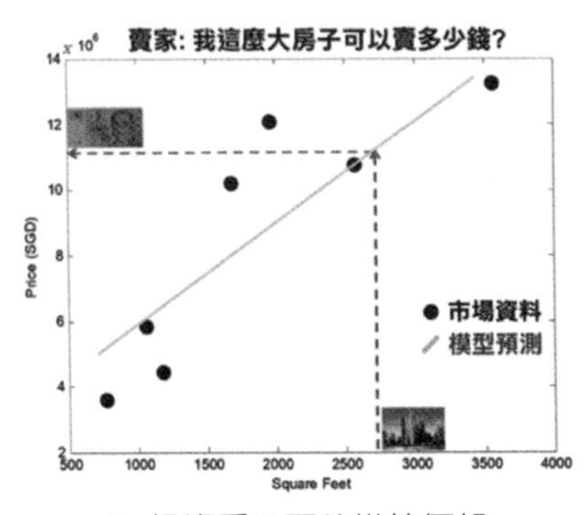

▲ 根據房子面積推算價格

白雅發家致富，現在準備買一棟新房子。

白雅清楚的是自己的預算，他最關注的是這些錢可以買多大面積的房子。白雅根據市場資料擬合出同一條直線，根據自己 900 萬新幣的預算估計可以買一套 1900 平方英尺的房子（見下圖中順時鐘箭頭）。

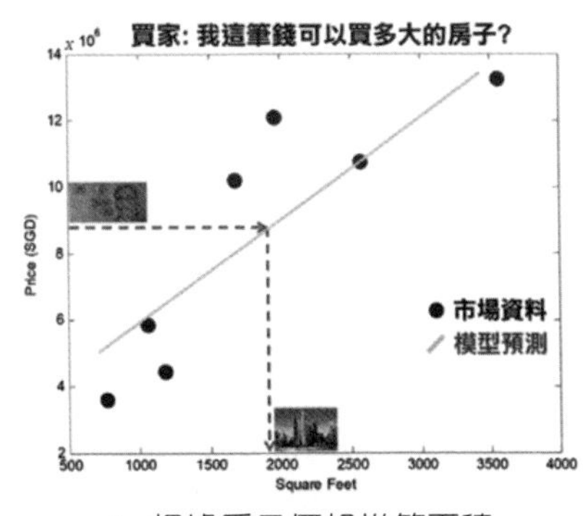

▲ 根據房子價格推算面積

塞樂和白雅（塞樂是 seller 的音譯詞，白雅是 buyer 的音譯詞）畫出的模型的作用分別是：

- 根據面積來預測價格，大概能知道自己的房子能賣多少錢。
- 根據價格來預測面積，大概能知道自己的預算能買多大的房子。

塞樂和白雅各有所需，而解決問題的方法就是用本章說明的線性回歸模型。本章的思維導圖如下：

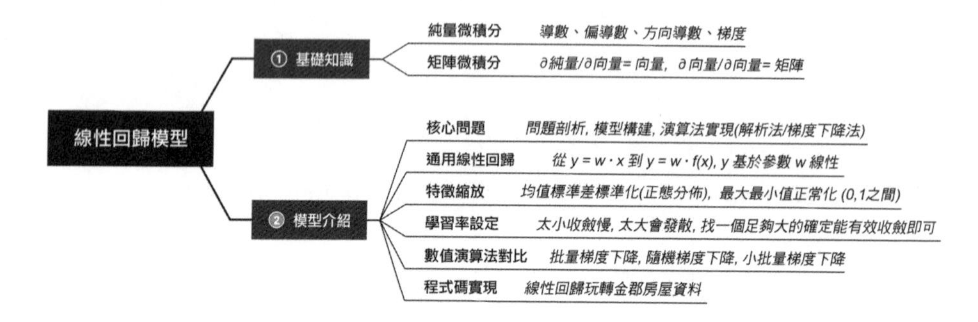

4.1 基礎知識

4.1.1 純量微積分

導數：導數（Derivative）是指單變數函數的變化率。舉例來說，在引言介紹的實例中，$y = 20000x$，當房子面積每增大於 1 平方英尺時，價格上漲 20000 新幣，因此變化率為 20000 新幣/平方英尺，導數是 20000。這是最簡單的情況，即變化率固定。

在現實生活中，很多時候變化率是不固定的，例如 $y = x^2 + 1$。如右圖所示，在某個點 x 上，導數就是函數在對應點上的斜率。通常用 $\mathrm{d}y/\mathrm{d}x$ 代表導數。

- 斜率上傾，導數為正數。
- 斜率下傾，導數為負數。
- 斜率為水平直線，導數為零。

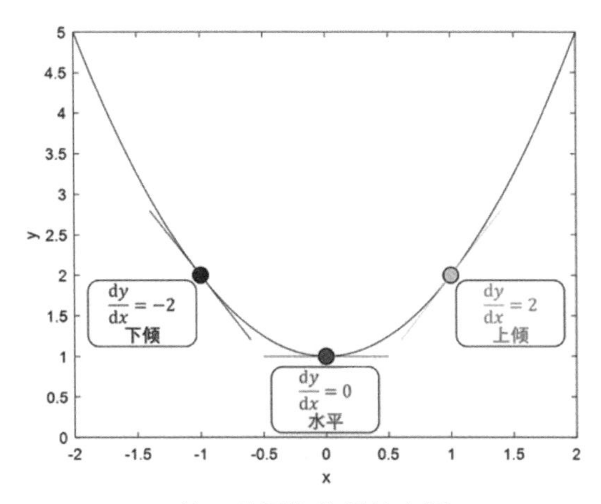

註：此圖為軟體輸出圖

▲ 導數就是函數的斜率

偏導數：偏導數（Partial Derivative）是指多變數函數針對某個變數的變化率。接著上例，房子的價格除與面積有關外，還與使用時間有關。例如函數 $y = f(x, t) = 20000x - 5000t$，$y$ 是價格，x 是面積，t 是使用時間。

- 在使用時間相同時，房屋面積每增大 1 平方英尺，價格上漲 20000 新幣，價格對面積的變化率為 20000 新幣/平方英尺，函數對 x 的偏導數 $\partial y/\partial x$ 為 20000。
- 在面積相同時，房屋使用時間每增加 1 年，價格下跌 5000 新幣，價格對使用時間的變化率為 5000 新幣/年，函數對 t 的偏導數 $\partial y/\partial t$ 為 –5000。

在計算偏導數的時候，其他變數都可以被看成常數，而常數的變化率為 0。

方向導數：偏導數 $\partial y/\partial x$ 和 $\partial y/\partial t$ 只是函數沿著對應的座標軸 x 和 t 方向的變化率，那麼如何獲得函數在任意方向的變化率，即方向導數（Directional Derivative）？

方向導數就是函數在單位向量 $\vec{l}$ 上的偏導數。注意，方向導數是純量而非向量。

梯度：梯度（Gradient）是一個向量，通常用 $\vec{g} = [\partial y/\partial x, \partial y/\partial t]$ 表示。

方向導數中是否有最大（小）值？有，當 $\vec{g}$ 和 $\vec{l}$ 同向（反向）時，方向導數最大（最小）。因為方向導數是梯度 $\vec{g}$ 和單位向量 $\vec{l}$ 的內積，如下圖所示。

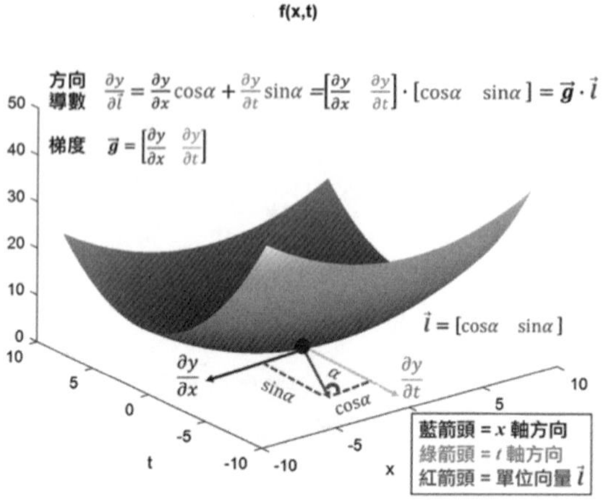

▲ 方向導數和梯度（請參照彩圖 4-1）

4.1.2 向量微積分

下面定義了 4 個向量和矩陣符號 $\boldsymbol{x}$、$\boldsymbol{y}$、$\boldsymbol{c}$ 和 $\boldsymbol{A}$，一個多變數的向量函數 $\boldsymbol{y}(\boldsymbol{x})$，以及 3 種矩陣偏導數形式：

（1）對一個向量函數求另一個向量的偏導數（常見）。

（2）對一個純量函數求一個向量的偏導數（常見）。

（3）對一個向量函數求一個純量的偏導數（罕見）。

$$\overbrace{\boldsymbol{x}=\begin{bmatrix}x_1\\ \vdots\\ x_n\end{bmatrix}}^{n\times 1\text{ 向量}},\quad \overbrace{\boldsymbol{y}=\begin{bmatrix}y_1\\ \vdots\\ y_m\end{bmatrix}}^{m\times 1\text{ 向量}},\quad \overbrace{\boldsymbol{c}=\begin{bmatrix}c_1\\ \vdots\\ c_n\end{bmatrix}}^{n\times 1\text{ 向量}},\quad \overbrace{\boldsymbol{A}=\begin{bmatrix}a_{11} & \cdots & a_{1n}\\ \vdots & \ddots & \vdots\\ a_{m1} & \cdots & a_{mn}\end{bmatrix}}^{n\times m\text{ 矩陣}}$$

$$\overbrace{\boldsymbol{y}=\boldsymbol{y}(\boldsymbol{x})=\begin{bmatrix}y_1(x_1,\cdots,x_n)\\ \vdots\\ y_m(x_1,\cdots,x_n)\end{bmatrix}}^{\text{當 } n=1 \text{ 時，} x \text{ 是標量；當 } m=1 \text{ 時，} y \text{ 是標量}}$$

接下來用 3 種最常見的函數（有純量函數也有向量函數）分別求向量 $\boldsymbol{x}$ 的偏導數。下表中列出求導過程：

（1）純量函數 $y = \boldsymbol{c}^{\mathrm{T}}\boldsymbol{x}$。

（2）向量函數 $\boldsymbol{y} = \boldsymbol{A}\boldsymbol{x}$。

（3）純量函數 $y = \boldsymbol{x}^{\mathrm{T}}\boldsymbol{A}\boldsymbol{x}$（這時 $\boldsymbol{A}$ 是 $n \times n$ 矩陣）。

例子	推導	
$y = \boldsymbol{c}^{\mathrm{T}}\boldsymbol{x}$ ∂純量/∂向量	$y = \boldsymbol{c}^{\mathrm{T}}\boldsymbol{x} = \sum_{i=1}^{n} c_i x_i$	$\frac{\partial y}{\partial \boldsymbol{x}} = \begin{bmatrix} \frac{\partial y}{\partial x_1} \\ \vdots \\ \frac{\partial y}{\partial x_n} \end{bmatrix} = \begin{bmatrix} c_1 \\ \vdots \\ c_n \end{bmatrix} = \boldsymbol{c}$
$\boldsymbol{y} = \boldsymbol{A}\boldsymbol{x}$ ∂向量/∂向量	$\boldsymbol{y} = \boldsymbol{A}\boldsymbol{x}$ $= \begin{bmatrix} \sum_{i=1}^{n} a_{i1} x_i & \cdots & \sum_{i=1}^{n} a_{m1} x_i \end{bmatrix}^{\mathrm{T}}$	$\frac{\partial \boldsymbol{y}}{\partial \boldsymbol{x}} = \begin{bmatrix} \frac{\partial y_1}{\partial x_1} & \cdots & \frac{\partial y_m}{\partial x_1} \\ \vdots & \ddots & \vdots \\ \frac{\partial y_1}{\partial x_n} & \cdots & \frac{\partial y_m}{\partial x_n} \end{bmatrix} = \begin{bmatrix} a_{11} & \cdots & a_{m1} \\ \vdots & \ddots & \vdots \\ a_{1n} & \cdots & a_{mn} \end{bmatrix}$ $= \boldsymbol{A}^{\mathrm{T}}$
$y = \boldsymbol{x}^{\mathrm{T}}\boldsymbol{A}\boldsymbol{x}$ ∂純量/∂向量	$y = \boldsymbol{x}^{\mathrm{T}}\boldsymbol{A}\boldsymbol{x} = \sum_{i=1}^{n}\sum_{i=1}^{n} a_{ij} x_i x_j$	$\frac{\partial y}{\partial \boldsymbol{x}} = \begin{bmatrix} \frac{\partial y}{\partial x_1} \\ \vdots \\ \frac{\partial y}{\partial x_n} \end{bmatrix} = \begin{bmatrix} \sum_{j=1}^{n} a_{1j} x_j + \sum_{j=1}^{n} a_{j1} x_j \\ \vdots \\ \sum_{j=1}^{n} a_{nj} x_j + \sum_{j=1}^{n} a_{jn} x_j \end{bmatrix}$ $= (\boldsymbol{A}^{\mathrm{T}} + \boldsymbol{A})\boldsymbol{x}$

4.2 模型介紹

4.2.1 核心問題

問題剖析：單變數線性回歸模型是有監督學習中最簡單的回歸模型。在該模型中有一個輸入（特徵）和一個輸出（標籤），此模型基於它們建立一個最佳線性函數來進行預測。再次回顧米切爾對機器學習的定義：

> 假設用效能度量 P 來評估模型在某類別工作 T 中的效能，若該模型透過利用經驗 E 在工作 T 中改善其效能度量 P，那麼可以說模型對經驗 E 進行了學習。

將這個抽象定義對映在本章的實際問題中，我們獲得，

- 工作：有監督學習的單變數線性回歸。
- 經驗：訓練集裡的資料（一個特徵：房子面積；一個標籤：房價）。
- 效能度量：最佳。

工作和經驗都好了解，而「最佳」效能度量聽起來很空泛，下面列出「最佳」的定義。

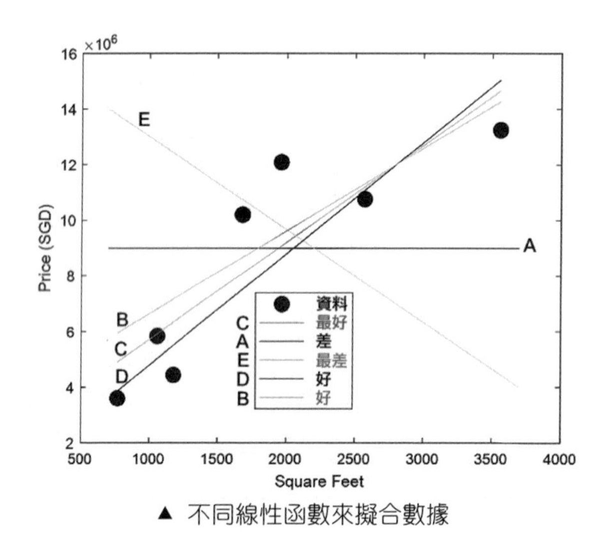

▲ 不同線性函數來擬合數據

回到上文預測房價的實例，即使指定訓練集和規定好的單變數線性模型，還是有很多種線性函數可以擬合數據的，如下圖所示：

- 點數據的走勢是向上的，即面積越大，價格越貴。
- A 線和 E 線明顯無法擬合出面積和價格的關係，差！
- B 線、C 線和 D 線的斜率都是向上的，好！

C 線在擬合數據中做得最好！即該模型最佳，那麼這裡所採用的評價標準是什麼呢？

模型建置：在有監督學習中，將訓練好的模型用在一組特徵上會輸出一組預測值，而標籤是一組真實值，所以它們一般會有差異。下面基於所有訓練資

料的平均差異，用誤差函數表示，如下圖所示（直線是假設函數，即單變數線性函數 h，而點是真實資料 y）。

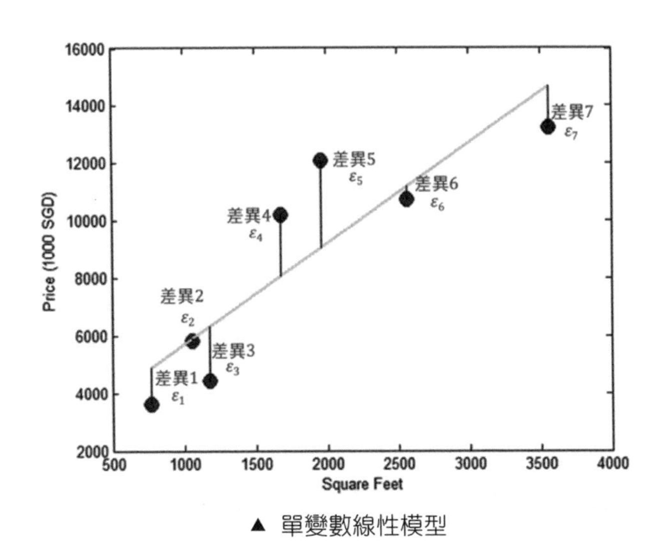

▲ 單變數線性模型

資料（$\boldsymbol{x}^{(i)}$，$y^{(i)}$）之間的線性關係為

$$
\begin{aligned}
y^{(i)} &= w_0 + w_1\boldsymbol{x}^{(i)} + \boldsymbol{\varepsilon}^{(i)} \\
&= w_0 \times 1 + w_1\boldsymbol{x}^{(i)} + \boldsymbol{\varepsilon}^{(i)} \\
&= w_0 x_0^{(i)} + w_1 x_1^{(i)} + \boldsymbol{\varepsilon}^{(i)} \\
&= h_{\boldsymbol{w}}(\boldsymbol{x}^{(i)}) + \boldsymbol{\varepsilon}^{(i)}
\end{aligned}
$$

其中：

$x_0^{(i)} = 1$，通常會寫成 1

$x_1^{(i)} =$ 第 i 個資料的特徵

$y^{(i)} =$ 第 i 個標籤

$\boldsymbol{w} = [w_0 \quad w_1]^{\mathrm{T}} =$ 參數，w_0 是截距，w_1 是斜率

$\boldsymbol{\varepsilon}^{(i)} =$ 第 i 個真實標籤和模型預測的誤差

$h_{\boldsymbol{w}}(\boldsymbol{x}^{(i)}) = h(\boldsymbol{x}^{(i)}) =$ 假設函數

誤差函數的代數形式[1]為：

$$J(\boldsymbol{w})=\frac{1}{2m}\sum_{i=1}^{m}\boldsymbol{\varepsilon}^{(i)}\boldsymbol{\varepsilon}^{(i)}=\frac{1}{2m}\sum_{i=1}^{m}\left(y^{(i)}-h_{\boldsymbol{w}}(\boldsymbol{x}^{(i)})\right)^2$$

將上面 m 個線性方程合成矩陣形式獲得：

$$\begin{bmatrix} y^{(1)} \\ y^{(2)} \\ \vdots \\ y^{(i)} \\ \vdots \\ y^{(m)} \end{bmatrix} = \begin{bmatrix} x_0^{(1)} & x_1^{(1)} \\ x_0^{(2)} & x_1^{(2)} \\ \vdots & \vdots \\ x_0^{(i)} & x_1^{(i)} \\ \vdots & \vdots \\ x_0^{(m)} & x_1^{(m)} \end{bmatrix} \times \begin{bmatrix} w_0 \\ w_1 \end{bmatrix} + \begin{bmatrix} \varepsilon^{(1)} \\ \varepsilon^{(2)} \\ \vdots \\ \varepsilon^{(i)} \\ \vdots \\ \varepsilon^{(m)} \end{bmatrix} \Rightarrow \boldsymbol{y}=\boldsymbol{X}\boldsymbol{w}+\boldsymbol{\varepsilon}$$

矩陣形式的 $J(\boldsymbol{w})$ 如下：

$$J(\boldsymbol{w})=\frac{1}{2m}\boldsymbol{\varepsilon}^{\mathrm{T}}\boldsymbol{\varepsilon}=\frac{1}{2m}(\boldsymbol{y}-\boldsymbol{X}\boldsymbol{w})^{\mathrm{T}}(\boldsymbol{y}-\boldsymbol{X}\boldsymbol{w})$$

單變數線性模型可以直觀地用圖表現。而在多變數設定下，只能透過枯燥的數學公式來展示，但我們可以根據單變數結果比較多變數結果。首先建立標籤和 n 個特徵的線性關係：

$$\begin{aligned} y^{(i)} &= w_0 + w_1\boldsymbol{x}^{(i)} + \cdots + w_n\boldsymbol{x}^{(n)} + \boldsymbol{\varepsilon}^{(i)} \\ &= w_0\times 1 + w_1\boldsymbol{x}^{(i)} + \cdots + w_n\boldsymbol{x}^{(n)} + \boldsymbol{\varepsilon}^{(i)} \\ &= w_0x_0^{(i)} + w_1x_1^{(i)} + \cdots + w_n\boldsymbol{x}^{(n)} + \boldsymbol{\varepsilon}^{(i)} \\ &= h_{\boldsymbol{w}}(\boldsymbol{x}^{(i)}) + \boldsymbol{\varepsilon}^{(i)} \end{aligned}$$

將上面 m 個線性方程合成矩陣形式獲得：

$$\begin{bmatrix} y^{(1)} \\ y^{(2)} \\ \vdots \\ y^{(i)} \\ \vdots \\ y^{(m)} \end{bmatrix} = \begin{bmatrix} x_0^{(1)} & x_1^{(1)} & \cdots & x_j^{(1)} & \cdots & x_n^{(1)} \\ x_0^{(2)} & x_1^{(2)} & \cdots & x_j^{(2)} & \cdots & x_n^{(2)} \\ \vdots & \vdots & \ddots & \vdots & \ddots & \vdots \\ x_0^{(i)} & x_1^{(i)} & \cdots & x_j^{(i)} & \cdots & x_n^{(i)} \\ \vdots & \vdots & \ddots & \vdots & \ddots & \vdots \\ x_0^{(m)} & x_1^{(m)} & \cdots & x_j^{(m)} & \cdots & x_n^{(m)} \end{bmatrix} \times \begin{bmatrix} w_0 \\ w_1 \\ \vdots \\ w_j \\ \vdots \\ w_n \end{bmatrix} + \begin{bmatrix} \boldsymbol{\varepsilon}^{(1)} \\ \boldsymbol{\varepsilon}^{(2)} \\ \vdots \\ \boldsymbol{\varepsilon}^{(i)} \\ \vdots \\ \boldsymbol{\varepsilon}^{(m)} \end{bmatrix} \Rightarrow \boldsymbol{y}=\boldsymbol{X}\boldsymbol{w}+\boldsymbol{\varepsilon}$$

---

1 在公式裡乘以 1/2 是為了簡化之後的數學推導，而不影響最優解，因為求一個函數的最小值和求該函數最小值的 1/2 是等價的。

誤差函數 $J(\boldsymbol{w})$ 的代數形式和矩陣形式為：

$$J(\boldsymbol{w})=\begin{cases}\frac{1}{2m}\sum_{i=1}^{m}\varepsilon^{(i)}\varepsilon^{(i)}=\frac{1}{2m}\sum_{i=1}^{m}\left(y^{(i)}-h_{\boldsymbol{w}}(\boldsymbol{x}^{(i)})\right)^2 & \text{（代數形式）}\\ \frac{1}{2m}\boldsymbol{\varepsilon}^{\mathrm{T}}\boldsymbol{\varepsilon}=\frac{1}{2m}(\boldsymbol{y}-\boldsymbol{X}\boldsymbol{w})^{\mathrm{T}}(\boldsymbol{y}-\boldsymbol{X}\boldsymbol{w}) & \text{（矩陣形式）}\end{cases}$$

比較單變數和多變數的誤差函數運算式，我們發現兩者的代數形式高度相似，唯一不同的就是特徵的個數，單變數的特徵個數為 1，多變數的特徵個數為 n；但矩陣形式是一模一樣的，因此這裡偏好用矩陣形式。

現在可以將線性回歸問題轉換成一個求最小值問題，即找到一個最佳 $\boldsymbol{w}$ 使得誤差函數最小，如下：

$$\min_{\boldsymbol{w}} J(\boldsymbol{w})$$

演算法實現：從效率上看，如果有解析解則一般不用數值解。舉例來說，在定價金融衍生品時，能用布萊克-斯科爾斯（Black-Scholes）公式，就絕對不用偏微分方程的有限差分方法或蒙地卡羅模擬方法來做。但是在機器學習中，這筆規則常常不適用。讓我們先看看該問題的解析法和數值法。

(1) 解析法：在單變數設定下，從代數形式的 $J(\boldsymbol{w})$ 出發，分別對不同的純量 w_j 求偏導數，然後整理成矩陣形式，這種做法比較直觀，但是費時；在多變數設定下，從矩陣形式的 $J(\boldsymbol{w})$ 出發，直接對向量 $\boldsymbol{w}$ 求偏導數（可參考 4.1.2 節）：

$$\begin{aligned}\nabla J(\boldsymbol{w})=\frac{\partial J}{\partial \boldsymbol{w}}&=\frac{1}{2m}\times\frac{\partial(\boldsymbol{y}-\boldsymbol{X}\boldsymbol{w})^{\mathrm{T}}(\boldsymbol{y}-\boldsymbol{X}\boldsymbol{w})}{\partial \boldsymbol{w}}\times\frac{1}{2m}\times\frac{\partial(\boldsymbol{y}^{\mathrm{T}}\boldsymbol{y}-\boldsymbol{w}^{\mathrm{T}}\boldsymbol{X}^{\mathrm{T}}\boldsymbol{y}-\boldsymbol{y}\boldsymbol{X}\boldsymbol{w}+\boldsymbol{w}^{\mathrm{T}}\boldsymbol{X}^{\mathrm{T}}\boldsymbol{X}\boldsymbol{w})}{\partial \boldsymbol{w}}\\&=\frac{1}{2m}[0-\boldsymbol{X}^{\mathrm{T}}\boldsymbol{y}-\boldsymbol{X}^{\mathrm{T}}\boldsymbol{y}+(\boldsymbol{X}^{\mathrm{T}}\boldsymbol{X}+\boldsymbol{X}^{\mathrm{T}}\boldsymbol{X})\boldsymbol{w}]=\frac{1}{m}\boldsymbol{X}^{\mathrm{T}}(\boldsymbol{X}\boldsymbol{w}-\boldsymbol{y})\end{aligned}$$

如果你熟練掌握了矩陣微積分，那麼透過上面的推導會直接獲得矩陣運算式；如果不能，那麼你最好老老實實地從每個代數式開始計算，求完偏導數後再一個個合併成矩陣運算式。為了最小化誤差函數，將梯度設定為 0，因此，可解得

$$\nabla J(\boldsymbol{w})=\frac{\boldsymbol{X}^{\mathrm{T}}(\boldsymbol{X}\boldsymbol{w}-\boldsymbol{y})}{m}=0\ \Rightarrow\ \boldsymbol{X}^{\mathrm{T}}\boldsymbol{X}\boldsymbol{w}=\boldsymbol{X}^{\mathrm{T}}\boldsymbol{y}\ \Rightarrow\ \boldsymbol{w}=(\boldsymbol{X}^{\mathrm{T}}\boldsymbol{X})^{-1}\boldsymbol{X}^{\mathrm{T}}\boldsymbol{y}$$

矩陣 $\boldsymbol{X}^{\mathrm{T}}\boldsymbol{X}$ 是一個 $(n+1)(n+1)$ 矩陣（n 是特徵的個數），在絕大情況下：

- 選取的特徵是沒有多餘的，那麼它的反矩陣是存在的。
- 特徵個數 n 比訓練範例個數 m 小很多，因此計算其反矩陣的複雜度是 $O(n^3)$，不會很大。

在某些生物領域的回歸問題中 n 很大，這時解析法的複雜度 $O(n^3)$ 很大，因此會採取數值法。

（2）數值法：如果我們想求得最佳解 $\boldsymbol{w}$ 而使得誤差函數 $J(\boldsymbol{w})$ 最小，那麼一個很自然的做法就是：

- 第 1 步，設定初始條件：指定一個 $\boldsymbol{w}$ 的初值。
- 第 2 步，設定重複轉換 $\boldsymbol{w}$ 值，使得 $J(\boldsymbol{w})$ 變小。
- 第 3 步，設定停止條件：在某些條件下停止第 2 步。

初始條件：通常設定 $\boldsymbol{w}^{(0)}=0$，或設定成均值為 0 而方差很小的常態隨機變數。
停止條件：當梯度 $\nabla J(\boldsymbol{w})$ 的絕對值小於一個設定值 c 時（有時還會要求梯度變化的絕對值小於一個設定值）。
當反覆運算次數到達了最大設定值 M 時（通常為幾百次到幾千次）。

下表中用代數形式、矩陣形式和通俗形式解釋了第 2 步。

形　式	公　式
代數形式	$w_0 := w_0 - \eta\dfrac{\partial J(\boldsymbol{w})}{\partial w_0}$ $w_1 := w_1 - \eta\dfrac{\partial J(\boldsymbol{w})}{\partial w_1}$
矩陣形式	$\begin{bmatrix} w_0 \\ w_1 \end{bmatrix} := \begin{bmatrix} w_0 \\ w_1 \end{bmatrix} - \eta\begin{bmatrix} \partial J(\boldsymbol{w})/\partial w_0 \\ \partial J(\boldsymbol{w})/\partial w_1 \end{bmatrix} \Rightarrow \begin{bmatrix} w_0 \\ w_1 \end{bmatrix} := \begin{bmatrix} w_0 \\ w_1 \end{bmatrix} - \eta\nabla J(\boldsymbol{w})$
通俗形式	新參數 := 舊參數 – 步進值 × 梯度

上面所示的就是梯度下降法（Gradient Descent）的精華。

▲ 舉例：用梯度下降法來下山

見左圖，假如你在山頂想要到山底（最小值），只需要每一步都往下走，不斷地走一定能走到最小值的地方。但是你需要更快地達到最小值，怎麼辦呢？你只需要每一步都找到**下坡最快**的地方，即每一步都走某個方向，比走其他方向離最小值更近。而這個下坡最快的方向，就是梯度的負方向了。

上面的公式還是不好了解嗎？為什麼這樣做調整參數 $\boldsymbol{w}$ 就可以獲得誤差函數的最小值了呢？讓我們看以下實例。

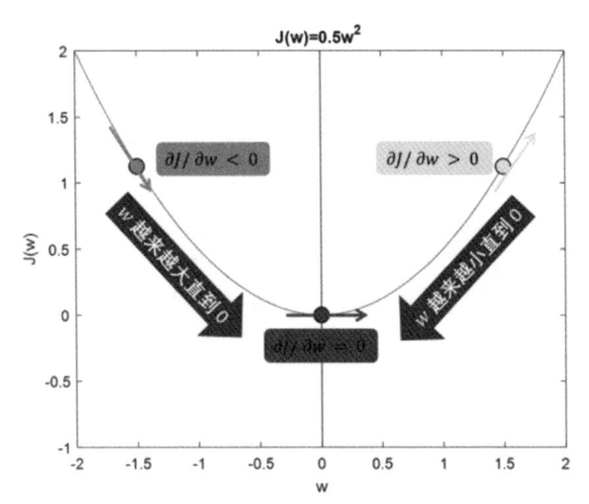

▲ 用最簡單的實例來解釋梯度下降法的公式

見上圖，下面用最簡單的假想函數和一個訓練資料舉例：

（1）假設函數 $h(x) = wx$

（2）一個訓練資料（$x = 1$，$y = 0$）。

這時誤差函數 $J(w)$ 可以被簡化成一個二次函數

$$J(w) = \frac{1}{2}(y - wx)^2 = \frac{1}{2}w^2$$

最小值發生在 $w=0$ 時。但假如一開始 w 在中心軸的左側或右側，那麼該如何更新 w 值使得 $J(w)$ 達到最小值呢？從梯度下降法運算式 $w \coloneqq w - \eta \mathrm{d}J/\mathrm{d}w$（一維偏導數簡化成導數）可以看出：

- 當 w 在中心軸左側且其值小於 0 時，偏導數 $\mathrm{d}J/\mathrm{d}w < 0$（斜率向下），為了使 w 往中心軸移動，w 值應該越更新越大，而此時 $-\eta\mathrm{d}J/\mathrm{d}w > 0$。
- 當 w 在中心軸右側且其值大於 0 時，偏導數 $\mathrm{d}J/\mathrm{d}w > 0$（斜率向上），為了使 w 往中心軸移動，w 值應該越更新越小，而此時 $-\eta\mathrm{d}J/\mathrm{d}w < 0$。
- 當 w 越來越向中心軸接近時，偏導數 $\mathrm{d}J/\mathrm{d}w$ 的絕對值越來越小（斜率變平），w 值的更新幅度也變小，直到等於 0。

在公式裡，步進值 η 也被叫作學習率（Learning Rate），學習率選得太大，則誤差函數不會收斂，學習率選得太小，則誤差函數需要很長時間收斂。

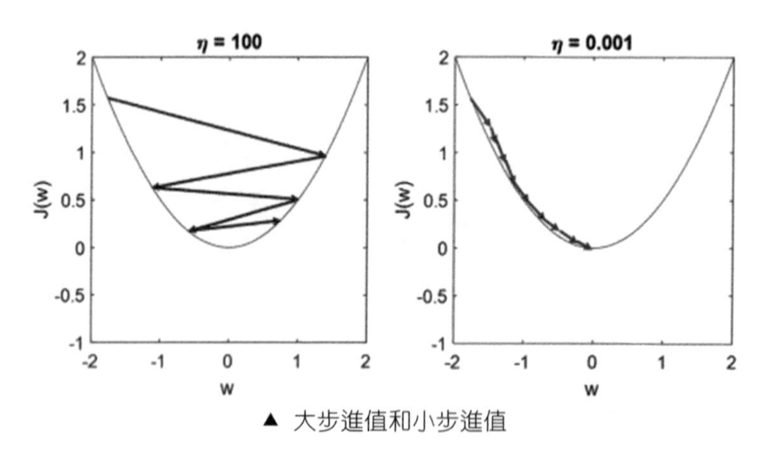

▲ 大步進值和小步進值

上圖的左半部分是步進值太大（$\eta = 100$）的情況，每一步可以快速更新 w 值，但是快到最佳值時，因為步進值太大，所以很容易跳過它，進一步使得結果不收斂。

上圖的右半部分是步進值太小（$\eta = 0.001$）的情況，每一步更新 w 值一點點，結果絕對可以收斂，但耗時。

如何設定適當的學習率在後面會細講，現在假設學習率已定好。

下面從一維情況類推出二維情況，寫出誤差函數的最小值演算法：

$$\begin{bmatrix} w_0 \\ w_1 \end{bmatrix} := \begin{bmatrix} w_0 \\ w_1 \end{bmatrix} - \eta \begin{bmatrix} \dfrac{\partial J(\boldsymbol{w})}{\partial w_0} \\ \dfrac{\partial J(\boldsymbol{w})}{\partial w_1} \end{bmatrix}$$

之後就是簡單求一個兩變數函數的偏導數：

$$\begin{aligned} \frac{\partial J(\boldsymbol{w})}{\partial w_0} &= \frac{1}{2m} \frac{\partial \sum_{i=1}^{m} \left(y^{(i)} - w_0 x_0^{(i)} - w_1 x_1^{(i)}\right)^2}{\partial w_0} \\ &= \frac{1}{m} \sum_{i=1}^{m} \left(y^{(i)} - w_0 x_0^{(i)} - w_1 x_1^{(i)}\right) \frac{\partial\left(-w_0 x_0^{(i)}\right)}{\partial w_0} \\ &= \frac{1}{m} \sum_{i=1}^{m} \left(h(\boldsymbol{x}^{(i)}) - y^{(i)}\right) x_0^{(i)} \end{aligned}$$

$$\begin{aligned} \frac{\partial J(\boldsymbol{w})}{\partial w_1} &= \frac{1}{2m} \frac{\partial \sum_{i=1}^{m} \left(y^{(i)} - w_0 x_0^{(i)} - w_1 x_1^{(i)}\right)^2}{\partial w_1} \\ &= \frac{1}{m} \sum_{i=1}^{m} \left(y^{(i)} - w_0 x_0^{(i)} - w_1 x_1^{(i)}\right) \frac{\partial\left(-w_1 x_1^{(i)}\right)}{\partial w_1} \\ &= \frac{1}{m} \sum_{i=1}^{m} \left(h(\boldsymbol{x}^{(i)}) - y^{(i)}\right) x_1^{(i)} \end{aligned}$$

根據梯度定義將其寫成矩陣形式：

$$\nabla J(\boldsymbol{w}) = \begin{bmatrix} \dfrac{\partial J(\boldsymbol{w})}{\partial w_0} \\ \dfrac{\partial J(\boldsymbol{w})}{\partial w_1} \end{bmatrix} = \frac{1}{m} \begin{bmatrix} \sum_{i=1}^{m} \left(h(\boldsymbol{x}^{(i)}) - y^{(i)}\right) x_0^{(i)} \\ \sum_{i=1}^{m} \left(h(\boldsymbol{x}^{(i)}) - y^{(i)}\right) x_1^{(i)} \end{bmatrix} = \frac{1}{m} \begin{bmatrix} \boldsymbol{x}_0^{\mathrm{T}}(\boldsymbol{X}\boldsymbol{w} - \boldsymbol{y}) \\ \boldsymbol{x}_1^{\mathrm{T}}(\boldsymbol{X}\boldsymbol{w} - \boldsymbol{y}) \end{bmatrix} = \frac{1}{m} \boldsymbol{X}^{\mathrm{T}}(\boldsymbol{X}\boldsymbol{w} - \boldsymbol{y})$$

由此，梯度下降法的矩陣形式為：

$$\boldsymbol{w} := \boldsymbol{w} - \frac{\eta}{m} \boldsymbol{X}^{\mathrm{T}}(\boldsymbol{X}\boldsymbol{w} - \boldsymbol{y})$$

線性回歸的梯度下降演算法如下表所示。

演算法 1 線性回歸的梯度下降演算法

步驟 1：當 $t = 0$ 時，定義參數初值 $\boldsymbol{w}^{(0)}$，並計算初始梯度 $\nabla J\left(\boldsymbol{w}^{(0)}\right)$。

步驟 2：當 $\|\nabla J\left(\boldsymbol{w}^{(t)}\right)\| > c$ 或 $t < M$ 時，某一個停止條件觸發：

$\boldsymbol{e}^{(t)} = \boldsymbol{X}\boldsymbol{w}^{(t)} - \boldsymbol{y}$ [計算差異]

$\boldsymbol{w}^{(t+1)} \coloneqq \boldsymbol{w}^{(t)} - \eta/m\boldsymbol{X}^{\mathrm{T}}\boldsymbol{e}^{(t)}$ [更新參數]

$\boldsymbol{e}^{(t+1)} = \boldsymbol{X}\boldsymbol{w}^{(t+1)} - \boldsymbol{y}$ [更新差異]

$\nabla J\left(\boldsymbol{w}^{(t)}\right) = \boldsymbol{X}^{\mathrm{T}}\boldsymbol{e}^{(t+1)}/m$ [更新梯度]

$t \coloneqq t + 1$

步驟 3：獲得最佳參數 $\boldsymbol{w}^*$。

4.2.2 通用線性回歸模型

上面講的線性回歸模型可被稱為樸素（Naïve）線性模型，「樸素」指的是「標籤由特徵線性組成」，如

$$價格 = 2 \times 面積 + 10 \times 臥室數 + 5 \times 樓層$$

本節擴充到多變數通用線性回歸模型，其通常指的是「標籤由轉換特徵線性組成」，如

$$\begin{aligned} 價格 &= 3 \times 面積 + 5 \times \sin\left(臥室數\right) + 8 \times \ln\left(樓層\right) \\ &= 3 \times f_1(面積) + 5 \times f_2(臥室數) + 8 \times f_3(樓層) \end{aligned}$$

其中，正弦函數 $f(x) = \sin(x)$ 是特徵 2「臥室數」的轉換函數，而對數函數 $f(x) = \ln(x)$ 是特徵 3「樓層」的轉換函數，特徵 1「面積」的轉換函數就是 $f(x) = x$。

線性回歸模型 $y = w_1x_1 + w_2x_2$ 不是相對於 x 是線性的，而是相對於參數 w 是線性的。

- $y = w_1\ln(x_1) + w_2\exp(x_2)$ 還是線性回歸模型，將其換成 $y = \ln(x_1)w_1 + \exp(x_2)w_2$ 容易看出來。
- $y = w_1x_1 + \sin(w_2)x_2$ 就不是線性回歸模型。

透過比較很快可以獲得通用線性回歸模型的運算式、誤差函數和最佳解。比較結果見下表（把 $\boldsymbol{X}$ 換成 $\boldsymbol{F}$）。

		樸素（線性模型）	通用（線性回歸模型）
模型運算式	代數式	$y^{(i)}=\sum_{j=0}^{n} w_j x_j^{(i)}+\varepsilon^{(i)}$	$y^{(i)}=\sum_{j=0}^{n} w_j f_j^{(i)}+\varepsilon^{(i)}$
	矩陣式	$\boldsymbol{y}=\boldsymbol{X}\boldsymbol{w}+\boldsymbol{\varepsilon}$	$\boldsymbol{y}=\boldsymbol{F}\boldsymbol{w}+\boldsymbol{\varepsilon}$
誤差函數	代數式	$J(\boldsymbol{w})=\frac{1}{2m}\sum_{i=1}^{m}\left(y^{(i)}-h_{\boldsymbol{w}}\left(\boldsymbol{x}^{(i)}\right)\right)^2$	$J(\boldsymbol{w})=\frac{1}{2m}\sum_{i=1}^{m}\left(y^{(i)}-h_{\boldsymbol{w}}\left(f^{(i)}\right)\right)^2$
	矩陣式	$J(\boldsymbol{w})=\frac{1}{2m}(\boldsymbol{y}-\boldsymbol{X}\boldsymbol{w})^{\mathrm{T}}(\boldsymbol{y}-\boldsymbol{X}\boldsymbol{w})$	$J(\boldsymbol{w})=\frac{1}{2m}(\boldsymbol{y}-\boldsymbol{F}\boldsymbol{w})^{\mathrm{T}}(\boldsymbol{y}-\boldsymbol{F}\boldsymbol{w})$
最優解	解析解	$\boldsymbol{w}=(\boldsymbol{X}^{\mathrm{T}}\boldsymbol{X})^{-1}\boldsymbol{X}^{\mathrm{T}}\boldsymbol{y}$	$\boldsymbol{w}=(\boldsymbol{F}^{\mathrm{T}}\boldsymbol{F})^{-1}\boldsymbol{F}^{\mathrm{T}}\boldsymbol{y}$
	數值解	$\boldsymbol{w}\coloneqq\boldsymbol{w}-\frac{\eta}{m}\boldsymbol{X}^{\mathrm{T}}(\boldsymbol{X}\boldsymbol{w}-\boldsymbol{y})$	$\boldsymbol{w}\coloneqq\boldsymbol{w}-\frac{\eta}{m}\boldsymbol{F}^{\mathrm{T}}(\boldsymbol{F}\boldsymbol{w}-\boldsymbol{y})$

比較樸素線性模型的梯度下降演算法（將 $\boldsymbol{X}$ 換成 $\boldsymbol{F}$），獲得通用線性回歸模型的梯度下降演算法，如下表所示。

演算法 2　通用線性回歸模型的梯度下降演算法

步驟 1：當 $t=0$ 時，定義參數初值 $\boldsymbol{w}^{(0)}$，並計算初始梯度 $\nabla J\left(\boldsymbol{w}^{(0)}\right)$。

步驟 2：當 $\|\nabla J\left(\boldsymbol{w}^{(t)}\right)\|>c$ 或 $t<M$ 時，某一個停止條件觸發。

$\boldsymbol{e}^{(t)}=\boldsymbol{F}\boldsymbol{w}^{(t)}-\boldsymbol{y}$　　[計算差異]

$\boldsymbol{w}^{(t+1)}\coloneqq\boldsymbol{w}^{(t)}-\eta/m\boldsymbol{F}^{\mathrm{T}}\boldsymbol{e}^{(t)}$　　[更新參數]

$\boldsymbol{e}^{(t+1)}=\boldsymbol{F}\boldsymbol{w}^{(t+1)}-\boldsymbol{y}$　　[更新差異]

$\nabla J\left(\boldsymbol{w}^{(t)}\right)=\boldsymbol{F}^{\mathrm{T}}\boldsymbol{e}^{(t+1)}/m$　　[更新梯度]

$t\coloneqq t+1$

步驟 3：獲得最佳參數 $\boldsymbol{w}^*$。

4.2.3 特徵縮放

在線性回歸中，假如選取房子面積和臥室個數作為特徵，則它們的數值可能差 400 倍，例如面積為 2000 平方英尺的房子有 5 個臥室。當特徵的數值差了幾個數量級時，梯度下降法會收斂得很慢，如下圖所示。

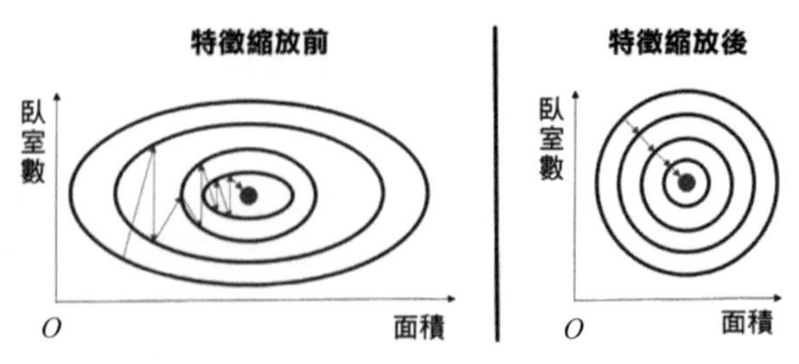

▲ 特徵縮放前後用梯度下降法的收斂路徑

解決方案是採用特徵縮放（Feature Scaling），對於第 j 個特徵 $(j \neq 0)$，我們有以下兩種方法。

（1）標準化：用每個維度的特徵減去該特徵的均值，再除以該維度的標準差。

（2）規範化：用每個維度的特徵減去該特徵的最小值，再除以該特徵的最大值與最小值之差。

方法 1：μ_j 和 σ_j 是均值和標準差

	面積	臥室數	價格
1	2000	5	1000K
2	1500	3	500K
3	1000	3	400K
4	2500	5	2000K

$$\mu_1 = \frac{1}{4}\sum_{i=1}^{4} x_1^{(i)} = 1750$$

$$\sigma_1 = \frac{1}{3}\sum_{i=1}^{4}\left(x_1^{(i)} - \mu_1\right)^2 = 645.5$$

$$\mu_2 = 4, \sigma_2 = 1.15$$

方法 2：M_j 和 m_j 是最大值和最小值

$$M_1 = 2500,\ m_1 = 1000$$

$$M_2 = 5,\ m_2 = 3$$

在方法 1 和方法 2 下的 $\boldsymbol{X}$ 規範化後的矩陣為 $\boldsymbol{Z}$：

$$\boldsymbol{Z} = \begin{bmatrix} \boldsymbol{x}^{(0)} & \frac{\boldsymbol{x}_1 - \mu_1}{\sigma_1} & \frac{\boldsymbol{x}_2 - \mu_2}{\sigma_2} \end{bmatrix} = \begin{bmatrix} \begin{bmatrix}1\\1\\1\\1\end{bmatrix} & \left(\begin{bmatrix}2000\\1500\\2500\\1000\end{bmatrix} - 1750\right)\Big/645.5 & \left(\begin{bmatrix}5\\3\\3\\5\end{bmatrix} - 4\right)\Big/1.15 \end{bmatrix}$$

$$\boldsymbol{Z} = \begin{bmatrix} \boldsymbol{x}^{(0)} & \frac{\boldsymbol{x}_1 - m_1}{M_1 - m_1} & \frac{\boldsymbol{x}_2 - m_2}{M_2 - m_2} \end{bmatrix} = \begin{bmatrix} \begin{bmatrix}1\\1\\1\\1\end{bmatrix} & \left(\begin{bmatrix}2000\\1500\\2500\\1000\end{bmatrix} - 1500\right)\Big/1000 & \left(\begin{bmatrix}5\\3\\3\\5\end{bmatrix} - 3\right)\Big/2 \end{bmatrix}$$

規範化 $z = \frac{x-\text{最小值}}{\text{最大值}-\text{最小值}}$：將 z 縮放為 0~1，用 sklearn 中的 MinMaxScaler 函數。

標準化 $z = \frac{x-\text{均值}}{\text{標準差}}$：將 z 縮放到以 0 為中心而方差為 1 的區間中，用 sklearn 中的 StandardScaler 函數。

規範化

```
1  from sklearn.preprocessing import MinMaxScaler
2  data = [[-1, 2], [-0.5, 6], [0, 10], [1, 18]]
3  scaler = MinMaxScaler()
4  print(scaler.fit_transform(data))
```

```
[[ 0.    0.  ]
 [ 0.25  0.25]
 [ 0.5   0.5 ]
 [ 1.    1.  ]]
```

標準化

```
1  from sklearn.preprocessing import StandardScaler
2  data = [[-1, 2], [-0.5, 6], [0, 10], [1, 18]]
3  scaler = StandardScaler()
4  print(scaler.fit_transform(data))
```

```
[[-1.18321596 -1.18321596]
 [-0.50709255 -0.50709255]
 [ 0.16903085  0.16903085]
 [ 1.52127766  1.52127766]]
```

訓練：進行特徵縮放後放進模型的是變數 Z 而非 X，而且參數 w 也是基於 Z 算出來的。

預測：在用訓練好的模型來預測新的 x 值時，必須使用以前計算的均值和標準差來規範化 x，因此需要儲存所有特徵的均值 μ 和標準差 σ。

實際說明如下表所示。

	沒有特徵縮放	特徵縮放
模型	$\boldsymbol{Y} = \boldsymbol{X}\boldsymbol{w}_x + \boldsymbol{\varepsilon}$	$\boldsymbol{Y} = \boldsymbol{Z}\boldsymbol{w}_z + \boldsymbol{\varepsilon}$
新值	$\boldsymbol{x} = [1, x_1, \cdots, x_n]$	方法 1：$\boldsymbol{z} = [1, (x_1 - \mu_1)/\sigma_1, \cdots, (x_n - \mu_n)/\sigma_n]$
		方法 2：$\boldsymbol{z} = [1, (x_1 - \mu_1)/(M_1 - m_1), \cdots, (x_n - \mu_n)/(M_n - m_n)]$
預測值	$y = \boldsymbol{x}\boldsymbol{w}_x$	$y = \boldsymbol{z}\boldsymbol{w}_z$

4.2.4 學習率設定

當學習率太大時，梯度下降演算法很可能不收斂；當學習率太小時，梯度下降演算法收斂得很慢。要選取一個適當的學習率，通常我們事先選定一組值 $\eta = \{0.01, 0.03, 0.1, 0.3, 1, 3\}$，實際情況見下圖，其中水平座標為反覆運算次數，垂直座標軸為 η 值。

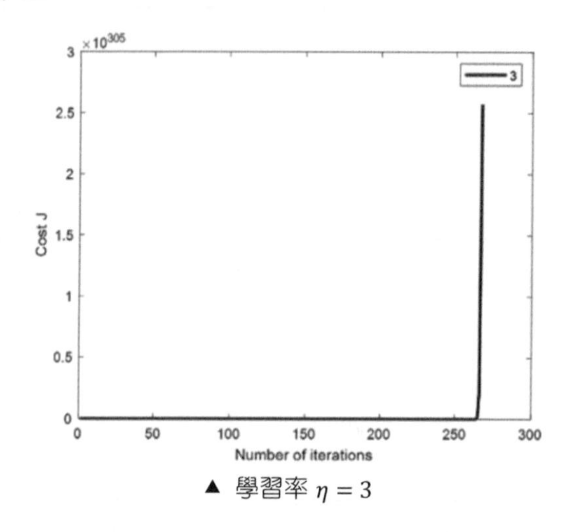

▲ 學習率 $\eta = 3$

從最大的 $\eta = 3$ 開始試，畫出前 400 次反覆運算誤差函數 $J(\boldsymbol{w})$ 的圖形。如果 $J(\boldsymbol{w})$ 在某段遞增或直接「爆炸」了（見上圖，在第 260 次反覆運算時），則從下一個 $\eta = 1$ 開始試。

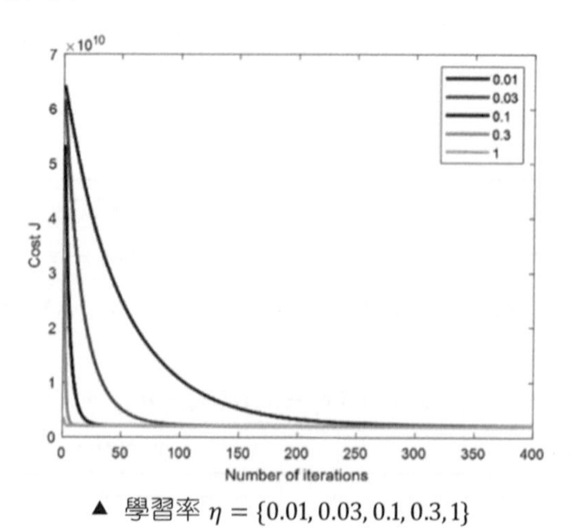

▲ 學習率 $\eta = \{0.01, 0.03, 0.1, 0.3, 1\}$

誤差函數在 η 為其他值時都穩步遞減而且收斂，但明顯當 $\eta = 1$ 时，收斂最快，但當 $\eta = 0.01$ 时，收斂最慢。當 $\eta = 0.03$, 0.01 和 0.03 時，則處於中間狀態。

因此，學習率為 0.01、0.03、0.1、0.3 和 1 都可以看作是適當的，通常選一個中間狀態是最保險的，例如 0.1。學習率為 1 可能過大，進一步使得梯度下降發散，而學習率為 0.01 可能過小，進一步使得收斂一次時間過長。但這都不是絕對的，因為每次資料都在變，我們能做到的是畫出誤差和學習率的函數圖形，剔除那些遞增或「爆炸」的圖形對應的學習率，也剔除那些收斂過慢的圖形對應的學習率，在剩下的學習率中選一個中間狀態。

在實作中，找到完美的學習率不是成功訓練模型所必需的。只要找到一個足夠大的學習率，使梯度下降有效地收斂就行了，但不要太大，那樣會使得它永遠不會收斂。

4.2.5 數值演算法比較

透過分解梯度下降法矩陣形式獲得每個 w_j 的公式：

$$\boldsymbol{w} := \boldsymbol{w} - \frac{\eta}{m}\boldsymbol{X}^{\mathrm{T}}(\boldsymbol{X}\boldsymbol{w} - \boldsymbol{y}) \quad \Rightarrow \quad w_j := w_j - \frac{\eta}{m}\sum_{i=1}^{m}(h(x^{(i)}) - y^{(i)})\, x_j^{(i)}$$

注意上面公式中 $\sum_{i=1}^{m}(h(x^{(i)}) - y^{(i)})\, x_j^{(i)}$ 部分，每更新一次 w_j 值都要用到整個（m 個）資料集的資訊，到參數收斂時還不知道要更新多少次，這還只是 n 個參數中的。你可以想像在資料有很多時的計算量了，實際所要花費的時間見下表。

計算一個 $x_j^{(i)}y^{(i)}$ 時間	資 料 個 數	更新一次 w_j 時間
1 毫秒	1000 個	1 秒
1 毫秒	1 千萬個	16.7 分
1 毫秒	1 百億個	115.7 天

當資料有 1 百億個時，更新一次 w_j 值需要 115.7 天！必須要想一個辦法改進演算法了。

梯度下降法又被稱為批次梯度下降法（Batch Gradient Descent，BGD），其每次更新參數時需要全部資料。與批次梯度下降法完全相反的是隨機梯度下降法（Stochastic Gradient Descent，SGD），其每次更新參數時只需隨機選取訓練集中的資料。SGD 更新每個 w_j的公式（其中 i 是隨機選取的）和所要花費的時間見下表。

計算一個 $x_j^{(i)}y^{(i)}$ 時間	資料個數	更新一次 w_j 時間
1 毫秒	1000 個	1ms
1 毫秒	1 千萬個	1ms
1 毫秒	1 百億個	1ms

$$w_j := w_j - \frac{\eta}{m}\left(h\left(\boldsymbol{x}^{(i)}\right)-y^{(i)}\right)x_j^{(i)}$$

從速度上看 SGD 完勝 BGD。

由於 SGD 每次隨機選取一個資料來更新參數，因此它的收斂過程不是一條平滑曲線(對應的誤差函數圖形也不是單調遞減的而是上下震動的)，但 SGD 最後會收斂到 BGD 解的附近，雖然不是最佳值，但也差不多。要節省時間，必然要犧牲精度！但是 SGD 可以平行計算進一步節省了太多時間，那麼犧牲一點精度又算什麼呢？

BGD（用所有資料更新參數）和 SGD（用一個資料更新參數）是兩個極端，如果這兩種方法你都不喜歡，則可以選擇折中的方法：用小量梯度下降法（Mini-Batch Gradient Descent，MBGD）。假設有 100 萬個資料，MBGD 每次用 100 個或 1000 個資料來更新參數，這樣既不會太慢，也不會太隨機。MBGD 更新每個 w_j 的公式為（其中 batch_size 個資料是隨機選取的）

$$w_j := w_j - \frac{\eta}{\text{batch\_size}} \sum_{i=1}^{\text{batch\_size}} \left(h(\boldsymbol{x}^{(i)}) - y^{(i)}\right) x_j^{(i)}$$

反覆運算(iteration)指更新一次參數的步驟。

批次(batch)指一次反覆運算用的樣本。

- **批次大小**(batch size)指一個批次裡的樣本個數。
- BGD 的批次大小是 m。
- SGD 的批次大小是 1。
- MBGD 的批次大小為 1~m

批量1

批量2

批量3

批量4

批量大小 = 6

▲ 批次和批次大小

期(epoch)指整個訓練集被演算法檢查一次。

當設 epoch 為 20 時,那麼要以不同的方式檢查整個訓練集 20 次。一次 epoch 要經歷 4 次反覆運算才能檢查整個資料集,即樣本總數/批次大小 = 24/6 次反覆運算。20 次 epoch 執行過程可能如下圖所示。

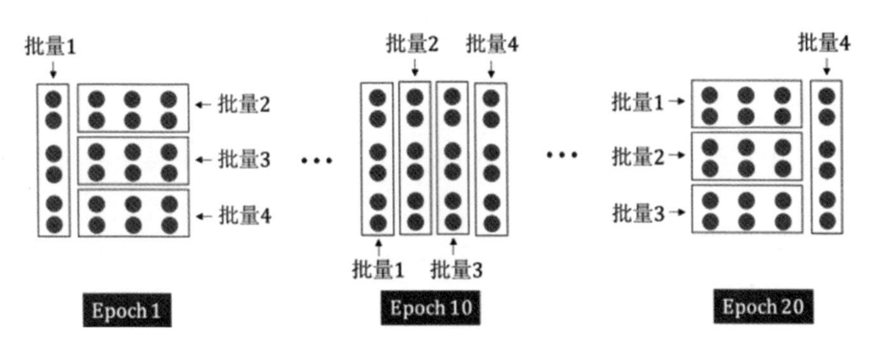

▲ 20 次 epoch=20 種方式來檢查整個訓練集

在 BGD 中,需要先設定反覆運算次數,因為一次反覆運算要用到整個訓練集,一次反覆運算也被稱為一次 epoch;在 SGD 和 MBGD 中則需要先設定 epoch 數,因為用來更新參數的資料是隨機選取的,我們更關注的是能用多少次完整的訓練集來訓練模型。此外,SGD 的批次大小是 1,而 MBGD 的批次大小為 10 ~ 1000。

4.2.6 程式實現

斯蒂文是華盛頓大學的應屆畢業生，畢業後他去了一家房地產公司做資料收集。第一天上班老闆就給斯蒂文一張 csv 表，裡面有 21000 多棟房子的資料，包含價格（price）、臥室數（bedrooms）、樓層（floors）、日期（date）等 21 列資料，如下圖所示。

	A	B	C	D	E	F	G	H	I	J	K
1	id	date	price	bedrooms	bathrooms	sqft_living	sqft_lot	floors	waterfront	view	condition
2	7129300520	20141013T000000	221900	3	1	1180	5650	1	0	0	3
3	6414100192	20141209T000000	538000	3	2.25	2570	7242	2	0	0	3
4	5631500400	20150225T000000	180000	2	1	770	10000	1	0	0	3
5	2487200875	20141209T000000	604000	4	3	1960	5000	1	0	0	5
6	1954400510	20150218T000000	510000	3	2	1680	8080	1	0	0	3
7	7237550310	20140512T000000	1.23E+06	4	4.5	5420	101930	1	0	0	3
8	1321400060	20140627T000000	257500	3	2.25	1715	6819	2	0	0	3
9	2008000270	20150115T000000	291850	3	1.5	1060	9711	1	0	0	3
10	2414600126	20150415T000000	229500	3	1	1780	7470	1	0	0	3
11	3793500160	20150312T000000	323000	3	2.5	1890	6560	2	0	0	3

▲ 房子資料

斯蒂文用單變數線性模型（即根據房子面積）來預測房價。在 Jupyter Notebook 中，斯蒂文做了以下工作：

（1）對資料做了一些基本分析，例如檢視有哪些特徵、每個特徵值的統計資訊等。

（2）獨立撰寫程式來用解析解、梯度下降數值解計算線性模型係數。

（3）直接使用 scikit-learn 中的 LinearRegression 模型來驗證之前程式的輸出是否準確。

4.3 歸納

本章內容主要參考了參考資料 **[2]**、**[3]**、**[4]**。線性回歸問題可以用數值法（梯度下降法）和解析法來求解。當特徵個數很多或資料很多時用數值法，其他情況可用解析法。使用數值法時有兩點必須要注意：

（1）特徵的規範化（為數值方法加速）。

（2）適當的學習率（避免結果不收斂）。

MBGD 結合了 SGD 和 BGD 的優點，既訓練速度快，也有較高的精度。下表中歸納 4 種線性回歸問題的解法。

算法	資料多時	特徵多時	可並行	學習率	特徵縮放
解析法	快	慢	不行	不需要	不需要
SGD	快	快	可以	需要	需要
MBGD	快	快	可以	需要	需要
BGD	慢	快	不行	需要	需要

在參考資料 **[5]** 中證明出了線性回歸模型中樣本外和樣本內期望誤差的關係式，對於線性回歸模型 h，有

$$E[e_{\text{out}}(h)] = E[e_{\text{in}}(h)] + O(d/N)$$

其中 d 是特徵個數，N 是資料個數。

只要特徵個數不太多，增加資料個數可以使得 $E[e_{\text{out}}(h)]$ 和 $E[e_{\text{in}}(h)]$ 越來越接近。

- 如果能把模型擬合好，即獲得很小的訓練誤差，那麼就基本完成工作了。
- 如果未能把模型擬合好，則需要增加模型複雜度，即增加特徵個數 d，但當資料個數 N 很多時，$O(d/N)$ 帶來的代價並不大，即 $E[e_{\text{out}}(h)]$ 還是能很接近 $E[e_{\text{in}}(h)]$ 的。

一言以蔽之，在從資料中學習時，首先應該嘗試線性模型。

參考資料

1. 線性回歸之玩轉金郡房價預測

2. Linear Regression [notes]
   Dan Boneh, Andrew Ng, CS229 Lecture 1 Notes, Stanford University

3. Machine Learning Specialization: Regression - Linear Regression [course]
   Emily Fox, Carlos Guestrin, Coursera, University of Washington

4. *Hands-On Machine Learning with Scikit-Learn and TensorFlow* [book]
   Aurélien Géron, Chapter 4, Training Models, 2017

5. *Learning from Data: A Short Course* [book]
   Yaser S. Abu-Mostafa, Malik Magdon-Ismail, Hsuan-Tien Lin, Chapter 3 - 3.2, 2012

05 邏輯回歸

Logistic is not logic but logit.

引言

線性回歸模型能對連續值結果進行預測，例如預測明天京東的股價為 23 美金/股，預測一個人的信用分數是 650 分。但是，在現實生活中更為常見的是分類問題，其中最簡單的情況是二元分類問題（是或否），例如預測明天京東的股價是上漲還是下跌，或銀行要判斷一個人的信用分數是否達到可以給他發信用卡的標準。

回歸獲得的結果是定量（Quantitative）的，是一個實際的實數值，將定量的實數值轉換成定性（Qualitative）的分類值通常有以下兩種做法。

（1）找一個**設定值**作為分水嶺與回歸實數值進行比較，該做法是線性分類（Linear Classification）。例如京東今天的股價小於其回歸值 23 美金/股，則預測股價上漲，反之則預測股價下跌；例如一個人的信用分數大於 580 分，則預測其信用好，反之則預測其信用差。

（2）將回歸實數值轉換成機率值為 0~1 的實數，再與一個**設定值**比較，該做法是邏輯回歸（Logisitic Regression）。例如京東的股價上漲的機率小於 0.5，則預測股價下跌，反之則預測股價上漲；例如一個人的信用好的機率小於 0.7，則預測其信用差，反之則預測其信用好。

本章介紹的是第 2 種分類方法，但只看錯誤率還不夠。請看以下 3 個實例。

姚茶尊、姚茶泉、姚泉尊是三兄弟。他們的日常工作都是分類。對於分類工作，首先要降低錯誤率（分類錯誤的樣本數占樣本總數的比例），但是他們各自的工作對分類的要求又各有不同。

- 姚茶尊在淘寶負責向使用者推薦商品，為了盡可能少打擾使用者，其更希望推薦的內容是使用者有興趣的，是否全面無所謂，即他更注重分類的準確性，而對全面性要求沒那麼高。
- 姚茶泉在警察局負責對逃犯進行人臉識別，上級主管說了「寧可錯認一千個人，也不放走一個人」，他更注重分類的全面性，而對準確性要求沒那麼高。
- 姚泉尊在醫院為病人診斷癌症，他既不希望跟沒有得癌症的病人錯報其得了癌症，這樣會讓病人壓力很大而且花費很多；又不希望跟得了癌症的病人錯報其沒得癌症，這樣可能會延誤治療。他注重的是分類的準確性和全面性。

註：姚茶尊表示「要查準」，姚茶泉表示「要查全」，姚泉尊表示「要全準」。

本章的思維導圖如下：

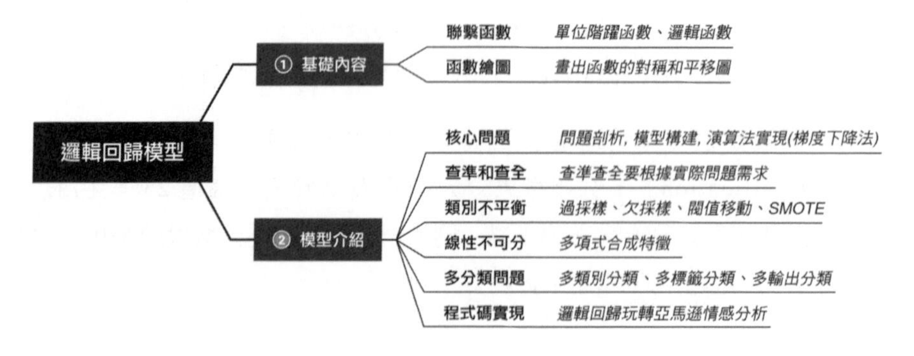

5.1 基礎內容

5.1.1 連結函數

線性回歸模型可被簡寫成 $y = \boldsymbol{w}^{\mathrm{T}}\boldsymbol{x} + b$。很多時候，我們不是直接用線性模型對 y 建模的。例如在時間序列裡，通常我們不是對價格 P 建模的，而是對其對數回報率 ln$P$ 建模的，原因是假設對數回報率服從正態分佈，而非價格服從正態分佈，則很自然地可以用以下公式：

$$\ln(y) = \boldsymbol{w}^{\mathrm{T}}\boldsymbol{x} + b \quad \text{或} \qquad y = \ln^{-1}(\boldsymbol{w}^{\mathrm{T}}\boldsymbol{x} + b) = \exp(\boldsymbol{w}^{\mathrm{T}}\boldsymbol{x} + b)$$

上述模型被稱為對數線性回歸模型（Log-linear Regression），它試圖讓 $\exp(\boldsymbol{w}^{\mathrm{T}}\boldsymbol{x} + b)$ 逼近 y，即 $\ln(y)$ 對 $\boldsymbol{w}$ 呈線性關係。更一般地，對於任何單調函數 $g(\cdot)$，令

$$g(y) = \boldsymbol{w}^{\mathrm{T}}\boldsymbol{x} + b \quad \text{或} \qquad y = g^{-1}(\boldsymbol{w}^{\mathrm{T}}\boldsymbol{x} + b) = h(\boldsymbol{w}^{\mathrm{T}}\boldsymbol{x} + b)$$

上述模型被稱為廣義線性回歸模型（Generic linear Regression），其中函數 $g(\cdot)$ 被稱為連結函數（Link Function），而 $h = g^{-1}$ 是連結函數的反函數。

單位步階（Unit-Step）函數	邏輯（sigmoid）函數
$h(x) = \begin{cases} 0, & x < 0 \\ 0.5， & x = 0 \\ 1， & x > 0 \end{cases}$	$h(x) = \dfrac{1}{1 + \mathrm{e}^{-x}}$
▲ 單位步階函數圖形	▲ 邏輯函數圖形

單位步階（Unit-Step）函數	邏輯（sigmoid）函數
單位步階函數通常可用於將任意實數轉換成 0/1 的機率值，即只有 0 和 1 這兩個值。我們有 $y = h(\boldsymbol{w}^{\mathrm{T}}\boldsymbol{x} + b)$，由上圖可知： • 當 $\boldsymbol{w}^{\mathrm{T}}\boldsymbol{x} + b < 0$ 時，$h = 0$（負類） • 當 $\boldsymbol{w}^{\mathrm{T}}\boldsymbol{x} + b > 0$ 時，$h = 1$（正類） • 當 $\boldsymbol{w}^{\mathrm{T}}\boldsymbol{x} + b = 0$ 時，$h = 0.5$（正類或負類）	單位步階函數的缺點是在零點不連續，而且不單調，不符合當連結函數的條件（要連續單調）。而邏輯函數可以替代單位步階函數。由上圖可知： • 當 $\boldsymbol{w}^{\mathrm{T}}\boldsymbol{x} + b \to -\infty$ 時，$h \to 0$（負類可能性大） • 當 $\boldsymbol{w}^{\mathrm{T}}\boldsymbol{x} + b \to +\infty$ 時，$h \to 1$（正類可能性大） • 當 $\boldsymbol{w}^{\mathrm{T}}\boldsymbol{x} + b = 0$ 時，$h = 0.5$（正類或負類）

邏輯函數可以將任意實數轉換成 0~1 的機率值（不僅是 0 和 1 兩個值）。根據下面的等式轉換：

$$y = \frac{1}{1 + \mathrm{e}^{-(\boldsymbol{w}^{\mathrm{T}}\boldsymbol{x}+b)}} \quad \Leftrightarrow \quad \ln\left(\frac{\overbrace{y}^{\text{正例的可能性}}}{\underbrace{1-y}_{\text{反例的可能性}}}\right) = \boldsymbol{w}^{\mathrm{T}}\boldsymbol{x} + b$$

如果將 y 設為樣本 x 為正類的可能性，那麼 $1 - y$ 就是 x 為負類的可能性。兩者的比值被稱為機率（Odds），類比賭球的賠率 2:1，即贏球的可能性為 2/3，而輸球的可能性為 1/3。在機率上求對數就變成對數機率，或簡稱邏輯（Logit 或 Logistic）。

5.1.2 函數繪圖

指定一個任意函數 $f(x)$ 及其函數圖形，假設 $a > 0$：

- $-f(x)$ 的函數圖形與 $f(x)$ 的函數圖形對稱於 x 軸（當 x 值相同時，對應的 y 值相反）。
- $f(-x)$ 的函數圖形與 $f(x)$ 的函數圖形對稱於 y 軸（當 x 值相反時，對應的 y 值相反）。

- $f(x+a)$ 的函數圖形是 $f(x)$ 的函數圖形向左平移 a 單位（原來 $x=0$，現在 $x+a=0$，那麼 $x=-a$）。
- $f(x-a)$ 的函數圖形是 $f(x)$ 的函數圖形向右平移 a 單位（原來 $x=0$，現在 $x-a=0$，那麼 $x=a$）。
- $f(x)+a$ 的函數圖形是 $f(x)$ 的函數圖形向上平移 a 單位。
- $f(x)-a$ 的函數圖形是 $f(x)$ 的函數圖形向下平移 a 單位。

對於函數 $f(-x+5)-4$，可以按下述步驟來畫函數圖形。

（1）從 $f(x)$ 到 $f(-x)$：將 $f(x)$ 函數圖形以 y 軸為對稱軸畫一個對稱圖形。

（2）從 $f(-x)$ 到 $f(-x+5)$：將 $f(-x)$ 函數圖形向左平移 5 個單位。

（3）從 $f(-x+5)$ 到 $f(-x+5)-4$：將 $f(-x+5)$ 函數圖形向下平移 4 個單位。

以對數函數 $\ln(x)$ 為例，下面是基於 $\ln(x)$ 函數圖形轉換獲得的 4 個對數函數圖形（對了解後面介紹的誤差函數有用）。

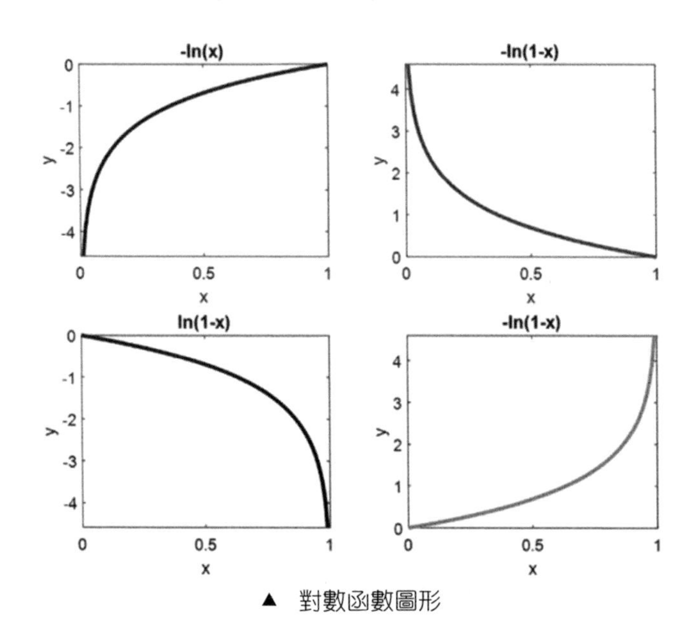

▲ 對數函數圖形

5.2 模型介紹

5.2.1 核心問題

問題剖析：下面從最簡單的二元分類問題開始介紹，如下圖所示。

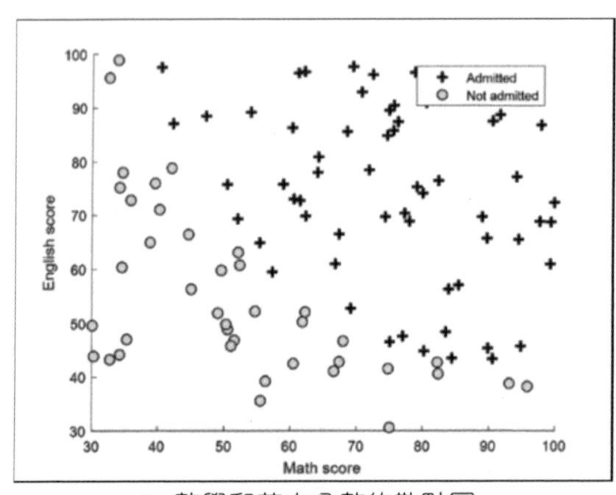

▲ 數學和英文分數的散點圖

該圖展示了學生的數學分數（水平座標）、英文分數（垂直座標），以及是否被大學錄取的資訊。

- x 軸代表數學分數（特徵 1）。
- y 軸代表英文分數（特徵 2）。
- 圓圈代表沒錄取（負類標籤）。
- 十字代表錄取（正類標籤）。

現在的工作就是如何將錄取和沒錄取這兩種劃分出來，這裡需要使用的模型被稱為邏輯回歸（Logistic Regression，LR）模型。該模型有兩個輸入（特徵）和一個輸出（標籤），基於它們建立一個最佳邏輯函數來進行預測。再次回顧米切爾對機器學習的定義：

> 假設用效能度量 P 來評估模型在某類別工作 T 中的效能，若該模型透過利用經驗 E 在工作 T 中改善其效能度量 P，那麼可以說模型對經驗 E 進行了學習。

將這個抽象定義對映在本章的實際問題中，我們獲得：

- 工作：有監督學習的雙變數邏輯回歸。
- 經驗：訓練集裡的資料（兩個特徵：數學分數和英文分數；一個標籤：錄取和沒錄取）。
- 效能度量：共同追求低錯誤率，另外有的追求查準率，有的追求查全率，有的追求兩者兼得。

模型建置：看看上圖中密密麻麻的點，好像不可能用一個函數就將其擬合好，所以不能用線性回歸的方法來處理。讓我們把注意力放在**分類**上，現在有兩種：錄取和沒錄取。假設用 1 代表錄取，0 代表沒錄取。通常用 1 代表的類別是**有什麼**（有錄取，有腫瘤），而用 0 代表的類別是**沒什麼**（沒錄取，沒腫瘤）。

通常最常見是用 1 和 0 分別代表正類和負類。當然你可以有自己的慣例，這不影響分類的結果。例如：

- 用 1 代表錄取，–1 代表沒錄取（很多人都這樣用，因為+1 代表正，–1 代表負）。
- 用 10 代表錄取，–8 代表沒錄取（從理論上來說沒問題，只不過沒什麼意義）。

在邏輯回歸模型中用 0/1 代表負/正類可以很簡潔地推出誤差函數，並且用什麼數字都可以轉換成 0/1 的形式，使用指標函數 $z_i = I_{\{y_i=\text{正例的數}\}}$ 即可，例如

- 用 1 代表錄取，–1 代表沒錄取，則 $z_i = I_{\{y_i=1\}} = 1$，$z_i = I_{\{y_i=-1\}} = 0$。
- 用 10 代表錄取，–8 代表沒錄取，則 $z_i = I_{\{y_i=10\}} = 1$，$z_i = I_{\{y_i=-8\}} = 0$。

在有監督學習中訓練的模型會產出一系列預測值，而標籤是一系列真實值，它們之間一定有差異，如下圖所示。

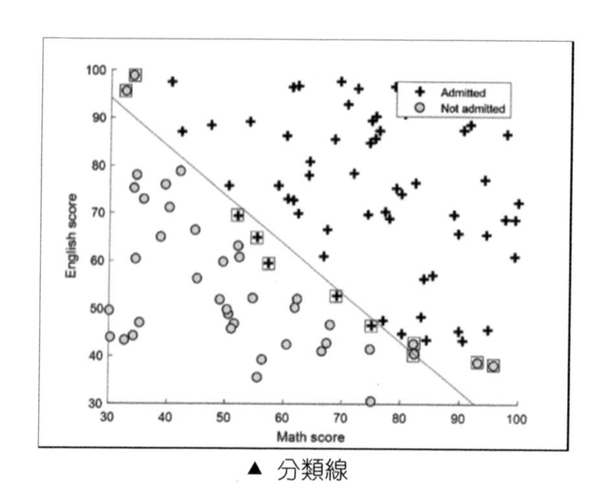

▲ 分類線

這裡的資料總共有 100 個，其中有 11 個資料（被框選的資料）被分錯類別了，因此錯誤率為 11%。對一個線性分類模型來說，此錯誤率還可以接受。

由於標記值是 1（錄取）或 0（沒錄取），而數學分數和英文分數都為 0 ~ 100 的值。因此這裡要建立一個模型 h，將任意實數轉換成機率數值：

$$h(\text{實數}) \rightarrow \text{機率}$$

從 5.1.1 節來看，邏輯函數是一個不錯的模型。

對於資料 i（其中 $i = 1,2,\cdots,m$），建模如下：

$$P\left(y^{(i)} = 1 \middle| \boldsymbol{x}^{(i)}; \boldsymbol{w}\right) = \frac{1}{1 + \mathrm{e}^{-\left(w_0 x_0^{(i)} + w_1 x_1^{(i)} + w_2 x_2^{(i)}\right)}} = \frac{1}{1 + \mathrm{e}^{-\boldsymbol{w}^{\mathrm{T}} \boldsymbol{x}^{(i)}}} = h\left(\boldsymbol{w}^{\mathrm{T}} \boldsymbol{x}^{(i)}\right)$$

$$P\left(y^{(i)} = 0 \middle| \boldsymbol{x}^{(i)}; \boldsymbol{w}\right) = 1 - P\left(y^{(i)} = 1 \middle| \boldsymbol{x}^{(i)}; \boldsymbol{w}\right) = 1 - h\left(\boldsymbol{w}^{\mathrm{T}} \boldsymbol{x}^{(i)}\right)$$

其中

$x_0^{(i)} = 1$（慣例寫成 1）；$x_1^{(i)} =$ 第 i 個資料的特徵

$\boldsymbol{w} = [w_0 \quad w_1 \quad w_2]^{\mathrm{T}} =$ 參數列向量（其中 w_0 是斜率，w_1 和 w_2 分別是數學分數和英文分數的係數）

$y^{(i)} =$ 第 i 個標籤

$h\left(\boldsymbol{w}^{\mathrm{T}} \boldsymbol{x}^{(i)}\right) =$ 邏輯函數

$P\left(y^{(i)}=1\middle|\boldsymbol{x}^{(i)};\boldsymbol{w}\right)=$ 當給定特徵 $\boldsymbol{x}^{(i)}$ 和參數 $\boldsymbol{w}$時 $y^{(i)}=1$ 的條件機率

$P\left(y^{(i)}=0\middle|\boldsymbol{x}^{(i)};\boldsymbol{w}\right)=$ 當給定特徵 $\boldsymbol{x}^{(i)}$ 和參數 $\boldsymbol{w}$ 時 $y^{(i)}=0$ 的條件機率

這種對條件機率建模的方法解釋性更強，不僅在指定特徵 $\boldsymbol{x}^{(i)}$ 和參數 $\boldsymbol{w}$ 的情況下預測出類別，即 $y^{(i)}=0$ 或 1，同時也列出了該預測類別對應的機率。

錯誤建模（✕）：學完線性回歸後，一開始最自然做法就是最小化「真實值 $y^{(i)}$ 和預測值 $P\left(y^{(i)}\middle|\boldsymbol{x}^{(i)};\boldsymbol{w}\right)$」的差距，則誤差函數為：

$$J(\boldsymbol{w})=\frac{1}{2m}\sum_{i=1}^{m}\left(y^{(i)}-P\left(y^{(i)}\middle|\boldsymbol{x}^{(i)};\boldsymbol{w}\right)\right)^2$$

此時邏輯回歸問題就被轉換成一個最小化 $J(\boldsymbol{w})$ 的問題。接著可以像線性回歸模型那樣用梯度下降法求得最佳參數。但是用梯度下降法是有條件的，即誤差函數要為凸函數。將誤差函數化簡獲得

$$\begin{aligned}J(\boldsymbol{w})&=\sum_{i=1}^{m}\left(y^{(i)}-P\left(y^{(i)}\middle|\boldsymbol{x}^{(i)};\boldsymbol{w}\right)\right)^2\\&=\sum_{y_i=1}\left(1-P\left(1\middle|\boldsymbol{x}^{(i)};\boldsymbol{w}\right)\right)^2+\sum_{y_i=0}\left(0-P\left(0\middle|\boldsymbol{x}^{(i)};\boldsymbol{w}\right)\right)^2\\&=\sum_{y_i=1}\left(1-h\left(\boldsymbol{w}^{\mathrm{T}}\boldsymbol{x}^{(i)}\right)\right)^2+\sum_{y_i=0}\left(0-\left[1-h\left(\boldsymbol{w}^{\mathrm{T}}\boldsymbol{x}^{(i)}\right)\right]\right)^2\\&=\sum_{i=1}^{m}\left(1-h\left(\boldsymbol{w}^{\mathrm{T}}\boldsymbol{x}^{(i)}\right)\right)^2\end{aligned}$$

此時發現 $J(\boldsymbol{w})$ 不是 $\boldsymbol{w}$ 的凸函數，因此我們要尋找另外一種建模方法。

正確建模（✓）：回想我們之前用條件機率來描述資料是正類和負類的可能性，則資料 i 對應的機率公式寫入成

$$L_i(\boldsymbol{w})=P(1|\boldsymbol{x}^{(i)};\boldsymbol{w})^{y^{(i)}}P(0|\boldsymbol{x}^{(i)};\boldsymbol{w})^{(1-y^{(i)})}$$

從上式可知

- 當 $y^{(i)}=1$ 時，$1-y^{(i)}=0$，因此 $L_i(\boldsymbol{w})$ 可簡化成 $P\left(1\middle|\boldsymbol{x}^{(i)};\boldsymbol{w}\right)$。
- 當 $y^{(i)}=0$ 時，$1-y^{(i)}=1$，因此 $L_i(\boldsymbol{w})$ 可簡化成 $P\left(0\middle|\boldsymbol{x}^{(i)};\boldsymbol{w}\right)$。

假設所有資料都是獨立同分佈的，則由二項分佈得知它們一起發生的機率（似然函數）為

$$L(\boldsymbol{w}) = \prod_{i=1}^{m} L_i(\boldsymbol{w}) = \prod_{i=1}^{m} P(1|\boldsymbol{x}^{(i)};\boldsymbol{w})^{y^{(i)}} P(0|\boldsymbol{x}^{(i)};\boldsymbol{w})^{(1-y^{(i)})}$$

對於參數為 θ 的機率模型，$P(x|\theta)$ 有兩個名稱：

（1）可稱為 x 的**機率**（假設指定 θ）。

（2）可稱為 θ 的**可能性**（假設觀察到 x）。

注意，「機率」是 x 的函數而非 θ 的函數，θ 只是參數；而「可能性」是 θ 的函數而非 x 的函數，x 在這裡是參數。關於「可能性」有一個最重要的用法：如果你觀察到 x 並且想要估計產生它的 θ，則用最大似然估計（Maximum Likelihood Estimation，MLE）選擇最大化 $P(x|\theta)$ 的 θ。

用最大似然估計解出參數 $\boldsymbol{w}$，使得 $L(\boldsymbol{w})$ 最大，它的原理是：

- 在指定參數的條件下，觀測一組資料的現狀（例如有 52 個正例，48 個反例）的機率。
- 選取最佳參數，使得觀測到目前這組資料的機率是最大的。

在最佳化過程中，最佳化函數的「累加」永遠比「累乘」（似然函數）要簡單。要從累乘變成累加，將似然函數 $L(\boldsymbol{w})$ 上取對數，產生對數似然函數 $l(\boldsymbol{w})$ 就可以了，因為

- $\ln(AB) = \ln(A) + \ln(B)$。
- 對數函數是一個單調遞增函數，最大化 $L(\boldsymbol{w})$ 獲得的最佳解和最大化 $l(\boldsymbol{w})$ 獲得的最佳解是一樣的。

對數似然函數為

$$
\begin{aligned}
l(\boldsymbol{w}) &= \ln\big(L(\boldsymbol{w})\big) \\
&= \ln\left(\prod_{i=1}^{m} L_i(\boldsymbol{w})\right) \\
&= \ln\left(\prod_{i=1}^{m} P\left(1\middle|\boldsymbol{x}^{(i)};\boldsymbol{w}\right)^{y^{(i)}} P\left(0\middle|\boldsymbol{x}^{(i)};\boldsymbol{w}\right)^{\left(1-y^{(i)}\right)}\right) \\
&= \sum_{i=1}^{m} \ln\left(P\left(1\middle|\boldsymbol{x}^{(i)};\boldsymbol{w}\right)^{y^{(i)}} P\left(0\middle|\boldsymbol{x}^{(i)};\boldsymbol{w}\right)^{\left(1-y^{(i)}\right)}\right) \\
&= \sum_{i=1}^{m} \left(y^{(i)}\ln\left(P\left(1\middle|\boldsymbol{x}^{(i)};\boldsymbol{w}\right)\right) + \left(1-y^{(i)}\right)\ln\left(P\left(0\middle|\boldsymbol{x}^{(i)};\boldsymbol{w}\right)\right)\right) \\
&= \sum_{i=1}^{m} \left(y^{(i)}\ln\left(h\left(\boldsymbol{w}^{\mathrm{T}}\boldsymbol{x}^{(i)}\right)\right) + \left(1-y^{(i)}\right)\ln\left(1-h\left(\boldsymbol{w}^{\mathrm{T}}\boldsymbol{x}^{(i)}\right)\right)\right)
\end{aligned}
$$

以對數似然函數來定義邏輯回歸下的誤差函數

$$
\begin{aligned}
J(\boldsymbol{w}) &= -\frac{1}{m}\sum_{i=1}^{m} l(\boldsymbol{w}) \\
&= \frac{1}{m}\sum_{i=1}^{m}\left(\underbrace{-\ln\left(\overbrace{h\left(\boldsymbol{w}^{\mathrm{T}}\boldsymbol{x}^{(i)}\right)}^{\text{預測值}}\right)\overbrace{y^{(i)}}^{\text{標簽}}}_{\text{第一項}}\ \underbrace{-\ln\left(1-h\left(\boldsymbol{w}^{\mathrm{T}}\boldsymbol{x}^{(i)}\right)\right)\left(1-y^{(i)}\right)}_{\text{第二項}}\right)
\end{aligned}
$$

在 $l(\boldsymbol{w})$ 前加負號，將「最大化對數似然函數」轉換成「最小化誤差函數」

誤差函數的運算式很直觀，下面利用 ln 函數圖形進行分析，如下圖所示。

當標籤 $y^{(i)} = 1$ 時，第二項等於 0，下面分析第一項。

- 當 $h \to 1$ 而 $J \to 0$ 時，標籤和預測值 h 相同，誤差為零。
- 當 $h \to 0$ 而 $J = -\ln(h) \to +\infty$ 時，標籤和預測值 h 不同，誤差無限大（參照右圖的 $-\ln(x)$ 函數圖形）。

當標籤 $y^{(i)} = 0$ 時，第一項等於 0，下面分析第二項。

- 當 $h \to 1$ 而 $J \to +\infty$ 時，標籤和預測值 h 不同，誤差無限大。
- 當 $h \to 0$ 而 $J = -\ln(1-x) \to +\infty$ 時，標籤和預測值 h 相同，誤差為零（參照右圖的 $-\ln(1-x)$ 函數圖形）。

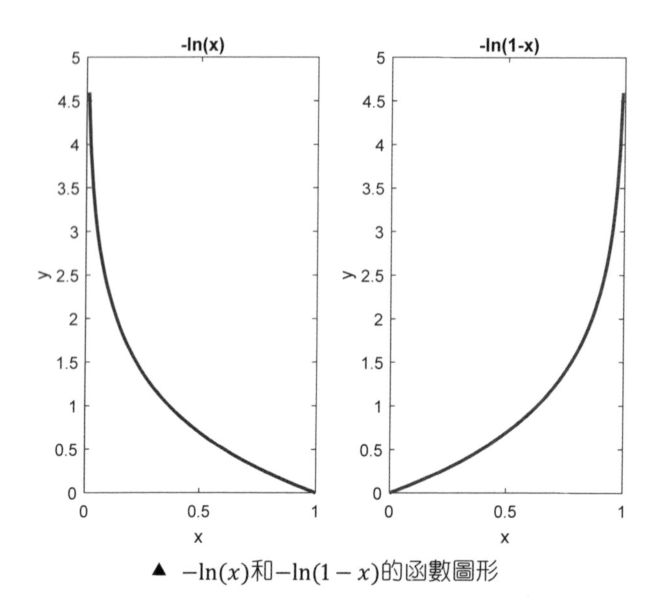

▲ $-\ln(x)$和$-\ln(1-x)$的函數圖形

第 j 個參數 w_j 的偏導數為（$j = 0,1,2$）：

$$\frac{\partial J(\boldsymbol{w})}{\partial w_0} = -\frac{1}{m}\frac{\partial \sum_{i=1}^{m}\left[\ln\left(h\left(\boldsymbol{w}^{\mathrm{T}}\boldsymbol{x}^{(i)}\right)\right)y^{(i)} + \ln\left(1 - h\left(\boldsymbol{w}^{\mathrm{T}}\boldsymbol{x}^{(i)}\right)\right)\left(1 - y^{(i)}\right)\right]}{\partial w_0}$$

$$= -\frac{1}{m}\sum_{i=1}^{m}\left[\frac{h'\left(-x_0^{(i)}\right)}{h}y^{(i)} + \frac{h' x_0^{(i)}}{1-h}\left(1 - y^{(i)}\right)\right]$$

$$= -\frac{1}{m}\sum_{i=1}^{m}\left[-\frac{\mathrm{e}^{-\boldsymbol{w}^{\mathrm{T}}\boldsymbol{x}^{(i)}}\left(-x_0^{(i)}\right)}{1 + e^{-\boldsymbol{w}^{\mathrm{T}}\boldsymbol{x}^{(i)}}}y^{(i)} - \frac{x_0^{(i)}}{1 + \mathrm{e}^{-\boldsymbol{w}^{\mathrm{T}}\boldsymbol{x}^{(i)}}}\left(1 - y^{(i)}\right)\right]$$

$$= -\frac{1}{m}\sum_{i=1}^{m}\left[x_0^{(i)}y^{(i)} - x_0^{(i)}\frac{1}{1 + \mathrm{e}^{-\boldsymbol{w}^{\mathrm{T}}\boldsymbol{x}^{(i)}}}\right]$$

$$= \frac{1}{m}\sum_{i=1}^{m}x_0^{(i)}\left[P\left(1\middle|\boldsymbol{x}^{(i)};\boldsymbol{w}\right) - y^{(i)}\right]$$

$$= \frac{1}{m}\sum_{i=1}^{m}x_0^{(i)}\left[h\left(\boldsymbol{w}^{\mathrm{T}}\boldsymbol{x}^{(i)}\right) - y^{(i)}\right]$$

$$\frac{\partial J(\boldsymbol{w})}{\partial w_j} = \frac{1}{m}\sum_{i=1}^{m}x_j^{(i)}\left[h\left(\boldsymbol{w}^{\mathrm{T}}\boldsymbol{x}^{(i)}\right) - y^{(i)}\right] \text{，} j = 1,2$$

根據梯度定義寫成矩陣形式可得：

$$\nabla J(\boldsymbol{w}) = \begin{bmatrix} \frac{\partial J(\boldsymbol{w})}{\partial w_0} \\ \frac{\partial J(\boldsymbol{w})}{\partial w_1} \\ \frac{\partial J(\boldsymbol{w})}{\partial w_2} \end{bmatrix} = \frac{1}{m}\begin{bmatrix} \sum_{i=1}^{m}\left(h\left(\boldsymbol{w}^{\mathrm{T}}\boldsymbol{x}^{(i)}\right) - y^{(i)}\right)x_0^{(i)} \\ \sum_{i=1}^{m}\left(h\left(\boldsymbol{w}^{\mathrm{T}}\boldsymbol{x}^{(i)}\right) - y^{(i)}\right)x_1^{(i)} \\ \sum_{i=1}^{m}\left(h\left(\boldsymbol{w}^{\mathrm{T}}\boldsymbol{x}^{(i)}\right) - y^{(i)}\right)x_2^{(i)} \end{bmatrix} = \frac{1}{m}\begin{bmatrix} \boldsymbol{x}_0^{\mathrm{T}}[h(\boldsymbol{Xw}) - \boldsymbol{y}] \\ \boldsymbol{x}_1^{\mathrm{T}}[h(\boldsymbol{Xw}) - \boldsymbol{y}] \\ \boldsymbol{x}_2^{\mathrm{T}}[h(\boldsymbol{Xw}) - \boldsymbol{y}] \end{bmatrix}$$

$$= \frac{\boldsymbol{X}^{\mathrm{T}}[h(\boldsymbol{Xw}) - \boldsymbol{y}]}{m}$$

將以上梯度向量設為零，發現 $\boldsymbol{X}^{\mathrm{T}}(h(\boldsymbol{Xw}) - \boldsymbol{y}) = 0$ 沒有解析解，因此只能用數值法（梯度下降）來求解邏輯回歸模型。

演算法實現：梯度下降法的原理在第 4 章中已經講得非常詳細了，這裡不再贅述。下表列出了最後結果。

	代 數 形 式	矩 陣 形 式
解	$w_i \coloneqq w_i - \eta\frac{\partial J(\boldsymbol{w})}{\partial w_i}, \quad i = 0,1,2$	$\boldsymbol{w} \coloneqq \boldsymbol{w} - \frac{\eta}{m}\boldsymbol{X}^{\mathrm{T}}(h(\boldsymbol{Xw}) - \boldsymbol{y})$

其演算法概述如下，它和線性回歸的梯度下降法（演算法 1）幾乎一模一樣，唯一的區別就是用 $h(\boldsymbol{Xw})$ 代替了 $\boldsymbol{Xw}$。

演算法 3　邏輯回歸的梯度下降演算法

步驟 1: 當 $t = 0$ 時，定義參數初值 $\boldsymbol{w}^{(0)}$ ，並計算初始梯度 $\nabla J\left(\boldsymbol{w}^{(0)}\right)$。

步驟 2: 當 $||\nabla J\left(\boldsymbol{w}^{(t)}\right)|| > c$ 或 $t < M$ 時，某一個停止條件觸發。

$\boldsymbol{e}^{(t)} = h(\boldsymbol{Xw}^{(t)}) - \boldsymbol{y}$　[計算差異]

$\boldsymbol{w}^{(t+1)} \coloneqq \boldsymbol{w}^{(t)} - \eta/m\boldsymbol{X}^{\mathrm{T}}\boldsymbol{e}^{(t)}$　[更新參數]

$\boldsymbol{e}^{(t+1)} = h(\boldsymbol{Xw}^{(t+1)}) - \boldsymbol{y}$　[更新差異]

$\nabla J\left(\boldsymbol{w}^{(t)}\right) = \boldsymbol{X}^{\mathrm{T}}\boldsymbol{e}^{(t+1)}/m$　[更新梯度]

$t \coloneqq t + 1$

步驟 3: 獲得最佳參數 $\boldsymbol{w}^*$。

解得 $\boldsymbol{w}^*$ 之後，將其帶入公式中預測新樣本 $\boldsymbol{x} = [x_{數學}, x_{英語}]$ 屬於正類還是負類（通常將 0.5 當分界點，因為正類對應的是 1 而負類對應的是 0）。

$$P(y=1|\boldsymbol{x};\boldsymbol{w}^*) = h\left(w_0^* + w_1^* x_{數學} + w_2^* x_{英語}\right) = \frac{1}{1+\mathrm{e}^{-\left(w_0^*+w_1^*x_{數學}+w_2^*x_{英語}\right)}} > 0.5$$

$$P(y=0|\boldsymbol{x};\boldsymbol{w}^*) = 1 - h\left(w_0^* + w_1^* x_{數學} + w_2^* x_{英語}\right) = 1 - \frac{1}{1+\mathrm{e}^{-\left(w_0^*+w_1^*x_{數學}+w_2^*x_{英語}\right)}} \leqslant 0.5$$

$$\Leftrightarrow \quad w_0^* + w_1^* x_{數學} + w_2^* x_{英語} > 0\text{，預測結果是正類}$$

$$w_0^* + w_1^* x_{數學} + w_2^* x_{英語} < 0\text{，預測結果是負類}$$

$$\Leftrightarrow \quad w_0^* + w_1^* x_{數學} + w_2^* x_{英語} = 0\text{，是正類和負類的分界線}$$[1]

5.2.2 查準和查全

對於分類問題，如果我們更注重查準率或查全率，或兩者都注重，那麼如何能達到這個目的？

- 對於二元分類問題，在 1/2 的情況下應該分類準確，因此錯誤率是 50%。
- 對於三分類問題，在 1/3 的情況下應該分類準確，因此錯誤率是 66.7%。
- 對於 k 分類問題，在 $1/k$ 的情況下應該分類準確，因此錯誤率是$(1-1/k)$%。

機器學習分類的錯誤率至少要低於隨機分類的錯誤率，不然我們為什麼還要用機器學習。錯誤率雖然是評估模型的常用指標，但是不能滿足所有的工作需求。回到本章引言中介紹的三胞胎分類工作，他們的首要目標當然是降低錯誤率，但是他們還有各自要關注的指標，例如查準率和查全率。實際說明如下表所示。

1 本例對應的是一條直線，所以叫分界線，一般稱作決策邊界（Decision Boundary）。

例 子	情景 1（目標是查準）	情景 2（目標是查全）
淘寶推薦商品	推薦使用者有興趣的商品，但是商品清單可能不全	向使用者推薦所有的商品，但不是每個商品使用者都有興趣，並且容易打擾使用者
員警追捕逃犯	「寧可放過一千人，不可錯抓一個人」，雖然這樣會一抓一個準，但是會放走其他逃犯	「寧可錯抓一千人，不可放過一個人」，雖然這樣會抓到好人，但是逃犯都會被抓到
醫生診斷癌症	不輕易和病人説其得了癌症，那些真得了癌症的病人容易錯失治療機會	太輕易和病人説其得了癌症，那些沒得癌症的病人會先崩潰

看完上表中列舉的實例，是不是藍色標記的情景比較重要。一旦明晰了目標，問題就會變得很簡單。再來回顧一下查準率和查全率問題，通常查準率和查全率問題是互相衝突的。

- 當查全率高時，查準率常常低，這時模型是「悲觀模型」，因為模型只有當非常確定時才預測是正類。
- 當查準率高時，查全率常常低，這時模型是「樂觀模型」，因為模型幾乎將所有實例都預測是正類。
- 當查全率和查全率都非常高時，這時模型是「完美模型」，但是該模型通常很難獲得。

實際做法如下表所示。

例子	目標	做 法
淘寶推薦商品	查準	$P(y=1\|x,w)>0.8$，將設定值從 0.5 加強到 0.8，也不需要太準
員警追捕逃犯	查全	$P(y=1\|x,w)>0.01$，將設定值從 0.5 降低到 0.01，務必查全，因為逃犯在外面危害太大
醫生診斷癌症	查準 查全	加強了查全率（查準率）就降低了查準率（查全率），需要用 F 得分來權衡

因此，對於醫生診斷癌症的實例，可以將設定值 0.1~0.9 劃分為 10 個點，然後對每個設定值 c，計算出 P、R 和 F 值，最後選擇一個最大的 F 值對應的設定值。用 scikit-learn 還可以畫出不同設定值對應的 P 和 R 值的曲線圖。

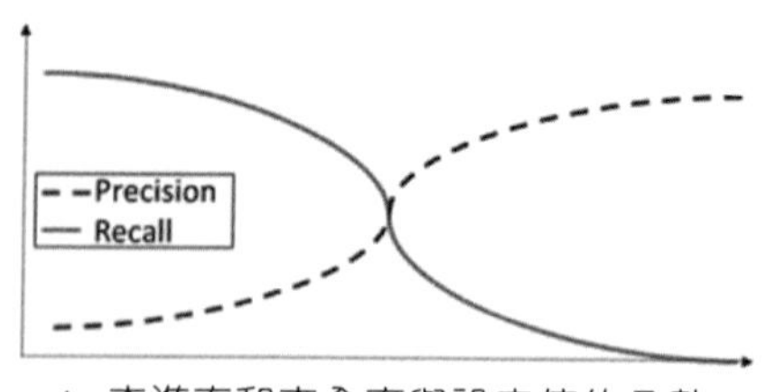

▲ 查準率和查全率與設定值的函數

查準率和查全率隨設定值變化的關係

```
1  from sklearn.metrics import precision_recall_curve
2  y_true = np.array([0, 0, 1, 1])
3  y_pred = np.array([0.1, 0.4, 0.35, 0.8])
4  P, R, c = precision_recall_curve( y_true,  y_pred )
5  plt.plot( c, P[:-1], 'b--', label='Precision' )
6  plt.plot( c, R[:-1], 'g-', label='Recall' )
```

5.2.3 類別不平衡

在分類工作中，當不同類別的範例數目差別很大時，會給學習過程帶來很大的困難。例如有 99 個正例和 1 個負例，那麼設計 1 個永遠預測為正類的模型，準確率可以達到 99%（100 個範例全部預測為正類，只錯 1 個），但是這種模型的價值為零，因為它預測不出任何負類。

在分類新資料時，是用模型產出的機率 P 與一個設定值進行比較，如果正/負例的個數相差不大，則通常在 $P > 0.5$ 時判別為正類，否則判別為負類。假設訓練資料集中正例個數比負例個數多，則有以下 3 種解決方法。

（1）對正例進行欠取樣（undersampling），去除一些正例使得正/負例的個數相近，用 $P > 0.5$ 條件來預測正類。

（2）對負例進行過取樣（oversampling），增加一些負例，使得正/負例的個數相近，用 $P > 0.5$ 條件來預測正類。

（3）設定值移動（threshold-moving），用 $P > \frac{m^+}{m}$（而非 $P > 0.5$）條件來預測正類。

這 3 種解決範例類別不平衡的方法的詳細說明如下表所示。

過採樣	欠採樣	閾值移動
正例　負例　負例　正例 之前資料　之後資料 ▲ 對負例過取樣	正例　負例　正例　負例 之前資料　之後資料 ▲ 對正例欠取樣	假設訓練集是真實樣本整體的無偏取樣，預測正類和負類的機率比例定義如下： $\frac{P(y=1)}{1-P(y=1)} \quad \frac{\overbrace{m^+}^{訓練集正例個數}}{\underbrace{m^-}_{訓練集負例個數}}$ 解出設定值 $P(y=1)=\frac{m^+}{m}=$ 閾值 當P大於設定值時，劃分為正類。

欠取樣法所需要的時間負擔遠小於過取樣法，因為前者捨棄了很多正例，訓練集變小了。需要注意的是，使用欠取樣法時不能隨意捨棄正例，這樣會遺失一些重要的資訊。而過取樣法增加了很多負例，訓練集變大了。需要注意的是，過取樣法不能簡單地對初始負例進行重複取樣，因為這樣會引起嚴重的過擬合。為了解決這個問題，可以使用合成少數類別過取樣技術（Synthetic Minority Over-sampling Technique，SMOTE），透過對訓練集裡的負例進行內插（Interpolation）而獲得額外的負例。SMOTE 方法分為 3 個步驟：「去掉正例→ 找 k 近鄰點 → 內插出新點（負例）」，解釋如下圖所示。

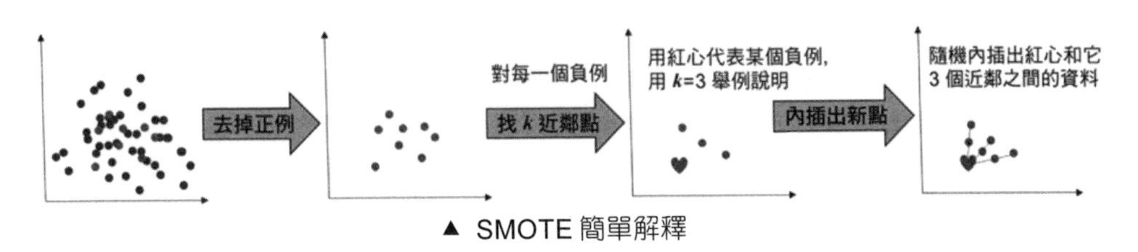

▲ SMOTE 簡單解釋

5.2.4 線性不可分

從上例的散點圖中可看出，錄取的學生和沒錄取的學生的分類可以由一條直線來完成，這樣的問題叫作線性可分問題，處理起來比較簡單。與之對應的一種問題是線性不可分問題，顧名思義，就是兩種資料不能用一條直線來分類，例如下圖所示的實例。

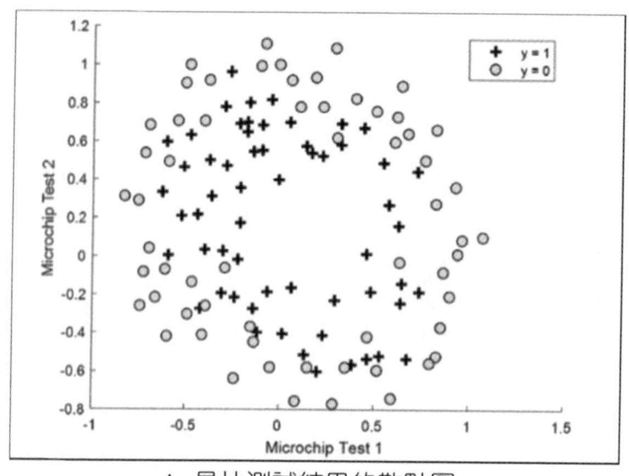

▲ 晶片測試結果的散點圖

上圖是兩個晶片測試結果的散點圖（其中 x 軸為晶片測試 1，y 軸為晶片測試 2），要將小數點和十字分類，使用一條直線是一定不可能實現的，只能尋求更複雜的模型來描述邏輯函數 $\boldsymbol{h}$ 的引數。

本例採用多項式模型，即把現有的兩個特徵透過多項式合成更多的特徵。舉例來說，用 x_1 和 x_2 代表這個特徵，一個基於 x_1 和 x_2 的 6 次多項式最多可擴充為 28 項：

$$[f_1\ f_2\ \cdots\ f_{28}] = [1\ x_1\ x_2\ x_1^2\ x_1x_2\ x_1^2\ \cdots\ x_1x_2^5\ x_2^6]$$

用 $\boldsymbol{f}$ 代表轉換後的特徵值，它是一個 28 維的向量。

透過與上述模型（也被稱為樸素模型）進行類比獲得通用模型的運算式：誤差函數和最佳數值解，實際介紹如下表所示（就是把 $\boldsymbol{x}$ 和 $\boldsymbol{X}$ 換成 $\boldsymbol{f}$ 和 $\boldsymbol{F}$）。

模型	樸素模型	通用模型
條件機率	$P\left(y^{(i)}=1 \middle| \boldsymbol{x}^{(i)};\boldsymbol{w}\right)=h\left(\boldsymbol{w}^{\mathrm{T}}\boldsymbol{x}^{(i)}\right)$	$P\left(y^{(i)}=1 \middle| \boldsymbol{f}^{(i)};\boldsymbol{w}\right)=h\left(\boldsymbol{w}^{\mathrm{T}}\boldsymbol{f}^{(i)}\right)$
誤差函數	$-\frac{1}{m}\sum_{i=1}^{m}\begin{bmatrix}\ln\left(h\left(\boldsymbol{w}^{\mathrm{T}}\boldsymbol{x}^{(i)}\right)\right)y^{(i)}+\\ \ln\left(1-h\left(\boldsymbol{w}^{\mathrm{T}}\boldsymbol{x}^{(i)}\right)\right)\left(1-y^{(i)}\right)\end{bmatrix}$	$-\frac{1}{m}\sum_{i=1}^{m}\begin{bmatrix}\ln\left(h\left(\boldsymbol{w}^{\mathrm{T}}\boldsymbol{f}^{(i)}\right)\right)y^{(i)}+\\ \ln\left(1-h\left(\boldsymbol{w}^{\mathrm{T}}\boldsymbol{f}^{(i)}\right)\right)\left(1-y^{(i)}\right)\end{bmatrix}$
最佳數值解	$\boldsymbol{w}:=\boldsymbol{w}-\frac{\eta}{m}\boldsymbol{X}^{\mathrm{T}}(h(\boldsymbol{X}\boldsymbol{w})-\boldsymbol{y})$	$\boldsymbol{w}:=\boldsymbol{w}-\frac{\eta}{m}\boldsymbol{F}^{\mathrm{T}}(h(\boldsymbol{F}\boldsymbol{w})-\boldsymbol{y})$

演算法 4 通用邏輯回歸的梯度下降演算法

步驟 1：當 $t = 0$ 時，定義參數初值 $\boldsymbol{w}^{(0)}$，並計算初始梯度 $\nabla J\left(\boldsymbol{w}^{(0)}\right)$。

步驟 2：當 $\|\nabla J\left(\boldsymbol{w}^{(t)}\right)\| > c$ 或 $t < M$ 時，某一個停止條件觸發。

$\boldsymbol{e}^{(t)} = h(\boldsymbol{F}\boldsymbol{w}^{(t)}) - \boldsymbol{y}$ [計算差異]

$\boldsymbol{w}^{(t+1)} \coloneqq \boldsymbol{w}^{(t)} - \eta/m\boldsymbol{F}^{\mathrm{T}}\boldsymbol{e}^{(t)}$ [更新參數]

$\boldsymbol{e}^{(t+1)} = h(\boldsymbol{F}\boldsymbol{w}^{(t+1)}) - \boldsymbol{y}$ [更新差異]

$\nabla J\left(\boldsymbol{w}^{(t)}\right) = \boldsymbol{F}^{\mathrm{T}}\boldsymbol{e}^{(t+1)}/m$ [更新梯度]

$t \coloneqq t + 1$

步驟 3：獲得最佳參數 $\boldsymbol{w}^*$。

5.2.5 多分類問題

以上討論的兩種別分類（Binary Classification）只能區分兩個類別，是最簡單的分類模型。接下來延伸出 3 種多分類問題。

（1）多類別分類（Multiclass Classification）：可以區分兩個以上類別，例如辨識手寫數字 0 ~ 9 共 10 個類別。

（2）多標籤分類（Multilabel Classification）：兩種別分類和多類別分類都是把所有範例分配到一個類別中，在有些情況下，我們會希望分類模型可以輸出多個類別（多標籤分類），例如在自動駕駛應用中識別是否有行人、交通燈、汽車和指示牌。

（3）多輸出分類（Multioutput Classification）：在多標籤分類中，每一個標籤都是兩種別的，而在多輸出分類中，每一個標籤都是多類別的。例如圖片的每一個像素（標籤）的像素值是多少（0 ~ 255 共 256 個類別）。

這 4 種分類問題的具體解說如下表所示。

兩種類別分類	多類別分類	多標籤分類	多輸出分類
(正類) 識別出貓	第四種 (識別數字 3)	識別出有車和指示牌,沒有交通燈和人	
$y=1$	$\boldsymbol{y}=\begin{bmatrix}0\\0\\0\\1\\0\\0\\0\\0\\0\\0\end{bmatrix}$ ←數字 0 ←數字 1 ←數字 2 ←數字 3 ←數字 4 ←數字 5 ←數字 6 ←數字 7 ←數字 8 ←數字 9	$\boldsymbol{y}=\begin{bmatrix}0\\1\\1\\0\end{bmatrix}$ ←人 ←車 ←指示牌 ←交通燈	$\boldsymbol{y}=\begin{bmatrix}0\\255\\0\\255\\0\\\vdots\\0\\255\\0\\255\end{bmatrix}$ ←第 1 個像素值 0 ←第 2 個像素值 255 ←第 3 個像素值 0 ←第 4 個像素值 255 ←第 5 個像素值 0 ⋮ ←倒數第 2 個像素值 0 ←最後像素值為 255

多標籤分類和多輸出分類在深度學習的影像識別中很常見,本節注重介紹多類別分類。下面介紹一個天氣的多分類問題。天氣可以是晴天、陰天和雨天,可以採取下面 3 種常見的分類策略。

- 一對其他(One vs All,OvA)
- 一對一(One vs One,OvO)
- 多分類回歸(Softmax Regression)

(1)一對其他(OvA)

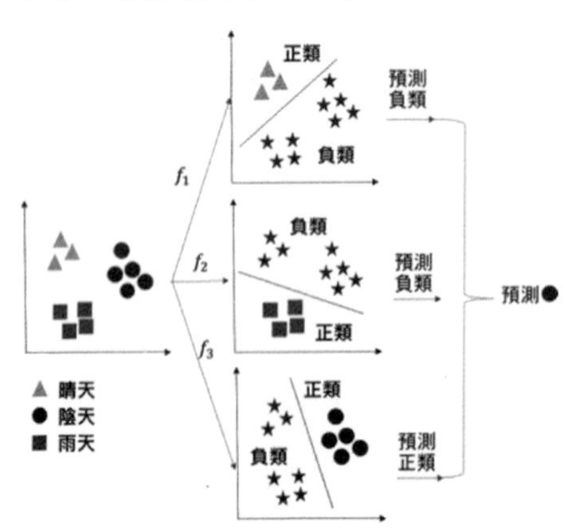

▲ 一對其他(OvA)分類策略

在 OvA 分類策略中(見左圖),把資料分成「某個」和「其他」兩種。

- 圖一,某個 = ▲,其他 ★ = ■ 和 •
- 圖二,某個 = ■,其他 ★ = ▲ 和 •
- 圖三,某個 = •,其他 ★ = ▲ 和 ■

將三種別分類問題分解成 3 個兩種別分類問題，對應的分類模型為 f_1、f_2 和 f_3：

- f_1 預測負類，即預測 ■ 和 ●。
- f_2 預測負類，即預測 ▲ 和 ●。

f_3 預測正類，即預測 ●。

3 個分類器都預測了●，根據多數原則獲得的預測是●，實際演算法實現如下所示。

一對其他

```
from sklearn.multiclass import OneVsRestClassifier
model = OneVsRestClasifier()
model.fit( X_train, y_train )
model.predict( X_test )
```

(2) 一對一（OvO）

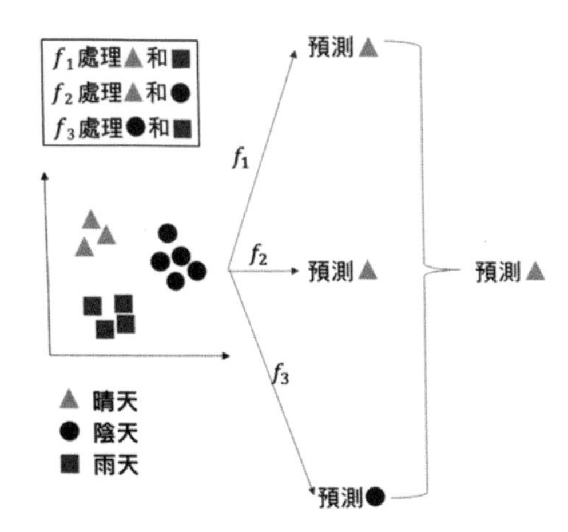

▲ 一對一（OvO）分類策略

在 OvO 分類策略中，3 個分類模型分別是二元分類模型。

- f_1 負責分類 ▲ 和 ■。
- f_2 負責分類 ▲ 和 ●。
- f_3 負責分類 ● 和 ■。

結果如下：

- f_1 預測 ▲。
- f_2 預測 ▲。
- f_3 預測 ●。

根據多數原則獲得的結合預測為▲，實際演算法實現如下所示。

一對一

```
1  from sklearn.multiclass import OneVsOneClassifier
2  model = OneVsOneClasifier()
3  model.fit( X_train, y_train )
4  model.predict( X_test )
```

OvA 分類策略是每一個分類模型對應一個標籤，當你想分類某個物體時，讓每個分類模型對其分類，若只有一個分類模型預測為正類，則對應的標籤為最後分類結果；若有多個分類模型預測為正類，則選取預測機率最大的對應的標籤為最後分類結果。OvO 分類策略是對每個標籤訓練一個二元分類模型，如果有 N 個類別，則需要 $N(N-1)/2$ 個分類模型。當想分類某個物體時，若獲得 $N(N-1)/2$ 個分類結果，則根據多數原則，把預測最多的類別作為最後分類結果。

（3）多分類回歸

OvA 和 OvO 分類策略都是把多類別分類問題轉換成兩種別分類問題，而下面介紹的 softmax 函數（多分類函數）是直接把邏輯回歸推廣到多類別分類中，不必組合多個二元分類模型。通常把 Softmax Regression（SR）翻譯成多分類回歸。

多分類回歸的思想很簡單，假設總共有 K 個類別，指定一個特徵 $\boldsymbol{x}$，該模型計算屬於第 k 類別的分數 $s_k(\boldsymbol{x}) = \boldsymbol{w}_k^{\mathrm{T}}\boldsymbol{x}$，然後進行歸一化，轉換成屬於第 k 類別的機率，公式如下：

$$p_k = \frac{e^{s_k(\boldsymbol{x})}}{\sum_{j=1}^{K} s_j(\boldsymbol{x})}$$

下圖用一個實際實例展示了如何將得分 2、1 和 -1 利用 softmax 函數轉換成機率 p_1、p_2 和 p_3 。

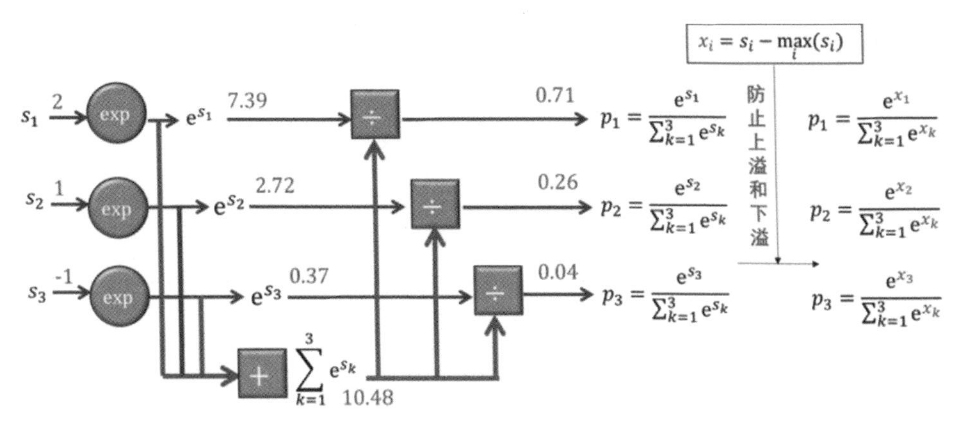

▲ softmax 函數的簡單範例

和邏輯回歸的二元分類模型一樣，多分類回歸的多分類模型將估計機率最高的類別作為預測結果，例如上圖中的 p_2 最大，因此預測為類別 2。比較邏輯回歸的誤差函數，我們可以推導出多分類回歸的誤差函數，見下表。

邏輯回歸（Logisitic Regression, LR）	多分類回歸（Softmax Regression, SR）
$J_{\mathrm{LR}}(\boldsymbol{w}) = -\frac{1}{m}\sum_{i=1}^{m} y^{(i)}\ln\left(p^{(i)}\right)\left(1-y^{(i)}\right)\ln\left(1-p^{(i)}\right)$	$J_{\mathrm{SR}}(\boldsymbol{w}) = -\frac{1}{m}\sum_{i=1}^{m}\sum_{k=1}^{K} y_k^{(i)}\ln\left(p_k^{(i)}\right)$

可以看出，當只有兩個類別（$K=2$）時，多分類回歸的誤差函數等於邏輯回歸的誤差函數。$J_{\mathrm{SR}}(\boldsymbol{w})$ 中的 y 和 p 都帶有索引 k，其指的是獨熱編碼向量的第 k 個元素，$J_{\mathrm{LR}}(\boldsymbol{w})$ 中的 y 和 p 沒有索引 k，是因為 y 只有兩個狀態（非 1 即 0）。

在 scikit-learn 中，可以用邏輯回歸模型帶著 multi_class 參數"multinomial"進行多分類回歸。對於求解多分類問題，切記要把 solver 參數設定為"lbfgs"，其全稱為 Limited- Memory Broyden–Fletcher–Goldfarb–Shanno，是一種 BFGS 演算法。

多分類回歸的模型程式

```
1  from sklearn import linear_model
2  model = linear_model.LogisticRegression( multi_class = 'multinomial',
   solver='lbfgs' )
3  model.fit( X_train, y_train )
4  y_pred = model.predict( x_test )
```

5.2.6 程式實現

斯蒂文剛剛迎來了自己的女兒，他準備在亞馬遜網站上給女兒買一些嬰兒用品，例如蘇菲長頸鹿固齒器（Vulli Sophie the Giraffe Teether）、遊戲床（Graco TotBloc Pack 'N Play with Carry Bag, Bugs Quilt），如下圖所示。

▲ 亞馬遜的嬰兒用品

	A	B	C
1	name	review	rating
2	The First Years Massaging Action Teether	This product sucks. My little boy LOVES to chew on things while he's teething - and he bites down hard. He was never able to bite hard enough to get this dumb thing to vibrate. Very disappointing.	1
3	Graco TotBloc Pack 'N Play with Carry Bag, Bugs Quilt	The product is OK but Graco should reconsider make the carrying bag of a better quality as the first flight the bag and the interior were DAMAGED, the bag should "survive" at least one flight.	3
4	Vulli Sophie the Giraffe Teether	He likes chewing on all the parts especially the head and the ears! It has helped when he has been cranky because of teething. Great purchase!	5

▲ 亞馬遜的網評資料

每筆資料都有商品名稱（name）、評價（review）和評分（rating）。商品名稱不用多解釋；評價就是使用者寫的評語，上圖中紅色標記的文字都可以用來判別評價是正面或負面的；評分為 1~5 的數字，1 表示最差，5 表示最好。斯蒂文用邏輯回歸模型來分類評價是正面或負面的。在 Jupyter Notebook 中，斯蒂文進行了如下處理。

（1）前置處理文字資料，例如去除標點符號、用詞袋模型將字元類別資料轉換成數值類別資料。

（2）獨立撰寫梯度下降法求最佳解，並找出最正面和最負面的詞。

（3）直接使用 scikit-learn 裡的邏輯模型來做情感分析。

（4）研究精度、混淆矩陣、查準率和查全率等指標，並轉換不同的設定值來畫出查準率和查全率曲線。

5.3 歸納

本章內容主要參考了資料 **[2]** 和 **[3]**。邏輯回歸非常簡單，一旦你學會了線性回歸，就可以引用邏輯函數將回歸獲得的實數轉換成機率的形式，然後只需比較兩者的誤差函數和梯度下降法，即可全部掌握邏輯回歸的理論和演算法內容。

查準率和查全率是一對矛盾的兄弟，加強設定值可以加強查準率而降低查全率，降低設定值可以加強查全率而降低查準率。如果既想查準又想查全，則可以選一個 F 得分最高的分類模型。

在機器學習中，常常會遇到資料類別不平衡的情況，這時光看準確率就非常具有迷惑性，還需要關注 ROC、AUC 等評估指標。此外，可以用過取樣和欠取樣的方法調整樣本集，直到它們達到平衡。但單純地減少範例會遺失資訊，而重複地增加範例會引用偏差，比較合理的方式是用合成少數類別過取樣技術（SMOTE）來產生和原範例不重複的新範例。

多分類包含多類別分類、多標籤分類和多輸出分類。在多類別分類中，一個樣本只能屬於一個類別，不同類之間是互斥的。而在多標籤分類和多輸出分類中，一個樣本可以屬於多個類別，不同類之間是有連結的。多類別分類用到的多分類回歸（SR）是兩種別分類的邏輯回歸（LR）的延伸。

當模型從簡單變為複雜時，線性回歸（下圖的第一行圖）和邏輯回歸（下圖的第二行圖）都會從欠擬合變為過擬合，如下圖所示（從左到右）。

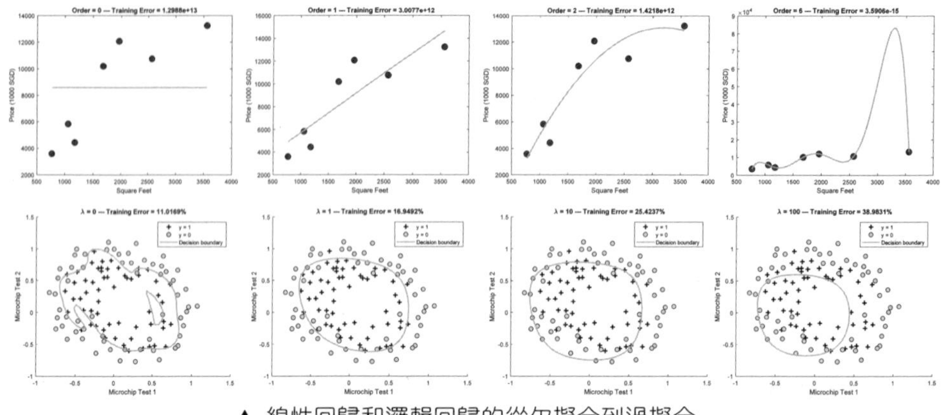

▲ 線性回歸和邏輯回歸的從欠擬合到過擬合

欠擬合問題好解決，簡單增加模型的複雜度即可（用多項式來進行特徵組合，從單變數到多變數）；但是處理過擬合問題需要更多的技巧。是否可解決過擬合問題可以區分你是一個機器學習的新手還是老手，第 6 章介紹的正規化回歸模型就是一個防止過擬合的技巧。

參考資料

1. 邏輯回歸之玩轉亞馬遜情感分析
2. Machine Learning Specialization, Classification - Logistic Regression [course] Emily Fox, Carlos Guestrin, Coursera, University of Washington
3. *Hands-On Machine Learning with Scikit-Learn and TensorFlow* [book] Aurélien Géron, Chapter 3, Classification, 2017

06

正規化回歸

If banks go wild, they must be regulated; if models go wild, they should be regularized too.

引言

在 2008 年次貸危機爆發之前的很長一段時間裡，房貸條件都是比較寬鬆的。銀行可以將自己發行的房貸「一條龍」包裝成房貸抵押證券（Mortgage Backed Security，MBS）賣給投資者，再拿賣 MBS 的收益來繼續放貸，繼續包裝成 MBS。後來銀行又創造出擔保債務憑證（Collateralized Debt Obligation，CDO）。簡單地說，CDO 就是把劣質資產整合在一起，用風險分散 (Risk Diversification) 做幌子，提出一些精華獲得 AAA 評級繼續賣給投資者，所有這些還是在高槓桿的情況下操作的。在 2006 年時 20 倍槓桿不算什麼，假設你有 5 元本錢，20 倍槓桿就是借 95 元來操控 100 元資產。對於這 100 元，一旦虧損 5%，你就虧完所有本錢；一旦賺 5%，償還完 95 元的欠款後，你還有 10 元，回報率為 100%。槓桿是一把「雙刃劍」，它可以放大你的利潤，也可以放大你的損失。

- 銀行在金融危機之前的「鍍金時代」裡，為了賺錢，拼命加槓桿（Leveraging），增大了風險，造成「過風險」現象，此時銀行保險監督機構一定要監管（Regulation），不然會引發系統性風險（Systemic Risk）。
- 銀行在金融危機之後的監管時代，為了滿足監管要求拼命去槓桿（Deleveraging）減小了風險，造成「欠風險」現象，這時可能要放鬆監管（Deregulation），不然金融市場會萎靡很久。

機器學習和銀行是一樣的。

- 模型太複雜時，通常會造成「過擬合」現象，一定要正規化（Regularization）來降低模型的複雜度，不然無法使用在新資料上。
- 模型太簡單時，通常會造成「欠擬合」現象，需要去正規化（Deregularization）加強模型的複雜度，不然連訓練資料都擬合不好。

總之，模型太簡單就會欠擬合數據，可以增加模型的複雜度，但是一定要控制火候，千萬不要把模型弄得太複雜而過擬合數據。這個火候就是指正則化，靠驗證誤差來控制。本章的思維導圖如下：

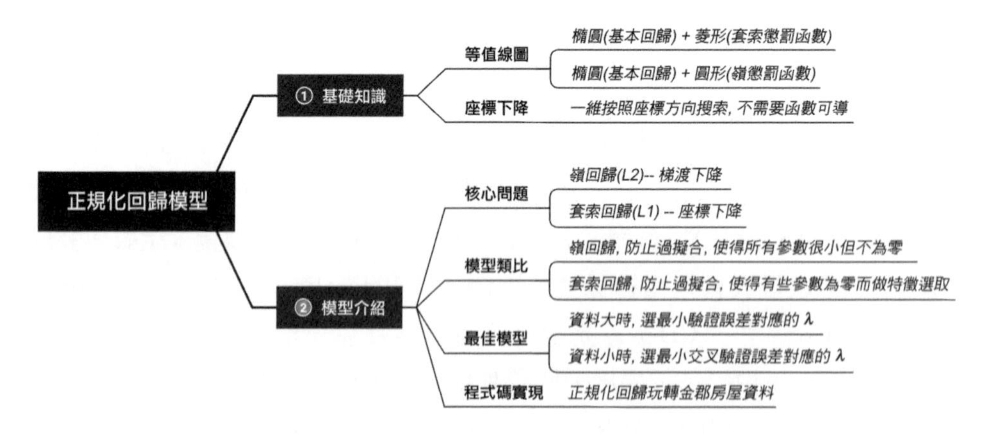

6.1 基礎知識

6.1.1 相等線圖

相等線圖就是表示一組相等數值的圖。其作用是讓讀者沿著某條特定的相等線，可以識別具有相同值的所有位置。

- 下圖中的左圖是一張 3 維圖，你可以想像自己用一把刀沿水平方向切這個函數圖形，刀和函數圖形接觸的線投影到底面就是相等線。
- 下圖中的右圖是一張 2 維圖，你可以想像自己在函數圖形的正上方俯視，看到這一圈圈的線條就是相等線。

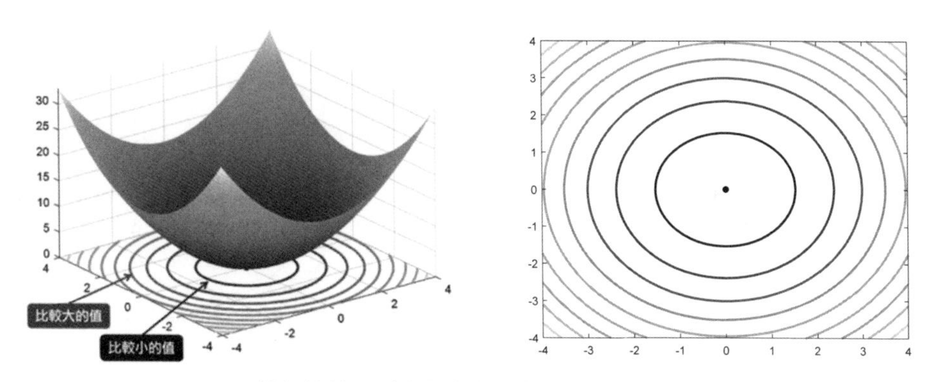

▲ 3 維相等線圖（左圖）和 2 維相等線圖（右圖）

相等線圖對於讀者了解本章介紹的兩種正規化回歸中使用的懲罰函數具有非常重要的作用，在 2 維變數情景下：

- 嶺回歸（Ridge Regression）的懲罰函數是圓方程式。
- 套索回歸（LASSO Regression）的懲罰函數是菱形方程式。
- 兩種回歸的主要部分（Backbone）的誤差函數都是橢圓方程式。

下面兩張圖展示的是橢圓形相等線立體圖和橢圓形相等線圖（提示：橢圓形方程式類似線性回歸裡的誤差函數），這類圖為程式輸出圖。

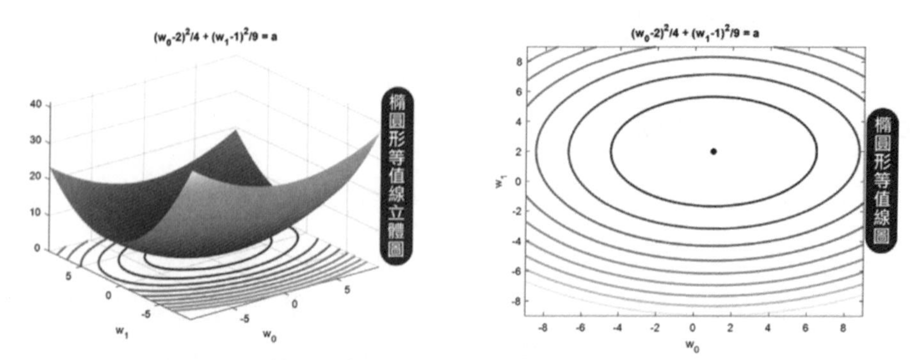

▲ 橢圓形相等線立體圖（3 維，左圖）和橢圓形相等線圖（2 維，右圖）

下面兩張圖展示的是圓形相等線立體圖和圓形相等線圖（提示：圓形方程式類似嶺回歸裡的懲罰函數）。

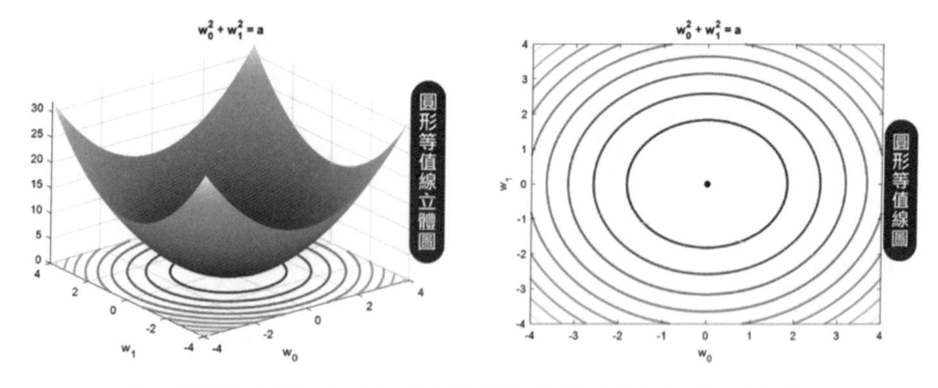

▲ 圓形相等線立體圖（3 維，左圖）和圓線相等線圖（2 維，右圖）

下面兩張圖展示的是菱形相等線立體圖和菱形相等線圖（提示：菱形方程式類似套索回歸裡的懲罰函數）。

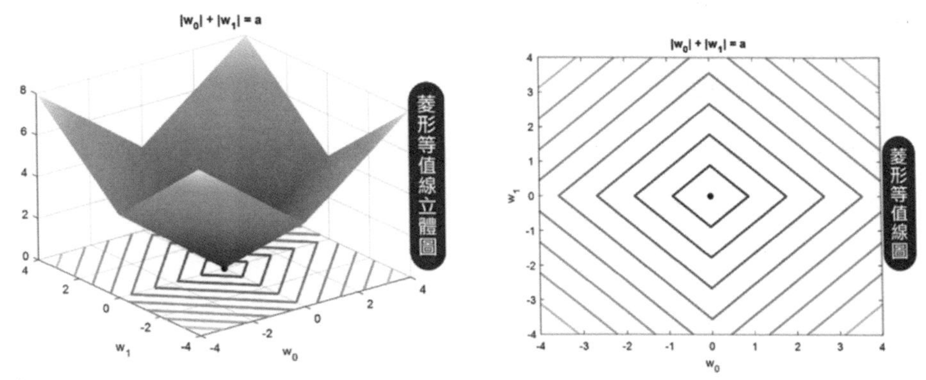

▲ 菱形相等線立體圖（3 維，左圖）和菱形相等線圖（2 維右圖）

6.1.2 座標下降

座標下降(Coordinate Descent，CD)是一種下降方法，但和梯度下降(Gradient Descent，GD) 不同，CD 採用 1 維搜索。下圖展示了分別用 GD 和 CD 來找到最小值的路徑。

- GD 利用函數的梯度來確定搜索方向，該梯度方向可能不與任何座標軸平行。
- CD 利用目前座標方向進行搜索，其不用函數導數，而是按某個座標方向搜索最小值。

CD 適用面廣但速度慢，GD 適用面稍微窄但速度快。

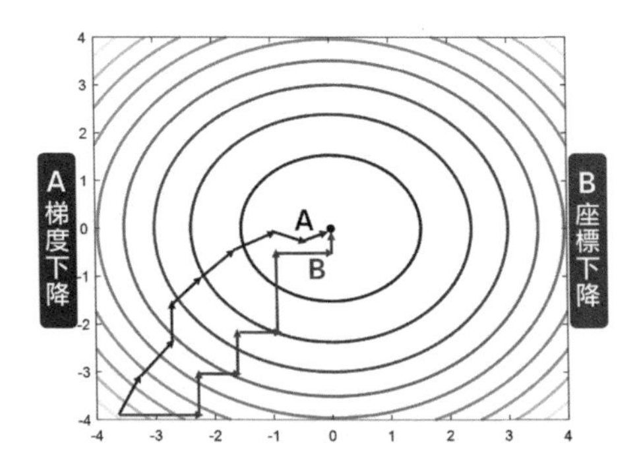

▲ 梯度下降和座標下降比較圖

6.2 模型介紹

6.2.1 核心問題

問題剖析：單變數線性模型只有一個特徵，幾乎是最簡單的模型，但是它通常會欠擬合數據。為了避免欠擬合數據，有以下兩種辦法可以增加變數個數進一步加強模型的複雜度。

方法 1：當找不到其他好的特徵變數時，可以以已有的特徵單變數求平方、立方，直到 p 次方，獲得 p 個特徵變數，此模型被稱為單變數多項式模型。

方法 2：當找到其他好的特徵變數並將它們納入模型時，此模型被稱為多變數線性模型。

方法 1 適用於一些純數學問題，例如用多項式擬合一個帶雜訊的正弦函數 $y = \sin(x) + \epsilon$。方法 2 適用於一些實際問題，例如用房屋面積、臥室個數和樓層來擬合房屋價格。而方法 1 不適用於解決實際問題，因為用房屋面積和它的平方、立方甚至高次方來擬合房屋價格，明顯沒有什麼實際意義。方法 2 可能適用於純數學問題，因為 1 維變數就是多維變數的特例，因此，通常用方法 2 來增加模型的複雜度。

但模型的複雜度不能無休止地增加，下面回顧一下第 3 章介紹的用六階多項式來擬合房價和房屋面積的案例，如下圖所示。

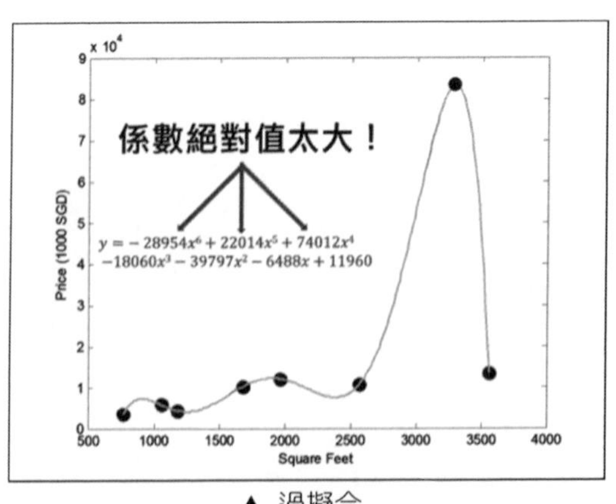

▲ 過擬合

該模型可以完美擬合訓練資料（點），但是對於指定的測試資料預測出的價格過於瘋狂。這種在訓練資料集中表現好而在測試資料集中表現差的現象是典型的過擬合。

此外，從左圖中可以看到該多項式模型的某些項的絕對值過大，而這也是模型過擬合的特徵。

為了避免讓模型過擬合，最直觀的解決方法就是讓模型參數的絕對值變小，實際來說，就是在原來誤差函數（均值誤差函數）的基礎上加一個懲罰函數，獲得的總誤差函數如下：

$$\textbf{總誤差函數} = \underbrace{\textbf{均方誤差函數}}_{\text{使訓練誤差變小}} + \underbrace{\textbf{懲罰函數}}_{\text{使參數絕對值變小}}$$

均方誤差函數的代數式和矩陣式	懲罰函數常見的 L_1 和 L_2 範數函數的代數式和矩陣式
$J(\boldsymbol{w}) = \begin{cases} \frac{1}{2m}\sum_{i=1}^{m}\left(y^{(i)} - h_{\boldsymbol{w}}\left(\boldsymbol{f}^{(i)}\right)\right)^2 & \text{（代數式）} \\ \frac{1}{2m}(\boldsymbol{y} - \boldsymbol{Fw})^{\mathrm{T}}(\boldsymbol{y} - \boldsymbol{Fw}) & \text{（矩陣式）} \end{cases}$	$L_1(\boldsymbol{w}) = \begin{cases} \lvert w_0\rvert + \lvert w_1\rvert + \cdots + \lvert w_n\rvert = \sum_{j=0}^{n}\lvert w_j\rvert & \text{（代數式）} \\ \lVert\boldsymbol{w}\rVert_1 & \text{（矩陣式）} \end{cases}$ $L_2(\boldsymbol{w}) = \begin{cases} w_0^2 + w_1^2 + \cdots + w_n^2 = \sum_{j=0}^{n} w_j^2 & \text{（代數式）} \\ \lVert\boldsymbol{w}\rVert_2^2 & \text{（矩陣式）} \end{cases}$

將均方誤差函數和懲罰函數相加，獲得總誤差函數，其矩陣形式為：

$$J_\lambda(\boldsymbol{w}) = \begin{cases} \frac{1}{2m}(\boldsymbol{y} - \boldsymbol{Fw})^{\mathrm{T}}(\boldsymbol{y} - \boldsymbol{Fw}) + \lambda\frac{1}{m}\lVert\boldsymbol{w}\rVert_1 & \text{（}L_1\text{ 正規）} \\ \frac{1}{2m}(\boldsymbol{y} - \boldsymbol{Fw})^{\mathrm{T}}(\boldsymbol{y} - \boldsymbol{Fw}) + \lambda\frac{1}{2m}\lVert\boldsymbol{w}\rVert_2^2 & \text{（}L_2\text{ 正規）} \end{cases}$$

總誤差函數的目的是平衡「模型擬合訓練資料的品質」和「參數絕對值的大小」，而調和參數 λ 就是起這個作用的。如果我們稱線性回歸為基本回歸，那麼

- 當 $\lambda = 0$ 時，正規化回歸變成了基本回歸，它們的參數就是基本回歸的參數（沒有懲罰函數）。
- 當 $\lambda \to +\infty$ 時，正規化回歸的參數都變成零（如果參數不為零，那麼懲罰函數的值為無限大）。

- 當 λ 為 $0 \sim +\infty$ 時，則正規化回歸的參數在零和基本回歸的參數之間。

當 λ 很大時（極端情況是 $\lambda \to +\infty$），模型過於簡單，因為很多參數都為零，這時候模型的偏差很大，方差很小；當 λ 很小時（極端情況是 $\lambda = 0$），模型過於複雜，因為很多參數都不為零，這時候模型的偏差很小，方差很大。因此，調和參數可以控制模型的複雜度。

當懲罰函數為 L_2 范數函數時，L_2 正規化回歸又被叫作嶺回歸；當懲罰函數為 L_1 范數函數時，L_1 正規化回歸又被叫作最小絕對收縮選擇運算元回歸（Least Absolute Shrinkage And Selection Operator Regression），這裡簡稱為套索回歸。

1. 嶺回歸

下面從嶺回歸的誤差函數開始分析：

$$J_\lambda(\boldsymbol{w}) = \frac{1}{2m}(\boldsymbol{y} - \boldsymbol{F}\boldsymbol{w})^{\mathrm{T}}(\boldsymbol{y} - \boldsymbol{F}\boldsymbol{w}) + \lambda \frac{1}{2m}\boldsymbol{w}^{\mathrm{T}}\boldsymbol{w}$$

利用矩陣微積分這條性質：$\boldsymbol{x}^{\mathrm{T}}\boldsymbol{A}\boldsymbol{x}$ 的偏導數是 $(\boldsymbol{A}^{\mathrm{T}} + \boldsymbol{A})\boldsymbol{x}$，即可推出梯度：

$$\nabla J_\lambda(\boldsymbol{w}) = \frac{\partial J_\lambda}{\partial \boldsymbol{w}} = \frac{1}{2m}\frac{\partial(\boldsymbol{y} - \boldsymbol{F}\boldsymbol{w})^{\mathrm{T}}(\boldsymbol{y} - \boldsymbol{F}\boldsymbol{w})}{\partial \boldsymbol{w}} + \frac{\lambda}{2m}\frac{\partial \boldsymbol{w}^{\mathrm{T}}\boldsymbol{w}}{\partial \boldsymbol{w}} = \frac{1}{m}\boldsymbol{F}^{\mathrm{T}}(\boldsymbol{F}\boldsymbol{w} - \boldsymbol{y}) + \frac{\lambda}{m}\boldsymbol{w}$$

為了最小化誤差函數，將梯度設定為 0，可解得：

$$\nabla J_\lambda(\boldsymbol{w}) = \frac{\boldsymbol{F}^{\mathrm{T}}(\boldsymbol{F}\boldsymbol{w} - \boldsymbol{y})}{m} + \frac{\lambda}{m}\boldsymbol{w} = \frac{\boldsymbol{F}^{\mathrm{T}}(\boldsymbol{F}\boldsymbol{w} - \boldsymbol{y})}{m} + \frac{\lambda}{m}\boldsymbol{I}\boldsymbol{w} = 0$$

$$\Rightarrow \quad \boldsymbol{w} = (\boldsymbol{F}^{\mathrm{T}}\boldsymbol{F} + \lambda\boldsymbol{I})^{-1}\boldsymbol{F}^{\mathrm{T}}\boldsymbol{y}$$

其中 $\boldsymbol{I}$ 是單位矩陣，下圖更清晰地分解了嶺回歸的解析解。

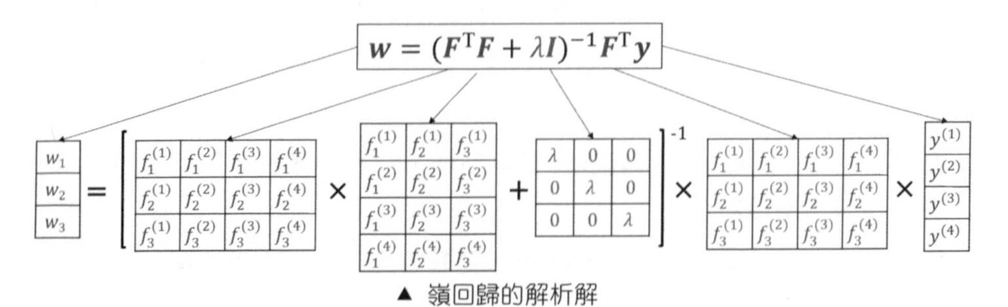

▲ 嶺回歸的解析解

矩陣 $\boldsymbol{F}^{\mathrm{T}}\boldsymbol{F}+\lambda\boldsymbol{I}$ 是一個 $(n+1)\times(n+1)$ 矩陣（n 是特徵個數），該矩陣不像基本回歸用到的矩陣 $\boldsymbol{F}^{\mathrm{T}}\boldsymbol{F}$，它永遠可逆。

除了解析解，有了梯度運算式，我們很快可以寫出梯度下降法的矩陣形式及它的演算法：

$$\boldsymbol{w}:=\boldsymbol{w}-\frac{\eta}{m}[\boldsymbol{F}^{\mathrm{T}}(\boldsymbol{F}\boldsymbol{w}-\boldsymbol{y})+\lambda\boldsymbol{w}]$$

演算法 5　嶺回歸的梯度下降演算法

步驟 1：當 $t=0$ 時，定義參數初值 $\boldsymbol{w}^{(0)}$，並計算初始梯度 $\nabla J_\lambda\left(\boldsymbol{w}^{(0)}\right)$。

步驟 2：當 $||\nabla J_\lambda\left(\boldsymbol{w}^{(t)}\right)||>c$ 或 $t<M$ 時，某一個停止條件觸發。

$\boldsymbol{e}^{(t)}=\boldsymbol{F}\boldsymbol{w}^{(t)}-\boldsymbol{y}$　（計算差異）

$\boldsymbol{w}^{(t+1)}:=\boldsymbol{w}^{(t)}-\eta/m(\boldsymbol{F}^{\mathrm{T}}\boldsymbol{e}^{(t)}+\lambda\boldsymbol{w}^{(t)})$　（更新參數）

$\boldsymbol{e}^{(t+1)}=\boldsymbol{F}\boldsymbol{w}^{(t+1)}-\boldsymbol{y}$　（更新差異）

$\nabla J_\lambda\left(\boldsymbol{w}^{(t+1)}\right)=(\boldsymbol{F}^{\mathrm{T}}\boldsymbol{e}^{(t+1)}+\lambda\boldsymbol{w}^{(t+1)})/m$　（更新梯度）

$t:=t+1$

步驟 3：獲得最佳參數 $\boldsymbol{w}^*$。

將嶺回歸的解析解及數值解與基本回歸的解析解及數值解類比，其中不同的地方在下表中用反白註明了。

模 型	基本回歸	嶺回歸
解析解	$\boldsymbol{w}=(\boldsymbol{F}^{\mathrm{T}}\boldsymbol{F})^{-1}\boldsymbol{F}^{\mathrm{T}}\boldsymbol{y}$	$\boldsymbol{w}=(\boldsymbol{F}^{\mathrm{T}}\boldsymbol{F}+\lambda\boldsymbol{I})^{-1}\boldsymbol{F}^{\mathrm{T}}\boldsymbol{y}$
數值解	$\boldsymbol{w}:=\boldsymbol{w}-\frac{\eta}{m}\boldsymbol{F}^{\mathrm{T}}(\boldsymbol{F}\boldsymbol{w}-\boldsymbol{y})$	$\boldsymbol{w}:=\boldsymbol{w}-\frac{\eta}{m}[\boldsymbol{F}^{\mathrm{T}}(\boldsymbol{F}\boldsymbol{w}-\boldsymbol{y})+\lambda\boldsymbol{w}]$

當 $\lambda=0$，$\lambda\boldsymbol{I}=0$ 時，嶺回歸的解析解和基本回歸的解析解相同；

當 $\lambda\boldsymbol{w}=0$ 時，嶺回歸的數值解和基本回歸的數值解相同。

當 $\lambda\to+\infty$ 時，$(\boldsymbol{F}^{\mathrm{T}}\boldsymbol{F}+\lambda\boldsymbol{I})^{-1}$ 趨近於零矩陣，解析解 $\boldsymbol{w}=0$。

2. 套索回歸

下面從套索回歸的誤差函數開始分析。

$$J_\lambda(\boldsymbol{w})=\frac{1}{2m}(\boldsymbol{y}-\boldsymbol{F}\boldsymbol{w})^{\mathrm{T}}(\boldsymbol{y}-\boldsymbol{F}\boldsymbol{w})+\lambda\frac{1}{m}\|\boldsymbol{w}\|_1$$

先分析最簡單的 1 維情況：懲罰函數 $|\boldsymbol{w}|$ 在 0 點沒有導數，一直類比到 n 維，懲罰函數 $\|\boldsymbol{w}\|_1$ 在 0 點沒有偏導數，因此也沒有梯度（梯度是一個 n 維向量，第 j 個元素是函數對第 j 個變數的偏導數），進一步導致套索回歸沒有解析解，而且也不能用梯度下降法獲得數值解。

怎麼辦？可以選擇用座標下降法來求得套索回歸的最佳解！但先讓我們從更簡單的基本回歸開始，來看看用座標下降法推導出來的數值解演算法是什麼樣子的，然後再類比套索回歸。因為座標下降法是按照某個座標方向進行搜索的，因此要把所有矩陣形式的運算式重新寫成代數形式。套索回歸的誤差函數的代數形式為：

$$J_\lambda(\boldsymbol{w}) = \frac{1}{2m}\sum_{i=1}^{m}\left(y^{(i)} - \sum_{j=0}^{n} w_j f_j^{(i)}\right)^2 + \lambda\frac{1}{m}\sum_{j=0}^{n}|w_j|$$

基本回歸的誤差函數是上面公式中的第一項，它的第 j 個偏導數為：

$$\begin{aligned}
\frac{\partial J(\boldsymbol{w})}{\partial w_j} &= \frac{1}{2m}\frac{\partial \sum_{i=1}^{m}\left(y^{(i)} - \sum_{j=0}^{n} w_j f_j^{(i)}\right)^2}{\partial w_j} \\
&= \frac{1}{m}\sum_{i=1}^{m}\left(y^{(i)} - \sum_{j=0}^{n} w_j f_j^{(i)}\right)\frac{\partial\left(-w_j f_j^{(i)}\right)}{\partial w_j} \\
&= -\frac{1}{m}\sum_{i=1}^{m}\left(y^{(i)} - \sum_{j=0}^{n} w_j f_j^{(i)}\right) f_j^{(i)} \\
&= -\frac{1}{m}\sum_{i=1}^{m}\left(y^{(i)} - \sum_{k\neq j} w_k f_k^{(i)} - w_j f_j^{(i)}\right) f_j^{(i)} \\
&= -\frac{1}{m}\sum_{i=1}^{m}\left(y^{(i)} - \sum_{k\neq j} w_k f_k^{(i)}\right) f_j^{(i)} + \frac{1}{m}\sum_{i=1}^{m} w_j f_j^{(i)} f_j^{(i)} \\
&= -\frac{1}{m}\sum_{i=1}^{m}\left(y^{(i)} - \sum_{k\neq j} w_k f_k^{(i)}\right) f_j^{(i)} + \frac{1}{m} w_j \sum_{i=1}^{m}\left(f_j^{(i)}\right)^2 \\
&= -\frac{1}{m}\left(\rho_j - w_j z_j\right)
\end{aligned}$$

其中，

$$\rho_j = \sum_{i=1}^{m} \left(\overbrace{y^{(i)} - \underbrace{\sum_{k \neq j} w_k f_k^{(i)}}_{\text{去除特徵 } j \text{ 的預測}}}^{\text{去除特徵 } j \text{ 的殘差}} \right) f_j^{(i)} = \sum_{i=1}^{m} \left(y^{(i)} - h^{(i)}(w_{-j}) \right) f_j^{(i)}$$

$h^{(i)}(w_{-j}) = \sum_{k \neq j} w_k f_k^{(i)}$ 去除特徵 j 的假設函數，因此用索引 $-j$ 來表示。

$$z_j = \sum_{i=1}^{m} \left(f_j^{(i)} \right)^2$$

在座標下降法中，將第 j 個偏導數設為 0，只更新 $w_j = \rho_j / z_j$ 而保持其他 w_{-j} 不變。下表中歸納了基本回歸的座標下降演算法。

演算法 6　基本回歸的座標下降演算法

步驟 1：當$t = 0$時，定義參數初值$\boldsymbol{w}^{(0)}$，並設定參數變化$\Delta(\boldsymbol{w}^{(0)})$為一個大數，例如 10^5。

步驟 2：當 $||\Delta(\boldsymbol{w}^{(t)})|| > c$ 或 $t < M$ 時，某一個停止條件觸發。

對於特徵 $j = 1,2,\cdots,n$，計算

$$\rho_j = \sum_{i=1}^{m} \left(y^{(i)} - h^{(i)}(w_{-j}) \right) f_j^{(i)}, \quad z_j = \sum_{i=1}^{m} \left(f_j^{(i)} \right)^2$$

$w_j = \rho_j / z_j$（計算參數 j）

$\boldsymbol{w}^{(t+1)} = [w_1^{(t)}, \ldots, w_j, \ldots, w_n^{(t)}]$（更新參數向量，只更新第 j 個元素）

$\Delta(\boldsymbol{w}^{(t)}) = \boldsymbol{w}^{(t+1)} - \boldsymbol{w}^{(t)}$（計算參數變化）

$t \coloneqq t + 1$

步驟 3：獲得最佳參數 $\boldsymbol{w}^*$。

注意：在座標下降法中不需要使用學習率。

弄清楚基本回歸的座標下降法後，再類比套索回歸（基本回歸加一個懲罰函數）的第 j 個偏導數為：

$$\frac{\partial J_\lambda(\boldsymbol{w})}{\partial w_j} = \frac{\partial J(\boldsymbol{w})}{\partial w_j} + \lambda \frac{1}{m} \frac{\partial \sum_{j=0}^{n} |w_j|}{\partial w_j} = -\frac{1}{m}(\rho_j - w_j z_j) + \lambda \frac{1}{m} g(w_j),$$

其中 $g(w_j) = \begin{cases} = -1, & w_j < 0 \\ \subset [-1,1], & w_j = 0 \\ = 1, & w_j > 0 \end{cases}$

在座標下降法中將第 j 個偏導數設為 0，則有

$$\frac{\partial J_\lambda(\boldsymbol{w})}{\partial w_j} = 0 \quad \Leftrightarrow \quad \rho_j - w_j z_j - \lambda g(w_j) = 0$$

進一步

當 $w_j < 0$ 時，有 $g(w_j) = -1 \Leftrightarrow \rho_j - w_j z_j + \lambda = 0 \Leftrightarrow w_j = (\rho_j + \lambda)/z_j$ 而且 $\rho_j <- \lambda$。

當 $w_j = 0$ 時，有 $g(w_j) = (\rho_j - w_j z_j)/\lambda \subset [-1,1] \Leftrightarrow \rho_j \subset [-\lambda, \lambda]$。

當 $w_j > 0$ 時，有 $g(w_j) = 1 \Leftrightarrow \rho_j - w_j z_j - \lambda = 0 \Leftrightarrow w_j = (\rho_j - \lambda)/z_j$而且 $\rho_j > \lambda$。

進一步

$$w_j = \begin{cases} (\rho_j + \lambda)/z_j, & \rho_j < -\lambda \\ 0, & \rho_j \subset [-\lambda, \lambda] \\ (\rho_j - \lambda)/z_j, & \rho_j > \lambda \end{cases}$$

在座標下降法中，將第 j 個偏導數設為 0，只更新 w_j 而保持其他 w_{-j} 不變。下表中歸納出套索回歸的座標下降演算法（和基本回歸幾乎一樣，除 w_j 的運算式外）：

演算法 7 套索回歸的座標下降演算法

步驟 1：當$t = 0$ 時，定義參數初值$\boldsymbol{w}^{(0)}$，並設定參數變化$\Delta(\boldsymbol{w}^{(0)})$為一個大數，例如 10^5。

步驟 2：當 $||\Delta(\boldsymbol{w}^{(t)})|| > c$ 或 $t < M$ 時，某一個停止條件觸發。

對於特徵 $j = 1,2,\cdots,n$，計算

$$\rho_j = \sum_{i=1}^{m} \left(y^{(i)} - h^{(i)}(w_{-j})\right) f_j^{(i)}, \quad z_j = \sum_{i=1}^{m} \left(f_j^{(i)}\right)^2$$

$$w_j = \begin{cases} (\rho_j + \lambda)/z_j, & \rho_j < -\lambda \\ 0, & \rho_j \subset [-\lambda, \lambda] \\ (\rho_j - \lambda)/z_j, & \rho_j > \lambda \end{cases} \quad \text{（計算參數 } j\text{）}$$

$\boldsymbol{w}^{(t+1)} = [w_1^{(t)}, \cdots, w_j, \cdots, w_n^{(t)}]$ （更新參數向量，只更新第 j 個元素）

$\Delta(\boldsymbol{w}^{(t)}) = \boldsymbol{w}^{(t+1)} - \boldsymbol{w}^{(t)}$ （計算參數變化）

$t := t + 1$

步驟 3：獲得最佳參數 $\boldsymbol{w}^*$。

6.2.2 模型比較

在學習新知識時，最好的方法就是將其類比為自己熟悉的知識，分析兩者的同異。基本回歸是我們熟悉的知識（在第 4 章中已講），而嶺回歸和套索回歸是新知識。現在來比較它們在座標下降法中的解，如下表和下圖所示。

模 型	座標下降法中的解
基本回歸	$w_j = \dfrac{\rho_j}{z_j}$
嶺回歸	$w_j = \dfrac{\rho_j}{z_j + \lambda}$
套索回歸	$w_j = \begin{cases} (\rho_j + \lambda)/z_j, & \rho_j <-\lambda \\ 0, & \rho_j \subset [-\lambda, \lambda] \\ (\rho_j - \lambda)/z_j, & \rho_j > \lambda \end{cases}$

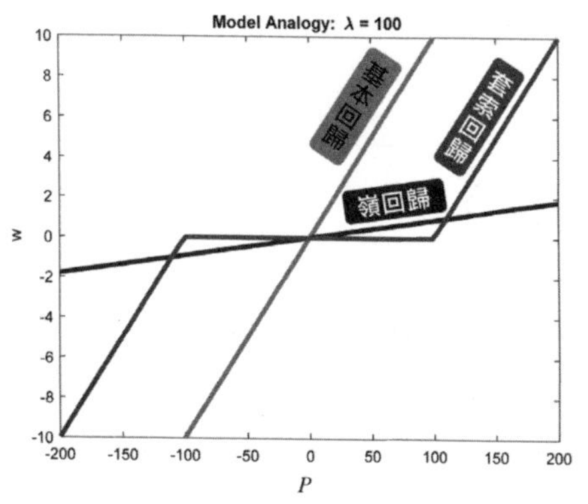

▲ 3 個模型用座標下降法求得的解

根據上面的公式可獲得 3 個性質：

- 因為 $\lambda \geqslant 0$，因此嶺回歸的解的絕對值永遠小於或等於基本回歸的解的絕對值。
- 當 $\lambda = 0$ 時，3 種回歸的解是一樣的，因為這時沒有懲罰函數。
- 當 λ 很大時，嶺回歸的解很小但不是 0；但是套索回歸的解很有可能為 0，因為這時範圍 $[-\lambda, \lambda]$ 太廣，而 ρ 落到此範圍裡面很容易，一旦落入解就為 0。

上圖是在 λ 等於 100 時畫的，可以很明顯看出：

- 嶺回歸的解永遠小於或等於基本回歸的解（藍線比綠線更趨向水平）。
- 套索回歸的解在 [–100, 100] 中都是 0（紅線的水平部分）。

套索回歸和嶺回歸都可以處理過擬合問題，因為它們都加了一個懲罰函數，用來控制模型參數的絕對值的大小。但是套索回歸的參數結果一些是零，而嶺回歸的參數結果很小卻不會是零。

為了更直觀地解釋此問題，我們用單變數線性模型來舉例。回顧它們的誤差函數：

$$J_{\text{嶺回歸}}(w_0, w_1) = \frac{1}{2m}\overbrace{\sum_{i=1}^{m}\left(y^{(i)} - w_0 f_0^{(i)} - w_1 f_1^{(i)}\right)^2}^{\text{橢圓形方程式}} + \frac{\lambda}{2m}\overbrace{(w_0^2 + w_1^2)}^{\text{圓形方程式}}$$

$$J_{\text{套索}}(w_0, w_1) = \frac{1}{2m}\overbrace{\sum_{i=1}^{m}\left(y^{(i)} - w_0 f_0^{(i)} - w_1 f_1^{(i)}\right)^2}^{\text{橢圓形方程式}} + \frac{\lambda}{2m}\overbrace{(|w_0| + |w_1|)}^{\text{菱形方程式}}$$

橢圓形方程式類別的均方誤差函數，圓形方程式類別的 L_2 懲罰函數，以及菱形方程式類別的 L_1 懲罰函數的通用運算式和相等線運算式例如下表所示。

類別	通用運算式	相等線運算式
橢圓形	$Ax^2 + Bxy + Cy^2 + Dx + Ey + F = 0$ 當 $\Delta = B^2 - 4AC < 0$ 時	$\sum_{i=1}^{m}\left(y^{(i)} - w_0 f_0^{(i)} - w_1 f_1^{(i)}\right)^2 = C$
圓形	$\frac{(x-a)^2}{r^2} + \frac{(y-b)^2}{r^2} = 1$	$w_0^2 + w_1^2 = C$
菱形	$\|x\| + \|y\| = r$	$\|w_0\| + \|w_1\| = C$

上表的比較讓我們一目了然，只有均方誤差函數的相等線方程式和橢圓形方程式的聯繫不能一眼看出，需要進行以下推導，如下表所示。

橢圓形方程式的推導

推導	說明
$\sum_{i=1}^{m}\left(y^{(i)} - w_0 f_0^{(i)} - w_1 f_1^{(i)}\right)^2 - C = 0$	m 個訓練資料的均方誤差函數相等線方程式
$\Leftrightarrow \sum_{i=1}^{m}\left(y^{(i)} - w_0 a_i - w_1 b_i\right)^2 - C = 0$	用 a_i 代替 $f_0^{(i)}$，用 b_i 代替 $f_1^{(i)}$
$\Leftrightarrow \left(\sum_{i=1}^{m} a_i^2\right) w_0^2 + \left(\sum_{i=1}^{m} b_i^2\right) w_1^2 + 2\left(\sum_{i=1}^{m} a_i b_i\right) w_0 w_1 + \cdots = 0$	展開所有項並按 w_0^2，w_1^2，$w_0 w_1$ 合併
$\Rightarrow \Delta = 4\left(\sum_{i=1}^{m} a_i b_i\right)^2 - 4\left(\sum_{i=1}^{m} a_i^2\right)\left(\sum_{i=1}^{m} b_i^2\right) \leqslant 0$	柯西不等式，$\Delta < 0$ 是橢圓方程式

下面兩套動態圖畫面展示了當 λ 為 0~+∞ 時，嶺回歸和套索回歸的總誤差函數的相等圖是如何變化的。

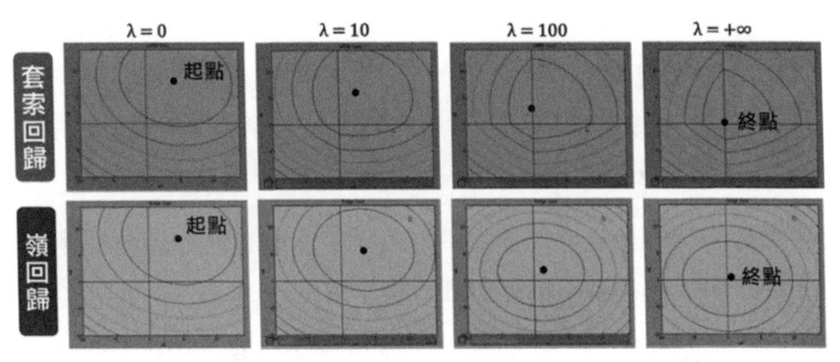

▲ 嶺回歸和套索回歸的總誤差函數的相等圖與 λ 的關係

圖中的點代表相等線的最小值，即嶺回歸和套索回歸的最佳解；x 軸和 y 軸代表參數 w_0 和 w_1。

上面兩套動態圖走勢的相同點有：

（1）在開始狀態中相等線和點的位置相同，因為 $\lambda = 0$，所以總誤差函數就等於均值誤差函數。嶺回歸和套索回歸變成了基本回歸，它們的最佳解就是基本回歸的最佳解。

（2）在結束狀態中只有黑點的位置是原點，因為 λ 無限大而總誤差函數中的懲罰函數占絕對統治地位，嶺回歸和套索回歸的最佳解都是零。

上面兩套動態圖走勢的不同點有：

（1）結束狀態中的相等線不同（見 6.1.1 節），因為 λ 無限大，雖說總誤差函數裡的懲罰函數起主要作用，但嶺回歸和套索回歸各自的懲罰函數不同，前者的相等線是圓形，而後者的相等線是菱形（見每行的第四幅圖，嶺回歸和套索回歸的相等線不是嚴格的圓形和菱形，因為在實際中 λ 不可能為正無限大）。

（2）最佳解 (w_0, w_1) 從起點到終點的路徑不同（**此觀察非常重要**）。嶺回歸的最佳解在到達終點前**沒有碰到**任何 x 軸和 y 軸，但套索回歸的最佳解在中途碰到 y 軸（見第三幅圖）後就一直沿著 y 軸到達終點。該發現有兩個重要的意義：

- 最佳解碰到 y 軸 ⇨ w_0 為 0 ⇨ 模型參數為 0 ⇨ 對應的特徵被捨棄。
- 最佳解碰到 y 軸就一直沿著 y 軸到達終點 ⇨ 在有很多 λ 值的情況下 w_0 一直為 0 ⇨ 在很多 λ 值的情況下對應的特徵被捨棄 ⇨ 套索回歸在大多情況下可以捨棄特徵。

嶺回歸和套索回歸的最佳解（下圖中均值誤差函數和懲罰函數相等線的紅色交換點）在「零」和「基本回歸的最佳解」之間。

左邊的菱形（套索回歸）和每個軸相交的地方都有「角」出現，這些「角」比「非角」更容易和均方誤差函數相等線相碰，因此，套索回歸的解容易為零。

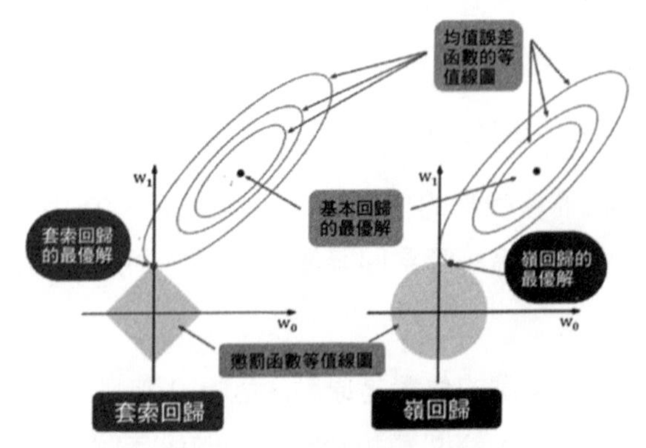

▲ 嶺回歸和套索回歸的總誤差函數的相等線

右邊的圓形（嶺回歸）沒有「角」，它很難和均值誤差函數相等線在座標軸上相碰，因此嶺回歸的解不容易為零。

如果**所有**特徵都能在某種程度上解釋標籤，那麼嶺回歸優於套索回歸，因為嶺回歸永遠不會算出值為零的參數。如果只有**部分**特徵和標籤相關，那麼套索回歸優於嶺回歸，因為套索回歸會算出值為零的參數（即零參數），這些零參數對應的特徵就被捨棄了，而非零參數對應的特徵就被選擇了。套索回歸可以用來做特徵選擇。

6.2.3 最佳模型

模型不能太簡單也不能太複雜，如何選擇 λ 進一步獲得最佳模型的複雜度？用驗證集或交換驗證集。

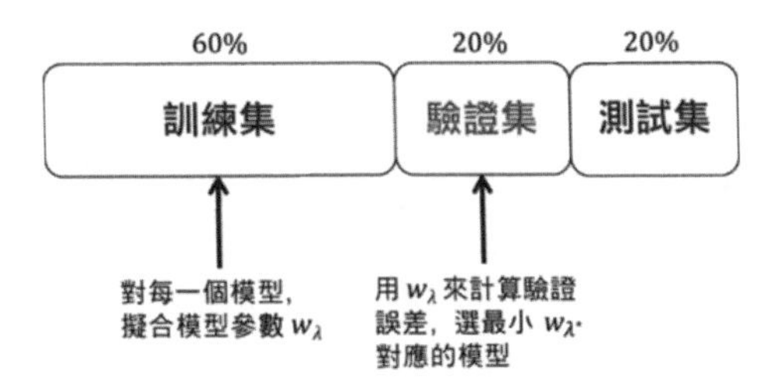

▲ 用最小驗證誤差來選擇模型

驗證：如果資料量夠大，則選擇 λ，實際流程如下。

（1）按 60:20:20 的比例劃分訓練集、驗證集和測試集。

（2）設定 λ 集合為 $\{0, 1, 10, 10^2, 10^3, 10^5\}$。

（3）對每個 λ，在訓練集上擬合出模型參數 w_λ。

（4）用 w_λ 計算驗證誤差。

（5）選擇最小驗證誤差對應的模型。

交換驗證：如果資料量不大，則選擇 λ 的流程如下。

（1）將整個資料集大概平均分成 5 份。

（2）設定 λ 集為 {0, 1, 10, 102, 103, 105}。

（3）對每個 λ，從第 1 份到第 5 份，將選取的那份當作驗證資料集，剩餘的 4 份當作訓練資料集。
（4）每輪在訓練資料集上擬合出模型參數 $w_\lambda^{(k)}$。
（5）用 $w_\lambda^{(k)}$ 計算驗證誤差 V_k。
（6）求 5 個 V_k 的均值作為交換驗證誤差。
（7）選最小交換驗證誤差對應的模型。

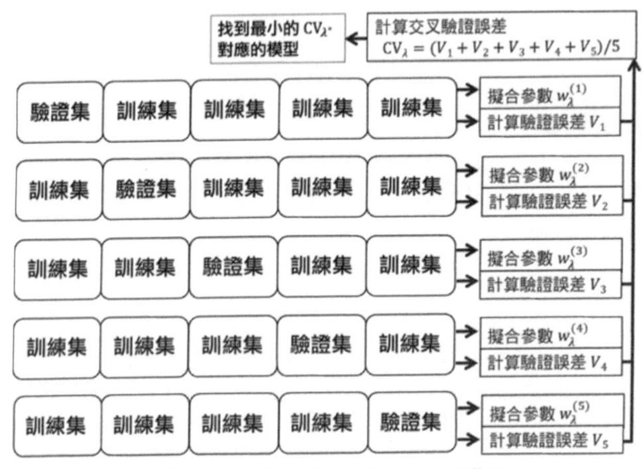

▲ 用最小交換驗證誤差來選擇模型

6.2.4 程式實現

在第 4 章中，斯蒂文只用了單變數線性模型，透過房屋面積來預測房價，效果不是很好。為了改進模型，斯蒂文採用多變數模型，增加了不少特徵，例如臥室個數、起居室面積、建屋時間、翻新時間、浴室個數、樓層、現狀評分等，特徵容易過擬合，需要透過嶺回歸和套索回歸來做正規化。在 Jupyter Notebook 中，斯蒂文做了以下事情。

（1）獨立撰寫嶺回歸的梯度下降法來求最佳解。
（2）獨立撰寫套索回歸的座標下降法來求最佳解。
（3）直接使用 scikit-learn 中的線性回歸模型來擬合多項式模型，發現過擬合現象。

（4）在使用多項式回歸過擬合時，用 RidgeCV 和 LassoCV 來選擇最佳懲罰係數，即最佳正規化模型。
（5）直接使用 scikit-learn 中的 Ridge 模型來做正規化。
（6）直接使用 scikit-learn 中的 Lasso 模型來做正規化並選擇特徵。

6.3 歸納

本章內容參考了參考資料 **[2]** 和 **[3]**。監督學習問題無非就是在正規化參數的同時最小化誤差（Minimize Error While Regularizing Parameters），最小化誤差是為了讓模型擬合好訓練資料，而正規化參數是防止模型過擬合訓練資料。言簡意賅！

參數太多會導致模型的複雜度上升，容易過擬合，也就是訓練誤差會變得很小。但我們的終極目標並不是希望訓練誤差小，而是希望模型的測試誤差小，也就是能準確地預測新的樣本。因此，我們需要在保障模型簡單的基礎上最小化訓練誤差，這樣獲得的參數才具有好的推廣效能，而模型「簡單」就是透過正規化誤差函數來實現的。

嶺回歸和套索回歸都可以解決「過擬合」問題。套索回歸會趨向於產生少量的特徵，其他特徵對應的參數都是零，而嶺回歸會選擇更多的特徵，這些特徵對應的參數都會接近於零。套索回歸在進行特徵選擇時非常有用，而嶺回歸只是一種正規化方法。

參考資料

1. 正規化回歸之玩轉金郡房價預測

2. *Pattern Recognition and Machine Learning* [book]
   Christopher M. Bishop, Chapter 3. Linear Models for Regression, 2007

3. Machine Learning Specialization: Regression - Ridge and LASSO Regression [course]
   Emily Fox, Carlos Guestrin, Coursera, University of Washington

07

支援向量機

Support vector machine is among the best "off-the-shelf" supervised learning algorithm.

— *Andrew Ng*

引言

情感專家斯蒂文每天都會做這樣的事情：

（1）記錄女生對男生學歷和性格的評分，並綜合分數。

$$S = \overbrace{w_1}^{\text{學歷對應的權重}} \times \overbrace{x_1}^{\text{學歷得分}} + \overbrace{w_2}^{\text{性格對應的權重}} \times \overbrace{x_2}^{\text{性格得分}}$$

（2）透過比較綜合分數 S 和規定分數 c 來判斷女生是否和男生約會。

- 如果 $S > c$，則約會。
- 如果 $S < c$，則不約會。

（3）產生分類模型，該模型在接收某位男生的學歷和性格分數後，預測女生是否和他約會。

對於上面的判斷公式，將 c 代替 $-b$ 並且引用 sign 函數，獲得一個相等的機器學習常用的數學運算式：

$$\overbrace{\begin{matrix}\text{約會：}w_1x_1 + w_2x_2 > c \\ \text{不約會：}w_1x_1 + w_2x_2 < c\end{matrix}}^{\text{日常表達形式}} \Leftrightarrow \overbrace{\begin{matrix}\text{約會：}\text{sign}(w_1x_1 + w_2x_2 + b) = 1 \\ \text{不約會：}\text{sign}(w_1x_1 + w_2x_2 + b) = -1\end{matrix}}^{\text{機器學習表達形式}}$$

斯蒂文希望將判斷結果（約會和不約會）全部劃分正確，但在實際中可能會遇到 3 種情景。在下面的情景分析圖中，用圈代表約會，用叉代表不約會，x 軸代表學歷分數，y 軸代表性格分數。可能會出現以下 3 種情景：

（1）叉和圈是線性可分的。

（2）叉和圈是線性不可分，非線性可分的。

（3）叉和圈是線性和非線性都不可分的。

情景一：叉和圈是線性可分的。

假設指定 4 個資料：2 個叉和 2 個圈，下面 3 張圖中的分隔線都分類正確，哪一條最好？

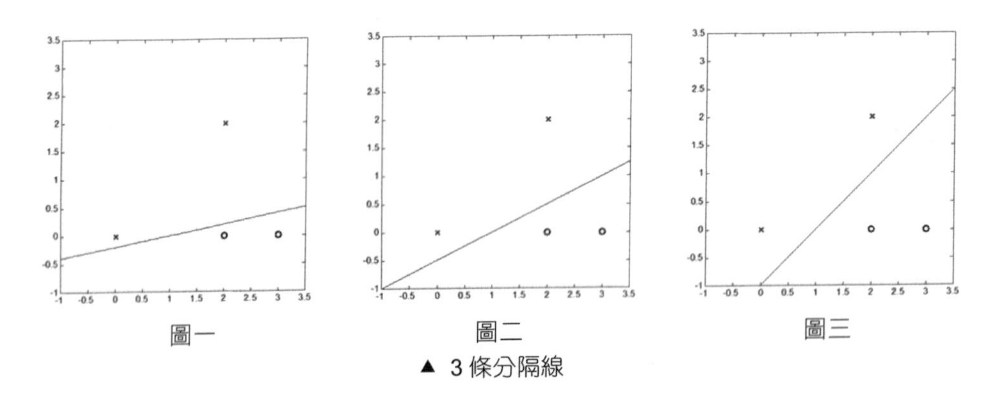

▲ 3 條分隔線

你是不是覺得圖三對應的分隔線最好？

解釋 1：資料測量都會有誤差。在下圖中，灰色圓形的面積代表誤差數量，即測量的點可以在灰色圓形內任何位置出現。圓形面積越大，容錯能力越大，所以圖三對應的分隔線最好。

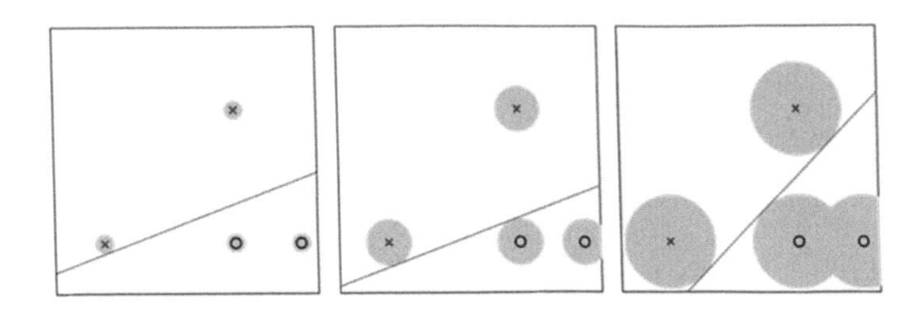

解釋 2：在下圖中，灰色緩衝帶的寬度代表誤差容忍度。要得到最寬緩衝帶，可以從分隔線兩邊往外延伸直到碰到資料點。最寬緩衝帶越寬，容錯能力越大，所以圖三對應的分隔線最好。

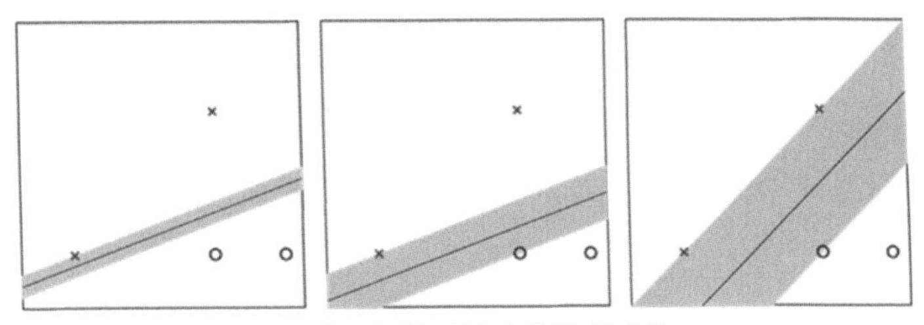

▲ 3 種分隔線（最右邊的最好）

上面這兩種解釋説明了同樣的道理，一條好的分隔線在容許誤差的情況下還能分類正確，而最好的分隔線容錯能力最強。解釋 2 裡提出的最寬緩衝帶，專業術語叫作間隔（Margin）。而支援向量機做的事情就是最大化間隔。

這種用直線可以正確分類每個點並使它們都在緩衝帶外面的分隔方式，被稱為硬分隔（Hard Seperation）。

情景二：叉和圈是線性不可分的（輕度）。

在這種情景中資料基本可以線性分開，但是需要容忍一些錯誤，進一步犧牲了精度，例如在下圖的左圖中允許 (1,1) 這個點（圈）分類錯誤。這種允許錯誤的分隔被稱作軟分隔（Soft Seperation）。

軟分隔其實還有更嚴格的標準。試想，在下圖的右圖中可產生一條最寬緩衝帶，即使有資料分類正確，但是在緩衝帶中，我們也稱這種分隔為軟分隔。

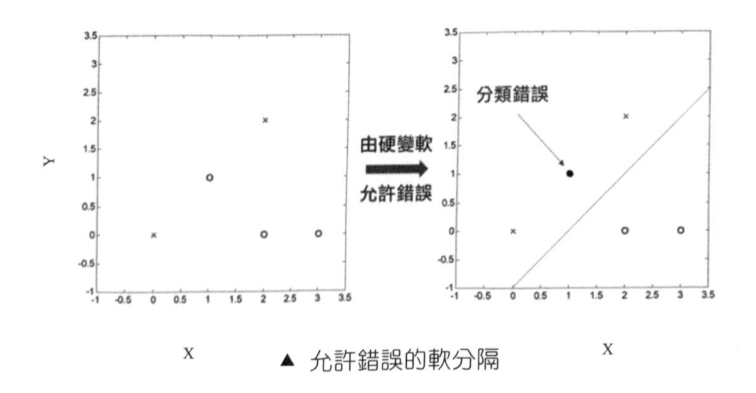

▲ 允許錯誤的軟分隔

情景三：叉和圈是線性不可分的（重度）。

在下圖的圖一中，叉全部被圈包圍，如果用直線來分隔它們，則幾乎不可能獲得好的效果（允許了太多的分類錯誤）。可行的解決方法是將叉和圈從低維度空間轉換到高維度空間，希望它們在高維度空間是線性可分的。

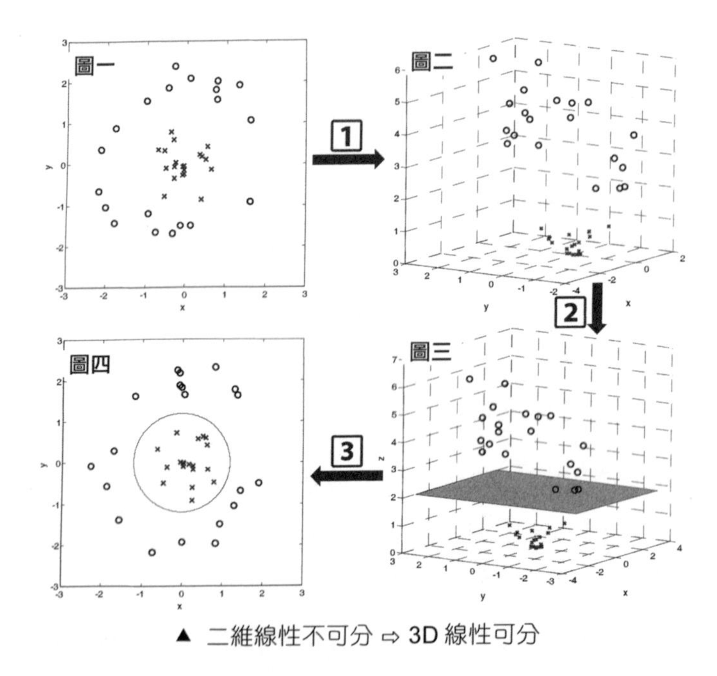

▲ 二維線性不可分 ⇨ 3D 線性可分

圖一中的點在二維平面中是線性不可分的，把它們轉換到 3D 空間中看起來是線性可分的（圖二），找到其分隔平面（圖三）後，再對映到二維平面（圖

三）。實際操作如下。

圖一到圖二：產生新的特徵 $z = x^2 + y^2$，將二維平面上的點對映到 3D 空間上。
圖二到圖三：這些點在 3D 空間上是線性可分的，灰色平面就是一種線性分隔方式。
圖三到圖四：將綠色平面上的某部分投影到 x-y 平面，獲得圓形分隔線，分離叉和圈。

支援向量機（Support Vector Machine，SVM）可用於以上這 3 個情景。向量（Vector）指資料點，支援向量（Support Vector）指那些支援著緩衝帶的資料點，機（Machine）就是一種方法。雖然 SVM 名字起得「高大上」，但其實質就是找那些「支援著緩衝帶的特殊資料點」的方法。本章的思維導圖如下：

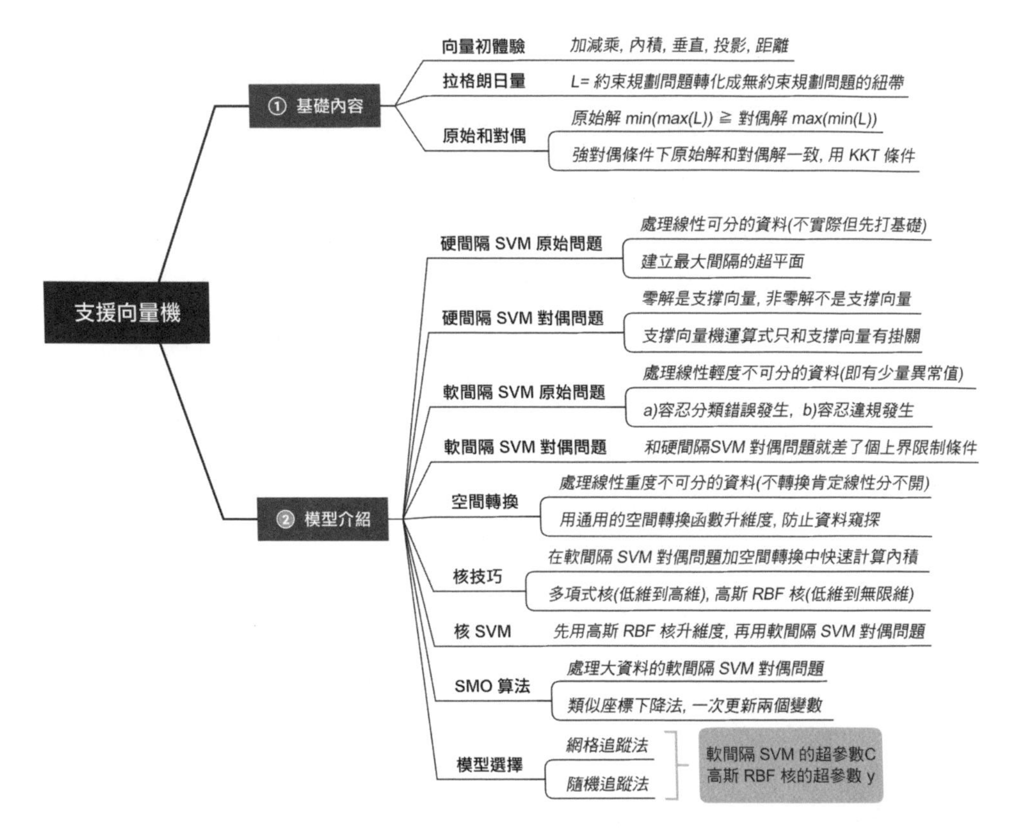

7.1 基礎知識

7.1.1 向量初體驗

純量和向量：純量（Scalar）只有大小，沒有方向；向量（Vector）既有大小又有方向。

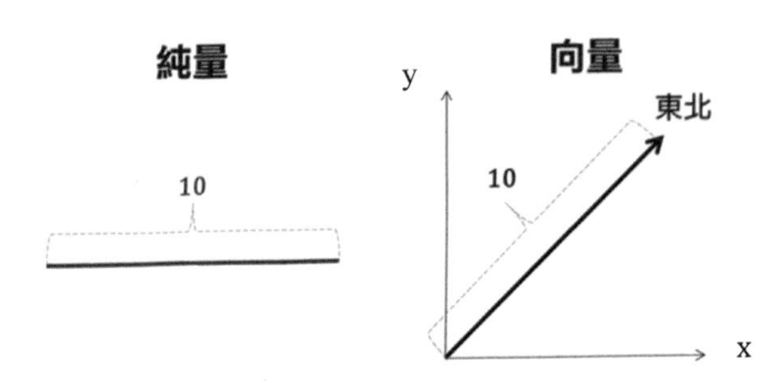

▲ 純量（只有大小沒有方向）和向量（既有大小又有方向）

例如獵豹的奔跑速度（Speed）為 10m/s，這裡沒有指出方向，因此這個速度是一個純量；但如果說獵豹以 10m/s 的速度（Velocity）向東北奔跑，則明確指出了方向，因此這個速度是一個向量。

例如左圖所示的向量的大小（或稱長度）為 10，方向是東北。

向量用上面有箭頭的字母表示（當上下文很清楚時也可以用沒箭頭的粗體字母表示）。

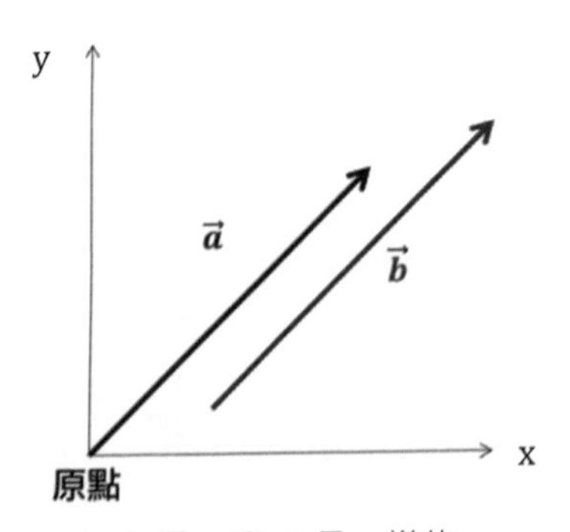

▲ 向量 $\boldsymbol{a}$ 和 $\boldsymbol{b}$ 是一樣的

向量只看方向，不看起點，因此左圖所示的兩個長度相同且平行的向量（$\boldsymbol{a}$ 和 $\boldsymbol{b}$）是一樣的，而通常認為向量的起點是原點。

上面只是在 2 維平面上畫出向量，在 3 維空間畫出向量也沒問題，但是在 4 維以上的空間中你根本不可能畫出直觀的向量，因此我們需要用一種「座標」形式來表示向量，如下圖所示。

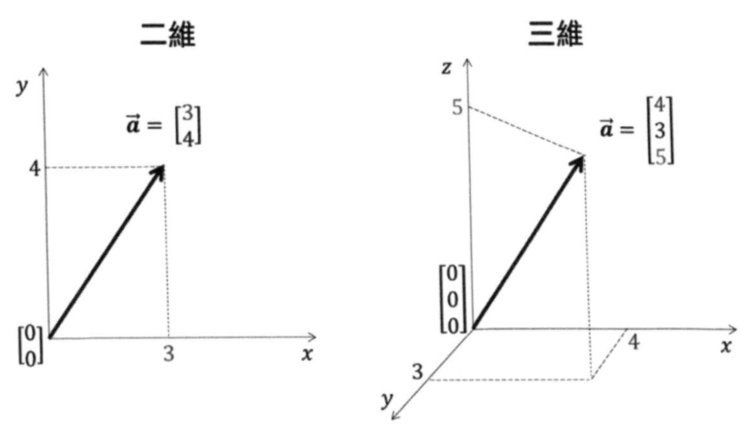

▲ 二維和 3D 向量的座標表達形式

在 2 維平面中，3 代表向量從原點在第 1 維上移動了 3 個單位，4 代表向量從原點在第 2 維上移動了 4 個單位。

在 3 維空間中，4 代表向量從原點在第 1 維上移動了 4 個單位，3 代表向量從原點在第 2 維上移動了 3 個單位，5 代表向量從原點在第 3 維上移動了 5 個單位。

在向量座標形式中，定義x-, y-, z-方向的單位向量（長度為 1）是 $\boldsymbol{e}_1, \boldsymbol{e}_2, \boldsymbol{e}_3$，那麼左圖中所示的向量可表示成：

- 在 2 維平面中，$\boldsymbol{a} = 3\boldsymbol{e}_1 + 4\boldsymbol{e}_2$
- 在 3 維空間中，$\boldsymbol{a} = 4\boldsymbol{e}_1 + 3\boldsymbol{e}_2 + 5\boldsymbol{e}_3$

向量操作：向量可加/減向量，也可以乘以純量，這些操作的幾何形式和座標形式如下表所示。

操作	幾何形式和座標形式	公　式
向量的加法	▲ 向量加法的幾何形式和座標形式	$\boldsymbol{u}+\boldsymbol{v}$，左圖就是透過畫平行四邊形獲得 $\boldsymbol{u}+\boldsymbol{v}$ 座標形式： $\boldsymbol{u}+\boldsymbol{v}=4\boldsymbol{e}_1+1\boldsymbol{e}_2+2\boldsymbol{e}_1+2\boldsymbol{e}_2$ $=6\boldsymbol{e}_1+3\boldsymbol{e}_2$
向量的減法	▲ 向量減法的幾何形式和座標形式	$\boldsymbol{u}-\boldsymbol{v}$，可以看成 $\boldsymbol{u}$ 加上 $-\boldsymbol{v}$ 座標形式 $\boldsymbol{u}-\boldsymbol{v}=6\boldsymbol{e}_1+3\boldsymbol{e}_2-(2\boldsymbol{e}_1+2\boldsymbol{e}_2)$ $=4\boldsymbol{e}_1+1\boldsymbol{e}_2$
向量乘以純量	▲ 向量乘以純量的幾何形式和座標形式	$c\boldsymbol{u}$，當 $c>0$（$c<0$）時，可以看成在 $\boldsymbol{u}$ 同（反）方向變化 $\|c\|$ 倍 座標形式： $2\boldsymbol{u}=2(1\boldsymbol{e}_1+1\boldsymbol{e}_2)=2\boldsymbol{e}_1+2\boldsymbol{e}_2$

單位向量：長度為 1 的向量被稱為單位向量（Unit Vector）。對任何向量 $\boldsymbol{u}$ 來說，$\boldsymbol{u}/\|\boldsymbol{u}\|$ 就是單位向量。

向量內積：向量的內積（Inner Product）結果是一個純量而非向量，公式為 $\boldsymbol{a}\cdot\boldsymbol{b}=\|\boldsymbol{a}\|\cdot\|\boldsymbol{b}\|\cos\theta$，其中 θ 是 $\boldsymbol{a}$ 和 $\boldsymbol{b}$ 之間的夾角。

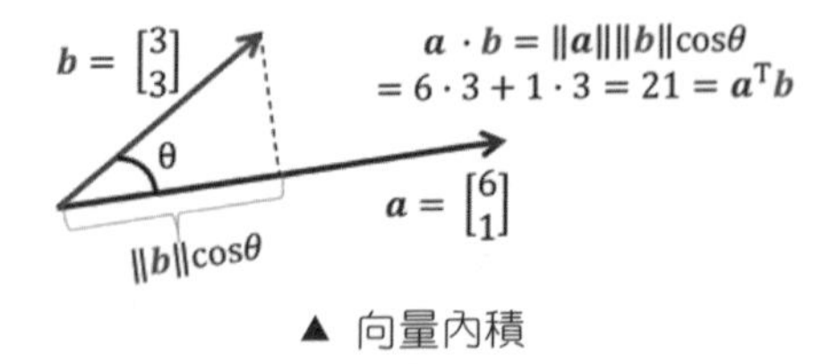

▲ 向量內積

按照向量座標形式，$\boldsymbol{a}=a_1\boldsymbol{e}_1+a_2\boldsymbol{e}_2$，$\boldsymbol{b}=b_1\boldsymbol{e}_1+b_2\boldsymbol{e}_2$，它們的內積為：

$$
\begin{aligned}
\boldsymbol{a}\cdot\boldsymbol{b}&=(a_1\boldsymbol{e}_1+a_2\boldsymbol{e}_2)\cdot(b_1\boldsymbol{e}_1+b_2\boldsymbol{e}_2)\\
&=a_1b_1\boldsymbol{e}_1\boldsymbol{e}_1+a_1b_2\boldsymbol{e}_1\boldsymbol{e}_2+a_2b_1\boldsymbol{e}_2\boldsymbol{e}_1+a_2b_2\boldsymbol{e}_2\boldsymbol{e}_2\\
&=a_1b_1+a_2b_2
\end{aligned}
$$

上式最後一步用到：

（1）$\boldsymbol{e}_1$ 和 $\boldsymbol{e}_2$ 相互垂直，內積為 0；

（2）$\boldsymbol{e}_1$ 和 $\boldsymbol{e}_1$ 為同向，內積為 1；

（3）$\boldsymbol{e}_2$ 和 $\boldsymbol{e}_2$ 為同向，內積為 1。

當 $\boldsymbol{a}$ 和 $\boldsymbol{b}$ 為列向量時，有時也可用轉置的方式來表達內積（筆者偏愛這種表達形式）：$\boldsymbol{a}\cdot\boldsymbol{b} = a_1b_1 + a_2b_2 = \boldsymbol{a}^{\mathrm{T}}\boldsymbol{b}$。

垂直向量：當兩個向量內積結果為零時（$\boldsymbol{a}\cdot\boldsymbol{b} = 0$），則稱它們互相垂直（Perpendicular），更正規的定義是正交（Orthogonal）。在 2 維的情況下很容易了解：內積為 0 ⇨ $\cos\theta = 0$ ⇨ $\theta = 90^\circ$。

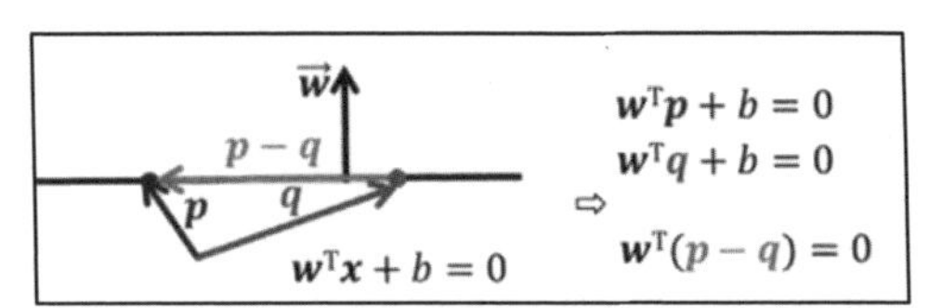

▲ 超平面 $\boldsymbol{w}^{\mathrm{T}}\boldsymbol{x} + b = 0$ 中的向量 $\boldsymbol{w}$ 垂直於該超平面

對於一個超平面方程式為 $\boldsymbol{w}^{\mathrm{T}}\boldsymbol{x} + b = 0$，任取兩點用向量 $\boldsymbol{p}$ 和 $\boldsymbol{q}$ 表示，很容易獲得 $\boldsymbol{w}^{\mathrm{T}}(\boldsymbol{p} - \boldsymbol{q}) = 0$。

$\boldsymbol{w}$ 和 $\boldsymbol{p} - \boldsymbol{q}$ 內積為 0，因此 $\boldsymbol{w}$ 和超平面的任意一個向量 $\boldsymbol{p} - \boldsymbol{q}$ 垂直，那麼向量 $\boldsymbol{w}$ 垂直於這個超平面。

結論：如果向量 $\boldsymbol{w}$ 和它超平面 $\boldsymbol{w}^{\mathrm{T}}\boldsymbol{x} + b = 0$ 垂直，則 $\boldsymbol{w}$ 也被稱為法向量（Normal Vector）。

向量投影：向量 $\boldsymbol{b}$ 在向量 $\boldsymbol{a}$ 上的投影就是向量 $\boldsymbol{b}$ 在向量 $\boldsymbol{a}$ 方向的分向量，用 $\boldsymbol{c}$ 來表示，根據下圖推導可得 $\boldsymbol{c} = \boldsymbol{a}^{\mathrm{T}}\boldsymbol{b}\boldsymbol{a}/\|\boldsymbol{a}\|^2$。

$\boldsymbol{b}$ θ $\boldsymbol{c}$ $\boldsymbol{a}$

$\|\boldsymbol{b}\|\cos\theta$

$$\boldsymbol{c} = \|\boldsymbol{b}\|\cos\theta \cdot \frac{\boldsymbol{a}}{\|\boldsymbol{a}\|} = \frac{\boldsymbol{a}^{\mathrm{T}}\boldsymbol{b}}{\|\boldsymbol{a}\|^2}\boldsymbol{a}$$

▲ 向量投影

假設 $\boldsymbol{a}$ 為單位向量 $\boldsymbol{u}$，則 $\|\boldsymbol{a}\| = \|\boldsymbol{u}\| = 1$，化簡 $\boldsymbol{c}$ 的運算式獲得 $\boldsymbol{c} = \boldsymbol{u}^{\mathrm{T}}\boldsymbol{b}\boldsymbol{u}$，而投影的長度為

$$\|\boldsymbol{c}\| = \|\boldsymbol{u}^{\mathrm{T}}\boldsymbol{b}\boldsymbol{u}\| = |\boldsymbol{u}^{\mathrm{T}}\boldsymbol{b}| \cdot \|\boldsymbol{u}\| = |\boldsymbol{u}^{\mathrm{T}}\boldsymbol{b}|$$

最後絕對值符號保障長度為正。

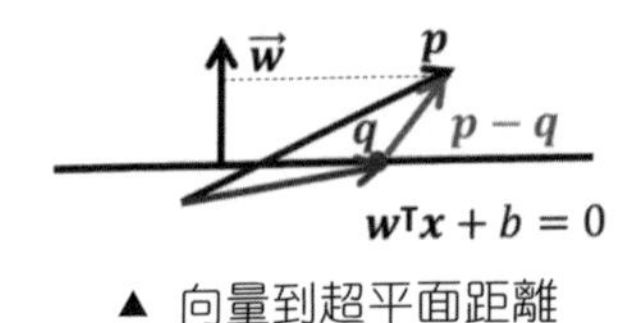

▲ 向量到超平面距離

向量 $\boldsymbol{p}$ 到超平面 $\boldsymbol{w}^{\mathrm{T}}\boldsymbol{x} + \boldsymbol{b} = 0$ 的距離（下面的 $\boldsymbol{p} - \boldsymbol{q}$ 類似上面的 $\boldsymbol{b}$）為

$$d = \overbrace{|\boldsymbol{u}^{\mathrm{T}}(\boldsymbol{p} - \boldsymbol{q})|}^{\text{投影向量的長度}} = \frac{\overbrace{|\boldsymbol{w}^{\mathrm{T}}(\boldsymbol{p} - \boldsymbol{q})|}^{\text{單位向量定義}}}{\|\boldsymbol{w}\|} = \frac{|\boldsymbol{w}^{\mathrm{T}}\boldsymbol{p} - \boldsymbol{w}^{\mathrm{T}}\boldsymbol{q}|}{\|\boldsymbol{w}\|} = \frac{\overbrace{|\boldsymbol{w}^{\mathrm{T}}\boldsymbol{p} + b|}^{\boldsymbol{q}\text{ 在超平面上}}}{\|\boldsymbol{w}\|}$$

7.1.2 拉格朗日量

最佳規劃分為無約束規劃（Unconstraint）和約束規劃（Constraint）兩種，其表現形式如下表所示。

無約束規劃	約 束 規 劃
$\underbrace{\min}_{\boldsymbol{x}} f(\boldsymbol{x})$	$\underbrace{\min}_{\boldsymbol{x}} f(\boldsymbol{x})$ $\text{s.t.}\quad g_i(\boldsymbol{x}) \leqslant 0,\quad i = 1,2,\cdots,k$ $h_i(\boldsymbol{x}) = 0,\quad i = 1,2,\cdots,l$

約束規劃比無約束規劃問題難，而拉格朗日量（Lagrangian）可將約束規劃轉換成無約束規劃，實際定義如下：

$$L(\boldsymbol{x}, \boldsymbol{\alpha}, \boldsymbol{\beta}) = f(\boldsymbol{x}) + \sum_{i=1}^{k} \alpha_i g_i(\boldsymbol{x}) + \sum_{i=1}^{l} \beta_i h_i(\boldsymbol{x})$$

拉格朗日量是 $\boldsymbol{x}, \boldsymbol{\alpha}, \boldsymbol{\beta}$ 的函數，$\boldsymbol{\alpha}$ 和不等式類型條件 g 相乘（$\boldsymbol{\alpha} > 0$），而 $\boldsymbol{\beta}$ 和等式類型的條件 h 相乘。

如果對於 L 只在 $\boldsymbol{\alpha}$，$\boldsymbol{\beta}$（沒有包含 $\boldsymbol{x}$）上求最大值 θ， 那麼 θ 其實是 $\boldsymbol{x}$ 的函數，記作 $\theta(\boldsymbol{x})$：

$$\theta(\boldsymbol{x}) = \underbrace{\max}_{\boldsymbol{\alpha},\boldsymbol{\beta}:\,\alpha_i\geqslant 0} L(\boldsymbol{x},\boldsymbol{\alpha},\boldsymbol{\beta})$$

有一個非常有意思的結論：無約束最小化 $\theta(\boldsymbol{x})$ 相等於有約束最小化 $f(\boldsymbol{x})$，實際證明如下。

情況 1：當 $\boldsymbol{x}$ 違反邊界條件（$g_i(\boldsymbol{x}) > 0, h_i(\boldsymbol{x}) \neq 0$）時	**情況 2**：當$\boldsymbol{x}$沒違反邊界條件（$g_i(\boldsymbol{x}) \leqslant 0, h_i(\boldsymbol{x}) = 0$）時
$\theta(\boldsymbol{x}) = \underbrace{\max}_{\boldsymbol{\alpha},\boldsymbol{\beta}:\,\alpha_i\geqslant 0} L(\boldsymbol{x},\boldsymbol{\alpha},\boldsymbol{\beta})$ $= \underbrace{\max}_{\boldsymbol{\alpha},\boldsymbol{\beta}:\,\alpha_i\geqslant 0}\left[f(\boldsymbol{x}) + \sum_{i=1}^{k}\alpha_i\left(\overbrace{g_i(\boldsymbol{x})}^{\text{正量}}\right) + \sum_{i=1}^{k}\beta_i h_i(\boldsymbol{x})\right]$ $= \infty$	$\theta(\boldsymbol{x}) = \underbrace{\max}_{\boldsymbol{\alpha},\boldsymbol{\beta}:\,\alpha_i\geqslant 0} L(\boldsymbol{x},\boldsymbol{\alpha},\boldsymbol{\beta})$ $= \underbrace{\max}_{\boldsymbol{\alpha},\boldsymbol{\beta}:\,\alpha_i\geqslant 0}\left[f(\boldsymbol{x}) + \sum_{i=1}^{k}\alpha_i\left(\overbrace{g_i(\boldsymbol{x})}^{\text{負量}}\right)\right]$ $= f(\boldsymbol{x})$
因為只要將 α_i 調到無限大，將 β_i 調到無限大（小）當 h_i 大於（小於）0 時，那麼 $\theta(\boldsymbol{x})$ 最大值為正無限大	因為只要將 α_i 調為 0，那麼 $\theta(\boldsymbol{x})$ 最大值為 $f(\boldsymbol{x})$
綜上所述，$\theta(\boldsymbol{x}) = \begin{cases}\infty, & \text{如果 } g_i(\boldsymbol{x}) > 0, h_i(\boldsymbol{x}) \neq 0 \\ f(\boldsymbol{x}), & \text{如果 } g_i(\boldsymbol{x}) \leqslant 0, h_i(\boldsymbol{x}) = 0\end{cases}$	

這樣看，無約束最小化 $\theta(\boldsymbol{x})$ 相等於有約束最小化 $f(\boldsymbol{x})$，其數學表達形式如下表所示。

約束規劃 $f(\boldsymbol{x})$	無約束規劃 $\theta(\boldsymbol{x})$
$\underbrace{\min}_{\boldsymbol{x}} f(\boldsymbol{x})$ s.t. $g_i(\boldsymbol{x}) \leqslant 0,\quad i = 1,2,\cdots,k$ $h_i(\boldsymbol{x}) = 0,\quad i = 1,2,\cdots,l$	$\underbrace{\min}_{\boldsymbol{x}} \theta(\boldsymbol{x})$ $= \underbrace{\min}_{\boldsymbol{x}}\ \underbrace{\max}_{\boldsymbol{\alpha},\boldsymbol{\beta}:\,\alpha_i\geqslant 0} L(\boldsymbol{x},\boldsymbol{\alpha},\boldsymbol{\beta})$

結論：一旦碰上了棘手的約束規劃問題，將其用拉格朗日量轉換成容易解的無約束規劃問題即可，因為兩者相等。

7.1.3 原始和對偶

定義完拉格朗日量 L 之後，將約束規劃轉換成無約束規劃，可以表現成兩種形式。7.1.2 節最後介紹的無約束規劃形式被叫作原始（Primal）形式，與其對應的是對偶（Dual）形式，解釋如下。

$$\overbrace{\underbrace{\min}_{\boldsymbol{x}}\ \theta_{\mathcal{P}}(\boldsymbol{x})}^{\text{原始}} = \underbrace{\min}_{\boldsymbol{x}}\ \underbrace{\max}_{\boldsymbol{\alpha},\boldsymbol{\beta}:\,\alpha_i \geqslant 0}\ L(\boldsymbol{x},\boldsymbol{\alpha},\boldsymbol{\beta})$$

原始問題：先在 $\boldsymbol{\alpha}$，$\boldsymbol{\beta}$ 上求最大值，再在 $\boldsymbol{x}$ 上求最小值

$$\overbrace{\underbrace{\max}_{\boldsymbol{\alpha},\boldsymbol{\beta}:\,\alpha_i \geqslant 0}\ \theta_{\mathcal{D}}(\boldsymbol{x})}^{\text{對偶}} = \underbrace{\max}_{\boldsymbol{\alpha},\boldsymbol{\beta}:\,\alpha_i \geqslant 0}\ \underbrace{\min}_{\boldsymbol{x}}\ L(\boldsymbol{x},\boldsymbol{\alpha},\boldsymbol{\beta})$$

對偶問題：先在 $\boldsymbol{x}$ 上求最小值，再在 $\boldsymbol{\alpha}$，$\boldsymbol{\beta}$ 上求最大值

下面不等式恒成立：

$$\overbrace{\underbrace{\min}_{\boldsymbol{x}}\ \theta_{\mathcal{P}}(\boldsymbol{x})}^{\text{原始}} \geqslant \overbrace{\underbrace{\max}_{\boldsymbol{\alpha},\boldsymbol{\beta}:\,\alpha_i \geqslant 0}\ \theta_{\mathcal{D}}(\boldsymbol{x})}^{\text{對偶}} \quad \Rightarrow \quad \overbrace{\underbrace{\min}_{\boldsymbol{x}}\ \underbrace{\max}_{\boldsymbol{\alpha},\boldsymbol{\beta}:\,\alpha_i \geqslant 0}\ L(\boldsymbol{x},\boldsymbol{\alpha},\boldsymbol{\beta}) \geqslant \underbrace{\max}_{\boldsymbol{\alpha},\boldsymbol{\beta}:\,\alpha_i \geqslant 0}\ \underbrace{\min}_{\boldsymbol{x}}\ L(\boldsymbol{x},\boldsymbol{\alpha},\boldsymbol{\beta})}^{\text{最大的最小值永遠大於或等於最小的最大值}}$$

原始與對偶關係的證明

對任意固定的 $\boldsymbol{\alpha}',\boldsymbol{\beta}'$，	M 是 L 的最大值，y 是 L 的某個值；
$\underbrace{\min}_{\boldsymbol{x}}\overbrace{\underbrace{\max}_{\boldsymbol{\alpha},\boldsymbol{\beta}:\,\alpha_i \geqslant 0}\ L(\boldsymbol{x},\boldsymbol{\alpha},\boldsymbol{\beta})}^{\text{最大值}} \geqslant \underbrace{\min}_{\boldsymbol{x}}\overbrace{L(\boldsymbol{x},\boldsymbol{\alpha}',\boldsymbol{\beta}')}^{\text{任意值}}$	顯然 $M \geqslant y$，而且 $\min(M) \geqslant \min(y)$；
求右邊的最大值： $\underbrace{\min}_{\boldsymbol{x}}\overbrace{\underbrace{\max}_{\boldsymbol{\alpha},\boldsymbol{\beta}:\,\alpha_i \geqslant 0}\ L(\boldsymbol{x},\boldsymbol{\alpha},\boldsymbol{\beta})}^{\text{最大值}} \geqslant \overbrace{\underbrace{\max}_{\boldsymbol{\alpha}',\boldsymbol{\beta}':\,\alpha_i' \geqslant 0}\ \underbrace{\min}_{\boldsymbol{x}}\ L(\boldsymbol{x},\boldsymbol{\alpha}',\boldsymbol{\beta}')}^{\text{最大的任意值}}$	令 $a = \min(M)$，$b = \min(y)$，因為 a 在任何情況下大於 b，所以 $a \geqslant \max(b)$

上面的不等式具有的特性被稱為弱對偶性（Weak Duality），但是其實沒有什麼用，因為對偶問題的最佳解永遠小於或等於原始問題的最佳解。在實際問題中，如果有以下 3 個額外條件，則有強對偶（Strong Duality）等式

$$\underbrace{\min}_{\boldsymbol{x}}\ \underbrace{\max}_{\boldsymbol{\alpha},\boldsymbol{\beta}:\,\alpha_i \geqslant 0}\ L(\boldsymbol{x},\boldsymbol{\alpha},\boldsymbol{\beta}) = \underbrace{\max}_{\boldsymbol{\alpha},\boldsymbol{\beta}:\,\alpha_i \geqslant 0}\ \underbrace{\min}_{\boldsymbol{x}}\ L(\boldsymbol{x},\boldsymbol{\alpha},\boldsymbol{\beta})$$

其中 3 個條件是：

（1）原始問題的目標函數是凸函數

（2）原始問題有解

（3）線性限制條件

強對偶條件表示原始問題和對偶問題的最佳解是一樣的。假設 $\boldsymbol{x}^*,\boldsymbol{\alpha}^*,\boldsymbol{\beta}^*$ 是最佳解，它們滿足 Karush-Kuhn-Tucker（KKT）條件，如下表所示。

拉格朗日量 Lagrangian	$L(\boldsymbol{x},\boldsymbol{\alpha},\boldsymbol{\beta}) = f(\boldsymbol{x}) + \sum_{i=1}^{k}\alpha_i g_i(\boldsymbol{x}) + \sum_{i=1}^{l}\beta_i h_i(\boldsymbol{x})$
KKT 條件	
原始可行性條件 Primal Feasibility	$g_i(\boldsymbol{x}^*) \leqslant 0,\ \ i = 1,2,\cdots,k$ $h_i(\boldsymbol{x}^*) = 0,\ \ i = 1,2,\cdots,l$
對偶可行性條件 Dual Feasiblity	$\alpha_i^* \geqslant 0,\ \ i = 1,2,\cdots,k$
駐點條件 Stationarity	$\dfrac{\partial L(\boldsymbol{x}^*,\boldsymbol{\alpha}^*,\boldsymbol{\beta}^*)}{\partial x^{(i)}} = 0,\ \ i = 1,2,\cdots,m$
互補鬆弛條件 Complementary Slackness	$\alpha_i^* g_i(\boldsymbol{x}^*) = 0,\ \ i = 1,2,\cdots,k$

結論：如果滿足強對偶條件，則可以將不好解的原始問題轉成好解的對偶問題，再用 KKT 條件求解。

7.2 模型介紹

7.2.1 硬間隔 SVM 原始問題

硬間隔 SVM 用來分隔線性可分的資料，雖然這種資料在實際中幾乎不存在，但這種理想設定是學習 SVM 的基礎。本節從超平面、超平面分離、超平面距離和最寬超平面開始一直推導出 SVM 的數學最佳化問題，並手動求解以及利用 MATLAB 中的最佳化函數來求解。

1. 超平面

引言中的 $\boldsymbol{x}$ 是 2 維的，包含相貌和收入。在一般情況下，$\boldsymbol{x}$ 是 n 維的，對應加權 $\boldsymbol{w}$ 也是 n 維的，而偏差項是 1 維的。

$$\boldsymbol{x} = \begin{bmatrix} x_1 \\ \vdots \\ x_j \\ \vdots \\ x_n \end{bmatrix}, \quad \boldsymbol{w} = \begin{bmatrix} w_1 \\ \vdots \\ w_j \\ \vdots \\ w_n \end{bmatrix}, \quad \text{SVM}(\boldsymbol{x}) = \text{sign}(\boldsymbol{w}^{\text{T}}\boldsymbol{x} + b)$$

方程式 $\boldsymbol{w}^{\text{T}}\boldsymbol{x} + b = 0$ 代表超平面（Hyperplane），超過 4 維的平面很難想像。但是

- 在 2 維的情況下，$2x + y - 1 = 0$ 就是一條線（2 維世界裡面的超平面）。
- 在 3 維的情況下，$x + 2y + 3z - 6 = 0$ 就是一個平面（3 維世界裡面的超平面）。

2. 超平面分離

方程式 $\boldsymbol{w}^{\text{T}}\boldsymbol{x} + b = 0$ 代表超平面，而這個超平面將 n 維空間分成兩部分：

- 一部分對應的點 $\boldsymbol{x}^{(i)}$ 滿足 $\boldsymbol{w}^{\text{T}}\boldsymbol{x}^{(i)} + b > 0$。
- 另一部分對應的點 $\boldsymbol{x}^{(i)}$ 滿足 $\boldsymbol{w}^{T}\boldsymbol{x}^{(i)} + b < 0$。

如果上面的結論不好了解，那麼請參考下圖。

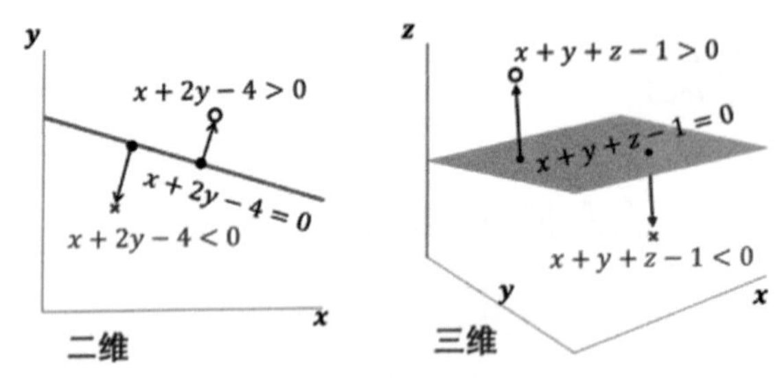

▲ 2 維和 3 維空間的超平面

2 維

直線 $x + 2y - 4 = 0$ 中的 y 是正號，圈（叉）對應點的 y 值比線上的 y 值大（小），因此滿足

$$x + 2y - 4 > 0$$

$$x + 2y - 4 < 0$$

3 維

平面 $x + y + z - 1 = 0$ 中的 z 是正號，圈（叉）對應點的 z 值比平面上的 z 值大（小），因此滿足

$$x + y + z - 1 > 0$$

$$x + y + z - 1 < 0$$

由於 $h\left(\boldsymbol{x}^{(i)}\right) = \text{sign}(\boldsymbol{w}^{\mathrm{T}}\boldsymbol{x}^{(i)} + b)$，因此

- 當 $\boldsymbol{w}^{\mathrm{T}}\boldsymbol{x}^{(i)} + b > 0$ 時，將其分為正類，$y^{(i)} = 1$。
- 當 $\boldsymbol{w}^{\mathrm{T}}\boldsymbol{x}^{(i)} + b < 0$ 時，將其分為負類，$y^{(i)} = -1$。

根據上面這兩種情況，關係式 $y^{(i)}(\boldsymbol{w}^{\mathrm{T}}\boldsymbol{x}^{(i)} + b) > 0$ 永遠成立。

如果當 w 和 b 變成它們原來 0.01 倍或 10 倍時，$\boldsymbol{w}^T\boldsymbol{x} + b = 0$ 代表同樣的超平面，展示如下：

$$\boldsymbol{w}^{\mathrm{T}}\boldsymbol{x} + b = 0$$

$$0.01\boldsymbol{w}^{\mathrm{T}}\boldsymbol{x} + 0.01b = 0$$

$$10\boldsymbol{w}^{\mathrm{T}}\boldsymbol{x} + 10b = 0$$

為了後面能解出唯一解，我們需要縮放加權和偏差的比例。為了便於推導，選擇一個合適的縮放比例，獲得下式，記作（**E1**）

$$\underbrace{\min}_{i=1,2,\dots,m} \; y^{(i)}\left(\boldsymbol{w}^{\mathrm{T}}\boldsymbol{x}^{(i)} + b\right) = 1$$

證明見右側內容。

證明：$(b, \boldsymbol{w})$ 和（$b/c, \boldsymbol{w}/c$）代表同一個超平面（對任何 $c > 0$），這裡巧妙地選擇 c 為所有 $y^{(i)}$ 和 $\boldsymbol{w}^{\mathrm{T}}\boldsymbol{x}^{(i)} + b$ 乘積的最小值，由上面已知每個乘積都大於零。

$$c = \underbrace{\min}_{i=1,2,\dots,m} \; y^{(i)}\left(\boldsymbol{w}^{\mathrm{T}}\boldsymbol{x}^{(i)} + b\right) > 0$$

將（$b/c, \boldsymbol{w}/c$）帶入，利用上面選擇的 c 獲得

$$\underbrace{\min}_{i=1,2,\dots,m} \; y^{(i)}\left(\frac{\boldsymbol{w}^{\mathrm{T}}}{c}\boldsymbol{x}^{(i)} + \frac{b}{c}\right)$$

$$= \frac{1}{c}\underbrace{\min}_{i=1,2,\dots,m} \; y^{(i)}\left(\boldsymbol{w}^{\mathrm{T}}\boldsymbol{x}^{(i)} + b\right) = \frac{c}{c} = 1$$

由於$(b, \boldsymbol{w})$ 和（$b/c, \boldsymbol{w}/c$）相等，將前者代替後者獲得

$$\underbrace{\min}_{i=1,2,\dots,m} \; y^{(i)}\left(\boldsymbol{w}^{\mathrm{T}}\boldsymbol{x}^{(i)} + b\right) = 1$$

3. 超平面距離

SVM 問題中有 m 個資料 $\left(\boldsymbol{x}^{(i)}, y^{(i)}\right)$，$i=1,2,\cdots,m$。根據 7.1.1 節的向量投影結果，獲得任意點 p 到超平面 $\boxed{/}(\boldsymbol{w}^{\mathrm{T}}\boldsymbol{x}+b=0)$ 的距離為 $\left|\boldsymbol{w}^{\mathrm{T}}\boldsymbol{p}+b\right|/\|\boldsymbol{w}\|$。對於實際 SVM 問題的每個點 $\boldsymbol{x}^{(i)}$，定義距離 $\operatorname{dist}\left(\boldsymbol{x}^{(i)}, \boxed{/}\right)$

$$\operatorname{dist}\left(\boldsymbol{x}^{(i)}, \boxed{/}\right)=\frac{\left|\boldsymbol{w}^{\mathrm{T}}\boldsymbol{x}^{(i)}+b\right|}{\|\boldsymbol{w}\|} \overset{y^{(i)}\text{ 只等於 }\pm 1}{\triangleq} \frac{\left|y^{(i)}(\boldsymbol{w}^{\mathrm{T}}\boldsymbol{x}^{(i)}+b)\right|}{\|\boldsymbol{w}\|} \overset{y^{(i)}(\boldsymbol{w}^{\mathrm{T}}\boldsymbol{x}^{(i)}+b)>0}{\triangleq} \frac{y^{(i)}(\boldsymbol{w}^{\mathrm{T}}\boldsymbol{x}^{(i)}+b)}{\|\boldsymbol{w}\|}$$

在 m 個點中，離超平面 $\boxed{/}$ 最近點的距離被稱為間隔（Margin）。

$$\underbrace{\min}_{i=1,2,\cdots,m} \operatorname{dist}\left(\boldsymbol{x}^{(i)}, \boxed{/}\right)=\frac{1}{\|\boldsymbol{w}\|}\overbrace{\underbrace{\min}_{i=1,2,\cdots,m} y^{(i)}(\boldsymbol{w}^{\mathrm{T}}\boldsymbol{x}^{(i)}+b)}^{\text{利用 [E1]}}=\frac{1}{\|\boldsymbol{w}\|}$$

4. 最寬超平面

有了「間隔」運算式後，只用最大化它：

$$\max \frac{1}{\|\boldsymbol{w}\|} \overset{\text{最大化 } a \text{ 等值於最小化 } \frac{1}{a}}{\triangleq} \min\|\boldsymbol{w}\| \overset{\|\boldsymbol{w}\| \text{ 定義}}{\triangleq} \min \boldsymbol{w}^{\mathrm{T}}\boldsymbol{w} \overset{\text{最小化 } a \text{ 等值於最小化 } \frac{1}{2}\times a}{\triangleq} \min \frac{1}{2}\boldsymbol{w}^{\mathrm{T}}\boldsymbol{w}$$

在 SVM 問題中，不但希望最大化「間隔」，還希望每個點都分類正確。對上面最佳化問題一個限制條件

$$\underbrace{\min}_{b,\boldsymbol{w}} \overbrace{\frac{1}{2}\boldsymbol{w}^{\mathrm{T}}\boldsymbol{w}}^{\text{目標函數}} \quad \text{s.t.} \quad \overbrace{\underbrace{\min}_{i=1,2,\ldots,m} y^{(i)}(\boldsymbol{w}^{\mathrm{T}}\boldsymbol{x}^{(i)}+b)=1}^{1\text{ 個約束條件}}$$

到此，目標函數是一個簡單的二次凸函數（適合做最佳化），但是限制條件裡面出現了 min 函數，給最佳化問題增加了難度。因此，我們將這個帶 min 函數的限制條件轉換成 m 個「更鬆」的限制條件，如下所示。

$$\underbrace{\min}_{i=1,2,\ldots,m} y^{(i)}\left(\boldsymbol{w}^{\mathrm{T}}\boldsymbol{x}^{(i)}+b\right)=1 \qquad \text{[C1]}$$

轉換成

$$y^{(i)}\left(\boldsymbol{w}^{\mathrm{T}}\boldsymbol{x}^{(i)}+b\right)\geqslant 1, \quad i=1,2,\cdots,m \qquad \text{[C2]}$$

顯然如果〔C1〕式成立，則〔C2〕式必然成立；但是如果〔C2〕式成立，則〔C1〕式不一定成立（在所有不等式都嚴格大於 1 的情況下）。很明顯，〔C2〕式比 [C1] 式的條件更寬鬆一些。現在想證明即使把條件放鬆，在 [C2] 式的條件下求出的解還是落在 [C1] 式裡，這樣放鬆條件就沒有任何損失。

我們的目標是證明「〔C1〕式的最佳解（$b^*, \boldsymbol{w}^*$）只可能落在〔C1〕式裡」。
用反證法，如果上述說法不成立，那麼將最佳解（$b^*, \boldsymbol{w}^*$）帶入 [C2] 式中使得所有不等式都嚴格大於 1。

$$y^{(i)}\left(\boldsymbol{w}^{*\mathrm{T}}\boldsymbol{x}^{(i)} + b^*\right) > 1.1，\text{對於所有 } i$$

那麼放縮原來的（$b^*, \boldsymbol{w}^*$）變成（$b^*/1.1, \boldsymbol{w}^*/1.1$），新的解仍然滿足 [C2] 式。但是目標函數是最小化 $½\boldsymbol{w}^\mathrm{T}\boldsymbol{w}$，很明顯，新的解（$b^*/1.1, \boldsymbol{w}^*/1.1$）比原來的解（$b^*, \boldsymbol{w}^*$）更優，這與「($b^*, \boldsymbol{w}^*$）是最佳解」矛盾。因此上述說法成立，即 [C2] 式的最佳解（$b^*, \boldsymbol{w}^*$）只可能落在〔C1〕式裡。

由上面的證明可看出，[C2] 式比 [C1] 式下的條件更寬鬆一些，因此 SVM 的最後最佳化問題，也被稱為硬間隔 SVM 原始問題，即

$$\underbrace{\min}_{b,\boldsymbol{w}} \quad \overbrace{\frac{1}{2}\boldsymbol{w}^\mathrm{T}\boldsymbol{w}}^{\text{目標函數}} \quad \text{s.t.} \quad \overbrace{y^{(i)}(\boldsymbol{w}^\mathrm{T}\boldsymbol{x}^{(i)} + b) \geqslant 1, \quad i = 1,2,\cdots,m}^{m\text{ 個約束條件}} \qquad \text{[E2]}$$

由限制條件可知，該問題是找一個超平面，線性分割所有點並使它們完全分類正確，這種超平面被稱為線性硬分隔支撐向量機（Hard-margin SVM）。因為目標函數是一個關於 $\boldsymbol{w}$ 的二次函數，通常這種問題被稱作二次規劃（Quadratic Programming，QP），很多軟體例如 MATLAB、Python 和 R，都有內建的函數可以直接用。

手動求解：上面的推導結果對 n 維的 $\boldsymbol{x}$ 和 $\boldsymbol{w}$ 都成立，但是一般人看到 4 維問題就會犯暈，甚至對於 3 維問題都不會處理。因此，這裡採用本章引言中情景一中的實例（2 維問題）來求解上面的原始問題。

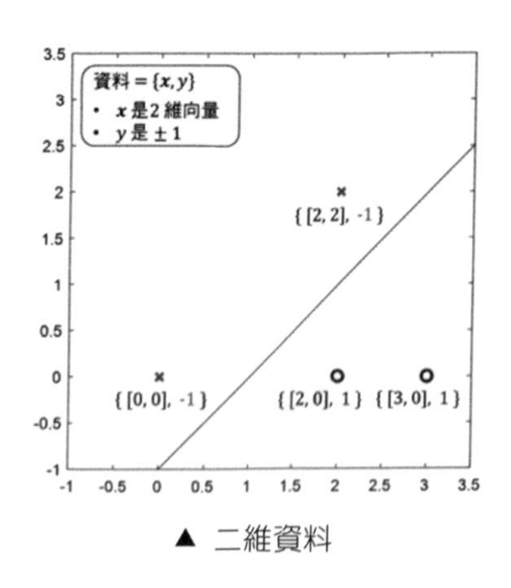

▲ 二維資料

根據這 4 個點展開的限制條件獲得

$$\boldsymbol{X}=\begin{bmatrix}0 & 0\\ 2 & 2\\ 2 & 0\\ 3 & 0\end{bmatrix}, \quad \boldsymbol{y}=\begin{bmatrix}-1\\ -1\\ 1\\ 1\end{bmatrix}$$

$$\begin{cases}-1\times(0w_1+0w_2+b)\geqslant 1 & \text{(i)}\\ -1\times(2w_1+2w_2+b)\geqslant 1 & \text{(ii)}\\ 1\times(2w_1+0w_2+b)\geqslant 1 & \text{(iii)}\\ 1\times(3w_1+0w_2+b)\geqslant 1 & \text{(iv)}\end{cases}$$

由（i）和（iii）解得 $w_1\geqslant 1$，由（ii）和（iii）解得 $w_2\leqslant -1$，由目標函數 $½(w_1^2+w_2^2)\geqslant 1$，而最小值在$w_1=1$，$w_2=-1$時，解得$b=-1$。

最佳分隔超平面展示如下圖所示。

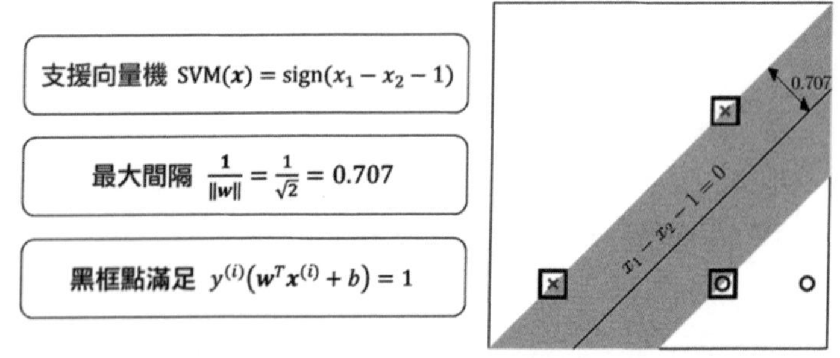

▲ 通超強間隔 SVM 原始問題解出最佳分隔超平面

對那些剛好滿足限制條件的點（黑色矩形框裡的點），它們到超平面的距離都等於 $1/\|\boldsymbol{w}\|$，它們也都在灰色緩衝帶的邊界上，被稱作支撐向量（Support Vector）。顧名思義，這些向量都支撐著緩衝帶，防止它繼續向外展開。

MATLAB 求解：上例中的二次規劃問題用的資料很少，因此可以手動解出最佳解。但是，在實際問題中有關的資料非常多，手動求解不可行，只能依靠軟體來解出最佳解。而我們唯一需要做的就是讀懂軟體裡二次規劃函數的輸入（input）和輸出（output）。下表中列出了在 MATLAB 中處理二次規劃問題的 `quadprog` 函數的官方介紹。

1 Z = quadprog(H,f,A,b,Aeq,beq,LB,UB,Z0,OPTIONS) attempts to solve the quadratic programming problem:	方程式的輸入和輸出
2	
3 min 0.5*z'*H*z + f'*z subject to: A*z <= b	有約束二次規劃的變數符號
4 z	
5 H and f are specified in objective function	H 和 f 分別是二次和一次係數
6 A and b are used for inequality constraints	A 和 b 用於設定不等式條件
7 Aeq and beq are used for equality constraints	Aeq 和 beq 用於設定等式條件
8 LB and UB are lower and upper bound of z	LB 和 UB 是 z 的上下界
9 Z0 is the starting point	Z0 是初值
10 OPTIONS, an argument created with the OPTIMSET function	更多設定，例如列印狀態等

回顧一下硬分隔 SVM 原始問題（[E2] 式），為了把它裡面的變數和 quadprog 函數輸入相比對，需要進行調整，如下表所示。

	SVM 原始問題	MATLAB 的 quadprog 函數	類別
求解變數	$\begin{bmatrix}b\\ \mathbf{w}\end{bmatrix}$	z	-
目標函數	$\frac{1}{2}\mathbf{w}^{\mathrm{T}}\mathbf{w}$	0.5×z'×H×z + f'×z	$\frac{\mathbf{w}^{\mathrm{T}}\mathbf{w}}{2} = \overbrace{\frac{1}{2}}^{0.5}\overbrace{[b \quad \mathbf{w}^{\mathrm{T}}]}^{z'}\overbrace{\begin{bmatrix}0 & \mathbf{0}_n^{\mathrm{T}}\\ \mathbf{0}_n & \mathbf{I}_n\end{bmatrix}}^{H}\overbrace{\begin{bmatrix}b\\ \mathbf{w}\end{bmatrix}}^{z} + \overbrace{\mathbf{0}_{n+1}^{\mathrm{T}}}^{f'}\overbrace{\begin{bmatrix}b\\ \mathbf{w}\end{bmatrix}}^{z}$
不等式限制條件	$y^{(i)}(\mathbf{w}^T\mathbf{x}^{(i)} + b) \geqslant 1$ $i = 1,2,\cdots,m$	A*z <= b	$\overbrace{-\begin{bmatrix} y^{(1)} & y^{(1)}(\mathbf{x}^{(1)})^{\mathrm{T}}\\ \vdots & \vdots\\ y^{(m)} & y^{(m)}(\mathbf{x}^{(m)})^{\mathrm{T}}\end{bmatrix}}^{A}\overbrace{\begin{bmatrix}b\\ \mathbf{w}\end{bmatrix}}^{z} \leqslant \overbrace{-\mathbf{1}_m}^{b}$
等式限制條件	無	Aeq*z = beq	Aeq = [], beq = []
上下界	無	LB <= Z <= UB	LB = [], UB = []
初值	無	Z0	Z0 = []

類比完了之後帶入 quadprog 函數中，下面用 MATLAB 程式求解 7.2.1 節的實例。

原始問題的 MATLAB 程式

```
1  X = [0 0;2 2;2 0;3 0];    y = [-1 -1 1 1]';    [m,n] = size(X);
2  H = eye(n+1);    H(1,1)= 0;
3  f = zeros(n+1,1);   A = -[ y bsxfun(@times, y, X)];   b = -ones(m,1);
4
5  opts = optimset( 'Algorithm','active-set');
6  [z,fval,exitflag] = quadprog( H,f,A,b,[],[],[],[],[],opts )
```

輸出結果如下圖所示。

```
z =          fval =          exitflag =
    -1              1                    1
     1
    -1
```

- fval 代表目標函數最佳值 1，和之前 $½\boldsymbol{w}^{\mathrm{T}}\boldsymbol{w} = 1$ 一致。
- exitflag = 1 代表函數的最佳解收斂。
- z = [-1 1 -1] 和之前 $b = -1$，$w_1 = 1$，$w_2 = -1$ 也一致。

如下為 quadprog 函數的輸入 $\boldsymbol{X}$ 和 $\boldsymbol{y}$ 與輸出 b^* 和 $\boldsymbol{w}^*$：

$$\boldsymbol{X} = \begin{bmatrix} 0 & 0 \\ 2 & 2 \\ 2 & 0 \\ 3 & 0 \end{bmatrix}, \quad \boldsymbol{y} = \begin{bmatrix} -1 \\ -1 \\ 1 \\ 1 \end{bmatrix}, \quad \begin{bmatrix} b^* \\ \boldsymbol{w}^* \end{bmatrix} = \begin{bmatrix} -1 \\ 1 \\ -1 \end{bmatrix}$$

接著計算支撐向量機 SVM($\boldsymbol{x}$) 和最大間隔 $1/\|\boldsymbol{w}^*\|$：

$$\mathrm{SVM}(\boldsymbol{x}) = \mathrm{sign}(\boldsymbol{w}^{*\mathrm{T}}\boldsymbol{x} + b^*) = \mathrm{sign}\big(1\times x_1 + (-1)\times x_2 + (-1)\big) = \mathrm{sign}(x_1 - x_2 - 1)$$

$$\frac{1}{\|\boldsymbol{w}^*\|} = \frac{1}{\sqrt{\boldsymbol{w}^{*\mathrm{T}}\boldsymbol{w}^*}} = \frac{1}{\sqrt{2}} = 0.707$$

將 4 個向量帶入限制條件中，並且計算它們到超平面 ▢$(x_1 - x_2 - 1 = 0)$ 的距離。

限制條件	到超平面距離
$y^{(1)}\left(x_1^{(1)} - x_2^{(1)} - 1\right) = -1\times(0-0-1) = 1$	$\text{dist}\left(\boldsymbol{x}^{(1)}, \square\right) = \dfrac{\left\lvert x_1^{(1)} - x_2^{(1)} - 1\right\rvert}{\lVert \boldsymbol{w}^* \rVert} = \dfrac{1}{\sqrt{2}} = 0.707$
$y^{(2)}\left(x_1^{(2)} - x_2^{(2)} - 1\right) = -1\times(2-2-1) = 1$	$\text{dist}\left(\boldsymbol{x}^{(2)}, \square\right) = \dfrac{\left\lvert x_1^{(2)} - x_2^{(2)} - 1\right\rvert}{\lVert \boldsymbol{w}^* \rVert} = \dfrac{1}{\sqrt{2}} = 0.707$
$y^{(3)}\left(x_1^{(3)} - x_2^{(3)} - 1\right) = 1\times(2-0-1) = 1$	$\text{dist}\left(\boldsymbol{x}^{(3)}, \square\right) = \dfrac{\left\lvert x_1^{(3)} - x_2^{(3)} - 1\right\rvert}{\lVert \boldsymbol{w}^* \rVert} = \dfrac{1}{\sqrt{2}} = 0.707$
$y^{(4)}\left(x_1^{(4)} - x_2^{(4)} - 1\right) = 1\times(3-0-1) = 2 > 1$	$\text{dist}\left(\boldsymbol{x}^{(4)}, \square\right) = \dfrac{\left\lvert x_1^{(4)} - x_2^{(4)} - 1\right\rvert}{\lVert \boldsymbol{w}^* \rVert} = \dfrac{2}{\sqrt{2}} = 1.414$

從上表所示的結果可以發現兩個有趣的現象：

（1）前 3 個向量使得限制條件等於 1，而第 4 個向量使得限制條件大於 1。

（2）前 3 個向量到超平面的距離都等於最大間隔，而第 4 個向量到超平面的距離大於最大間隔。

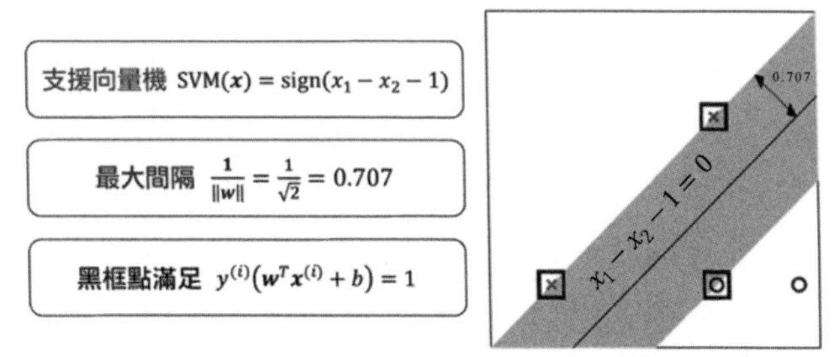

▲ 通超強間隔 SVM 對偶問題解出最佳分割超平面

前 3 個向量（上圖黑色矩形框中的點）被稱為支撐向量（Support Vector，SV），第 4 個向量不是 SV，它存在與否都不會影響 $\text{SVM}(\boldsymbol{x})$ 運算式。

在實際問題中，SV 比非 SV 數量少很多，因此在求解 $\text{SVM}(\boldsymbol{x})$ 的過程中，只需找出數量少的 SV。在 7.2.2 節中用 SVM 對偶問題的最佳解來解釋 SV 會更加直觀、容易。

7.2.2 硬間隔 SVM 對偶問題

下面先回顧硬分隔 SVM 原始問題。

$$\underbrace{\min}_{b,\boldsymbol{w}} \quad \overbrace{\frac{1}{2}\boldsymbol{w}^{\mathrm{T}}\boldsymbol{w}}^{\text{目標函數}} \quad \text{s.t.} \quad \overbrace{y^{(i)}(\boldsymbol{w}^{\mathrm{T}}\boldsymbol{x}^{(i)}+b)\geqslant 1, \quad i=1,2,\cdots,m}^{m\text{ 個約束條件}}$$

根據本章附錄 A 的詳細推導獲得硬分隔 SVM 對偶問題：

$$\underbrace{\min}_{\boldsymbol{\alpha}}\left(\frac{1}{2}\sum_{i=1}^{m}\sum_{k=1}^{m}\alpha_i\alpha_k y^{(i)}y^{(k)}\boldsymbol{x}^{(i)}\left(\boldsymbol{x}^{(k)}\right)^{\mathrm{T}}-\sum_{i=1}^{m}\alpha_i\right)$$

$$\text{s.t.} \quad \sum_{i=1}^{m}\alpha_i y^{(i)}=0, \quad \alpha_i\geqslant 0, \quad i=1,2,\cdots,m$$

原始問題透過求 b 和 $\boldsymbol{w}$ 來最小化目標函數，對偶問題透過求 $\boldsymbol{\alpha}$ 來最小化目標函數，整理其矩陣形式為

$$\underbrace{\min}_{\boldsymbol{\alpha}}\left(\frac{1}{2}\boldsymbol{\alpha}^{\mathrm{T}}\boldsymbol{H}\boldsymbol{\alpha}-\mathbf{1}_m^{\mathrm{T}}\boldsymbol{\alpha}\right)$$

$$\text{s.t.} \quad \boldsymbol{y}^{\mathrm{T}}\boldsymbol{\alpha}=0, \quad \boldsymbol{\alpha}\geqslant \mathbf{0}_m$$

其中

$$\boldsymbol{H}=\begin{bmatrix} y^{(1)}y^{(1)}\boldsymbol{x}^{(1)}\left(\boldsymbol{x}^{(1)}\right)^{\mathrm{T}} & \cdots & y^{(1)}y^{(m)}\boldsymbol{x}^{(1)}\left(\boldsymbol{x}^{(m)}\right)^{\mathrm{T}} \\ y^{(2)}y^{(1)}\boldsymbol{x}^{(2)}\left(\boldsymbol{x}^{(1)}\right)^{\mathrm{T}} & \cdots & y^{(2)}y^{(m)}\boldsymbol{x}^{(2)}\left(\boldsymbol{x}^{(m)}\right)^{\mathrm{T}} \\ \vdots & \vdots & \vdots \\ y^{(m)}y^{(1)}\boldsymbol{x}^{(m)}\left(\boldsymbol{x}^{(1)}\right)^{\mathrm{T}} & \cdots & y^{(m)}y^{(m)}\boldsymbol{x}^{(m)}\left(\boldsymbol{x}^{(m)}\right)^{\mathrm{T}} \end{bmatrix}$$

$$\mathbf{1}_m=\begin{bmatrix}1\\1\\\vdots\\1\end{bmatrix}_{m\times 1}, \quad \mathbf{0}_m=\begin{bmatrix}0\\0\\\vdots\\0\end{bmatrix}_{m\times 1}$$

此問題也是一個二次規劃問題，也可以利用 MATLAB 中的 `quadprog` 函數求解。

MATLAB 求解：回顧一下硬分隔 SVM 對偶問題（見 [E3] 式），為了比對 [E3] 式裡的變數和 `quadprog` 函數輸入，進行如下表所示的調整。

	SVM 對偶問題	MATLAB 的 quadprog 函數	類別
求解變數	$\boldsymbol{\alpha}$	z	—
目標函數	$\frac{1}{2}\boldsymbol{\alpha}^{\mathrm{T}}\boldsymbol{H}\boldsymbol{\alpha}-\mathbf{1}_m^{\mathrm{T}}\boldsymbol{\alpha}$	0.5*z'*H*z + f'*z	$\overbrace{\frac{1}{2}}^{0.5}\overbrace{\boldsymbol{\alpha}^{\mathrm{T}}}^{z'}\overbrace{\boldsymbol{H}}^{H}\overbrace{\boldsymbol{\alpha}}^{z}+\overbrace{(-\mathbf{1}_m^{\mathrm{T}})}^{f'}\overbrace{\boldsymbol{\alpha}}^{z}$
不等式限制條件	無	A*z <= b	—
等式限制條件	$\boldsymbol{y}^{\mathrm{T}}\boldsymbol{\alpha}=0$	Aeq*z = beq	$\overbrace{\boldsymbol{y}^{\mathrm{T}}}^{\mathrm{Aeq}}\overbrace{\boldsymbol{\alpha}}^{z}=\overbrace{0}^{\mathrm{beq}}$
上下界	$\boldsymbol{\alpha}\geqslant\mathbf{0}_m$	LB <= Z <= UB	LB = $\mathbf{0}_m$，UB = []
初值	無	Z0	Z0 = []

類比完了之後帶入 quadprog 函數，下面用 MATLAB 程式求解 7.2.1 節裡的實例。

對偶問題的 MATLAB 程式

```
1  X = [0 0;2 2;2 0;3 0];   y = [-1 -1 1 1]';   [m,n] = size(X);
2  H =(y*y').*(X*X');
3  f = -ones(m,1);    A = -eye(m);   b = zeros(m,1);    Aeq = y';    beq = 0;
4
5  opts = optimset( 'Algorithm','active-set');
6  [ alpha, fval, exitflag ] = quadprog( H,f,A,b,Aeq,beq,[],[],[],opts )
```

輸出結果如下圖所示。

```
alpha =          fval =         exitflag =

      0.5000          -1                 1

      0.5000

      1.0000

      0.0000
```

- fval 代表目標函數最佳值 –1。
- exitflag = 1 代表函數的最佳解收斂。
- alpha = [0.5 0.5 1 0]。

將對偶問題的最佳解記為 $\boldsymbol{\alpha}^*$，根據本章附錄 A 的推導獲得

$$\boldsymbol{w}^*=\sum_{i=1}^{m}\alpha_i^* y^{(i)}\boldsymbol{x}^{(i)}$$

根據 KKT 的互補鬆弛條件，獲得對某個 $\alpha_s^* > 0$，那麼

$$\alpha_s^*\left(y^{(s)}\left(\boldsymbol{w}^{*\mathrm{T}}\boldsymbol{x}^{(s)} + b\right) - 1\right) = 0 \quad \Leftrightarrow \quad y^{(s)}\left(\boldsymbol{w}^{*\mathrm{T}}\boldsymbol{x}^{(s)} + b\right) = 1$$

$$\Leftrightarrow b^* = y^{(s)} - \sum_{i=1}^{m} \alpha_i^* y^{(i)} \left(\boldsymbol{x}^{(i)}\right)^{\mathrm{T}} \boldsymbol{x}^{(s)}$$

把最佳解 $\boldsymbol{b}^*$ 和 $\boldsymbol{w}^*$ 帶入支撐向量機 SVM($\boldsymbol{x}$) 運算式可得

$$\mathrm{SVM}(\boldsymbol{x}) = \mathrm{sign}(\boldsymbol{w}^{*\mathrm{T}}\boldsymbol{x} + b^*) \overset{\text{將 } \boldsymbol{w}^* \text{ 和 } b^* \text{ 帶入}}{\triangleq} \mathrm{sign}\left(\sum_{i=1}^{m} \alpha_i^* y^{(i)} \left(\boldsymbol{x}^{(i)}\right)^{\mathrm{T}} \boldsymbol{x} + y^{(s)} - \sum_{i=1}^{m} \alpha_i^* y^{(i)} \left(\boldsymbol{x}^{(i)}\right)^{\mathrm{T}} \boldsymbol{x}^{(s)}\right)$$

$$= \mathrm{sign}\left(\sum_{i=1}^{m} \alpha_i^* y^{(i)} \left(\boldsymbol{x}^{(i)}\right)^{\mathrm{T}} (\boldsymbol{x} - \boldsymbol{x}^{(s)}) + y^{(s)}\right)$$

將 `quadprog` 函數的輸入 $\boldsymbol{X}$ 與 $\boldsymbol{y}$ 和輸出 $\boldsymbol{\alpha}^*$

$$\boldsymbol{X} = \begin{bmatrix} 0 & 0 \\ 2 & 2 \\ 2 & 0 \\ 3 & 0 \end{bmatrix}, \quad \boldsymbol{y} = \begin{bmatrix} -1 \\ -1 \\ 1 \\ 1 \end{bmatrix}, \quad \boldsymbol{\alpha}^* = \begin{bmatrix} 1/2 \\ 1/2 \\ 1 \\ 0 \end{bmatrix}$$

帶入 $\boldsymbol{w}^*$ 的運算式得出（和原始問題計算的 $\boldsymbol{w}^*$ 一樣）

$$\boldsymbol{w}^* = \sum_{i=1}^{4} \alpha_i^* \boldsymbol{y}^{(i)} \boldsymbol{x}^{(i)} = \frac{1}{2} \times (-1) \times \begin{bmatrix} 0 \\ 0 \end{bmatrix} + \frac{1}{2} \times (-1) \times \begin{bmatrix} 2 \\ 2 \end{bmatrix} + 1 \times 1 \begin{bmatrix} 2 \\ 0 \end{bmatrix} + 0 \times 1 \begin{bmatrix} 3 \\ 0 \end{bmatrix} = \begin{bmatrix} 1 \\ -1 \end{bmatrix}$$

因為 $\alpha_1^*, \alpha_2^*, \alpha_3^*$ 都大於 0，所以這是從中任選一個計算 b^*。

$$b^* = y^{(1)} - \boldsymbol{w}^{*\mathrm{T}}\boldsymbol{x}^{(1)} = -1 - [1 \quad -1] \begin{bmatrix} 0 \\ 0 \end{bmatrix} = -1$$

$$b^* = y^{(2)} - \boldsymbol{w}^{*\mathrm{T}}\boldsymbol{x}^{(2)} = -1 - [1 \quad -1] \begin{bmatrix} 2 \\ 2 \end{bmatrix} = -1$$

$$b^* = y^{(3)} - \boldsymbol{w}^{*\mathrm{T}}\boldsymbol{x}^{(3)} = 1 - [1 \quad -1] \begin{bmatrix} 2 \\ 0 \end{bmatrix} = -1$$

我們發現上面用 3 個大於 0 的 α^* 計算出來的 b^* 都等於 -1（和原始問題計算的 b^* 一樣）。下面看看用 $\alpha_4^* = 0$ 來計算 b^* 是不是不等於 -1。

$$b^* = y^{(4)} - \boldsymbol{w}^{*\mathrm{T}}\boldsymbol{x}^{(4)} = 1 - [1 \quad -1] \begin{bmatrix} 3 \\ 0 \end{bmatrix} = -2$$

「從 $\boldsymbol{\alpha}^*$ 中間接解出 b^* 和 $\boldsymbol{w}^*$」與「直接解出 b^* 和 $\boldsymbol{w}^*$」完全一致，在此二次規劃問題中，原始問題和對偶問題的最佳解相吻合。

SVM 的原始問題和對偶問題都是二次規劃問題，但是求解的變數個數和限制條件個數都不同，實際歸納如下表所示。

	SVM 原始問題	SVM 對偶問題
求解變數	$\underbrace{\min}_{b,\boldsymbol{w}} \ \frac{1}{2}\boldsymbol{w}^{\mathrm{T}}\boldsymbol{w}$ s.t. $y^{(i)}\left(\boldsymbol{w}^{\mathrm{T}}\boldsymbol{x}^{(i)}+b\right)\geqslant 1$ $i=1,2,\cdots,m$	$\underbrace{\min}_{\boldsymbol{\alpha}}\left(\frac{1}{2}\boldsymbol{\alpha}^{\mathrm{T}}\boldsymbol{H}\boldsymbol{\alpha}-\boldsymbol{1}_m^{\mathrm{T}}\boldsymbol{\alpha}\right)$ s.t. $\sum_{i=1}^{m}\alpha_i y^{(i)}=0$ $\alpha_i \geqslant 0,\quad i=1,2,\cdots,m$
變數個數	$n+1$	m
限制條件個數	m	$m+1$

m 是向量個數而 n 是維度，如果資料在低維度下線性不可分，需要轉換到高維度空間中，那麼 n 可能是非常大的。

求解原始問題會很低效，因此會將其轉換成對偶問題，後者需要求解的變數個數為 m，只跟資料個數有關。

回顧 7.1.3 節裡面的 KKT 條件，下表比較了它在一般問題中和在 SVM 問題中的表達形式。

KKT	**一般問題**	**SVM 問題**
拉格朗日量	$L(\boldsymbol{x},\boldsymbol{\alpha},\boldsymbol{\beta})=f(\boldsymbol{x})+\sum_{i=1}^{k}\alpha_i g_i(\boldsymbol{x})\sum_{i=1}^{l}\beta_i h_i(\boldsymbol{x})$	$L(b,\boldsymbol{w},\boldsymbol{\alpha})=\frac{\boldsymbol{w}^{\mathrm{T}}\boldsymbol{w}}{2}+\sum_{i=1}^{m}\alpha_i\left[1-y^{(i)}\left(\boldsymbol{w}^{\mathrm{T}}\boldsymbol{x}^{(i)}b\right)\right]$
原始可行性	$g_i(\boldsymbol{x}^*)\leqslant 0,\quad i=1,2,\cdots,k$ $h_i(\boldsymbol{x}^*)=0,\quad i=1,2,\cdots,l$	$y^{(i)}\left(\boldsymbol{w}^{\mathrm{T}}\boldsymbol{x}^{(i)}+b\right)\geqslant 1,\qquad i=1,2,\cdots,m$
對偶可行性	$\alpha_i^*\geqslant 0,\quad i=1,2,\cdots,k$	$\alpha_i\geqslant 0,\quad i=1,2,\cdots,m$
駐點	$\frac{\partial L(\boldsymbol{x}^*,\boldsymbol{\alpha}^*,\boldsymbol{\beta}^*)}{\partial x^{(i)}}=0,\quad i=1,2,\cdots,m$	$\frac{\partial L(b,\boldsymbol{w},\boldsymbol{\alpha})}{\partial b}=0$，$\frac{\partial L(b,\boldsymbol{w},\boldsymbol{\alpha})}{\partial \boldsymbol{w}}=0$
互補鬆弛	$\alpha_i^* g_i(\boldsymbol{x}^*)=0,\quad i=1,2,\cdots,k$	$\alpha_i\left[1-y^{(i)}\left(\boldsymbol{w}^{\mathrm{T}}\boldsymbol{x}^{(i)}+b\right)\right]=0$ $i=1,2,\cdots,m$

請注意由原始可行性、對偶可行性和互補鬆弛三個條件推出的關係式：

$$y^{(i)}\left(\boldsymbol{w}^{\mathrm{T}}\boldsymbol{x}^{(i)}+b\right) \geqslant 1 \qquad \text{(i)}$$

$$\alpha_i \geqslant 0 \qquad \text{(ii)}$$

$$\alpha_i\left[1-y^{(i)}\left(\boldsymbol{w}^{\mathrm{T}}\boldsymbol{x}^{(i)}+b\right)\right]=0 \qquad \text{(iii)}$$

由上式可知：

- 如果（i）式中取嚴格大於號（這表示 $\boldsymbol{x}^{(i)}$ 不落在邊界上），要使（iii）式成立，那麼 $\alpha_i=0$ 。
- 如果（ii）式中取嚴格大於號，要使（iii）式成立，那麼 $\boldsymbol{x}^{(i)}$ 是支援向量，即 SV （表示 $\boldsymbol{x}^{(i)}$ 落在邊界上）。

當解對偶問題獲得一組最佳解 $\boldsymbol{\alpha}^*$ 時，有些等於 0 ，則對應的向量是 SV，有些大於 0 ，則對應的向量不是 SV。現可化簡 7.1.3 節裡 b^* 和 $\boldsymbol{w}^*$ 的公式和支撐向量機 SVM($\boldsymbol{x}$) 的運算式（只用 SV 來表示）：

$$\boldsymbol{w}^*=\sum_{i=1}^{m}\alpha_i^* y^{(i)}\boldsymbol{x}^{(i)}=\sum_{\alpha_i^*>0}\alpha_i^* y^{(i)}\boldsymbol{x}^{(i)}=\sum_{SV}\alpha_i^* y^{(i)}\boldsymbol{x}^{(i)}$$

$$b^*=\boldsymbol{y}^{(s)}-\boldsymbol{w}^{*\mathrm{T}}\boldsymbol{x}^{(s)}$$

$$\mathrm{SVM}(\boldsymbol{x})=\mathrm{sign}(\boldsymbol{w}^{*\mathrm{T}}\boldsymbol{x}+b^*)=\mathrm{sign}\left(\sum_{SV}\alpha_i^* y^{(i)}\left(\boldsymbol{x}^{(i)}\right)^{\mathrm{T}}\boldsymbol{x}+b^*\right)$$

再回到上例，已知數據 $\boldsymbol{x}$，$\boldsymbol{y}$ 和用 quadprog 函數解出的 $\boldsymbol{\alpha}^*$：

$$\boldsymbol{x}=\begin{bmatrix}0&0\\2&2\\2&0\\3&0\end{bmatrix},\quad \boldsymbol{y}=\begin{bmatrix}-1\\-1\\1\\1\end{bmatrix},\quad \boldsymbol{\alpha}^*=\begin{bmatrix}1/2\\1/2\\1\\0\end{bmatrix}$$

只用大於 0 的 $\alpha_1^*,\alpha_2^*,\alpha_3^*$ 來計算 $\boldsymbol{w}^*$，和選取 α_1^* 來計算 b^*

$$\boldsymbol{w}^*=\frac{1}{2}\times(-1)\times\begin{bmatrix}0\\0\end{bmatrix}+\frac{1}{2}\times(-1)\times\begin{bmatrix}2\\2\end{bmatrix}+1\times1\times\begin{bmatrix}2\\0\end{bmatrix}=\begin{bmatrix}1\\-1\end{bmatrix}$$

$$b^*=\boldsymbol{y}^{(1)}-\boldsymbol{w}^{*\mathrm{T}}\boldsymbol{x}^{(1)}=-1-\begin{bmatrix}1&-1\end{bmatrix}\begin{bmatrix}0\\0\end{bmatrix}=-1$$

對偶問題的解壓縮含支撐向量（即非零的 α_i），從這一點來看就比原始問題的解更加直觀。在後面介紹軟間隔 SVM 問題時，即允許有分類誤差時，對偶問題的形式更容易類推出來，而且其解也更有直觀意義。

7.2.3 軟間隔 SVM 原始問題

線性不可分有兩種情況，按照其程度可分兩種（見下圖）。

- 類型一：線性輕度不可分（引言中的情景二）。
- 類型二：線性重度不可分（引言中的情景三）。

軟間隔 SVM 是用來解決類型一問題的。

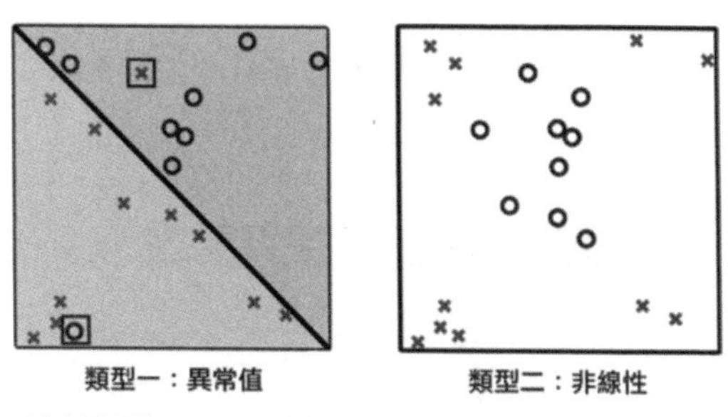

▲ 線性輕度不可分（左）和線性重度不可分（右）

硬間隔 SVM 要求所有的資料都要分類正確，在此前提下再最小化 $\boldsymbol{w}^{\mathrm{T}}\boldsymbol{w}$，但是在現實中這種事情很少發生（即沒有這樣一套完美的資料）。軟間隔 SVM 就是為了緩解「找不到完美分類資料」的問題，它會容忍一些錯誤的發生，將發生錯誤的情況加入目標函數中，希望能獲得一個分類錯誤情況越少越好的結果。為了能一目了然發現硬間隔和軟間隔 SVM 原始問題之間的異同（下表中紅色標示的部分），下面以類比形式展示在下表中。

	原始問題
軟間隔 SVM	$\underbrace{\min}_{b,\boldsymbol{w},\xi} \ \frac{1}{2}\boldsymbol{w}^{\mathrm{T}}\boldsymbol{w}+C\sum_{i=1}^{m}\xi_i \quad \text{s.t.} \quad y^{(i)}\left(\boldsymbol{w}^{\mathrm{T}}\boldsymbol{x}^{(i)}+b\right)\geqslant 1-\xi_i,\ \xi_i\geqslant 0,\quad i=1,2,\cdots,m$ **[E4]**
硬間隔 SVM	$\underbrace{\min}_{b,\boldsymbol{w}} \ \frac{1}{2}\boldsymbol{w}^{\mathrm{T}}\boldsymbol{w} \quad \text{s.t.} \quad y^{(i)}\left(\boldsymbol{w}^{\mathrm{T}}\boldsymbol{x}^{(i)}+b\right)\geqslant 1,\quad i=1,2,\cdots,m$

硬間隔和軟間隔 SVM 的區別就是後者多了 ξ 和 C。當進行完 SVM 後會有一個緩衝帶，在硬間隔 SVM 中沒有數據點在緩衝帶裡，但在軟間隔 SVM 中則

不一樣。如果定義「資料點進入了緩衝帶的這個現象」為違規，那麼軟間隔 SVM 分類完有 3 種不同現象：①分類正確；②分類正確但違規；③分類錯誤（一定違規）。而參數 ξ 用於衡量資料違規的程度。

為了簡化分析，令 $u_i = y^{(i)}\left(\boldsymbol{w}^{\mathrm{T}}\boldsymbol{x}^{(i)} + b\right)$，則 $u_i \geqslant 1 - \xi_i$。

- 當 $\xi_i = 0$ 時，$u_i \geqslant 1$，該點沒有違規且分類正確（該點到分隔線距離大於或等於最大間隔）。
- 當 $0 < \xi_i \leqslant 1$ 時，$u_i \geqslant$ 小於 1 的正數，該點違規但分類正確（該點到分隔線距離小於最大間隔）。
- 當 $\xi_i > 1$ 時，$u_i \geqslant$ 負數，該點違規並分類錯誤（只有 $u_i > 0$ 才代表分類正確）。

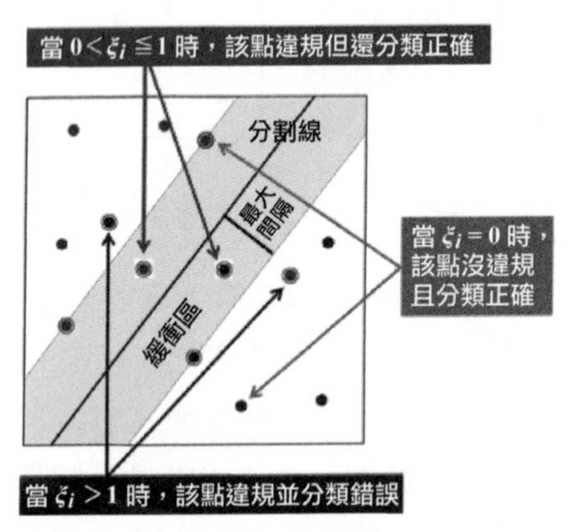

▲ 用 ξ 來記錄違規資料距離邊界的距離

右圖用 ξ 來記錄違規資料距離邊界的距離，並將這個距離納入最最佳化的標準中。但我們不希望 ξ 太大，因為這表示有某個資料分類錯得太離譜，因此需要用 C 來懲罰太大的 ξ。

參數 C 控制緩衝帶的寬度或最大間隔的長度。

- 值大的 C 代表「寧可邊界窄一點，也要違規甚至出錯的資料少點」，C 無限大就是硬 SVM 的情況。
- 值小的 C 代表「寧可邊界寬一點，即使犧牲分類精度也無所謂」。

MATLAB 求解：下表比較了硬分隔和軟分隔 SVM 原始問題（見 [E2] 和 [E4] 式）。

	硬間隔 SVM	軟間隔 SVM	MATLAB 的 quadprog 函數
求解變數	$\begin{bmatrix} b \\ \boldsymbol{w} \end{bmatrix}$	$\begin{bmatrix} b \\ \boldsymbol{w} \\ \boldsymbol{\xi} \end{bmatrix}$	z
目標函數	$\frac{1}{2}\boldsymbol{w}^{\mathrm{T}}\boldsymbol{w}$	$\frac{1}{2}\boldsymbol{w}^{\mathrm{T}}\boldsymbol{w} + C\sum_{i=1}^{m}\xi_i$	0.5*z'*H*z+ f'*z
不等式限制條件	$y^{(i)}\left(\boldsymbol{w}^{\mathrm{T}}\boldsymbol{x}^{(i)} + b\right) \geqslant 1$ $i = 1,2,\cdots,m$	$y^{(i)}\left(\boldsymbol{w}^{\mathrm{T}}\boldsymbol{x}^{(i)} + b\right) \geqslant 1 - \xi_i,\ \xi_i \geqslant 0$ $i = 1,2,\cdots,m$	A*z <= b
等式限制條件	無		Aeq*z = beq
上下界	無		LB <= Z <= UB
初值	無		Z0

軟分隔 SVM 比硬分隔 SVM 原始問題只多了參數 ξ 和 C，同樣沒有等式限制條件和上下界，因此，從硬分隔 SVM 的 `quadprog` 函數對應的那些變數開始，只需要在 `z'`, `H`, `f'`, `A`, `b` 上進行調整。

	硬間隔 SVM	軟間隔 SVM
目標函數	$\overbrace{\frac{1}{2}}^{0.5}\overbrace{\begin{bmatrix} b & \boldsymbol{w}^{\mathrm{T}} \end{bmatrix}}^{z'}\overbrace{\begin{bmatrix} 0 & \boldsymbol{0}_n^{\mathrm{T}} \\ \boldsymbol{0}_n & \boldsymbol{I}_n \end{bmatrix}}^{H}\overbrace{\begin{bmatrix} b \\ \boldsymbol{w} \end{bmatrix}}^{z} + \overbrace{\boldsymbol{0}_{n+1}^{\mathrm{T}}}^{f'}\overbrace{\begin{bmatrix} b \\ \boldsymbol{w} \end{bmatrix}}^{z}$	$\overbrace{\frac{1}{2}}^{0.5}\overbrace{\begin{bmatrix} b & \boldsymbol{w}^{\mathrm{T}} & \boldsymbol{\xi}^{T} \end{bmatrix}}^{z'}\overbrace{\begin{bmatrix} 0 & \boldsymbol{0}_n^{\mathrm{T}} & \boldsymbol{0}_m^{\mathrm{T}} \\ \boldsymbol{0}_n & \boldsymbol{I}_n & \boldsymbol{0}_{n\times m} \\ \boldsymbol{0}_m & \boldsymbol{0}_{m\times n} & \boldsymbol{0}_{m\times m} \end{bmatrix}}^{H}\overbrace{\begin{bmatrix} b \\ \boldsymbol{w} \\ \boldsymbol{\xi} \end{bmatrix}}^{z}$ $+\overbrace{\begin{bmatrix} 0 & \boldsymbol{0}_n^{\mathrm{T}} & C\times\boldsymbol{1}_m^{\mathrm{T}} \end{bmatrix}}^{f'}\overbrace{\begin{bmatrix} b \\ \boldsymbol{w} \\ \boldsymbol{\xi} \end{bmatrix}}^{z}$
不等式限制條件	$\overbrace{-\begin{bmatrix} y^{(1)} & y^{(1)}(\boldsymbol{x}^{(1)})^{\mathrm{T}} \\ \vdots & \vdots \\ y^{(m)} & y^{(m)}(\boldsymbol{x}^{(m)})^{\mathrm{T}} \end{bmatrix}}^{A}\overbrace{\begin{bmatrix} b \\ \boldsymbol{w} \end{bmatrix}}^{z} \leqslant \overbrace{-\boldsymbol{1}_m}^{b}$	$\overbrace{-\begin{bmatrix} y^{(1)} & y^{(1)}(\boldsymbol{x}^{(1)})^{\mathrm{T}} & \boldsymbol{1}_m^{\mathrm{T}} \\ \vdots & \vdots & \vdots \\ y^{(m)} & y^{(m)}(\boldsymbol{x}^{(m)})^{\mathrm{T}} & \boldsymbol{1}_m^{\mathrm{T}} \\ 0 & \boldsymbol{0}_n^{T} & \boldsymbol{I}_m \end{bmatrix}}^{A}\overbrace{\begin{bmatrix} b \\ \boldsymbol{w} \\ \boldsymbol{\xi} \end{bmatrix}}^{z} \leqslant \overbrace{-\begin{bmatrix} \boldsymbol{1}_m \\ \boldsymbol{0}_m \end{bmatrix}}^{b}$
等式限制條件	Aeq = [], beq = []	
上下界	LB = [], UB = []	
初值	Z0 = []	

7.2.4 軟間隔 SVM 對偶問題

回顧一下前面介紹的軟間隔 SVM 原始問題：

$$\underbrace{\min}_{b,\boldsymbol{w},\xi} \overbrace{\frac{1}{2}\boldsymbol{w}^{\mathrm{T}}\boldsymbol{w}+C\sum_{i=1}^{m}\xi_i}^{\text{目標函數}} \quad \text{s.t.} \quad \overbrace{y^{(i)}(\boldsymbol{w}^{\mathrm{T}}\boldsymbol{x}^{(i)}+b)\geqslant 1-\xi_i,\quad \xi_i\geqslant 0,\quad i=1,2,\cdots,m}^{m\text{ 個約束條件}}$$

根據本章附錄 B 的詳細推導獲得軟分隔 SVM 對偶問題：

$$\underbrace{\min}_{\boldsymbol{\alpha}}\left(\frac{1}{2}\sum_{i=1}^{m}\sum_{k=1}^{m}\alpha_i\alpha_k y^{(i)}y^{(k)}\boldsymbol{x}^{(i)}\left(\boldsymbol{x}^{(k)}\right)^{\mathrm{T}}-\sum_{i=1}^{m}\alpha_i\right) \quad \text{s.t.} \quad \sum_{i=1}^{m}\alpha_i y^{(i)}=0,$$

$$0\leqslant\alpha_i\leqslant C,\quad i=1,2,\cdots,m$$

原始問題透過求 b 和 $\boldsymbol{w}$ 來最小化目標函數，對偶問題透過求 $\boldsymbol{\alpha}$ 來最小化目標函數，整理其矩陣形式為

$$\underbrace{\min}_{\boldsymbol{\alpha}}\left(\frac{1}{2}\boldsymbol{\alpha}^{\mathrm{T}}\boldsymbol{H}\boldsymbol{\alpha}-\mathbf{1}_m^{\mathrm{T}}\boldsymbol{\alpha}\right) \quad \text{s.t.} \quad \boldsymbol{y}^{\mathrm{T}}\boldsymbol{\alpha}=0,\quad \mathbf{0}_m\leqslant\boldsymbol{\alpha}\leqslant C\mathbf{1}_m$$

其中

$$\boldsymbol{H}=\begin{bmatrix} y^{(1)}y^{(1)}\boldsymbol{x}^{(1)}\left(\boldsymbol{x}^{(1)}\right)^{\mathrm{T}} & \cdots & y^{(1)}y^{(m)}\boldsymbol{x}^{(1)}\left(\boldsymbol{x}^{(m)}\right)^{\mathrm{T}} \\ y^{(2)}y^{(1)}\boldsymbol{x}^{(2)}\left(\boldsymbol{x}^{(1)}\right)^{\mathrm{T}} & \cdots & y^{(2)}y^{(m)}\boldsymbol{x}^{(2)}\left(\boldsymbol{x}^{(m)}\right)^{\mathrm{T}} \\ \vdots & \vdots & \vdots \\ y^{(m)}y^{(1)}\boldsymbol{x}^{(m)}\left(\boldsymbol{x}^{(1)}\right)^{\mathrm{T}} & \cdots & y^{(m)}y^{(m)}\boldsymbol{x}^{(m)}\left(\boldsymbol{x}^{(m)}\right)^{\mathrm{T}} \end{bmatrix},\quad \mathbf{1}_m=\begin{bmatrix}1\\1\\\vdots\\1\end{bmatrix}_{m\times 1},\quad \mathbf{0}_m=\begin{bmatrix}0\\0\\\vdots\\0\end{bmatrix}_{m\times 1}$$

為了能一目了然發現硬間隔和軟間隔 SVM 對偶問題之間的相似之處和不同之處（下表紅色標示的內容），我們將它們的代數形式和矩陣形式進行了比較及歸納，如下表所示。

	對偶問題（代數形式）	對偶問題（矩陣形式）
軟間隔 SVM	$\underbrace{\min}_{\boldsymbol{\alpha}}\left(\frac{1}{2}\sum_{i=1}^{m}\sum_{k=1}^{m}\alpha_i\alpha_k y^{(i)}y^{(k)}\boldsymbol{x}^{(i)}\left(\boldsymbol{x}^{(k)}\right)^{\mathrm{T}}-\sum_{i=1}^{m}\alpha_i\right)$ s.t. $\sum_{i=1}^{m}\alpha_i y^{(i)}=0,\ 0\leqslant\alpha_i\leqslant C,\quad i=1,2,\cdots,m$	$\underbrace{\min}_{\boldsymbol{\alpha}}\left(\frac{1}{2}\boldsymbol{\alpha}^{\mathrm{T}}\boldsymbol{H}\boldsymbol{\alpha}-\mathbf{1}_m^{\mathrm{T}}\boldsymbol{\alpha}\right)$ s.t. $\boldsymbol{y}^{\mathrm{T}}\boldsymbol{\alpha}=0,\ \mathbf{0}_m\leqslant\boldsymbol{\alpha}\leqslant C\mathbf{1}_m$
硬間隔 SVM	$\underbrace{\min}_{\boldsymbol{\alpha}}\left(\frac{1}{2}\sum_{i=1}^{m}\sum_{k=1}^{m}\alpha_i\alpha_k y^{(i)}y^{(k)}\boldsymbol{x}^{(i)}\left(\boldsymbol{x}^{(k)}\right)^{\mathrm{T}}-\sum_{i=1}^{m}\alpha_i\right)$	$\underbrace{\min}_{\boldsymbol{\alpha}}\left(\frac{1}{2}\boldsymbol{\alpha}^{\mathrm{T}}\boldsymbol{H}\boldsymbol{\alpha}-\mathbf{1}_m^{\mathrm{T}}\boldsymbol{\alpha}\right)$

	對偶問題（代數形式）	對偶問題（矩陣形式）
	s.t. $\sum_{i=1}^{m}\alpha_i y^{(i)} = 0,\ \ \alpha_i \geqslant 0,\ \ \ i = 1,2,\cdots,m$	s.t. $\boldsymbol{y}^{\mathrm{T}}\boldsymbol{\alpha} = 0,\ \ \boldsymbol{\alpha} \geqslant \boldsymbol{0}_m$

硬間隔和軟間隔 SVM 的唯一區別就是 α_i 的範圍：

- 硬間隔 SVM：$\alpha_i \geqslant 0$。
- 軟間隔 SVM：$0 \leqslant \alpha_i \leqslant C$。

軟分隔 SVM 比硬分隔 SVM 對偶問題只是多了一個上界，因此，從硬分隔 SVM 的 quadprog 函數對應那些變數開始，只需要在 UB 上做微調。

	硬間隔 SVM	軟間隔 SVM
目標函數	$\overbrace{\frac{1}{2}}^{0.5}\overbrace{\boldsymbol{\alpha}^{\mathrm{T}}}^{\mathrm{z}'}\overbrace{\boldsymbol{H}}^{\mathrm{H}}\overbrace{\boldsymbol{\alpha}}^{\mathrm{z}} + \overbrace{(-\boldsymbol{1}_m^{\mathrm{T}})}^{\mathrm{f}'}\overbrace{\boldsymbol{\alpha}}^{\mathrm{z}}$	
不等式 限制條件	—	
等式 限制條件	$\overbrace{\boldsymbol{y}^{\mathrm{T}}}^{\mathrm{Aeq}}\overbrace{\boldsymbol{\alpha}}^{\mathrm{z}} = \overbrace{0}^{\mathrm{beq}}$	
上下界	$\mathrm{LB} = 0_{\mathrm{m}}, \mathrm{UB} = []$	$\mathrm{LB} = 0_{\mathrm{m}}, \mathrm{UB} = \mathrm{C} \times 1_{\mathrm{m}}$
初值	$\mathrm{Z0} = []$	

7.2.5 空間轉換

線性不可分有兩種情況，按照程度可分為兩種（見下圖）。

- 類型一：線性輕度不可分（見本章引言中的情景二）。
- 類型二：線性重度不可分（見本章引言中的情景三）。

空間轉換是用來解決類型二的，但轉換完資料可能還是線性輕度不可分的，需要繼續求助於軟間隔 SVM。

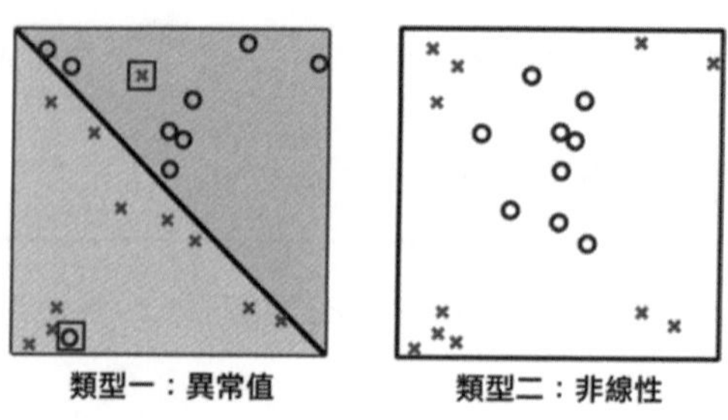

▲ 線性輕度不可分（左）和線性重度不可分（右）

對於類型二，如果要做到正確分類每一個叉和圈，則需要一個非線性函數。用 x_1 和 x_2 代表 $\boldsymbol{x}$ 空間的兩個維度進行平方轉換如何？轉換函數 $\boldsymbol{\Phi}(\boldsymbol{x})$ 為

$$\boldsymbol{x}=\begin{bmatrix}1\\x_1\\x_2\end{bmatrix}\quad\Rightarrow\quad\boldsymbol{z}=\Phi(\boldsymbol{x})=\begin{bmatrix}1\\x_1^2\\x_2^2\end{bmatrix}$$

在右圖所示的 x 空間中，叉在 x_1 和 x_2 維度上的絕對值都比圈的絕對值大（叉更擴散一些）。

進行平方轉換之後：

在右圖所示的 z 空間中，叉在 z_1 和 z_2 維度上的絕對值都比圈的絕對值大，而且叉和圈在 z 空間是線性可分的。

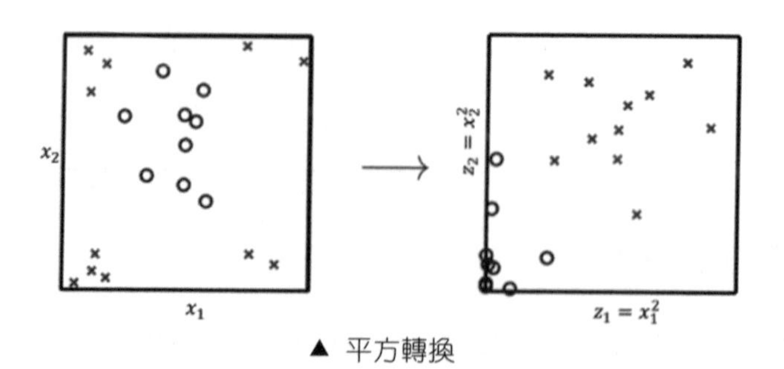

▲ 平方轉換

在 x 空間的線性可分問題已經在 7.2.1 節中講過，現在把 SVM(·) 的運算式套用在平方轉換的 z 空間，獲得：

$$\text{SVM}_{\boldsymbol{z}}(\boldsymbol{z})=\text{sign}(\boldsymbol{w}^{\text{T}}\boldsymbol{z}+b)$$

從右圖可知，z 空間的 $\mathrm{SVM}_{\boldsymbol{z}}$ 是 $\boldsymbol{z}$ 的線性函數。

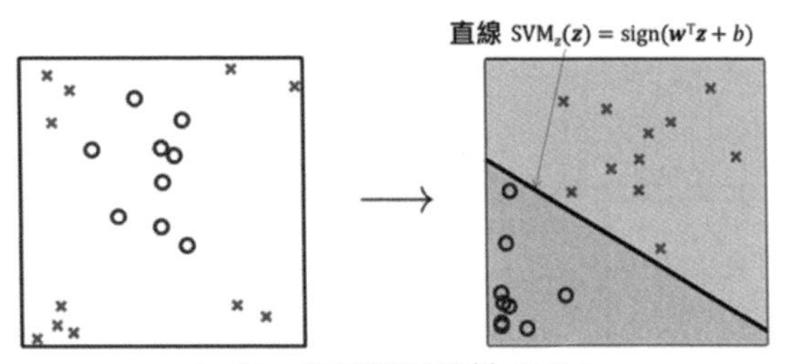

▲ 在 $\boldsymbol{z}$ 空間獲得線性 SVM

接著用轉換函數 $\boldsymbol{\Phi}(\boldsymbol{x})$ 獲得在 x 空間的 SVM：

$$\mathrm{SVM}_{\boldsymbol{x}}(\boldsymbol{x}) = \mathrm{SVM}_{\boldsymbol{z}}(\boldsymbol{z})$$
$$= \mathrm{SVM}_{\boldsymbol{z}}\big(\Phi(\boldsymbol{x})\big)$$
$$= \mathrm{sign}(\boldsymbol{w}^{\mathrm{T}}\Phi(\boldsymbol{x}) + b)$$

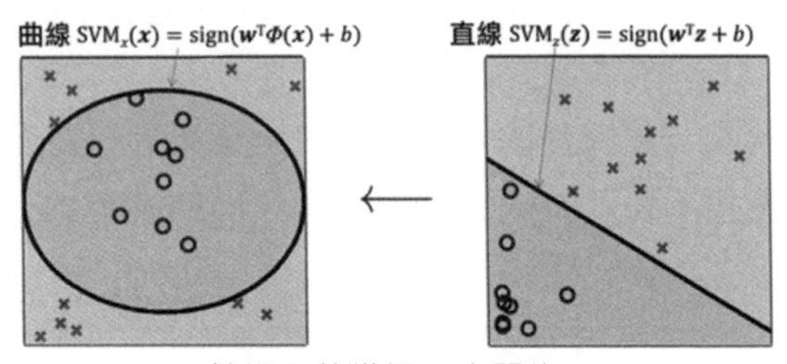

▲ 用轉換函數獲得 x 空間的 SVM

從 $\boldsymbol{x}$ **空間**轉到 $\boldsymbol{z}$ **空間**容易犯資料窺探（Data Snooping）的錯誤，即看過 x 空間中的資料後再設計轉換函數。

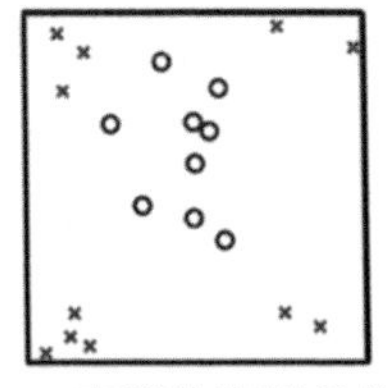

▲ x 空間的資料分佈

左圖是 x 空間的資料分佈，看過之後我們可以設計 3 種轉換函數使得資料是線性可分的。

- 轉換函數一：只在 z_1 維度上進行轉換，在 z_2 維度上不變。
- 轉換函數二：平方轉換。
- 轉換函數三：甚至不要 z_2 維度。

實際轉換函數如下圖所示，但轉換函數一裡的 0.05 和轉換函數三裡的 0.6 完全是在**看完資料之後**才決定的。

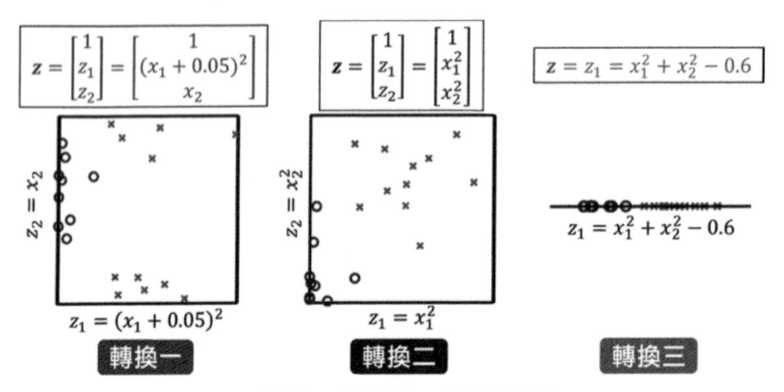

▲ 3 種從 x 空間到 z 空間的轉換

這種資料窺探的現象要絕對避免，看著資料來制定轉換函數是一種作弊行為，結果就是 SVM 在現有的資料上表現很好，換一套新資料表現就不行了，推廣能力不強。

看完資料之後再選取一個特殊的轉換函數會犯資料窺探的錯誤。為了保險，**在看資料之前，最好不要用特殊的轉換函數，而應該考慮使用一個通用的轉換函數**，下面以 2 階多項式來舉例。

x 空間	特殊轉換函數	通用轉換函
$\boldsymbol{x}=\begin{bmatrix}1\\x_1\\x_2\end{bmatrix}$	$\mathbf{z}=\Phi(\boldsymbol{x})\begin{bmatrix}1\\x_1^2\\x_2^2\end{bmatrix}$	$\mathbf{z}=\Phi(\boldsymbol{x})=\begin{bmatrix}1\\x_1\\x_2\\x_1^2\\x_1x_2\\x_2^2\end{bmatrix}$

在本例中，特殊轉換函數獲得的是中心點為（0, 0）的橢圓形方程式或雙曲線方程式，有限制；而通用轉換函數獲得的橢圓形方程式或雙曲線方程式的中心點是任意點，有一般性。

如果換一套資料，以 (2, 1) 為中心點往外擴散，則特殊轉換函數一定不適用，而通用轉換函數透過調整 x_1 和 x_2 的係數來適應新資料。

由上例 2 階多項式進行擴充，我們也可以用通用的 Q 階多項式作為轉換函數，例如

$$\Phi_1(\boldsymbol{x}) = (1, x_1, x_2)$$
$$\Phi_2(\boldsymbol{x}) = (1, x_1, x_2, x_1^2, x_1x_2, x_2^2)$$
$$\Phi_3(\boldsymbol{x}) = (1, x_1, x_2, x_1^2, x_1x_2, x_2^2, x_1^3, x_1^2x_2, x_1x_2^2, x_2^3)$$
$$\Phi_4(\boldsymbol{x}) = (1, x_1, x_2, x_1^2, x_1x_2, x_2^2, x_1^3, x_1^2x_2, x_1x_2^2, x_2^3, x_1^4, x_1^3x_2, x_1^2x_2^2, x_1x_2^3, x_2^4)$$
$$\cdots\cdots$$

當 $\boldsymbol{x}$ 來自 2 維空間時，透過 4 階多項式轉換已變成了 15 維的 z 空間了。

一般來說，令 n 代表 x 空間的維度，Q 代表多項式階數，d 代表 z 空間的維度，有 $d = C_{Q+n}^{Q}$，即從 $Q+n$ 個元素中取出 Q 個元素的組合個數，證明過程如右圖所示。

在上述實際實例中，$d = C_{4+2}^{4} = C_6^4 = 15$。

以 Q 階多項式作為轉換函數做一次轉換的複雜度是 $O(C_{Q+n}^{Q})$，當 Q 很大時，複雜度增加很快。

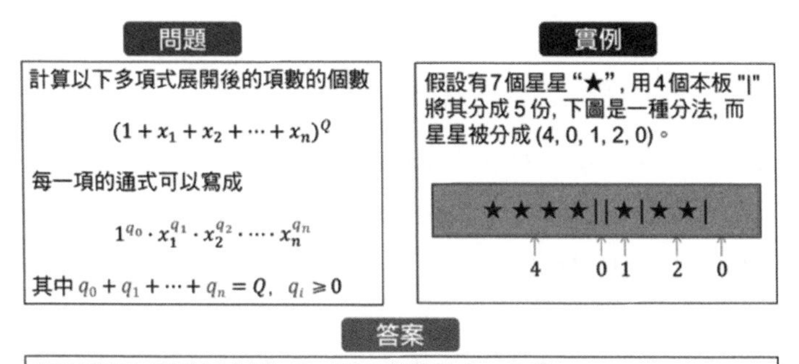

▲ 解釋 n 維多項式的項數 Q 的推導

從 x 空間的 SVM 原始問題和對偶問題開始，很容易可以類推出 z 空間的解，把所有出現 $\boldsymbol{x}$ 的地方用 $\boldsymbol{z}$ 取代即可，如下表所示。

	SVM 原始問題	SVM 對偶問題
$\boldsymbol{x}$ 空間 d 維	$\underbrace{\min}_{b,\boldsymbol{w}} \quad \frac{1}{2}\boldsymbol{w}^{\mathrm{T}}\boldsymbol{w}$ s.t. $\quad y^{(i)}\left(\boldsymbol{w}^{\mathrm{T}}\boldsymbol{x}^{(i)}+b\right) \geqslant 1, i=1,2,\cdots,m$	$\underbrace{\min}_{\boldsymbol{\alpha}}\left(\frac{1}{2}\sum_{i=1}^{m}\sum_{k=1}^{m}\alpha_i\alpha_k y^{(i)}y^{(k)}\left(\boldsymbol{x}^{(k)}\right)^{\mathrm{T}}\boldsymbol{x}^{(i)}-\sum_{i=1}^{m}\alpha_i\right)$ s.t. $\quad \sum_{i=1}^{m}\alpha_i y^{(i)}=0, \quad \alpha_i \geqslant 0, \qquad i=1,2,\cdots,m$
轉換	$\boldsymbol{z}^{(i)}=\Phi\left(\boldsymbol{x}^{(i)}\right)$	
$\boldsymbol{z}$ 空間 d 維	$\underbrace{\min}_{b,\boldsymbol{w}} \quad \frac{1}{2}\boldsymbol{w}^{\mathrm{T}}\boldsymbol{w}$ s.t. $\quad \boldsymbol{y}^{(i)}\left(\boldsymbol{w}^{\mathrm{T}}\boldsymbol{z}^{(i)}+b\right) \geqslant 1, i=1,2,\cdots,m$	$\underbrace{\min}_{\boldsymbol{\alpha}}\left(\frac{1}{2}\sum_{i=1}^{m}\sum_{k=1}^{m}\alpha_i\alpha_k y^{(i)}y^{(k)}\left(\boldsymbol{z}^{(k)}\right)^{\mathrm{T}}\boldsymbol{z}^{(i)}-\sum_{i=1}^{m}\alpha_i\right)$ s.t. $\quad \sum_{i=1}^{m}\alpha_i y^{(i)}=0, \quad \alpha_i \geqslant 0, \ i=1,2,\cdots,m$

從 $\boldsymbol{x}^{(i)}$ 到 $\boldsymbol{z}^{(i)}$ 的轉換的複雜度是 $O(d)$，在對偶問題中，從計算 $\left(\boldsymbol{x}^{(k)}\right)^{\mathrm{T}}\boldsymbol{x}^{(i)}$ 到計算$\left(\boldsymbol{z}^{(k)}\right)^{\mathrm{T}}\boldsymbol{z}^{(i)}$ 的複雜度也是 $O(d)$。因此，這種「從低維空間 x 轉換到高維空間 z 來解 SVM 對偶問題」的做法代價昂貴，核技巧可降低這個代價。

7.2.6 核技巧

計算 $(1+2\times3+4\times5)^2$ 可以用下面兩種方法。

$$
\begin{aligned}
\text{方法 } 1 &= 1^2+(2\times3)^2+(4\times5)^2+2\times1\times(2\times3)+2\times1\times(4\times5)+2\times(2\times3)\times(4\times5)\\
&= 1+6^2+20^2+2\times6+2\times20+2\times6\times20\\
&= 1+36+400+12+40+240=729
\end{aligned}
$$

$$
\text{方法 } 2 = (1+6+20)^2 = 27^2 = 729
$$

你會用哪種方法？方法 1 是按部就班的演算法，將括號裡所有項都用平方展開；方法 2 是投機取巧的演算法，將括號裡所有項先合併再計算平方。如果你選擇方法 2，那麼恭喜你，你完全弄清楚了本節講的核技巧。

下面回顧 7.2.2 節中硬間隔 SVM 對偶問題和它的最佳解。

	SVM 對偶問題
對偶問題	$\underbrace{\min}_{\alpha}\left(\frac{1}{2}\sum_{i=1}^{m}\sum_{k=1}^{m}\boldsymbol{\alpha}_i\boldsymbol{\alpha}_k y^{(i)}y^{(k)}\left(\boldsymbol{x}^{(k)}\right)^{\mathrm{T}}\boldsymbol{x}^{(i)}-\sum_{i=1}^{m}\boldsymbol{\alpha}_i\right)$
最佳解	$\boldsymbol{w}^*=\sum_{\mathrm{SV}}\alpha_i^* y^{(i)}\boldsymbol{x}^{(i)},\ \ b^*=y^{(s)}-\sum_{\mathrm{SV}}\alpha_i^* y^{(i)}\left(\boldsymbol{x}^{(i)}\right)^{\mathrm{T}}\boldsymbol{x}^{(s)}$
SVM	$\mathrm{SVM}(\boldsymbol{x})=\mathrm{sign}\left(\sum_{\mathrm{SV}}\alpha_i^* y^{(i)}\left(\boldsymbol{x}^{(i)}\right)^{\mathrm{T}}\boldsymbol{x}+b^*\right)$

左表中紅色部分都是 $\boldsymbol{a}^{\mathrm{T}}\boldsymbol{b}$ 這樣的形式（轉置向量乘以向量）。在 7.2.1 節討論過，從 x 空間轉換成 z 空間，就必須要從計算 $\boldsymbol{x}^{\mathrm{T}}\boldsymbol{x}'$ 到計算 $\mathbf{z}^{\mathrm{T}}\mathbf{z}'$，兩者之間用是核函數 K 來連接，$K(\boldsymbol{x},\boldsymbol{x}')=\mathbf{z}^{\mathrm{T}}\mathbf{z}'$。

計算 K 有兩種方法：

（1）老實演算法：先計算 $\mathbf{z}=\Phi(\boldsymbol{x})$，$\mathbf{z}'=\Phi(\boldsymbol{x}')$，再求 $\mathbf{z}^{\mathrm{T}}\mathbf{z}'$。

（2）巧妙演算法：不做轉換動作而直接計算 $\mathbf{z}^{\mathrm{T}}\mathbf{z}'$。

使用老實演算法一定算得出來，但是複雜度很高且耗時很多；而巧妙演算法就是大名鼎鼎的核技巧。下面介紹兩個最常見的核函數：多項式核函數和高斯徑向基核函數。

1. 多項式核函數

多項式核函數由易到難分為 3 種情況。

情況一：當 $Q=2$，$n=2$ 時，$\boldsymbol{x}$ 是 2 維向量：$\boldsymbol{x}=[x_1,x_2]$，而轉換函數是二階多項式。

$$\mathbf{z}=\Phi_2(\boldsymbol{x})=(1,x_1,x_2,x_1^2,x_1x_2,x_2^2)$$
$$\mathbf{z}'=\Phi_2(\boldsymbol{x}')=(1,x_1',x_2',x_1'^2,x_1'x_2',x_2'^2)$$

計算它們的內積再經過整理獲得

$$\begin{aligned}K(\boldsymbol{x},\boldsymbol{x}')=\mathbf{z}^{\mathrm{T}}\mathbf{z}'&=\Phi_2(\boldsymbol{x})^{\mathrm{T}}\Phi_2(\boldsymbol{x}')\\&=1+x_1x_1'+x_2x_2'+x_1^2x_1'^2+x_1x_1'x_2x_2'+x_2^2x_2'^2\\&=1+\boldsymbol{x}^{\mathrm{T}}\boldsymbol{x}'+\left(x_1x_1'+x_2x_2'\right)^2-x_1x_1'x_2x_2'\\&=1+\boldsymbol{x}^{\mathrm{T}}\boldsymbol{x}'+\left(\boldsymbol{x}^{\mathrm{T}}\boldsymbol{x}'\right)^2-x_1x_1'x_2x_2'\end{aligned}$$

從上式可以看出，計算 $\mathbf{z}^{\mathrm{T}}\mathbf{z}'$ 沒有「顯性」用到轉換函數 Φ_2，而是想辦法把 $\mathbf{z}^{\mathrm{T}}\mathbf{z}'$ 與 $\boldsymbol{x}^{\mathrm{T}}\boldsymbol{x}'$ 建立起關係。為了能讓 $\mathbf{z}^{\mathrm{T}}\mathbf{z}'$ 的運算式更漂亮一些（沒有最後一項 $x_1x_1'x_2x_2'$），我們在轉換函數中的某些項前面加係數（兩個轉換函數是相等的，係數只是一個縮放因數，例如（x_1, x_2）和（ax_1, bx_2）展開的是同樣的空間），新的 Φ_2 為：

$$\mathbf{z} = \Phi_2(\boldsymbol{x}) = (1, \sqrt{2}x_1, \sqrt{2}x_2, x_1^2, \sqrt{2}x_1x_2, x_2^2)$$

$$\mathbf{z}' = \Phi_2(\boldsymbol{x}') = (1, \sqrt{2}x_1', \sqrt{2}x_2', x_1'^2, \sqrt{2}x_1'x_2', x_2'^2)$$

再計算它們的內積獲得

$$\begin{aligned} K(\boldsymbol{x}, \boldsymbol{x}') &= \mathbf{z}^{\mathrm{T}}\mathbf{z}' = \Phi_2(\boldsymbol{x})^{\mathrm{T}}\Phi_2(\boldsymbol{x}') \\ &= 1 + 2x_1x_1' + 2x_2x_2' + x_1^2x_1'^2 + 2x_1x_1'x_2x_2' + x_2^2x_2'^2 \\ &= 1 + 2\boldsymbol{x}^{\mathrm{T}}\boldsymbol{x}' + (x_1x_1' + x_2x_2')^2 = 1 + 2\boldsymbol{x}^{\mathrm{T}}\boldsymbol{x}' + (\boldsymbol{x}^{\mathrm{T}}\boldsymbol{x}')^2 \\ &= (1 + \boldsymbol{x}^{\mathrm{T}}\boldsymbol{x}')^2 \end{aligned}$$

結果很完美！透過巧妙地設定一些係數，例如本例中的 $\sqrt{2}$，我們可以不費力氣地計算出 $K(\boldsymbol{x}, \boldsymbol{x}')$。最後這個二階多項式就叫作二階多項式核函數，或簡稱二階多項式核。下面來看看更多的實例（對任意 n 和 Q）。

情況二：當 $Q = 2$，n 很大時，$\boldsymbol{x}$ 是 n 維向量：$\boldsymbol{x} = [x_1, x_2, \ldots, x_n]$，而轉換函數是 Q 階多項式。

$$\Phi_2(\boldsymbol{x}) = (1, \sqrt{2}x_1, \cdots, \sqrt{2}x_n, x_1^2, x_1x_2, \cdots, x_1x_n, x_2x_1, x_2^2, \cdots, x_2x_n, \cdots, x_nx_1, x_nx_2, \cdots, x_n^2)$$

計算它們的內積獲得

$$K(\boldsymbol{x}, \boldsymbol{x}') = \mathbf{z}^{\mathrm{T}}\mathbf{z}' = \Phi_2(\boldsymbol{x})^{\mathrm{T}}\Phi_2(\boldsymbol{x}') = \overbrace{1 + 2\sum_{i=1}^{n} x_ix_i' + \sum_{i=1}^{n}\sum_{j=1}^{n} x_ix_jx_i'x_j'}^{n^2+n\text{步循環，}O(n^2)}$$

$$\begin{aligned} &= \overbrace{1 + 2\sum_{i=1}^{n} x_ix_i' + \sum_{i=1}^{n} x_ix_i' \sum_{j=1}^{n} x_jx_j'}^{3n\text{ 步循環，}O(n)} \\ &= 1 + \boldsymbol{x}^{\mathrm{T}}\boldsymbol{x}' + (\boldsymbol{x}^{\mathrm{T}}\boldsymbol{x}')(\boldsymbol{x}^{T}\boldsymbol{x}') \\ &= (1 + \boldsymbol{x}^{\mathrm{T}}\boldsymbol{x}')^2 \end{aligned}$$

由此可見，複雜度從老實演算法的 $O(n^2)$ 降到了巧妙演算法的 $O(n)$。如果改

用下面轉換函數

$$\Phi_2(\boldsymbol{x}) = (\zeta 1, \sqrt{2\zeta\gamma}x_1, \dots, \sqrt{2\zeta\gamma}x_n, x_1^2, \gamma x_1 x_2, \dots, \gamma x_1 x_n, \\ \gamma x_2 x_1, x_2^2, \dots, \gamma x_2 x_n, \dots, \gamma x_n x_1, \gamma x_n x_2, \dots, x_n^2)$$

則計算它們的內積獲得

$$\begin{aligned} K(\boldsymbol{x}, \boldsymbol{x}') = \boldsymbol{z}^{\mathrm{T}}\boldsymbol{z}' = \Phi_2(\boldsymbol{x})^{\mathrm{T}}\Phi_2(\boldsymbol{x}') &= \zeta^2 + 2\zeta\gamma \sum_{i=1}^{n} x_i x_i' + \gamma^2 \sum_{i=1}^{n}\sum_{j=1}^{n} x_i x_j x_i' x_j' \\ &= \zeta^2 + 2\zeta\gamma \sum_{i=1}^{n} x_i x_i' + \gamma^2 \sum_{i=1}^{n} x_i x_i' \sum_{j=1}^{n} x_j x_j' \\ &= \zeta^2 + 2\zeta\gamma \boldsymbol{x}^{\mathrm{T}}\boldsymbol{x}' + \gamma^2(\boldsymbol{x}^{\mathrm{T}}\boldsymbol{x}')(\boldsymbol{x}^{\mathrm{T}}\boldsymbol{x}') = (\zeta + \gamma\boldsymbol{x}^{\mathrm{T}}\boldsymbol{x}')^2 \end{aligned}$$

情況三：當 Q 和 n 都很大時，類比二階多項式核，獲得 Q 階多項式核。

$$K(\boldsymbol{x}, \boldsymbol{x}') = (\zeta + \gamma\boldsymbol{x}^{\mathrm{T}}\boldsymbol{x}')^Q$$

雖然沒有寫出它所對應的轉換函數 Φ_n 和內積計算，但是不難看到複雜度從老實演算法的 $O(n^Q)$ 降到了巧妙演算法的 $O(n)$。有了核技巧，所有內積計算的複雜度只需為 $O(n)$。

2. 高斯徑向基函數核

高斯徑向基函數核（Gaussian-RBF[1] Kernel）的定義如下（$\gamma > 0$）：

$$K(\boldsymbol{x}, \boldsymbol{x}') = \exp(-\gamma \times \|\boldsymbol{x} - \boldsymbol{x}'\|^2)$$

如果說多項式核是從低維度到高維度的，那麼高斯徑向基函數核是從低維度到無限維度的！從表面上看此函數平淡無奇，怎麼會到無限維度呢？為了便於說明，令 $\gamma = 1$ 而且只考慮 1 維的情況（即 x 是純量不是向量）。

$$\begin{aligned} K(x, x') = \exp(-\|x - x'\|^2) &= \exp(-x^2 - 2xx' - x'^2) \\ &= \exp(-x^2)\exp(-2xx') \times \exp(-x'^2) \\ &= \exp(-x^2)\left(\sum_{k=0}^{\infty} \frac{2^k x^k x'^k}{k!}\right)\exp(-x'^2) \end{aligned}$$

---

1 RBF 全稱是 Radial Basis Function。

根據其核 K 可反推出對應的轉換函數

$$z=\Phi(x)=\overbrace{\exp(-x^2)}^{\text{係數}}\overbrace{\left(1,\sqrt{\frac{2^1}{1!}}x,\sqrt{\frac{2^2}{2!}}x^2,\sqrt{\frac{2^3}{3!}}x^3,\cdots\right)}^{\text{無限維度}}$$

$$z'=\Phi(x')=\exp(-x'^2)\left(1,\sqrt{\frac{2^1}{1!}}x',\sqrt{\frac{2^2}{2!}}x'^2,\sqrt{\frac{2^3}{3!}}x'^3,\cdots\right)$$

如果按照一般方法計算內積，則其複雜度為 $O(\infty)$，根本不可能算出來，但運用高斯徑向基函數核計算內積，則複雜度為 $O(n)$。

7.2.7 核 SVM

轉換函數無窮無盡，可以從低維 x 空間轉到高維 z 空間（多項式核）甚至無限維度 z 空間（高斯徑向基函數核）。但維度越高，獲得的 SVM 越容易過擬合數據，如下圖所示。

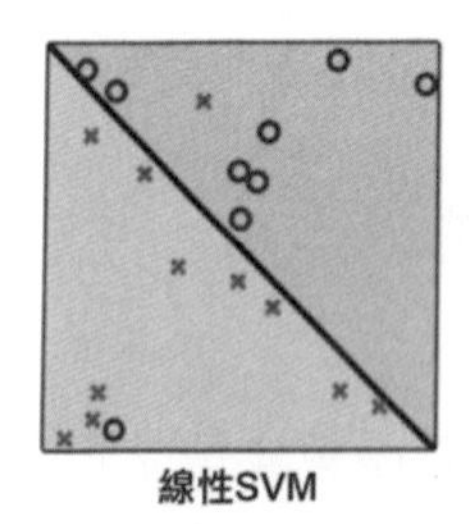

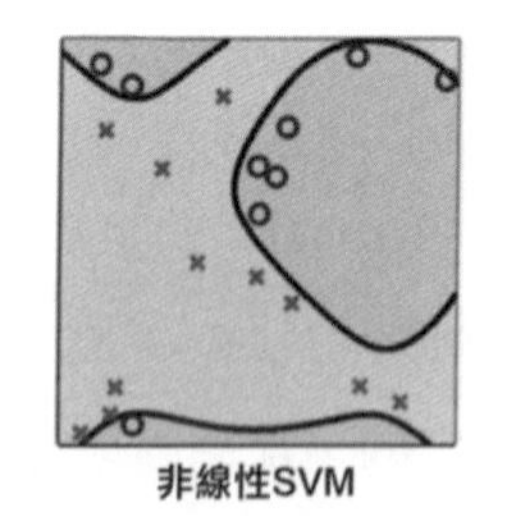

▲ 犯小錯的線性 SVM 好過不犯錯的非線性 SVM

如左圖所示，其中左圖是用直線來分類叉和圈的，除兩個異數外，該 SVM 對其他點分類正確。

右圖是用怪異的曲線來分類叉和圈的，該 SVM 對所有點都分類正確。

你會選擇哪一個 SVM？

不出所料，大家都會選擇左圖的線性 SVM，因為它沒有過擬合數據，沒有人會為了兩個異數沒有分類正確而絞盡腦汁產生右圖所示的怪異 SVM。為了實現左圖的效果，使用一個軟間隔線性 SVM 即可。

當你選擇用軟間隔線性 SVM 時，你已經不知不覺犯了資料窺探的錯誤。想一想，在實際中，怎麼會有這麼規矩的資料？或你怎麼能看出資料大概就是線性可分的（即很少異數）？因此，在實際操作中，通常都會做以下 3 件事情：

（1）將資料從低維度轉換成高維度，通常用高斯徑向基函數作為轉換函數（無限維度，超參數只有一個）。

（2）轉換後的資料大機率也是線性不可分的，通常繼續使用軟間隔 SVM（你沒那麼幸運，相信我）。

（3）軟間隔 SVM 對偶問題比原始問題人性化很多，對偶問題中的 $\boldsymbol{x}^{\mathrm{T}}\boldsymbol{x}'$ 項可以直接用 $K(\boldsymbol{x},\boldsymbol{x}')$ 替代。

第 3 點就是核 SVM 被用到的原因。核 SVM 一定是被在用軟間隔 SVM 對偶問題加高斯徑向基函數中，姑且就稱為「軟間隔核 SVM 對偶問題」。這樣做絕不會犯資料窺探的錯誤，至於如何調節核函數的超參數，見 7.2.9 節。

比較「軟間隔 SVM 對偶問題」和「軟間隔核 SVM 對偶問題」，發現它們只有關於 $\boldsymbol{z}$ 和 $\boldsymbol{H}$ 的運算式不一樣，使用 MATLAB 裡面的 quadprog 函數實現時，也只需調整 $\boldsymbol{z}$ 和 $\boldsymbol{H}$，如下表所示。

	普通 SVM	核 SVM
$\boldsymbol{z}$	$\boldsymbol{x}$	$\Phi(\boldsymbol{x}) = e^{-\boldsymbol{x}^2}\left(1, \sqrt{\frac{2^1}{1!}}\boldsymbol{x}, \sqrt{\frac{2^2}{2!}}\boldsymbol{x}^2, \sqrt{\frac{2^3}{3!}}\boldsymbol{x}^3, \cdots\right)$
$\boldsymbol{H}$	$\begin{bmatrix} y^{(1)}y^{(1)}\boldsymbol{x}^{(1)}\left(\boldsymbol{x}^{(1)}\right)^{\mathrm{T}} & \cdots & y^{(1)}y^{(m)}\boldsymbol{x}^{(1)}\left(\boldsymbol{x}^{(m)}\right)^{\mathrm{T}} \\ y^{(2)}y^{(1)}\boldsymbol{x}^{(2)}\left(\boldsymbol{x}^{(1)}\right)^{\mathrm{T}} & \cdots & y^{(2)}y^{(m)}\boldsymbol{x}^{(2)}\left(\boldsymbol{x}^{(m)}\right)^{\mathrm{T}} \\ \vdots & \vdots & \vdots \\ y^{(m)}y^{(1)}\boldsymbol{x}^{(m)}\left(\boldsymbol{x}^{(1)}\right)^{\mathrm{T}} & \cdots & y^{(m)}y^{(m)}\boldsymbol{x}^{(m)}\left(\boldsymbol{x}^{(m)}\right)^{\mathrm{T}} \end{bmatrix}$	$\begin{pmatrix} y^{(1)}y^{(1)}\boldsymbol{K}_{11} & \cdots & y^{(1)}y^{(m)}\boldsymbol{K}_{m1} \\ y^{(2)}y^{(1)}\boldsymbol{K}_{21} & \cdots & y^{(2)}y^{(m)}\boldsymbol{K}_{m2} \\ \vdots & \vdots & \vdots \\ y^{(m)}y^{(1)}\boldsymbol{K}_{m1} & \cdots & y^{(m)}y^{(m)}\boldsymbol{K}_{mm} \end{pmatrix}$ 其中 $\boldsymbol{K}_{ij} = K(\boldsymbol{x}^{(i)}\left(\boldsymbol{x}^{(i)}\right)^{\mathrm{T}})$

利用 quadprog 函數解出最佳解 $\boldsymbol{\alpha}^*$，根據普通 SVM 的最佳解 b^* 和 $\boldsymbol{w}^*$ 及支撐向量機 SVM($\boldsymbol{x}$)，只需做以下兩個改動，便可獲得核 SVM 相對應的運算式。

（1）將 $\boldsymbol{x}$ 取代為 $\Phi(\boldsymbol{x})$。

（2）將 $\boldsymbol{x}^{\mathrm{T}}\boldsymbol{x}'$ 取代為 $K(\boldsymbol{x},\boldsymbol{x}')$。

比較結果如下表所示。

	普通 SVM	核 SVM
最佳解 $\boldsymbol{w}^*$	$\sum_{i=1}^{m}\alpha_i^* y^{(i)}\boldsymbol{x}^{(i)}$	$\sum_{i=1}^{m}\alpha_i^* y^{(i)}\Phi(\boldsymbol{x}^{(i)})$
最佳解 b^*	$\boldsymbol{y}^{(s)}-\sum_{i=1}^{m}\alpha_i^* y^{(i)}\left(\boldsymbol{x}^{(i)}\right)^{\mathrm{T}}\boldsymbol{x}^{(s)}$	$\boldsymbol{y}^{(s)}-\sum_{i=1}^{m}\alpha_i^* y^{(i)}K(\boldsymbol{x}^{(i)},\boldsymbol{x}^{(s)})$
支撐向量機 SVM($\boldsymbol{x}$)	$\operatorname{sign}\left(\sum_{i=1}^{m}\alpha_i^* y^{(i)}\left(\boldsymbol{x}^{(i)}\right)^{\mathrm{T}}\boldsymbol{x}+b^*\right)$	$\operatorname{sign}\left(\sum_{i=1}^{m}\alpha_i^* y^{(i)}K(\boldsymbol{x}^{(i)},\boldsymbol{x}^{(s)})+b^*\right)$

7.2.8 SMO 演算法

當資料量很大時，用二次規劃求解軟間隔 SVM 對偶問題就會非常耗時。這時 John C. Platt 發明的序列最小最佳化（Sequential Minimal Optimization，SMO）演算法就可以派上用場了 [1]。首先回顧一下核 SVM 問題：

$$\underbrace{\min}_{\boldsymbol{\alpha}}\left(\frac{1}{2}\sum_{i=1}^{m}\sum_{k=1}^{m}\alpha_i\alpha_k y^{(i)}y^{(k)}K\left(\boldsymbol{x}^{(k)},\boldsymbol{x}^{(i)}\right)-\sum_{i=1}^{m}\alpha_i\right)$$

$$\text{s.t.}\ \sum_{i=1}^{m}\alpha_i y^{(i)}=0,\quad 0\leqslant\alpha_i\leqslant C,\quad i=1,2,\cdots,m$$

SMO 演算法的靈感來自座標下降法（見 6.1.2 節），即每次只最佳化一個變數 α_i（而固定其他變數 α_j，$j\neq i$）求解目標函數的最小值。但是此問題有一個限制條件 $\sum_{i=1}^{m}\alpha_i y^{(i)}=0$，當只變 α_i 時，上述限制條件會被打破。為了克服以上困難，SMO 演算法採用一次更新**兩個變數**的方法。

根據 KKT 裡的原始可行性、對偶可行性和互補鬆弛條件，獲得以下關係式：

$y^{(i)}\left(\boldsymbol{w}^{\mathrm{T}}\boldsymbol{x}^{(i)}+b\right)\geqslant 1-\xi_i$	(i)		$u_i\geqslant 1-\xi_i$	(i)
$\xi_i\geqslant 0$	(ii)	$\xrightarrow{\text{令 } u_i=y^{(i)}\left(\boldsymbol{w}^{\mathrm{T}}\boldsymbol{x}^{(i)}+b\right)}$	$\xi_i\geqslant 0$	(ii)
$\alpha_i\left[1-\xi_i-y^{(i)}\left(\boldsymbol{w}^{\mathrm{T}}\boldsymbol{x}^{(i)}+b\right)\right]=0$	(iii)		$\alpha_i[1-\xi_i-u_i]=0$	(iii)
$(C-\alpha_i)\xi_i=0$	(iv)		$(C-\alpha_i)\xi_i=0$	(iv)

下面分 3 種情況討論，如下圖所示。

- 當 $\alpha_i = 0$ 時，(i), (iii) ⇨ $u_i \geqslant 1 - \xi_i$, (iv) ⇨ $\xi_i = 0$。因此 $u_i \geqslant 1$，對應的資料在邊界外面（未違規資料）。
- 當 $0 < \alpha_i < C$ 時，(iii) ⇨ $u_i = 1 - \xi_i$, (iv) ⇨ $\xi_i = 0$。因此 $u_i = 1$，對應的資料在邊界上（支撐向量 SV）。
- 當 $\alpha_i = C$ 時，(ii)，(iv) ⇨ $\xi_i \geqslant 0$，(iii) ⇨ $u_i = 1 - \xi_i$。因此 $u_i \leqslant 1$，對應的資料在邊界裡面（違規資料）。再繼續細分，當 $0 \leqslant u_i \leqslant 1$ 時，資料小違規但分類正確；當 $u_i < 0$ 時，資料大違規且分類錯誤。

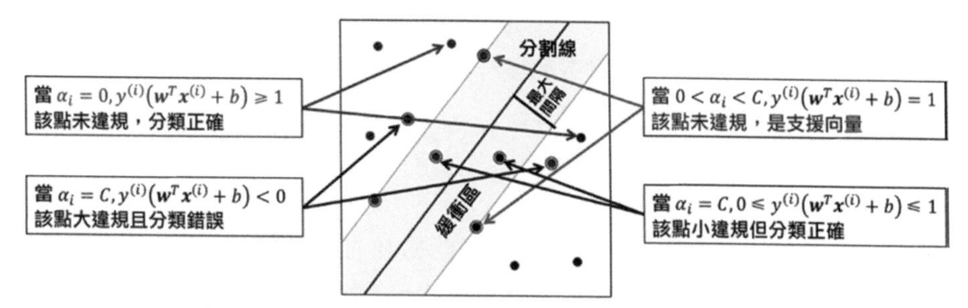

▲ 用不同 α 值來區分沒有違規、小違規和大違規 3 種情況

這樣我們獲得 SMO 演算法需要的收斂條件如下所示（關於 SMO 演算法的實際推導見本章附錄 C）。

$$\begin{cases} \alpha_i = 0 & \Rightarrow \quad y^{(i)}\left(\boldsymbol{w}^{\mathrm{T}}\boldsymbol{x}^{(i)} + b\right) \geqslant 1 \\ \alpha_i = C & \Rightarrow \quad y^{(i)}\left(\boldsymbol{w}^{\mathrm{T}}\boldsymbol{x}^{(i)} + b\right) \leqslant 1 \\ 0 < \alpha_i < C & \Rightarrow \quad y^{(i)}\left(\boldsymbol{w}^{\mathrm{T}}\boldsymbol{x}^{(i)} + b\right) = 1 \end{cases}$$

7.2.9 模型選擇

在使用 SVM 時，根據不同的資料特徵，一般都會用軟間隔 SVM 加上一個核函數。多項式核首先需要設定多項式次數 Q 來控制模型，之後還要同時調整參數 γ 和 ζ。當參數比較多時，選擇起來比較麻煩，因此通常會用高斯徑向基函數核。軟間隔 SVM 裡的超參數 C 和高斯徑向基函數核裡的超參數 γ 用（交換）驗證資料集來調節。首先看一看它們的性質。

高斯徑向基函數核的超參數 γ：高斯徑向基函數核非常強大，幾乎可以找出任何邊界，但在 γ 很大時仍有問題。

SVM 這種最大化間隔的機制是為了防止過擬合，但在 $\gamma = 100$ 時（右圖），資料過擬合，而在 $\gamma = 1$（左圖）時是一個不錯的選擇。

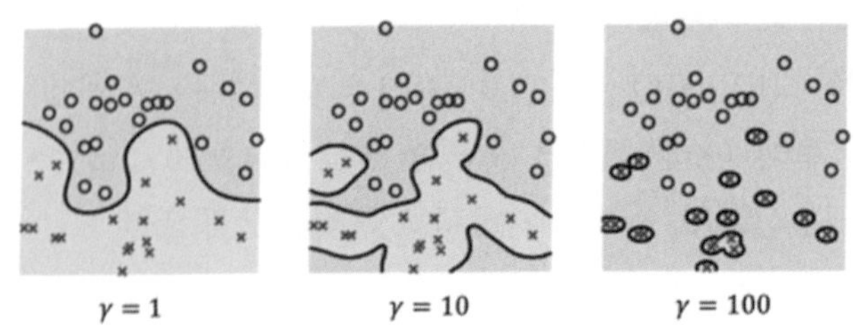

▲ 高斯徑向基函數核的超參數 γ 越大，越容易過擬合（請參照彩頁 7-1）

高斯徑向基函數核只有一個參數，比較好選擇，但由於它是無限多維的，沒有什麼物理意義，所以可解釋性差。

軟分隔的超參數 C：右圖透過高斯徑向基函數核加軟間隔 SVM 展示了不同 C 值對應的分類效果。藍色區域表示藍圈所在的區域，紅色區域表示紅叉所在的區域，灰色區域表示邊界部分，也是存在錯誤的區域。

- 當 $C = 1$ 時，灰色區域很寬，犯錯資料很多。
- 當 $C = 10$ 時，灰色區域變窄，犯錯資料減少。
- 當 $C = 100$ 時，灰色區域變得更窄，犯錯資料更少，過擬合。

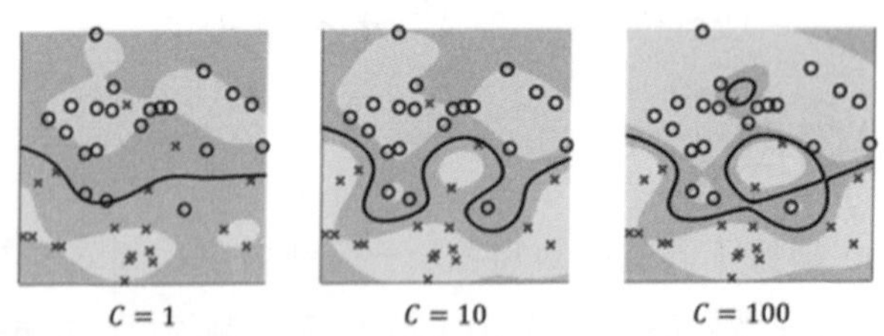

▲ 軟分隔的超參數 C 越大，越容易過擬合（請參照彩頁 7-2）

scikit-learn 中提供了兩種調參方法：

（1）網格追蹤法（GridSearchCV）：考慮指定值的所有參數組合；

（2）隨機追蹤法（RandomizedSearchCV）：從具有指定分佈的參數空間中取樣。下表以 SVM 的超參數 C 和 γ 來舉例。

網格追蹤法[2]	隨機追蹤法
▲ 網路追蹤法的網格打點	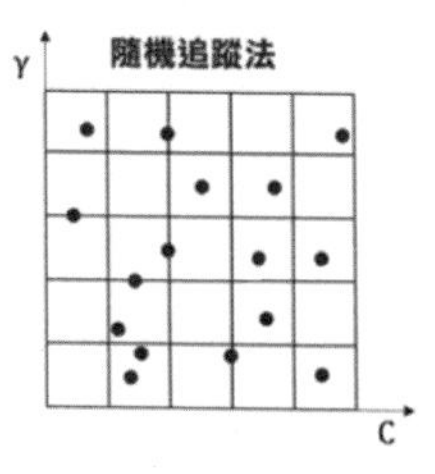 ▲ 隨機追蹤法的隨機打點
C 在 [1, 10, 100, 1000] 中設定值，γ 在 [0.01, 0.1, 1 10] 中設定值，注意並不是等間距設定值。模型在 16 個（C,γ）組合上執行，選取一對最小（交換）驗證誤差對應的參數	對於 C 和 γ，根據指定分佈隨機搜索，可以選擇獨立的參數個數，例如 $\log_{10}C$ 服從 0~3 的均勻分佈，$\log_{10}\gamma$ 服從 −2 ~ 1 的均勻分佈。此外，會設定一個預算參數

網格追蹤法和隨機追蹤法程式

```
1  from sklearn.model_selection import GridSearchCV, RandomizedSearchCV
2  from sklearn.svm import SVC
3  model = SVC(n_estimators=20)
4  param_list = { 'C': [1, 10, 100, 1000], 'gamma': [0.001, 0.0001] }
5  grid_search = GridSearchCV( model, param_grid=param_grid )
6  param_dist = { 'C': scipy.stats.expon(scale=100), 'gamma': scipy.stats.expon(scale=0.1)}
7  random_search = RandomizedSearchCV( model, param_distributions=param_dist, n_iter=20 )
8  grid_search.fit(X, y)
9  report(grid_search.cv_results_)
10 random_search.fit(X, y)
11 report(random_search.cv_results_)
```

2 網格追蹤法屬於窮舉法，在參數有很多時計算非常耗時，例如在 5 個參數中每個選 10 個值就有 10^5 種組合。

7.3 歸納

本章內容受到了參考資料 [2] 和 [3] 的啟發，而部分用 Python Matplotlib 畫的漂亮圖是從參考資料 [2] 中參考而來的。

首先歸納 SVM 分類遇到的 3 大類資料。

- 類型一：線性可分（在理論上存在，在實際中罕見，引出硬間隔 SVM）。
- 類型二：線性輕度不可分（存在少量例外值，引出軟間隔 SVM）。
- 類型三：線性重度不可分（不可能線性分類，必須要提升維度，引出空間轉換）。

在類型一資料中，硬間隔 SVM 本著「分離平面到資料間隔越遠越好」的原則，由以下 3 步推導完成。

（1）推導出最近點到超平面的距離的運算式，將其定義為間隔。

（2）最大化間隔獲得一個約束規劃問題，用分類正確而且點都在間隔之內當限制條件。

（3）透過數學技巧將困難的約束規劃問題轉換成容易的凸二次規劃問題。

該凸二次規劃問題是硬間隔 SVM 原始問題，接著利用拉格朗日量推出其對偶問題，並且根據強對偶關係，發現「對偶問題的最佳解」和「原始問題的最佳解」一致。從表面上看，對偶問題要比原始問題複雜，但推導硬間隔 SVM 對偶問題的原因有 3 個：

（1）原始問題的解和資料的維度有關，而對偶問題的解只和資料的個數有關，通常在低維度線性重度不可分的情況下會轉換到高維度（甚至無限維度），那麼對偶問題的計算負擔會小很多。

（2）對偶問題的解含有內積運算式，而核技巧在「不觸碰高維空間」的情況下計算高維向量內積最在行。

（3）在現實中，軟間隔 SVM 最常用，而它和硬間隔 SVM 對偶問題只差一個上界限制條件，前者可以由後者快速推導出。

軟間隔 SVM 用於處理類型二的線性輕度不可分數據，將資料由低維升到高維空間的轉換函數用於處理類型三的線性重度不可分數據，但是處理完後可能資料還是線性不可分的，只不過從重度變為輕度了，最後還要用軟間隔 SVM 來處理。

為了避免犯資料窺探的錯誤，以及能處理所有種類（線性可分或線性不可分）的資料，可以使用空間轉換函數加上軟間隔 SVM。使用空間轉換函數加上軟間隔 SVM 是將一個強堅固性的線性模型和採用核函數做非線性轉換進行結合。從演算法角度來看：

- 當用轉換函數將資料從低維空間提升到高維空間時，可以用核技巧來降低計算量。
- 軟間隔 SVM 在資料很大時直接用二次規劃很慢，可以用序列最小最佳化（SMO）來降低計算量。

要計算軟間隔 SVM 和核函數裡的超參數，就用網格追蹤法或隨機追蹤法選取最小的（交換）驗證誤差對應的超參數。下面是 SVM 的歸納圖。

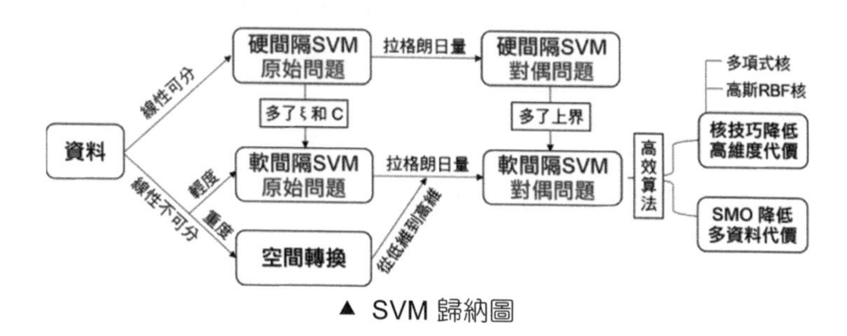

▲ SVM 歸納圖

參考資料

1. Sequential Minimal Optimization: A Fast Algorithm for Training Support Vector Machines [paper]
   John C. Platt, Microsoft Research, April 21, 1998

2. Learning from Data: A Short Course. March, 2012 [notes]
   Yaser S. Abu-Mostafa, Malik Magdon-Ismail, Hsuan-Tien Lin, e-Chapter 8, Support Vector Machines

3. Support vector machines [notes]
Dan Boneh, Andrew Ng, CS229 Lecture 4 Notes, Stanford University

技術附錄

A. 硬間隔 SVM 對偶問題推導

根據 7.1.2 節介紹的知識寫出硬分隔 SVM 原始問題的最佳化函數的拉格朗日量

$$L(b,\boldsymbol{w},\boldsymbol{\alpha})=\frac{1}{2}\boldsymbol{w}^{\mathrm{T}}\boldsymbol{w}+\sum_{i=1}^{m}\alpha_i\left[1-y^{(i)}\left(\boldsymbol{w}^{\mathrm{T}}\boldsymbol{x}^{(i)}+b\right)\right]$$

再根據 7.1.3 節的結論類比寫出硬分隔 SVM 的對偶問題

$$\underbrace{\max}_{\text{all }\alpha_i\geqslant 0}\ \underbrace{\min}_{b,\boldsymbol{w}}\overbrace{\frac{1}{2}\boldsymbol{w}^{\mathrm{T}}\boldsymbol{w}+\sum_{i=1}^{m}\alpha_i[1-y^{(i)}(\boldsymbol{w}^{\mathrm{T}}\boldsymbol{x}^{(i)}+b)]}^{L(b,\boldsymbol{w},\boldsymbol{\alpha})} \qquad \text{[A1]}$$

求解過程分兩步驟：

（1）固定 α_i，最小化 $L(b,\boldsymbol{w},\boldsymbol{\alpha})$ 求出 b 和 $\boldsymbol{w}$ 的最佳解。

（2）將最佳解帶入 [A1] 式中，再最大化目標函數求出 α_i 的最佳解。

第（1）步是一個無約束規劃，只需求 $L(b,\boldsymbol{w},\boldsymbol{\alpha})$ 的梯度。首先將 L 對 b 的偏導數設為 0 而解得

$$\frac{\partial L(b,\boldsymbol{w},\boldsymbol{\alpha})}{\partial b}=0 \quad \Rightarrow \quad \sum_{i=1}^{m}\alpha_i y^{(i)}=0$$

利用上面的結果將 [A1] 式化簡為（消除 b）

$$\begin{aligned}
&\underbrace{\max}_{\text{all }\alpha_i\geqslant 0}\left(\underbrace{\min}_{b,\boldsymbol{w}}\frac{1}{2}\boldsymbol{w}^{\mathrm{T}}\boldsymbol{w}+\sum_{i=1}^{m}\alpha_i\left[1-y^{(i)}\left(\boldsymbol{w}^{\mathrm{T}}\boldsymbol{x}^{(i)}+b\right)\right]\right)\\
&=\underbrace{\max}_{\text{all }\alpha_i\geqslant 0}\left(\underbrace{\min}_{b,\boldsymbol{w}}\frac{1}{2}\boldsymbol{w}^{\mathrm{T}}\boldsymbol{w}+\sum_{i=1}^{m}\alpha_i-\sum_{i=1}^{m}\alpha_i y^{(i)}\boldsymbol{w}^{\mathrm{T}}\boldsymbol{x}^{(i)}-\sum_{i=1}^{m}\alpha_i y^{(i)}\right)\\
&=\underbrace{\max}_{\text{all }\alpha_i\geqslant 0,\sum_{i=1}^{m}\alpha_i y^{(i)}=0}\left(\underbrace{\min}_{b,\boldsymbol{w}}\frac{1}{2}\boldsymbol{w}^{\mathrm{T}}\boldsymbol{w}+\sum_{i=1}^{m}\alpha_i-\sum_{i=1}^{m}\alpha_i y^{(i)}\boldsymbol{w}^{\mathrm{T}}\boldsymbol{x}^{(i)}\right)
\end{aligned}$$

再將 L 對 $\boldsymbol{w}$ 的偏導數設為 0 而解得

$$\frac{\partial L(b,\boldsymbol{w},\boldsymbol{\alpha})}{\partial \boldsymbol{w}}=0 \quad \Rightarrow \quad \boldsymbol{w}=\sum_{i=1}^{m}\alpha_i y^{(i)}\boldsymbol{x}^{(i)}$$

第（2）步是利用上面結果將 [A1] 式進一步化簡為（將 $\boldsymbol{w}$ 帶入）

$$\begin{aligned}
&\underbrace{\max}_{\text{all } \alpha_i \geqslant 0, \sum_{i=1}^{m}\alpha_i y^{(i)}=0}\left(\underbrace{\min}_{b,\boldsymbol{w}}\frac{1}{2}\boldsymbol{w}^{\mathrm{T}}\boldsymbol{w}+\sum_{i=1}^{m}\alpha_i-\sum_{i=1}^{m}\alpha_i y^{(i)}\boldsymbol{w}^{\mathrm{T}}\boldsymbol{x}^{(i)}\right)\\
&=\underbrace{\max}_{\text{all } \alpha_i \geqslant 0, \sum_{i=1}^{m}\alpha_i y^{(i)}=0}\left(\underbrace{\min}_{b,\boldsymbol{w}}\frac{1}{2}\boldsymbol{w}^{\mathrm{T}}\boldsymbol{w}+\sum_{i=1}^{m}\alpha_i-\boldsymbol{w}^{\mathrm{T}}\boldsymbol{w}\right)\\
&=\underbrace{\max}_{\text{all } \alpha_i \geqslant 0, \sum_{i=1}^{m}\alpha_i y^{(i)}=0}\left(\underbrace{\min}_{b,\boldsymbol{w}}-\frac{1}{2}\boldsymbol{w}^{\mathrm{T}}\boldsymbol{w}+\sum_{i=1}^{m}\alpha_i\right)\\
&=\underbrace{\max}_{\text{all } \alpha_i \geqslant 0, \sum_{i=1}^{m}\alpha_i y^{(i)}=0}\left(-\frac{1}{2}\sum_{i=1}^{m}\alpha_i y^{(i)}\boldsymbol{x}^{(i)}\sum_{k=1}^{m}\alpha_k y^{(k)}\left(\boldsymbol{x}^{(k)}\right)^{\mathrm{T}}+\sum_{i=1}^{m}\alpha_i\right)
\end{aligned}$$

在目標函數前面加一個負號，將最後一步求最大值轉換成求最小值，因此 [A1] 式最後變成

$$\begin{aligned}
&\underbrace{\min}_{\alpha}\left(\frac{1}{2}\sum_{i=1}^{m}\sum_{k=1}^{m}\alpha_i\alpha_k y^{(i)}y^{(k)}\boldsymbol{x}^{(i)}\left(\boldsymbol{x}^{(k)}\right)^{\mathrm{T}}-\sum_{i=1}^{m}\alpha_i\right)\\
&\text{s.t.}\quad \sum_{i=1}^{m}\alpha_i y^{(i)}=0,\quad \alpha_i\geqslant 0,\qquad i=1,2,\cdots,m
\end{aligned}$$

B. 軟間隔 SVM 對偶問題推導

根據 7.1.2 節介紹的知識寫出軟分隔 SVM 原始問題的最佳化函數的拉格朗日量

$$L(b,\boldsymbol{w},\boldsymbol{\xi},\boldsymbol{\alpha},\boldsymbol{\beta})=\frac{1}{2}\boldsymbol{w}^{\mathrm{T}}\boldsymbol{w}+C\sum_{i=1}^{m}\xi_i+\sum_{i=1}^{m}\alpha_i\left[1-\xi_i-y^{(i)}\left(\boldsymbol{w}^{\mathrm{T}}\boldsymbol{x}^{(i)}+b\right)\right]-\sum_{i=1}^{m}\beta_i\xi_i$$

再根據 7.1.3 節的結論類比寫出軟分隔 SVM 的對偶問題

$$\underbrace{\max}_{\text{all } \alpha_i\beta_i \geqslant 0}\ \underbrace{\min}_{b,\boldsymbol{w},\boldsymbol{\xi}}\overbrace{\frac{1}{2}\boldsymbol{w}^{\mathrm{T}}\boldsymbol{w}+C\sum_{i=1}^{m}\xi_i+\sum_{i=1}^{m}\alpha_i[1-\xi_i-y^{(i)}(\boldsymbol{w}^{\mathrm{T}}\boldsymbol{x}^{(i)}+b)]-\sum_{i=1}^{m}\beta_i\xi_i}^{L(b,\boldsymbol{w},\boldsymbol{\xi},\boldsymbol{\alpha},\boldsymbol{\beta})} \qquad \text{[A2]}$$

求解過程分兩步驟：

（1）固定 α_i, β_i，最小化 $L(b, \boldsymbol{w}, \boldsymbol{\xi}, \boldsymbol{\alpha}, \boldsymbol{\beta})$ 求出 b 和 $\boldsymbol{w}$ 的最佳解。

（2）將最佳解帶 [A2] 式中再最大化目標函數，求出 α_i 和 β_i 的最佳解。

第一步是一個無約束規劃，只需要求 $L(b, \boldsymbol{w}, \boldsymbol{\xi}, \boldsymbol{\alpha}, \boldsymbol{\beta})$ 的梯度。首先將 L 對 $\boldsymbol{\xi}$ 和 b 的偏導數設為 0 而解得

$$\frac{\partial L(b, \boldsymbol{w}, \boldsymbol{\xi}, \boldsymbol{\alpha}, \boldsymbol{\beta})}{\partial \xi_i} = 0 \quad \Rightarrow \quad C - \alpha_i - \beta_i = 0, \quad i = 1,2, \cdots, m$$

$$\frac{\partial L(b, \boldsymbol{w}, \boldsymbol{\xi}, \boldsymbol{\alpha}, \boldsymbol{\beta})}{\partial b} = 0 \quad \Rightarrow \quad \sum_{i=1}^{m} \alpha_i y^{(i)} = 0$$

利用上面結果將 [A2] 式簡化為（消除 C 和 b）

$$\underbrace{\max}_{\text{all } \alpha_i \geqslant 0} \left(\underbrace{\min}_{b,\boldsymbol{w},\xi} \frac{1}{2} \boldsymbol{w}^{\mathrm{T}} \boldsymbol{w} + \sum_{i=1}^{m} \alpha_i - \sum_{i=1}^{m} \alpha_i y^{(i)} (\boldsymbol{w}^{\mathrm{T}} \boldsymbol{x}^{(i)} + b) - \sum_{i=1}^{m} \alpha_i y^{(i)} \right)$$

$$= \underbrace{\max}_{\text{all } \alpha_i \geqslant 0, \sum_{i=1}^{m} \alpha_i y^{(i)} = 0} \left(\underbrace{\min}_{b,\boldsymbol{w}} \frac{1}{2} \boldsymbol{w}^{\mathrm{T}} \boldsymbol{w} + \sum_{i=1}^{m} \alpha_i - \sum_{i=1}^{m} \alpha_i y^{(i)} \boldsymbol{w}^{\mathrm{T}} \boldsymbol{x}^{(i)} \right)$$

再將 L 對 $\boldsymbol{w}$ 的偏導數設為 0 而解得

$$\frac{\partial L(b, \boldsymbol{w}, \boldsymbol{\xi}, \boldsymbol{\alpha}, \boldsymbol{\beta})}{\partial \boldsymbol{w}} = 0 \quad \Rightarrow \quad \boldsymbol{w} = \sum_{i=1}^{m} \alpha_i y^{(i)} \boldsymbol{x}^{(i)}$$

第二步是利用上面的結果將 [A2] 式進一步簡化為（將 $\boldsymbol{w}$ 帶入）

$$\underbrace{\max}_{\text{all } \alpha_i \geqslant 0, \sum_{i=1}^{m} \alpha_i y^{(i)} = 0} \left(\underbrace{\min}_{b,\boldsymbol{w}} \frac{1}{2} \boldsymbol{w}^{\mathrm{T}} \boldsymbol{w} + \sum_{i=1}^{m} \alpha_i - \sum_{i=1}^{m} \alpha_i y^{(i)} \boldsymbol{w}^{\mathrm{T}} \boldsymbol{x}^{(i)} \right)$$

$$= \underbrace{\max}_{\text{all } \alpha_i \geqslant 0, \sum_{i=1}^{m} \alpha_i y^{(i)} = 0} \left(\underbrace{\min}_{b,\boldsymbol{w}} \frac{1}{2} \boldsymbol{w}^{\mathrm{T}} \boldsymbol{w} + \sum_{i=1}^{m} \alpha_i - \boldsymbol{w}^{T} \boldsymbol{w} \right)$$

$$= \underbrace{\max}_{\text{all } \alpha_i \geqslant 0, \sum_{i=1}^{m} \alpha_i y^{(i)} = 0} \left(\underbrace{\min}_{b,\boldsymbol{w}} -\frac{1}{2} \boldsymbol{w}^{\mathrm{T}} \boldsymbol{w} + \sum_{i=1}^{m} \alpha_i \right)$$

$$= \underbrace{\max}_{\text{all } \alpha_i \geqslant 0, \sum_{i=1}^{m} \alpha_i y^{(i)} = 0} \left(-\frac{1}{2} \sum_{i=1}^{m} \alpha_i y^{(i)} \boldsymbol{x}^{(i)} \sum_{k=1}^{m} \alpha_k y^{(k)} \left(\boldsymbol{x}^{(k)} \right)^{\mathrm{T}} + \sum_{i=1}^{m} \alpha_i \right)$$

在目標函數前面加一個負號，將最後一步求最大值轉換成求最小值，因此 **[A2]** 式最後變成

$$\underbrace{\min}_{\alpha}\left(\frac{1}{2}\sum_{i=1}^{m}\sum_{k=1}^{m}\alpha_i\alpha_k y^{(i)}y^{(k)}\boldsymbol{x}^{(i)}\left(\boldsymbol{x}^{(k)}\right)^{\mathrm{T}}-\sum_{i=1}^{m}\alpha_i\right)$$

$$\text{s.t.}\quad \sum_{i=1}^{m}\alpha_i y^{(i)}=0,\quad C\geqslant\alpha_i\geqslant 0,\qquad i=1,2,\cdots,m$$

C. SMO 演算法推導

符號制定：假設 SMO 在更新 α_1 和 α_2 的時候，將其餘變數都視為常數。為了描述方便，定義

$$K_{ik}=K\left(\boldsymbol{x}^{(i)},\boldsymbol{x}^{(k)}\right),\qquad f(\boldsymbol{x})=\boldsymbol{w}^{\mathrm{T}}\boldsymbol{x}+b=\sum_{k=1}^{m}y^{(k)}\alpha_k K\left(\boldsymbol{x},\boldsymbol{x}^{(k)}\right)+b$$

$$v_1=\sum_{k=3}^{m}\alpha_k^{(\text{old})}y^{(k)}K_{1k}=f\left(\boldsymbol{x}^{(1)}\right)-b^{(\text{old})}-y^{(1)}\alpha_1^{(\text{old})}K_{11}-y^{(2)}\alpha_2^{(\text{old})}K_{21}$$

$$v_2=\sum_{k=3}^{m}\alpha_k^{(\text{old})}y^{(k)}K_{2k}=f\left(\boldsymbol{x}^{(2)}\right)-b^{(\text{old})}-y^{(2)}\alpha_1^{(\text{old})}K_{12}-y^{(2)}\alpha_2^{(\text{old})}K_{22}$$

$$s=y^{(1)}y^{(2)},\qquad E_1=f\left(\boldsymbol{x}^{(1)}\right)-y^{(1)},\qquad E_2=f\left(\boldsymbol{x}^{(2)}\right)-y^{(2)}$$

SMO 演算法是一個反覆運算演算法，設定有初始條件和終止條件：

$$\left\{\textbf{初始條件}：\alpha_1^{(0)}=\alpha_2^{(0)}=0,\ b^{(0)}=0，\textbf{終止條件}：\begin{array}{r}\left|\alpha_1^{(\text{new})}-\alpha_1^{(\text{old})}\right|<10^{-5}\\ \left|\alpha_1^{(\text{new})}-\alpha_1^{(\text{old})}\right|<10^{-5}\\ \text{反覆運算次數小於最大設定次數}\end{array}\right\}$$

相等問題：目標函數可以簡化成（捨棄除 α_1 和 α_2 外的常數項）：

$$\underbrace{\min}_{\alpha}\left(\frac{1}{2}\sum_{i=1}^{m}\sum_{k=1}^{m}\alpha_i\alpha_k y^{(i)}y^{(k)}K_{ik}-\sum_{i=1}^{m}\alpha_i\right)\quad \text{s.t.}\quad \sum_{i=1}^{m}\alpha_i y^{(i)}=0$$

$$\Leftrightarrow\ \underbrace{\min}_{\alpha_1,\alpha_2}\left(\begin{array}{c}\frac{1}{2}K_{11}\alpha_1^2+\frac{1}{2}K_{22}\alpha_2^2-\alpha_1-\alpha_2+\\ \frac{1}{2}\alpha_1 y^{(1)}\sum_{j\neq 1}\alpha_j y^{(j)}K_{1j}+\frac{1}{2}\alpha_2 y^{(2)}\sum_{j\neq 2}\alpha_j y^{(j)}K_{2j}\end{array}\right)$$

$$\text{s.t.}\quad \alpha_1 y^{(1)}+\alpha_2 y^{(2)}=-\sum_{i=3}^{m}\alpha_i y^{(i)}=M$$

$\boldsymbol{\alpha_2}$ 的上下界：由對偶問題的限制條件可知，α_1, α_2 本身都在 $[0, C]$ 中。在限制條件兩邊同時乘以 $y^{(1)}$，獲得 $\alpha_1 + \alpha_2 s = w$。結合這兩個條件來進一步明確 α_2 的上界 H 和下界 L。因為 $s = y^{(1)} y^{(2)}$：

- 當 $y^{(1)} \neq y^{(2)}$ 時，$s = -1$，$\alpha_2 = \alpha_1 - w$，斜率向上。
- 當 $y^{(1)} = y^{(2)}$時，$s = 1$，$\alpha_2 = -\alpha_1 - w$，斜率向下。

結果如下圖所示。

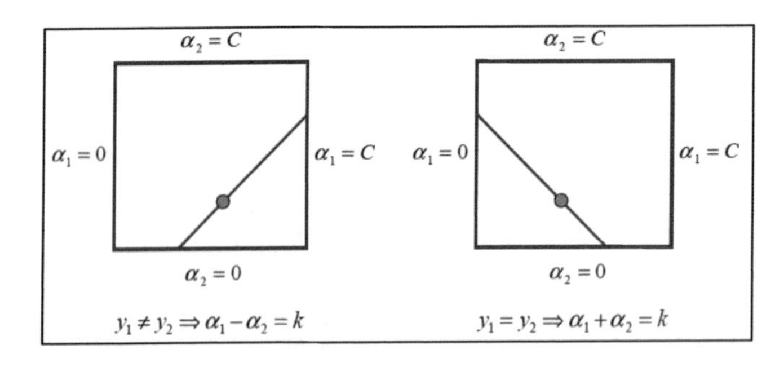

根據上圖很容易獲得 α_2 的上下界

$$\begin{cases} y^{(1)} \neq y^{(2)}, & \begin{matrix} L = \max(0, \alpha_2 - \alpha_1) \\ H = \min(C, C + \alpha_2 - \alpha_1) \end{matrix} \\ y^{(1)} = y^{(2)}, & \begin{matrix} L = \max(0, \alpha_2 + \alpha_1 - C) \\ H = \min(C, \alpha_2 + \alpha_1) \end{matrix} \end{cases}$$

注意：SMO 是反覆運算演算法，L 和 H 裡面的 α_1 和 α_2 是上一步的值。

最後問題：繼續化簡上式，代入 v_1、v_2 和 s，並用 α_2 代替 α_1。

$$\min_{\alpha_1, \alpha_2} \begin{pmatrix} \frac{1}{2} K_{11} \alpha_1^2 + \frac{1}{2} K_{22} \alpha_2^2 - \alpha_1 - \alpha_2 + \\ s K_{12} \alpha_1 \alpha_2 + \alpha_1 y^{(1)} v_1 + \alpha_2 y^{(2)} v_2 \end{pmatrix} \Leftrightarrow \min_{\alpha_1, \alpha_2} \begin{pmatrix} \frac{1}{2} K_{11} (w - s\alpha_2)^2 + \frac{1}{2} K_{22} \alpha_2^2 - w + s\alpha_2 - \alpha_2 + \\ s K_{12} (w - s\alpha_2) \alpha_2 + (w - s\alpha_2) y^{(1)} v_1 + \alpha_2 y^{(2)} v_2 \end{pmatrix}$$

$$\text{s.t.} \quad \alpha_1 + \alpha_2 s = w$$

求解 $\boldsymbol{\alpha_1}$ 和 $\boldsymbol{\alpha_2}$：求目標函數 L 關於 α_2 的導數並設為 0，有

$$\begin{aligned} \frac{\mathrm{d}L}{\mathrm{d}\alpha_2} &= -sK_{11}(w - s\alpha_2) + K_{22}\alpha_2 + s - 1 + sK_{12}(w - 2s\alpha_2) - sy^{(1)} v_1 + y^{(2)} v_2 \\ &= (K_{11} + K_{22} - 2K_{12})\alpha_2 - s(K_{11} - K_{12})w + y^{(2)}(v_2 - v_1) + s - 1 \\ &= 0 \end{aligned}$$

結合以下條件

$$\alpha_1^{(\text{new})} + \alpha_2^{(\text{new})} s = \alpha_1^{(\text{old})} + \alpha_2^{(\text{old})} s = w$$

$$v_1 = f\left(x^{(1)}\right) - b^{(\text{old})} - y^{(1)}\alpha_1^{(\text{old})}K_{11} - y^{(2)}\alpha_2^{(\text{old})}K_{21}$$

$$v_2 = f\left(x^{(2)}\right) - b^{(\text{old})} - y^{(1)}\alpha_1^{(\text{old})}K_{12} - y^{(2)}\alpha_2^{(\text{old})}K_{22}$$

解得

$$\alpha_2^{(\text{new})} = \frac{s(K_{11} - K_{12})w + y^{(2)}(v_1 - v_2) + s - 1}{K_{11} + K_{22} - 2K_{12}}$$

$$= \frac{(K_{11} + K_{22} - 2K_{12})\alpha_2^{(\text{old})} + y^{(2)}\left(f\left(x^{(1)}\right) - f\left(x^{(2)}\right) + y^{(2)} - y^{(1)}\right)}{K_{11} + K_{22} - 2K_{12}}$$

$$= \alpha_2^{(\text{old})} + \frac{y^{(2)}(E_1 - E_2)}{K_{11} + K_{22} - 2K_{12}}$$

根據 α_2 的上下界更新其值，再算出 α_1 的值

$$\alpha_2^{(\text{new})} = \begin{cases} H， & \alpha_2^{(\text{new})} > H \\ \alpha_2^{(\text{new})}， & L \leqslant \alpha_2^{(\text{new})} \leqslant H \\ L， & \alpha_2^{(\text{new})} < L \end{cases}$$

$$\alpha_1^{(\text{new})} = \alpha_1^{(\text{old})} + y^{(1)}y^{(2)}(\alpha_2^{(\text{old})} - \alpha_2^{(\text{new})})$$

求解 $\boldsymbol{b}$：最後 b 在每一步反覆運算中都需要計算，在每一步中都要檢查以下 KKT 條件

$$\begin{cases} \alpha_i = 0， & \Rightarrow \; y^{(i)}\left(\boldsymbol{w}^{\mathrm{T}}\boldsymbol{x}^{(i)} + b\right) \geqslant 1 \\ \alpha_i = C， & \Rightarrow \; y^{(i)}\left(\boldsymbol{w}^{\mathrm{T}}\boldsymbol{x}^{(i)} + b\right) \leqslant 1 \\ 0 < \alpha_i < C， & \Rightarrow \; y^{(i)}\left(\boldsymbol{w}^{\mathrm{T}}\boldsymbol{x}^{(i)} + b\right) = 1 \; \Rightarrow \; \boldsymbol{w}^{\mathrm{T}}\boldsymbol{x}^{(i)} + b = y^{(i)} \end{cases}$$

情況 1：當 α_1 在而 α_2 不在 $[0, C]$ 範圍中時。

$$b_1 = y^{(1)} - \boldsymbol{w}^{\mathrm{T}}\boldsymbol{x}^{(1)} = y^{(1)} - \left(v_1 + y^{(1)}\alpha_1^{(\text{new})}K_{11} - y^{(2)}\alpha_2^{(\text{new})}K_{21}\right)$$

$$= y^{(1)}\left(f\left(\boldsymbol{x}^{(1)}\right) - b^{(\text{old})} - y^{(1)}\alpha_1^{(\text{old})}K_{11} - y^{(2)}\alpha_2^{(\text{old})}K_{21} + y^{(1)}\alpha_1^{(\text{new})}K_{11} - y^{(2)}\alpha_2^{(\text{new})}K_{21}\right)$$

$$= b^{(\text{old})} - E_1 - y^{(1)}\left[\alpha_1^{(\text{new})} - \alpha_1^{(\text{old})}\right]K_{11} - y^{(2)}\left[\alpha_2^{(\text{new})} - \alpha_2^{(\text{old})}\right]K_{21}$$

情況 2：當 α_2 在而 α_1 不在 $[0, C]$ 範圍中時

$$b_2 = y^{(2)} - \boldsymbol{w}^{\mathrm{T}}\boldsymbol{x}^{(2)} = y^{(2)} - \left(v_2 + y^{(1)}\alpha_1^{(\text{new})}K_{12} - y^{(2)}\alpha_2^{(\text{new})}K_{22}\right)$$

$$= y^{(2)}\left(f\left(\boldsymbol{x}^{(2)}\right) - b^{(\text{old})} - y^{(1)}\alpha_1^{(\text{old})}K_{12} - y^{(2)}\alpha_2^{(\text{old})}K_{22} + y^{(1)}\alpha_1^{(\text{new})}K_{12}\right.$$

$$\left.-y^{(2)}\alpha_2^{(\text{new})}K_{22}\right)b^{(\text{old})} - E_2 - y^{(2)}\left[\alpha_1^{(\text{new})} - \alpha_1^{(\text{old})}\right]K_{12} - y^{(2)}\left[\alpha_2^{(\text{new})} - \alpha_2^{(\text{old})}\right]K_{22}$$

情況 3：當 α_1 和 α_2 都在 $[0, C]$ 範圍中時，$b_1 = b_2$ 都是解，因此取任意一個即可。

情況 4：當 α_1 和 α_2 都不在 $[0, C]$ 範圍中時，b_1 和 b_2 滿足 KKT 條件，因此取平均值 $(b_1 + b_2)/2$ 即可。

綜合以上 4 種情況，獲得 b 值為：

$$b^{(\text{new})} = \begin{cases} b_1\text{，} & 0 < \alpha_1^{(\text{new})} < C \\ b_2\text{，} & 0 < \alpha_2^{(\text{new})} < C \\ \dfrac{b_1 + b_2}{2}\text{，} & \text{其他} \end{cases}$$

08

單純貝氏

Too simple, sometimes naïve.

—Jiang Zhemin

引言

假設當你在新加坡國立大學中徜徉時，見到斯蒂文，得知他的性格為內向，那麼斯蒂文是工科男還是商科男？你的直覺認為他更可能是工科男對嗎？因為一般工科男比商科男**更容易**內向（這裡沒有歧視的意思☺）。你的直覺可以用以下機率關係式表示：

$$P(\text{內向}|\text{工科男}) > P(\text{內向}|\text{商科男})$$

$P(A|B)$ 代表在條件 B 下事件 A 發生的機率，因此，你的直覺是：**當知道斯蒂文是工科男後，他性格為內向的機率比他是內向的商科男的機率大（陳述 1）**。但是，我們的問題是比較以下兩個機率：

$$P(\text{工科男}|\text{內向})\ ?\ P(\text{商科男}|\text{內向})$$

即當知道斯蒂文是內向的性格後，他是工科男的機率大還是他是商科男的機率大（陳述 2）？

即使你不懂高深的機率知識，你至少可以分清這兩種陳述的區別吧。假設調查結果是 75% 的工科男是內向的，而 15% 的商科男是內向的，下面用一種非常直觀的方法來解決這個問題，如下表所示。

▲ 面積定義比例

定義：

- 兩個長方形的面積比 ＝ 工科男和商科男的人數比 ＝ $a : b$
- 灰色部分面積：長方形面積 ＝ 內向人數：總人數
- 內向工科男占工科男總人數的百分比 ＝ c %
- 內向商科男占商科男總人數的百分比 ＝ d %

案　例	圖　示
例一：工科男:商科男 ＝ 1:10 當斯蒂文的性格為內向時，他是工科男和商科男的比例是 1:2。 因此，斯蒂文更可能是商科男。這與我們的直覺相差太遠了，原因就是商科男比工科男多太多了	工科男　75% 害羞　1 商科男　15 % 害羞　10 |	工科男	商科男 | | 先驗比例	1	10 | | 可能性比例	75	15 | | 後驗比例	75	150 | 1 : 2 ▲ 工科男:商科男 ＝ 1:10
例二：工科男:商科男 ＝ 1:5 當斯蒂文的性格為內向時，他是工科男和商科男的比例是 1:1。 因此，斯蒂文是工科男和商科男的可能性是一樣的	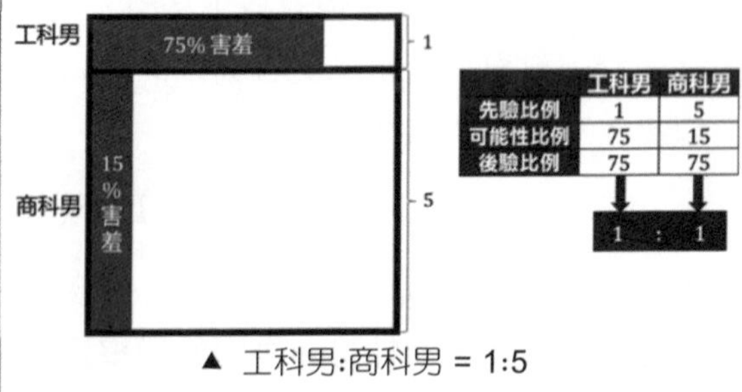 ▲ 工科男:商科男 ＝ 1:5

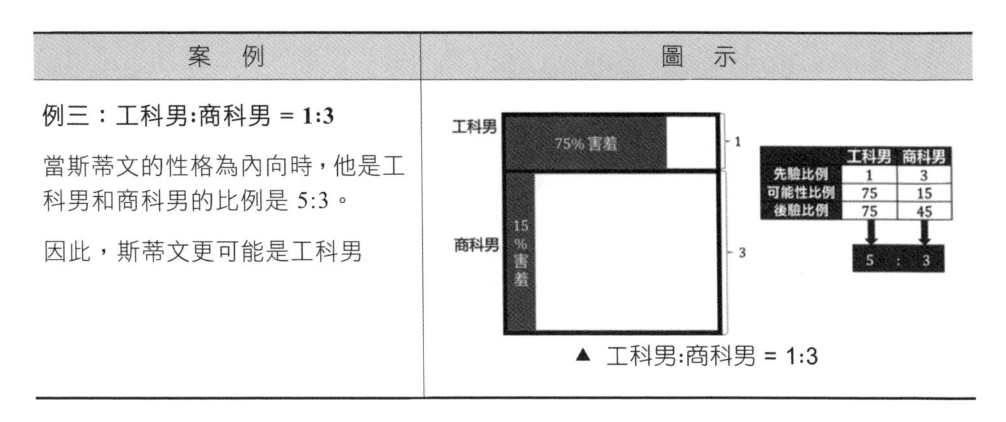

案例	圖示
例三：工科男:商科男 = 1:3 當斯蒂文的性格為內向時，他是工科男和商科男的比例是 5:3。 因此，斯蒂文更可能是工科男	（見圖）

▲ 工科男:商科男 = 1:3

上面 3 個實例都用到了以下公式：

$$後驗比例 = 先驗比例 \times 可能性比例$$

在本例中，類別是內向，其他術語解釋如下。

- 先驗比例：沒做試驗之前的比例，即工科男和商科男的人數比例，和性格類別無關。
- 可能性比例：人的直覺在評估方面是最強的，即兩種人內向的比例。
- 後驗比例：做過試驗之後的比例，即工科男和商科男的性格是內向的這兩種人的比例。

判斷斯蒂文是工科男還是商科男與先驗比例和可能性比例有關。即使我們認為工科男比商科男更容易內向（可能性比例），但在例一中，工科男與商科男的人數比例太懸殊：1:10（先驗比例），因此，還是認為他是商科男。在例三中，工科男與商科男的人數比例已下降到 1:3，這時可能性比例開始有作用了，因此認為他是工科男。在例二中，先驗比例和可能性比例達到臨界點，商科男的較大先驗比例與較小可能性比例，和工科男的較小先驗比例和較大可能性比例，打了一個「平手」。

根據上面的比例關係式，我們類比出機率關係式：

$$後驗比例 = 先驗比例 \times 可能性比例 \quad \Rightarrow \quad 後驗機率 = c \times 先驗機率 \times 可能性$$

其中 c 是一個歸一化常數，使得後驗機率是一個機率值。該式就是大名鼎鼎的貝氏公式。用該公式加上特徵相互條件獨立的假設，就可獲得單純貝氏

（naïve Bayes）分類模型，它的核心思想真的很「樸素」。本章的思維導圖如下：

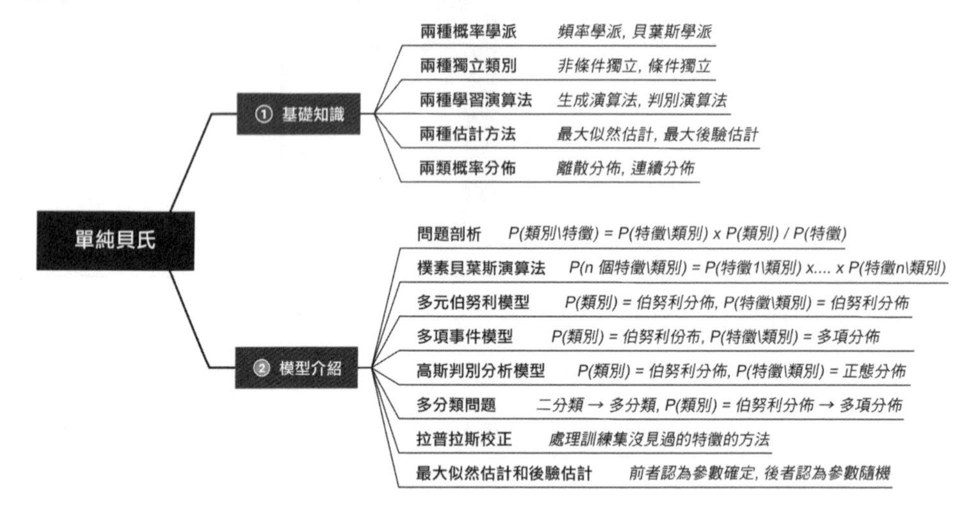

8.1 基礎知識

8.1.1 兩種機率學派

在機率學中有兩大學派：頻率學派（Frequentist）和貝氏學派（Bayesian）。什麼是機率？機率就是事情發生的可能性。但是，這個所謂的「可能性」，到底是客觀存在於這個世界裡的（頻率學派），還是存在於我們主觀的想法裡的（貝氏學派）？

- 頻率學派只相信客觀的能測量的東西，認為機率是頻率在無限次重複試驗時的極限值。例如拋硬幣，拋 N 次（N 是一個大數），記錄下來正面向上的次數為 n，因此，硬幣正面向上的機率為 n/N。
- 貝氏學派認為，機率只不過是我們思想中對事情發生的可能性的一種猜測。如果我覺得一件事情發生的可能性很大，那麼對我來說它發生的機率就大，如果我覺得一件事情發生的可能性渺茫，那麼它發生的機率就小。當然，我的看法也不一定對，當看到新的現象時，就要修正自己的信念，這不是所有人都應該做的事情嗎？

頻率學派：貝氏學派的個人猜測過於主觀而且可能是錯的。對於某件事件發生的機率 q 是客觀存在的，是確定的數值。例如拋硬幣，只要你選定了硬幣，q 就是一個確鑿的數。任何不確定性都只存在於資料之中。所以，貝氏學派中的那些主觀猜測，在頻率學派看來都是不存在的。如果人人都按自己的意願來設定先驗機率，那豈不是亂套了？

貝氏學派：我們既非上帝，也沒有長生不老之軀能在上百萬個平行空間中做無限次重複的試驗。某件事情發生的機率 q 我不知道有沒有一個真實、確定的數值，即使有，我也沒法知道，不過我會收集資訊來形成一個看法。例如拋硬幣，一個硬幣的品質分佈應該是均勻的，所以 q 應該和 0.5 接近。我再把它拋幾次，根據正反面出現的次數，修正我對於 $q = 0.5$ 的看法。隨著收集資訊的增多，我的估計會越來越精確。

這兩種學派都有自己的道理，都很難說服對方，但是在機器學習中，我們比較偏好貝氏學派。一開始在計算技術條件機率時（先直接列出貝氏公式），

$$P(\text{假設}|\text{資料}) = P(\text{資料}|\text{假設})/P(\text{資料}) \times P(\text{假設})$$

當假設太多時，$P(\text{數據})$ 是非常難計算的，因此，貝氏學派的思想只能用於非常簡單的應用上。現在電腦技術的發展日新月異，未來也許會是貝氏學派的時代。

8.1.2 兩種獨立類別

條件獨立（Conditionally Independent）是單純貝氏中的重要假設，讓我們來看看下表中所示的兩個實例。

事件 A 和 B 獨立，但是在條件 C 下不獨立	事件 A 和 B 不獨立，但是在條件 C 下獨立
拋兩個正常的硬幣（正反面向上的機率都是 50%）： • 事件 A：第一個硬幣是正面向上 • 事件 B：第二個硬幣是正面向上 • 事件 C：兩次的結果一樣	隨機選擇一個正常的硬幣和兩面都是正面的硬幣來拋： • 事件 A：第一次拋硬幣是正面向上 • 事件 B：第二次拋硬幣是正面向上 • 事件 C：選擇的是正常的硬幣

事件 A 和 B 獨立，但是在條件 C 下不獨立	事件 A 和 B 不獨立，但是在條件 C 下獨立
很顯然，A 和 B 獨立，在數學上的證明是： $P(\mathrm{A})P(\mathrm{B}) = 1/2 \times 1/2 = 1/4$ $P(\mathrm{AB}) = 1/4$ $P(\mathrm{AB}) = P(\mathrm{A})P(\mathrm{B})$	A 和 B 不獨立，在數學上的證明是： $P(\mathrm{A}) = P(\mathrm{B}) = 0.5 \times 1/2 + 0.5 \times 1 = 3/4$ $P(\mathrm{AB}) = 0.25 \times (1/2 \times 2 + 1 + 1/4) = 9/16$ $P(\mathrm{AB}) \neq P(\mathrm{A})P(\mathrm{B})$
但是在 C 條件下 A 和 B 不獨立，因為當你知道 C 和 A 後，你可以確定 B 的機率是 1。在數學上的證明是： $P(\mathrm{A}\|\mathrm{C})P(\mathrm{B}\|\mathrm{C}) = 1/2 \times 1/2 = 1/4$ $P(\mathrm{AB}\|\mathrm{C}) = P(\mathrm{B}\|\mathrm{C})P(\mathrm{B}\|\mathrm{AC}) = 1/2 \times 1 = 1/2$ $P(\mathrm{AB}\|\mathrm{C}) \neq P(\mathrm{A}\|\mathrm{C})P(\mathrm{B}\|\mathrm{C})$	但是在 C 條件下 A 和 B 獨立，因為當你知道 C 後就知道選擇的是正常硬幣了。在數學上的證明是： $P(\mathrm{A}\|\mathrm{C})P(\mathrm{B}\|\mathrm{C}) = 1/2 \times 1/2 = 1/4$ $P(\mathrm{AB}\|\mathrm{C}) = 1/4$ $P(\mathrm{AB}\|\mathrm{C}) = P(\mathrm{A}\|\mathrm{C})P(\mathrm{B}\|\mathrm{C})$

8.1.3 兩種學習演算法

先回顧一下貝氏公式：

$$P(y|x) = \frac{P(x|y)P(y)}{P(x)}$$

假設 y 是類別，x 是資料，在分類問題上可以採用以下兩種方法。

(1) 判別學習演算法（Discriminative Learning Algorithm）：直接對 $P(y|x)$ 建模，例如

- $P(y|x) = w^{\mathrm{T}}x$，線性回歸。
- $P(y|x) = 1/(1 + \mathrm{e}^{-w^{\mathrm{T}}x})$，邏輯回歸。

(2) 產生學習演算法（Generative Learning Algorithm）：用貝氏公式間接對 $P(y|x)$ 建模，如下表所示。

在二元分類問題中	• $P(y)$ 是伯努利分佈，正類機率為 p，負類機率為 $1-p$ • $P(x\|y)$ 可以是任何合理的機率分佈，例如正態分佈、伯努利分佈或多項分佈
在多分類問題中	• $P(y)$ 是分類分佈，第 k 類別的機率為 p_k • $P(x\|y)$ 可以是任何合理的機率分佈，例如正態分佈、伯努利分佈或多項分佈

最後，再根據貝氏公式，計算 $P(y|x) = P(x|y)P(y)/P(x)$。

8.1.4 兩種估計方法

下面透過一個簡單的實例介紹如何估計機率，並介紹兩種直觀的演算法，它們涵蓋了機器學習中用到的所有機率演算法。

假設有一個硬幣，用隨機變數 X 表示拋硬幣的結果，正面向上為 $X = 1$，反面向上為 $X = 0$。現在的學習工作是估計硬幣正面向上的機率，用 q 表示這個真實的但未知的機率。現在開始做試驗，拋硬幣 n 次，觀察到正面向上為 n_1 次，反面向上為 n_2 次，那麼這枚硬幣正面向上的機率是多少？大多數人會列出一個非常直觀的答案：用觀察到的正面向上的次數除以拋硬幣的總次數，而這就是我們要介紹的第一個演算法。

演算法 1：指定觀察硬幣正面向上 n_1 次，反面向上 n_2 次，則正面向上的機率為

$$q = n_1/(n_1 + n_2)$$

假設你拋了硬幣 50 次，其中 24 次正面向上， 26 次反面向上，那麼正面向上的機率為 $q = 24/50 = 0.48$。

這種演算法是相當合理且直觀的，但前提是有大量的資料。如果資料非常少，那麼使用這種演算法會產生不可靠的機率估計。舉例來說，如果只拋 3 次硬幣，我們觀察到的結果是正面向上的次數為 3 次，那麼得出正面向上的機率是 1。這時候如果你有先驗知識，例如你知道這個硬幣是正常的硬幣（正反面向上的機率都是 50%）。那麼根據觀察結果，你還會回答這個硬幣正面向上的機率是 1 嗎？應該不會了，那麼問題到底出在哪裡了呢？這就引出了第二個演算法：使我們能夠結合先驗知識及觀察的資料，以產生最後機率估計。演算法 2 允許我們對結果進行假設：增加任何數量的虛擬的正面向上和反面向上的次數。

演算法 2：指定觀察硬幣正面向上 n_1 次，反面向上 n_2 次，利用先驗知識增加正面向上 a_1 次，反面向上 a_2 次，則正面向上的機率為

$$q = n_1/(n_1 + a_1 + n_2 + a_2)$$

演算法 2 相比演算法 1 具有以下 4 個優勢。

- 透過調整 a_1 和 a_2 的值，可以反映關於真實機率值的先驗知識。例如我認為 $q = 0.7$，則可以設 $a_1 = 7$，$a_2 = 3$。
- 透過調整 a_1 和 a_2 的強度，可反映對先驗知識的**確定程度**。例如我**很確信** $q = 0.7$，則可以設 $a_1 = 700$，$a_2 = 300$。
- 如果設 $a_1 = 0$，$a_2 = 0$，則演算法 2 可簡化成演算法 1。
- 當觀察資料很多時，虛擬資料對結果的影響很小。但當觀察資料缺乏時，先驗知識對結果的影響很大，但其影響程度隨著豐富的觀察而逐漸降低。

演算法 1 和演算法 2 分別是根據兩個不同的基本原則推導出來的。在演算法 2 中可以使用背景知識，而在演算法 1 中則不可使用。

- 演算法 1 遵循最大似然估計（Maximum Likelihood Estimation，MLE），來尋求 q 的估計最大化觀察資料的機率。事實上，我們可以證明演算法 1 產生的參數 q 使得觀測資料比其他任何參數 q 都更有可能發生。
- 演算法 2 遵循最大後驗估計（Maximum A Posteriori Estimation，MAPE[1]），其中我們指定觀察資料並加上背景知識來尋找最可能的 q 的估計。

8.1.5 兩種機率分佈

機率分佈可被分為**離散**機率分佈和**連續**機率分佈，前者包含伯努利分佈、分類分佈、二項分佈和多類別分佈；後者包含正態分佈和貝塔分佈。

首先介紹伯努利試驗（Bernoulli Trial）。它是只有**兩種**可能試驗結果的**單次**隨機試驗，其中重點是「結果只有兩種」，而且「只能試驗一次」。

下表中介紹了伯努利分佈和分類分佈。

---

1 這裡的 MAPE 不要和平均相對誤差（mean absolute percentage error）弄混了。

伯努利分佈（Bernoulli Distribution）	分類分佈（Categorical Distribution）
伯努利分佈，又名兩點分佈或 0-1 分佈。 • 若伯努利試驗成功，則伯努利隨機變數為 1； • 若伯努利試驗失敗，則伯努利隨機變數為 0。 其中成功機率為 p，失敗機率為 $q=1-p$，$0<p<1$。 伯努利分佈的典型實例是拋一次硬幣的機率分佈，硬幣正面向上的機率為 p，硬幣反面向上機率為 q。伯努利隨機變數 X 設定值只能為 0 或 1，它的機率質量函數是 $$X \sim \text{Bernoulli}(p)$$ $$f(x;p)=p^x q^{1-x}=p^{I\{x=1\}}q^{I\{x=0\}}$$	分類分佈是試驗結果種類大於 2 的伯努利分佈。 分類分佈的典型實例是拋色子。不同於拋硬幣，色子的 6 個面對應 6 個不同的點數，每一面向上的機率分別為 p_1,p_2,p_3,p_4,p_5,p_6（不一定每一面向上的機率為 1/6）。 分類隨機變數 X 可以設定值為 $1,2,\cdots,K$，其中取 k 值的機率為 p_k，它的機率質量函數是 $$X \sim \text{Categorical}(\boldsymbol{p})$$ $$f(x;\boldsymbol{p})=p_1^{I\{x=1\}}p_2^{I\{x=2\}}\cdots p_K^{I\{x=K\}}=\prod_{k=1}^{K}p_k^{I\{x=k\}}$$

二項分佈（Binomial Distribution）	多項分佈（Multinomial Distribution）
二項分佈是 n 個獨立的「是/非」試驗中成功次數的離散機率分佈，其中每次試驗成功的機率為 p。單次成功/失敗試驗又被稱為伯努利試驗。單次拋硬幣是伯努利分佈，多次拋硬幣是二項分佈。當 $n=1$ 時，二項分佈就是伯努利分佈。 二項隨機變數 X 描述 n 次伯努利試驗成功了 x 次，因此 x 參數為$0,1,\cdots,n$。它的機率質量函數是： $$X \sim \text{Binomial}(p,n)$$ $$f(x;p,n)=\frac{x!}{n!\,(n-x)!}p^x(1-p)^{n-x}$$	二項分佈相當於 n 次伯努利試驗，多項分佈相當於進行 n 次分類試驗。單次拋色子是分類分佈，多次拋色子是多項分佈。當 $n=1$ 時，多項分佈就是分類分佈。 多項隨機變數 X 描述 n 次分類試驗有 K 個結局，而第 k 個結局（機率 p_k）出現了 n_k 次。它的機率質量函數是 $$X \sim \text{Multinomial}(\boldsymbol{p},n)$$ $$f(n_1,n_2,\dots,n_K\|\boldsymbol{p},n)=\frac{n!}{n_1!\,n_2!\cdots n_K!}p_1^{n_1}p_2^{n_2}\cdots p_K^{n_K}=n!\prod_{k=1}^{K}\frac{p_k^{n_k}}{n_k!}$$ 其中，$\sum_{k=1}^{K}n_k=n$

假設用 $D(n,K)$ 代表一個通用的分佈函數，K 是每次試驗結果的個數，而 n 是做試驗的次數，那麼

- 當 $n=1$ 和 $K=2$ 時，$D(1,2)$ 就是伯努利分佈。
- 當 $n>1$ 和 $K=2$ 時，$D(n,2)$ 就是二項分佈。
- 當 $n=1$ 和 $K>2$ 時，$D(1,K)$ 就是分類分佈。
- 當 $n>1$ 和 $K>2$ 時，$D(n,K)$ 就是多項分佈。

因為多項分佈是通用的，所以下面選擇不同的參數 n 和 K，看一看它是否可被簡化成二項分佈、分類分佈和伯努利分佈，如下表所示。

條　件	運算式
當 $n>1$，$K=2$ 時	$f(n_1,n_2;\boldsymbol{p},n)=\frac{n!}{n_1!\,n_2!}p_1^{n_1}p_2^{n_2}=\frac{n!}{n_1!\,(n-n_2)!}p_1^{n_1}(1-p_1)^{n_2}$

從機率質量函數上看是一個**二項隨機變數**：

- $K=2$ 意味類別只有兩種，所以可以定義這兩種為成功和失敗；
- n_1 和 n_2 指成功和失敗的次數，因為只有兩種，所以知道其中一種的次數後也就知道另一種的次數

條　件	運算式
當 $n=1$，$K>2$ 時	$f(n_1,n_2,\cdots,n_K;\boldsymbol{p})=\frac{1!}{n_1!\,n_2!\cdots n_K!}p_1^{n_1}p_2^{n_2}\cdots p_K^{n_K}=\prod_{k=1}^{K}p_k^{I\{x_k=n_k\}}$

從機率質量函數上看是一個**分類隨機變數**：

- $K>2$ 表示類別超過兩種；
- $n=1$ 且所有 n_k 之和也為 1，表示 n_k 裡只有一個為 1 而其他 $K-1$ 個都為 0，類似指標函數

條　件	運算式
當 $n=1$，$K=2$ 時	$f(n_1,n_2;\boldsymbol{p})=\frac{1!}{n_1!\,n_2!}p_1^{n_1}p_2^{n_2}=p_1^{n_1}(1-p_1)^{n_2}$

從機率質量函數上看是一個**伯努利隨機變數**：

- $K=2$ 表示類別只有兩種，所以可以定義這兩種為成功和失敗；
- $n=1$ 且 n_1+n_2 也為 1，表示 n_1 和 n_2 中間只有一個為 1，類似指標函數

正態分佈和貝塔分佈介紹如下表所示。

正態分佈（Normal Distribution）	貝塔分佈（Beta Distribution）
一維正態分佈有兩個參數 μ 和 σ^2，一維常態隨機變數 X 可取任何實數 x，它的機率密度函數為 $$X \sim N(\mu,\sigma^2)$$ $$f(x\|\mu,\sigma^2) = \frac{1}{\sqrt{2\pi\sigma^2}}\exp\left(-\frac{(x-\mu)^2}{2\sigma^2}\right)$$ n 維正態分佈有向量參數 $\boldsymbol{\mu}$ 和矩陣參數 $\boldsymbol{\Sigma}$，n 維常態隨機變數 $\boldsymbol{X}$ 可取任何實數向量 $\boldsymbol{x}$，它的機率密度函數為 $$X \sim N_n(\boldsymbol{\mu},\boldsymbol{\Sigma})$$ $$f(\boldsymbol{x};\boldsymbol{\mu},\boldsymbol{\Sigma}) = \frac{1}{\sqrt{(2\pi)^n\|\boldsymbol{\Sigma}\|}}\exp\left(-\frac{1}{2}(\boldsymbol{x}-\boldsymbol{\mu})^{\mathrm{T}}\boldsymbol{\Sigma}^{-1}(\boldsymbol{x}-\boldsymbol{\mu})\right)$$	貝塔分佈是描述**機率**的連續機率分佈，它有兩個形狀參數 α 和 β。貝塔隨機變數 X 設定值為 x，其中 $0 \leqslant x \leqslant 1$，它的機率密度函數為 $$X \sim \mathrm{Beta}(\alpha,\beta)$$ $$f(x;\alpha,\beta) = \frac{x^{\alpha-1}(1-x)^{\beta-1}}{B(\alpha,\beta)},$$ $$B(\alpha,\beta) = \frac{\Gamma(\alpha)\Gamma(\beta)}{\Gamma(\alpha+\beta)}$$

8.2 模型介紹

8.2.1 問題剖析

第 3 章和第 4 章介紹的線性回歸和邏輯回歸都屬於判別學習演算法，而本章主要介紹如何用產生學習演算法來解決二元分類問題（多分類問題也可用類似的解法）。首先回顧產生學習演算法的步驟：

$$P(y|\boldsymbol{x}) = \frac{P(\boldsymbol{x}|y)P(y)}{P(\boldsymbol{x})}$$

首先對 $P(y)$ 建模，因為是二元分類問題（$y = 0,1$），y 通常服從伯努利分佈，即$P(y) = \phi^y(1-\phi)^{1-y}$，接下來對$P(\boldsymbol{x}|y)$建模（註：$\boldsymbol{x}$ 通常是向量而非純量）。

- 如果向量 $\boldsymbol{x}$ 裡的元素只取兩個離散值，則 $P(\boldsymbol{x}|y)$ 服從多元伯努利分佈，該模型叫作多元伯努利事件（Multivariate Bernoulli Event，MBE）模型。MBE 模型可用來過濾垃圾郵件。
- 如果向量 $\boldsymbol{x}$ 裡的元素取 k 個離散值，則 $P(\boldsymbol{x}|y)$ 服從分類分佈，該模型叫作多項事件（Multinomial Event，ME）模型。ME 模型也可用來過濾垃圾郵件。

- 如果向量 $\boldsymbol{x}$ 裡的元素取連續值，則 $P(\boldsymbol{x}|y)$ 服從多維正態分佈，該模型叫作高斯判別分析（Gaussian Discriminant Analysis，GDA）模型。這個名字看起來非常奇怪，明明是地道的產生學習演算法（不是判別學習演算法），可名字中偏偏還有「判別」二字。GDA 模型和邏輯回歸模型具有深厚的關係。

以上模型都有自己的模型參數，這些參數是由訓練集決定的。對於一個新資料 x_{new}，根據貝氏公式來預測類別，我們只需找到一個類別 y，使得其後驗機率（即指定 x_{new} 之後是類別 y 的機率）最大：

$$\begin{aligned}\arg\underbrace{\max}_{y} P(y|x_{\text{new}}) &= \arg\underbrace{\max}_{y} \frac{P(x_{\text{new}}|y)P(y)}{P(x_{\text{new}})} \\ &= \arg\underbrace{\max}_{y} P(x_{\text{new}}|y)P(y)\end{aligned}$$

argmax 函數求出使 $P(y|x_{\text{new}})$ 最大的 y 值。

因為分母 $P(x_{\text{new}})$ 與 y 無關，所以可以去掉。

在詳細介紹 MBE、ME 和 GDA 模型之前，讓我們來看一個實際的郵件分類問題。

案例：郵件前置處理

以分類垃圾郵件為例，一封樣本郵件可能是這樣的：

```
Anyone knows how much it costs to host a web portal ?
Well, it depends on how many visitors youre expecting. This can be anywhere from less than 10 bucks a month to a couple of $100. You should checkout http://www.rackspace.com/ or perhaps Amazon EC2 if youre running something big.
To unsubscribe yourself from this mailing list, send an E-mail to: groupname-unsubscribe @egroups.com
```

在上面的郵件中，我們看到它包含以下內容：

- 網址（URL）：http://www.rackspace.com
- 郵寄地址（E-mail address）：groupname-unsubscribe@egroups.com

- 數字：10，100，2
- 貨幣符號：$

在其他郵件中也可能包含網址、郵寄地址、數字和貨幣符號，實際內容都不同。因此需要將它們正規化，處理過程如下。

- 小寫：將郵件中所有的英文字母變為小寫（BiG 和 big 是一個詞）。
- 刪除超文字標記語言（HTML）標籤：很多郵件中都有 HTML 標籤，去除它們只留下其中的內容。
- 正規化網址：所有 URL 都用 httaddr 來替代，記作 URL → httaddr。
- 正規化郵寄地址：E-mail address→ emailaddr。
- 正規化數字：數字→ number。
- 正規化貨幣符號：$ → dollar。
- 詞根檢索（Word Stemming）：單字可以精簡成其詞根形式，例如 Discount，discounts，discounted，discounting 等詞 → discount；Include，includes，included，including 等詞 → includ[2]。
- 刪除非單字：所有非單字和標點符號都要刪除，所有空白→一個空格。

前置處理之後的郵件如下所示（注意，郵件中的網址已經沒有了，紅色文字就是正規化後的郵寄地址、數字和貨幣）：

```
anyon know how much it cost to host a web portal well it depend on how mani visitor your expect thi can be anywher from less than number buck a month to a coupl of dollarnumb you should checkout httpaddr or perhaps amazon ecnumb if your run someth big to unsubscrib yourself from thi mail list send an email to emailaddr
```

從上面前置處理過的郵件中會發現很多詞都不是標準的英文單字，例如 anyon、mani、thi 等，這些詞其實是 anyone、many、this 的詞根，例如 thi 可以代表 this 和 these。

2 即使 includ 不是一個英文單字也可以，詞根不需要是完整的單字。

從文字字元到數值向量

前置處理之後的郵件內容看起來比較正規了，接下來需要把郵件裡所有的詞從「字典」中找出來，記為一個數值向量。

這個字典不是標準的英文字典，而是專門為分類郵件而建的字典。右圖展示了這個字典的縮影。

1	a
2	aa
3	ab
…	…
866	anyon
…	…
16916	know
…	…
50000	zip

有了字典之後，上面的郵件可以使用以下兩種數值表達方式。

（1）用長度為**字典詞數**（本例為 50000 個）的向量 $\boldsymbol{x}$，如果向量的第 j 個詞出現在郵件裡，那麼 $x_j = 1$；如果沒有出現，那麼 $x_j = 0$。其向量形式如下所示。

$$\boldsymbol{x} = \begin{bmatrix} x_1 \\ x_2 \\ x_3 \\ \vdots \\ x_{866} \\ \vdots \\ x_{16916} \\ \vdots \\ x_{50000} \end{bmatrix} = \begin{bmatrix} 1 \\ 0 \\ 0 \\ \vdots \\ 1 \\ \vdots \\ 1 \\ \vdots \\ 0 \end{bmatrix} \begin{matrix} \text{a} \\ \text{aa} \\ \text{ab} \\ \vdots \\ \text{anyon} \\ \vdots \\ \text{know} \\ \vdots \\ \text{zip} \end{matrix}$$

該向量是一個只含 0 和 1 且長度為字典詞數 n 的向量，因此，每封郵件的長度都一樣，而且其表達形式沒有記錄「一個詞重複出現多次」的情況。

- 該郵件含有 a、anyon 和 know 等詞，因此向量對應位置的元素為 1。
- 該郵件不含有 aa、ab 和 zip 等詞，因此向量對應位置的元素為 0。

（2）用長度為**郵件詞數**（本例為 61 個）的向量 $\boldsymbol{x}$，x_j 儲存著對應位置的詞在字典裡的索引位置。其向量形式如下所示。

$$\boldsymbol{x} = \begin{bmatrix} x_1 \\ x_2 \\ x_3 \\ \vdots \\ x_{13} \\ \vdots \\ x_{39} \\ \vdots \\ x_{61} \end{bmatrix} = \begin{bmatrix} 886 \\ 16916 \\ 15053 \\ \vdots \\ 15621 \\ \vdots \\ 3498 \\ \vdots \\ 5980 \end{bmatrix} \begin{matrix} \text{anyon} \\ \text{know} \\ \text{how} \\ \vdots \\ \text{it} \\ \vdots \\ \text{checkout} \\ \vdots \\ \text{emailaddr} \end{matrix}$$

該向量是一個長度為郵件詞數的向量，因此每封郵件的長度都不一樣，但是其表達形式可以記錄「一個詞重複出現多次」的情況。

該郵件裡的 anyon、know、how、it、checkout 和 emailaddr 分別對應著字典裡第 886、16916、15053、15621、3498 和 5980 個位置。

比較這兩種方法，我們發現第二種向量明顯比第一種向量短很多，因此計算起來也會高效一些。

8.2.2 單純貝氏演算法

單純貝氏演算法應用貝氏公式與特徵之間條件獨立的假設。指定類別變數 y 和特徵向量 $\boldsymbol{x}_1 \sim \boldsymbol{x}_n$，由條件獨立假設：

$$P(\boldsymbol{x}_1, \boldsymbol{x}_2, \cdots \boldsymbol{x}_{i-1}, \boldsymbol{x}_{i+1}, \cdots, \boldsymbol{x}_n|y) = P(\boldsymbol{x}_i|y) \quad \Rightarrow \quad P(\boldsymbol{x}_1, \boldsymbol{x}_2, \cdots, \boldsymbol{x}_n|y) = \prod_{i=1}^{n} P(\boldsymbol{x}_i|y)$$

將 $P(\boldsymbol{x}_1, \boldsymbol{x}_2, \cdots, \boldsymbol{x}_n|y)$ 帶入貝氏公式中，獲得：

$$P(y|\boldsymbol{x}_1, \boldsymbol{x}_2, \cdots, \boldsymbol{x}_n) = \frac{P(\boldsymbol{x}_1, \boldsymbol{x}_2, \cdots, \boldsymbol{x}_n|y)P(y)}{P(\boldsymbol{x}_1, \boldsymbol{x}_2, \cdots, \boldsymbol{x}_n)} = \frac{\prod_{i=1}^{n} P(\boldsymbol{x}_i|y)\, P(y)}{\underbrace{P(\boldsymbol{x}_1, \boldsymbol{x}_2, \cdots, \boldsymbol{x}_n)}_{\text{和 } y \text{ 无关的量}}} \propto \prod_{i=1}^{n} P(\boldsymbol{x}_i|y)\, P(y)$$

單純貝氏演算法的核心作用就把 n 維聯合機率 $P(\boldsymbol{x}_1, \boldsymbol{x}_2, \cdots, \boldsymbol{x}_n|y)$ 簡化成 n 個 1 維機率 $P(\boldsymbol{x}_i|y)$ 的乘積。最後用最大後驗機率估計（MAPE）找到相對應的類別 y^*：

$$y^* = \arg\underbrace{\max}_{y} P(y) \prod_{i=1}^{n} P(\boldsymbol{x}_i|y)$$

單純貝氏演算法有以下兩個優點。

- 分類容易且快速，而且在多類別預測中表現良好。
- 當條件獨立假設成立時，分類比其他模型（例如邏輯回歸）效能更好，而且也需要更少的訓練資料。

獨立預測變數的假設的優點也是缺點，因為在現實生活中幾乎不可能獲得一組完全獨立的預測變數。

scikit-learn 中的單純貝氏分類模型 naive_bayes 支援正態分佈、伯努利分佈和多項分佈的模型，程式如下：

單純貝氏的模型程式

```
1  from sklearn.naive_bayes import GaussianNB, MultinomialNB, BernoulliNB
2  from sklearn.model_selection import train_test_split
3  (train, test)= train_test_split( data, train_size=0.8, random_state=0 )
4  model = GaussianNB()# model = MultinomialNB()# model = BernoulliNB()
5  model.fit( train.features, train.target )
6  y_pred = model.predict( test.features)
```

8.2.3 多元伯努利模型

在郵件分類問題中，一旦將文字字元轉換成第一種向量形式，就可以使用 MBE 模型來描述：

$$\boldsymbol{x}=\begin{bmatrix}1\\0\\0\\\vdots\\1\\\vdots\\1\\\vdots\\0\end{bmatrix}=\begin{bmatrix}x_1\\x_2\\x_3\\\vdots\\x_{866}\\\vdots\\x_{16916}\\\vdots\\x_{50000}\end{bmatrix}\qquad\begin{gathered}x_1|y=a\sim\text{Bernoulli}(\phi_{1,a})\\x_2|y=a\sim\text{Bernoulli}(\phi_{2,a})\\x_3|y=a\sim\text{Bernoulli}(\phi_{3,a})\\\vdots\\x_{866}|y=a\sim\text{Bernoulli}(\phi_{866,a})\\\vdots\\x_{16916}|y=a\sim\text{Bernoulli}(\phi_{16916,a})\\\vdots\\x_{50000}|y=a\sim\text{Bernoulli}(\phi_{50000,a})\end{gathered}$$

$a=0,1$

$\phi_{j,1}$ 表示郵件裡含第 j 個詞而且郵件被分為正類（垃圾郵件）的機率。

$\phi_{j,0}$ 表示郵件裡含第 j 個詞而且郵件被分為負類（正常郵件）的機率。

這些機率對於任何一封郵件都是一樣的（MBE 模型的假設）。

由此寫入出 MBE 模型的一般形式，如下表所示。

	概 率 分 布	表 達 式
類別分佈	$y\sim\text{Bernoulli}(\phi)$	$P(y)=\phi^y(1-\phi)^{1-y}$
負類下 j^{th} 詞分佈	$x_j^{(i)}=1\|y=0\sim\text{Bernoulli}(\phi_{j,0})$	$P\left(x_j^{(i)}\middle\|y=0\right)=\phi_{j,0}^{x_j^{(i)}}(1-\phi_{j,0})^{1-x_j^{(i)}}$
正類下 j^{th} 詞分佈	$x_j^{(i)}=1\|y=1\sim\text{Bernoulli}(\phi_{j,1})$	$P\left(x_j^{(i)}\middle\|y=1\right)=\phi_{j,1}^{x_j^{(i)}}(1-\phi_{j,1})^{1-x_j^{(i)}}$

這裡的 ϕ、$\phi_{j,0}$ 和 $\phi_{j,1}$ 是純量型的模型參數，參數個數為 $2n+1$。

指定訓練集 $\left(\boldsymbol{x}^{(i)}, y^{(i)}\right)$，$i=1,2,\cdots,m$，其中 $\boldsymbol{x}^{(i)}$ 是 $1\times n$ 的列向量，$y^{(i)}$ 是純量。最大化 MBE 模型對應的對數後驗機率可獲得最佳參數（對證明過程有興趣的讀者可參考本章的附錄 A）：

$$\phi=\frac{1}{m}\sum_{i=1}^{m} I\{y^{(i)}=1\}=\frac{\text{垃圾郵件總數}}{\text{郵件總數}}$$

$$\phi_{j,0}=\frac{\sum_{i=1}^{m} I\{x_j^{(i)}=1 \wedge y^{(i)}=0\}}{\sum_{i=1}^{m} I\{y^{(i)}=0\}}=\frac{\text{正常郵件含字典裏第 } j \text{ 個詞的總數}}{\text{正常郵件總數}}$$

$$\phi_{j,1}=\frac{\sum_{i=1}^{m} I\{x_j^{(i)}=1 \wedge y^{(i)}=1\}}{\sum_{i=1}^{m} I\{y^{(i)}=1\}}=\frac{\text{垃圾郵件含字典裏第 } j \text{ 個詞的總數}}{\text{垃圾郵件總數}}$$

8.2.4 多項事件模型

在郵件分類問題中，一旦將文字字元轉換成第二種向量形式，就可以用 ME 模型來描述，如下所示。

$$\boldsymbol{x}=\begin{bmatrix} x_1 \\ x_2 \\ \vdots \\ x_{13} \\ \vdots \\ x_{39} \\ \vdots \\ x_{61} \end{bmatrix}=\begin{bmatrix} 886 \\ 16916 \\ \vdots \\ 15621 \\ \vdots \\ 3498 \\ \vdots \\ 5980 \end{bmatrix} \quad \boldsymbol{x}|y=a \sim \text{Multinomial}(\phi_{1,a},\phi_{2,a},\cdots,\phi_{50000,a})$$

$\phi_{k,1}$（$\phi_{k,0}$）表示郵件裡第 j 個詞在字典裡索引位置為 k，而該郵件被分為正類（負類）的機率。

這些機率只與索引位置 k 有關，而與詞在郵件中的位置 j 無關（ME 模型的假設）。

由此寫入出 ME 模型的一般形式，如下表所示。

	概率分布	表達式
類別分佈	$y \sim \text{Bernoulli}(\phi)$	$P(y)=\phi^y(1-\phi)^{1-y}$

	概率分布	表達式
負類下 j^{th} 詞在 k^{th}索引中的分佈	$x_j = k\|y = 0 \sim \text{Multinomial}(\phi_{k,0})$	$P(x^{(i)}\|y=0) = \prod_{p=1}^{n} \phi_{p,0}^{n_p^{(i)}}$, $\sum_{p=1}^{n} \phi_{p,0} = 1, \sum_{p=1}^{n} n_p^{(i)} = n_i$
正類下 j^{th} 詞在 k^{th}索引中的分佈	$x_j = k\|y = 1 \sim \text{Multinomial}(\phi_{k,1})$	$P(x^{(i)}\|y=1) = \prod_{p=1}^{n} \phi_{p,1}^{n_p^{(i)}}$, $\sum_{p=1}^{n} \phi_{p,1} = 1, \sum_{p=1}^{n} n_p^{(i)} = n_i$

其中，$n_p^{(i)} = \sum_{j=1}^{n_i}\{x_j^{(i)} = p\}$，這裡的 ϕ、$\phi_{k,0}$ 和 $\phi_{k,1}$是純量型的模型參數，參數個數為 $2n+1$。

指定訓練集 $(\boldsymbol{x}^{(i)}, y^{(i)})$，$i = 1,2,\cdots,m$，其中 $\boldsymbol{x}^{(i)}$ 是 $1\times n$ 的列向量，$y^{(i)}$ 是純量。最大化 ME 模型對應的對數後驗機率可獲得最佳參數（對證明過程有興趣的讀者可參考本章的附錄 B）：

$$\phi = \frac{1}{m}\sum_{i=1}^{m} I\{y^{(i)} = 1\} = \frac{\text{垃圾郵件總數}}{\text{郵件總數}}$$

$$\phi_{k,0} = \frac{\sum_{i=1}^{m}\sum_{j=1}^{n_i} I\{x_j^{(i)} = k \wedge y^{(i)} = 0\}}{\sum_{i=1}^{m} I\{y^{(i)} = 0\}n_i} = \frac{\text{正常郵件的所有詞在字典索引位置 } k \text{ 的總數}}{\text{正常郵件總詞數}}$$

$$\phi_{k,1} = \frac{\sum_{i=1}^{m}\sum_{j=1}^{n_i} I\{x_j^{(i)} = k \wedge y^{(i)} = 1\}}{\sum_{i=1}^{m} I\{y^{(i)} = 1\}n_i} = \frac{\text{垃圾郵件的所有詞在字典索引位置 } k \text{ 的總數}}{\text{垃圾郵件總詞數}}$$

8.2.5 高斯判別分析模型

高斯判別分析（GDA）模型的運算式如下表所示。

	概率分布	表達式
類別分佈	$y \sim \text{Bernoulli}(\phi)$	$P(y) = \phi^y(1-\phi)^{1-y}$
負類下 $\boldsymbol{x}$ 分佈	$\boldsymbol{x}\|y = 0 \sim N_n(\boldsymbol{\mu}_0, \boldsymbol{\Sigma})$	$P(\boldsymbol{x}\|y=0) = \frac{1}{(2\pi)^{n/2}\|\boldsymbol{\Sigma}\|^{1/2}} \exp\left(-\frac{1}{2}(\boldsymbol{x}-\boldsymbol{\mu}_0)^{\mathrm{T}}\boldsymbol{\Sigma}^{-1}(\boldsymbol{x}-\boldsymbol{\mu}_0)\right)$
正類下 $\boldsymbol{x}$ 分佈	$\boldsymbol{x}\|y = 1 \sim N_n(\boldsymbol{\mu}_1, \boldsymbol{\Sigma})$	$P(\boldsymbol{x}\|y=1) = \frac{1}{(2\pi)^{n/2}\|\boldsymbol{\Sigma}\|^{1/2}} \exp\left(-\frac{1}{2}(\boldsymbol{x}-\boldsymbol{\mu}_1)^{\mathrm{T}}\boldsymbol{\Sigma}^{-1}(\boldsymbol{x}-\boldsymbol{\mu}_1)\right)$

$\boldsymbol{\phi}$、$\boldsymbol{\mu}_0$、$\boldsymbol{\mu}_1$和 $\boldsymbol{\Sigma}$ 是模型參數，其中 ϕ 是純量，$\boldsymbol{\mu}_0$ 和 $\boldsymbol{\mu}_1$ 都是 $1\times n$ 的列向量，$\boldsymbol{\Sigma}$ 是 $n\times n$ 矩陣，總共有 $(n+1)^2$ 個參數。為了簡化，我們假設 $\boldsymbol{x}$ 在不同的 y 條件下均值不同，但方差相同。

指定訓練集 $\left(\boldsymbol{x}^{(i)}, y^{(i)}\right)$，$i=1,2,\cdots,m$，其中 $\boldsymbol{x}^{(i)}$ 是 $1\times n$ 的列向量，$y^{(i)}$ 是純量。最大化 GDA 模型對應的對數後驗機率可獲得最佳參數（對證明過程有興趣的讀者可參考附錄 C）：

$$\phi=\frac{1}{m}\sum_{i=1}^{m}I\{y^{(i)}=1\}=\frac{\text{正類範例總數}}{\text{所有範例總數}}$$

$$\boldsymbol{\mu}_0=\frac{\sum_{i=1}^{m}I\{y^{(i)}=0\}\boldsymbol{x}^{(i)}}{\sum_{i=1}^{m}I\{y^{(i)}=0\}}=\frac{\text{負類範例的 } x \text{ 總和}}{\text{負類範例總數}}=\text{負類範例的 } x \text{ 均值}$$

$$\boldsymbol{\mu}_1=\frac{\sum_{i=1}^{m}I\{y^{(i)}=1\}\boldsymbol{x}^{(i)}}{\sum_{i=1}^{m}I\{y^{(i)}=1\}}=\frac{\text{正類範例的 } x \text{ 總和}}{\text{正類範例總數}}=\text{正類範例的 } x \text{ 均值}$$

$$\boldsymbol{\Sigma}=\frac{1}{m}\sum_{i=1}^{m}(\boldsymbol{x}^{(i)}-\boldsymbol{\mu}_{y^{(i)}})(\boldsymbol{x}^{(i)}-\boldsymbol{\mu}_{y^{(i)}})^{\mathrm{T}}$$

有趣的是，GDA 模型和第 5 章的邏輯回歸（Logistic Regression，LR）模型也有微妙的聯繫。

從 GDM 模型的後驗機率開始：

$$\begin{aligned}
P(y=1|\boldsymbol{x})&=\frac{P(\boldsymbol{x}|y=1)P(y=1)}{P(\boldsymbol{x}|y=1)P(y=1)+P(\boldsymbol{x}|y=0)P(y=0)}\\
&=\frac{\exp\left(-\frac{(\boldsymbol{x}-\boldsymbol{\mu}_1)^{\mathrm{T}}\boldsymbol{\Sigma}^{-1}(\boldsymbol{x}-\boldsymbol{\mu}_1)}{2}\right)\phi}{\exp\left(-\frac{(\boldsymbol{x}-\boldsymbol{\mu}_1)^{\mathrm{T}}\boldsymbol{\Sigma}^{-1}(\boldsymbol{x}-\boldsymbol{\mu}_1)}{2}\right)\phi+\exp\left(-\frac{(\boldsymbol{x}-\boldsymbol{\mu}_0)^{\mathrm{T}}\boldsymbol{\Sigma}^{-1}(\boldsymbol{x}-\boldsymbol{\mu}_0)}{2}\right)(1-\phi)}\\
&=\frac{1}{1+\exp\left((\boldsymbol{\mu}_0^{\mathrm{T}}\boldsymbol{\Sigma}^{-1}-\boldsymbol{\mu}_1^{\mathrm{T}}\boldsymbol{\Sigma}^{-1})x-\frac{1}{2}(\boldsymbol{\mu}_0^{\mathrm{T}}\boldsymbol{\Sigma}^{-1}\boldsymbol{\mu}_0+\boldsymbol{\mu}_1^{\mathrm{T}}\boldsymbol{\Sigma}^{-1}\boldsymbol{\mu}_1)+\ln\left(\frac{1-\phi}{\phi}\right)\right)}\\
&=\frac{1}{1+\exp\left((\boldsymbol{\Sigma}^{-1}\boldsymbol{\mu}_0-\boldsymbol{\Sigma}^{-1}\boldsymbol{\mu}_1)^{\mathrm{T}}\boldsymbol{x}+\left[\frac{1}{2}(\boldsymbol{\mu}_1^{\mathrm{T}}\boldsymbol{\Sigma}^{-1}\boldsymbol{\mu}_1-\boldsymbol{\mu}_0^{\mathrm{T}}\boldsymbol{\Sigma}^{-1}\boldsymbol{\mu}_0)+\ln\left(\frac{1-\phi}{\phi}\right)\right]x_0\right)}\\
&=\frac{1}{1+\exp(-\boldsymbol{w}^{\mathrm{T}}\boldsymbol{x})}
\end{aligned}$$

其中$x_0 = 1$，是常數項，而參數 $\boldsymbol{w} = -\begin{bmatrix} ½(\boldsymbol{\mu}_1^{\mathrm{T}}\boldsymbol{\Sigma}^{-1}\boldsymbol{\mu}_1 - \boldsymbol{\mu}_0^{\mathrm{T}}\boldsymbol{\Sigma}^{-1}\boldsymbol{\mu}_0) + \ln(1/\phi - 1) \\ \boldsymbol{\Sigma}^{-1}\boldsymbol{\mu}_0 - \boldsymbol{\Sigma}^{-1}\boldsymbol{\mu}_1 \end{bmatrix}$

指定適當的參數 $\boldsymbol{w}$，GDA 模型可以寫成邏輯模型。實際上，當 $P(\boldsymbol{x}|y = 0)$ 和 $P(\boldsymbol{x}|y = 1)$ 服從卜松分佈時，$P(y = 1|\boldsymbol{x})$ 也能化簡成邏輯模型的運算式。現在問題來了，哪個模型更好？

GDA 模型相比 LR 模型需要更強的模型假設：

- 在不知道資料分佈時，用 LR 模型更好，因為它有更強的堅固性。試想萬一資料為卜松分佈，如果用 GDA 模型，一開始連假設都錯了，那麼模型的效能也不可能好。
- 在知道資料為正態分佈時，用 GDA 模型更好，因為它的假設更精準，也利用了更多資訊來建置模型，同時，它需要比 LR 模型更少的資料來進行分類。

總之，你掌握的資訊越少，就應該選擇模型獨立性（Model Independent）越強的通用泛化模型，例如 LR 模型；你掌握的資訊越多，就應該選擇模型相關性（Model Dependent）越強的特定細化模型，例如 GDA 模型或卜松判別分析模型。

8.2.6 多分類問題

8.2.3~8.2.5 節介紹的都是二元分類問題，一般應用在將郵件分為垃圾郵件和正常郵件這種實際問題中。如果現在的工作是將郵件分為垃圾郵件、工作郵件和個人郵件這 3 大類（在實際問題中要分的類別可能更多），那麼以上討論的模型還適用嗎？本節就用類比的方式來介紹 MBE、ME 和 GDA 模型的多分類版本。它們最主要的區別就是 y 從原來的伯努利分佈變成了分類分佈。

在二元分類和多分類條件下，y 的先驗機率為：

$$\overbrace{\phi^y(1-\phi)^{1-y}}^{\text{二分類：伯努利分布}} \quad \Leftarrow \quad P(y) \quad \Rightarrow \quad \overbrace{\prod_{k=1}^{K} \phi_k^{I\{y=k\}}}^{\text{多分類：分類分布}}$$

這 3 個模型的參數比較如下表所示。

模型	二元分類 $a = 0,1$	多分類 $c = 0,1, \cdots, C$
MBE	$\phi = \frac{1}{m}\sum_{i=1}^{m} I\{y^{(i)} = 1\}$ $\phi_{j,a} = \frac{\sum_{i=1}^{m} I\{x_j^{(i)} = 1 \wedge y^{(i)} = a\}}{\sum_{i=1}^{m} I\{y^{(i)} = a\}}$	$\phi_c = \frac{1}{m}\sum_{i=1}^{m} I\{y^{(i)} = c\}$ $\phi_{j,c} = \frac{\sum_{i=1}^{m} I\{x_j^{(i)} = 1 \wedge y^{(i)} = c\}}{\sum_{i=1}^{m} I\{y^{(i)} = c\}}$
ME	$\phi = \frac{1}{m}\sum_{i=1}^{m} I\{y^{(i)} = 1\}$ $\phi_{k,a} = \frac{\sum_{i=1}^{m}\sum_{j=1}^{n_i} I\{x_j^{(i)} = k \wedge y^{(i)} = a\}}{\sum_{i=1}^{m} I\{y^{(i)} = a\}n_i}$	$\phi_c = \frac{1}{m}\sum_{i=1}^{m} I\{y^{(i)} = c\}$ $\phi_{k,c} = \frac{\sum_{i=1}^{m}\sum_{j=1}^{n_i} I\{x_j^{(i)} = k \wedge y^{(i)} = c\}}{\sum_{i=1}^{m} I\{y^{(i)} = c\}n_i}$
GDA	$\phi = \frac{1}{m}\sum_{i=1}^{m} I\{y^{(i)} = 1\}$ $\boldsymbol{\mu}_a = \frac{\sum_{i=1}^{m} I\{y^{(i)} = a\}\boldsymbol{x}^{(i)}}{\sum_{i=1}^{m} I\{y^{(i)} = a\}}$ $\boldsymbol{\Sigma} = \frac{1}{m}\sum_{i=1}^{m}(\boldsymbol{x}^{(i)} - \boldsymbol{\mu}_{y^{(i)}})(\boldsymbol{x}^{(i)} - \boldsymbol{\mu}_{y^{(i)}})^{\mathrm{T}}$	$\phi_c = \frac{1}{m}\sum_{i=1}^{m} I\{y^{(i)} = c\}$ $\boldsymbol{\mu}_c = \frac{\sum_{i=1}^{m} I\{y^{(i)} = c\}\boldsymbol{x}^{(i)}}{\sum_{i=1}^{m} I\{y^{(i)} = c\}}$ $\boldsymbol{\Sigma} = \frac{1}{m}\sum_{i=1}^{m}(\boldsymbol{x}^{(i)} - \boldsymbol{\mu}_{y^{(i)}})(\boldsymbol{x}^{(i)} - \boldsymbol{\mu}_{y^{(i)}})^{\mathrm{T}}$

8.2.7 拉普拉斯校正

假如有一天，你給一個女生發郵件誇她 adorkable（「呆萌」的意思），這個詞是用 dork（呆子）來替代 adorable（可愛）裡的 dor。由於這個詞太新，它根本不在你原來訓練集的郵件中。假設 adorkable 是字典中第 800 個單字，根據前面講的單純貝氏分類，用 MBE 模型可以計算參數

$$\phi_{800,0} = \frac{\text{正常郵件含 adorkable 的總數}}{\text{正常郵件總數}} = 0$$

$$\phi_{800,1} = \frac{\text{垃圾郵件含 adorkable 的總數}}{\text{垃圾郵件總數}} = 0$$

因為在正類郵件（垃圾郵件）和負類郵件（正常郵件）中都沒有見過 adorkable 這個詞，因此，該分類模型認為兩種郵件包含這個詞的機率都為 0。現在計

算後驗機率：

$$P(y=1|\boldsymbol{x}) = \frac{\prod_{j=1}^{n} P\left(x_j \middle| y=1\right) P(y=1)}{\prod_{j=1}^{n} P\left(x_j \middle| y=1\right) P(y=1) + \prod_{j=1}^{n} P\left(x_j \middle| y=0\right) P(y=0)}$$

$$= \frac{\prod_{j=1}^{n} \phi_{j,1} P(y=1)}{\prod_{j=1}^{n} \phi_{j,1} P(y=1) + \prod_{j=1}^{n} \phi_{j,0} P(y=0)} = \frac{0 \times P(y=1)}{0 \times P(y=1) + 0 \times P(y=0)} = \frac{0}{0}$$

因為在連乘項中有 $\phi_{800,1}=0$ 或 $\phi_{800,0}=0$，因此結果等於 0/0，該分類模型不知道如何預測。更一般地說，一旦模型參數為零，單純貝氏分類就會出問題，這時候拉普拉斯校正（Laplace Correction）就派上用場了，它的核心思想就是將模型參數校正成

- 各自不為 0 的數；
- 整體和為 1，因為這些參數都是機率型參數。

對於 MBE 和 ME 模型，校正後的參數（反白數字）如下表所示。

MBE	ME
$\phi = \frac{\sum_{i=1}^{m} I\{y^{(i)}=1\} + 1}{m+2}$	$\phi = \frac{\sum_{i=1}^{m} I\{y^{(i)}=1\} + 1}{m+2}$
$\phi_{j,0} = \frac{\sum_{i=1}^{m} I\{x_j^{(i)}=1 \wedge y^{(i)}=0\} + 1}{\sum_{i=1}^{m} I\{y^{(i)}=0\} + 2}$ $\phi_{j,1} = \frac{\sum_{i=1}^{m} I\{x_j^{(i)}=1 \wedge y^{(i)}=1\} + 1}{\sum_{i=1}^{m} I\{y^{(i)}=1\} + 2}$ $j=1,2,\cdots,n$	$\phi_{k,0} = \frac{\sum_{i=1}^{m}\sum_{j=1}^{n_i} I\{x_j^{(i)}=k \wedge y^{(i)}=0\} + 1}{\sum_{i=1}^{m} I\{y^{(i)}=0\}n_i + n}$ $\phi_{k,1} = \frac{\sum_{i=1}^{m}\sum_{j=1}^{n_i} I\{x_j^{(i)}=k \wedge y^{(i)}=1\} + 1}{\sum_{i=1}^{m} I\{y^{(i)}=1\}n_i + n}$ $k=1,2,\cdots,n$

8.2.8 最大似然估計和最大後驗估計

顧名思義，最大似然估計（MLE）就是找到參數來最大化事情發生的可能性，而最大後驗估計（MAPE）則是找到參數來最大化後驗機率。

$$\overbrace{P(w|D)}^{\text{參數的後驗機率}} \propto \overbrace{\underbrace{\overbrace{P(D|w)}^{\text{可能性}}}_{\text{MLE 最大化}} \times \overbrace{P(w)}^{\text{參數的先驗機率}}}^{\text{MAPE 最大化}}$$

其中 D 代表資料，w 代表模型參數。

由左式可知，MLE 和 MAPE 最大化的函數都包含「可能性函數」，但 MAPE 還要考慮「參數先驗機率函數」，一般我們都會根據主觀經驗或背景知識列出一個機率分佈。

本節透過兩個實例繼續深入介紹 MLE 和 MAPE 的區別。第一個實例為 8.1.4 節的拋硬幣估計機率，第二個實例為重新回顧線性回歸模型。

1. 拋硬幣實例

拋 n 次硬幣，觀察正面向上的次數服從二次分佈，指定硬幣正面向上的機率為 w，觀察到正面向上 n_1 次，反面向上 n_2 次的機率為

$$P(n_1, n_2; w) = w^{n_1}(1-w)^{n_2}$$

MLE 方法要最大化 $\ln P(n_1, n_2; w)$：

$$\ln P(n_1, n_2; w) = \ln[w^{n_1}(1-w)^{n_2}] = n_1 \ln w + n_2 \ln(1-w)$$

對以上運算式求 w 的導數，使之等於零，可獲得 $w = n_1/(n_1 + n_2)$。

而 MAPE 方法要最大化 $\ln P(n_1, n_2; w)P(w)$，通常用一個貝塔分佈來描述參數 w 的先驗機率：

$$\begin{aligned}\ln P(n_1, n_2; w)P(w) &= \ln\left([w^{n_1}(1-w)^{n_2}]\frac{w^{b_1-1}(1-w)^{b_2-1}}{B(b_1, b_2)}\right) \\ &= (n_1 + b_1 - 1)\ln w + (n_2 + b_2 - 1)\ln(1-w) - \ln B(b_1, b_2)\end{aligned}$$

對以上運算式求 w 的導數，使之等於 0，可獲得 $w = n_1/(n_1 + a_1 + n_2 + a_2)$，其中$a_1 = b_1 - 1$，$a_2 = b_2 - 1$。這就是 8.1.4 節的結果。$a_1$ 和 a_2 可以被看作是透過對硬幣的假設而增加任意數量的虛擬的正面向上和反面向上的次數。

2. 線性回歸模型實例

首先回顧線性回歸模型（雜訊服從均值為 0，方差為 σ^2 的正態分佈）：

$$y^{(i)} = \boldsymbol{w}^{\mathrm{T}}\boldsymbol{x}^{(i)} + \varepsilon^{(i)}, \quad \varepsilon^{(i)} \sim N(0, \sigma^2)$$

指定參數 $\boldsymbol{w}$ 和 $\boldsymbol{x}^{(i)}$ 後， $y^{(i)}$ 也服從正態分佈。

MLE 要最大化 $\ln P(\boldsymbol{y}|\boldsymbol{x};\boldsymbol{w})$：

$$\begin{aligned}\ln P(\boldsymbol{y}|\boldsymbol{x};\boldsymbol{w}) &= \ln\left(\prod_{i=1}^{m} P\left(y^{(i)}|\boldsymbol{x}^{(i)};\boldsymbol{w}\right)\right) = \sum_{i=1}^{m} \ln P\left(y^{(i)}|\boldsymbol{x}^{(i)};\boldsymbol{w}\right)\\ &= \sum_{i=1}^{m} \ln\left[\frac{1}{\sqrt{2\pi}\sigma}\exp\left(-\frac{\left(y^{(i)}-\boldsymbol{w}^{\mathrm{T}}\boldsymbol{x}^{(i)}\right)^2}{2\sigma^2}\right)\right]\\ &= m\ln\frac{1}{\sqrt{2\pi}\sigma} - \frac{1}{2\sigma^2}\sum_{i=1}^{m}\left(y^{(i)}-\boldsymbol{w}^{\mathrm{T}}\boldsymbol{x}^{(i)}\right)^2\\ &= m\ln\frac{1}{\sqrt{2\pi}\sigma} - \frac{m}{\sigma^2}\frac{1}{2m}\sum_{i=1}^{m}\left(y^{(i)}-\boldsymbol{w}^{\mathrm{T}}\boldsymbol{x}^{(i)}\right)^2\end{aligned}$$

因此，MLE 最小化為：

$$\frac{1}{2m}\sum_{i=1}^{m}\left(y^{(i)}-\boldsymbol{w}^{\mathrm{T}}\boldsymbol{x}^{(i)}\right)^2$$

而 MAPE 要最大化 $\ln P(\boldsymbol{y}|\boldsymbol{x};\boldsymbol{w})P(\boldsymbol{w})$，通常用均值為 0 和方差為 $c^{-1}\boldsymbol{I}$ 的正態分佈來描述參數 $\boldsymbol{w}$ 的先驗機率：

$$\begin{aligned}\ln P(\boldsymbol{y}|\boldsymbol{x};\boldsymbol{w})P(\boldsymbol{w}) &= \ln P(\boldsymbol{y}|\boldsymbol{x};\boldsymbol{w}) + \ln\frac{1}{\sqrt{(2\pi)^n|\boldsymbol{\Sigma}|}}\exp\left(-\frac{1}{2}\boldsymbol{w}^{\mathrm{T}}\boldsymbol{\Sigma}^{-1}\boldsymbol{w}\right)\\ &= \ln P(\boldsymbol{y}|\boldsymbol{x};\boldsymbol{w}) + \ln\left(A\exp\left(-\frac{c}{2}\boldsymbol{w}^{\mathrm{T}}\boldsymbol{w}\right)\right)\\ &= m\ln\frac{1}{\sqrt{2\pi}\sigma} - \frac{m}{\sigma^2}\frac{1}{2m}\sum_{i=1}^{m}\left(y^{(i)}-\boldsymbol{w}^{\mathrm{T}}\boldsymbol{x}^{(i)}\right)^2 + \ln A - \frac{c}{2}\boldsymbol{w}^{\mathrm{T}}\boldsymbol{w}\end{aligned}$$

因此，MAPE 最小化為

$$\frac{m}{\sigma^2}\frac{1}{2m}\sum_{i=1}^{m}\left(y^{(i)}-\boldsymbol{w}^{\mathrm{T}}\boldsymbol{x}^{(i)}\right)^2 + \frac{c}{2}\boldsymbol{w}^{\mathrm{T}}\boldsymbol{w} = \frac{m}{\sigma^2}\left[\frac{1}{2m}\sum_{i=1}^{m}\left(y^{(i)}-\boldsymbol{w}^{\mathrm{T}}\boldsymbol{x}^{(i)}\right)^2 + \frac{c\sigma^2}{2m}\boldsymbol{w}^{\mathrm{T}}\boldsymbol{w}\right]$$

上式用 λ 取代 $c\sigma^2$ 就是嶺回歸（Ridge Regression）中的誤差函數。根據對參數做的正態分佈的假設，如果不希望參數絕對值太大，則使用嶺回歸可以控制參數絕對值，進一步避免模型過擬合。這樣看，MAPE 還是比 MLE「進階」一些。MLE 只是客觀地最大化資料發生的可能性來求出參數 $\boldsymbol{w}$，而 MAPE 主觀地加入了參數的正態分佈的假設，這個假設不一定對，如果不對則再換一個，總能碰上一個對的。

歸納一下，貝氏學派與頻率學派的本質區別在於，前者認為參數是**隨機變數**（絕對不知道其設定值，也不在乎知不知道，指定一個流行的機率分佈即可），而後者認為參數是**確定變數**（只不過不知道其設定值而已）。

8.3 歸納

本章的 8.2.3 ~ 8.2.7 節內容受到參考資料 **[1]** 和 **[3]** 的啟發，8.1.4 和 8.2.8 節內容受到參考資料 **[2]** 的啟發。

本章講的內容都是基於下面公式展開的：

$$後驗比例 = 先驗比例 \times 可能性比例$$

回到引言中的實例，如果你為了快速判斷斯蒂文是工科男還是商科男，可以使用提問題的方法：

（1）假如你問斯蒂文的性格是內向的還是外向的，根據答案可以知道他是工科男還是商科男的可能性比例，再透過這兩種人的先驗比例可以算出後驗比例，這個提問可以幫助你推斷答案。

（2）假如你問斯蒂文早上吃過早餐嗎，答案不管是什麼，對後驗比例都沒什麼影響，因為這兩種人吃早餐的可能性比例相同。先驗比例決定了後驗比例，這個提問沒有任何價值。

（3）假如你問斯蒂文是不是工科男，答案不管是什麼，你都能馬上確定斯蒂文是不是工科男，因為他已經正面回答了你。此時先驗比例不起任何作用，因為這個提問太一針見血，甚至有作弊的嫌疑。

再來比較一下這兩個學派：貝氏學派注重先驗比例，頻率學派注重似然估計。

假如你今天讀了這本書，並且看到很多讀者給這本書好評，現在的問題是：「這本書寫得好嗎？」很多人會覺得，這本書有這麼多好評絕對好啊，這就是頻率學派的觀點。頻率學派重視資料，而不會對資料帶有任何偏見。

但假如機器學習領域的「高手」吳恩達也讀了這本書，讀完他拍了拍我的肩膀說：「今天我作為一位長者要告訴你一些人生經驗，我覺得你還需要學習，搞深度學習的 Hinton、LeCun 和 Goodfellow 那些人，比你強多了！」為什麼會這樣呢？用貝氏學派的看法就是，因為吳恩達的機器學習知識遠比我豐富，所以他的先驗經驗告訴他，這本書的內容對他來說太淺顯了，所以他對好評的數量和品質就不再完全相信了。貝氏學派對待資料是帶有感情色彩的。

筆者覺得貝氏公式是最偉大的公式之一！為了避免在貝氏分類時面臨極高的計算成本，我們引用了特徵條件獨立性假設，將貝氏分類簡化成單純貝氏分類。儘管這個假設在現實應用中很難成立，但單純貝氏分類在很多分類問題上卻表現很好。到此，本書的線性模型已經全部講完，從第 9 章開始介紹第一個非線性模型——決策樹。

參考資料

1. Generative learning algorithms. Gaussian discriminant analysis. Naive Bayes [notes]
   Dan Boneh, Andrew Ng, CS229 Lecture 3 Notes, Stanford University
2. Estimating Probability [notes]
   Tom M. Mitchell, Machine Learning, New Chapter 2, 26 Jan 2018
3. Generative and Discriminative Classifiers: Naïve Bayes and Logistic Regression [notes]
   Tom M. Mitchell, Machine Learning, New Chapter 3, 23 Sep 2017

技術附錄

A. MBE 模型證明

為了簡化證明過程，介紹以下變數（$a = 0,1$）

$$I_a^{(i)} = I\{y^{(i)} = a\},\quad I_{j,a}^{(i)} = I\{x_j^{(i)} = a\}$$

MBE 模型的對數後驗機率為

$$l\Big(\underbrace{\phi,\phi_{j,0},\phi_{j,1}}_{\boldsymbol{w}}\Big)=\ln\prod_{i=1}^{m}P\big(\boldsymbol{x}^{(i)}\big|y^{(i)};\boldsymbol{w}\big)P\big(y^{(i)};\boldsymbol{w}\big)=\sum_{i=1}^{m}\Big[\ln P\big(\boldsymbol{x}^{(i)}\big|y^{(i)};\boldsymbol{w}\big)+\ln P\big(y^{(i)};\boldsymbol{w}\big)\Big]$$

$$=\sum_{i=1}^{m}\left[\ln\left(\prod_{j=1}^{n}\left[{\phi_{j,1}}^{I_{j,1}^{(i)}}\left(1-\phi_{j,1}\right)^{I_{j,0}^{(i)}}\right]^{I_1^{(i)}}\left[{\phi_{j,0}}^{I_{j,1}^{(i)}}\left(1-\phi_{j,0}\right)^{I_{j,0}^{(i)}}\right]^{I_0^{(i)}}\right)+\ln\left(\phi^{I_1^{(i)}}(1-\phi)^{I_0^{(i)}}\right)\right]$$

$$=\sum_{i=1}^{m}\left[I_1^{(i)}\left(\sum_{j=1}^{n}\ln{\phi_{j,1}}^{I_{j,1}^{(i)}}\left(1-\phi_{j,1}\right)^{I_{j,0}^{(i)}}+\ln\phi\right)+I_0^{(i)}\left(\sum_{j=1}^{n}ln{\phi_{j,0}}^{I_{j,1}^{(i)}}\left(1-\phi_{j,0}\right)^{I_{j,0}^{(i)}}+\ln(1-\phi)\right)\right]$$

對 l 求 ϕ 的偏導數可得

$$\frac{\partial l}{\partial\phi}=\sum_{i=1}^{m}\left[\frac{I_1^{(i)}}{\phi}+\frac{-I_0^{(i)}}{1-\phi}\right]=0 \qquad \Rightarrow \qquad \phi=\frac{\sum_{i=1}^{m}I_1^{(i)}}{\sum_{i=1}^{m}I_1^{(i)}+\sum_{i=1}^{m}I_0^{(i)}}=\frac{1}{m}\sum_{i=1}^{m}I\{y^{(i)}=1\}$$

對 l 求 $\phi_{j,a}$ 的偏導數（$a=0{,}1$）再使之為 0：

$$\frac{\partial l}{\partial\phi_{j,a}}=\sum_{i=1}^{m}\left[I_a^{(i)}\frac{\partial\ln\left[{\phi_{j,a}}^{I_{j,1}^{(i)}}\left(1-\phi_{j,a}\right)^{I_{j,0}^{(i)}}\right]}{\partial\phi_{j,a}}\right]$$

$$=\sum_{i=1}^{m}\left[I_a^{(i)}\frac{\partial\left[I_{j,1}^{(i)}\ln\phi_{j,a}+I_{j,0}^{(i)}\ln\left(1-\phi_{j,a}\right)\right]}{\partial\phi_{j,a}}\right]$$

$$=\sum_{i=1}^{m}\left[I_a^{(i)}\left(\frac{I_{j,1}^{(i)}}{\phi_{j,a}}+\frac{-I_{j,0}^{(i)}}{1-\phi_{j,a}}\right)\right]$$

$$\Rightarrow \qquad \phi_{j,a}=\frac{\sum_{i=1}^{m}I_a^{(i)}I_{j,1}^{(i)}}{\sum_{i=1}^{m}I_a^{(i)}}=\frac{\sum_{i=1}^{m}I\{x_j^{(i)}=1\wedge y^{(i)}=a\}}{\sum_{i=1}^{m}I\{y^{(i)}=a\}}$$

B. ME 模型證明

為了簡化證明過程，介紹以下變數（$a=0{,}1$）。

$$I_a^{(i)}=I\{y^{(i)}=a\},\quad n_p^{(i)}=\textstyle\sum_{j=1}^{n_i}\{x_j^{(i)}=p\}$$

ME 模型的對數後驗機率為

$$l\Big(\underbrace{\phi,\phi_{k,0},\phi_{k,1}}_{\boldsymbol{w}}\Big)=\ln\prod_{i=1}^{m}P\big(\boldsymbol{x}^{(i)}\big|y^{(i)};\boldsymbol{w}\big)P\big(y^{(i)};\boldsymbol{w}\big)=\sum_{i=1}^{m}\big[\ln P\big(\boldsymbol{x}^{(i)}\big|y^{(i)};\boldsymbol{w}\big)+\ln P\big(y^{(i)};\boldsymbol{w}\big)\big]$$

$$=\sum_{i=1}^{m}\left[\ln\left(\left[\prod_{p=1}^{n}\phi_{p,1}^{n_p^{(i)}}\right]^{I_1^{(i)}}\left[\prod_{p=1}^{n}\phi_{p,0}^{n_p^{(i)}}\right]^{I_0^{(i)}}\right)+\ln\left(\phi^{I_1^{(i)}}(1-\phi)^{I_0^{(i)}}\right)\right]$$

$$=\sum_{i=1}^{m}\left[I_1^{(i)}\left(\sum_{p=1}^{n}n_p^{(i)}\ln\phi_{p,1}+\ln\phi\right)+I_0^{(i)}\left(\sum_{j=1}^{n_i}n_p^{(i)}\ln\phi_{p,0}+\ln(1-\phi)\right)\right]$$

對 l 求 ϕ 的偏導數可得

$$\frac{\partial l}{\partial\phi}=\sum_{i=1}^{m}\left[\frac{I_1^{(i)}}{\phi}+\frac{-I_0^{(i)}}{1-\phi}\right]=0\qquad\Rightarrow\qquad\phi=\frac{\sum_{i=1}^{m}I_1^{(i)}}{\sum_{i=1}^{m}I_1^{(i)}+\sum_{i=1}^{m}I_0^{(i)}}=\frac{1}{m}\sum_{i=1}^{m}I\{y^{(i)}=1\}$$

對 l 求 $\phi_{k,a}$ 的偏導數可得（$a=0,1$）

$$\frac{\partial l}{\partial\phi_{k,a}}=\sum_{i=1}^{m}\left[I_a^{(i)}\frac{\partial\left[\sum_{p=1}^{n}n_p^{(i)}\ln\phi_{p,a}\right]}{\partial\phi_{k,a}}\right]=\sum_{i=1}^{m}\left[I_a^{(i)}\frac{\partial\left[\sum_{p\neq k}n_p^{(i)}\ln\phi_{p,a}+n_k^{(i)}\ln\phi_{k,a}\right]}{\partial\phi_{k,a}}\right]$$

對於 $p=1,2,\cdots,k-1,k+1,\cdots,n$，我們依次用

$$\phi_{p,a}=1-\phi_{k,a}-\sum_{q\neq p,k}\phi_{q,a}$$

化簡上式並使之為 0：

$$\sum_{i=1}^{m}\left[I_a^{(i)}\frac{\partial\left[n_p^{(i)}\ln\left(1-\phi_{k,a}-\sum_{q\neq p,k}\phi_{q,a}\right)+n_k^{(i)}\ln\phi_{k,a}+\sum_{q\neq p,k}n_k^{(i)}\ln\phi_{q,a}\right]}{\partial\phi_{k,a}}\right]$$

$$=\sum_{i=1}^{m}\left[I_a^{(i)}\left(\frac{-n_p^{(i)}}{1-\phi_{k,a}-\sum_{q\neq p,k}\phi_{q,a}}+\frac{n_k^{(i)}}{\phi_{k,a}}\right)\right]=\sum_{i=1}^{m}\left[I_a^{(i)}\left(\frac{-n_p^{(i)}}{\phi_{p,a}}+\frac{n_k^{(i)}}{\phi_{k,a}}\right)\right]$$

$$\Rightarrow\qquad\sum_{i=1}^{m}(n_k^{(i)}\phi_{p,a}-n_p^{(i)}\phi_{k,a})=0,\quad p\neq k$$

將上面 $n-1$ 式加總得到

$$\sum_{i=1}^{m}(n_k^{(i)}\sum_{p\neq k}\phi_{p,a}-\phi_{k,a}\sum_{p\neq k}n_p^{(i)})=0 \Rightarrow \sum_{i=1}^{m}[n_k^{(i)}(1-\phi_{k,a})-\phi_{k,a}(n_i-n_k^{(i)})]=0$$

$$\Rightarrow \qquad \phi_{k,a}=\frac{\sum_{i=1}^{m}I_a^{(i)}n_k^{(i)}}{\sum_{i=1}^{m}I_a^{(i)}n_i}=\frac{\sum_{i=1}^{m}\sum_{j=1}^{n_i}I\{x_j^{(i)}=k\wedge y^{(i)}=a\}}{\sum_{i=1}^{m}I\{y^{(i)}=a\}n_i}$$

C. GDA 模型證明

為了簡化證明過程，介紹以下變數（$a=0,1$）。

$$A=\frac{1}{(2\pi)^{n/2}|\boldsymbol{\Sigma}|^{1/2}},\qquad \boldsymbol{b}_i=\boldsymbol{x}^{(i)}-\boldsymbol{\mu}_a,\qquad I_a^{(i)}=I\{y^{(i)}=a\}$$

$$f_i(\boldsymbol{\mu}_a,\boldsymbol{\Sigma})=-\frac{1}{2}\left(x^{(i)}-\boldsymbol{\mu}_a\right)^{\mathrm{T}}\boldsymbol{\Sigma}^{-1}\left(x^{(i)}-\boldsymbol{\mu}_a\right)=-\frac{1}{2}\boldsymbol{b}_i^{\mathrm{T}}\boldsymbol{\Sigma}^{-1}\boldsymbol{b}_i$$

GDA 模型的對數後驗機率為

$$l\Big(\underbrace{\phi,\boldsymbol{\mu}_0,\boldsymbol{\mu}_1,\boldsymbol{\Sigma}}_{\boldsymbol{w}}\Big)=\ln\prod_{i=1}^{m}P\left(\boldsymbol{x}^{(i)}\middle|y^{(i)};\boldsymbol{w}\right)P\left(y^{(i)};\boldsymbol{w}\right)=\sum_{i=1}^{m}\left[\ln P\left(\boldsymbol{x}^{(i)}\middle|y^{(i)};\boldsymbol{w}\right)+\ln P\left(y^{(i)};\boldsymbol{w}\right)\right]$$

$$=\sum_{i=1}^{m}\left[I_1^{(i)}(\ln A+f_i(\boldsymbol{\mu}_1,\boldsymbol{\Sigma})+\ln\phi)+I_0^{(i)}(\ln A+f_i(\boldsymbol{\mu}_0,\boldsymbol{\Sigma})+\ln(1-\phi))\right]$$

$$=\sum_{i=1}^{m}\left[\ln A+I_1^{(i)}f_i(\boldsymbol{\mu}_1,\boldsymbol{\Sigma})+I_0^{(i)}f_i(\boldsymbol{\mu}_0,\boldsymbol{\Sigma})+I_1^{(i)}\ln\phi+I_0^{(i)}\ln(1-\phi)\right]$$

對 l 求 ϕ 的偏導數可得

$$\frac{\partial l}{\partial\phi}=\sum_{i=1}^{m}\left[\frac{I_1^{(i)}}{\phi}+\frac{-I_0^{(i)}}{1-\phi}\right]=0 \qquad \Rightarrow \qquad \phi=\frac{\sum_{i=1}^{m}I_1^{(i)}}{\sum_{i=1}^{m}I_1^{(i)}+\sum_{i=1}^{m}I_0^{(i)}}=\frac{1}{m}\sum_{i=1}^{m}I\{y^{(i)}=1\}$$

對 l 求 $\boldsymbol{\mu}_a$ 的梯度可得（$a = 0{,}1$），再使之為 0

$$\nabla_{\boldsymbol{\mu}_a} l = \nabla_{\boldsymbol{\mu}_a} \sum_{i=1}^{m} I_a^{(i)} f_i(\boldsymbol{\mu}_a, \boldsymbol{\Sigma}) = -\frac{1}{2} \nabla_{\boldsymbol{\mu}_a} I_a^{(i)} \sum_{i=1}^{m} \left(\boldsymbol{x}^{(i)} - \boldsymbol{\mu}_a\right)^T \boldsymbol{\Sigma}^{-1} \left(\boldsymbol{x}^{(i)} - \boldsymbol{\mu}_a\right)$$

$$= -\nabla_{\boldsymbol{\mu}_a} \sum_{i=1}^{m} \frac{I_a^{(i)}}{2} \left(\boldsymbol{x}^{(i)\mathrm{T}} \boldsymbol{\Sigma}^{-1} \boldsymbol{x}^{(i)} - \boldsymbol{\mu}_a{}^{\mathrm{T}} \boldsymbol{\Sigma}^{-1} \boldsymbol{x}^{(i)} - \boldsymbol{x}^{(i)\mathrm{T}} \boldsymbol{\Sigma}^{-1} \boldsymbol{\mu}_a - \boldsymbol{\mu}_a{}^{\mathrm{T}} \boldsymbol{\Sigma}^{-1} \boldsymbol{\mu}_a\right)$$

$$= -\sum_{i=1}^{m} \frac{I_a^{(i)}}{2} \left(-\boldsymbol{\Sigma}^{-1} \boldsymbol{x}^{(i)} - \boldsymbol{\Sigma}^{-1} \boldsymbol{x}^{(i)} + 2\boldsymbol{\Sigma}^{-1} \boldsymbol{\mu}_a\right) = \sum_{i=1}^{m} I_a^{(i)} (\boldsymbol{\Sigma}^{-1} \boldsymbol{x}^{(i)} - \boldsymbol{\Sigma}^{-1} \boldsymbol{\mu}_a)$$

$$\Rightarrow \qquad \boldsymbol{\mu}_a = \frac{\sum_{i=1}^{m} I_a^{(i)} \boldsymbol{x}^{(i)}}{\sum_{i=1}^{m} I_a^{(i)}} = \frac{\sum_{i=1}^{m} I\{y^{(i)} = a\} \boldsymbol{x}^{(i)}}{\sum_{i=1}^{m} I\{y^{(i)} = a\}}$$

令 $\boldsymbol{S} = \boldsymbol{\Sigma}^{-1}$，因此 $|\boldsymbol{S}| = 1/|\boldsymbol{\Sigma}|$，對 l 求 $\boldsymbol{\Sigma}$ 的梯度再使之為 0：

$$\nabla_{\boldsymbol{\Sigma}} l = \nabla_{\boldsymbol{S}} l = \nabla_{\boldsymbol{S}} \sum_{i=1}^{m} \ln A + I_1^{(i)} f_i(\boldsymbol{\mu}_1, \boldsymbol{\Sigma}) + I_0^{(i)} f_i(\boldsymbol{\mu}_0, \boldsymbol{\Sigma}) = \nabla_{\boldsymbol{S}} \sum_{i=1}^{m} \left[\ln \frac{|\boldsymbol{S}|^{\frac{1}{2}}}{(2\pi)^{\frac{n}{2}}} + f_i(\boldsymbol{\mu}_a, \boldsymbol{\Sigma})\right]$$

$$= \sum_{i=1}^{m} \left[\frac{1}{2|\boldsymbol{S}|} \nabla_{\boldsymbol{S}} |\boldsymbol{S}| + \nabla_{\boldsymbol{S}} \left(-\frac{1}{2} \boldsymbol{b}_i^{\mathrm{T}} \boldsymbol{S} \boldsymbol{b}_i\right)\right] = \frac{1}{2} \sum_{i=1}^{m} \left[\frac{1}{|\boldsymbol{S}|} |\boldsymbol{S}| (\boldsymbol{S}^{-1})^{\mathrm{T}} - \boldsymbol{b}_i \boldsymbol{b}_i^{\mathrm{T}}\right]$$

$$\Rightarrow \qquad \boldsymbol{\Sigma} = \boldsymbol{S}^{-1} = \frac{\sum_{i=1}^{m} \boldsymbol{b}_i \boldsymbol{b}_i^{\mathrm{T}}}{\sum_{i=1}^{m} 1} = \frac{1}{m} \sum_{i=1}^{m} (\boldsymbol{x}^{(i)} - \boldsymbol{\mu}_{y^{(i)}})(\boldsymbol{x}^{(i)} - \boldsymbol{\mu}_{y^{(i)}})^{\mathrm{T}}$$

09

決策樹

Concision in style, precision in thought, decision in life.

Victor Hugo

引言

王妮梅今年 26 歲，未婚，比較挑剔。一天，她的媽媽要給她介紹男朋友，於是進行了以下兩次對話。

媽媽：給你介紹一位男士。
女兒：好看嗎？
媽媽：一般。
女兒：性格怎樣？
媽媽：不好。
女兒：不見！
媽媽：妮梅！

媽媽：給你介紹一位男士。
女兒：好看嗎？
媽媽：難看。
女兒：收入高嗎？
媽媽：不高。
女兒：不見！
媽媽：妮梅！

妮梅的兩次決策過程都是透過性格（好/壞）、外觀（好看/一般/難看）和收入（高/低）這三個特徵進行判斷的。決策分為兩個類別：見/不見。如果把妮梅的決策過程用樹來表示，則如下圖所示。

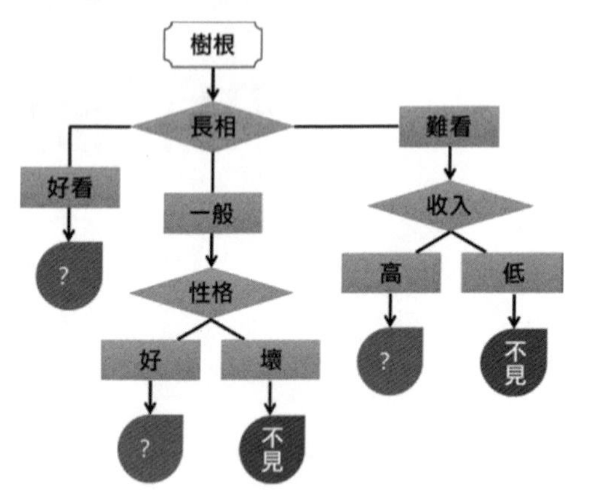

▲ 決策樹：兩條「不見」的路徑（請參照彩頁 9-1）

透過上面的對話可知妮梅不見男士的標準是：

（1）外觀一般，性格壞。

（2）外觀難看，收入低。

注意：在左圖的底層的兩個紅色葉子框裡出現「不見」，除此之外，還有三個綠色葉子框裡出現「問號」。問號代表目前還不知道妮梅的決策。

這時，媽媽又和妮梅進行了三次對話。

媽媽：給你介紹一位男士。
女兒：好看嗎？
媽媽：好看。
女兒：見！
媽媽：好！

媽媽：給你介紹一位男士。
女兒：好看嗎？
媽媽：一般。
女兒：性格好嗎？
媽媽：好。
女兒：見！！
媽媽：好！！

媽媽：給你介紹一位男士。
女兒：好看嗎？
媽媽：難看。
女兒：收入高嗎？
媽媽：高。
女兒：見！！！
媽媽：好！！！

加上這三次對話，我們可以完整地把妮梅的決策過程用樹來表示，如下圖所示。

下圖中綠色葉子框中的「問號」全部變成了「見」，而且樹的每個葉子框中都有了明確答案——見或不見。

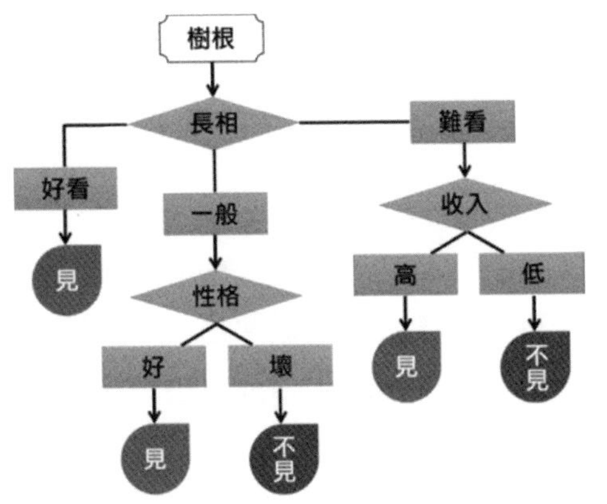

媽媽以後透過這棵樹，就可以直接根據男士的資訊決定是否介紹給妮梅，無須再問她任何問題，除非她有新的想法，舉例來說，妮梅在得知男士外觀難看，但是收入高後，還想再知道對方性格如何，如果性格壞就不見，如果性格好就見。那麼這棵樹還要繼續生長。

▲ 決策樹：三條「見」和兩條「不見」的路徑（請參照彩頁 9-2）

本章的思維導圖如下：

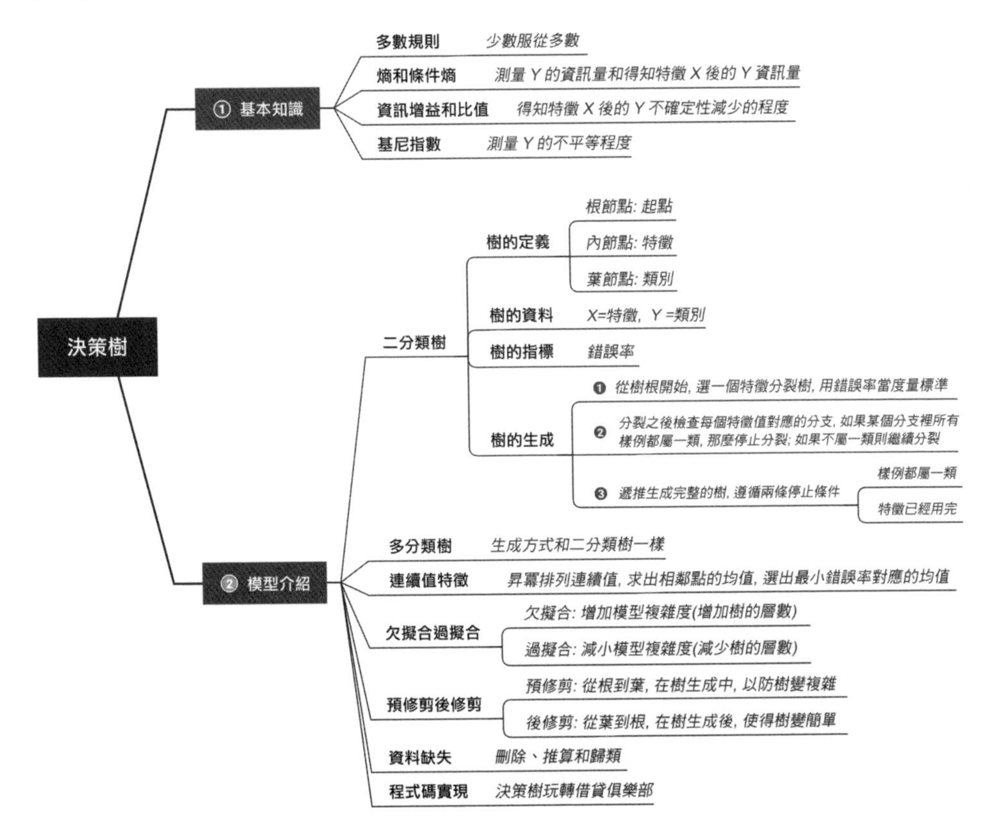

9.1 基礎知識

9.1.1 多數規則

多數規則（Majority Rules），是指一項決策必須經過半數以上的人贊成才能獲得通過的一種投票規則。多數規則的實質是少數服從多數。由於要到達所有人一致同意具有很高的決策成本，所以多數規則在實作中成為最為普遍的投票規則。

9.1.2 熵和條件熵

在資訊理論中，熵（Entropy）是表示隨機變數 Y 的**不確定性**的度量。假設類別 Y 是一個離散隨機變數，其機率分佈（Probability Distribution）為 $P(y_k)=p_k,\ k=1,2,\cdots,K$，那麼 Y 的熵被定義為

$$H(Y)=-\sum_{k=1}^{K}p_k\ln p_k$$

在上式中，如果某個 p_k 等於 0，則定義 $0\times\ln 0=0$。由定義可知，熵只與 Y 的分佈有關，因為 H 是機率的函數，與 Y 的值無關。

假設隨機變數 Y 代表某公司股票的日回報率（Daily Return），有以下 3 個場景，下面用熵來評價 Y 的平均資訊量。

（1）當我們被告知一件**極不可能發生**的事情（$Y=y_k=100\%$）發生時，那麼我們就接收到**很多的資訊量**；當我們被告知一件**非常常見**的事情（$Y=y_k=0.5\%$）發生時，那麼我們就接收到**較少的資訊量**。資訊量和機率有關，所以說熵 $h(y_k)$ 應該是機率 $P(y_k)=p_k$ 的單調遞減函數，即 $h(y)\propto 1/P(y)$。

（2）對於兩個相互獨立的隨機變數 X 和 Y，**分別**觀測變數值 x 和 y 獲得的資訊量應該與**同時**觀測它們獲得的資訊量是相同的，即 $h(x+y)=h(x)+h(y)$。

（3）從機率上講，x 和 y 獨立表示 $P(x,y)=P(x)P(y)$，即 $1/P(x,y)=1/P(x)\times 1/P(y)$。

將兩個隨機變數的資訊量 h 相加（由場景（2）可得），將機率 P 相乘（由觀察（3）可得），可知資訊量 h 和機率 $1/P$ 是對數關係。此外，由場景（1）可得，資訊量 h 和機率 $1/P$ 成正比，於是很自然獲得

$$h(y) = \ln\left(\frac{1}{P(y)}\right) = -\ln P(y)$$

在上式中，對數的底是任意的。在資訊理論中，底數通常為 2，資訊單位為位元(bit)；而在機器學習中，底數通常為自然常數 e，資訊單位為納特(nats)。上面介紹的是在隨機變數 Y 實現某個值 y 時的資訊量，最後用熵 H 來評價整個隨機變數 Y 的平均資訊量：

$$H(Y) = E[h(Y)] = -\sum_{k=1}^{K} P(y_k)\ln P(y_k) = -\sum_{k=1}^{K} p_k \ln p_k$$

當 Y 只取兩個值時（機率為 p 和 $1-p$），其熵為

$$H(Y) = -p\ln p - (1-p)\ln(1-p)$$

熵 H 隨機率 p 變化而變化的函數曲線如左圖所示。

- 當 $p = 0$ 或 1 時 ⇨ $H(Y) = 0$ ⇨ Y 完全是確定的。
- 當 $p = 0.5$ 時 ⇨ $H(Y) = \ln 2$ ⇨ Y 的不確定性最大。

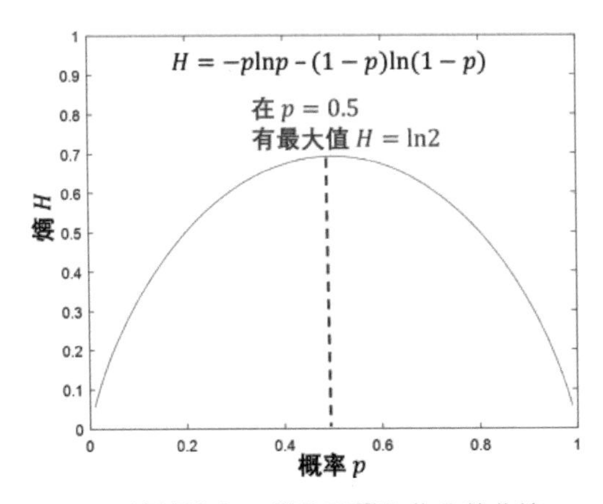

▲ 熵隨機率 P 變化而變化的函數曲線

條件熵（Conditional Entropy）$H(Y|X)$ 表示在已知特徵 X 的條件下類別 Y 的不確定性。當 X 取 $x_1, x_2, \dots, x_n$ 這 n 個值時，Y 的熵是 $H(Y|x_1), H(Y|x_2), \dots, H(Y|x_n)$。那麼 $H(Y|X)$ 可被看成是這些熵的期望，公式如下：

$$H(Y|X) = \sum_{j=1}^{n} P(x_j) H(Y|x_j) = -\sum_{j=1}^{n} P(x_j) \left(\sum_{k=1}^{K} P(y_k|x_j) \ln P(y_k|x_j) \right)$$

症狀（特徵 X）	疾病（類別 Y）
打噴嚏	感冒
打噴嚏	感冒
頭痛	腦震盪
頭痛	感冒
頭痛	過敏
頭痛	腦震盪

X 有兩個特徵值：打噴嚏和頭痛。

$$P(x_1) = P(\text{打噴嚏}) = \frac{\text{打噴嚏資料個數}}{\text{總資料個數}} = \frac{2}{6} = \frac{1}{3}$$

$$P(x_2) = P(\text{頭痛}) = \frac{\text{頭痛資料個數}}{\text{總資料個數}} = \frac{4}{6} = \frac{2}{3}$$

$$P(y_1|x_1) = P(\text{感冒}|\text{打噴嚏}) = \frac{\text{打噴嚏時感冒資料個數}}{\text{打噴嚏資料個數}} = \frac{2}{2} = 1$$

$$P(y_1|x_2) = P(\text{感冒}|\text{頭痛}) = \frac{\text{頭痛時感冒資料個數}}{\text{頭痛資料個數}} = \frac{1}{4}$$

$$P(y_2|x_1) = P(\text{腦震盪}|\text{打噴嚏}) = \frac{\text{打噴嚏時腦震盪資料個數}}{\text{打噴嚏資料個數}} = \frac{0}{2} = 0$$

$$P(y_2|x_2) = P(\text{腦震盪}|\text{頭痛}) = \frac{\text{頭痛時腦震盪資料個數}}{\text{頭痛資料個數}} = \frac{2}{4} = \frac{1}{2}$$

$$P(y_3|x_1) = P(\text{過敏}|\text{打噴嚏}) = \frac{\text{打噴嚏時過敏資料個數}}{\text{打噴嚏資料個數}} = \frac{0}{2} = 0$$

$$P(y_3|x_2) = P(\text{過敏}|\text{頭痛}) = \frac{\text{頭痛時過敏資料個數}}{\text{頭痛資料個數}} = \frac{1}{4}$$

Y有 3 大類：感冒、腦震盪和過敏。

$$P(y_1) = P(\text{感冒}) = \frac{\text{感冒資料個數}}{\text{總資料個數}} = \frac{3}{6} = \frac{1}{2}$$

$$P(y_2) = P(\text{腦震盪}) = \frac{\text{腦震盪資料個數}}{\text{總資料個數}} = \frac{2}{6} = \frac{1}{3}$$

$$P(y_3) = P(\text{過敏}) = \frac{\text{過敏資料個數}}{\text{總資料個數}} = \frac{1}{6}$$

把上述所有機率和條件機率帶入熵和條件熵的公式中獲得：

$$H(Y) = -\sum_{k=1}^{3} P(y_k)\ln P(y_k) = -\left(\frac{1}{2}\ln\left(\frac{1}{2}\right) + \frac{1}{3}\ln\left(\frac{1}{3}\right) + \frac{1}{6}\ln\left(\frac{1}{6}\right)\right)$$

$$H(Y|X) = -\sum_{j=1}^{2} P(x_j)\left(\sum_{k=1}^{3} P(y_k|x_j)\ln P(y_k|x_j)\right)$$

$$= -\frac{1}{3}(1\times\ln 1) - \frac{2}{3}\left(\frac{1}{4}\ln\left(\frac{1}{4}\right) + \frac{1}{2}\ln\left(\frac{1}{2}\right) + \frac{1}{4}\ln\left(\frac{1}{4}\right)\right)$$

9.1.3 資訊增益和資訊增益比

資訊增益（Information Gain）表示在得知特徵 X 的資訊之後，對類別 Y 的資訊的不確定性的減少程度。其公式為：

$$G(Y|X) = H(Y) - H(Y|X)$$

指定類別 Y 和特徵 X 值 $x_1, x_2, \cdots, x_n$：

- 熵 $H(Y)$ 表示對 Y 分類的不確定性。
- 條件熵 $H(Y|X)$ 是 $H(Y|x_j)$ 的期望，而 $H(Y|x_j)$ 表示在特徵 X 值為 x_j 的條件下對 Y 進行分類的不確定性。

它們的差就是資訊增益，即根據特徵值 x_j 分類 Y 的不確定性的減少程度。顯然，對 Y 來說，資訊增益依賴於特徵，不同的特徵常常具有不同的資訊增益，而資訊增益大的特徵具有更強的分類能力。

資訊增益的大小是相對數據而言的，對於不同的訓練集，這個指標的意義也不同。通常在熵大時（對於特徵值數目多的特徵 x_j）資訊增益大，反之，在熵小時（對於特徵值數目少的特徵 x_j）資訊增益小。類比絕對值和相對值的關係，我們從資訊增益中引出資訊增益比。

資訊增益比（Information Gain Ratio）就是資訊增益和熵的比值，其標準化了資訊增益，其定義為

$$G_R(Y,X) = \frac{G(Y,X)}{H(Y)} = 1 - \frac{H(Y|X)}{H(Y)}$$

9.1.4 吉尼係數

在分類問題中，假設有 K 個類別，範例屬於第 k 類別的機率為 p_k，則機率分佈的吉尼係數（Gini Index）的定義為

$$\text{Gini}(p) = \sum_{k=1}^{K} p_k(1-p_k) = \sum_{k=1}^{K} p_k - \sum_{k=1}^{K} p_k^2 = 1 - \sum_{k=1}^{K} p_k^2$$

對於二元分類問題，若第一種的機率為 p，那麼另一種的機率為 $1-p$，套用上面的公式，吉尼係數可簡化成

$$\text{Gini}(p) = 2p(1-p)$$

9.2 模型介紹

9.2.1 二元分類決策樹

1. 樹的定義

決策樹（Decision Tree）是一種描述實例分類過程的樹狀結構。決策樹由節點（Node）和有向邊（Directed Edge）組成。其中節點有以下 3 種類型。

（1）根節點（Root Node）：表示樹根。

（2）內節點（Internal Node）：表示特徵。

（3）葉節點（Leaf Node）：表示類別。

決策樹是從根節點一層層往葉節點進行分類的，根節點所在的位置叫作第 0 層，然後依此類推。

- 上一層的節點被稱為下一層節點的父節點（Parent Node）。
- 下一層的節點被稱為上一層節點的子節點（Child Node）。

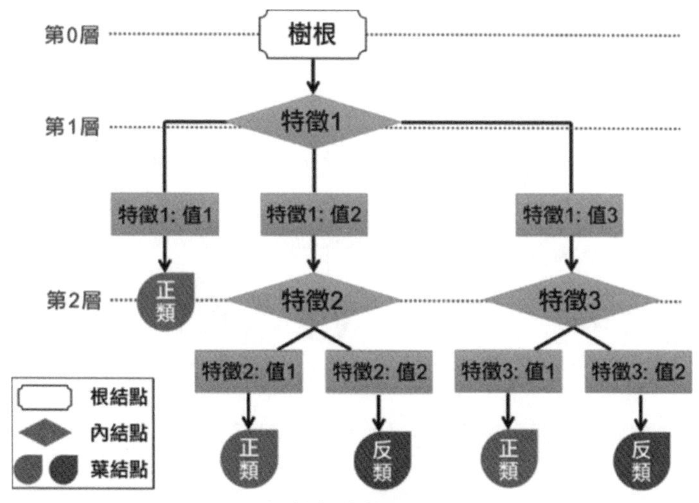

▲ 決策樹的抽象結構

決策樹的分類從根節點開始，對範例的某一個特徵進行測試，根據測試結果，將範例分配到對應的子節點中。此時，每一個子節點對應著該特徵的設定值。如此遞推下去，對範例進行測試再分配，直到達到葉節點。關於決策樹的定義和分類流程如上圖所示，其中

- 四邊形是根節點。
- 菱形是內節點。
- 葉子形狀是葉節點。

注意，第 1 層和第 2 層間的矩形不是任何節點，它們只是每個內節點中的特徵值。

對照著前面的定義和王妮梅的實例，下面實際介紹一下。

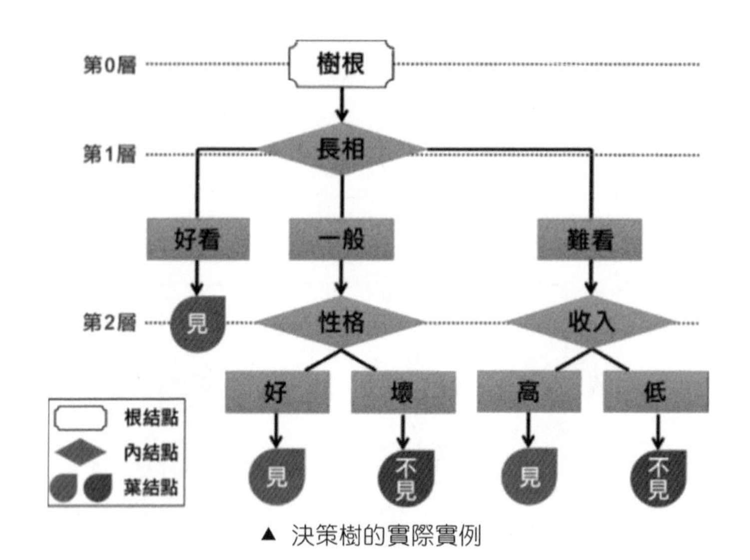

▲ 決策樹的實際實例

如左圖所示，現在各個圖形所代表的意義一目了然。

（1）四邊形 = 根節點

（2）菱形 = 內節點

表示特徵，如**外觀**、**性格**、**收入**

（3）葉子形狀 = 葉節點

表示類別：

正類——見

反類——不見

（4）第 1 層和第 2 層之間的矩形 = 特徵值

例如：

- **外觀**：好看、一般、難看
- **性格**：好、壞
- **收入**：高、低

有一種特殊的決策樹只有一層，叫作決策樹樁（Decision Stump）。很明顯，王妮梅的這棵決策樹包含 3 個樹樁，如下圖所示。

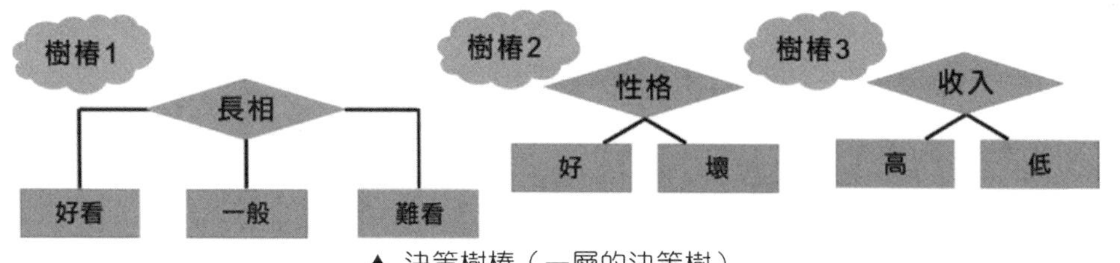

▲ 決策樹樁（一層的決策樹）

2. 樹的資料

上面的決策樹只是從媽媽和王妮梅的 5 次對話中提煉出的 5 條路徑（從根節點數到每一個葉節點）。現在假設有 40 位像王妮梅一樣的女孩，她們的媽媽都要問自己的女兒關於男朋友的外觀、性格和收入等方面的要求，然後統計女兒的回答進一步產生決策樹。這 40 位女孩的回答資料如下圖所示。

長相	性格	收入	見嗎?	長相	性格	收入	見嗎?
好看	好	高	是	一般	壞	低	否
好看	好	高	是	一般	壞	低	否
好看	好	高	是	難看	好	高	是
好看	壞	低	是	難看	好	高	是
好看	壞	低	是	難看	好	高	是
好看	壞	低	是	難看	好	高	是
好看	壞	低	是	難看	壞	高	否
好看	壞	低	是	難看	壞	高	否
好看	壞	低	是	難看	壞	高	否
一般	好	高	是	難看	壞	高	否
一般	好	高	是	難看	壞	高	否
一般	好	高	是	難看	好	低	否
一般	好	高	是	難看	好	低	否
一般	好	高	是	難看	好	低	否
一般	好	高	是	難看	好	低	否
一般	好	低	是	難看	壞	低	否
一般	好	低	是	難看	壞	低	否
一般	好	低	是	難看	壞	低	否
一般	壞	高	否	難看	壞	低	否
一般	壞	低	否	難看	壞	低	否

▲ 40 位女孩對男朋友的要求的資料（二元分類）

資料表中有 40 行資料，每一行資料有 4 列：

- 前 3 列（外觀、性格和收入）是特徵。
- 最後一列（見嗎？）是類別。

根據以上 40 位女孩的資料，產生如下圖所示的決策樹。

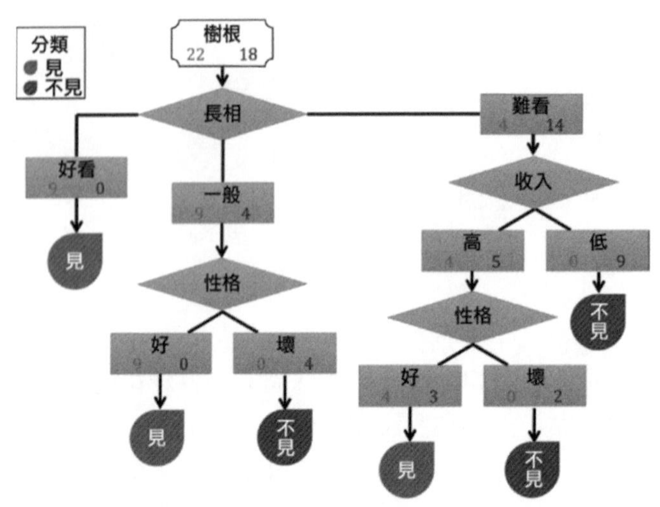

▲ 根據 40 位女孩的回答資料產生的決策樹

下面詳細分析每個節點的正類和反類的計數統計。

(1) 在類別欄中有 22 個是、18 個否，如果不做任何決策，則正、反類的比為 22:18，因此在根節點記錄為 [22 18]。

(2) 首先將**外觀**特徵按照好看、一般和難看來分裂樹：

- 當外觀為好看時，正、反類的比為 9:0，在內節點「好看」上記錄 [9 0]。
- 當外觀為一般時，正、反類的比為 9:4，在內節點「一般」上記錄 [9 4]。
- 當外觀為難看時，正、反類的比為 4:14，在內節點「難看」上記錄 [4 14]。

(3) 當**外觀**為一般時（鎖定第一列是「一般」的行），將**性格**特徵按照好和壞來分裂樹：

- 當性格為好時，正、反類的比為 9:0，在內節點「好」中記錄 [9 0]。
- 當性格為壞時，正、反類的比為 0:4，在內節點「壞」中記錄 [0 4]。

(4) 當**外觀**為難看時（鎖定第一列是「難看」的行），將用**收入**特徵按照高和低來分裂樹：

- 當收入為高時，正、反類的比為 4:5，在內節點「高」中記錄 [4 5]。
- 當收入為低時，正、反類的比為 0:9，在內節點「低」中記錄 [0 9]。

（5）當**收入**為高時，按照上述同樣的方法類推。

在決策樹中，每個節點對正、反類計數，類似計算條件機率，因為樹的深度越深，知道的條件就越多。但目前還沒有計算條件機率，姑且先把這個過程叫作條件計數。

2. 樹的指標

決策樹會遵循一些度量指標來選取最合適的特徵進行分裂，常見的度量指標有錯誤率、資訊增益、資訊增益比和吉尼係數等。本章以最簡單的錯誤率指標為例來說明，在此之前讀者需要複習一下多數規則（見 9.1.1 節）。按照多數規則，我們可以獲得每個節點上的決策，而不僅侷限在葉節點，該決策樹如下圖所示。

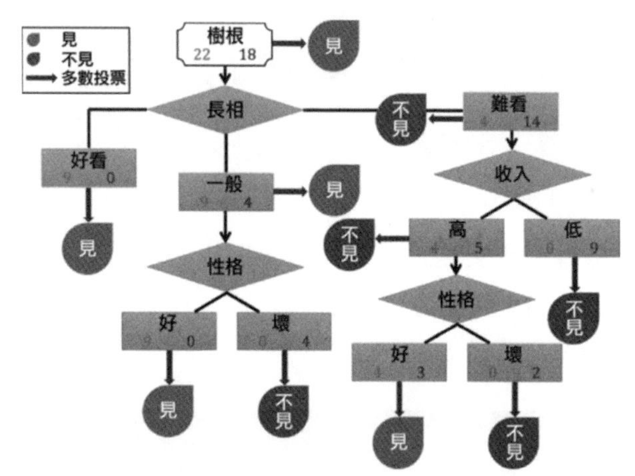

▲ 用多數規則獲得所有節點的決策

（1）如果從根節點就開始採用多數規則來決策，則這時正、反類的比為 22:18，決策為正類，即建議 40 名女孩見男方！

（2）往下細分，在「外觀」節點採用多數規則來決策：

- 當外觀為好看時，正、反類的比為 9:0，決策為正類，見男方。
- 當外觀為一般時，正、反類的比為 9:4，決策為正類，見男方。
- 當外觀為難看時，正、反類的比為 4:14，決策為反類，不見男方。

(3) 再往下細分，可獲得所有節點上的決策。

在「外觀為」為「一般」的節點上，正、反類的比為 9:4，根據多數規則，決策為見男方，但是否還可以在該節點繼續往下分裂樹呢？可以，用錯誤率來判斷是否應該繼續分裂樹。

錯誤率（Classification Error，CE）指錯誤分類的樣本數與總樣本數之比。在樹的某個節點上，通常會計算分裂前和分裂後的錯誤率，如果前者比後者高，那麼應分裂樹，反之則不應分裂樹。下圖計算了在「外觀」節點分裂前後的錯誤率。

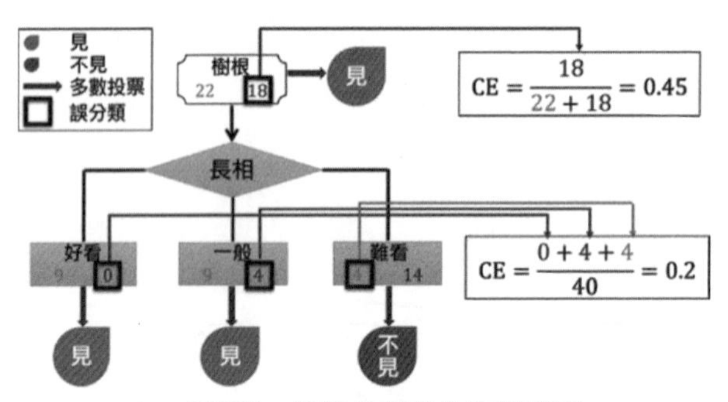

▲ 「外觀」節點分裂前後的錯誤率

在樹的第 0 層，根據多數規則，根節點預測的是 40 個正類，因為在真實範例中總共有 22 個正類，18 個反類，有 18 個預測錯誤，因此，錯誤率為 18/40 = 0.45。對照下面的資料表實際分析如下。

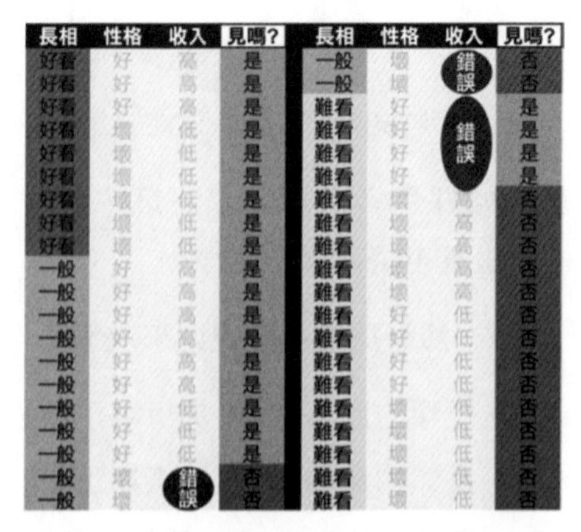

長相	性格	收入	見嗎?
好看	好	高	是
好看	好	高	是
好看	好	高	是
好看	壞	低	是
好看	壞	低	是
好看	壞	低	是
好看	壞	低	是
好看	壞	低	是
好看	壞	低	是
一般	好	高	是
一般	好	高	是
一般	好	高	是
一般	好	高	是
一般	好	高	是
一般	好	高	是
一般	好	低	是
一般	好	低	是
一般	好	低	是
一般	壞	錯誤	否
一般	壞		否

長相	性格	收入	見嗎?
一般	壞	錯誤	否
一般	壞		否
難看	好	錯誤	是
難看	好		是
難看	好		是
難看	好		是
難看	壞	高	否
難看	壞	高	否
難看	壞	高	否
難看	壞	高	否
難看	壞	高	否
難看	好	低	否
難看	好	低	否
難看	好	低	否
難看	好	低	否
難看	壞	低	否
難看	壞	低	否
難看	壞	低	否
難看	壞	低	否
難看	壞	低	否

▲ 「外觀」節點分裂後的錯誤資料

在樹的第 1 層，根據多數規則：

- 當外觀為好看時，預測為正類，真實範例有 9 個正類，0 個反類，有 0 個預測錯誤。
- 當外觀為一般時，預測為正類，真實範例有 9 個正類，4 個反類，有 4 個預測錯誤。
- 當外觀為難看時，預測為反類，真實範例有 4 個正類，14 個反類，有 4 個預測錯誤。

一共有 8 個預測錯誤，因此，錯誤率為：

$$8/40 = 0.2$$

除用錯誤率指標來分裂特徵外，其他常見的指標還有資訊增益、資訊增益比和吉尼係數。

長相	性格	收入	見嗎?	長相	性格	收入	見嗎?
好看	好	高	是	一般	壞	低	否
好看	好	高	是	一般	壞	低	否
好看	好	高	是	難看	好	高	是
好看	壞	低	是	難看	好	高	是
好看	壞	低	是	難看	好	高	是
好看	壞	低	是	難看	好	高	是
好看	壞	低	是	難看	壞	高	否
好看	壞	低	是	難看	壞	高	否
好看	壞	低	是	難看	壞	高	否
一般	好	高	是	難看	壞	高	否
一般	好	高	是	難看	壞	高	否
一般	好	高	是	難看	好	低	否
一般	好	高	是	難看	好	低	否
一般	好	高	是	難看	好	低	否
一般	好	高	是	難看	好	低	否
一般	好	低	是	難看	壞	低	否
一般	好	低	是	難看	壞	低	否
一般	好	低	是	難看	壞	低	否
一般	壞	高	否	難看	壞	低	否
一般	壞	低	否	難看	壞	低	否

長相	是	否
好看	9	0
一般	9	4
難看	4	14

性格	是	否
好	16	4
壞	6	14

收入	是	否
高	13	6
低	9	12

▲ 在根節點沒分裂時的熵

對照資料表，在 40 個範例中有 22 個正類，18 個反類，百分比分別為 22/40 和 18/40，熵為

$$H(Y) = -\frac{22}{40}\ln\left(\frac{22}{40}\right) - \frac{18}{40}\ln\left(\frac{18}{40}\right)$$
$$= 0.69$$

當外觀為好看時，有 9 個範例，百分比為 9/40。在這 9 個範例中，有 9 個正類，0 個反類，百分比分別為 9/9 和 0/9。

當外觀為一般，有 13 個範例，百分比為 13/40。在這 13 個範例中，有 9 個正類，4 個反類，百分比分別為 9/13 和 4/13。

當外觀為難看時，有 18 個範例，百分比為 18/40。在這 18 個範例中，有 4 個正類，14 個反類，百分比分別為 4/18 和 14/18。

因此，可得知「外觀」的條件熵（請見 9.1.2 節）、資訊增益和資訊增益比（複習 9.1.3 節內容）分別為

$$H(Y|\text{長相}) = -\frac{9}{40}\left[\frac{9}{9}\ln\left(\frac{9}{9}\right)+\frac{0}{9}\ln\left(\frac{0}{9}\right)\right]-\frac{13}{40}\left[\frac{9}{13}\ln\left(\frac{9}{13}\right)+\frac{4}{13}\ln\left(\frac{4}{13}\right)\right]$$
$$-\frac{18}{40}\left[\frac{4}{18}\ln\left(\frac{4}{18}\right)+\frac{14}{18}\ln\left(\frac{14}{18}\right)\right] = 0.44$$

$$G(Y|\text{長相}) = H(Y) - H(Y|\text{長相}) = 0.69 - 0.44 = 0.25$$

$$G_R(Y|\text{長相}) = G(Y|\text{長相})/H(Y) = 0.25/0.69 \approx 0.36$$

下圖更直觀地解釋了以上計算過程。

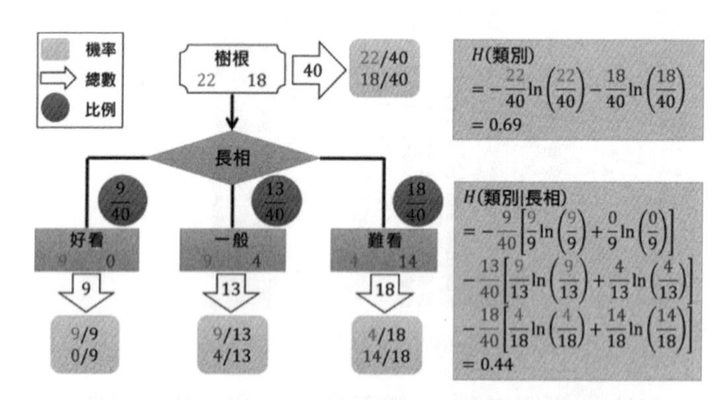

▲「外觀」分裂後的條件熵、資訊增益和資訊增益比

3. 樹的產生

建置決策樹的關鍵步驟是分裂同屬性，即在某個節點處，按照某一個特徵屬性的不同值，建置不同的分支，其目標是讓各個分裂子集盡可能地「純」，儘量讓一個分裂子集中的元素屬於同一個類別。

第一步：從樹根開始，選擇一個特徵開始分裂樹，用錯誤率作為度量標準。

在本例中只有 3 個特徵（外觀、性格和收入）可用來分裂樹。根據前面的資料表記下每個特徵的特徵值（例如性格對應著好和壞，收入對應著高和低）對應的正類（見）和反類（不見）的個數，再利用多數規則計算出錯誤率，如下圖所示。

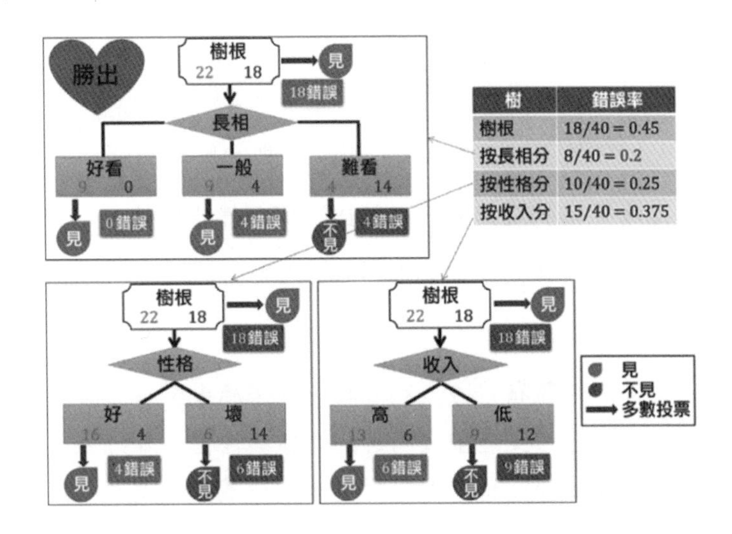

由上述結果可知，按外觀分裂的錯誤率為 0.2，是最低的。因此，在樹根上應該用「外觀」特徵來分裂，產生如下圖所示的決策樹。

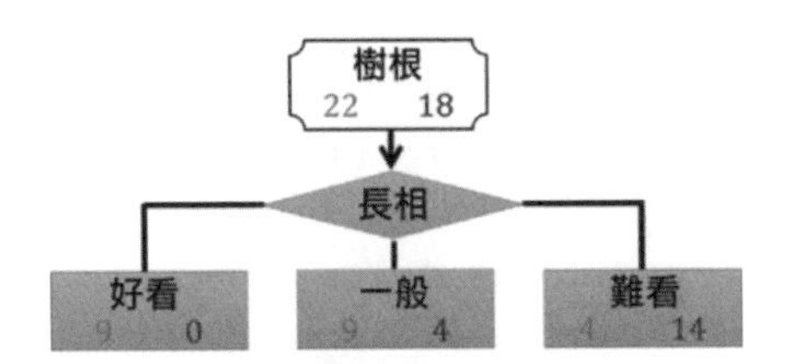

▲ 按外觀分裂的錯誤率最小，取勝

第二步：分裂之後檢查每個特徵值對應的分支，如果某個分支裡的所有範例都屬於一種，則停止分裂 ；反之則繼續分裂。

當外觀為好看時，所有決策都是見（9：0），此分支無須繼續分裂；但當外觀為一般或難看時，則決策結果還有分歧，還可以繼續分裂。用什麼特徵來分裂？還是按照第一步的過程，選一個錯誤率最小但**沒有用過**的特徵來分裂（一直用重複的特徵會使得樹過於複雜），如下圖所示。

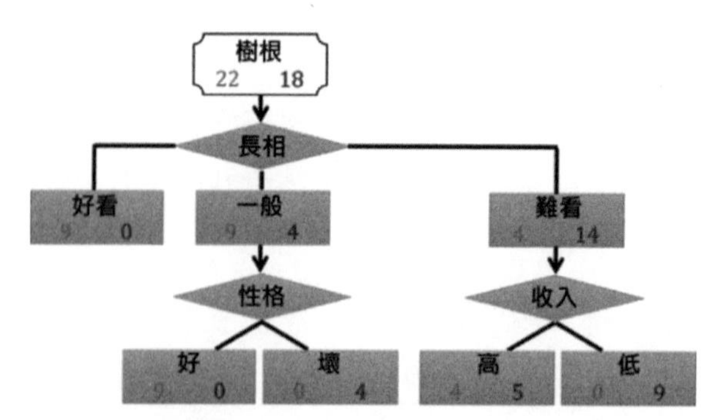

▲ 當某分支的所有範例不是屬於一種，則繼續分裂

第三步：遞推產生完整的決策樹，遵循以下兩個停止條件。

(1) 某個分支裡所有的範例都屬於一種。

(2) 特徵已經用完了。

如右圖所示，當外觀為難看且收入為高時，決策結果還有分歧，因此還可以繼續分裂，但只能用該分支之前沒用過的特徵「性格」來分裂。「沒用過的特徵」不是指在整棵樹裡沒有用過，而是特指在**某條分支**上沒有用過）。當樹不能再繼續分裂時，則表示每條分支都有葉節點，分別為見或不見。

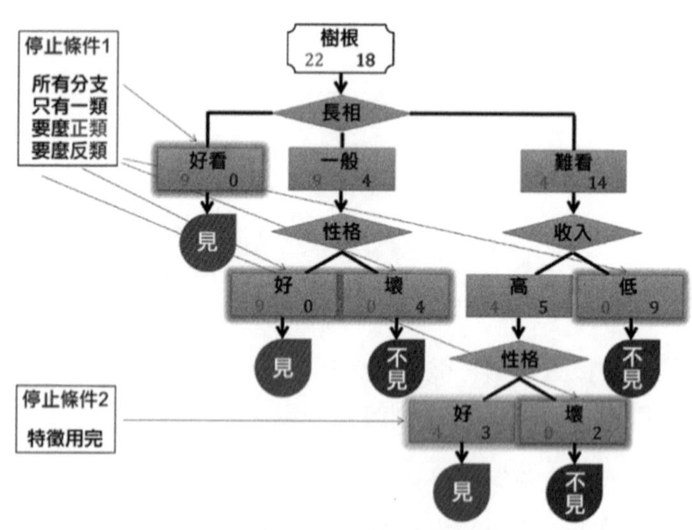

▲ 決策樹產生的兩個停止條件

根據 40 個資料產生的決策樹可以用來預測。舉例來說，新出現一位男士，

如果他的個人條件是外觀難看，收入高，性格好，那麼從根開始檢查決策樹，得出的結論是見。

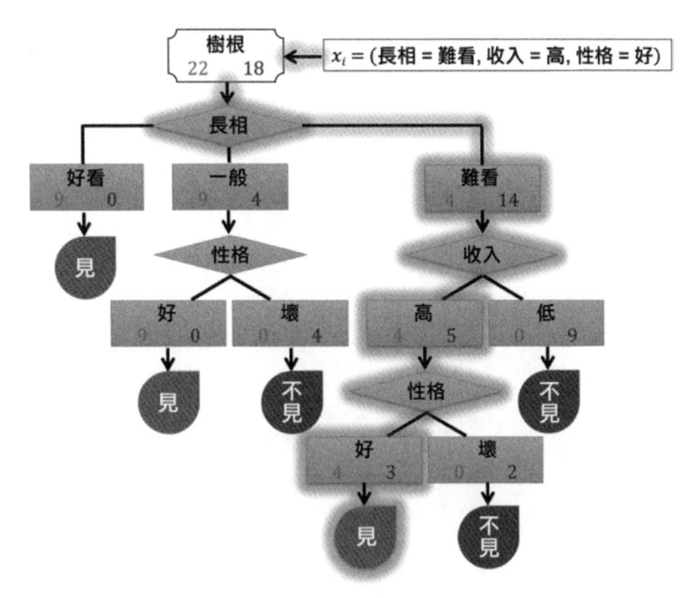

▲ 將新資料在建好的決策樹上檢查

4. 樹的其他種類

前面討論的決策樹使用錯誤率作為分裂標準，其實在業界大多會使用以下 3 種度量指標作為分裂標準。

- 資訊增益：對應的樹或演算法被稱為第 3 代反覆運算二元樹（Iterative Dichotomiser 3, ID3）。
- 資訊增益比：對應的樹或演算法被稱為第 4.5 代分類樹（Classifier 4.5, C4.5）。
- 吉尼係數：對應的樹或演算法被稱為回歸分類樹（Classification and Regression Tree, CART）。

ID3、C4.5 和 CART 這些決策樹的名稱聽起來很「高大上」，但實際上它們的產生方法和前面講的一樣，都是從根節點開始遞推產生的，只不過在此過程中會用資訊增益、資訊增益比和吉尼係數不斷地選取局部最佳的特徵。

9.2.2 多分類決策樹

在 9.2.1 節介紹的二元分類決策樹中，女孩只有兩種決策：見或不見男士。假如一位男士外觀難看、收入低、性格壞，那麼女孩絕對不見！這時有 3 種決策：見、不見和絕不見！下面還是用女孩見男士的實例來解釋，資料如下圖所示。

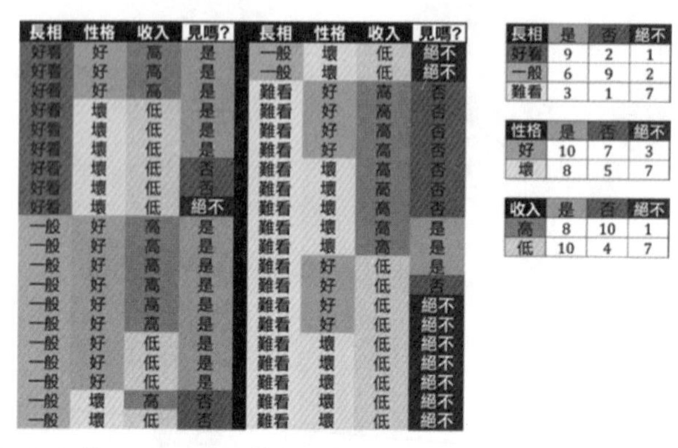

長相	性格	收入	見嗎?	長相	性格	收入	見嗎?
好看	好	高	是	一般	壞	低	絕不
好看	好	高	是	一般	壞	低	絕不
好看	好	高	是	難看	好	高	否
好看	壞	低	是	難看	好	高	否
好看	壞	低	是	難看	好	高	否
好看	壞	低	是	難看	好	高	否
好看	壞	低	否	難看	壞	高	否
好看	壞	低	否	難看	壞	高	否
好看	壞	低	絕不	難看	壞	高	否
一般	好	高	是	難看	壞	高	是
一般	好	高	是	難看	壞	高	是
一般	好	高	是	難看	好	低	是
一般	好	高	是	難看	好	低	否
一般	好	高	是	難看	好	低	絕不
一般	好	高	是	難看	好	低	絕不
一般	好	低	是	難看	壞	低	絕不
一般	好	低	是	難看	壞	低	絕不
一般	好	低	是	難看	壞	低	絕不
一般	壞	高	否	難看	壞	低	絕不
一般	壞	低	否	難看	壞	低	絕不

長相	是	否	絕不
好看	9	2	1
一般	6	9	2
難看	3	1	7

性格	是	否	絕不
好	10	7	3
壞	8	5	7

收入	是	否	絕不
高	8	10	1
低	10	4	7

（表中的「絕不」表示「絕不見」）

▲ 40 位女孩對男朋友的要求的資料（多分類）

和產生二元分類決策樹一樣，在開始時選一個錯誤率最小的特徵來分裂，發現該特徵還是外觀，對應的錯誤率是 0.375，而按性格和收入分裂對應的錯誤率是 0.55 和 0.5，如下圖所示。

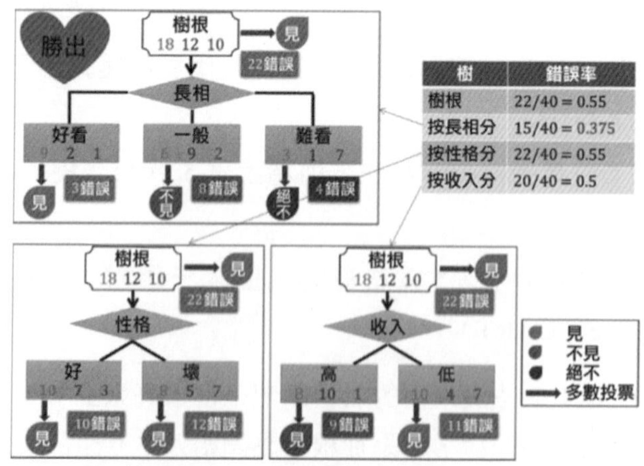

▲ 按「外觀」分裂的錯誤率最小——取勝

9.2.3 連續值分裂

在本例中，收入的特徵值只能為高或為低，是一個離散值。這個概念很模糊，到底多高算「高」，多低算「低」？在現實的問卷調查中，收入（元）這一欄中填的都是 10 萬、20 萬、50 萬這樣的連續值，如下圖所示。

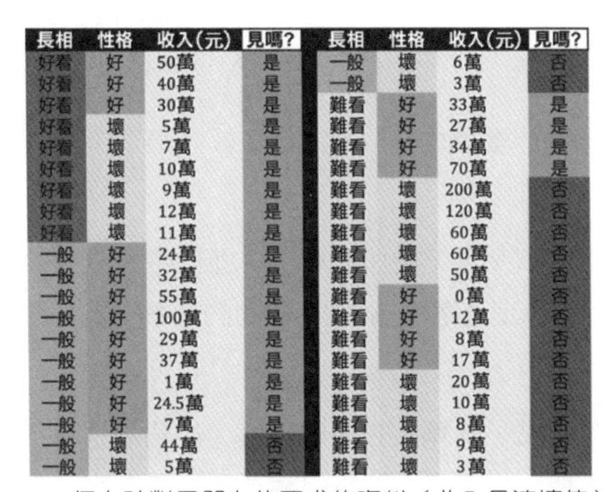

長相	性格	收入(元)	見嗎?	長相	性格	收入(元)	見嗎?
好看	好	50萬	是	一般	壞	6萬	否
好看	好	40萬	是	一般	壞	3萬	否
好看	好	30萬	是	難看	好	33萬	是
好看	壞	5萬	是	難看	好	27萬	是
好看	壞	7萬	是	難看	好	34萬	是
好看	壞	10萬	是	難看	好	70萬	是
好看	壞	9萬	是	難看	壞	200萬	否
好看	壞	12萬	是	難看	壞	120萬	否
好看	壞	11萬	是	難看	壞	60萬	否
一般	好	24萬	是	難看	壞	60萬	否
一般	好	32萬	是	難看	壞	50萬	否
一般	好	55萬	是	難看	好	0萬	否
一般	好	100萬	是	難看	好	12萬	否
一般	好	29萬	是	難看	好	8萬	否
一般	好	37萬	是	難看	好	17萬	否
一般	好	1萬	是	難看	壞	20萬	否
一般	好	24.5萬	是	難看	壞	10萬	否
一般	好	7萬	是	難看	壞	8萬	否
一般	壞	44萬	否	難看	壞	9萬	否
一般	壞	5萬	否	難看	壞	3萬	否

▲ 40 個女孩對男朋友的要求的資料（收入是連續值）

假設對收入中的每個連續值進行分裂，則決策樹會長成下圖所示的這個樣子。

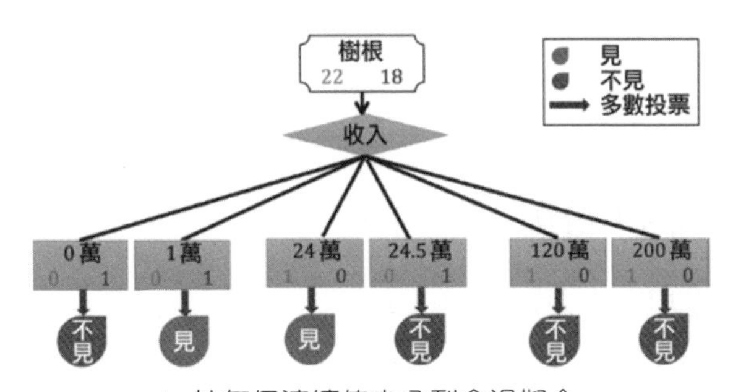

▲ 按每個連續值來分裂會過擬合

這樣劃分存在一個很嚴重的問題：

絕大多數節點只包含一個資料，要麼為正類，要麼為負類，這是典型的過擬合。

當將連續值劃分得太細時，那麼決策樹的預測會不準確。一個改進的方法是找一個設定值（Threshold）來進行分裂。

如上圖所示，在此案例中，年收入為 25 萬元是一個不錯的分界點。

- 將年收入小於 25 萬元歸為收入低。
- 將年收入大於或等於 25 萬元歸為收入高。

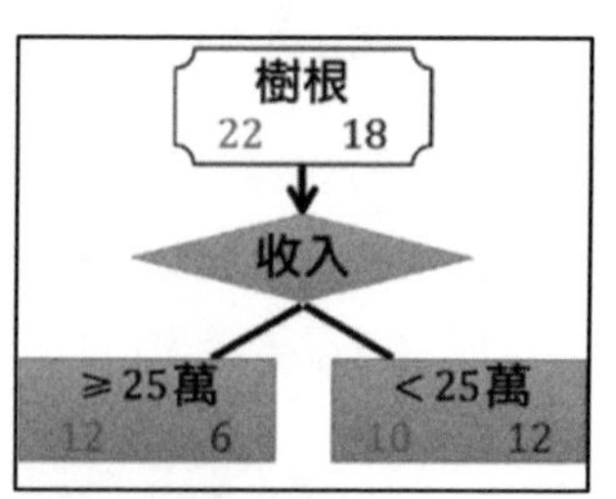

▲ 選取設定值對連續值特徵進行分裂

現在你可能會問，為什麼選擇 25 萬元當作設定值？下面就介紹設定值的演算法。

將所有收入值按昇冪順序標記在座標軸上，並記下收入值對應的類別：見或不見，如下圖所示。設定值選在 A 與 B 中間的任意一點，獲得的錯誤率都是一樣的！

（1）對每兩個相鄰的點，計算出它們的均值（N 個點就有 $N-1$ 個均值）。
（2）把每個均值想像成設定值，計算出相對應的錯誤率。
（3）找到最小的錯誤率，並將其對應的均值當成最後設定值。

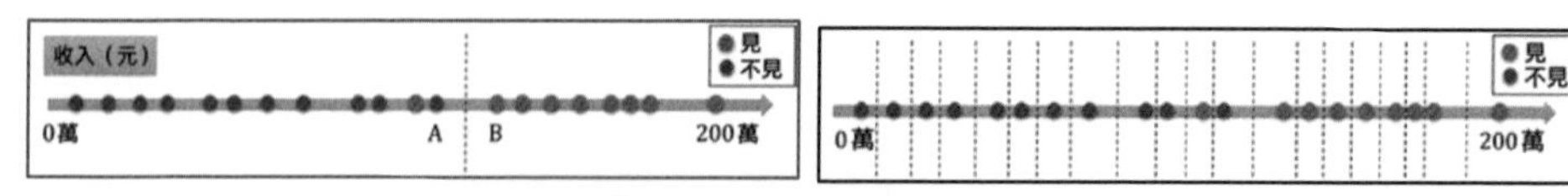

▲ 選擇連續值設定值的方法

9.2.4 欠擬合和過擬合

與其他機器學習模型一樣，決策樹也可能會欠擬合或過擬合。如右圖所示，$x[1]$和 $x[2]$ 是兩個連續值特徵：加號代表正類，減號代表負類。

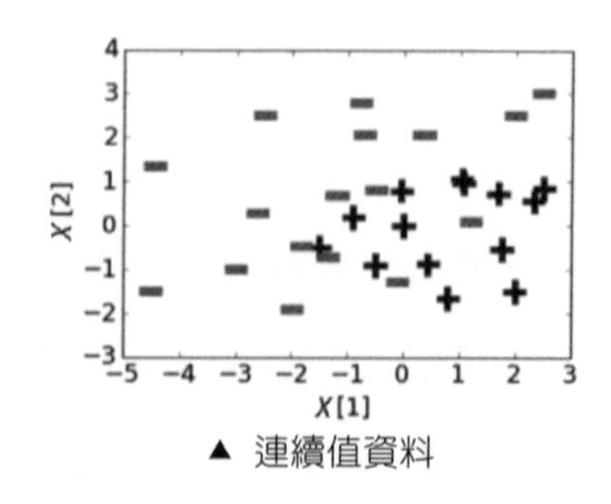

▲ 連續值資料

下圖展示了一層決策樹和兩層決策樹的全貌。

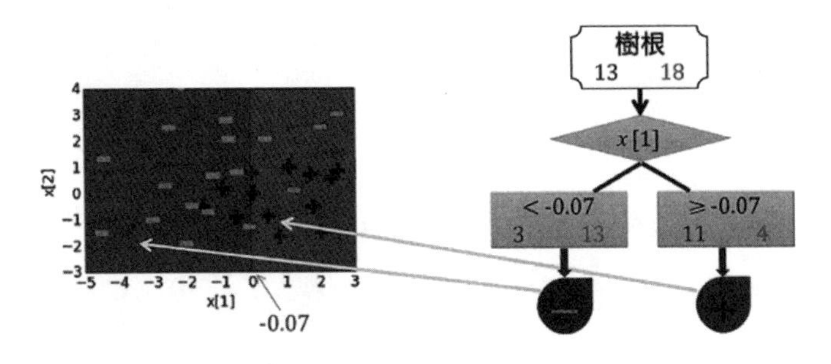

▲ 一層決策樹分裂

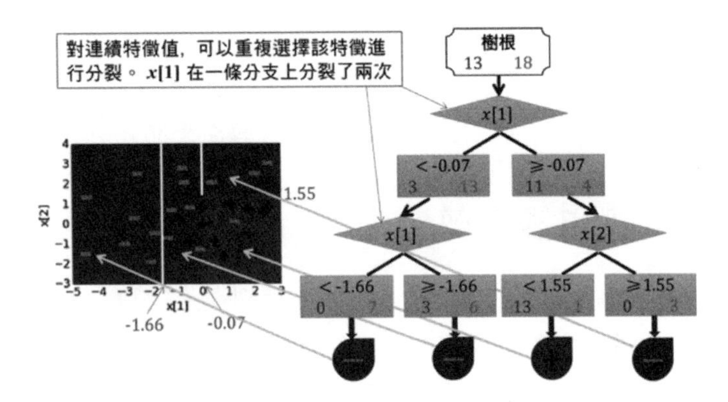

▲ 二層決策樹分裂（連續特徵可重複選擇）

和離散特徵不同，連續特徵可以在一條分支上多次選擇不同的設定值進行分裂。你可以將其想像成不停地細分連續值，那麼決策樹可以完美地分類任何訓練集，但是也嚴重過擬合了，進一步降低了其泛化能力。

右圖比較了決策樹和邏輯回歸模型，其中：

- 一層決策樹和一階多項式邏輯回歸模型：欠擬合數據，訓練誤差很大，模型預測能力弱。
- 三層決策樹和二階多項式邏輯回歸模型：過擬合數據，訓練誤差適中，模型堅固效能強。
- 十層決策樹和六階多項式邏輯回歸模型：極佳地擬合數據，訓練誤差為零，模型推廣能力弱。

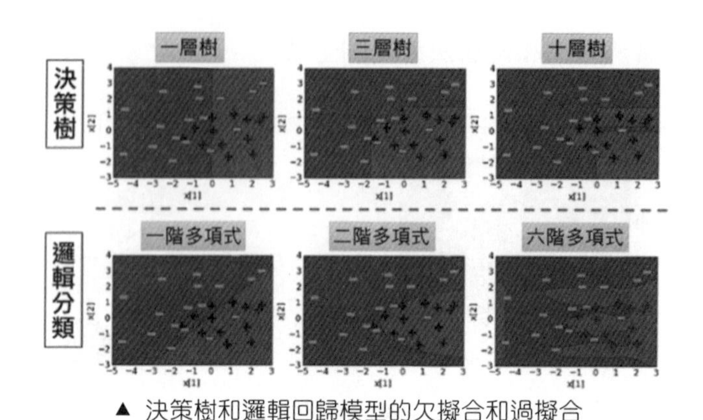

▲ 決策樹和邏輯回歸模型的欠擬合和過擬合

對於欠擬合模型，要增加模型的複雜度（增加決策樹的層數，增加邏輯回歸模型的多項式階數）；對於過擬合模型，要降低模型的複雜度（修剪決策樹，正規化邏輯回歸模型）。下面詳細介紹如何修剪樹來防止它過擬合。

9.2.5 預修剪和後修剪

修剪是防止決策樹過擬合的主要方法。在決策樹產生過程中，為了盡可能地將訓練集正確分類，會不斷重複劃分節點，進一步造成分支過多。這樣做的後果就是讓模型把訓練集學得太好了，把訓練集的所有細節都當作一般性質，這樣模型的推廣能力就會下降。因此，我們可以透過去掉一些分支來降低模型過擬合的風險，實際有以下兩種想法。

(1) **未雨綢繆想法**：從根到葉，在決策樹的產生過程中，預修剪（Pre-Pruning）分支以防決策樹變複雜。

(2) **亡羊補牢想法**：從葉到根，在決策樹產生後，後修剪（Post-Pruning）分支使得決策樹變簡單。

1. 預修剪

預修剪是指在決策樹的產生過程中，在劃分節點前對每個節點進行估計，一旦遇到以下 3 個提前停止條件，就立刻將目前節點標記為葉節點。

提前停止條件 1：當樹的深度超過最大樹深（Maximum Tree Depth）時。

回顧 9.24 節介紹的十層決策樹，當無限次用不同的設定值作為分裂節點時，獲得的決策樹可以完美分類所訓練的資料，但是對於新資料的分類，則決策樹的效能就變得很差，因為過擬合了。為了防止過擬合，我們會用最大樹深（例如六層）限制決策樹的深度。

提前停止條件 2：當繼續分裂不能降低錯誤率時。

舉例來說，如下圖所示的是從樹根開始用外觀特徵分裂後的決策樹，當外觀為難看時，有 5 個正類和 16 個反類，很顯然，還可以繼續分裂下去。接下來計算不分裂、用性格特徵分裂和用收入特徵分裂後的錯誤率，發現結果都是 0.24（見下圖）。既然不分裂和繼續分裂的錯誤率都一樣，那麼就選擇簡單的操作：提前停止分裂而直接做出決策。

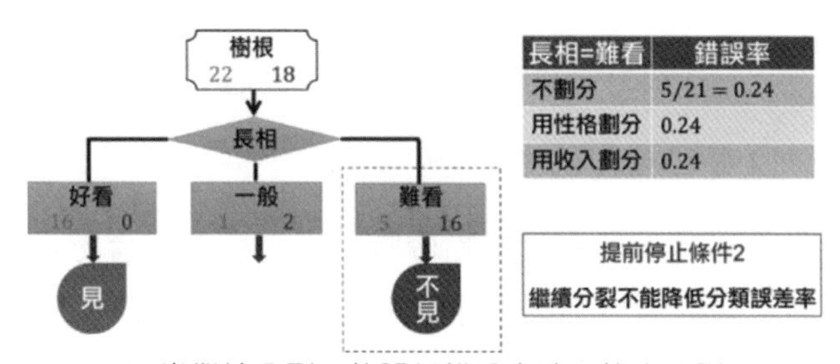

長相=難看	錯誤率
不劃分	5/21 = 0.24
用性格劃分	0.24
用收入劃分	0.24

▲ 當繼續分裂不能降低錯誤率時，停止分裂

提前停止條件 3：當節點包含的資料個數小於一個特定值時。

接著上面的實例，當外觀為一般時，節點包含的資料只有 3 個，這時候應該提前停止分裂而直接做出決策。

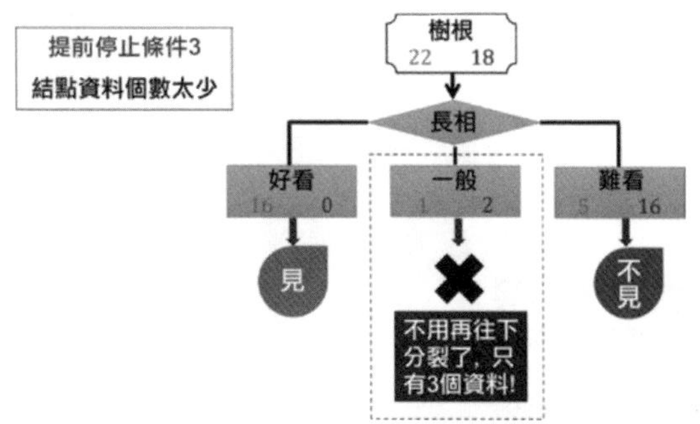

▲ 當節點包含的資料個數小於一個特定值時，停止分裂

節點個數的實際特定值由資料總數決定，在實作中通常為 10~ 100。

2. 後修剪

預修剪使得決策樹的很多分支都沒有展開，不僅降低了決策樹過擬合的風險，還減少了決策樹的訓練時間。但是，有些分支在後續分裂中可能會使決策樹的效能顯著加強。這樣看來，預修剪有可能帶來讓決策樹欠擬合的風險，這時就可以考慮使用後修剪。後修剪的核心理念是先訓練好決策樹，即使決策樹很複雜，也可以從葉節點往根開始簡化，如果一個樹樁可以用一個葉節點替代，那麼就替代它，進一步簡化決策樹！後修剪需要平衡決策樹的**分類能力**和**複雜度**，前者可以用錯誤率來量化，而後者可以用葉節點的個數來量化，其損失函數為：

$$C(T) = \overbrace{\mathrm{CE}(T)}^{\text{錯誤率}} + \overbrace{\lambda}^{\text{懲罰系數}} \times \overbrace{L(T)}^{\text{葉節點個數}}$$

其中 T 是樹，而 λ 是控制樹的複雜度的參數。

- 當 $\lambda = 0$ 時，後修剪不考慮葉節點個數，決策樹模型會變複雜。
- 當 $\lambda = +\infty$ 時，後修剪會最後產生單樹根，決策樹模型會變簡單。

下圖描述了後修剪的過程（假設$\lambda = 0.03$）。

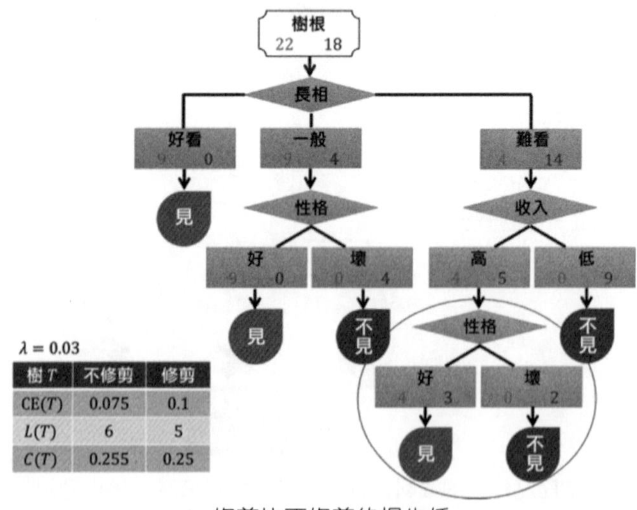

樹 T	不修剪	修剪
CE(T)	0.075	0.1
$L(T)$	6	5
$C(T)$	0.255	0.25

▲ 修剪比不修剪的損失低

從最低層樹樁開始（見上圖中不見葉子節點）：

- 如果不修剪，則整棵決策樹有 6 個葉子節點，錯誤率為 3/40 = 0.075，則 $C = 0.075 + 6\times0.03 = 0.255$。
- 如果修剪（用 1 個葉子節點替代樹樁），則修剪後的決策樹有 5 個葉子節點，錯誤率為 4/40 = 0.1，則 $C = 0.1 + 5\times0.03 = 0.25$。

因為修剪的 C 比不修剪的 C 要小，所以該樹樁應被剪掉。

後修剪的決策樹如下圖所示。

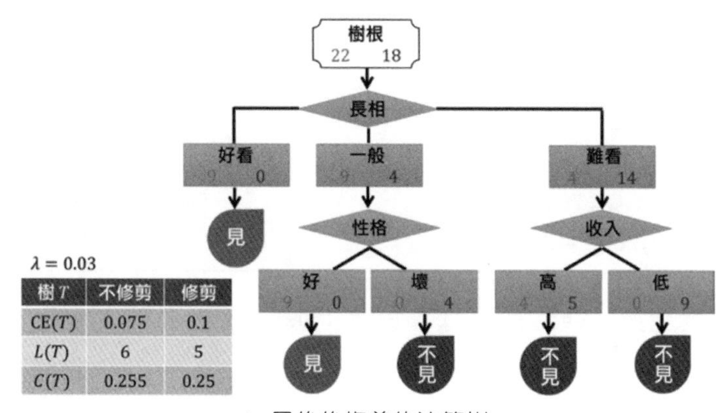

▲ 最後後修剪的決策樹

接下來，對剩下的 3 個內節點「性格」、「收入」和「外觀」重複以上修剪過程。後修剪相比預修剪為決策樹保留了更多的分支，因此前者的欠擬合風險很小，而且泛化效能常常優於後者。但後修剪需要花費的時間比預修剪要多得多，因為該過程是在整個決策樹產生之後進行的，並且要按從葉節點往根的順序對樹中所有內節點逐一檢測。

9.2.6 資料缺失

目前，決策樹的產生和修剪都是基於完整資料的。但是在實際情況中，資料缺失很普遍，可能是訓練集資料的某些特徵值缺失，也可能是測試集資料的某些特徵值缺失，下表中列出了這兩種情況的實例。

情況 1	情況 2
訓練集資料缺失 • 兩個性格特徵下的資料缺失 • 一個收入特徵下的資料缺失	測試集資料缺失 在預測是否見下一位男士時，如果他沒有提供收入資料，怎麼辦？

長相	性格	收入(元)	見嗎?
好看	好	50萬	是
一般	?	40萬	否
一般	好	30萬	是
難看	壞	5萬	否
好看	壞	7萬	否
一般	壞	10萬	是
難看	壞	9萬	否
好看	壞	?	是
一般	?	12萬	是

▲ 訓練集資料缺失

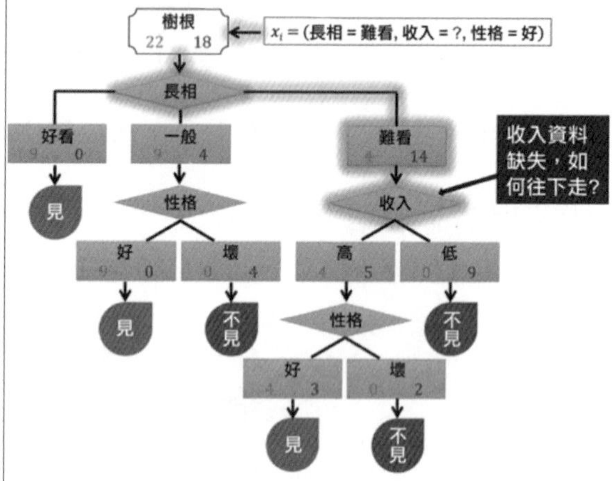

▲ 測試集資料缺失

缺失資料的處理方式通常有 3 種：刪除（Delete）、推算（Impute）和歸類（Categorize）。

1. 刪除法

刪除資料最簡單，有兩種方式（見下圖）：

- 刪除行（資料點）。
- 刪除列（特徵）。

刪除法的優點是：

- 操作簡單。
- 可以用在任何模型中，例如決策樹、線性回歸和邏輯回歸等模型。

刪除法的缺點是：

- 刪除的資料中可能包含重要資訊。
- 不知道刪除行好還是刪除列好。
- 對缺失資料的測試集沒用。

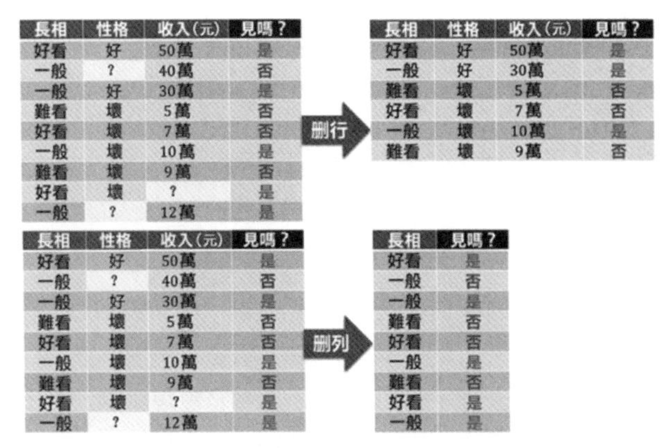

長相	性格	收入(元)	見嗎?
好看	好	50萬	是
一般	?	40萬	否
一般	好	30萬	是
難看	壞	5萬	否
好看	壞	7萬	否
一般	壞	10萬	是
難看	壞	9萬	否
好看	壞	?	是
一般	?	12萬	是

長相	性格	收入(元)	見嗎?
好看	好	50萬	是
一般	好	30萬	是
難看	壞	5萬	否
好看	壞	7萬	否
一般	壞	10萬	是
難看	壞	9萬	否

長相	性格	收入(元)	見嗎?
好看	好	50萬	是
一般	?	40萬	否
一般	好	30萬	是
難看	壞	5萬	否
好看	壞	7萬	否
一般	壞	10萬	是
難看	壞	9萬	否
好看	壞	?	是
一般	?	12萬	是

長相	見嗎?
好看	是
一般	否
一般	是
難看	否
好看	否
一般	是
難看	否
好看	是
一般	是

▲ 刪除法的兩種方式：刪除行和刪除列

2. 推算法

根據特徵值是分類型變數或數值型變數，有兩種推算方式（見下圖）：

- 用眾數來推算分類型變數。
- 用平均數來推算數值型變數。

長相	性格	收入(元)	見嗎?
好看	好	50萬	是
一般	?	40萬	否
一般	好	30萬	是
難看	壞	5萬	否
好看	壞	7萬	否
一般	壞	10萬	是
難看	壞	9萬	否
好看	壞	?	是
一般	?	12萬	是

長相	性格	收入(元)	見嗎?
好看	好	50萬	是
一般	壞	40萬	否
一般	好	30萬	是
難看	壞	5萬	否
好看	壞	7萬	否
一般	壞	10萬	是
難看	壞	9萬	否
好看	壞	20.4萬	是
一般	壞	12萬	是

▲ 兩種變數的兩種推算方式：分類型變數用眾數，數值型變數用平均數

性格特徵的特徵值是一個分類型變數，因此，計算未缺失資料獲得 2 個「好」和 5 個「壞」，根據眾數原則，應該將缺失資料用「壞」來填充。收入特徵的特徵值是一個數值型變數，根據平均數原則，應該將缺失資料用計算出來的未缺失資料的均值 20.4 萬來填充。

推算法的優點是：

- 操作簡單。
- 可以用在任何模型中，例如決策樹、線性回歸和邏輯回歸等模型。

- 對缺失資料的測試集有用，運用同樣的規則（眾數分類型變數和平均數值型變數）。

推算法的缺點是可能會造成系統性誤差。

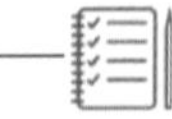

系統性誤差在現實中有真實的案例。在華盛頓的銀行中申請貸款時，根據當地法律是不允許申請人填寫年齡的。如果要整合所有美國貸款申請人的資料，會發現所有來自華盛頓的資料缺失年齡資料。假如按照數值型變數規則算出平均值為 41 歲，那麼把所有華盛頓貸款申請者的年齡填為 41 歲是不合理的。

3. 歸類法

歸類的核心思想是把遺漏值也當作一種特徵值。

當收入的特徵值缺失時，在最開始我們無法利用決策樹來做出決策。現在只需要把收入的遺漏值歸為「收入低」的一種，就可以得出「不見」的決策，如右圖所示。

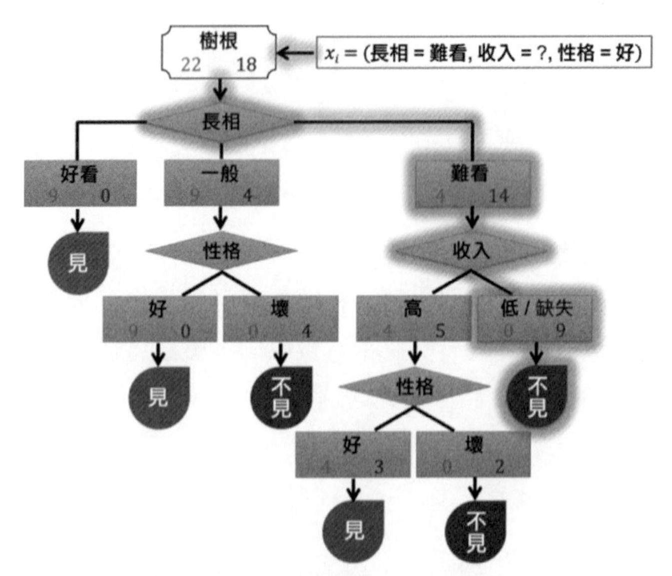

▲ 把收入的遺漏值歸為「收入低」的一類中也可以做出決策

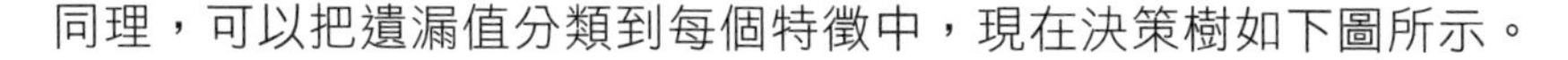
同理，可以把遺漏值分類到每個特徵中，現在決策樹如下圖所示。

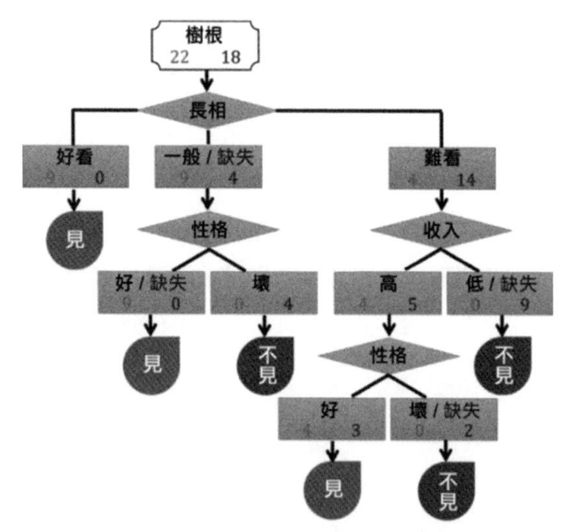

▲ 把遺漏值可以分類到每個特徵中

有趣的是，在將遺漏值歸為性格特徵中時，

- 有時被劃分成「好」，見決策樹第二層最右邊。
- 有時被劃分成「壞」，見決策樹第三層最左邊。

接下來解釋實際原因。將遺漏值放在哪裡其實也是由最小錯誤率決定的。以下圖所示的外觀特徵舉例，當將遺漏值劃歸為「難看」一類時，錯誤率為 0.225，小於將遺漏值歸為「好看」或「一般」一類的錯誤率為 0.25，因此，遺漏值應該被歸為「難看」一類中。

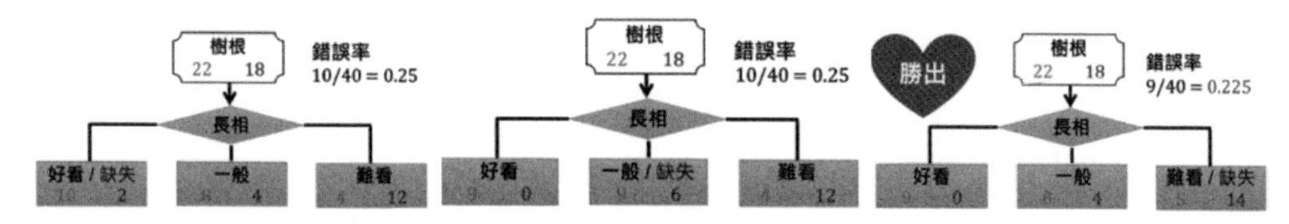

▲ 把遺漏值劃分到「難看」一類中的錯誤率最小，取勝

歸類法的優點是比刪除法和推算法的預測更準，而且對有缺失資料的訓練集和測試集都有用。歸類法的缺點是在每次歸類時都需要執行決策樹的分裂演算法，效率比刪除法和推算法會低一些。

9.2.7 程式實現

斯蒂文接到一個專案：根據使用者的貸款資訊判斷他是否有可能違約。下圖是 csv 檔案中的 122000 多筆資料畫面，每筆資料有 68 個特徵，其中重要的特徵是 loan_amnt、term、int_rate 和 grade，分別是指貸款本金、年限、利率和評級。

	A	B	C	D	E	F	G	H	I
1	id	member_id	loan_amnt	funded_amnt	funded_amnt_inv	term	int_rate	installment	grade
2	1077501	1296599	5000	5000	4975	36 months	10.65	162.87	B
3	1077430	1314167	2500	2500	2500	60 months	15.27	59.83	C
4	1077175	1313524	2400	2400	2400	36 months	15.96	84.33	C
5	1076863	1277178	10000	10000	10000	36 months	13.49	339.31	C
6	1075269	1311441	5000	5000	5000	36 months	7.9	156.46	A
7	1072053	1288686	3000	3000	3000	36 months	18.64	109.43	E
8	1071795	1306957	5600	5600	5600	60 months	21.28	152.39	F
9	1071570	1306721	5375	5375	5350	60 months	12.69	121.45	B
10	1070078	1305201	6500	6500	6500	60 months	14.65	153.45	C
11	1069908	1305008	12000	12000	12000	36 months	12.69	402.54	B

▲ 借貸俱樂部的貸款資料

在 Jupyter Notebook 中，斯蒂文進行了以下操作。

(1) 前置處理資料，包含平衡樣本、特徵子集和獨熱編碼。
(2) 直接使用 scikit-learn 中的決策樹模型來分類良性貸款和惡性貸款。
(3) 撰寫程式建置決策樹，包含計算誤分類個數、選擇最佳特徵分裂、創造葉節點，考慮 3 大停止條件並預修剪決策樹。
(4) 探索決策樹模型，包含探索最大樹深、最小誤差減小值、節點包含資料最小個數等。

9.3 歸納

決策樹的產生過程非常直觀，也容易被人了解，它不依賴相關領域知識，而僅使用一種選擇分裂準則來遞推。該準則是將資料「最好」地劃分為不同的類別。這個「最好」通常用錯誤率、資訊增益、資訊增益比和吉尼係數 4 種度量指標來量化。

當決策樹過於茂密（複雜）時，一定要修剪，防止過擬合。決策樹的修剪過程包含預修剪和後修剪，前者是未雨綢繆，以防止決策樹過於複雜，而後者則是亡羊補牢，進而簡化決策樹。

即使經過預修剪和後修剪，單棵決策樹還是有可能過擬合，通常的解決方法是將樹按**平行**或按**順序**的方式集合起來。在第 12 章中會介紹如何建置並結合多個學習器來完成學習工作，在保障模型準確度的同時，也提升了模型防止過擬合的能力。這兩大類整合學習方法是：

- 自助聚合法
- 提升法

以決策樹為實際模型，平行類別的提升法就是隨機森林，而順序類別的提升法就是逐步提升和梯度提升，這些整合模型在第 13 章中會細講。

參考資料

1. 決策樹之玩轉借貸俱樂部
2. Machine Learning Specialization, Classification – Decision Trees [course]
   Emily Fox, Carlos Guestrin, Coursera, University of Washington
3. 《統計學習方法》 [book]
   李航 著，北京：清華大學出版社，2012 年 3 月（第 5 章 - 決策樹）
4. 《機器學習》[book]
   周志華 著，北京：清華大學出版社，2015（第 4 章決策樹）

10

類神經網路

The more you unlearn, the more you will learn.

引言

斯蒂文的老闆是公司的高層管理者，有一天，他突然想了解神經網路，但是他不懂其中的細節，因此，他希望斯蒂文能像教小學生一樣向他說明神經網路。

老闆：什麼是神經網路（Neural Network）？請你用教小學生的方式向我說明。

斯蒂文：神經網路就是由神經元（Neuron）組成的系統，如下圖所示。

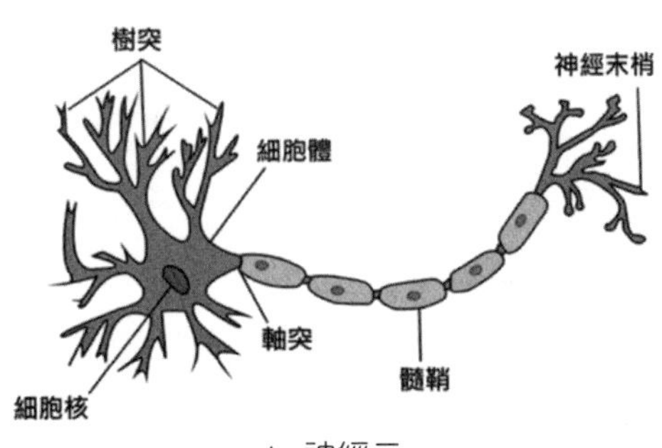

▲ 神經元

老闆：我是說機器學習方面的神經網路，即**類神經網路**（Artificial Neural Network，ANN）！

斯蒂文：小學生是聽不懂 ANN 的，必須要從生物層面談起！必須從神經元談起！

老闆：請你繼續。

斯蒂文：神經元有許多**樹突**（Dendrite）用來輸入（Input），有一個**軸突**（Axon）用來輸出（Output），如下圖所示。

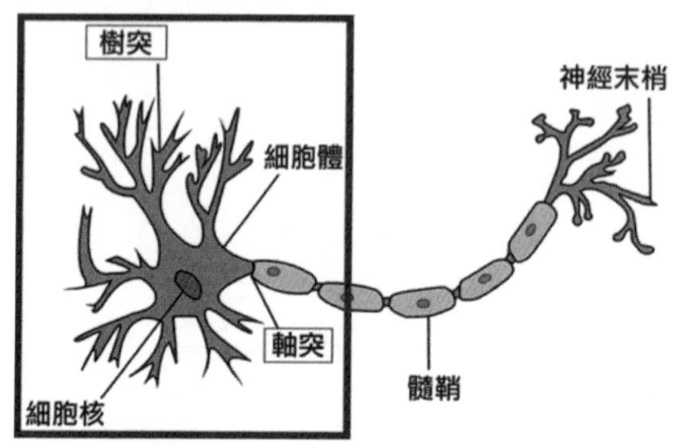

▲ 神經元從樹突輸入，向軸突輸出

老闆：目前你說的只是一個神經元，它們怎麼形成一個網路呢？

斯蒂文：神經元有兩個特性：興奮性和傳導性。興奮性是指當刺激強度未達到某一個設定值時，神經衝動不會發生；當刺激強度達到該設定值時，神經衝動發生並能在暫態達到最強。傳導性指的是相鄰的神經元靠它們之間的小空隙進行傳導。該空隙叫作**突觸**（Synapse），它在不同神經元之間傳遞神經衝動。如下圖所示，突觸將神經元 A 和 B 連在一起，當有很多突觸連接很多神經元時，就形成一個神經網路。

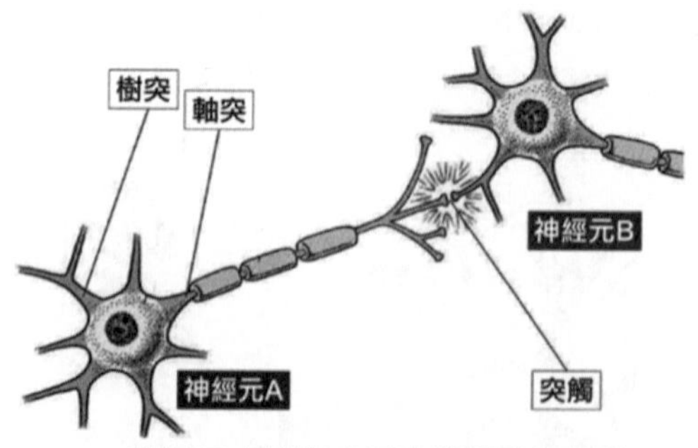

▲ 神經元之間靠突觸來傳遞神經衝動

老闆：現在我還能聽得懂，那麼 ANN 是怎麼模仿神經網路這個機制的呢？

斯蒂文：ANN 用**轉換函數**（Transfer Function）來模擬神經衝動；用輸入和輸出來模擬樹突和軸突做的事情；用**層**（Layer）來連接神經元，使「上一層神經元的輸出經過轉換函數變成下一層神經元的輸入」。

本章的思維導圖如下圖所示。

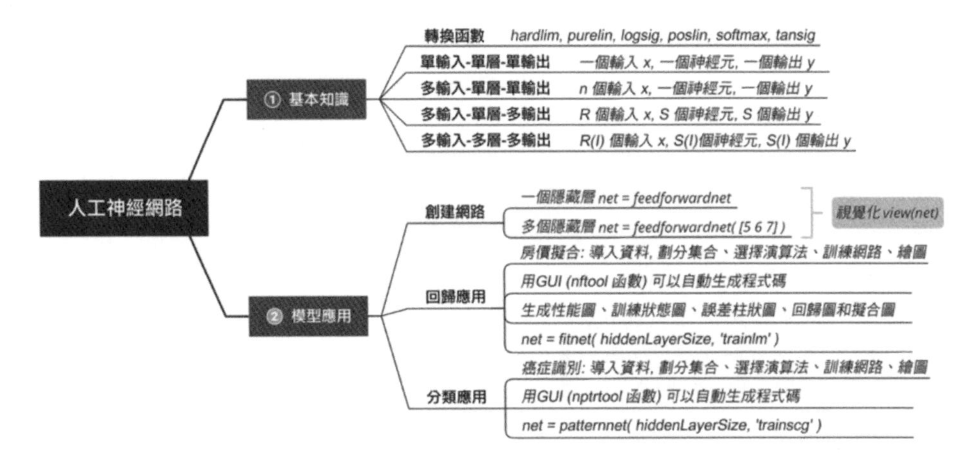

10.1 基礎知識

10.1.1 轉換函數

在類神經網路的世界裡，層與層之間是靠轉換函數連接的，而轉換函數就是一種將輸入轉成輸出的函數。下圖中歸納了 MATLAB 裡附帶的轉換函數。

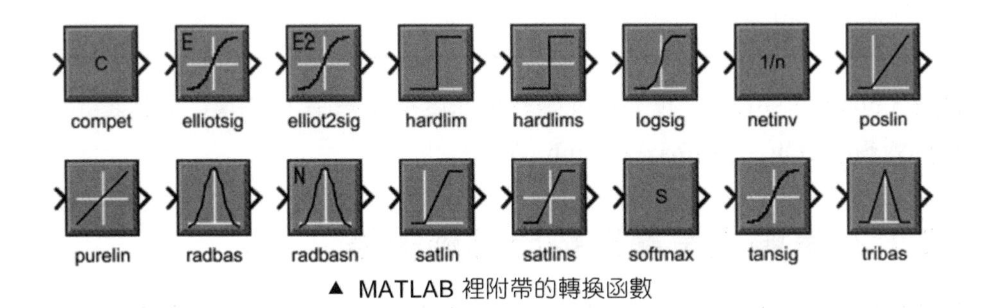

▲ MATLAB 裡附帶的轉換函數

下表中介紹了 3 種最簡單的轉換函數：purelin、hardlim 和 logsig 函數。

purelin 函數

purelin（pure linear）函數，即線性函數，用於解決線性回歸問題。

線性函數是的運算式 $z = x$，其在神經元中的運算式是 $z = wx + b$。「餵」神經元一個 x，它會「吐」出 $wx + b$。

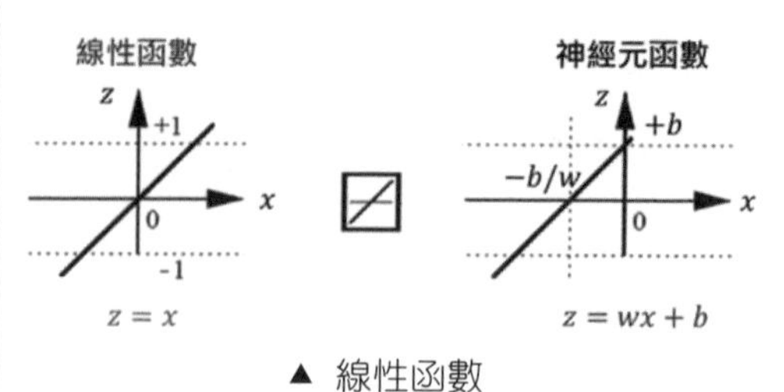

▲ 線性函數

hardlim 函數

hardlim（hard limit）函數，即硬分類函數（符號函數），用於解決線性分類問題。

符號函數的運算式是 $z = \text{sign}(x)$，而其在神經元中的運算式是 $z = \text{sign}(wx + b)$。「餵」神經元一個 x，它計算出 z，如果 z 大於 0，則「吐」出 1，反之「吐」出–1。

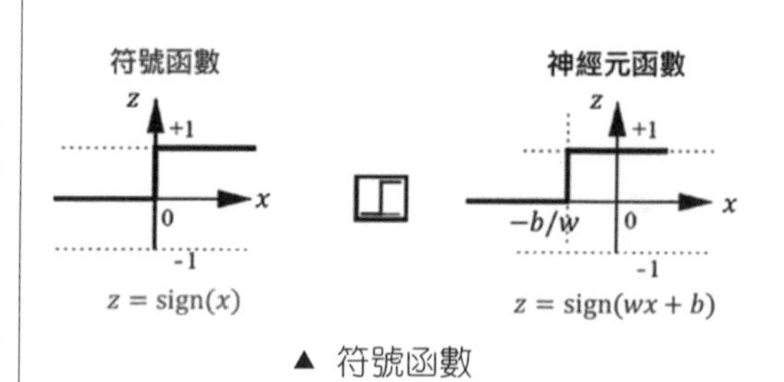

▲ 符號函數

logsig 函數

logsig（logistic sigmoid）函數，即邏輯函數，用於解決分類問題，不過是以機率的方式。

邏輯函數的運算式的形式是 $z = 1/(1 + e^{-x})$，而其在神經元中是 $z = 1/(1 + e^{-(wx+b)})$。「餵」神經元一個 x，它計算出 z，指定一個設定值 c，如果 z 大於 c，則「吐」出 1，反之「吐」出 –1。

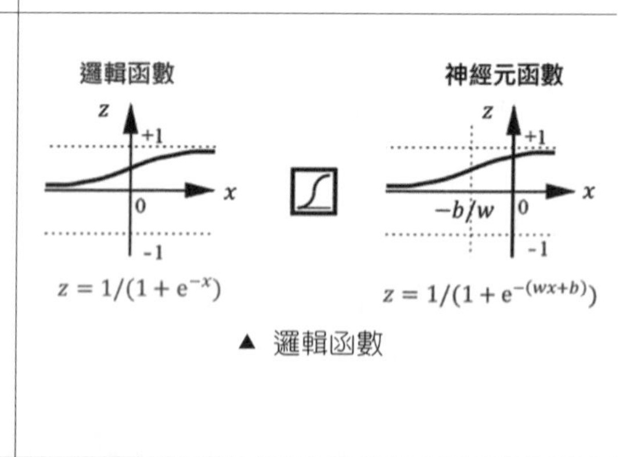

▲ 邏輯函數

此外，poslin、softmax 和 tansig 函數在深度神經網路（DNN）裡處處可見，分別對應著 relu、softmax 和 tanh 函數。

10.1.2 單輸入單層單輸出神經網路

最簡單的神經網路只包含一個輸入 x、一個神經元和一個輸出 y 如下圖所示。

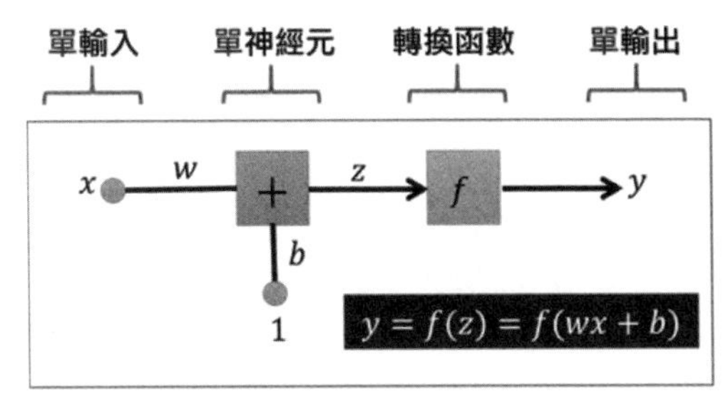

▲ 單輸入單層單輸出神經網路

從 x 產生 y 的過程如左圖所示。

（1）用 x 乘以加權 w 獲得 wx。

（2）用 1 乘以偏差 b 獲得 b。

（3）將 wx 和 b 相加獲得 z：$z = wx + b$。

（4）用轉換函數 f 將 z 轉換成 $y = f(z)$。

10.1.3 多輸入單層單輸出神經網路

下面加一點難度。把一個輸入 x 變為多個輸入 $\{x_1, x_2, \dots, x_R\}$，神經元和輸出 y 還是只有一個。

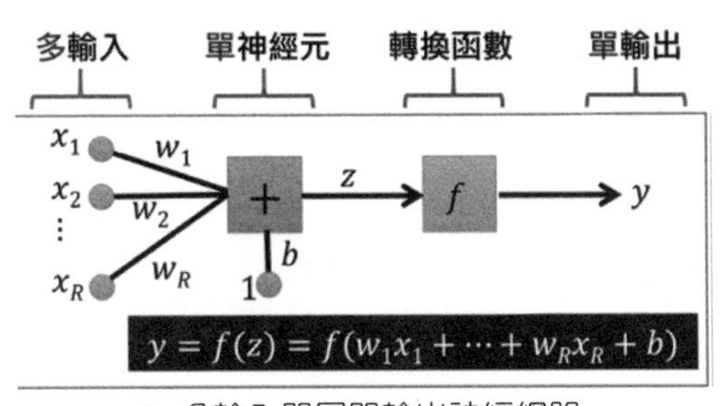

▲ 多輸入單層單輸出神經網路

從 $\{x_1, x_2, \dots, x_R\}$ 產生 y 的過程如左圖所示。

（1）用 x_1 乘以加權 w_1 獲得 w_1x_1。

（2）……

（3）用 x_R 乘以加權 w_R 獲得 w_Rx_R。

（4）將之前所有值累加獲得 $w_1x_1 + \cdots + w_Rx_R$。

(5) 用 1 乘以偏差 b 獲得 b。

(6) 將 $w_1x_1 + \cdots + w_Rx_R$ 和 b 相加獲得 z。

(7) 用轉換函數 f 將 z 轉換成 $y = f(z)$。

筆者每次寫 $w_1x_1 + \cdots + w_Rx_R$ 這個公式時都覺得相當囉唆和難看，下面引用向量來簡化此公式。

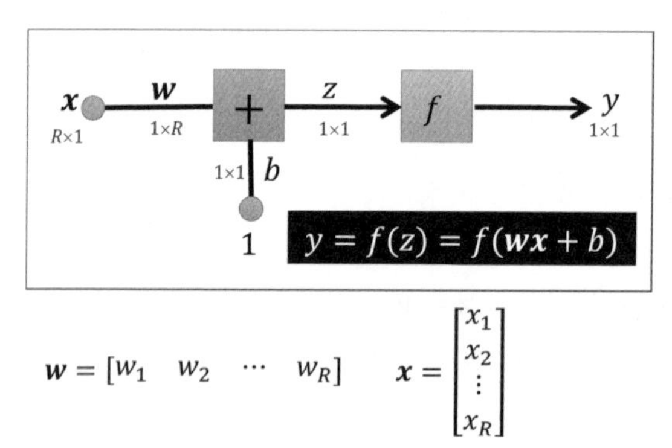

$$\boldsymbol{w} = [w_1 \quad w_2 \quad \cdots \quad w_R] \qquad \boldsymbol{x} = \begin{bmatrix} x_1 \\ x_2 \\ \vdots \\ x_R \end{bmatrix}$$

▲ 多輸入單層單輸出神經網路（矩陣形式）

令 $\boldsymbol{wx} = w_1x_1 + \cdots + w_Rx_R$，其中 $\boldsymbol{w}$ 是行向量，$\boldsymbol{x}$ 是列向量，這樣定義就是為了避免引進轉置符號。

從 $\boldsymbol{x}$ 產生 y 的過程如左圖所示。

(1) 用 $\boldsymbol{x}$ 乘以加權 $\boldsymbol{w}$ 獲得 $\boldsymbol{wx}$。

(2) 用 1 乘以偏差 b 獲得 b。

(3) 將 $\boldsymbol{wx}$ 和 b 相加獲得 z：$z = \boldsymbol{wx} + b$。

(4) 用轉換函數 f 將 z 轉換成 $y = f(z)$。

10.1.4 多輸入單層多輸出神經網路

下面再加一點難度！

- 把一個輸入 x 變成多個輸入 $\{x_1, x_2, \ldots, x_R\}$。
- 把一個神經元變成多個神經元。
- 把一個輸出 y 變成多個輸出 $\{y_1, y_2, \ldots, y_S\}$。

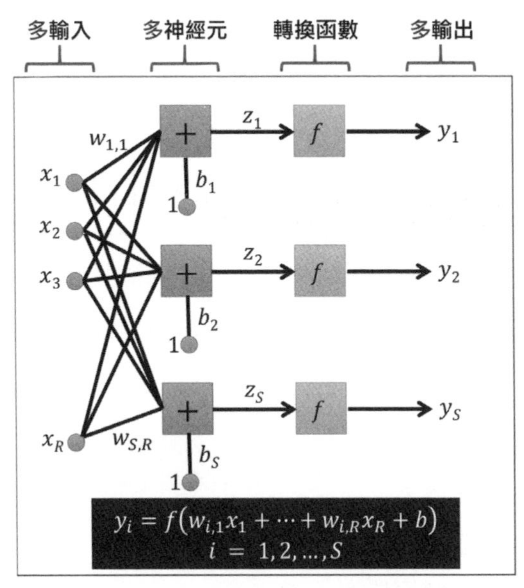

▲ 多輸入單層多輸出神經網路

從 $\{x_1, x_2, \ldots, x_R\}$ 產生 $\{y_1, y_2, \ldots, y_S\}$ 的過程如左圖所示。

(1) 用 x_1 乘以加權 $w_{1,1}$ 獲得 $w_{1,1}x_1$。

(2) ……

(3) 用 x_R 乘以加權 $w_{1,R}$ 獲得 $w_{1,R}x_R$。

(4) 將之前所有值累加獲得 $w_{1,1}x_1 + \cdots + w_{1,R}x_R$。

(5) 用 1 乘以偏差 b_1 獲得 b_1。

(6) 將 $w_{1,1}x_1 + \cdots + w_{1,R}x_R$ 和 b_1 相加獲得 z_1。

(7) 用轉換函數 f 將 z_1 轉換成 $y_1 = f(z_1)$。

(8) ……

(9) 重複 (1) ~ (7) 步獲得 $y_2, \ldots, y_S$。

其中 $w_{i,j}$ 代表 x_j 到第 i 個神經元的加權。而且 x 和 y 的個數可以不相等，即 R 可以不等於 S。

同樣，上面的公式 $w_{i,1}x_1 + \cdots + w_{i,R}x_R$，$i = 1,2, \ldots, S$ 看起來太臃腫，沒有美感，下面引進矩陣來簡化符號。

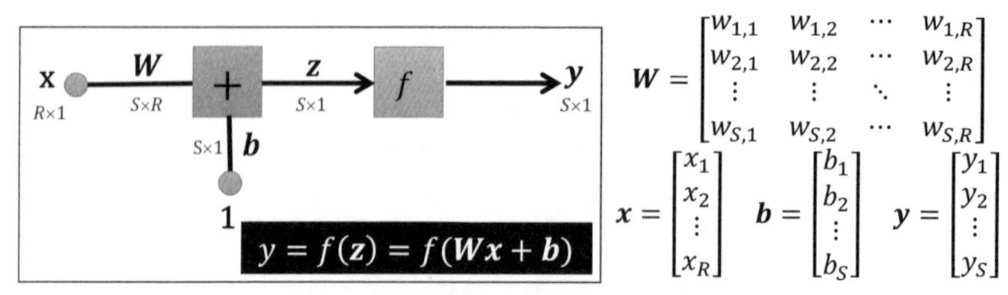

▲ 多輸入單層多輸出神經網路（矩陣形式）

矩陣 $\boldsymbol{W}$ 和列向量 $\boldsymbol{b}$、$\boldsymbol{x}$、$\boldsymbol{y}$ 的運算式如左圖所示，那麼從 $\boldsymbol{x}$ 產生 $\boldsymbol{y}$ 的過程如上圖所示。

（1）用 $\boldsymbol{x}$ 乘以加權 $\boldsymbol{W}$ 獲得 $\boldsymbol{Wx}$。

（2）用 1 乘以偏差 $\boldsymbol{b}$ 獲得 $\boldsymbol{b}$。

（3）將 $\boldsymbol{Wx}$ 和 $\boldsymbol{b}$ 相加獲得$\boldsymbol{z}$：$\boldsymbol{z} = \boldsymbol{Wx} + \boldsymbol{b}$。

（4）用轉換函數 f 將 $\boldsymbol{z}$ 轉換成 $\boldsymbol{y} = f(\boldsymbol{z})$。

10.1.5 多輸入多層多輸出神經網路

最後將難度加到最大，將單層神經網路變為多層神經網路，需要注意以下兩點：

- 每層 L 都有自己的加權矩陣 $\boldsymbol{W}^L$ 和偏差列向量 $\boldsymbol{b}^L$，而且含有的神經元個數可以不同，定義 S_L 為其個數。
- 輸入資料 $\boldsymbol{x}$ 可被認為在第 0 層，因此，將其個數 R 定義成 S_0，即 $R = S_0$。

假設神經網路有 3 層，那麼從 $\{x_1, x_2, \dots, x_{S_0}\}$ 產生 $\{y_1^3, y_2^3, \dots, y_{S_3}^3\}$ 的過程如下圖所示。

（1）用 x_1 乘以加權 $w_{1,1}^1$ 獲得 $w_{1,1}^1 x_1$。

（2）……

（3）用 x_{S_0} 乘以加權 w_{1,S_0}^1 獲得 $w_{1,S_0}^1 x_{S_0}$。

（4）將之前所有值累加獲得 $w_{1,1}^1 x_1 + \cdots + w_{1,S_0}^1 x_{S_0}$。

（5）用 1 乘以偏差 b_1^1 獲得 b_1^1。

（6）將 $w_{1,1}^1 x_1 + \cdots + w_{1,S_0}^1 x_{S_0}$ 和 b_1^1 相加獲得 z_1^1。

（7）用轉換函數 f 將 z_1^1 轉換成 $y_1^1 = f(z_1^1)$。

（8）重複（1）～（7）步獲得 $y_1^1, y_2^1, \dots, y_{S_1}^1$。

（9）重複（1）～（8）步獲得 $y_1^2, y_2^2, \dots, y_{S_2}^2$。

（10）再重複（1）～（8）步獲得 $y_1^3, y_2^3, \dots, y_{S_3}^3$。

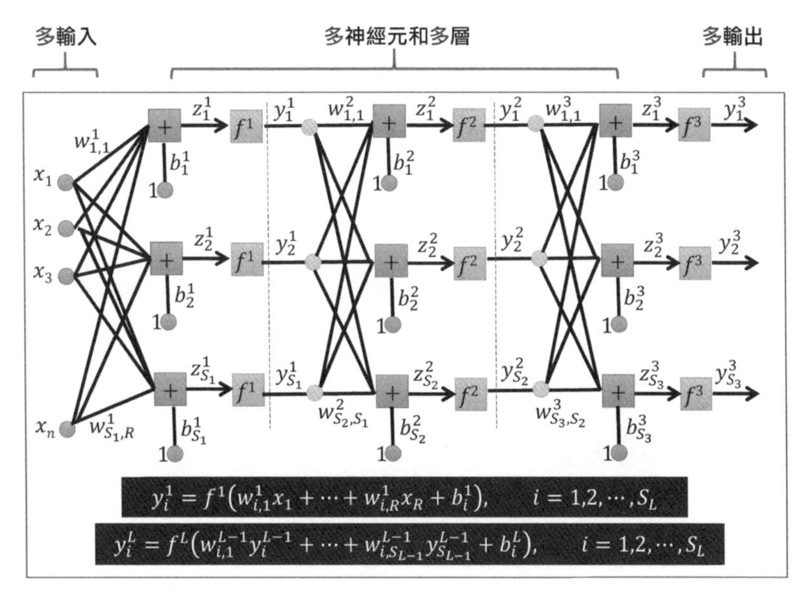

▲ 多輸入多層多輸出神經網路

其中，$w_{i,j}^L$ 代表第 $L-1$ 層的第 j 個神經元到第 L 層的第 i 個神經元的加權。

之前的運算式不用矩陣來簡化還能讓人忍受，現在這種多層神經網路的運算式如果不用矩陣形式來簡化則會讓人非常痛苦。

$$\boldsymbol{y}^3 = f^3(\boldsymbol{W}^3 f^2(\boldsymbol{W}^2 f^1(\boldsymbol{W}^1\boldsymbol{x} + \boldsymbol{b}) + \boldsymbol{b}) + \boldsymbol{b})$$

$$\boldsymbol{W}^L = \begin{bmatrix} w_{1,1}^L & w_{1,2}^L & \cdots & w_{1,S_{L-1}}^L \\ w_{2,1}^L & w_{2,2}^L & \cdots & w_{2,S_{L-1}}^L \\ \vdots & \vdots & \ddots & \vdots \\ w_{S_L,1}^L & w_{S_L,S_{L-1}}^L & \cdots & w_{S_L,S_{L-1}}^L \end{bmatrix} \quad \boldsymbol{x} = \begin{bmatrix} x_1 \\ x_2 \\ \vdots \\ x_R \end{bmatrix} \quad \boldsymbol{b}^L = \begin{bmatrix} b_1^L \\ b_2^L \\ \vdots \\ b_{S_L}^L \end{bmatrix} \quad \boldsymbol{y}^L = \begin{bmatrix} y_1^L \\ y_2^L \\ \vdots \\ y_{S_L}^L \end{bmatrix}$$

▲ 多輸入多層多輸出神經網路（矩陣形式）

在第 L 層，定義矩陣 $\boldsymbol{W}^L$ 和列向量 $\boldsymbol{b}^L$、$\boldsymbol{x}$、$\boldsymbol{y}^L$的運算式如上圖所示，那麼從 $\boldsymbol{x}$ 產生 $\boldsymbol{y}^3$ 的過程亦如上圖所示。

（1）用 $\boldsymbol{x}$ 乘以加權 $\boldsymbol{W}^1$ 獲得 $\boldsymbol{W}^1\boldsymbol{x}$。

（2）用 1 乘以偏差 $\boldsymbol{b}^1$ 獲得 $\boldsymbol{b}^1$。

（3）將 $\boldsymbol{W}^1\boldsymbol{x}$ 和 $\boldsymbol{b}^1$ 相加獲得 $\boldsymbol{z}^1$：$\boldsymbol{z}^1 = \boldsymbol{W}^1\boldsymbol{x} + \boldsymbol{b}^1$。

（4）用轉換函數 f 將 $\boldsymbol{z}^1$ 轉換成 $\boldsymbol{y}^1 = f(\boldsymbol{z}^1)$。

（5）重複（1）~（4）步獲得 $\boldsymbol{y}^2 = f(\boldsymbol{z}^2) = f(\boldsymbol{W}^2\boldsymbol{y}^1 + \boldsymbol{b}^2)$。

（6）再重複（1）~（4）步獲得 $\boldsymbol{y}^3 = f(\boldsymbol{z}^3) = f(\boldsymbol{W}^3\boldsymbol{y}^2 + \boldsymbol{b}^3)$。

每層的所有神經元都連接下一層的所有神經元，這種神經網路被稱為全連接前饋（Fully Connected Feedforward）神經網路。

10.2 模型應用

10.2.1 建立神經網路模型

如何在 MATLAB 中產生一個全連接前饋神經網路呢？使用下面這行程式即可實現。

產生預設的全連接前饋神經網路

```
1    net = feedforwardnet
```

`feedforwardnet` 函數中沒有傳入任何參數，MATLAB 會產生一個預設的全連接前饋神經網路，它只有 1 層隱藏層（10 個神經元）。此行程式會產出類型為 `Network` 的變數 `net`，並列印其名稱、維度、連接、函數等資訊，如下所示。

<table>
<tr><th>程式碼</th><th>解　釋</th></tr>
<tr><td>

```
1  net =
2     Neural Network
3       name: 'Feed-Forward Neural Network'
4       userdata:(your custom info)
5
6     dimensions:
7       numInputs: 1
8       numLayers: 2
9       numOutputs: 1
10      numInputDelays: 0
11      numLayerDelays: 0
12      numFeedbackDelays: 0
13      numWeightElements: 10
14      sampleTime: 1
15
16    connections:
17
18      biasConnect: [1; 1]
19      inputConnect: [1; 0]
20      layerConnect: [0 0; 1 0]
21      outputConnect: [0 1]
```

</td><td>
在 dimensions 一欄包含如下重要資訊：
• 1 個輸入（numInputs: 1）
• 2 層，1 個隱藏層和 1 個輸出層（numLayers: 2）
• 1 個輸出（numOutputs: 1）
• 10 個加權和偏差（numWeightElements: 10）
讀懂 connections 就知道神經網路是如何連在一起的：
• 基本規則：1 代表連接，0 代表沒連接
• biasConnect: [1; 1] 是列向量，第 i 行元素代表偏差是否連接第 i 層。偏差 b 連接第 1 層和第 2 層
• inputConnect: [1; 0] 是列向量，第 i 行元素代表 Input 是否連接第 i 層。Input 只連接第 1 層
• outputConnect: [0 1] 是行向量，第 i 列元素代表 Output 是否連接第 i 層。Output 只連接第 2 層
• layerConnect: [0 0; 1 0] 是矩陣，每行代表截止層（第 2 層），每列代表起始層（第 1 層）。只有第 1 層連著第 2 層，因此，矩陣的第 1 列的第 2 行為 1，其餘為 0
</td></tr>
</table>

有的讀者會問：只可能是第 1 層連著第 2 層嗎？在神經網路中有可能是自己層連著自己層（情況一），或第 2 層連著第 1 層（情況二）的情況嗎？答案是有可能，循環神經網路（Recurrent Neural Network，RNN）就是情況一，雙向循環神經網路（Bidirectional Recurrent Neural Network，BRNN）就是情況二，但這些神經網路的知識超出本書討論的範圍。

如果覺得上面的解釋不直觀，那麼在 MATLAB 中還可以使用視覺化網路這個功能，還是使用以下一行程式即可實現。

視覺化全連接前饋神經網路

```
1  view(net)
```

視覺化後的圖片如下圖所示（建議一邊看圖，一邊了解上面講的神經網路維度和層與層之間的連接）。

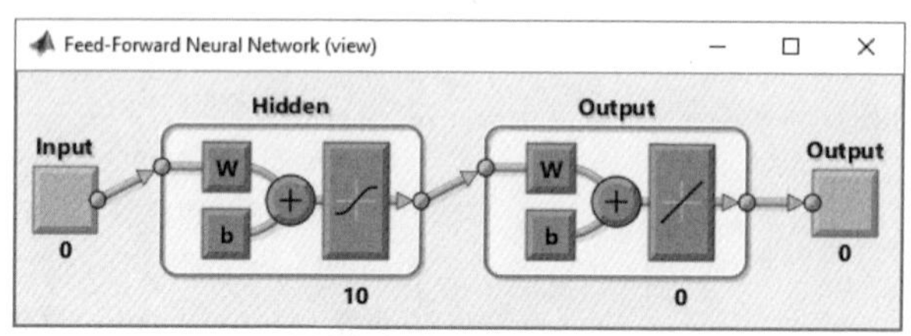

▲ 單層神經網路的視覺化

有讀者一定會想，誰會用只有一層隱藏層的神經網路？不要小看 MATLAB，再試試下面這一行程式。

產生預設的全連接前饋神經網路

```
1   net = feedforwardnet( [5 6 7] )
```

給 `feedforwardnet` 函數傳入 [5 6 7]，指明這個 `net` 有 3 層隱藏層，每層含有的神經元分別是 5 個、6 個和 7 個。經過上面的解釋，相信讀者可以讀懂下表所示的資訊，而且根據其視覺化圖也知道這個 3 層隱藏層的神經網路是如何連接的。

<table>
<tr><th>程式碼</th><th>解　釋</th></tr>
<tr><td>

```
1  net =
2   Neural Network
3     name: 'Feed-Forward Neural Network'
4     userdata:(your custom info)
5
6   dimensions:
7     numInputs: 1
8     numLayers: 4
9     numOutputs: 1
10    numInputDelays: 0
11    numLayerDelays: 0
12    numFeedbackDelays: 0
13    numWeightElements: 90
```

</td><td>
在 dimensions 一欄與上面預設網路不同的資訊是：

- 4 層：3 個隱藏層和 1 個輸出層（numLayers: 4）
- 90 個加權和偏差（numWeightElements: 90）

$$90 = \overbrace{5 \times 6 + 6 \times 7}^{\text{權重總數}} + \overbrace{5 + 6 + 7}^{\text{偏差總數}}$$

在 connections 一欄中：

- biasConnect:[1; 1; 1; 1]：偏差 b 連接全部 4 層
- inputConnect:[1; 0; 0; 0]：Input 只連接第 1 層
</td></tr>
</table>

14　　sampleTime: 1 15 16　　connections: 17 18　　biasConnect: [1; 1; 1; 1] 19　　inputConnect: [1; 0; 0; 0] 20　　layerConnect: [4x4 boolean] 21　　outputConnect: [0 0 0 1]	• outputConnect:[0 0 0 1]：Output 只連接最後一層 • layerConnect:[4x4 boolean]：開啟該矩陣獲得 0 0 0 0 1 0 0 0 0 1 0 0 0 0 1 0 根據行代表截止層，列代表起始層，從上面的矩陣中可看出第 1 層連著第 2 層，第 2 層連著第 3 層，第 3 層連著第 4 層

這個 3 層隱藏層的神經網路的視覺化圖如下圖所示。

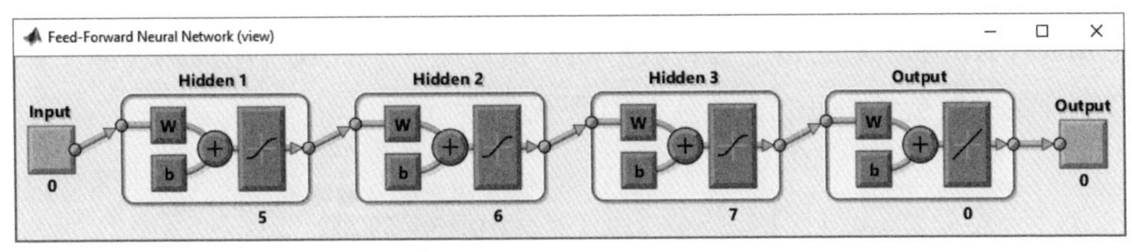

▲ 三層隱藏層的神經網路的視覺化圖

10.2.2 節和 10.2.3 節用 MATLAB 裡的神經網路函數來解決兩個實際問題：房價擬合和癌症識別。解決這些問題的工作流程都有以下 7 個主要步驟。

(1) 收集資料。
(2) 建立神經網路模型。
(3) 設定神經網路模型。
(4) 初始化加權和偏差。
(5) 訓練神經網路模型。
(6) 驗證神經網路模型。
(7) 使用神經網路模型。

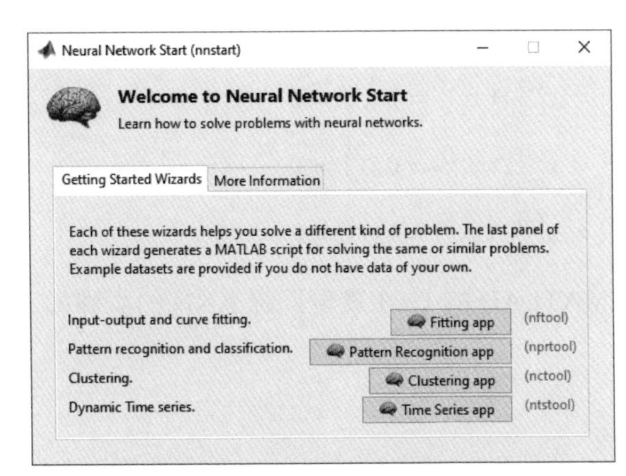

▲ MATLAB 裡神經網路的 GUI 主介面

步驟（2）~（7）可以自己撰寫程式來實現。更方便的方法是透過 MATLAB 裡的圖形化使用者介面（Graphical User Interface，GUI），在命令列裡輸入 nnstart，出現如上圖所示的介面後，一步步按照提示操作，就可實現神經網路了。

10.2.2 回歸應用

神經網路可以解決回歸問題。以 AND 函數為例，在 MATLAB 中規定了輸入 $\boldsymbol{X}$ 和輸出 $\boldsymbol{y}$ 要寫成以下陣列格式。

$$\boldsymbol{X} = [0\ 1\ 0\ 1; 0\ 0\ 1\ 1]$$

$$\boldsymbol{y} = [0\ 0\ 0\ 1]$$

在 MATLAB 中，$\boldsymbol{X}$ 的每一行代表一組特徵，每一列代表一組資料（與 1.3.1 節中介紹的符號慣例正好相反），如下圖所示。

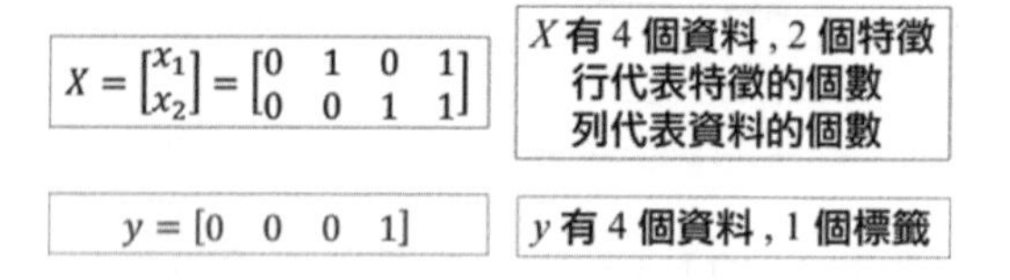

0 代表 false，1 代表 true，$y = x_1 \cap x_2$，實際來說：

$$y^{(1)} = x_1^{(1)} \cap x_2^{(1)} = 0 \cap 0 = 0$$

$$y^{(2)} = x_1^{(2)} \cap x_2^{(2)} = 1 \cap 0 = 0$$

$$y^{(3)} = x_1^{(3)} \cap x_2^{(3)} = 0 \cap 1 = 0$$

$$y^{(4)} = x_1^{(4)} \cap x_2^{(4)} = 1 \cap 1 = 1$$

用 MATLAB 的 GUI 實現回歸 ANN 的步驟如下。

操　作	圖　示
步驟 1：點擊右圖中的 **"Fitting app"** 按鈕（相等於在指令視窗中執行 nftool 函數）。	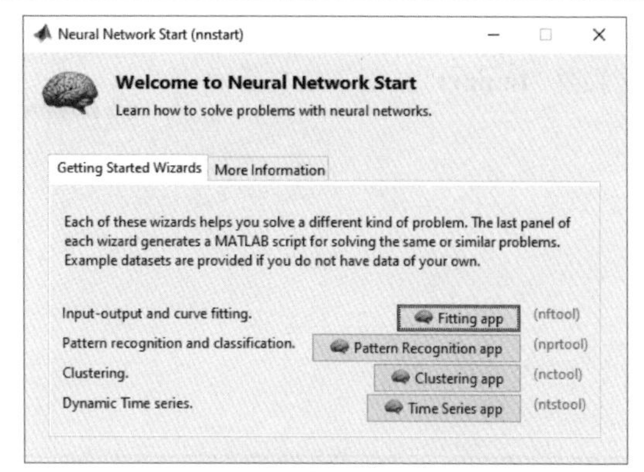 ▲ 介面 1
步驟 2：然後會出現關於回歸 ANN 的介紹視窗，先選擇資料，再點擊 **"Next"** 按鈕，如右圖所示。	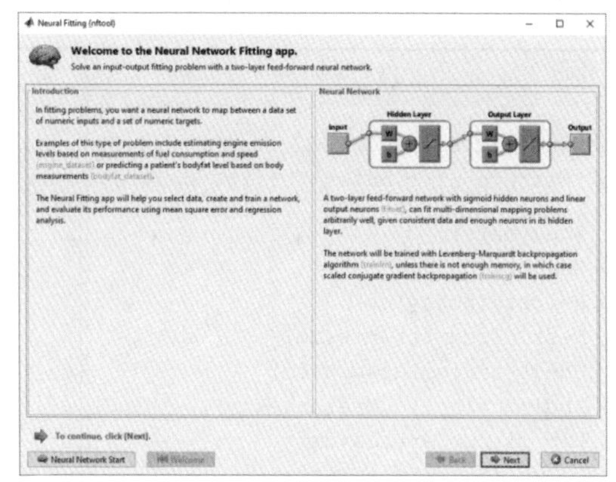 ▲ 介面 2
步驟 3：點擊 **"Load Example Data Set"** 按鈕，選擇 MATLAB 裡面附帶的供使用者訓練的資料，如右圖所示。	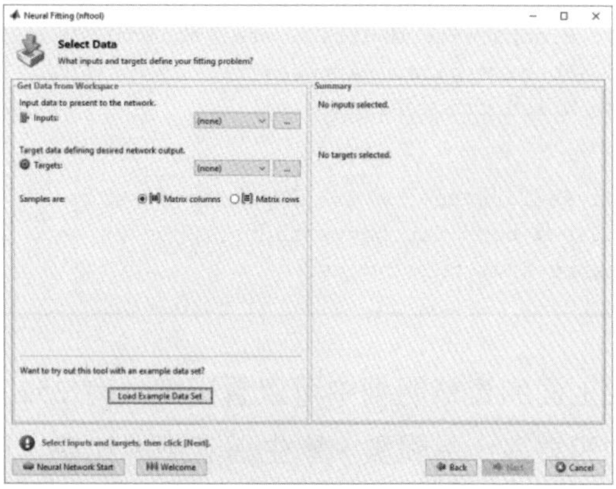 ▲ 介面 3

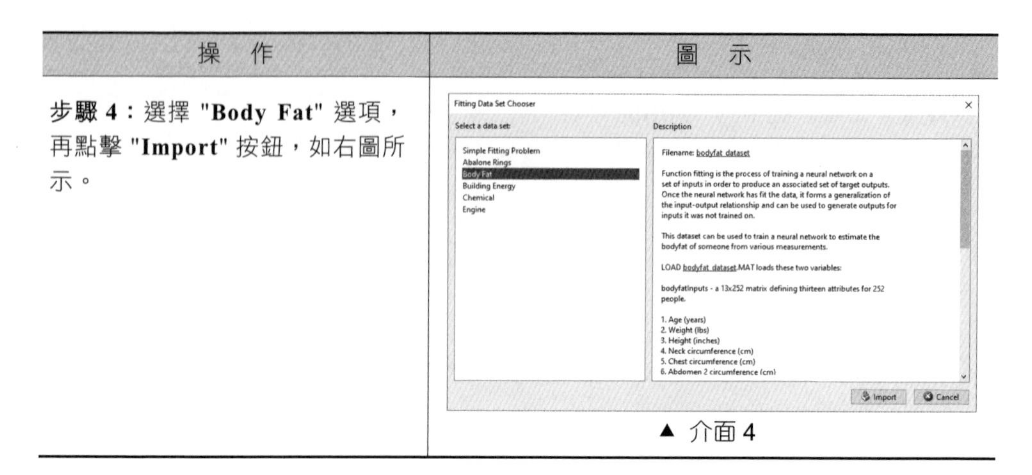

操　作	圖　示
步驟 4：選擇 **"Body Fat"** 選項，再點擊 **"Import"** 按鈕，如右圖所示。	▲ 介面 4

Body Fat 的資料明細和相對應的在 MATLAB 中產生的矩陣如下圖所示。

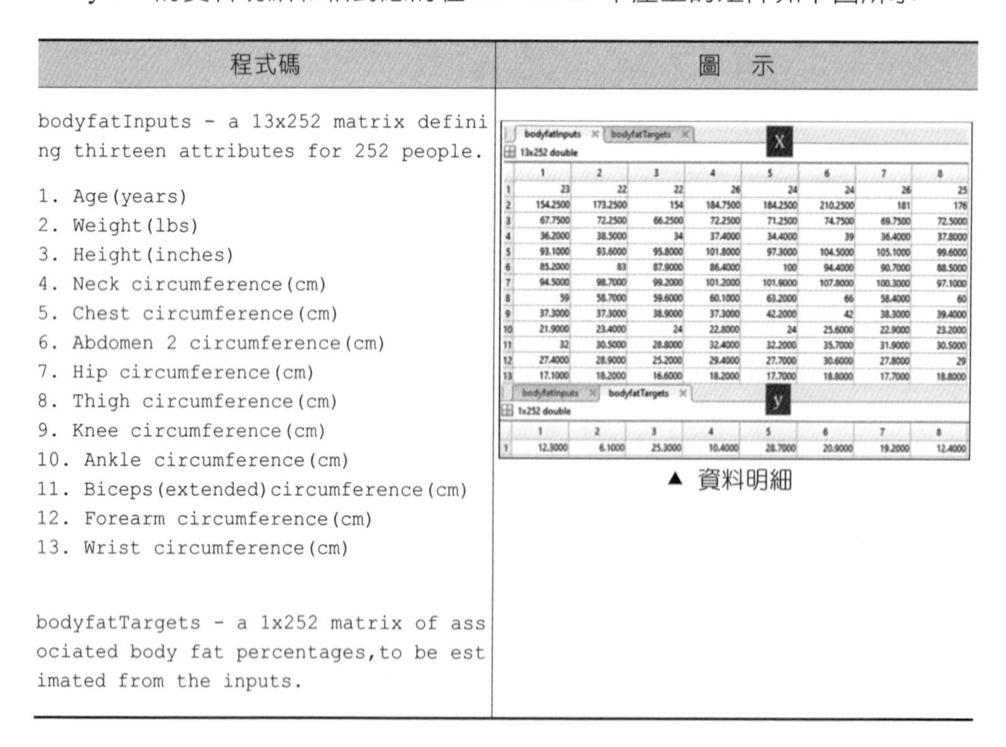

程式碼	圖　示
bodyfatInputs - a 13x252 matrix defining thirteen attributes for 252 people. 1. Age(years) 2. Weight(lbs) 3. Height(inches) 4. Neck circumference(cm) 5. Chest circumference(cm) 6. Abdomen 2 circumference(cm) 7. Hip circumference(cm) 8. Thigh circumference(cm) 9. Knee circumference(cm) 10. Ankle circumference(cm) 11. Biceps(extended)circumference(cm) 12. Forearm circumference(cm) 13. Wrist circumference(cm) bodyfatTargets - a 1x252 matrix of associated body fat percentages,to be estimated from the inputs.	▲ 資料明細

bodyfatInputs　bodyfatTargets　X

13x252 double

	1	2	3	4	5	6	7	8
1	23	22	22	26	24	24	26	25
2	154.2500	173.2500	154	184.7500	184.2500	210.2500	181	176
3	67.7500	72.2500	66.2500	72.2500	71.2500	74.7500	69.7500	72.5000
4	36.2000	38.5000	34	37.4000	34.4000	39	36.4000	37.8000
5	93.1000	93.6000	95.8000	101.8000	97.3000	104.5000	105.1000	99.6000
6	85.2000	83	87.9000	86.4000	100	94.4000	90.7000	88.5000
7	94.5000	98.7000	99.2000	101.2000	101.9000	107.8000	100.3000	97.1000
8	59	58.7000	59.6000	60.1000	63.2000	66	58.4000	60
9	37.3000	37.3000	38.9000	37.3000	42.2000	42	38.3000	39.4000
10	21.9000	23.4000	24	22.8000	24	25.6000	22.9000	23.2000
11	32	30.5000	28.8000	32.4000	32.2000	35.7000	31.9000	30.5000
12	27.4000	28.9000	25.2000	29.4000	27.7000	30.6000	27.8000	29
13	17.1000	18.2000	16.6000	18.2000	17.7000	18.8000	17.7000	18.8000

bodyfatInputs　bodyfatTargets　y

1x252 double

	1	2	3	4	5	6	7	8
1	12.3000	6.1000	25.3000	10.4000	28.7000	20.9000	19.2000	12.4000

從上面的資料明細中可以看出總共有 252 個資料，其中 ***X*** 有 13 列，包含人均犯罪率、房間數、學生與老師的比率、房地產稅等，而 ***y*** 記錄著房價中位數。下面接著上面的步驟操作，如下表所示。

續表

<table>
<tr><th>步　驟</th><th>圖　示</th></tr>
<tr><td>步驟 5：用 70%：15%：15% 的比例來劃分訓練集、驗證集和測試集，再點擊 "Next" 按鈕，如右圖所示。</td><td>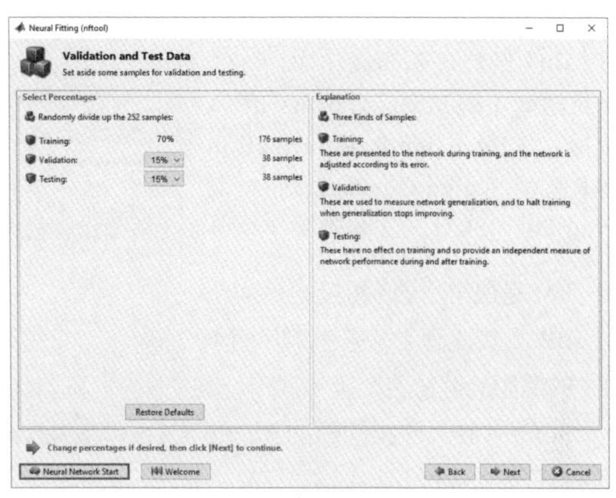

▲ 介面 5</td></tr>
<tr><td>步驟 6：預設的回歸神經網路有兩層，一層為含有 10 個神經元的隱藏層，一層為輸出層。隱藏層轉換函數為 sigmoid 函數，而輸出層轉換函數為 linear 函數，原因是要輸出一個實數值。再點擊 "Next" 按鈕，如右圖所示。</td><td>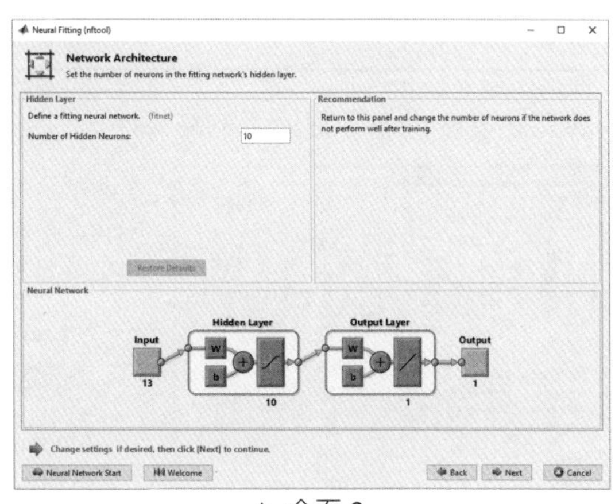

▲ 介面 6</td></tr>
</table>

步　驟	圖　示
步驟 7：選擇訓練演算法 Levenberg-Marquardt，再點擊 **"Train"** 按鈕，如右圖所示。 演算法有 LevenbergMarquardt（LM），Bayesian Regularization（BR）和 Scaled Conjugate Gradient（SCG）三個選項： • LM 是最常用的（預設的）選項。 • BR 對於處理那些帶有雜訊資料的問題的解法更準確。 • SCG 對於大數據問題的解法更為高效。 這些演算法的終止條件是：當驗證誤差連續在 6 次反覆運算中沒有減小時。	▲ 介面 7

訓練完之後獲得如下圖所示的結果。

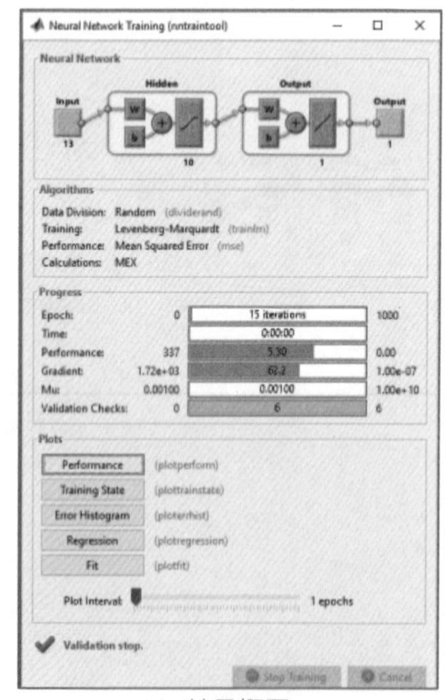

▲ 結果概要

左圖所示的是訓練完的結果概要，整個介面分為 Neural Network、Algorithms、Progress 和 Plots 四小區塊。

- Neural Network 部分顯示了解決該問題的神經網路圖。
- Algorithms 部分顯示了隨機劃分資料方法、LM 演算法和 MSE 效能評估。
- Progress 部分展示了演算法只用了 15 次反覆運算（總共 1000 次）就終止了，用時幾乎為零，MSE 為 337，梯度為 62.2（比較大，可能不是最佳解）等。
- Plots 部分中有 5 種繪圖種類可供顯示。

續表

步　驟	圖　示
步驟 8：在上圖的 Plots 部分中分別點擊 5 個按鈕獲得以下 5 幅圖，它們分別是效能圖、訓練狀態圖、誤差柱狀圖、回歸圖和擬合圖。 **Performance（效能圖）** 效能圖（見右圖）可以顯示出訓練集、驗證集和測試集的 MSE 隨著反覆運算次數的走勢。 • 訓練集 MSE 單調遞減，而驗證集和測試集 MSE 先減後增。 • 最小的驗證集 MSE 發生在第 9 次反覆運算（圓圈），而且在此之前沒有過擬合現象，即沒有出現訓練集 MSE 遞減但驗證集 MSE 遞增的現象。	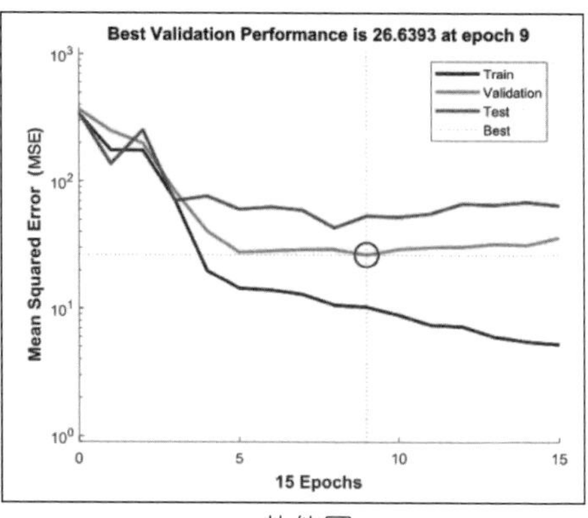 ▲ 效能圖 （訓練集、驗證集和測試集的 MSE）
Training State（訓練狀態圖） 訓練狀態圖（見右圖）顯示了梯度、Mu 和驗證檢查的 3 幅圖。 • 梯度大致是逐漸減小的。 • Mu 是 LM 演算法裡面的參數，基本上隨著反覆運算次數穩定變化。 • 驗證檢查就是找到一個時點，在它之後 6 個時點對應的 MSE 都沒有減小。在時點 9~15，驗證集 MSE 單調增大，因此演算法停止，最小的驗證集 MSE 發生在第 9 次反覆運算中。	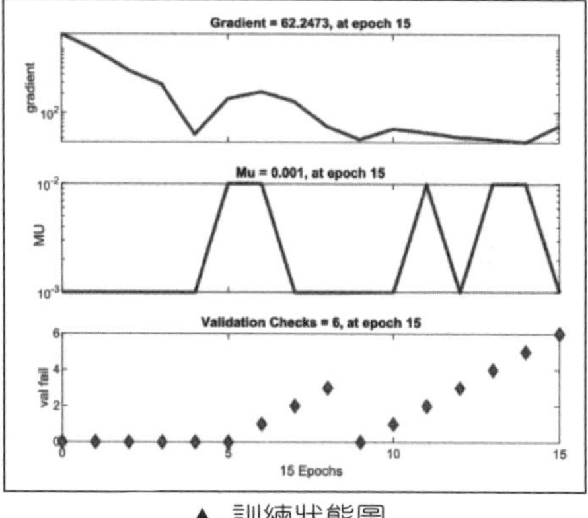 ▲ 訓練狀態圖 （梯度、演算法參數、提前停止）

步　驟	圖　示
Error Histogram（誤差柱狀圖） 誤差柱狀圖（見右圖）顯示的是訓練集、驗證集和測試集的誤差分佈圖。 其中黃線表示零誤差，可以發現絕大部分誤差都為 –7~10，但有不少誤差超過 11，這些可能是異數。 • 如果它們是真實的資料，則可能需要收集更多的資料來重新訓練神經網路模型。 • 如果它們是錯誤資料，則必須要刪除它們，再來重新訓練神經網路模型。	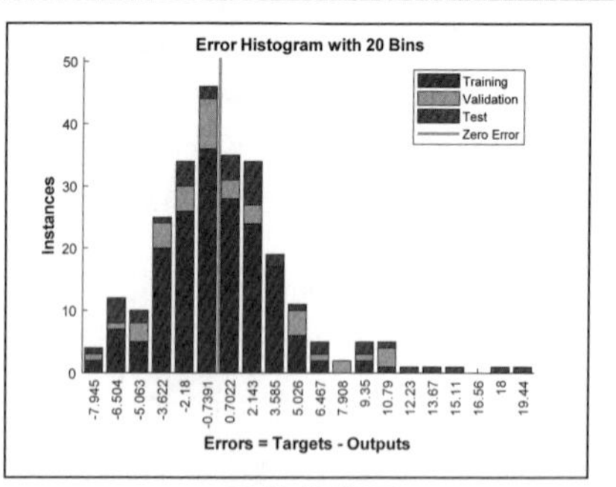 ▲ 誤差柱狀圖 （訓練集、驗證集和測試集的誤差分佈）
Regression（回歸圖） 對於完美的回歸圖（見右圖），擬合出來的直線斜率是 45°，而 R 值是 1。由上圖可知，訓練集的 R 值為 0.92，測試集的 R 值為 0.70，回歸結果不好，明顯過擬合，因此可以嘗試： • 換加權和偏差的初值。 • 增加資料個數。 • 換一種訓練方法。	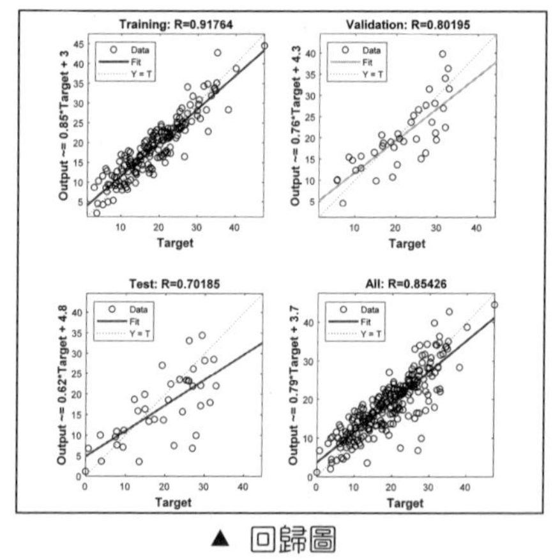 ▲ 回歸圖 （訓練集、驗證集和測試集的誤差的值）
Fit（擬合圖） 擬合圖是在 X-Y 空間（2 維）畫出來的，因此只對 1 維資料 X 適用。本例的 X 有 13 個維度，因此根本不可能在平面圖中畫出（見右圖）。	The input data has more than one element. This function can only plot single input problems. ▲ 擬合圖 （沒有列印出來，該圖只適用於 1 維資料 X）

執行上面的 GUI，獲得的結果通常有 3 種情況：

（1）如果訓練結果不好，則證明神經網路欠擬合，可以增加隱藏層的層數或神經元個數，再次訓練。

（2）如果訓練結果好但測試結果不好，則證明神經網路過擬合，可以減少隱藏層層數或隱藏層神經元個數，再次訓練。

(3) 如果訓練和測試結果都很好，那麼大功告成。

這個 GUI 更強大的功能是它可以自動幫使用者產生所有程式、應用程式和繪圖。點擊右圖中的 **"Simple Script"** 或 " **Advanced Script"** 按鈕可以使用程式重現之前所有步驟的操作（見下圖）。

GUI 的好處是讓使用者有更多的自由度來修改每個步驟設定的一些參數，例如訓練集、驗證集和測試集的劃分比例，例如根據使用者的需求列印出對應的圖等。

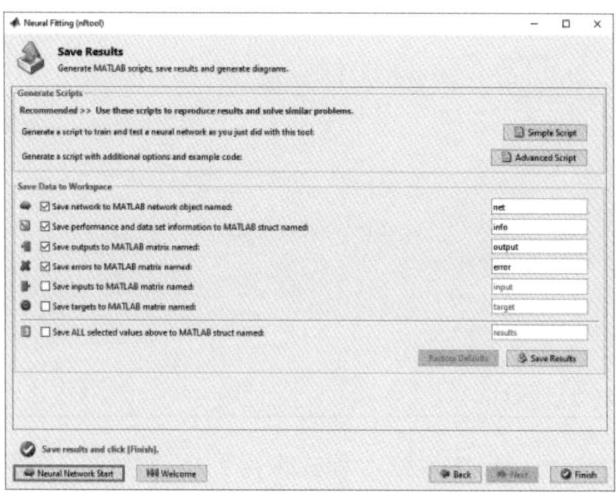

▲ GUI

點擊 "Simple Script" 選項之後自動產生的程式

```
1   load bodyfat_dataset
2   x = bodyfatInputs;
3   t = bodyfatTargets;
4
5   % Choose a Training Function
6   % For a list of all training functions type: help nntrain
7   % 'trainlm' is usually fastest.
8   % 'trainbr' takes longer but may be better for challenging problems.
9   % 'trainscg' uses less memory. Suitable in low memory situations.
10  trainFcn = 'trainlm';  % Levenberg-Marquardt backpropagation.
11
12  % Create a Fitting Network
13  hiddenLayerSize = 10;
14  net = fitnet(hiddenLayerSize,trainFcn);
```

```
15
16  % Setup Division of Data for Training, Validation, Testing
17  net.divideParam.trainRatio = 70/100;
18  net.divideParam.valRatio = 15/100;
19  net.divideParam.testRatio = 15/100;
20
21  % Train the Network
22  [net,tr] = train(net,x,t);
23
24  % Test the Network
25  y = net(x);
26  e = gsubtract(t,y);
27  performance = perform(net,t,y)
28
29  % View the Network
30  view(net)
31
32  % Plots
33  % Uncomment these lines to enable various plots.
34  %figure, plotperform(tr)
35  %figure, plottrainstate(tr)
36  %figure, ploterrhist(e)
37  %figure, plotregression(t,y)
38  %figure, plotfit(net,x,t)
```

有了程式，現在你可以自由地修改程式來得到自己想要的結果（其中改動的地方用反白標示）。

修改 1：可以選擇其他資料集。如果不知道 MATLAB 中附帶了哪些資料，那麼在指令視窗裡輸入 `help nndatasets` 便一目了然，實際如下所示。

```
>> help nndatasets
  Neural Network Datasets
  -----------------------

simplefit_dataset      - Simple fitting dataset.
abalone_dataset        - Abalone shell rings dataset.
bodyfat_dataset        - Body fat percentage dataset.
building_dataset       - Building energy dataset.
chemical_dataset       - Chemical sensor dataset.
cho_dataset            - Cholesterol dataset.
engine_dataset         - Engine behavior dataset.
vinyl_dataset          - Vinyl bromide dataset.
```

修改資料之後的程式

```
1  load cheminal dataset
2  x = chemialInputs;
3  t = chemicalTargets;
```

修改 2：假如訓練結果不佳，那麼你可以將 LM 演算法改成 BR 或 SCG 演算法。如果你不知道 MATLAB 中附帶哪些演算法，在指令視窗裡輸入 `help nntrain` 便一目了然，如下所示。

```
>> help nntrain
  Neural Network Toolbox Training Functions.

net.trainFcn = 'trainscg';

    trainlm   - Levenberg-Marquardt backpropagation.
    trainbr   - Bayesian Regulation backpropagation.
    trainbfg  - BFGS quasi-Newton backpropagation.
    traincgb  - Conjugate gradient backpropagation with Powell-Beale restarts.
    traincgf  - Conjugate gradient backpropagation with Fletcher-Reeves updates.
    traincgp  - Conjugate gradient backpropagation with Polak-Ribiere updates.
    traingd   - Gradient descent backpropagation.
    traingda  - Gradient descent with adaptive lr backpropagation.
    traingdm  - Gradient descent with momentum.
    traingdx  - Gradient descent w/momentum & adaptive lr backpropagation.
    trainoss  - One step secant backpropagation.
    trainrp   - RPROP backpropagation.
    trainscg  - Scaled conjugate gradient backpropagation.
```

修改訓練函數之後的程式

```
7   % 'trainlm' is usually fastest.
8   % 'trainbr' takes longer but may be better for challenging problems.
9   % 'trainscg' uses less memory. Suitable in low memory situations.
10  trainFcn = 'trainbr';  % Bayesian Regulation backpropagation.
```

修改 3：當然也可以改變隱藏層的神經元的個數，還可以增加隱藏層的層數。其奧妙在於怎麼用 `fitnet` 函數。

```
>> help fitnet
 fitnet Function fitting neural network.

   For an introduction use the Neural Fitting App nftool.
   Click here to launch it.

   Two(or more)layer fitting networks can fit any finite input-output
   relationship arbitrarily well given enough hidden neurons.

   fitnet(hiddenSizes,trainFcn)takes a row vector of N hidden layer
   sizes, and a backpropagation training function, and returns
   a feed-forward neural network with N+1 layers.
```

當該函數的第一個參數是一個純量，例如 10，代表只有 1 層隱藏層，而且含 10 個神經元；如果需要 3 層隱藏層，則每層含有神經元的數量分別是 6 個、8 個和 5 個，修改之後的程式如下所示：

修改神經網路的層數或神經元個數之後的程式

```
12  % Create a Fitting Network
13  hiddenLayerSize = [6 8 5];
14  net = fitnet(hiddenLayerSize,trainFcn);
```

修改 4：假如資料足夠多，那麼你可以另設一套比例來劃分訓練集、驗證集和測試集（減小訓練集的百分比，增大驗證集和測試集的百分比），例如 50%：30%：20%，修改之後的程式如下所示。

修改資料劃分比例之後的程式

```
16  % Setup Division of Data for Training, Validation, Testing
17  net.divideParam.trainRatio = 50/100;
18  net.divideParam.valRatio = 30/100;
19  net.divideParam.testRatio = 20/100;
```

此外，訓練和測試的程式是標準化的，因此第 21~29 行程式不需要任何修改。

第 30 程式中的 `view(net)` 用來視覺化神經網路，如下圖所示。

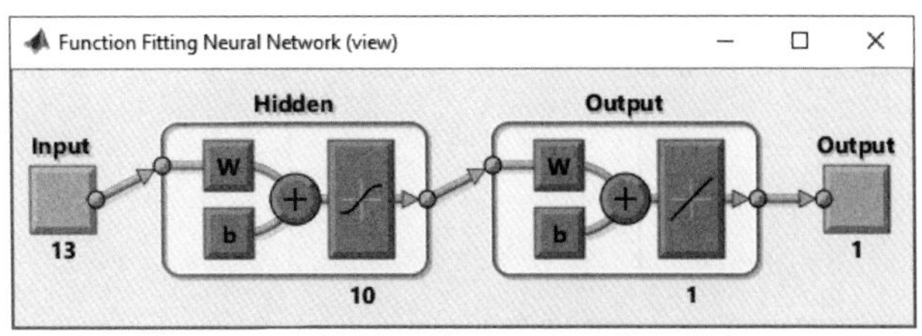

▲ 解決回歸問題的神經網路的視覺化

第 34~38 程式輸出效能圖、訓練狀態圖、誤差柱狀圖、回歸圖和擬合圖，去掉每行前面的 "%" 即可。

修改繪圖的程式

```
32 % Plots
33 % Uncomment these lines to enable various plots.
34 %figure, plotperform(tr)
35 %figure, plottrainstate(tr)
36 %figure, ploterrhist(e)
37 %figure, plotregression(t,y)
38 %figure, plotfit(net,x,t)
```

10.2.3 分類應用

神經網路可以解決分類問題。以 Exclusive-OR 函數為例，在 MATLAB 中，規定輸入 $\boldsymbol{X}$ 和輸出 $\boldsymbol{y}$ 要寫成以下陣列（array）格式。

$$\boldsymbol{X} = [0\ 1\ 0\ 1; 0\ 0\ 1\ 1]$$
$$\boldsymbol{y} = [0\ 1\ 0\ 1; 1\ 0\ 1\ 0]$$

$\boldsymbol{X}$ 很好了解，$\boldsymbol{y}$ 是分類型變數，怎麼有兩行呢？原因是 MATLAB 不用 1、2、3 純量代表類別 1、2、3，而用獨熱編碼（One-hot Encoding）的向量代表類別 1、2、3，例如 $[1\ 0\ 0]^T$代表類別 1，$[0\ 1\ 0]^T$ 代表類別 2，$[0\ 0\ 1]^T$ 代表類別 3。

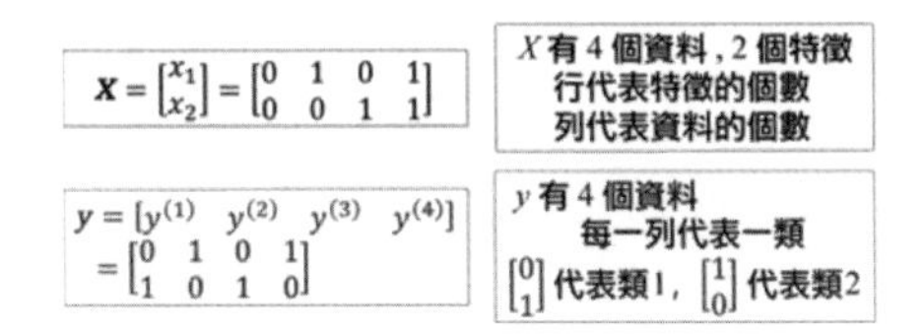

這種向量表達方式就是先確定好類別的個數，用 K 表示，那麼第 k 類別就是

$$\begin{bmatrix} 0\ 0 \cdots & \overbrace{1}^{\text{第 } k \text{ 個元素}} & \cdots 0\ 0 \end{bmatrix}$$

其中向量的第 k 個元素為 1，其餘是 0。

用 MATLAB 的 GUI 實現分類 ANN 的步驟如下所示。

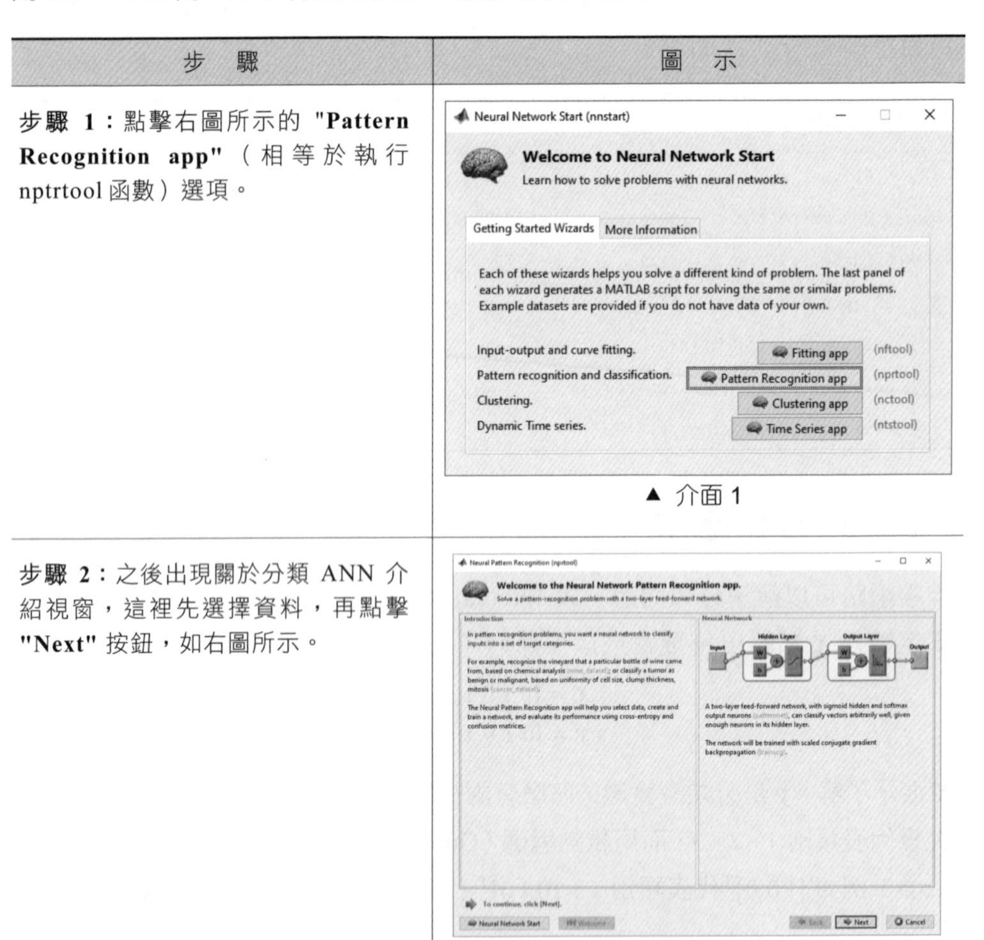

步　驟	圖　示
步驟 1：點擊右圖所示的 **"Pattern Recognition app"**（相等於執行 nptrtool 函數）選項。	▲ 介面 1
步驟 2：之後出現關於分類 ANN 介紹視窗，這裡先選擇資料，再點擊 **"Next"** 按鈕，如右圖所示。	▲ 介面 2

步　驟	圖　示

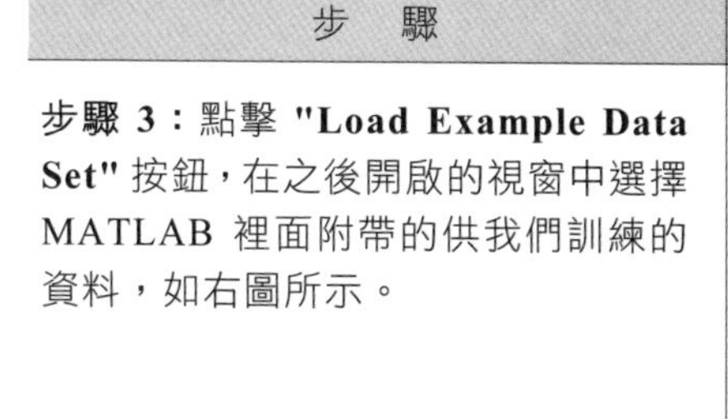

步驟 3：點擊 **"Load Example Data Set"** 按鈕，在之後開啟的視窗中選擇 MATLAB 裡面附帶的供我們訓練的資料，如右圖所示。

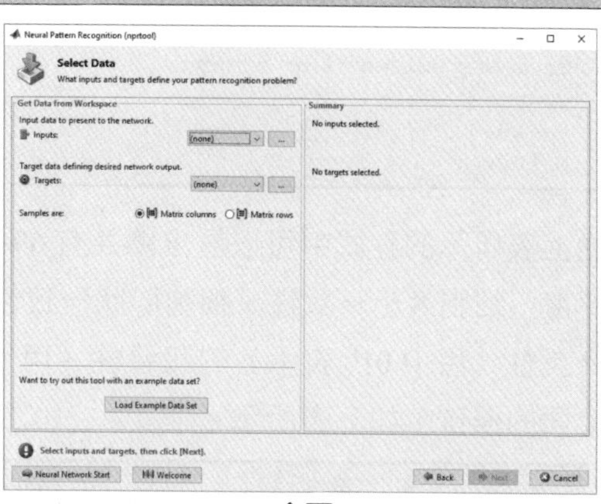

▲ 介面 3

步驟 4：選擇 "Breast Cancer" 選項後再點擊"Import" 按鈕，如右圖所示。

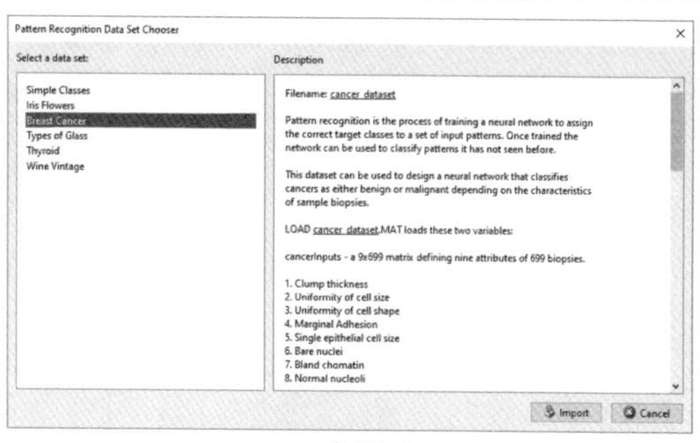

▲ 介面 4

Breast Cancer 的資料明細和在 MATLAB 中產生的對應矩陣如下表所示。

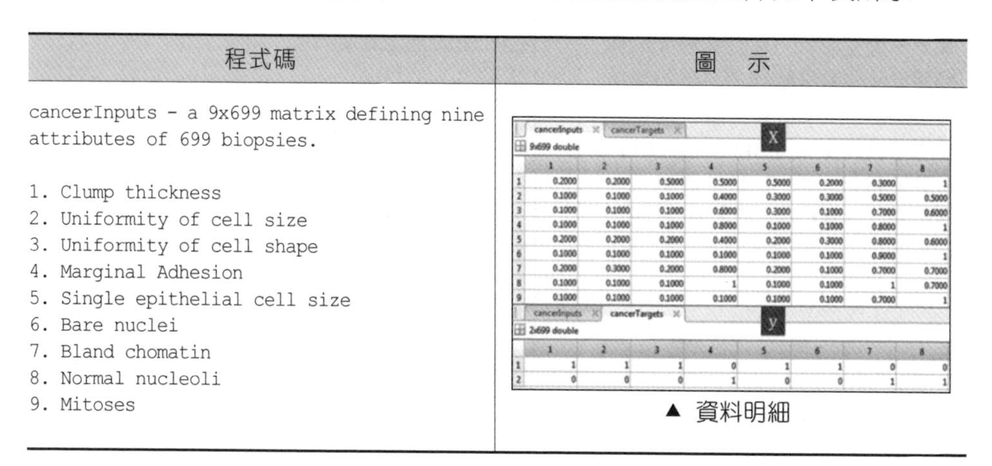

程式碼	圖　示

```
cancerInputs - a 9x699 matrix defining nine
attributes of 699 biopsies.

1. Clump thickness
2. Uniformity of cell size
3. Uniformity of cell shape
4. Marginal Adhesion
5. Single epithelial cell size
6. Bare nuclei
7. Bland chomatin
8. Normal nucleoli
9. Mitoses
```


▲ 資料明細

```
cancerTargets - a 2x699 matrix where each c
olumn indicates a correct category with a o
ne in either element 1 or element 2.

1. Benign
2. Malignant
```

從上表所示的程式中可以看出總共有 699 個資料，其中 ***X*** 有 9 列，包含團塊厚度、細胞大小一致性、細胞形狀一致性、正常核仁、有絲分裂等，而 ***Y*** 記錄良性（用 $[1\ 0]^T$ 表示）的和惡性（用 $[0\ 1]^T$ 表示）的獨熱編碼方式。接著上面的操作，如下表所示。

步　驟	圖　示
步驟 5：用 70%：15%：15% 的比例來劃分訓練集、驗證集和測試集，再點擊 **"Next"** 按鈕，如右圖所示。	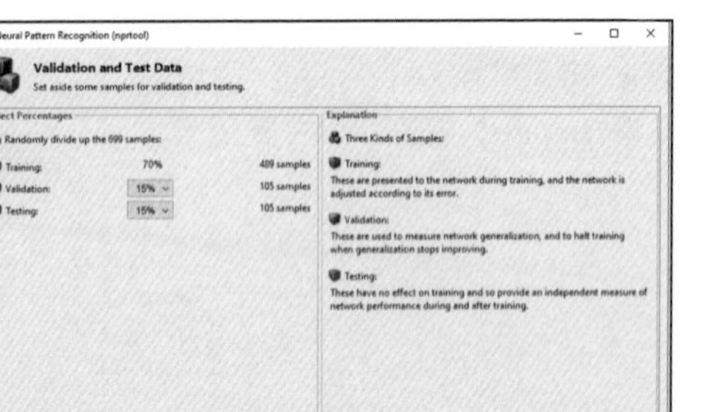 ▲ 介面 5
步驟 6：預設的分類 ANN 有兩層，一層是含有 10 個神經元的隱藏層，另一層是輸出層。隱藏層的轉換函數為 sigmoid 函數，而輸出層的轉換函數為 softmax 函數，原因是要輸出一個 0~1 的機率值。再點擊 **"Next"** 按鈕，如右圖所示。	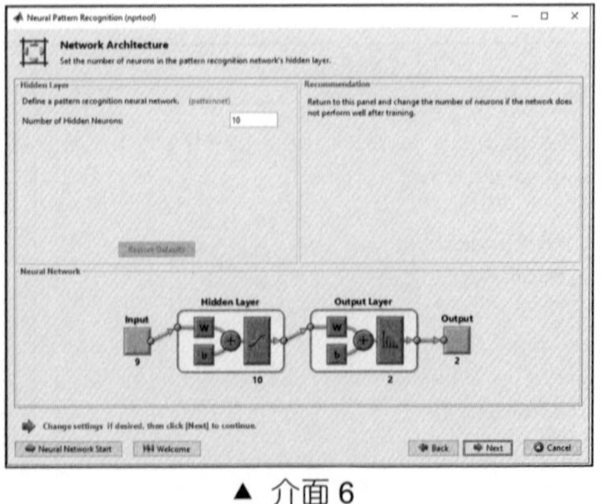 ▲ 介面 6

注意：「輸出神經元」的大小為 2，和類別總數一樣，輸出向量 $[1\ 0]^T$ 被歸為類別 1，輸出向量 $[0\ 1]^T$ 被歸為類別 2。

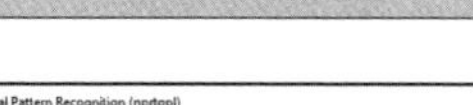

步　驟	圖　示
步驟 7：選擇訓練演算法 Scaled Conjugate Gradient，再點擊 "**Train**" 按鈕，如右圖所示。	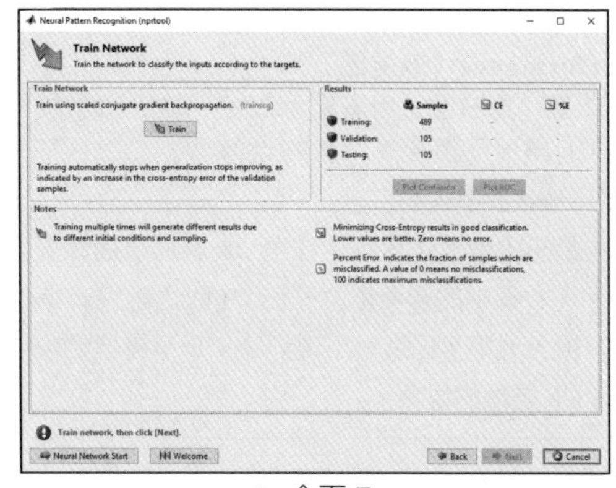 ▲ 介面 7
右圖是訓練完的結果概要，整個面板上分 Neural Network、Algorithms、Progress 和 Plots 四小區塊。 • Neural Network 部分中顯示了解決該問題的神經網路圖。 • Algorithms 部分中顯示了隨機劃分資料的方法、SCG 演算法和 Cross-Entropy（CE）效能評估。 • Progress 部分中展示了演算法小於 34 次反覆運算（總共 1000 次），用時幾乎為 0，CE 為 1.18，梯度幾乎為 0（表示找到最佳解）等。 Plots 部分中有 5 種繪圖可供展示。	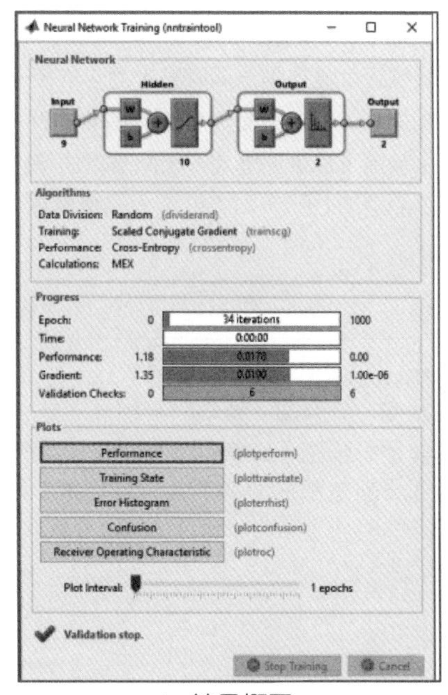 ▲ 結果概要

步　驟	圖　示
步驟 8：在上圖的 Plots 部分裡分別點擊其中的 5 個按鈕獲得以下 5 幅圖：效能圖、訓練狀態圖、誤差柱狀圖、混淆矩陣圖和受試者工作特徵圖。 **Performance（效能圖）** 效能圖（見右圖）用於顯示訓練、驗證和測試的 CE 隨著反覆運算次數的走勢： • 3 個 CE 都很小。 • 最小的驗證 CE 發生在第 28 次反覆運算中（右圖中的圓圈處），而且在此之前沒有過擬合現象，即沒有出現訓練 CE 遞減但驗證 CE 遞增的現象。	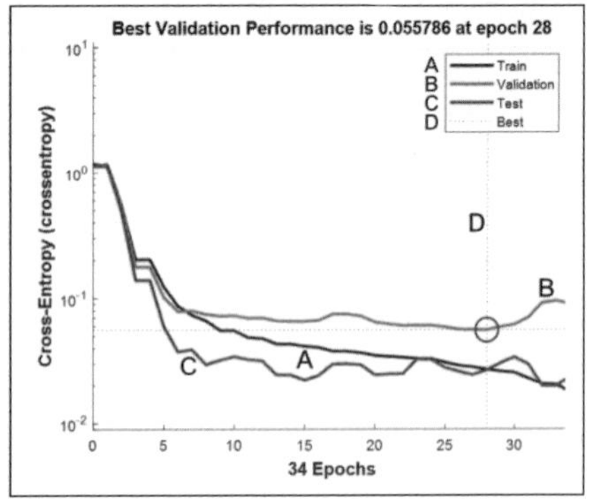 ▲ 效能圖（訓練、驗證和測試的交叉熵）
Training State（訓練狀態圖） 訓練狀態圖（見右圖）顯示了梯度和驗證檢查兩幅圖： • 梯度是穩步減小的。 • 驗證檢查就是找到一個時點，而它之後 6 個時點對應的 CE 都沒有減小。在時點 28~34 上，驗證 CE 單調增大，因此演算法停止，最小的驗證 CE 發生在第 28 次反覆運算中。	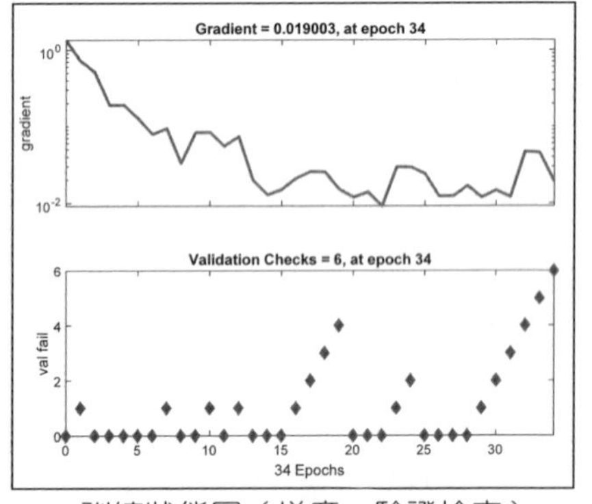 ▲ 訓練狀態圖（梯度、驗證檢查）
Error Histogram（誤差柱狀圖） 誤差柱狀圖（見右圖）顯示的是訓練、驗證和測試的誤差分佈圖。D 線表示零誤差，我們發現絕大部分誤差都在 D 線附近，結果非常好。	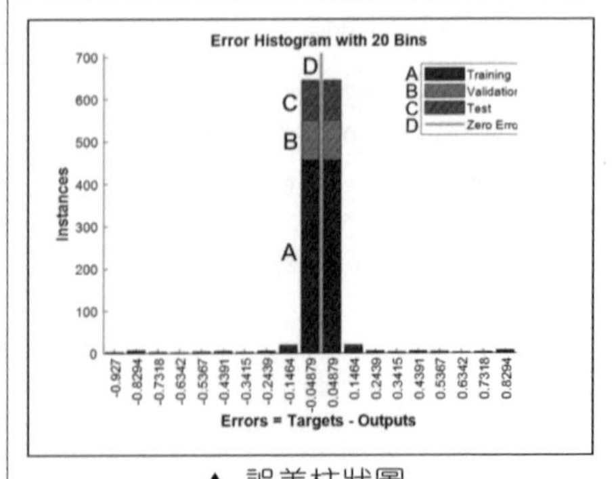 ▲ 誤差柱狀圖 （訓練、驗證和測試的誤差分佈）

步　驟	圖　示

Confusion（混淆矩陣圖）

混淆矩陣圖（見右圖）中有四個混淆矩陣，分別是訓練混淆矩陣、驗證混淆矩陣、預測混淆和總混淆矩陣。矩陣大小是 3×3 而非 2×2，因為它展示的是加整體結果（第 3 行和第 3 列）。請讀者注意右圖中的紅色和綠色方格，其中：

- 綠色方格代表分類正確（正確個數+正確率）。
- 紅色方格代表分類錯誤（錯誤個數+錯誤率）。

在 MATLAB 中，混淆矩陣和一般慣例混淆矩陣互為轉置，它們的預測類別（Output Class）和真實類別（Target Class）互換位置了。以訓練混淆矩陣為例，計算其查準率和查全率：

$$查準率 = \frac{真正類}{真正類 + 假正類} = \frac{315}{315 + 3} = 99.1\%$$

$$查全率 = \frac{真正類}{真正類 + 假負類} = \frac{315}{315 + 9} = 97.2\%$$

從中可以發現，對於驗證混淆矩陣和測試混淆矩陣，其查準率和查全率差不多，因此模型沒有過擬合。

Training Confusion Matrix

Output Class \ Target Class	1	2	
1	315 64.4%	3 0.6%	99.1% 0.9%
2	9 1.8%	162 33.1%	94.7% 5.3%
	97.2% 2.8%	98.2% 1.8%	97.5% 2.5%

Validation Confusion Matrix

Output Class \ Target Class	1	2	
1	63 60.0%	1 1.0%	98.4% 1.6%
2	4 3.8%	37 35.2%	90.2% 9.8%
	94.0% 6.0%	97.4% 2.6%	95.2% 4.8%

Test Confusion Matrix

Output Class \ Target Class	1	2	
1	66 62.9%	1 1.0%	98.5% 1.5%
2	1 1.0%	37 35.2%	97.4% 2.6%
	98.5% 1.5%	97.4% 2.6%	98.1% 1.9%

All Confusion Matrix

Output Class \ Target Class	1	2	
1	444 63.5%	5 0.7%	98.9% 1.1%
2	14 2.0%	236 33.8%	94.4% 5.6%
	96.9% 3.1%	97.9% 2.1%	97.3% 2.7%

▲ 混淆矩陣圖（訓練混淆矩陣、驗證混淆矩陣、測試混淆矩陣和總混淆矩陣，請參照彩頁 10-1）

ROC（受試者工作特徵圖）

受試者工作特徵圖（見右圖）描繪的是真正類 TP 和假負類 FP 之間的關係，我們當然希望 TP 越大，FP 越小，根據公式，它們的比率為：

TP Rate = TP/(TP+FP)

FP Rate = FP/(TP+FP)

TP Rate 越接近於 1，FP Rate 越接近於 0，就越好。完美的測試結果是位於圖中左上角的那個點（水平座標是 0，垂直座標是 1），從右圖可以看出，此神經網路的訓練、驗證和測試結果都非常好。

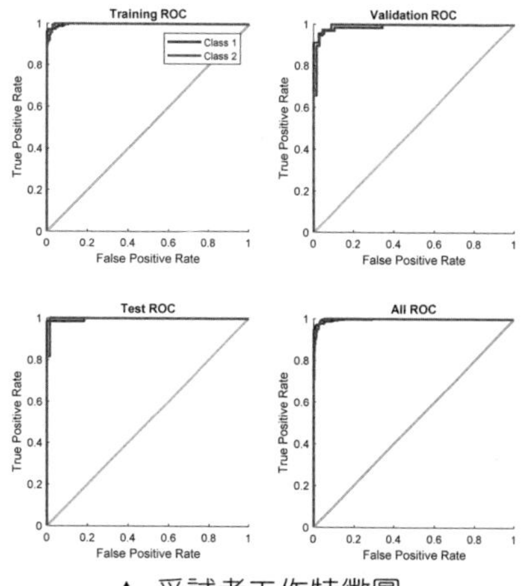

▲ 受試者工作特徵圖
（訓練集、驗證集、測試集和總集）

進行和 10.2.2 節一樣的操作，自動產生的程式如下所示。

點擊 Simple Script 之後自動產生的程式

```
1   load cancer dataset
2   x = cancerInputs;
3   t = cancerTargets;
4   
5   % Choose a Training Function
6   trainFcn = 'trainscg';  % Scaled conjugate gradient backpropagation.
7   
8   % Create a Pattern Recognition Network
9   hiddenLayerSize = 10;
10  net = patternnet(hiddenLayerSize, trainFcn);
11  
12  % Setup Division of Data for Training, Validation, Testing
13  net.divideParam.trainRatio = 70/100;
14  net.divideParam.valRatio = 15/100;
15  net.divideParam.testRatio = 15/100;
16  
17  % Train the Network
18  [net,tr] = train(net,x,t);
19  
20  % Test the Network
21  y = net(x);
22  e = gsubtract(t,y);
23  performance = perform(net,t,y)
24  tind = vec2ind(t);
25  yind = vec2ind(y);
26  percentErrors = sum(tind ~= yind)/numel(tind);
27  
28  % View the Network
29  view(net)
30  
31  % Plots
32  % Uncomment these lines to enable various plots.
33  %figure, plotperform(tr)
34  %figure, plottrainstate(tr)
```

```
35  %figure, ploterrhist(e)
36  %figure, plotconfusion(t,y)
37  %figure, plotroc(t,y)
```

細心的讀者可以發現，這段程式和之前實現的 ANN 回歸那段程式(10-21 頁)十分類似，而過程幾乎一模一樣（見下圖），包含引用資料、確定演算法、建立網路、訓練網路、測試網路、視覺化網路、視覺化最後結果。整個程式邏輯非常清晰，如果需要修改哪個步驟，那麼可參考 10.2.2 節後半部分的內容。最後用 view(net)指令來視覺化神經網路。

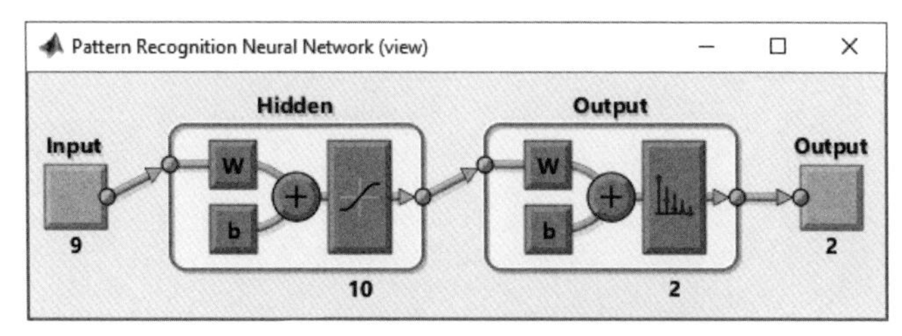

▲ 解決分類問題的神經網路的視覺化

11

正向/反向傳播

Forward propagate the value; backward propagate the derivative.s.

引言

考你一道非常簡單的題，指定運算式：

$$e = (a + b) \times (b + 1)$$

並指定一組值 a 和 b，例如 $a = 2$，$b = 1$，下面計算：

- e 的值；
- e 對 a,b 的變化率（即 a 和 b 變化 1 個單位，e 變化多少個單位）。

將 a 和 b 的值代入運算式 $c = a + b$，$d = b + 1$ 中，畫出下圖所示的計算圖（Computational Graph）。圖中有 3 個運算子：兩個加法（+）和一個乘法（×）。標註為 1 的六邊形裡面的是常數，標註 a、b、c、d、e 的六邊形裡面的是變數。

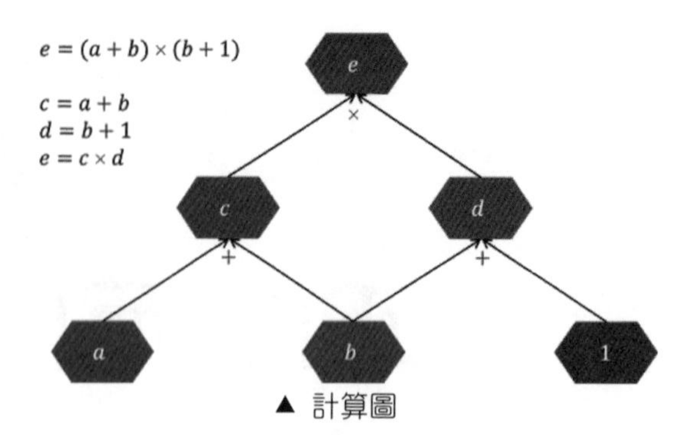

▲ 計算圖

當 $a = 2$，$b = 1$ 時，從下往上計算出 $c = 3$，$d = 2$ 以及 $e = 6$。整個過程就是正向傳播（Forward Propagation），顧名思義，就是沿著**正方向**進行計算。

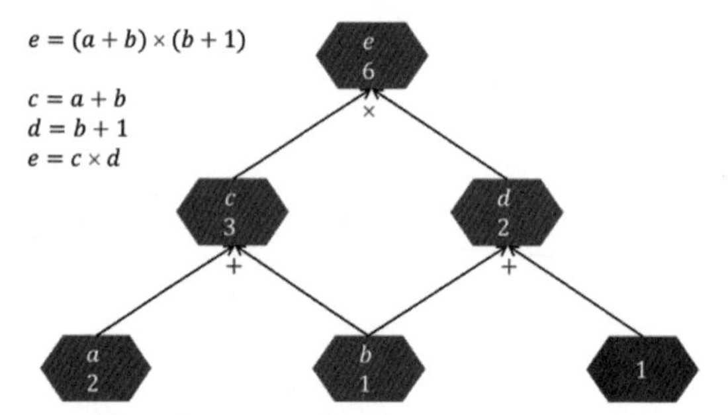

▲ 給 a，b 設定值做正向傳播計算 e

接下來要計算 e 對 a、b、c 和 d 的變化率，首先來看看每條邊（Edge）的偏導數，如下圖所示。

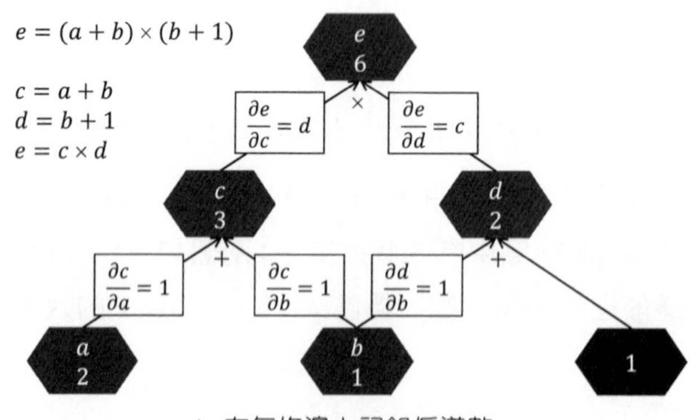

▲ 在每條邊上記錄偏導數

對於 $c = a + b$，

- 當 a 變化 1 個單位時，c 變化 1 個單位，即 $\partial c/\partial a = 1/1 = 1$。
- 當 b 變化 1 個單位時，c 變化 1 個單位，即 $\partial c/\partial b = 1/1 = 1$。

對於 $d = b + 1$，當 b 變化 1 個單位時，d 變化 1 個單位，$\partial d/\partial b = 1/1 = 1$。

對於 $e = c \times d$，

- 當 c 變化 1 個單位時，e 變化 d 個單位，$\partial e/\partial c = d/1 = d$。
- 當 d 變化 1 個單位時，e 變化 c 個單位，$\partial e/\partial d = c/1 = c$。

有了每條邊的偏導數，計算 e 對於 a 或 b 的變化率就是加總所有經過 a 或 b 的路徑（Sum Over Path），如下圖所示。

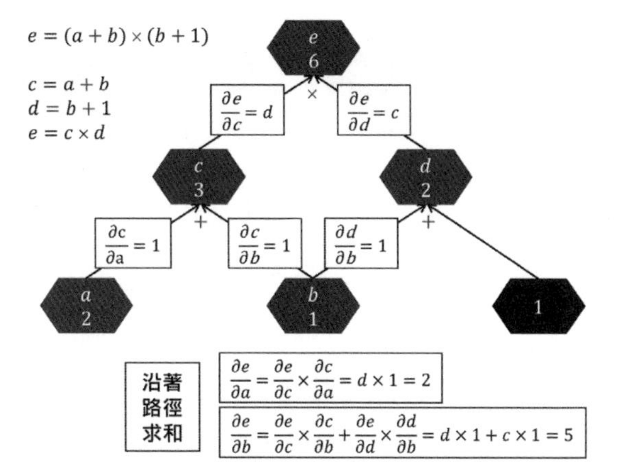

▲ 沿路徑整理獲得 e 對 a 和 b 的偏導數

$\partial e/\partial a$ 有一條路徑，可以了解當 a 變化 1 個單位時，c 變化 1 個單位，e 變化 2 個單位，則有 $\partial e/\partial a = \partial e/\partial c \times \partial c/\partial a = 2$

$\partial e/\partial b$ 有兩條路徑，可以視為當 b 變化 1 個單位時，

- 則 c 變化 1 個單位，e 變化 2 個單位；
- 則 d 變化 1 個單位，e 變化 3 個單位。

有 $\partial e/\partial b = \partial e/\partial c \times \partial c/\partial b + \partial e/\partial d \times \partial d/\partial b = 2 + 3 = 5$。

在計算變化率問題上，有正向微分（見下圖左圖）和反向微分（見下圖右圖）兩種類型：

(1) 從 b 開始正向往上計算所有節點上變數對 b 的導數，該操作叫作正向微分（Forward-mode Differentiation）。

(2) 從 e 開始反向往下計算 e 對所有節點上變數的導數，該操作叫作反向微分（Backward-mode Differentiation）。

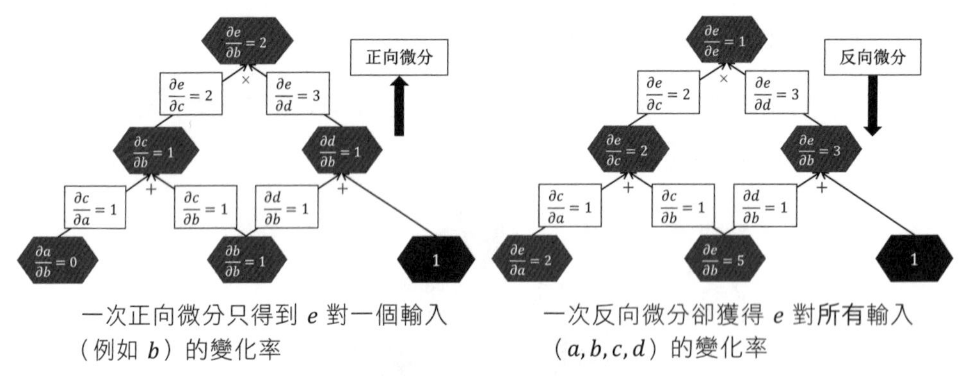

一次正向微分只得到 e 對一個輸入（例如 b）的變化率

一次反向微分卻獲得 e 對所有輸入（a,b,c,d）的變化率

▲ 正向微分和反向微分

在神經網路裡，把 e 當作誤差函數，而把 a、b、c 和 d 當作加權，在用梯度下降法求這些加權的最佳解時，需要求誤差函數對它們的偏導數（即變化率的極限）。那麼，明顯反向微分是計算偏導數的更好方式。而這個反向微分過程的專業術語是反向傳播（Backward Propagation，Backprogapation），顧名思義就是沿著**反方向**進行計算。引言中的實例參考自大名鼎鼎 Chris Olah 的部落格文章[1]，本章的思維導圖如下圖所示。

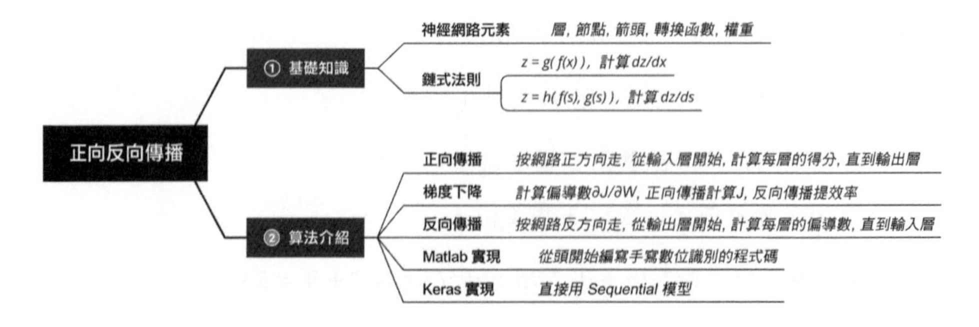

11.1 基礎知識

11.1.1 神經網路元素

本節的目的是讓讀者清楚神經網路裡的每個概念和其運作原理，為了達到此目的，首先介紹一套系統的數學符號。乍一看這些數學符號時，你可能會頭暈目眩，但是看完本節內容後，相信你一定能明白這些數學符號。花一點時間弄清楚它們是絕對值得的。

首先以極簡的方式來概括神經網路。

- 神經網路是分層的。
- 神經網路的每層上都是有節點的。
- 節點和節點之間是由箭頭連接的。
- 節點上是有轉換函數的。
- 箭頭上是承載著加權的。

之後從最初的輸入開始，乘以加權產生得分，透過轉換函數產生輸出，一層層地，直到最後一層。

概　念	圖　示
層 神經網路是分層的，每層用 L 表示，即 $L = 0,1,2,\cdots,M$（見右圖）。 • 輸入層（Input Layer）：嚴格來說它不被認為是層，因此用 0 層表示。 • 輸出層（Output Layer）：決定神經網路的最後輸出。 • 隱藏層（Hidden Layer）：夾在輸入層和輸出層的中間。	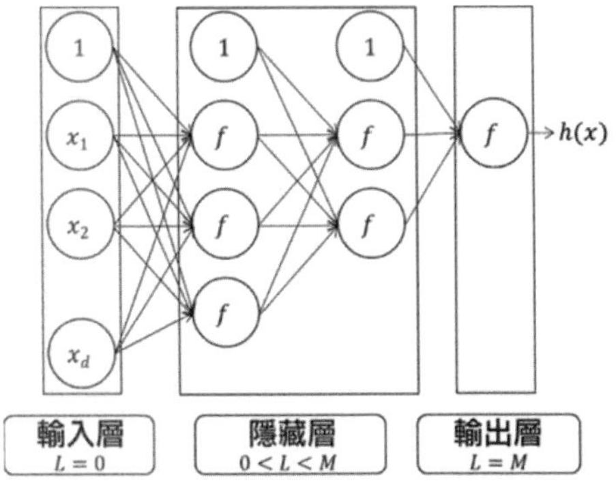 ▲ 層（輸入層、輸出層和隱藏層）

概　念	圖　示
節點 神經網路的每層上都是有節點的，其劃分有兩種方式。第一種，根據**層的類型**劃分節點（見右圖）： • 輸入層上的節點叫作輸入節點（Input Node）。 • 輸出層上的節點叫作輸出節點（Output Node）。 • 隱藏層上的節點叫作隱藏節點（Hidden Node）。	▲ 節點（輸入節點、輸出節點和隱藏節點）
第二種，根據**連接箭頭**（Connecting Arrow）的類型劃分節點（見右圖）： • 除輸出層外的每一層都有一個特殊的節點，叫作偏置節點（Bias Node），該節點沒有輸入箭頭，只有輸出箭頭。 • 輸入節點沒有輸入箭頭，只有輸出箭頭。 • 一般節點（Normal Node）既有輸入箭頭，也有輸出箭頭。	▲ 節點（輸入節點、一般節點和偏置節點）
箭頭 節點和節點之間是由箭頭連接的。 除了輸出層的箭頭，每個箭頭連接著上一層的節點和下一層的節點（見右圖）。	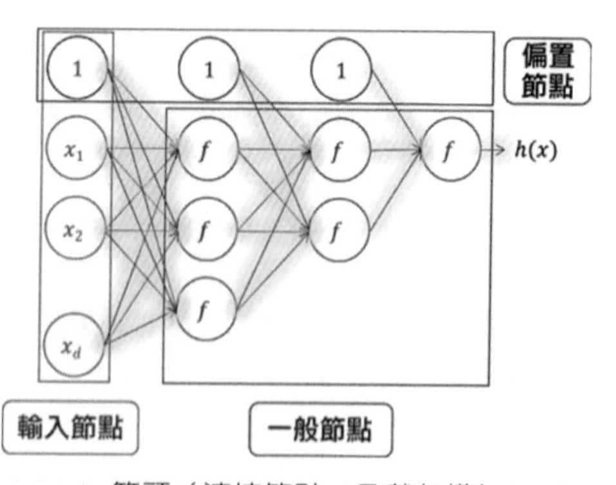▲ 箭頭（連接節點，承載加權）

概　念	圖　示
轉換函數 節點上是有轉換函數的，而轉換函數是一種將輸入轉成輸出的函數（見右圖）。常見的轉換函數有： $f(z) = \begin{cases} z & \text{（線性回歸）} \\ \text{sign}(z) = \begin{cases} -1, & z < 0 \\ 1, & z \geqslant 0 \end{cases} & \text{（線性分類）} \\ S(z) = \dfrac{1}{1 + e^{-z}} & \text{（邏輯回歸）} \\ \tanh(z) = \dfrac{e^z - e^{-z}}{e^z + e^{-z}} = 2S(2z) - 1 & \text{（邏輯回歸）} \end{cases}$	▲ 轉換函數（將輸入轉換成輸出）
加權和得分 箭頭上是承載著加權的，從上一層的輸出開始，加權乘以輸出就是下一層的得分（見右圖）。	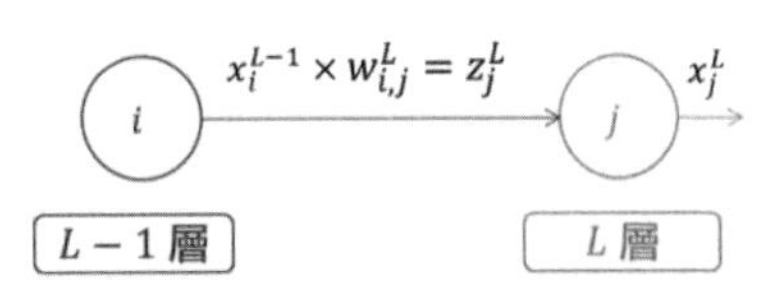 ▲ 得分等於加權和輸入的乘積

在第 L 層上，一般節點都是接收一個訊號 z（又稱得分），並發出一個訊號 x：

- 加權 w^L 的上標為 L，表示它從上一層（$L-1$ 層）來，並走向下一層（L 層）。
- $L-1$ 層的輸出訊號 x^{L-1} 乘以加權 w^L 獲得得分 z^L。

w_{ij}^L 是加權，來自 $L-1$ 層的節點 i，去向 L 層的節點 j。

z_j^L 是得分，也是 L 層的節點 j 的輸入訊號。

x_j^L 是 L 層的節點 j 的輸出訊號。

數學表達形式：從 $L-1$ 層到 L 層，列出以下數學符號定義：

- $L-1$ 層有 $d_{L-1}+1$ 個節點，標記為 $0,1,\cdots,d_{L-1}$。
- L 層有 d_L+1 個節點，標記為 $0,1,\cdots,d_L$。
- 偏差節點標記為 0。

這三種情況的實際介紹如下所示。

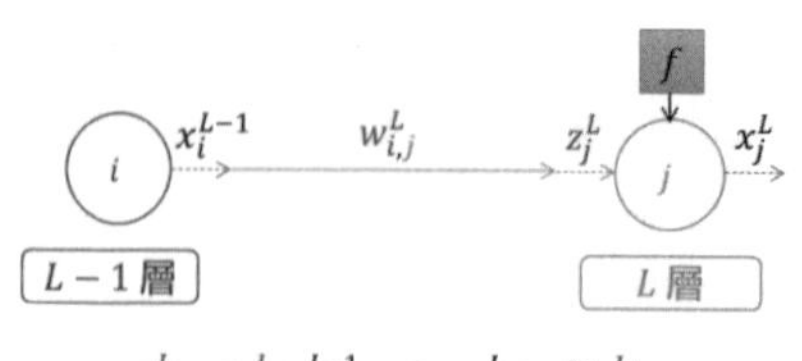

$$z_j^L = w_{i,j}^L x_i^{L-1} \Rightarrow x_j^L = f(z_j^L)$$

▲ 從 $L-1$ 層單輸入到 L 層單輸出

情況 1：一節點對一節點（見左圖）

- w^L 代表權重。
- 索引 i 代表權重來自第 $L-1$ 層的節點 i。
- 索引 j 代表權重走向第 L 層的節點 j。
- z_j^L 代表分數。

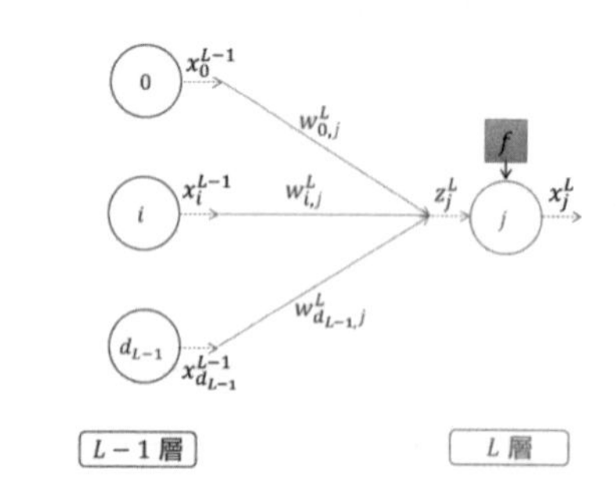

$$z_j^L = w_{0,j}^L x_0^{L-1} + w_{1,j}^L x_1^{L-1} + \cdots + w_{d_{L-1},j}^L x_{d_{L-1}}^{L-1} \Rightarrow x_j^L = f(z_j^L)$$

▲ 從 $L-1$ 層多輸入到 L 層單輸出

情況 2：多節點對一節點（見左圖）

- w^L 代表權重。
- 索引 $0,1,\cdots,d_{L-1}$ 代表權重來自第 $L-1$ 層的節點 $0,1,\ldots,d_{L-1}$。
- 索引 j 代表權重走向第 L 層的節點 j。
- z_j^L 代表分數。

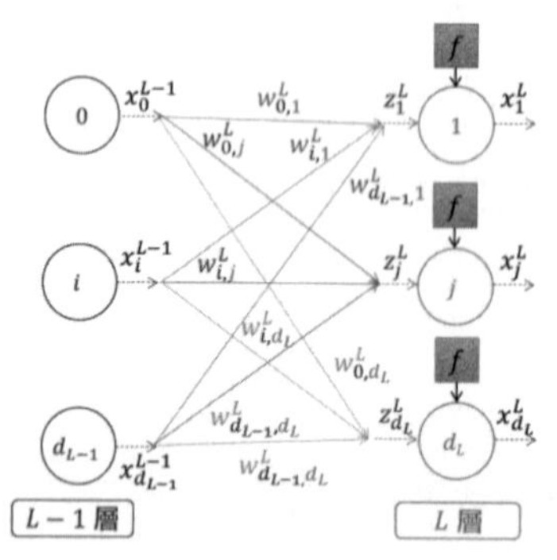

$$z_1^L = w_{0,1}^L x_0^{L-1} + w_{1,1}^L x_1^{L-1} + \cdots + w_{d_{L-1},1}^L x_{d_{L-1}}^{L-1} \Rightarrow x_1^L = f(z_1^L)$$

$$z_j^L = w_{0,j}^L x_0^{L-1} + w_{1,j}^L x_1^{L-1} + \cdots + w_{d_{L-1},j}^L x_{d_{L-1}}^{L-1} \Rightarrow x_j^L = f(z_j^L)$$

$$z_{d_L}^L = w_{0,d_L}^L x_0^{L-1} + w_{1,d_L}^L x_1^{L-1} + \cdots + w_{d_{L-1},d_L}^L x_{d_{L-1}}^{L-1} \Rightarrow x_{d_L}^L = f(z_{d_L}^L)$$

▲ 從 $L-1$ 層多輸入到 L 層多輸出

情況 3：多節點對多節點（見左圖）

- w^L 代表權重。
- 索引 $0,1,\ldots,d_{L-1}$ 代表權重來自第 $L-1$ 層的節點 $0,1,\ldots,d_{L-1}$。
- 索引 $1,2,\ldots,d_L$ 代表權重走向第 L 層的節點 $1,2,\ldots,d_L$。
- $z_1^L,z_2^L,\cdots,z_{d_L}^L$ 代表得分。

矩陣表達形式：能把情況 3 的代數式寫成矩陣形式是弄清楚整個正向傳播和反向傳播演算法的關鍵，首先定義以下矩陣：

$$\underbrace{\boldsymbol{x}^{L-1}=\begin{bmatrix}x_0^{L-1}\\x_1^{L-1}\\\vdots\\x_{d_{L-1}}^{L-1}\end{bmatrix}}_{d_{L-1}+1\text{ 列向量}}\quad \underbrace{\boldsymbol{w}^{L}=\begin{bmatrix}w_{0,1}^{L} & w_{1,1}^{L} & \cdots & w_{d_{L-1},1}^{L}\\w_{0,2}^{L} & w_{1,2}^{L} & \cdots & w_{d_{L-1},2}^{L}\\\vdots & \vdots & \ddots & \vdots\\w_{0,d_L}^{L} & w_{2,d_L}^{L} & \cdots & w_{d_{L-1},d_L}^{L}\end{bmatrix}}_{d_L(d_{L-1}+1)\text{ 矩陣}}\quad \underbrace{\mathbf{z}^{L}=\begin{bmatrix}z_1^{L}\\z_2^{L}\\\vdots\\z_{d_L}^{L}\end{bmatrix}}_{d_L\text{ 列向量}}\quad \underbrace{\boldsymbol{x}^{L}=\begin{bmatrix}x_0^{L}\\x_1^{L}\\\vdots\\x_{d_L}^{L}\end{bmatrix}}_{d_L+1\text{ 列向量}}$$

下面用矩陣形式，透過 3 步驟操作完成一輪從 $L-1$ 層到 L 層的完整運算，如下表所示。

步　驟	公　式
步驟 1：計算得分。用加權 $\boldsymbol{w}^L$ 乘以 $L-1$ 層輸出 $\boldsymbol{x}^{L-1}$，產生得分 $\mathbf{z}^L$，作為 L 層輸入。	$\mathbf{z}^L=\boldsymbol{w}^L\boldsymbol{x}^{L-1}$
步驟 2：轉換得分。用分數 $\mathbf{z}^L$ 透過轉換函數產生 $f(\mathbf{z}^L)$。	$\begin{bmatrix}x_1^L\\x_2^L\\\vdots\\x_{d_L}^L\end{bmatrix}=f\left(\begin{bmatrix}z_1^L\\z_2^L\\\vdots\\z_{d_L}^L\end{bmatrix}\right)=f(\mathbf{z}^L)$
步驟 3：加入偏差。對 $f(\mathbf{z}^L)$ 加入偏差項後整合成 L 層輸出 $\boldsymbol{x}^L$。	$\boldsymbol{x}^L=\begin{bmatrix}x_0^L\\x_1^L\\\vdots\\x_{d_L}^L\end{bmatrix}=\begin{bmatrix}1\\x_1^L\\\vdots\\x_{d_L}^L\end{bmatrix}=\begin{bmatrix}1\\f(\mathbf{z}^L)\end{bmatrix}$

11.1.2 鏈式法則

鏈式法則分為以下兩種情況。

情況一：$y=f(x)$，$z=g(y)$，計算 x 對 z 的影響。

$$\overbrace{\frac{\mathrm{d}z}{\mathrm{d}x}}^{x\text{對}z\text{的影響}}=\overbrace{\frac{\mathrm{d}y}{\mathrm{d}x}}^{\text{變}x\text{會變}y}\times\overbrace{\frac{\mathrm{d}z}{\mathrm{d}y}}^{\text{變}y\text{會變}z}$$

情況二：$x=f(s)$，$y=g(s)$，$z=h(x,y)$，計算 s 對 z 的影響。

$$\overbrace{\frac{\mathrm{d}z}{\mathrm{d}s}}^{s\text{對}z\text{的影響}}=\overbrace{\frac{\mathrm{d}z}{\mathrm{d}x}}^{\text{變}x\text{會變}z}\times\overbrace{\frac{\mathrm{d}x}{\mathrm{d}s}}^{\text{變}s\text{會變}x}+\overbrace{\frac{\mathrm{d}z}{\mathrm{d}y}}^{\text{變}y\text{會變}z}\times\overbrace{\frac{\mathrm{d}y}{\mathrm{d}s}}^{\text{變}s\text{會變}y}$$

11.2 演算法介紹

11.2.1 正向傳播

正向傳播就是在已知所有權重和轉換函數的情況下，輸入一個陣列，一層層地向前（正方向）推進，最後輸出一個陣列。

1. 簡單範例

當輸入為 $[1\ 1\ -1]$ 時，下圖所示的神經網路展示了如何從最初輸入到最後輸出，假設 $f = 1/(1+\mathrm{e}^{-s})$。實際過程如下表所示。

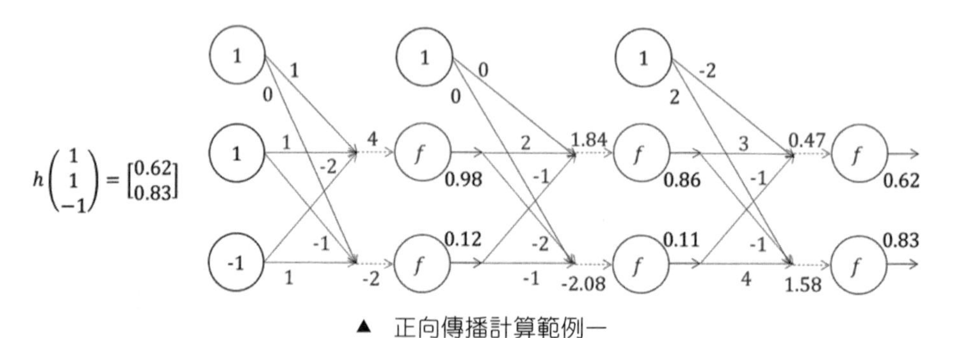

▲ 正向傳播計算範例一

過　程	公　式	
從輸入層到第 1 層	$z_1 = 1\times1 + 1\times1 + (-1)\times(-2) = 4$ $z_2 = 1\times0 + 1\times(-1) + (-1)\times1 = -2$	$x_1 = \dfrac{1}{1+\mathrm{e}^{-z_1}} = \dfrac{1}{1+\mathrm{e}^{-4}} = 0.98$ $x_2 = \dfrac{1}{1+\mathrm{e}^{-z_2}} = \dfrac{1}{1+\mathrm{e}^{2}} = 0.12$
從第 1 層到第 2 層	$z_1 = 1\times0 + 0.98\times2 + 0.12\times(-1) = 1.84$ $z_2 = 1\times0 + 0.98\times(-2) + 0.12\times(-1) = -2.08$	$x_1 = \dfrac{1}{1+\mathrm{e}^{-z_1}} = \dfrac{1}{1+\mathrm{e}^{-1.84}} = 0.86$ $x_2 = \dfrac{1}{1+\mathrm{e}^{-z_2}} = \dfrac{1}{1+\mathrm{e}^{2.08}} = 0.11$
從第 2 層到第 3 層	$z_1 = 1\times(-2) + 0.86\times3 + 0.11\times(-1) = 0.47$ $z_2 = 1\times2 + 0.86\times(-1) + 0.11\times4 = 1.58$	$x_1 = \dfrac{1}{1+\mathrm{e}^{-z_1}} = \dfrac{1}{1+\mathrm{e}^{-0.47}} = 0.62$ $x_2 = \dfrac{1}{1+\mathrm{e}^{-z_2}} = \dfrac{1}{1+\mathrm{e}^{-1.58}} = 0.83$

再試一試當輸入為 [1 0 0] 時的計算流程。

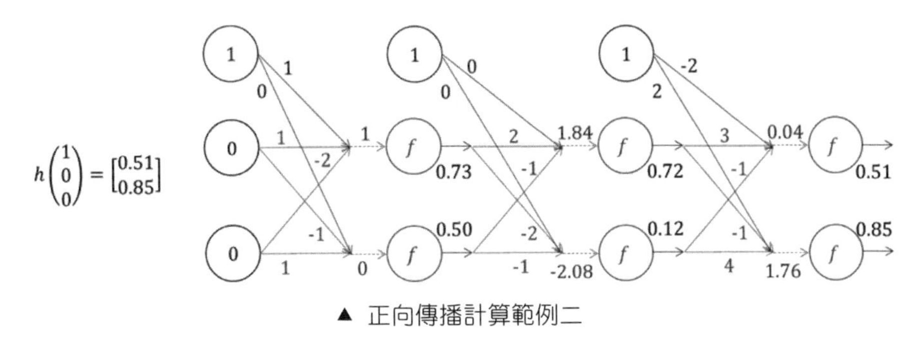

▲ 正向傳播計算範例二

至此，可以把整個神經網路看成一個函數 h，而加權 $\boldsymbol{W}$ 就是這個函數 h 的參數。正向傳播就是在計算 $y = h_{\boldsymbol{W}}(x)$：「餵」給神經網路 n 個 x，透過正向傳播神經網路「吐」出 n 個 y。

2. 複雜推導

學習完以上簡單範例後，我們需要用嚴謹的數學符號來描述整個正向傳播的流程。將一系列線性方程用矩陣形式表示，這對撰寫程式是有好處的。首先明確演算法裡需要用到的符號，如下表所示。

符　號	表達意思
$L = 0,1,2,\cdots,M$	層數
$\boldsymbol{x} = \boldsymbol{x}^0$	最初輸入
$d_0+1, d_1+1,\cdots,d_M$	節點個數（輸出節點沒有偏差節點）
$\boldsymbol{w}^1,\boldsymbol{w}^2,\cdots,\boldsymbol{w}^M$	加權，$\boldsymbol{w}^L$ 的大小是 $d_L \times (d_{L-1}+1)$
$\boldsymbol{W}$	所有權重集合
$\boldsymbol{z}^1,\boldsymbol{z}^2,\cdots,\boldsymbol{z}^M$	得分，$\boldsymbol{z}^L$ 的大小是 $d_L \times 1$
$\boldsymbol{x}^1,\boldsymbol{x}^2,\cdots,\boldsymbol{x}^M$	輸出向量，$\boldsymbol{x}^L$ 的大小是 $(d_L+1)\times 1$
$f(\boldsymbol{z})$	轉換函數，$f(\boldsymbol{z}^L)$ 作用在 $\boldsymbol{z}^L$ 的每個元素上
$h_{\boldsymbol{W}}(\boldsymbol{x})$	神經網路的假設函數

看到這麼多符號你有沒有想放棄學習？這些矩陣和向量是如何聯繫起來的？在繼續往下看之前建議先複習 11.1 節的內容！

一開始寫出每一層的運算公式太麻煩，讓我們先把注意力放在從 $L-1$ 層到 L 層的正向傳播演算法上，其流程圖如下圖所示。

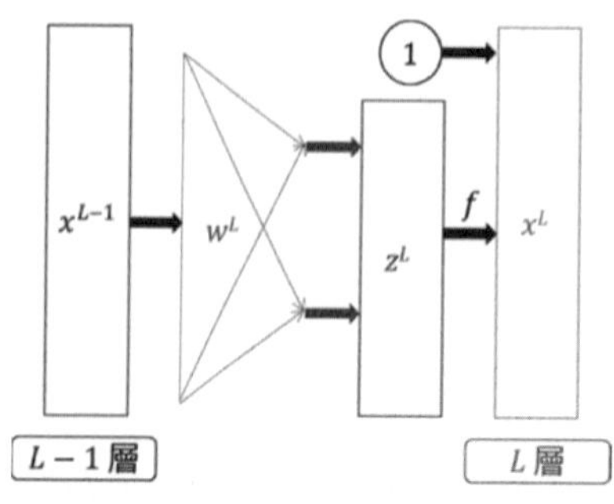

▲ 從 $L-1$ 層到 L 層的正向傳播

該流程圖表達的意思是：

（1）加權 $\boldsymbol{w}^L$ 乘以 $L-1$ 層的輸出 $\boldsymbol{x}^{L-1}$，產生得分 $\boldsymbol{z}^L$，作為 L 層的輸入。

（2）分數 $\boldsymbol{z}^L$ 透過轉換函數產生 $f(\boldsymbol{z}^L)$。

（3）對 $f(\boldsymbol{z}^L)$ 加入偏差項 1 後整合成 L 層的輸出 $\boldsymbol{x}^L$。

明白從 $L-1$ 層到 L 層的正向傳播演算法之後，再將 L 從 1 列舉到 M 就很簡單了。當然第 0 層就是輸入層，需要做初始化；第 M 層就是輸出層，是我們想要的最後結果。正向傳播演算法如下表所示。

演算法 8　正向傳播演算法

初始化 $\boldsymbol{x}^0 = \boldsymbol{x}$

對 $L = 1,2,\cdots,M$，計算：

$$\boldsymbol{z}^L = \boldsymbol{w}^L \boldsymbol{x}^{L-1},\quad \boldsymbol{x}^L = \begin{cases} \begin{bmatrix} 1 \\ f(\boldsymbol{z}^L) \end{bmatrix}, & L \neq M \\ f(\boldsymbol{z}^L), & L = M \end{cases}$$

最後結果：$h_{\boldsymbol{W}}(\boldsymbol{x}) = \boldsymbol{x}^M$

整個正向傳播的流程如下所示。

$$\boldsymbol{x} = \boldsymbol{x}^0 \overset{\boldsymbol{w}^1}{\rightleftarrows} \boldsymbol{z}^1 \overset{f}{\rightleftarrows} \overbrace{\boldsymbol{x}^1}^{\overset{1}{\downarrow}} \overset{\boldsymbol{w}^2}{\rightleftarrows} \boldsymbol{z}^2 \overset{f}{\rightleftarrows} \overbrace{\boldsymbol{x}^2}^{\overset{1}{\downarrow}} \cdots \overset{\boldsymbol{w}^{M-1}}{\rightleftarrows} \boldsymbol{z}^M \overset{f}{\rightleftarrows} \boldsymbol{x}^M = h_{\boldsymbol{W}}(\boldsymbol{x})$$

現在你可以說，指定一組輸入 $\boldsymbol{x}$ 和全套加權 $\boldsymbol{W}$，你就能算出一組輸出 $h_{\boldsymbol{W}}(\boldsymbol{x})$。這種正向計算非常簡單，只要你能摸清演算法的流程，就可以一氣呵成地計算下去。你可以把 ANN 想像成一個計算機或函數（它有自己的一套參數，即加權），「餵」給它一組輸入，它「吐」出一組輸出。

11.2.2 梯度下降

11.2.1 節介紹了 ANN 正向傳播演算法，此過程很簡單，但有一個前提就是加權已知，但是在實際中加權通常是未知的，需要透過以下步驟來調整。

（1）計算出一組輸出 $h_{\boldsymbol{W}}(\boldsymbol{x})$。

（2）取得一組實際標識 $\boldsymbol{y}$。

（3）調整全套加權 $\boldsymbol{W}$ 來最小化兩者的差異。

指定一個範例 $(x^{(i)}, y^{(i)})$，第 1 步是用正向傳播演算法獲得 $h_{\boldsymbol{W}}(x^{(i)})$ 的關於 $\boldsymbol{W}$ 的運算式；第 2 步是直接取得 $y^{(i)}$，第 3 步是最小化 $h_{\boldsymbol{W}}(x^{(i)})$ 和 $y^{(i)}$ 的差異，需要選擇一個損失函數 l，以平方差類型為例：

$$l_i = l(h_{\boldsymbol{W}}(x^{(i)}), y^{(i)}) = \frac{1}{2}(h_{\boldsymbol{W}}(x^{(i)}) - y^{(i)})^2$$

誤差函數 $J(\boldsymbol{W})$ 則是所有範例上損失函數的加總：

$$J(\boldsymbol{W}) = \frac{1}{m}\sum_{i=1}^{m} l_i$$

用梯度下降來最小化 $J(\boldsymbol{W})$ 而求得最佳加權，演算法如下：

$$\boldsymbol{W}(t+1) = \boldsymbol{W}(t) - \overbrace{\eta}^{\text{學習率}} \times \overbrace{\nabla J(\boldsymbol{W}(t))}^{\text{梯度}}$$

在計算 $J(\boldsymbol{W})$ 的梯度之前，我們先看一看 $\boldsymbol{W}$ 裡面到底有多少個參數：

$$\boldsymbol{W} = \{\boldsymbol{w}^1, \cdots, \boldsymbol{w}^L, \cdots, \boldsymbol{w}^M\}, \quad \boldsymbol{w}^L = \begin{bmatrix} w_{0,1}^L & w_{1,1}^L & \cdots & w_{d_{L-1},1}^L \\ w_{0,2}^L & w_{1,2}^L & \cdots & w_{d_{L-1},2}^L \\ \vdots & \vdots & \ddots & \vdots \\ w_{0,d_L}^L & w_{2,d_L}^L & \cdots & w_{d_{L-1},d_L}^L \end{bmatrix}$$

因為每個 $\boldsymbol{w}^L$ 的大小都是 $d_L(d_{L-1}+1)$，因此，$\boldsymbol{W}$的參數個數 Q 為

$$Q = d_1(d_0+1) + d_2(d_1+1) + \cdots + d_M(d_{M-1}+1) = \sum_{L=1}^{M} d_L(d_{L-1}+1)$$

將 $\nabla J(\boldsymbol{W})$ 的每一項都寫出來，就是一個極大的列向量，有上百萬個參數也是很常見的：

$$\nabla J(\boldsymbol{W}) = \begin{bmatrix} \partial J(\boldsymbol{W})/\partial w_{0,1}^{1} \\ \vdots \\ \partial J(\boldsymbol{W})/\partial w_{0,1}^{L} \\ \vdots \\ \partial J(\boldsymbol{W})/\partial w_{d_{L-1},d_L}^{L} \\ \vdots \\ \partial J(\boldsymbol{W})/\partial w_{d_{M-1},d_M}^{M} \end{bmatrix}_{Q\times 1}$$

用有限差分（Finite Difference）可以計算出梯度向量裡面每一項的偏導數，但是計算複雜度為 $O(Q^2)$，效率很低。這時大名鼎鼎的反向傳播演算法（計算複雜度只為 $O(Q)$）終於要登場了。

11.2.3 反向傳播

正向傳播是按網路正方向計算每一層對應的得分 z 和輸出 x；與之對應的反向傳播是按網路反方向計算每一層對應的偏導數 $\partial J/\partial \boldsymbol{W}$。

1. 簡單範例

還是以正向傳播中介紹的那個簡單的神經網路為例，假設最後的誤差函數是 l，下面計算 l 對某一個加權 w 的偏導數 $\partial l/\partial w$。

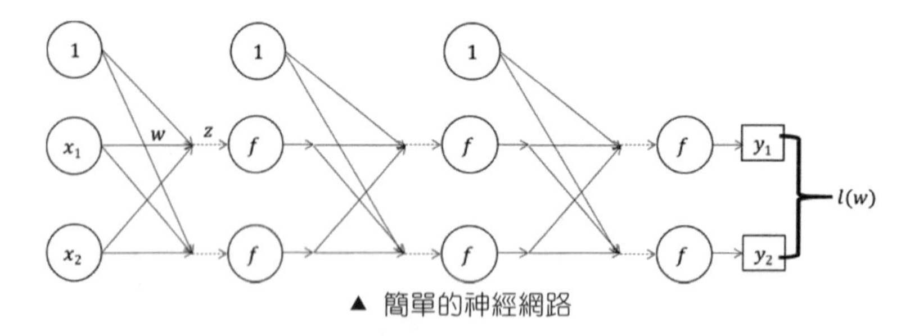

▲ 簡單的神經網路

根據鏈式法則（見 11.1.2 節），$\partial l/\partial w$可以被拆分成 $\partial z/\partial w$ 和 $\partial l/\partial z$：

（1）$\partial z/\partial w$用正向傳播計算（得分 z 已知）。

（2）$\partial l/\partial z$則需要用反向傳播計算。

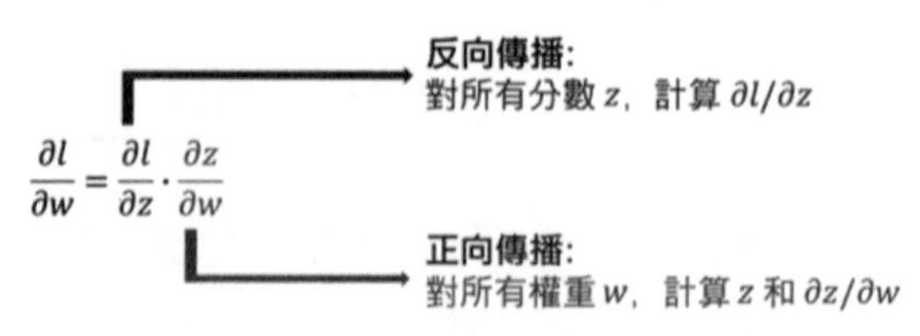

▲ 用鏈式法則計算損失函數對加權的偏導數

實際步驟如下所示。

第 1 步：計算 $\partial z/\partial \boldsymbol{w}$（注意下圖中紅色字型部分）。

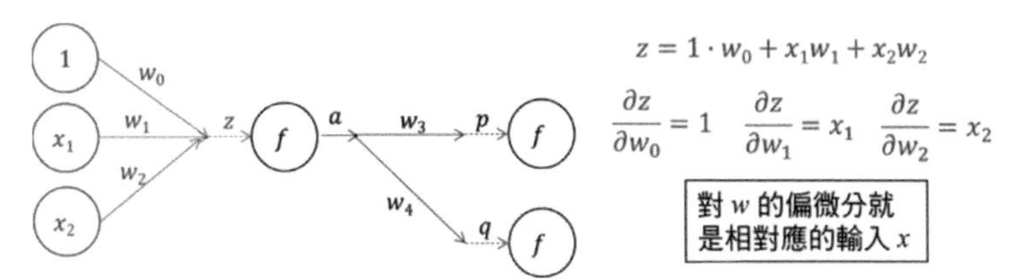

▲ 計算得分對加權的偏導數

顯然 z 是 $\boldsymbol{w}$ 的線性組合，其係數就是相對應的 $\boldsymbol{x}$，那麼 $\partial z/\partial \boldsymbol{w} = \boldsymbol{x}$。

下圖中列出一個實際計算 $\partial z/\partial \boldsymbol{w}$ 的實例。

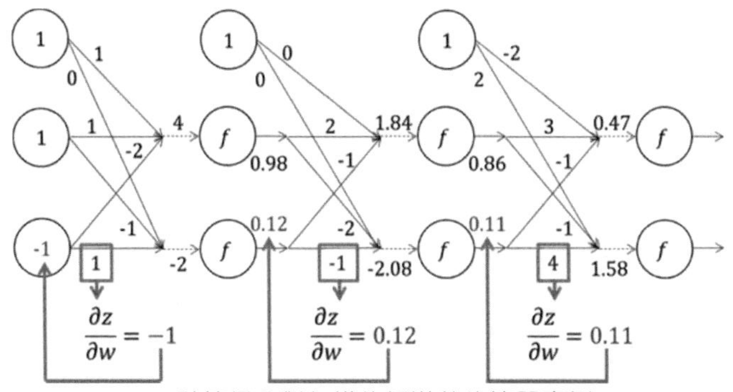

▲ 計算得分對加權的偏導數的簡單實例

第 2 步：計算 $\partial l/\partial z$，又根據鏈式法則（見 11.1.2 節），$\partial l/\partial z$ 可以被拆分成 $\partial l/\partial a$ 和 $\partial a/\partial z$。

第 2.1 步：先求簡單的 $\partial a/\partial z$（注意右圖中粗黑字型部分）。

a 是得分 z 經過函數 f 產生的輸出 $a = f(z)$，有 $\partial a/\partial z = f'(z)$。

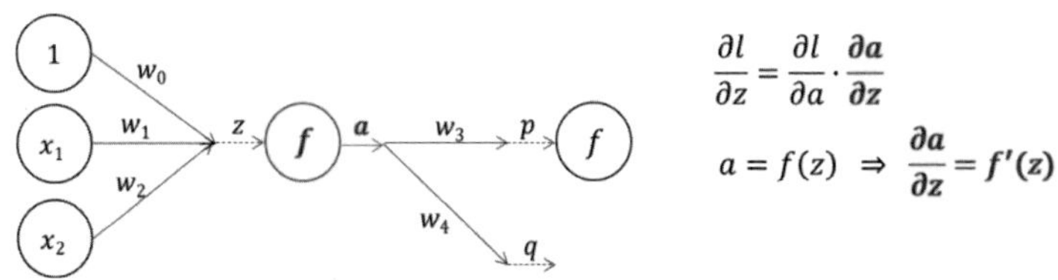

▲ 計算輸出對得分的偏導數

第 2.2 步：再嘗試求 $\partial l/\partial a$（注意右圖中紅色字型部分）。

一次性獲得 $\partial l/\partial a$ 運算式很困難，從 a 開始之後每層得分都和 a 有關，直到最後一層。那麼就先往後面看一層，由鏈式法則獲得下圖所示的公式。

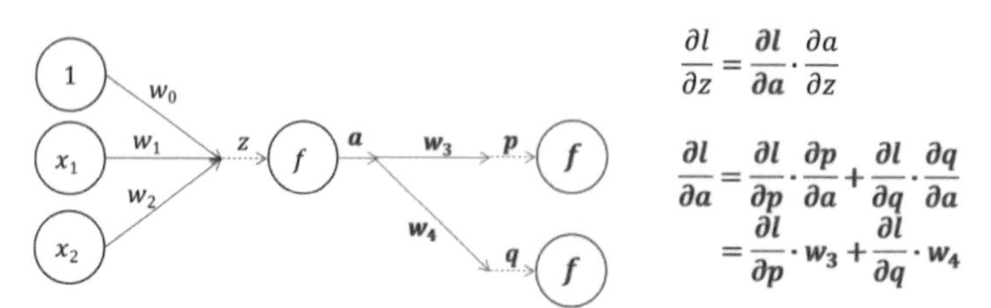

▲ 計算損失函數對輸出的偏導數

將第 2.1 和 2.2 步獲得的結果進行綜合，便可推出下式（其中最美妙的地方就是藍色的偏導數）。

$$\frac{\partial l}{\partial z}=f'(z)\left(\frac{\partial l}{\partial p}w_3+\frac{\partial l}{\partial q}w_4\right)$$

- $\partial l/\partial z$ 是**前一層**的 l 對得分 z 的偏導數。
- $\partial l/\partial p$ 和 $\partial l/\partial q$ 是後一層的 l 對得分 p 和 q 的偏導數。

這樣遞推關係就建立起來了。

第 3 步：再往後面試一層如何？

情況 1：如果下一層是輸出層，就完成工作了，因為 $\partial l/\partial q$ 可以顯性寫出（見右圖），所以：

- $\partial l/\partial y_1$ 可以顯性寫出。
- $\partial y_1/\partial p$ 可以顯性寫出，$y_1=f(p)$。

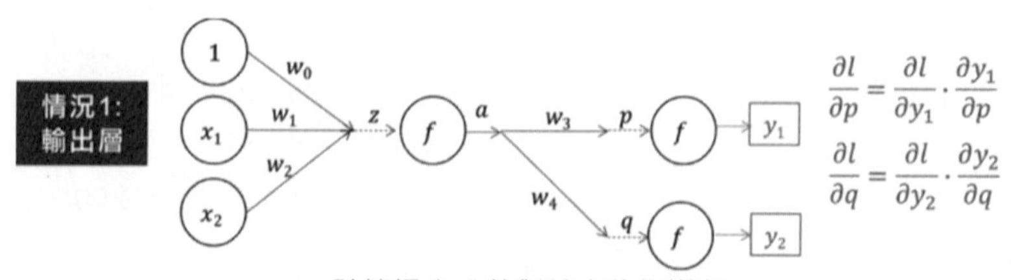

▲ 計算損失函數對輸出的偏導數

情況 2：如果下一層還是隱藏層，則再重複一遍第 2.2 步的過程，如右圖所示。

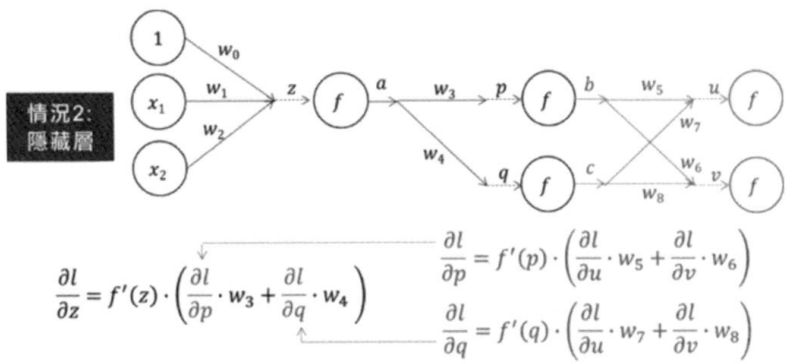

▲ 計算損失函數對輸出的偏導數

好消息是，一直就像情況 2 這麼遞推下去，總會遇到情況 1，此時就大功告成了。

2. 複雜推導

現在讓我們將注意力鎖定在第 L 層，在推導前，先來熱身看一看證明中需要用到的 3 個重要公式 [E1]、[E2] 和 [E3]。

熱身 1：從 $L-1$ 層的輸出到 L 層的得分，再轉換成 L 層的輸出，實際過程見下圖中綠色方框裡的內容。

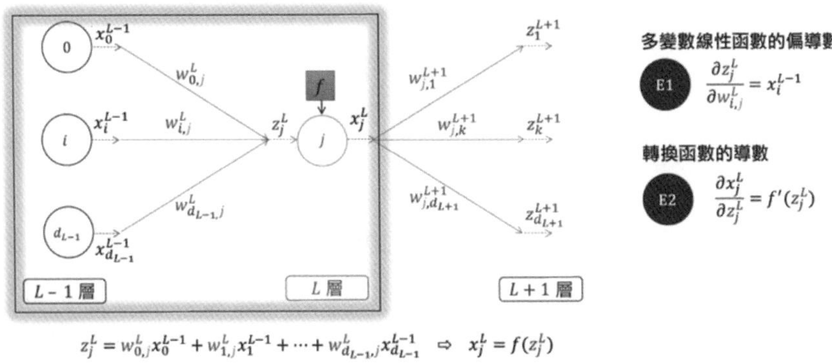

▲ 公式 [E1] 和 [E2] 的推導

熱身 2：從 L 層的輸出到 $L+1$ 層的得分，再轉換成 $L+1$ 層的輸出，見下圖方框裡的內容。

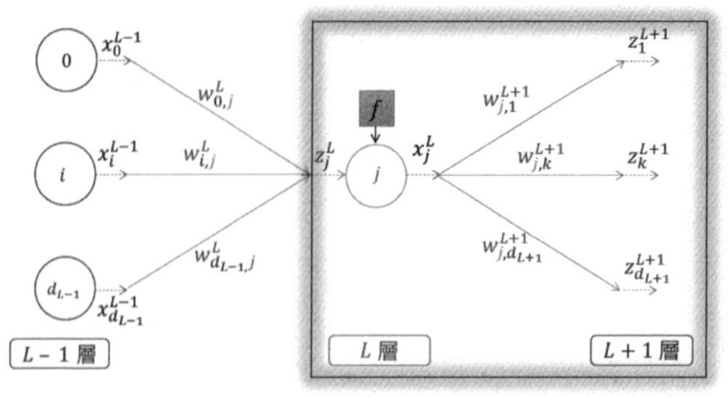

多變數線性函數的偏導數

E3 $\dfrac{\partial z_j^{L+1}}{\partial x_j^L} = w_{j,k}^{L+1}$

$$z_k^{L+1} = \cdots + w_{j,k}^{L+1} x_j^L + \cdots, \qquad k = 1,2,\ldots,d_{L+1}$$

▲ 公式 [E3] 的推導

熱身完後，代入公式 [E1]、[E2] 和 [E3] 來證明從 $L+1$ 層到 L 層反向傳播演算法的核心公式（細節推導見本章附錄 A）：

$$\frac{\partial l}{\partial \boldsymbol{W}^L} = \overbrace{\boldsymbol{\delta}^L}^{\text{損失函數 } l \text{ 對 } L \text{ 層得分 } \boldsymbol{z}^L \text{ 的敏感度}} \times (\boldsymbol{x}^{L-1})^{\mathrm{T}} = \left([(\boldsymbol{W}^{L+1})^{\mathrm{T}} \times \boldsymbol{\delta}^{L+1}]_{-1} \otimes f'(\boldsymbol{z}^L)\right) \times (\boldsymbol{x}^{L-1})^{\mathrm{T}}$$

從 $L+1$ 層到 L 層反向傳播演算法的流程圖如下圖所示。

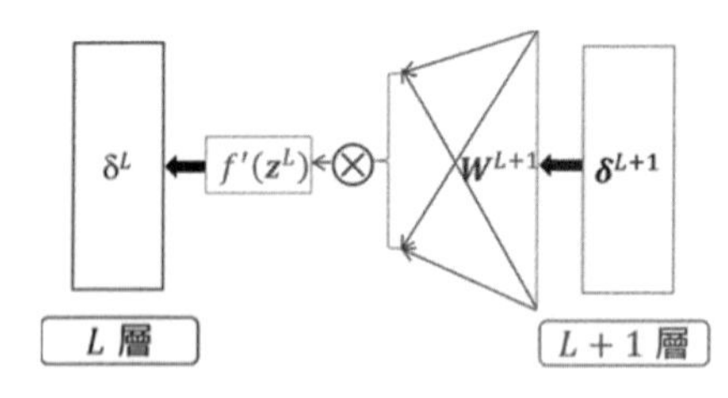

$$\boldsymbol{\delta}^L = [(W^{L+1})^{\mathrm{T}} \cdot \boldsymbol{\delta}^{L+1}]_{-1} \otimes f'(z^L)$$

▲ 從 $L+1$ 層到 L 層的反向傳播流程圖

該流程圖表達的意思是：

（1）$L+1$ 層的敏感度 $\boldsymbol{\delta}^{L+1}$ 乘以 $L+1$ 層加權 $\boldsymbol{W}^{L+1}$ 的轉置，去掉第一個元素獲得一個向量 $\boldsymbol{V}$。

（2）向量 $\boldsymbol{V}$ 的每個元素乘以轉換函數的導數 $f'(\boldsymbol{z}^L)$，每個元素獲得 L 層的敏感度 $\boldsymbol{\delta}^L$。

明白從 $L+1$ 層到 L 層的反向傳播演算法後，將 L 從 $M-1$ 列舉到 1 就簡單了。第 M 層是輸出層，需要做初始化。

演算法 9 反向傳播演算法

反向傳播計算：

$\boldsymbol{z}^L$ 對 $L = 1,2,\cdots,M$

$\boldsymbol{x}^L$ 對 $L = 0,1,\cdots,M$

初始化輸出層上的敏感度

$$\boldsymbol{\delta}^M = (\boldsymbol{x}^M - y) \otimes f'(\boldsymbol{z}^M)$$

對 $L = M-1, M-2,\cdots,1$，計算：

$$\boldsymbol{\delta}^L = \left[\left(\boldsymbol{W}^{L+1}\right)^{\mathrm{T}}\boldsymbol{\delta}^{L+1}\right]_{-1} \otimes f'(\boldsymbol{z}^L)$$

11.2.4 程式實現

1. 在 MATLAB 中的實現

問題描述：用只帶一層隱藏層的神經網路來識別黑白的手寫數字。

本案例的資料集中有 5000 張手寫圖片，右圖是隨機列印出來其中的 100 張圖片。

- 每一個數字由（784（28×28）個像素）組成。
- 每個像素是一個 0~255 的實數值，代表著對應點上的灰色強度。

▲ 黑白的手寫數字

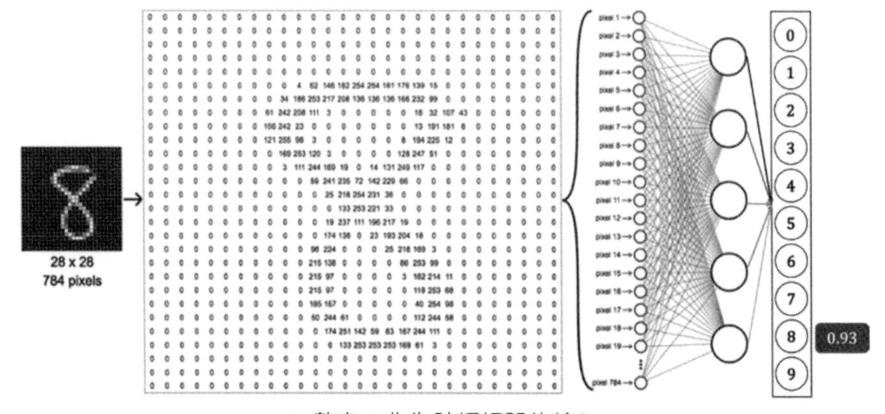

▲ 數字 8 作為神經網路的輸入

數字 8 的圖片被分解成 784（28×28）個像素，其中灰色強度值作為神經網路的輸入層中的 784 個神經元的輸入值。經過隱藏層後，在輸出層產出 10 個機率值。在上例中，對應數字 8 的輸出機率值為 0.93，因此，該神經網路識別圖片中的數字是 8。

資料解析：這裡需要把「手寫圖片的原始資料格式」轉換成「MATLAB 特有的數值格式」。在 MATLAB 裡：

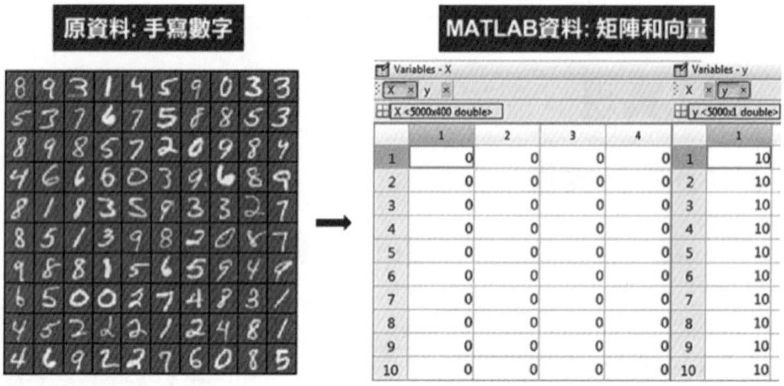

原資料: 手寫數字

MATLAB資料: 矩陣和向量

Variables - X　X <5000x400 double>

	1	2	3	4
1	0	0	0	0
2	0	0	0	0
3	0	0	0	0
4	0	0	0	0
5	0	0	0	0
6	0	0	0	0
7	0	0	0	0
8	0	0	0	0
9	0	0	0	0
10	0	0	0	0

Variables - y　y <5000x1 double>

	1
1	10
2	10
3	10
4	10
5	10
6	10
7	10
8	10
9	10
10	10

- 用矩陣 ***X*** 代表整個資料集的輸入，將 28×28 的網格「展開」成 784 維的向量。 每一個範例的輸入是 ***X*** 的一行，那麼 ***X*** 的大小是 5000×784。
- 用列向量 ***y*** 代表整個資料集的標籤，用 1~9 來標記「數字 1~9」，用 10 來標記「數字 0」。每一個範例表示的是一個 ***y***，那麼 ***y*** 的大小是 5000×1。

接下來撰寫函數 `error_function`，其輸入是 {加權,每層節點數,圖片像素值,圖片數字,懲罰係數}，輸出是 {誤差函數,梯度}，如下所示。

產生誤差函數和梯度

```
1  [ J, grad ] = error_function( W_vec, node_size, X, y, lambda )
```

誤差函數值 `J` 是由正向傳播演算法算出的，而梯度 `grad` 是由反向傳播演算法算出的。首先不考慮正規項，即設定 `lambda = 0`。

正向傳播：由於函數 `error_function` 的輸入變數 `W_vec` 是一個非常長的 1 維向量，為了運算方便，我們用 `vec2cell` 函數先將向量 `W_vec` 轉換成巢狀陣列 `W_c`。程式如下所示。

數值向量轉換成巢狀陣列

	程式	說明
1	`m = size(X, 1);`	m 是圖片個數，即 5000 個
2	`W_c = vec2cell( W_vec, node_size );`	巢狀陣列的意思就是 W_c 有 *n* 個元素，每個元素都是一個大小不一的矩陣
3	`M = numel(W_c);`	M 是巢狀陣列 W_c 的個數，也就是神經網路的層數
4	`vec1 = ones(m,1);`	vec1 是元素都為 1 的向量

根據演算法 9，在 `error_function` 函數裡首先要撰寫正向傳播演算法，程式如下所示。

正向傳播演算法

```
1   Z_c = cell(M,1);          % the score cell -- cell(M)
2   X_c = cell(M,1);          % the output cell -- cell(M+1)
3   x0 = [vec1 X];            % x0 -- [m*(d0+1)]
4   
5   for L = 1 : M
6       if L == 1
7           Z_c{L} = x0 * W_c{L}';            % z1 -- [m*d1] = [m*(d0+1)] * [d1*(d0+1)]'
8       else
9           Z_c{L} = X_c{L-1} * W_c{L}';     % zL -- [m*dL] = [m*(dL_1+1)] * [dL*(dL_1+1)]'
10      end
11      if L == M
12          X_c{L} = sigmoid( Z_c{L} );       % xM -- [m*dM]
13      else
14          X_c{L} = [vec1 sigmoid(Z_c{L})];  % xL -- [m*(dL+1)]
15      end
16  end
17  dM = node_size(end);
18  y_mat = zeros(m,dM);
19  y_mat( sub2ind(size(y_mat), 1:length(y), y') \)= 1;
20  h = X_c{M};
21  J = - sum( sum((y_mat.*log(h)+(1-y_mat).*log(1-h))))/ m;
```

上面程式的註釋已經非常詳細了，讀者學完 11.2.1 節的流程圖和演算法後會很容易看懂，除了第 19 行：

```
y_mat( sub2ind(size(y_mat)，1:length(y)，y'))= 1;
```

大家一定覺得奇怪，$\boldsymbol{y}$ 應該是一個 5000×1 的向量，在這裡怎麼變成一個矩陣了呢？原因是這裡使用了獨熱編碼，用 10×1 的向量代表數字 i，而該向量的第 i 個元素是 1，其他元素為 0，如下圖所示。

$$\overbrace{\begin{bmatrix}1\\0\\0\\0\\0\\0\\0\\0\\0\\0\end{bmatrix}}^{\text{數字 1}},\overbrace{\begin{bmatrix}0\\1\\0\\0\\0\\0\\0\\0\\0\\0\end{bmatrix}}^{\text{數字 2}},\overbrace{\begin{bmatrix}0\\0\\1\\0\\0\\0\\0\\0\\0\\0\end{bmatrix}}^{\text{數字 3}},\overbrace{\begin{bmatrix}0\\0\\0\\1\\0\\0\\0\\0\\0\\0\end{bmatrix}}^{\text{數字 4}},\overbrace{\begin{bmatrix}0\\0\\0\\0\\1\\0\\0\\0\\0\\0\end{bmatrix}}^{\text{數字 5}},\overbrace{\begin{bmatrix}0\\0\\0\\0\\0\\1\\0\\0\\0\\0\end{bmatrix}}^{\text{數字 6}},\overbrace{\begin{bmatrix}0\\0\\0\\0\\0\\0\\1\\0\\0\\0\end{bmatrix}}^{\text{數字 7}},\overbrace{\begin{bmatrix}0\\0\\0\\0\\0\\0\\0\\1\\0\\0\end{bmatrix}}^{\text{數字 8}},\overbrace{\begin{bmatrix}0\\0\\0\\0\\0\\0\\0\\0\\1\\0\end{bmatrix}}^{\text{數字 9}},\overbrace{\begin{bmatrix}0\\0\\0\\0\\0\\0\\0\\0\\0\\1\end{bmatrix}}^{\text{數字 0}}$$

y_mat 的大小為 5000×10，初值都為 0。

根據上面使用獨熱編碼將數字轉換成向量這個過程，那麼應該給 y_mat 的每一行（見 1:length(y)）的第 y 列（見 y'）設定值為 1。而 MATLAB 的 sub2ind 函數可以完成這樣的設定值。

反向傳播：根據演算法 9，在 error_function 函數裡再撰寫反向傳播演算法，程式如下所示。

反向傳播演算法

```
W_grad_c = cell(M,1);
delta_c = cell(M,1);
for L = M: -1 : 1
    if L == M
```

反向傳播演算法

```
        delta_c{L} = h - y_mat;
    else
        A = delta_c{L+1} * W_c{L+1};
        delta_c{L} = S_dev(Z_c{L}).* A(:,2:end); % S_dev is the derivative of sigmoid function
    end
```

```
10      if L == 1
11          W_grad_c{L} = delta_c{L}' * x0;
12      else
13          W_grad_c{L} = delta_c{L}' * X_c{L-1};
14      end
15  end
```

上面程式的註釋已經非常詳細了，讀者學完 11.2.3 節裡的流程圖和演算法後會很容易看懂。

梯度檢驗：`W_grad_c` 巢狀陣列中的每個元素中儲存一個梯度矩陣，將每個矩陣展開成 1 維列向量，再串連起來，程式如下所示。

巢狀陣列轉換成數值向量

```
1  W_grad_vec = arrayfun(@(k)W_grad_c{k}(:),(1:M), 'UniformOutput', false );
```

其中，`arrayfun` 是將「巢狀陣列變成陣列向量」這個操作應用在每個 `W_grad_c` 元素上，由於該操作的輸出是大小不同的陣列向量，因此`'UniformOutput'` 應該設為 `false`。

用反向傳播算出梯度後，就可以用梯度下降來求最佳加權了。但是，怎麼能保障算出的梯度就是對的呢？一個有效的方法就是用有限差分來求數值解的梯度 $\nabla J(\boldsymbol{W})$，和反向傳播算出的梯度相比，其過程如下：

$$\nabla J(\boldsymbol{W}^{(i)}) \approx \frac{J(\boldsymbol{W}^{(i+)}) - J(\boldsymbol{W}^{(i-)})}{2\epsilon}$$

其中

$$\boldsymbol{W}^{(i+)} = \boldsymbol{W} + \begin{bmatrix} 0 \\ \vdots \\ \epsilon \\ \vdots \\ 0 \end{bmatrix}, \quad \boldsymbol{W}^{(i-)} = \boldsymbol{W} - \begin{bmatrix} 0 \\ \vdots \\ \epsilon \\ \vdots \\ 0 \end{bmatrix}, \quad \epsilon = 10^{-4}$$

，作用在 $\boldsymbol{W}$ 的第 i 個元素上。

將上面的數學運算式轉換成程式獲得：

梯度檢驗

```
1  function numgrad =
   computeNumericalGradient( J, W )
2  numgrad = zeros(size(W));
3  perturb = zeros(size(W));
4  e = 1e-4;
5  for p = 1:numel(W)
6      % Set perturbation vector
7      perturb(p)= e;
8      loss1 = J(W - perturb);
9      loss2 = J(W + perturb);
10     % Compute Numerical Gradient
11     numgrad(p)=(loss2 - loss1)/(2*e);
12     perturb(p)= 0;
13 end
```

```
Checking Backpropagation...

  0.097400696967842   0.097400696964439
  0.164090818797202   0.164090818795005
  0.057573649347997   0.057573649349412
  0.050457585485386   0.050457585486229
  0.164567932285919   0.164567932287890
  0.057786737848176   0.057786737849711
  0.050753017291072   0.050753017290885
  0.158339333882207   0.158339333883892
  0.055923529598267   0.055923529600981
  0.049162084116983   0.049162084115012
  0.151127527465711   0.151127527466251
  0.053696700910155   0.053696700910282
  0.047145624852973   0.047145624852528
  0.149568334715244   0.149568334716819

(Left-BP Gradient, Right-Analytical
Gradient)Relative Difference: 2.3671e-11
```

結果如上表的右半部分所示，我們發現左列用反向傳播與右列用有限差分產生梯度的相對差異非常小（2.3671×10^{-11}）。

其他技巧：現在整套訓練 ANN 的程式基本上實現了，除了兩個問題：

（1）如何指定加權 $\boldsymbol{W}$ 的初值？

（2）如何防止類神經網路模型過擬合？

第一個問題好解決，根據經驗，$\boldsymbol{w}^L$ 初值為：

$$\boldsymbol{w}^L = 2 \times \text{隨機矩陣}(d_{L+1}, d_L + 1) \times e - e$$

$$e = \frac{\sqrt{6}}{\sqrt{d_L + d_{L+1}}}$$

ANN 初始化加權

```
1  function W = randInitializeWeights (L_in, L_out )
2  e = sqrt(6)/ sqrt(L_in+L_out);
3  W = rand(L_out, 1+L_in)* 2 * e - e;
```

第二個問題需要引用正規項（類似嶺回歸和線性回歸）：

$$J(\boldsymbol{W})=\frac{1}{m}\sum_{i=1}^{m}l(h_{\boldsymbol{W}}(x^{(i)}),y^{(i)})+\frac{\lambda}{2m}\text{sum}(\boldsymbol{W}\otimes\boldsymbol{W})$$

其中，

- λ 是正規項的懲罰係數，是一個超參數（Hyper-Parameter）。
- 藍色項表示 $\boldsymbol{W}$ 中的每個元素乘以每個元素的和（剔除偏置項）。

為了選擇最佳 λ，我們將 5000 個資料按 4:1 的比例隨機分成兩個資料集：4000 個資料用於訓練加權，1000 個資料用於驗證及調參，指定一組 $\lambda = \{10^{-2}, 10^{-1.5}, 10^{-1}, \cdots, 10, 10^{1.5}, 10^{2}\}$，畫出訓練誤差和測試誤差，如下圖所示。

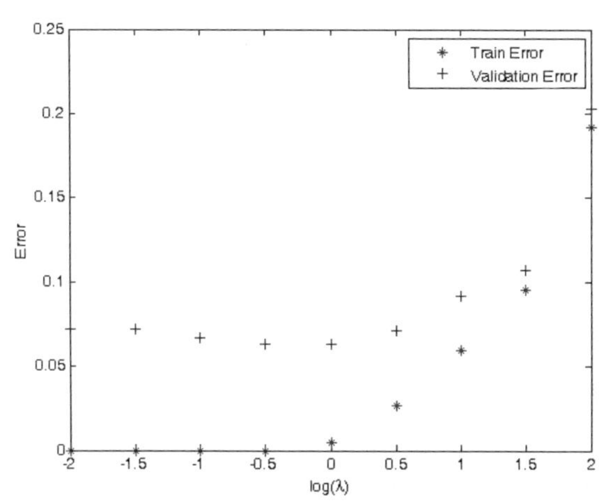

▲ 不同懲罰係數下的訓練誤差和驗證誤差

由上圖可以發現：

- 訓練誤差隨著 λ 的增加而增加，在 λ 小於 1 時，訓練誤差幾乎為 0。
- 驗證誤差隨著 λ 的增加先減小再增加，在 λ 等於 $10^{-0.5}$ 時，達到最低，大概為 7%。

這對只有一層隱藏層的 ANN 來說，結果還可以。

2. 在 Keras 中的實現

Keras 是一個高層神經網路 API。Keras 由 Python 撰寫而成，並以 TensorFlow、Theano 及 CNTK 為後端。如果你想最快地把想法轉化成結果，那麼 Keras 是最好的選擇。與 11.2.4 節的用 MATLAB 從頭到尾撰寫正向傳播演算法和反向傳播演算法來實現 ANN 不同，在 Keras 中可以直接用其附帶的模型實現。巧的是，Keras 裡的核心資料就是「模型」，這裡的模型指的是一種組織網路層的方式。在 Keras 中用的最多的就是 Sequential 模型，顧名思義，它是由一系列網路層按順序組成，用 add 函數一層層地加。

K ANN

1	`from keras.models import Sequential`	引進 Sequential 模型
2	`from keras.layers import Dense`	引進 Dense 全連接層
3	`from keras import optimizers`	引進最佳化器
4		
5	`model = Sequential()`	初始化模型
6	`model.add( Dense(25, input_dim=784, activation ='relu'))`	增加輸入層：圖片像素為 784，輸出 25 個，用 relu 函數啟動
7	`model.add( Dense(10, activation='relu'))`	增加隱藏層：輸出 10 個結果，用 relu 函數啟動
8	`model.add( Dense(10, activation='softmax'))`	增加輸出層：最後輸出 10 個結果，用 softmax 函數啟動識別數字
9		
10	`model.compile( loss='categorical_crossentropy',`	用多類別分類的誤差函數
11	`optimizer='sgd', metrics=['accuracy'] )`	用隨機梯度下降訓練模型，看精度指標
12	`model.fit( X_train, y_train, epochs=5, batch_size=32 )`	檢查整個資料 5 遍，批次大小為 32

先定義 Sequential 函數，再增加（add 函數）、編譯（complie 函數）、訓練（fit 函數），而且對於每個函數都可以靈活設定各種參數，現在你領略到 Keras 的簡潔、高雅和功能強大了嗎？

11.3 歸納

本章內容主要參考了參考資料 [2]。ANN 的正向傳播和反向傳播其實並不難：

- 正向傳播就是把加權當已知量，從頭算到尾獲得輸出值。
- 反向傳播就是把加權當未知量，從尾推到頭獲得偏導數。

而計算加權或調取 ANN 參數的過程可以歸納為以下三步：

（1）用正向傳播計算預測值（以一種加權的函數形式）。
（2）用反向傳播計算梯度值（用到上一步的預測值和真實值）。
（3）用批次或隨機梯度下降求出最佳加權。

深度學習教父 Geoffrey Hinton 在 20 世紀 80 年代推廣了反向傳播演算法，但是在 2017 年 9 月，他要將反向傳播全部拋棄，從頭再來。在反向傳播中，需要給所有資料貼上標籤，然後透過逐層調整加權進一步最小化誤差函數。但 Hinton 認為，「這不是大腦的工作方式，大腦顯然不需要給所有的資料都貼上標籤。為了能使神經網路更聰明，即能更進一步地發展無監督學習，就表示要擺脫反向傳播」。在 2017 年 10 月，他在關於膠囊網路（Capsule Network）的論文[3]中採用的動態路由的方法，就一點點在捨棄反向傳播（沒有完全捨棄）。科學每經歷一次「葬禮」就前進一步。為了進步，必須要有全新的方法，希望推翻反向傳播演算法的一天能早一點到來。

參考資料

1. Calculus on Computational Graphs: Backpropagation [blog]
   Christopher Olah, Google Brain Research Scientist, 31 Aug 2015
2. Learning from Data: A Short Course. March 2012 [notes]
   Yaser S. Abu-Mostafa, Malik Magdon-Ismail, Hsuan-Tien Lin, e-Chapter 7, Neural Networks.
3. Dynamic Routing Between Capsules [paper]
   Sara Sabour, Nicholas Frosst, Geoffrey E Hinton, 26 Oct 2017. arXiv:1710.09829

技術附錄

A. 反向傳播核心證明

第一步：明晰證明想法

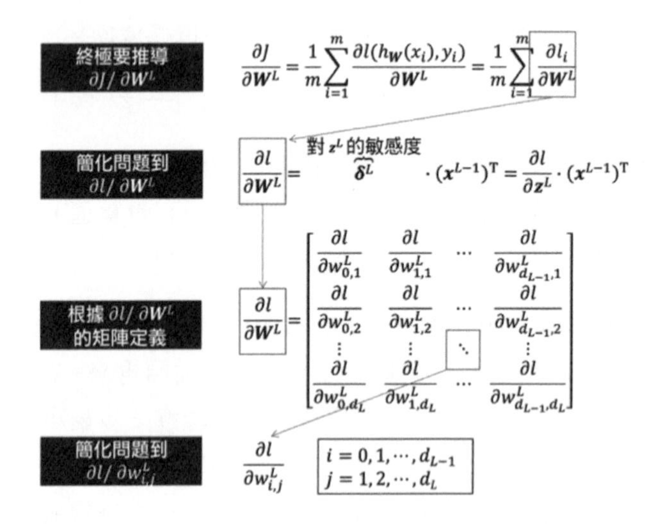

誤差函數 J 是損失函數 l 的簡單加總，J 對參數 $\boldsymbol{W}^L$ 的偏導數可以分解成

$$\frac{\partial J}{\partial \boldsymbol{W}^L} = \frac{1}{m}\sum_{i=1}^{m}\frac{\partial l_i}{\partial \boldsymbol{W}^L}$$

累加符號裡各項完全平行，因此只需證明其中某項 $\partial l/\partial \boldsymbol{W}^L$ 即可。

由矩陣 $\partial l/\partial \boldsymbol{W}^L$ 定義寫出其顯性表達形式，組成矩陣的元素為 $\partial l/\partial w_{ij}^L$。

推出 $\partial l/\partial w_{ij}^L$ 運算式，再合成矩陣形式，目標是能證明出以下公式：

$$\frac{\partial l}{\partial \boldsymbol{W}^L} = \boldsymbol{\delta}^L(\boldsymbol{x}^{L-1})^{\mathrm{T}}$$

第二步：明晰核心過程

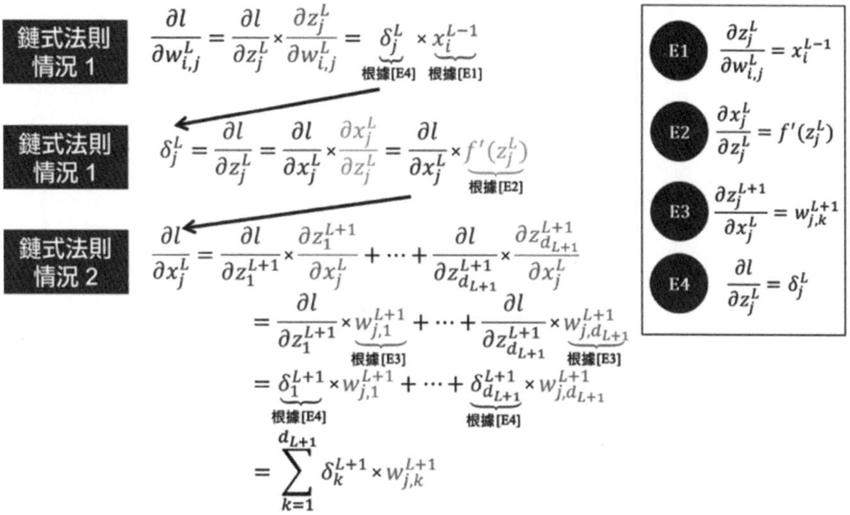

鏈式法則情況 1

$$\frac{\partial l}{\partial w_{i,j}^L} = \frac{\partial l}{\partial z_j^L} \times \frac{\partial z_j^L}{\partial w_{i,j}^L} = \underbrace{\delta_j^L}_{\text{根據[E4]}} \times \underbrace{x_i^{L-1}}_{\text{根據[E1]}}$$

鏈式法則情況 1

$$\delta_j^L = \frac{\partial l}{\partial z_j^L} = \frac{\partial l}{\partial x_j^L} \times \frac{\partial x_j^L}{\partial z_j^L} = \frac{\partial l}{\partial x_j^L} \times \underbrace{f'(z_j^L)}_{\text{根據[E2]}}$$

鏈式法則情況 2

$$\begin{aligned}\frac{\partial l}{\partial x_j^L} &= \frac{\partial l}{\partial z_1^{L+1}} \times \frac{\partial z_1^{L+1}}{\partial x_j^L} + \cdots + \frac{\partial l}{\partial z_{d_{L+1}}^{L+1}} \times \frac{\partial z_{d_{L+1}}^{L+1}}{\partial x_j^L} \\ &= \frac{\partial l}{\partial z_1^{L+1}} \times \underbrace{w_{j,1}^{L+1}}_{\text{根據[E3]}} + \cdots + \frac{\partial l}{\partial z_{d_{L+1}}^{L+1}} \times \underbrace{w_{j,d_{L+1}}^{L+1}}_{\text{根據[E3]}} \\ &= \underbrace{\delta_1^{L+1}}_{\text{根據[E4]}} \times w_{j,1}^{L+1} + \cdots + \underbrace{\delta_{d_{L+1}}^{L+1}}_{\text{根據[E4]}} \times w_{j,d_{L+1}}^{L+1} \\ &= \sum_{k=1}^{d_{L+1}} \delta_k^{L+1} \times w_{j,k}^{L+1}\end{aligned}$$

E1 $\frac{\partial z_j^L}{\partial w_{i,j}^L} = x_i^{L-1}$

E2 $\frac{\partial x_j^L}{\partial z_j^L} = f'(z_j^L)$

E3 $\frac{\partial z_j^{L+1}}{\partial x_j^L} = w_{j,k}^{L+1}$

E4 $\frac{\partial l}{\partial z_j^L} = \delta_j^L$

根據鏈式法則情況 1，則有**公式 1**：

$$\frac{\partial l}{\partial w_{i,j}^L} = \frac{\partial l}{\partial z_j^L} \times \frac{\partial z_j^L}{\partial w_{i,j}^L} = \underbrace{\delta_j^L}_{\text{根據 } \delta_j^L \text{ 定義}} \times \underbrace{x_i^{L-1}}_{\text{根據[E1]}} \qquad \text{[公式 1]}$$

根據鏈式法則情況 1，則有**公式 2**：

$$\delta_j^L = \frac{\partial l}{\partial z_j^L} = \frac{\partial l}{\partial x_j^L} \times \frac{\partial x_j^L}{\partial z_j^L} = \frac{\partial l}{\partial x_j^L} \times \underbrace{f'(z_j^L)}_{\text{根據[E2]}} \qquad \text{[公式 2]}$$

根據鏈式法則情況 2，則有**公式 3**：

$$\frac{\partial l}{\partial x_j^L} = \frac{\partial l}{\partial z_1^{L+1}} \times \frac{\partial z_1^{L+1}}{\partial x_j^L} + \cdots + \frac{\partial l}{\partial z_{d_{L+1}}^{L+1}} \times \frac{\partial z_{d_{L+1}}^{L+1}}{\partial x_j^L} = \frac{\partial l}{\partial z_1^{L+1}} \times \underbrace{w_{j,1}^{L+1}}_{\text{根據[E3]}} + \cdots + \frac{\partial l}{\partial z_{d_{L+1}}^{L+1}} \times \underbrace{w_{j,d_{L+1}}^{L+1}}_{\text{根據[E3]}} \qquad \text{[公式 3]}$$

$$= \underbrace{\delta_1^{L+1}}_{\text{根據 } \delta_j^{L+1} \text{ 定義}} \times w_{j,1}^{L+1} + \cdots + \underbrace{\delta_{d_{L+1}}^{L+1}}_{\text{根據 } \delta_j^{L+1} \text{ 定義}} \times w_{j,d_{L+1}}^{L+1} = \sum_{k=1}^{d_{L+1}} \delta_k^{L+1} \times w_{j,k}^{L+1}$$

將公式 3 代入公式 2 中，獲得**公式 4**：

$$\overbrace{\delta_j^L}^{L\text{ 層的第 }j\text{個敏感度}} = \sum_{k=1}^{d_{L+1}} w_{j,k}^{L+1} \times f'(z_j^L) \times \overbrace{\delta_k^{L+1}}^{L+1\text{ 層 }d_{L+1}\text{個敏感度}} \quad \text{[公式 4]}$$

由於這個反覆運算關係是從後往前遞推的，因此需要一個最後條件 δ_j^M，($j = 1,2,\cdots,d_M$)，稱為**公式 5**：

$$\delta_j^M = \frac{\partial l}{\partial z_j^M} = \frac{\partial l}{\partial x_j^M} \times \frac{\partial x_j^M}{\partial z_j^M} = (x_j^M - y) \times (z_j^M) \quad \text{[公式 5]}$$

結合公式 4 和公式 5 獲得：

$$\begin{cases} \delta_j^M = (x_j^M - y) f'(z_j^M), & j = 1,2,\cdots,d_M \\ \delta_j^L = \sum_{k=1}^{d_{L+1}} w_{j,k}^{L+1} f'(z_j^L) \delta_k^{L+1}, & j = 1,2,\cdots,d_L, L = 1,2,\cdots,M-1 \end{cases}$$

第三步：整理矩陣形式

將**公式 4** 裡 δ 的純量形式寫成矩陣形式獲得：

$$\boldsymbol{\delta}^M = \begin{bmatrix} \delta_1^M \\ \vdots \\ \delta_j^M \\ \vdots \\ \delta_{d_M}^M \end{bmatrix} = \begin{bmatrix} (x_1^M - y) f'(z_1^M) \\ \vdots \\ (x_j^M - y) f'(z_j^M) \\ \vdots \\ (x_{d_M}^M - y) f'(z_{d_M}^M) \end{bmatrix} = (\boldsymbol{x}^M - y) \otimes f'(\boldsymbol{z}^M)$$

將**公式 5** 裡 δ 的純量形式寫成矩陣形式獲得：

$$\boldsymbol{\delta}^L = \begin{bmatrix} \delta_1^L \\ \vdots \\ \delta_j^L \\ \vdots \\ \delta_{d_L}^L \end{bmatrix} = \begin{bmatrix} \begin{bmatrix} \delta_1^{L+1} & \cdots & \delta_{d_{L+1}}^{L+1} \end{bmatrix}^{\mathrm{T}} \begin{bmatrix} w_{1,1}^{L+1} & \cdots & w_{1,d_{L+1}}^{L+1} \end{bmatrix} f'(z_1^L) \\ \vdots \\ \begin{bmatrix} \delta_1^{L+1} & \cdots & \delta_{d_{L+1}}^{L+1} \end{bmatrix}^{\mathrm{T}} \begin{bmatrix} w_{2,1}^{L+1} & \cdots & w_{2,d_{L+1}}^{L+1} \end{bmatrix} f'(z_j^L) \\ \vdots \\ \begin{bmatrix} \delta_1^{\mathrm{L}+1} & \cdots & \delta_{\mathrm{d_{L+1}}}^{\mathrm{L}+1} \end{bmatrix}^{\mathrm{T}} \begin{bmatrix} w_{d_L,1}^{L+1} & \cdots & w_{d_L,d_{L+1}}^{L+1} \end{bmatrix} f'(z_{d_L}^L) \end{bmatrix}$$

$$
=\begin{bmatrix} w_{1,1}^{L+1} & w_{1,2}^{L+1} & \cdots & w_{1,d_{L+1}}^{L+1} \\ w_{2,1}^{L+1} & w_{2,2}^{L+1} & \cdots & w_{2,d_{L+1}}^{L+1} \\ \vdots & \vdots & \ddots & \vdots \\ w_{d_L,1}^{L+1} & w_{d_L,2}^{L+1} & \cdots & w_{d_L,d_{L+1}}^{L+1} \end{bmatrix} \begin{bmatrix} \delta_1^{L+1} \\ \vdots \\ \delta_j^{L+1} \\ \vdots \\ \delta_{d_{L+1}}^{L+1} \end{bmatrix} \otimes \begin{bmatrix} f'(z_1^L) \\ \vdots \\ f'(z_j^L) \\ \vdots \\ f'(z_{d_L}^L) \end{bmatrix}
$$

$$
=\left[\begin{bmatrix} w_{0,1}^{L+1} & w_{0,2}^{L+1} & \cdots & w_{0,d_{L+1}}^{L+1} \\ w_{1,1}^{L+1} & w_{1,2}^{L+1} & \cdots & w_{1,d_{L+1}}^{L+1} \\ w_{2,1}^{L+1} & w_{2,2}^{L+1} & \cdots & w_{2,d_{L+1}}^{L+1} \\ \vdots & \vdots & \ddots & \vdots \\ w_{d_L,1}^{L+1} & w_{d_L,2}^{L+1} & \cdots & w_{d_L,d_{L+1}}^{L+1} \end{bmatrix} \begin{bmatrix} \delta_1^{L+1} \\ \vdots \\ \delta_j^{L+1} \\ \vdots \\ \delta_{d_{L+1}}^{L+1} \end{bmatrix}\right]_{-1} \otimes \begin{bmatrix} f'(z_1^L) \\ \vdots \\ f'(z_j^L) \\ \vdots \\ f'(z_{d_L}^L) \end{bmatrix}
$$

$$
= [(\boldsymbol{W}^{L+1})^{\mathrm{T}} \boldsymbol{\delta}^{L+1}]_{-1} \otimes f'(\boldsymbol{z}^L)
$$

有了 $\boldsymbol{\delta}$ 矩陣形式，根據 $\partial l/\partial \boldsymbol{W}^L$ 的定義和**公式 1** 有：

$$
\frac{\partial l}{\partial \boldsymbol{W}^L} = \begin{bmatrix} \frac{\partial l}{\partial w_{0,1}^L} & \frac{\partial l}{\partial w_{1,1}^L} & \cdots & \frac{\partial l}{\partial w_{d_{L-1},1}^L} \\ \frac{\partial l}{\partial w_{0,2}^L} & \frac{\partial l}{\partial w_{1,2}^L} & \cdots & \frac{\partial l}{\partial w_{d_{L-1},2}^L} \\ \vdots & \vdots & \ddots & \vdots \\ \frac{\partial l}{\partial w_{0,d_L}^L} & \frac{\partial l}{\partial w_{1,d_L}^L} & \cdots & \frac{\partial l}{\partial w_{d_{L-1},d_L}^L} \end{bmatrix} = \begin{bmatrix} \delta_1^L x_0^{L-1} & \delta_2^L x_0^{L-1} & \cdots & \delta_{d_L}^L x_0^{L-1} \\ \delta_1^L x_1^{L-1} & \delta_2^L x_1^{L-1} & \cdots & \delta_{d_L}^L x_1^{L-1} \\ \vdots & \vdots & \ddots & \vdots \\ \delta_1^L x_{d_{L-1}}^{L-1} & \delta_2^L x_{d_{L-1}}^{L-1} & \cdots & \delta_{d_L}^L x_{d_{L-1}}^{L-1} \end{bmatrix}
$$

$$
= \begin{bmatrix} \delta_1^L \\ \vdots \\ \delta_j^L \\ \vdots \\ \delta_{d_L}^L \end{bmatrix} \begin{bmatrix} x_0^{L-1} & x_1^{L-1} & \cdots & x_{d_{L-1}}^{L-1} \end{bmatrix} = \boldsymbol{\delta}^L (\boldsymbol{x}^{L-1})^{\mathrm{T}}
$$

12

整合學習

A collective wisdom of many is likely more accurate than any one.

– Aristotle

引言

故事一

斯蒂文平時喜歡投資，有關外匯、商品和股票等資產類別。他投資的方式很特別，自己不做基本面分析或技術分析，而只是結合（Aggregate）他的朋友（小王、小張和小楊）的意見做決策。對於是否投資某個資產組合，斯蒂文會問這 3 位朋友的意見，但是他會根據實際情況，採用 3 種不同結合意見的方式：

（1）如果只是斯蒂文主觀地覺得他們的專業程度相同，那麼斯蒂文讓他們投票，並將意見均勻（Uniformly）結合獲得最後意見。

例如小王反對投資，小張和小楊同意投資，那麼斯蒂文最後決定要投資，這也是遵循少數服從多數的原則。

（2）如果斯蒂文主觀地覺得他們都很專業，但還是有強弱之分，那麼斯蒂文讓他們投票，並將意見非均勻（Non-Uniformly）結合並獲得最後意見。

例如小王反對投資，小張和小楊同意投資，但是斯蒂文覺得小王比他們兩個更專業，最後斯蒂文決定不投資，這也是遵循加權少數服從加權多數的原則。

（3）如果他們有各自擅長的投資領域，那麼斯蒂文將他們的意見條件（Conditionally）結合並獲得最後意見。

例如小王擅長外匯類投資，小張擅長商品類投資，而小楊擅長股票類投資，那麼斯蒂文會根據投資組合中的資產比例來聽取他們的意見。

- 如果組合裡大多是外匯即期和遠期資產，那麼他聽小王的意見。
- 如果組合裡大多是黃金和原油商品資產，那麼他聽小張的意見。
- 如果組合裡大多是蘋果公司和 Google 公司的股票資產，那麼他聽小楊的意見。

上面這個故事的寓意是，如果已經獲得了一些意見或假設（Hypothesis），將這些假設結合起來，則有可能讓預測效果變得更好。

故事二

斯蒂文是一名幼稚園教師，有一天，他要教小朋友如何從一堆水果中辨別出蘋果。斯蒂文有 10 張蘋果圖片和 10 張非蘋果圖片，如下圖所示。

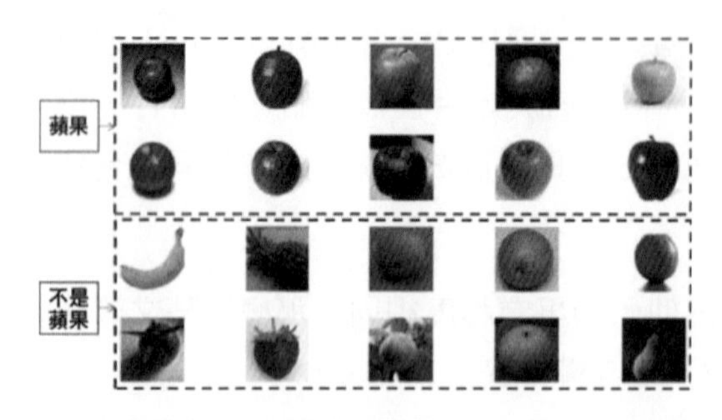

▲ 20 張水果圖片（10 張蘋果圖片和 10 張非蘋果圖片）

圖中的 20 張水果圖片就是 20 個實例。

首先，斯蒂文告訴小朋友上面 10 張圖片中顯示的是蘋果，下面 10 張圖片中顯示的不是蘋果；之後他希望用這 20 個實例來教會小朋友辨別蘋果，即讓小朋友學會分析蘋果的特徵，在看到新的水果時，一下子就能辨別它是否是蘋果。

斯蒂文：看到這 20 張水果圖片後，你怎麼來描述蘋果？

小圓：蘋果是圓的。

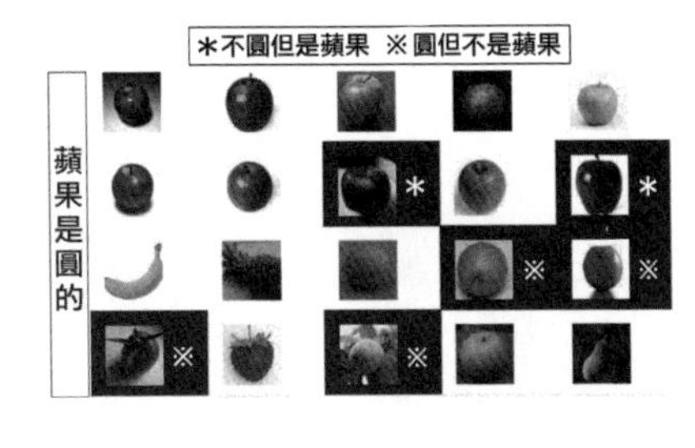

小圓認為「圓」是辨別蘋果的特徵，根據這個特徵，小圓可以從香蕉圖片中識別出蘋果，因為香蕉不是圓的。但是這個特徵永遠適用嗎？不！小圓用「圓」這個特徵來辨別蘋果可能會犯兩種錯誤：

(1) 沒識別出不圓的蘋果（＊符號）。

(2) 誤判其他圓形的水果為蘋果（※符號）。

斯蒂文記下小圓犯了錯的圖片並將其放大，同時也縮小了小圓沒犯錯的圖片（見左圖）。

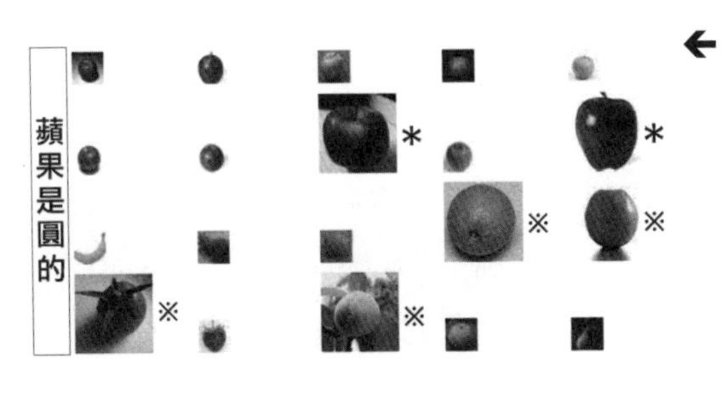

現在識別蘋果的第一個特徵是「蘋果是圓的」。

斯蒂文：除小圓說的特徵外，你還能怎樣描述蘋果？

小紅：蘋果是紅的。

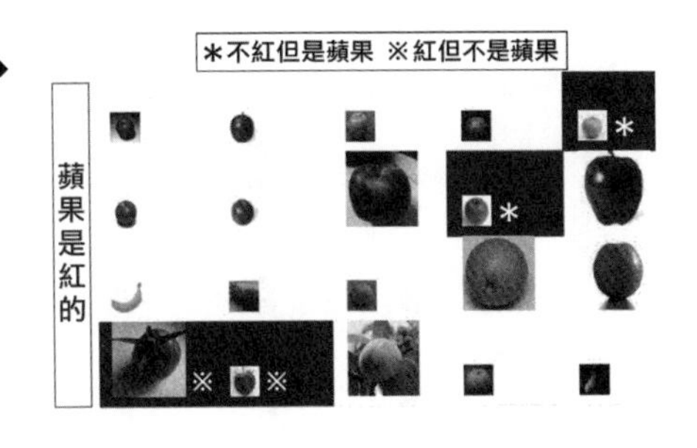

注意，小紅看到的圖片和小圓看到的圖片不大一樣，因為斯蒂文根據小圓的作答，放大了他犯錯誤的圖片且縮小了沒有犯錯的圖片，因此小紅（任何人）會把注意力放在大圖上。在那些大圖裡，的確「紅」是一個可以很好區分蘋果和其他水果的特徵。

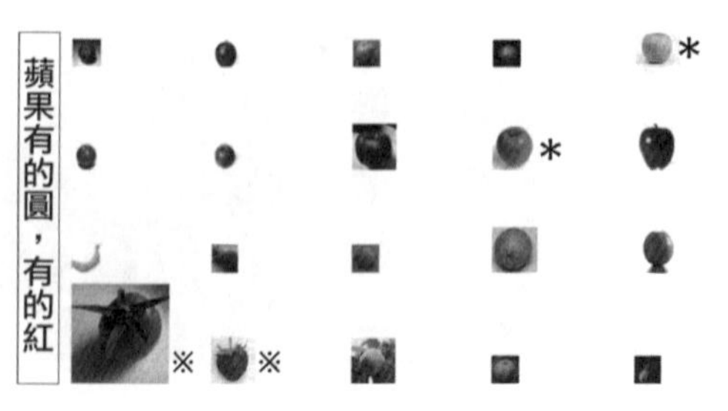

但是「紅」這個特徵是否適用那些小圖（即小圓沒犯錯的圖片）？不！小紅用「紅」這個特徵來識別蘋果可能會犯兩種錯誤：

(1) 沒識別出不紅（綠）的蘋果（＊符號）。

(2) 誤判紅色的其他水果為蘋果（※符號）。

斯蒂文又記下小紅犯了錯的圖片並將其放大，同時也縮小小紅沒犯錯的圖片（見左圖）。

現在識別蘋果的特徵是「蘋果有的是圓的，有的是紅的」。

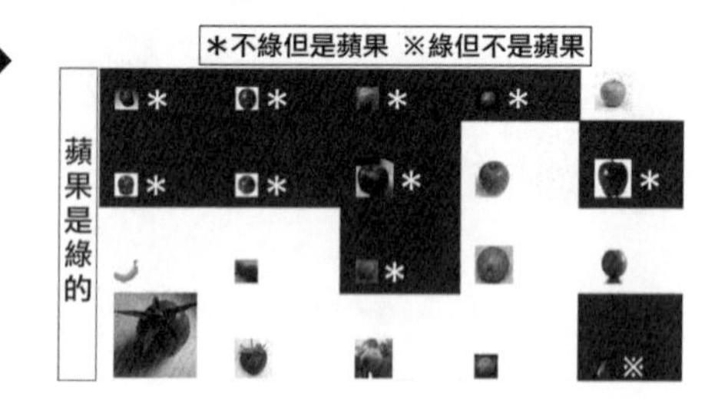

斯蒂文：除小圓和小紅說的特徵外，你還能怎樣描述蘋果？

小青：蘋果是綠的。

誠然，在那些大圖裡，的確「綠」是一個很好的區分蘋果和其他水果的特徵。

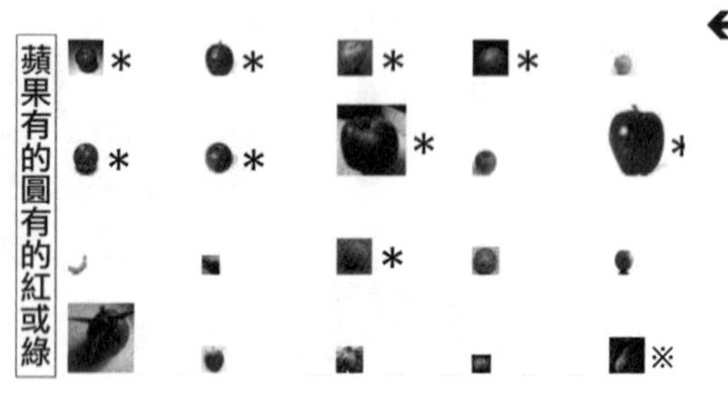

但是「綠」這個特徵是否適用那些小圖（即小紅沒犯錯的圖片）？不！小青用「綠」這個特徵來辨別蘋果可能會犯兩種錯誤：

(1) 沒識別出不是綠色（紅色）的蘋果（很多＊符號）。

(2) 誤判綠色的其他水果為蘋果（※符號）。

斯蒂文又記下小青犯了錯的圖片並將其放大，同時也縮小了小青沒犯錯的圖片，見左圖。

現在識別蘋果的特徵是「蘋果有的是圓的，有的是紅的，有的是綠的」。

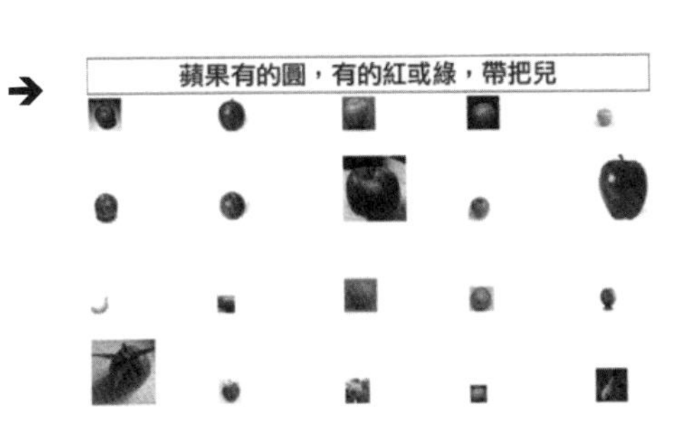

斯蒂文：除小圓、小紅、小青說的特徵外，你還能怎樣描述蘋果？

小八：蘋果是帶蒂頭的。

在那些大圖裡，的確「帶蒂頭」是一個很好的區分蘋果和其他水果的特徵。

最後辨別蘋果的特徵是「蘋果是有的圓，有的紅或綠，帶蒂頭的」。斯蒂文當然還可以繼續問小朋友，隨著這個過程的深入，小朋友學到的如何辨別蘋果的特徵會越來越全。即使每個小朋友只能從一個方面辨別蘋果，但是結合起來的結論就很厲害了，有可能比一個專家來辨別蘋果還要準確，這個過程就是一個增強或提升（Boosting）過程。這個故事的寓意是，如果有一群「弱雞」假設，也可能將其提升成「戰鬥機」假設。

這兩個故事都是從台灣大學林軒田教授的《機器學習基礎》的教材[1]和[2]參考來的，本章的思維導圖如下：

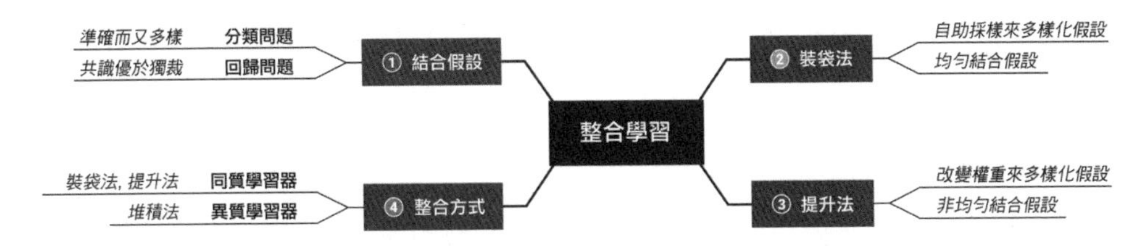

12.1 結合假設

12.1.1 語文和數學

有 T 個假設函數 $h_t(x)$，其中 $t = 1,2,\cdots,T$，定義 $H(x)$ 是它們以某種方式結合的假設函數。在本章引言故事一中的 3 種結合意見的方式都是描述分類問題的（決定投資還是不投資），而它們也可以用於處理回歸問題。下面將這 3

種結合意見的方式（均勻結合、非均勻結合、條件結合）應用在兩種問題（分類問題、回歸問題）中的文字描述用數學形式表示出來。

1. 均勻結合

對於分類問題，給每個假設的預測分類（1 為正類，–1 為負類）相同的票數（1 票），再綜合所有的票數；對於回歸問題，平均每個假設的預測值（實數）。

$$\text{分類問題：}H(x) = \text{sign}\left(\sum_{t=1}^{T} 1 \times h_t(x)\right)$$

$$\text{回歸問題：}H(x) = \frac{1}{T}\sum_{t=1}^{T} h_t(x)$$

2. 非均勻結合

對於分類問題，根據每個假設不同的信任程度，給它們的預測分類（1 為正類，–1 為負類）不同的票數，再綜合所有的票數；對於回歸問題，用常係數來線性組合每個假設的預測值（實數）。

$$\text{分類問題：}H(x) = \text{sign}\left(\sum_{t=1}^{T} w_t h_t(x)\right), w_t \geqslant 0$$

$$\text{回歸問題：}H(x) = \sum_{t=1}^{T} w_t h_t(x)$$

顯然，均勻結合是非均勻結合的特例，對於分類問題，將 w_t 設為 1；對於回歸問題，將 w_t 設為 $1/T$。

3. 條件結合

對於分類問題，根據每個假設在不同的條件下，給它們的預測分類（1 為正類，–1 為負類）不同的票數，再綜合所有的票數；對於回歸問題，用函數係數來線性組合每個假設的預測值（實數）。

$$\text{分類問題：}H(x) = \text{sign}\left(\sum_{t=1}^{T} c_t(x) h_t(x)\right), c_t(x) \geqslant 0$$

$$回歸問題：H(x) = \sum_{t=1}^{T} c_t(x)h_t(x)$$

顯然，非均勻結合是條件結合的特例，對於分類問題和回歸問題，將 $c_t(x)$ 設為 w_t。

把多個假設結合起來，如何能獲得比單一假設還要好的效能呢？後面分別透過分類問題和回歸問題來解釋。

12.1.2 準確和多樣

本節會解釋在分類問題中，為什麼結合假設比不結合假設好。假設我們有 3 個分類模型的表現，如下圖所示。其中標有*符號表示分類正確，標有※符號表示分類錯誤，結合方式是均勻結合，即少數服從多數。

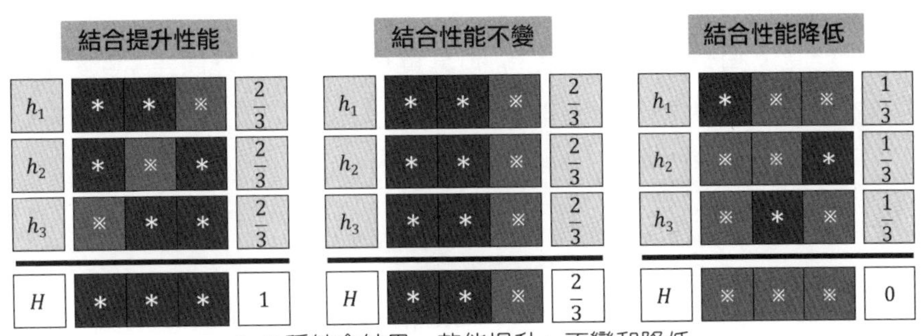

▲ 3 種結合結果：效能提升、不變和降低

從上圖可知：

- 在圖 1 中 3 個 h 都只有 66.6% 的精度，但是沒在相同的地方犯錯誤，結合之後的 H 的精度可達到 100%。
- 在圖 2 中 3 個 h 完全一樣，都是 66.6% 的精度，因此結合之後的 H 的精度沒有加強。
- 在圖 3 中 3 個 h 都只有 33.3% 的精度，但是在相同的地方犯了錯誤，結合之後的 H 的精度為 0%。

根據上例我們可以看出，好的結合假設要求每個假設函數要「好而不同」。

- 「好」指的是假設函數要準確，不能像拋硬幣一樣只有 50% 的準確性。
- 「不同」指的是假設函數要多樣，即它們之間必須要有差異。

整體來説，每個假設函數的性能不能太差，而且相互之間越獨立越好。

12.1.3 獨裁和民主

本節解釋在回歸問題中，為什麼結合假設比不結合假設好？首先定義

$$h_t(x) = \text{某個假設函數}$$

$$f(x) = \text{目標函數}$$

$$H(x) = \text{結合函數} = \text{所有假設函數 } h_t(x) \text{ 的平均值} = \frac{1}{T}\sum_{t=1}^{T} h_t(x) = \text{Avg}[h_t(x)]$$

其中符號 Avg 表示求算術平均值。

現在來看一看「獨裁的一己之見 h_t 和真實意見 f 的平均誤差」與「民主的共識 H 和真實意見 f 的誤差」的大小關係：

$$\begin{aligned}
\overbrace{\frac{1}{T}\sum_{t=1}^{T}(h_t - f)^2}^{\text{獨裁的一己之見 } h_t \text{ 和真實意見 } f \text{ 的平均誤差}} &= \text{Avg}[(h_t - f)^2] \\
&= \text{Avg}[h_t^2 - 2h_t f + f^2] \\
&= \text{Avg}[h_t^2] - 2Hf + f^2 \\
&= \text{Avg}[h_t^2] - H^2 + H^2 - 2Hf + f^2 \\
&= \text{Avg}[h_t^2] - H^2 + (H - f)^2 \\
&= \text{Avg}[h_t^2] - 2H^2 + H^2 + (H - f)^2 \\
&= \text{Avg}[h_t^2 - 2h_t H + H^2] + (H - f)^2 \\
&= \text{Avg}[(h_t - H)^2] + (H - f)^2 \\
&\geqslant \underbrace{(H - f)^2}_{\text{民主的共識 } H \text{ 和真實意見 } f \text{ 的誤差}}
\end{aligned}$$

上面的公式轉換成文字就是：「獨裁的平均誤差」比「共識的誤差」大（有可能 H 沒有最好的 h_t 的表現好，但一定比平均的 h_t 的表現好）。此外，根

據偏差和方差的定義：

$$偏差 = H - f（代表共識 H 和真實 f 的差距）$$

方差 = $\text{Avg}[(h_t - H)^2]$（代表不同意見 h_t 與共識 H 的差別有多大，h_t 有多麼分散）

將它們帶入上式可得

$$獨裁的平均誤差 = \frac{1}{T}\sum_{t=1}^{T}(h_t - f)^2 = 方差 + (H - f)^2 \geqslant (H - f)^2 = 共識的誤差$$

由此可知，結合假設的目的就是消除方差的過程，獲得更穩定的表現。

12.1.4 學習並結合

之前講的結合假設都是假設事先獲得一群（「弱雞」）假設 h，然後將它們結合成（「戰鬥機」）假設 H。那麼是否可以一邊學習 h 一邊將它們結合起來？很顯然，假設 h 必須不同，而且可以不同在以下幾個方面。

- **模型不同**：h_1 來自決策樹模型，h_2 來自支撐向量機模型。
- **參數不同**：h_t 都來自正規化線性回歸模型，但懲罰參數取不同值，即 $\lambda = 0.01, 0.1, 1, 10, \cdots, 10000$。
- **演算法不同**：演算法有隨機的成分，例如隨機選取初值。
- **資料不同**：h_1 用的是訓練集，h_2 用的是驗證集。

在本章中，我們只關注因數據不同而導致的不同假設 h，換句話說就是模型、參數和演算法都相同。如果指定一份資料，除隨機劃分訓練集和驗證集外，則還有兩種方法可以給資料植入變動性（Variability）：

（1）裝袋法裡的自助取樣（Bootstrap Sampling）。
（2）提升法裡的最佳加權（Optimal Weighting）。

在變動資料的過程中，要保障資料集的多樣性或獨立性，一邊變動資料一邊訓練「弱雞」假設 h，最後將它們結合成「戰鬥機」假設 H。下面說明裝袋法和提升法中不同的變動資料方法，以及它們結合假設的方式。

12.2 裝袋法

12.2.1 基本概念

裝袋法是由英文 Bagging 而來的，即 **Bootstrap aggregating**，這個片語的意思是自助結合法。顧名思義，就是先對資料進行（多次）自助取樣，再在每個新樣本集上訓練模型並結合。其中模型結合在前面詳細說明過，而本章注重解釋自助取樣。在這之前要先了解一個重要且幾乎相等的概念：重置抽樣（Sample With Replacement）。重置抽樣是從整體中取出一個樣本進觀察、記錄後，再放回總樣本中，然後再取出下一個樣本。可見，總樣本數在取出的過程中始終未減少，各樣本被抽中的可能性每次都相同，而且各樣本有被重複抽中的可能。

12.2.2 自助取樣

如果將重置抽樣看成是抽象的概念，那麼自助取樣就是它的實際實施。其取樣過程是從含有 N 個樣本的整體中進行 n 次重置抽樣（$n \leqslant N$），組成一個含有 n 個樣本的自助樣本集。下例是含有 8 個樣本的資料集。

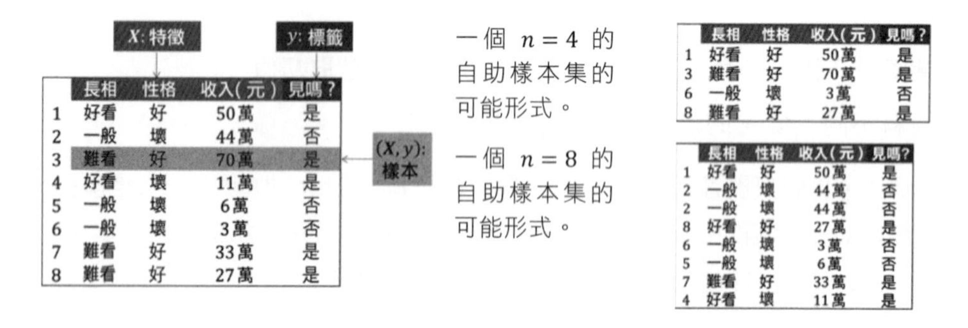

	長相	性格	收入(元)	見嗎?
1	好看	好	50萬	是
2	一般	壞	44萬	否
3	難看	好	70萬	是
4	好看	壞	11萬	是
5	一般	壞	6萬	否
6	一般	壞	3萬	否
7	難看	好	33萬	是
8	難看	好	27萬	是

	長相	性格	收入(元)	見嗎?
1	好看	好	50萬	是
3	難看	好	70萬	是
6	一般	壞	3萬	否
8	難看	好	27萬	是

	長相	性格	收入(元)	見嗎?
1	好看	好	50萬	是
2	一般	壞	44萬	否
2	一般	壞	44萬	否
8	好看	好	27萬	是
6	一般	壞	3萬	否
5	一般	壞	6萬	否
7	難看	好	33萬	是
4	好看	壞	11萬	是

需要注意的是，在 $n = 8$ 的抽樣中，樣本 2 出現了兩次，而樣本 3 沒有出現（其機率為 $(1-1/8)^8 = 0.344$）。擴充到一個樣本數量為 N 的資料集，自助樣本集的樣本數量也為 N，那麼沒有被選到的樣本的機率大概為 $(1-1/N)^N$，當 N 很大時，對於某個樣本沒被選到的機率有極限值

$$\lim_{N\to\infty}\left(1-\frac{1}{N}\right)^{N} = \lim_{N\to\infty}\frac{1}{\left(1+\frac{1}{-N}\right)^{-N}} = \frac{1}{\mathrm{e}} \approx 36.8\%$$

每次做一次自助取樣，裡面只有 63.2% 的資料被選取當作訓練資料，剩下 36.8% 沒被選取的資料可以自動作為驗證資料，因此，在自助取樣中，我們不需要隨機劃分訓練集和驗證集。

12.2.3 結合假設

根據之前獲得的結論，得出「共識」比「單一意見」要好。但問題來了，為了要訓練出不同的假設，我們需要不同的資料集，但是現在只有一套資料集可用，那麼該如何操作呢？答案是自助取樣！

在 12.2.2 節的範例中只是自助取樣了一套樣本數量為 N 的資料集，我們將此過程重複 T 次不就拿到了 T 套資料集了嗎？接著在這 T 套資料集中訓練出一系列假設 h_t $(t = 1,2,\cdots,T)$ 並將它們結合。裝袋法的演算法流程如下表所示。

演算法 10 裝袋法

對於 $t = 1,2,\cdots,T$，該演算法的步驟如下。

步驟 1：自助取樣 T 套樣本數量為 N 的資料集。

步驟 2：在第 t 套資料集上訓練出假設 h_t，最後均勻結合 h_t 成 H。

- 分類問題：用投票方式，

$$H(x) = \mathrm{sign}\left(\sum_{t=1}^{T} h_t(x)\right)$$

- 回歸問題：用平均方式，

$$H(x) = \frac{1}{T}\sum_{t=1}^{T} h_t(x)$$

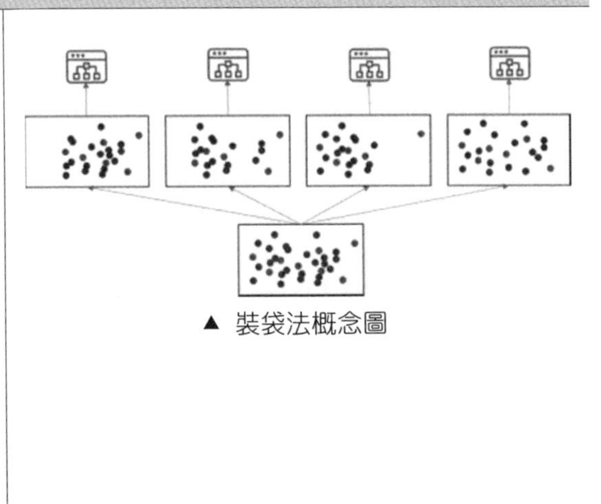
▲ 裝袋法概念圖

在 scikit-learn 中，裝袋法使用統一的 BaggingClassifier（BaggingRegressor）元估計器，輸入的參數和隨機子集取出策略由使用者指定。實作方式如下表所示，其中 n_estimators = 500 代表有 500 個決策樹分類器；max_samples = 0.5 代表 50% 的資料可以重置取樣；oob_score=True 可以使用袋外（Out-Of-Bag）樣本來評估泛化精度（沒有被選取當訓練資料的樣本都是袋外樣本）。

裝袋法的元估計器

```python
from sklearn.ensemble import BaggingClassifier
from sklearn.tree import DecisionTreeClassifier
model = BaggingClassifier(DecisionTreeClassifier(), n_estimators=500, max_samples=0.5, oob_score=True )
model.fit( X_train, y_train )
y_pred = model.predict( X_test )
```

12.3 提升法

12.3.1 基本概念

裝袋法使用的是均勻結合法，即各假設的加權一樣大，而提升法使用的是非均勻結合法，即各假設的加權不一樣大。在解釋如何找到加權之前，先來介紹一下加權資料、加權錯誤率和隨機二元分類器這 3 個重要的概念。

加權資料（Weighted Data）就是給每個資料指定一個加權值，下圖展示了沒加權資料和加權資料的直觀比較。

沒加權資料

	長相	性格	收入(元)	見嗎?
1	好看	好	50萬	是
2	一般	壞	44萬	否
3	難看	好	70萬	是
4	好看	壞	11萬	是

加權資料

	長相	性格	收入(元)	見嗎?	權重
1	好看	好	50萬	是	0.5
2	一般	壞	44萬	否	3
3	難看	好	70萬	是	1.5
4	好看	壞	11萬	是	1

樣本 1 的加權為 0.5，重要性變成原來的 0.5 倍。

樣本 2 的加權為 3，重要性變成原來的 3 倍。

樣本 3 的加權為 1.5，重要性變成原來的 1.5 倍。

樣本 4 的加權為 1，重要性沒有變。

加權錯誤率（Weighted Classification Error，WCE）是在加權資料上分類的誤差率。

分類錯誤率 $\text{CE} = \frac{1+1}{1+1+1+1} = \frac{\sum_{i=1}^{4} 1 \cdot I\{\text{真實} = \text{預測}\}}{\sum_{i=1}^{4} 1}$

加權分類錯誤率 $\text{WCE} = \frac{0.5+1.5}{0.5+3+1.5+1} = \frac{\sum_{i=1}^{4} u^{(i)} \cdot I\{\text{真實} = \text{預測}\}}{\sum_{i=1}^{4} u^{(i)}}$

假設樣本 1 和樣本 3 都預測錯誤，透過比較錯誤率和加權錯誤率發現（見左圖），在加權很大的樣本 3 中犯錯會增大誤差。

隨機二元分類器（Random Binary Classifier）就是錯誤率為 50% 的分類器，其類似借助拋硬幣來預測正類和負類，如果是正面則預測為正類，如果是反面則預測為負類。很顯然這是一個很差的分類器，它甚至比錯誤率為 99% 的分類器還差，後者起碼可以反向操作變成錯誤率只有 1% 的分類器。錯誤率為 50% 的分類器是最糟糕的！

12.3.2 最佳加權

裝袋法透過**自助取樣**來多樣化假設，提升法透過**改變加權**來多樣化假設。提升法是**按順序**地訓練出一系列假設，每個都是目前的最佳假設（加權錯誤率最小）。首先讓我們把注意力放在第 t 輪和第 $t+1$ 輪的加權錯誤率：

$$\varepsilon_t = \frac{\text{第 } t \text{ 輪的錯誤權重和}}{\text{第 } t \text{ 輪的所有權重和}} = \frac{\sum_{i=1}^{n} u_t^{(i)} I\{y^{(i)} \neq h_t(x^{(i)})\}}{\sum_{i=1}^{n} u_t^{(i)}}$$

$$\varepsilon_{t+1} = \frac{\text{第 } t+1 \text{ 輪的錯誤權重和}}{\text{第 } t+1 \text{ 輪的所有權重和}} = \frac{\sum_{i=1}^{n} u_{t+1}^{(i)} I\{y^{(i)} \neq h_{t+1}(x^{(i)})\}}{\sum_{i=1}^{n} u_{t+1}^{(i)}}$$

其中

$u_t^{(i)}$ = 第 t 輪的最佳加權；
$u_{t+1}^{(i)}$ = 第 $t+1$ 輪的最佳加權；
h_t = 第 t 輪作用在 $u_t^{(i)}$ 加權資料上的最佳假設；
h_{t+1} = 第 $t+1$ 輪作用在 $u_{t+1}^{(i)}$ 加權資料上的最佳假設。

現在的目標是求出 $u_{t+1}^{(i)}$，以下邏輯推理是關鍵。

已知：

- 第 t 輪獲得的最佳假設 h_t；
- h_{t+1} 在 $u_{t+1}^{(i)}$ 加權資料上的表現最佳。

目的：h_t 和 h_{t+1} 在 $u_{t+1}^{(i)}$ 加權資料上的表現差別很大。

⇨ h_t 在 $u_{t+1}^{(i)}$ 加權資料上的表現很差（即 h_t 是隨機分類器)。

⇨ 調節 $u_{t+1}^{(i)}$ 使得 h_t 的加權錯誤率為 50%。

有以下公式

$$\frac{\sum_{i=1}^{n} u_{t+1}^{(i)} I\{y^{(i)} \neq h_t(x^{(i)})\}}{\sum_{i=1}^{n} u_{t+1}^{(i)}} = \frac{\sum_{i=1}^{n} u_{t+1}^{(i)} I\{y^{(i)} \neq h_t(x^{(i)})\}}{\sum_{i=1}^{n} u_{t+1}^{(i)} [I\{y^{(i)} \neq h_t(x^{(i)})\} + I\{y^{(i)} = h_t(x^{(i)})\}]}$$

$$= \frac{a_{t+1}}{a_{t+1} + b_{t+1}} = \frac{1}{2}$$

其中

$$a_{t+1} = \sum_{i=1}^{n} u_{t+1}^{(i)} I\{y^{(i)} \neq h_t(x^{(i)})\} = \text{第 } t+1 \text{ 輪錯誤的權重和}$$

$$b_{t+1} = \sum_{i=1}^{n} u_{t+1}^{(i)} I\{y^{(i)} = h_t(x^{(i)})\} = \text{第 } t+1 \text{ 輪正確的權重和}$$

由上式可知，需要在第 $t+1$ 輪讓 $a_{t+1} = b_{t+1}$。假設第 t 輪錯誤的加權和 $a_t = 38$，而正確的加權和 $b_t = 62$，那麼一個最簡單的方法就是將「每個錯誤分類資料的加權 $u_t^{(i)}$」乘以「正確率 62/100」，將「每個正確分類資料的加權 $u_t^{(i)}$」乘以「錯誤率 38/100」，詳細說明見下表。

錯　誤	正　確
第 t 輪錯誤的加權和 $\sum_{i=1}^{n} u_t^{(i)} I\{y^{(i)} \neq h_t(x^{(i)})\} = 38$	第 t 輪正確的加權和 $\sum_{i=1}^{n} u_t^{(i)} I\{y^{(i)} = h_t(x^{(i)})\} = 62$
第 t 輪正確率 $1 - \varepsilon_t = 62/100$	第 t 輪錯誤率 $\varepsilon_t = 38/100$

錯　誤	正　確
第 $t+1$ 輪錯誤的加權更新 $u_{t+1}^{(i)} = u_t^{(i)}(1-\varepsilon_t)$	第 $t+1$ 輪正確的加權更新 $u_{t+1}^{(i)} = u_t^{(i)}\varepsilon_t$
第 $t+1$ 輪錯誤的加權和 = 第 $t+1$ 輪正確的加權和 $\sum_{i=1}^{n} u_{t+1}^{(i)} I\{y^{(i)} \neq h_t(x^{(i)})\} = \sum_{i=1}^{n} u_{t+1}^{(i)} I\{y^{(i)} = h_t(x^{(i)})\}$	

這種更新加權方法就是最佳加權方法，即透過事先算好的錯誤率 ε_t，將錯誤分類資料的加權乘以 $1-\varepsilon_t$，將正確分類資料的加權乘以 ε_t 獲得新的加權。現在引用一個縮放因數（Scaling Factor）c_t，然後將錯誤分類資料的加權乘以 c_t（和 $1-\varepsilon_t$ 成正比），將正確分類資料的加權除以 c_t（和 ε_t 成反比）獲得新的加權。

$$\begin{matrix} c_t \propto 1-\varepsilon_t \\ 1/c_t \propto \varepsilon_t \end{matrix} \quad \Leftrightarrow \quad c_t^2 = \frac{1-\varepsilon_t}{\varepsilon_t} \quad \Leftrightarrow \quad c_t = \sqrt{\frac{1-\varepsilon_t}{\varepsilon_t}}$$

對於第 $t+1$ 輪的加權更新，可以寫成以下相等表達形式：

$$\text{做錯的權重更新：}\quad u_{t+1}^{(i)} = u_t^{(i)} c_t$$

$$\text{做對的權重更新：}\quad u_{t+1}^{(i)} = u_t^{(i)} / c_t$$

這裡的 c_t 有更清晰的物理意義。在大部分的情況下，$\varepsilon_t < 1/2$ 因為是在學習之後分類器的錯誤率應該小於 50%，這樣 c_t 將大於 1；那麼，錯誤分類資料的加權將乘以大於 1 的數，正確分類資料的加權將除以大於 1 的數，進一步提升了錯誤分類資料的加權，而降低正確分類資料的加權，這就類似本章引言中的故事二，斯蒂文讓學生更加專注在犯了錯的地方，目的就是為了校正。

12.3.3 結合假設

按照 12.3.2 節的想法，當有一系列假設 $h_t\ (t = 1,2,\cdots,T)$ 時，將它們以非均勻的方式結合：

$$H(x) = \text{sign}\left(\sum_{t=1}^{T} w_t h_t(x)\right), w_t \geqslant 0$$

現在的問題是 w_t 是什麼？我們基本認為，對於好的 h_t，w_t 應該大一點，對於壞的 h_t，w_t 應該小一點。我們知道，好的 h_t 的 ε_t 小，而 c_t 比較大，那麼 w_t 應該是 c_t 的單調函數。設計該演算法的人認為 $w_t = \ln c_t$，即

$$w_t = \ln c_t = \ln\sqrt{\frac{1-\varepsilon_t}{\varepsilon_t}} = \frac{1}{2}\ln\left(\frac{1-\varepsilon_t}{\varepsilon_t}\right)$$

這個係數 w_t 也有其物理意義：

- 如果 $\varepsilon_t = 1/2$，那麼 $c_t = 1$，則 $w_t = 0$，表示隨機二元分類器是一個壞的 h_t，給 0 票，即不使用 h_t。
- 如果 $\varepsilon_t = 0$，那麼 $c_t \to \infty$，則 $w_t \to \infty$，表示錯誤率為 0，是一個完美的 h_t，給它無限多票，即只用 h_t。

這個演算法被稱作逐步提升法（Adaptive Boosting, AdaBoost），實際流程如下表所示。

演算法 11 逐步提升法

初始化 $\boldsymbol{u}^{(1)} = \left[\frac{1}{n} \quad \frac{1}{n} \quad \cdots \quad \frac{1}{n}\right]$

對 $t = 1,2,\cdots,T$，該演算法的步驟如下（見右圖）。

步驟 1：根據加權資料集 $\{D, \boldsymbol{u}^{(1)}\}$ 訓練最佳假設 h_t。

步驟 2：更新第 $t+1$ 輪的加權。

- 正確的加權 $u_{t+1}^{(i)} = u_t^{(i)} c_t$。
- 錯誤的加權 $u_{t+1}^{(i)} = u_t^{(i)} / c_t$。

其中 $c_t = \sqrt{\frac{1-\varepsilon_t}{\varepsilon_t}}$，$\varepsilon_t = \frac{\sum_{i=1}^{n} u_t^{(i)} I\{y^{(i)} \neq h_t(\boldsymbol{x}^{(i)})\}}{\sum_{i=1}^{n} u_t^{(i)}}$

步驟 3：計算 $w_t = \frac{1}{2}\ln\left(\frac{1-\varepsilon_t}{\varepsilon_t}\right)$。

最後非均勻結合 h_t 得到 $H(\boldsymbol{x})$

$$= \text{sign}\left(\sum_{t=1}^{T} w_t h_t(\boldsymbol{x})\right)$$

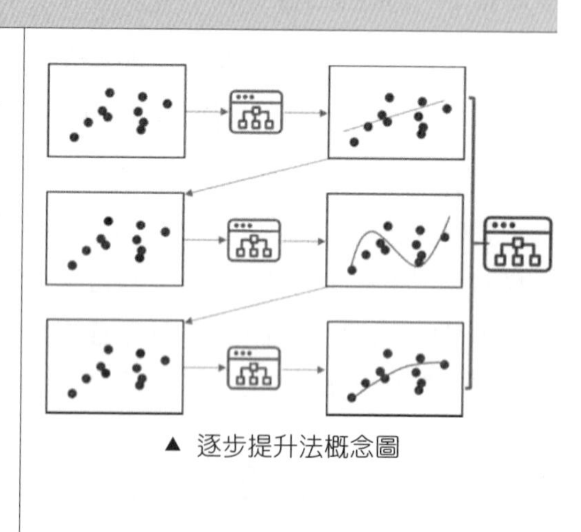

▲ 逐步提升法概念圖

在 scikit-learn 中，逐步提升法使用統一的 AdaBoost 分類器。由於逐步提升法使用的都是弱分類器（決策樹樁就是其中一種），因此，將 `max_depth` 設為 1，而將 `n_estimators` 設為 500，代表有 500 個決策樹樁。

逐步提升法

```
1 from sklearn.ensemble import AdaBoostClassifier
2 from sklearn.tree import DecisionTreeClassifier
3 model = AdaBoostClassifier(DecisionTreeClassifier(max_depth=1), n_estimators=500 )
4 model.fit( X_train, y_train )
5 y_pred = model.predict( X_test )
```

12.4 整合方式

讓模型結合一系列假設來學習被稱作整合學習（Ensemble Learning），而這些假設也可以被稱為個體學習器（Individual Learner）。前面介紹的裝袋法和提升法用的學習器是同質的（Homogenous），而後面介紹的堆積法用的學習器是異質的（Heterogenous）。

- 如果學習器是同質的，例如都是決策樹，那麼它們被稱為基學習器（Base Learner）。
- 如果學習器是異質的，例如決策樹和邏輯回歸，那麼它們被稱為元件學習器（Component Learner）。

12.4.1 同質學習器

整合學習器要好，個體學習器就不能太差，而且要相互獨立。實現第一個效能條件比較容易，一般那些單一的學習器（如決策樹和邏輯回歸）的效能絕對比隨機分類器的效能好；實現第二個獨立條件要花一點工夫。同質學習器的實際介紹如下表所示。

獨立假設	• 裝袋法使用自助取樣的資料集是隨機的，並**認為**從這些隨機資料集中訓練出來的假設是獨立的 • 提升法使用最佳加權產生加權資料集，進一步**確保**從這些資料集中訓練出來的假設是獨立的
偏差與方差	• 裝袋法的均勻結合假設可降低方差，因此可用**高方差**、**低偏差**（複雜度高）的基學習器，如沒有修剪的決策樹 • 在本章引言介紹的提升法實例中，每個小朋友列出的辨識蘋果的特徵離正確答案都很遠，但是差別不大，因此可用**高偏差**、**低方差**（複雜度低）的基學習器，如決策樹樁
訓練時間	• 裝袋法的各個假設可以**平行**產生，可以平行訓練模型，進一步節省大量時間 • 提升法的各個假設只能按**順序**產生，對於像神經網路這樣的模型，訓練時間會非常長

12.4.2 異質學習器

除了裝袋法和提升法，還有一種整合學習被稱作堆積法（Stacking）。與裝袋法最後透過投票或求平均值來結合所有學習器的預測不同，堆積法透過訓練一個學習器（元學習器，Meta Learner）來完成這個結合。

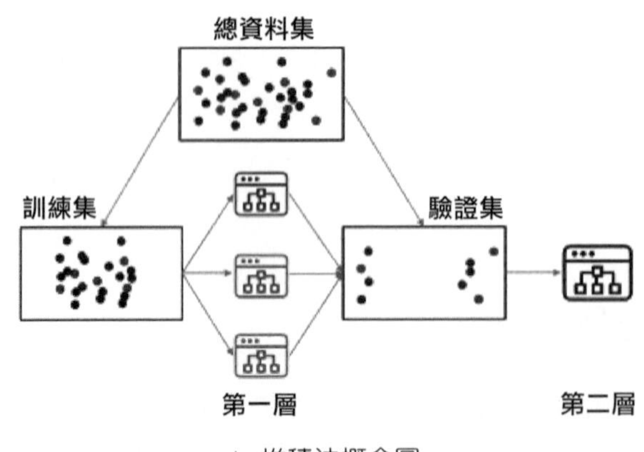

▲ 堆積法概念圖

以上圖所示的分類器為例，首先將資料集分為訓練集和驗證集：

（1）在訓練集上獲得第一層的 3 個分類器：h_1、h_2、h_3。

（2）把它們用在驗證集的每個資料（$x_{\text{val}}^{(i)}, y_{\text{val}}^{(i)}$）上，預測獲得向量 $\boldsymbol{x}_{\text{new}}^{(i)} = \left[h_1\left(x_{\text{val}}^{(i)}\right), h_2\left(x_{\text{val}}^{(i)}\right), h_3\left(x_{\text{val}}^{(i)}\right)\right]$。

（3）$\boldsymbol{x}_{\text{new}}^{(i)}$ 和每個資料的標籤 $y_{\text{val}}^{(i)}$ 一起，在第二層訓練出元分類器 H。

除了上述用訓練集和驗證集完成堆積合成，堆積法還可借用交換驗證的思想。假設有 3 個一級分類器：高斯單純貝氏 h_1、決策樹 h_2 和支撐向量機 h_3，以及 1 個二級學習器：邏輯回歸 H。採用 3 折交換驗證的堆積法程式如下。

堆積法

```
1  from sklearn import model_selection
2  from sklearn.linear_model import LogisticRegression
3  from sklearn.naive_bayes import GaussianNB
4  from sklearn.tree import DecisionTreeClassifier
5  from sklearn.svm import SVC
6  from mlxtend.classifier import StackingClassifier
7
8  model1 = GaussianNB()
9  model2 = DecisionTreeClassifier()
10 model3 = SVC()
11 mega_model = LogisticRegression()
12 stack_model = StackingClassifier( classifiers=[model1, model2, model3],
   meta_classifier=mega_model )
13
14 for model, label in zip( [model1, model2, model3, mega_model], ['GNB', 'DT', 'SVM',
   'Stacking'] ):
15 scores = model_selection.cross_val_score( model, X, y, cv=3, scoring='accuracy' )
```

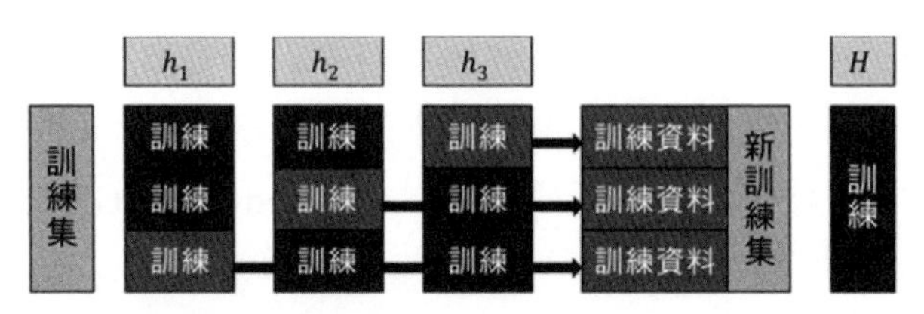

▲ 堆積法借用交換驗證的思想來訓練一級分類器

（1）**訓練一級分類器**：首先將訓練資料分為 3 份：D_1、D_2、D_3。h_1 在 D_1 和 D_2 上訓練，h_2 在 D_1 和 D_3 上訓練，h_3 在 D_2 和 D_3 上訓練。

（2）**新訓練資料**：包含 h_1 在 D_3 上的輸出，h_2 在 D_2 上的輸出，h_3 在 D_1 上的輸出。

（3）**訓練二級分類器**：透過新訓練資料和對應的標籤，訓練出第二級分類器 H。

12.5 歸納

本章內容參考了參考資料 **[1] [2] [3] [4] [5]**。整合學習可分為三種：

- 同質的個體學習器（低偏差、高方差），用平行方法結合成的 bagging。
- 同質的個體學習器（高偏差、低方差），用序列方法結合成的 boosting。
- 異質的個體學習器（低偏差、高方差），用分堆方法結合成的 stacking。

整合學習表現了「三個臭皮匠，勝過一個諸葛亮」這句話的道理，即三個才能平庸的人，若能集思廣益，也能提出比諸葛亮還周全的計策。然而，為了超越諸葛亮，整合學習裡的 bagging 和 boosting 方法根據「臭皮匠」的特性而採取不同策略。

- bagging 方法認為「臭皮匠」是各有所短的「弱雞」。如果它們弱在同一處，那麼結合後可能是「更弱的雞」；反之，透過均勻結合可成為「戰鬥機」。
- boosting 方法認為「臭皮匠」是知錯就改的「弱雞」。如果它們都知錯不改，那麼結合後還是「弱雞」；反之，透過非均勻結合可成為「戰鬥機」。

第 13 章介紹的整合樹，就是把本章比較抽象的整合方法運用在實際的決策樹或決策樹樁上，主要介紹 bagging 版本的隨機森林（Random Forest, RF）和 boosting 版本的梯度提升樹（Gradient Boosted Tree, GBT)。

參考資料

1. Blending and Bagging [notes]
   Hsuan-Tien Lin, Machine Learning Techniques, Lecture 7, 2018
2. Adapative Boosting [notes]
   Hsuan-Tien Lin, Machine Learning Techniques, Lecture 8, 2018
3. Bagging predictors [paper]
   L. Breiman, Machine Learning, 24(2), 123-140, 1996
4. A Decision-Theoretic Generalization of On-Line Learning and an Application to Boosting [paper]
   Y. Freund, R. Schapire, AT&T Labs, Journal of Computer and System Sciences 55, 119-139, 1997
5. Stacked Generalization [paper]
   Wolpert, David H, Neural Networks, Volume 5, Issue 2, Pages 241-259, 1992

13 隨機森林和提升樹

Two heads are better than one.

A fault confessed is half redressed.

引言

挑剔的王妮梅搞砸了媽媽給她安排的與 40 位不同男士的約會，媽媽又給她介紹了 20 位男士。妮梅很苦惱，失敗了這麼多次，她開始懷疑自己對男士做出「見或不見」的判斷標準不準確了。這時，她向她的好朋友劉舒求助。

妮梅：劉舒，我媽又給我介紹了 20 位男士，你幫忙看一看，應該見誰？

劉舒：這也太難了，起碼要讓我知道你的基本判斷標準吧。

妮梅：這是之前的 40 位男士的資訊，還有我對他們做出的「見或不見」的判斷。我將樣本（男士）打上標籤（見/不見），供你參考。

劉舒：好，我從之前的 40 位男士的資訊中大概知道了你對男士做出「見或不見」的判斷標準，也看了這 20 位男士的自我描述，現在我要向你提問題了。先從 X 先生（假設 X 先生沒有大男子主義，喜歡巴西足球隊等）開始吧。

妮梅：問吧。
劉舒：你是否追求男女平等？
妮梅：是。
劉舒：你支援哪支足球隊？
妮梅：巴西隊！
劉舒：你應該見 X 先生，你們很可能會互相喜歡。現在再來看 Y 先生，我要開始提問了……

劉舒（柳樹）是判斷妮梅應該見誰的一棵**決策樹**。但劉舒並不能總是極佳地概括妮梅的喜好，並且提的問題不全面。為了獲得更準確的建議，妮梅去詢問其他朋友自己應該見哪一位？結果，所有人都認為妮梅應該見 X 先生。妮梅的朋友叫宋舒（松樹）、楊舒（楊樹）和佰舒（柏樹），他們組成了判斷妮梅應該見誰的一片**森林**（Forest）。

現在，妮梅不想讓她的每個朋友都做同樣的事情，列出一樣的答案，所以，妮梅決定給宋舒、楊舒和佰舒的資料與給劉舒的資料不一樣，她在資料中隨機加一些輕微的干擾項。而且有時候，妮梅也並不完全確定自己的喜好。

妮梅：劉舒，我想見 Y 先生，因為我今天漲薪水了，心情很好。
劉舒：可能你不是真的喜歡他，我會給你「想見 Y 先生」這個決定少放一點加權。
妮梅：宋舒，Z 先生就是我的夢中情人的樣子，我非常想見他。
宋舒：聽起來你是非他不嫁了，我會給你「想見 Z 先生」這個決定多放一點加權。

妮梅不會改變自己的喜好，只會加一些「很」、「超級」、「非常」之類的感情色彩詞。這時，妮梅給每個朋友的是原始資料的自助取樣（Bootstrap）版本。妮梅希望朋友們能給她一些相互獨立的建議。舉例來說，劉舒覺得妮梅喜歡 X 和 Z 先生，宋舒覺得妮梅喜歡 X 和 Y 先生，而楊舒覺得妮梅討厭所有人。其中可能產生的誤判會在他們一起投票時相互抵消。現在他們組成了判斷妮梅應該見誰的一片**隨機森林**（Random Forest）。

雖然妮梅喜歡 X 和 Y 先生，但並不是因為他們都是對沖基金經理，也許另有原因。因此，妮梅不希望她的朋友們都根據「收入」這個條件而提出建議，她限制每個朋友提的問題。

妮梅：劉舒，你不要問我「收入」和「性格」之類的問題。

劉舒：好。

妮梅：宋舒，你不要問我「收入」和「學歷」之類的問題。

宋舒：好。

妮梅：佰舒，你不要問我任何問題。

佰舒：那你找我有何用？我避開「年齡」和「家務能力」之類的問題吧。

以前妮梅在資料層面植入隨機性（輕微改變自己對男生的喜好），現在她在問題層面植入隨機性（讓她的朋友們提出不同的問題）。現在她的朋友們組成了判斷妮梅應該見誰的一片**更為隨機的隨機森林**。

最後，妮梅拿到所有人對這 20 位男士的建議，再根據自己對這些朋友的信任度和品位，在他們的建議上加一個加權。例如妮梅信任劉舒多一些，就多注重他的建議，信任楊舒少一些，就少注重他的建議。這種結合方式類似提升法裡的非均勻結合法。

$$\text{最後決定} = \text{加權}_{\text{劉舒}} \times \text{劉舒決定} + \text{加權}_{\text{宋舒}} \times \text{宋舒決定} + \text{加權}_{\text{佰舒}} \times \text{佰舒決定}$$

第 12 章介紹了裝袋法和提升法的兩種結合方法，但是結合的模型或假設都是抽象的，本章將它們具體化，介紹這兩種結合方法配上決策樹之後的實際模型，它們分別是：

- 裝袋法 + 決策樹 = 隨機森林
- 提升法 + 決策樹 = 提升樹

本章的思維導圖如下：

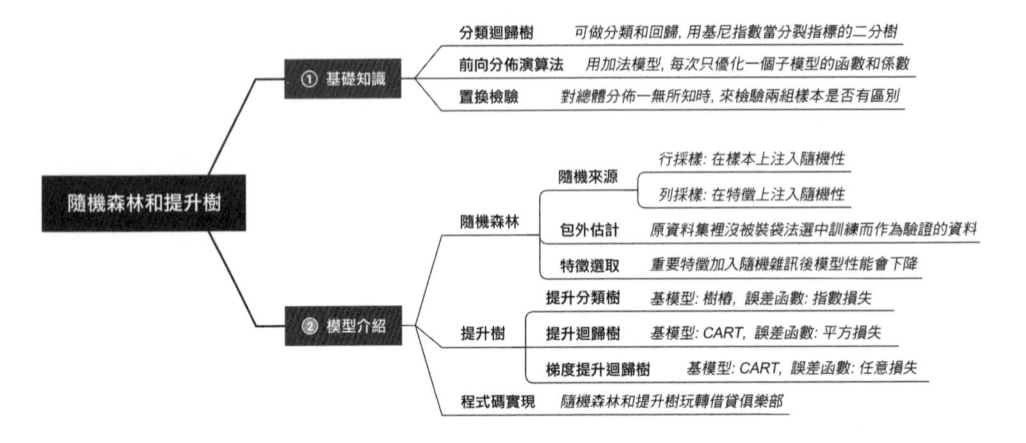

13.1 基礎知識

13.1.1 分類回歸樹

分類回歸樹（**C**lassification **A**nd **R**egression **T**ree，CART）既可以用於建立分類樹（Classification Tree），也可以用於建立回歸樹（Regression Tree）。CART 主要有以下特點。

特徵選擇：根據 CART 要做回歸工作還是分類工作，分為兩種。

- **回歸樹**：用平方殘差（Square Of Residual）最小化準則來選擇特徵，葉子上是實數值。
- **分類樹**：用吉尼係數（Gini Index）最小化準則來選擇特徵，葉子上是類別值。

二元樹：在內節點都是對特徵屬性進行二元分類。根據特徵屬性分為連續型特徵或離散型特徵。

- **連續型特徵** $\boldsymbol{X}$：X 是實數。可將 $X \leqslant c$ 對應的範例分到左子樹，將 $X > c$ 對應的範例分到右子樹，其中 c 是最佳分界點，由最小化平方殘差而得。

- **離散型特徵 X**：X 是 n 類別變數。舉例來說，當 $n = 3$ 時，特徵 X 設定值為好、一般、壞，那麼二分序列有如下 3 種可能性：

{ [好,一般],[壞] }

{ [好,壞],[一般] }

{ [好],[一般,壞] }

在上述 3 種二分序列中分別做分叉並計算吉尼係數，然後選取產生最小吉尼係數的二分序列作為該特徵的分叉二值序列。

停止條件：根據特徵屬性分為連續型特徵或離散型特徵。

- **連續型特徵**：當某個分支裡的所有範例都被分到一邊（特徵可以重複使用）時。
- **離散型特徵**：①當某個分支裡的所有範例都被分到一邊時；②當某個分支裡的特徵已經用完了時。

說明：當根據離散特徵來分支時，子樹中不應再包含該特徵。例如用「相貌」特徵將樹劃分成左子樹（相貌＝醜）和右子樹（相貌＝美），那麼無論在哪棵子樹中再往下走，再按「相貌」特徵劃分都完全是多餘的，因為上面早已根據「相貌」特徵劃分好了；而根據連續型特徵來分支時，子樹依舊可以包含該特徵。

通常先讓 CART 長成一棵完整的樹（Fully-grown Tree），之後為了避免過擬合再修剪樹，實際用到的方法見 9.2.5 節。下圖所示的為分類樹和回歸樹的實例。

分類樹

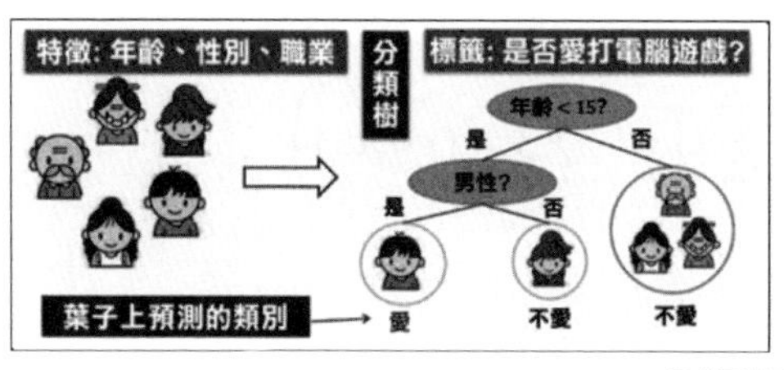

回歸樹

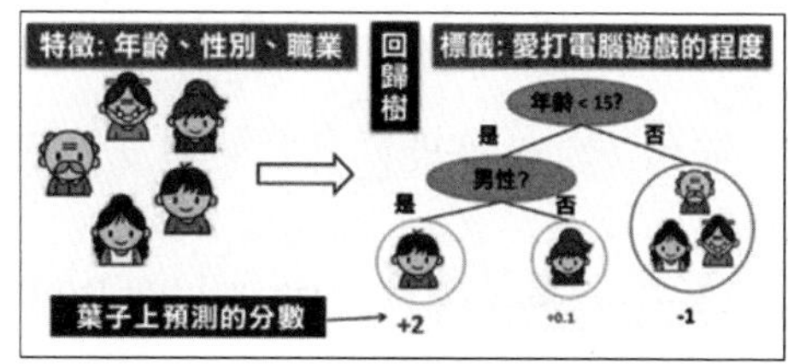

▲ 分類樹和回歸樹

後面講到的隨機森林和提升樹就是結合樹。分類樹是用多數投票的方式結合，而回歸樹是用加總得分的方式結合，如下表所示。

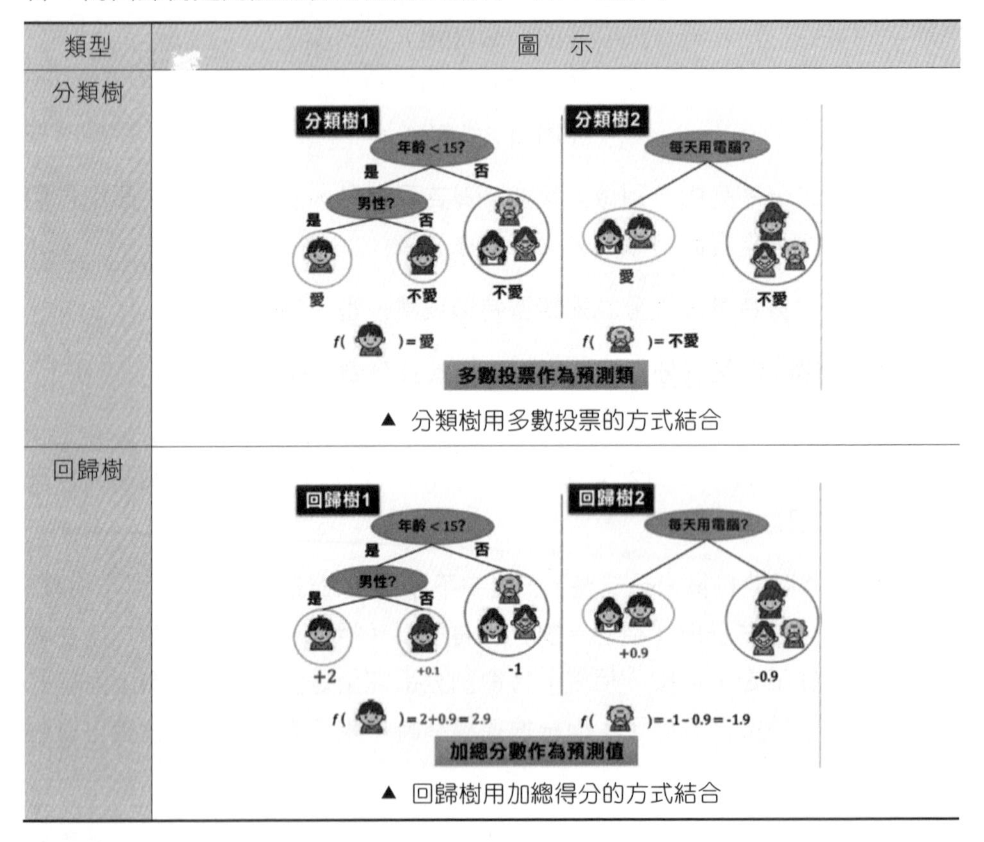

類型	圖　示
分類樹	▲ 分類樹用多數投票的方式結合
回歸樹	▲ 回歸樹用加總得分的方式結合

13.1.2 正向分佈演算法

在指定訓練資料 $(x^{(i)},y^{(i)})$ 及誤差函數 $l(y,H(x))$ 的條件下，學習加法模型 $H(x)$ 可被轉換成損失函數最小化問題：

$$\underbrace{\min}_{w_t,a_t}\sum_{i=1}^{n} l\big(y^{(i)},H(x)\big)=\underbrace{\min}_{w_t,a_t}\sum_{i=1}^{n} l\left(y^{(i)},\sum_{t=1}^{T} w_t h(x^{(i)};a_t)\right)$$

- $h(x;a_t)$是基函數（Base Function）。
- a_t 是基函數的參數。
- w_t 是基函數的係數（又稱加權）。

一次性最佳化解出 w_t 和 a_t 是很複雜的，現在的想法是如果在 $t = 1,2,\cdots,T$ 時，每一步只學習一個基函數及其係數，逐步逼近上面的公式，則可以簡化最佳化的複雜度。實際最佳化步驟如下所示。

$$\underbrace{\min}_{w_1,a_1}\sum_{i=1}^{n} l\left(y^{(i)}, \underbrace{w_1 h(x^{(i)};a_1)}_{\text{變數}}\right) \quad \Rightarrow \text{解出 } w_1, a_1$$

$$\Downarrow$$

$$\underbrace{\min}_{w_2,a_2}\sum_{i=1}^{n} l\left(y^{(i)}, \underbrace{w_1 h(x^{(i)};a_1)}_{\text{第一步已算出，常數}} + \underbrace{w_2 h(x^{(i)};a_2)}_{\text{變數}}\right) \quad \Rightarrow \text{解出 } w_2, a_2$$

$$\vdots$$

$$\underbrace{\min}_{w_T,a_T}\sum_{i=1}^{n} l\left(y^{(i)}, \underbrace{\sum_{t=1}^{T-1} w_t h(x^{(i)};a_t)}_{\text{前 } T-1 \text{ 步已算出，常數}} + \underbrace{w_T h(x^{(i)};a_T)}_{\text{變數}}\right) \quad \Rightarrow \text{解出 } w_T, a_T$$

上面的演算法也被稱為正向分佈（Forward Stage-Wise）演算法。

演算法 12 正向分佈演算法

步驟 1：定義初值 $H_0(x) = 0$。

步驟 2：對 $t = 1,2,\cdots,T$：

$$\underbrace{\min}_{w_t,a_t} \sum_{i=1}^{n} l\left(y^{(i)}, H_{t-1}\left(x^{(i)}\right) + w_t h(x^{(i)};a_t)\right) \quad \text{[極小化誤差函數]}$$

$$H_t\left(x^{(i)}\right) = H_{t-1}\left(x^{(i)}\right) + w_t h(x^{(i)};a_t) \quad \text{[更新 } t \text{ 時的總函數]}$$

步驟 3：得到加法模型 $H(x) = H_T(x) = \sum_{t=1}^{T} w_t h(x;a_t)$。

正向分佈演算法將同時求解所有參數，此時 w_t, a_t（$t = 1,2,\cdots,T$）的最佳化問題被簡化為逐步求解各個 w_t 和 a_t 的最佳化問題。

13.1.3 置換檢驗

置換檢驗（Permutation Test）是在對整體分佈一無所知時，用來檢驗兩組樣本是否有區別。其實際思想是在零假設下，透過大量地置換兩組樣本，不斷重複計算統計量，這樣就對統計量「取樣」多次，獲得它的經驗分佈。

舉一個簡單的實例，在漫畫《七龍珠》裡，賽亞人吃了仙豆後力量值會大增。下面設計一個試驗來驗證一下。如下所示，A 組是吃完仙豆後的力量值；B 組是不吃仙豆時的力量值。

- A 組的力量值（共 12 個資料）：24 43 58 67 61 44 67 49 59 52 62 50
- B 組的力量值（共 16 個資料）：42 43 65 26 33 41 19 54 42 20 17 60 37 42 55 28

零假設 H_0 為：吃完仙豆不會增長力量值。在這個試驗中，若 H_0 成立，那麼 A 組資料和 B 組資料的分佈是一樣的。接下來建置檢驗統計量 $X = \overline{P_A} - \overline{P_B}$（A 組力量值均值 $\overline{P_A}$ 與 B 組力量值均值 $\overline{P_B}$ 之差）。對於觀測值，有

$$X_{obs} = \frac{24+43+58+67+61+44+67+49+59+52+62+50}{12} - \frac{42+43+65+26+33+41+19+54+42+20+17+60+37+42+55+28}{16} = 14$$

我們可以透過 X_{obs} 在置換分佈中的位置（見下圖）來得到它的 P 值。置換檢驗的實際步驟如下所示。

（1）將 A 和 B 兩組資料合併到一個集合中，從中隨機挑選 12 個資料作為 A 組資料 P_A，剩下的作為 B 組資料 P_B。

集合 = [24 43 58 67 61 44 67 49 59 52 62 50 42 43 65 26 33 41 19 54 42 20 17 60 37 42 55 28]

P_A = [43 17 44 62 60 26 28 61 50 43 33 19]

P_B = [55 41 42 65 59 24 54 52 42 49 37 67 67 20 42 58]

（2）計算並記錄 A 和 B 兩組資料均值之差 $X_{per} = \overline{P_A} - \overline{P_B} = -7.875$。

（3）重複前兩步 1000 次（重複次數越多，獲得的分佈越穩定）。這樣獲得由 1000 個置換排列求得的 X_{per}。

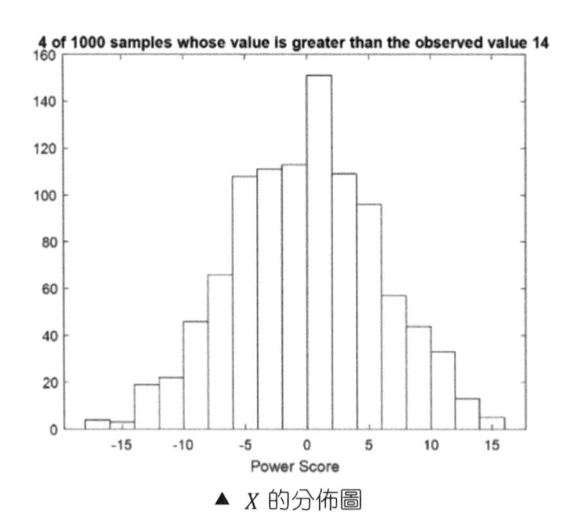

▲ X 的分佈圖

如上圖所示，觀測值 X_{obs} 在抽樣整體的右尾附近，說明在零假設條件下這個數值很少出現。在置換獲得的抽樣整體中，大於 14 的數值只有 4 個，所以估計的 P 值是 $4/999 \approx 0.004$。

13.2 模型介紹

13.2.1 隨機森林

隨機森林（**R**andom **F**orest，**RF**）是指用隨機的方式建立一片森林。為什麼叫森林呢？因為它是由許多決策樹組成的。為什麼叫隨機呢？因為它可以隨機在樣本上做行取樣或在特徵上做列取樣。

如右圖所示，此資料表是二維的：

- 其中的每一行是一個樣本。
- 其中的每一列是一個特徵加標籤。

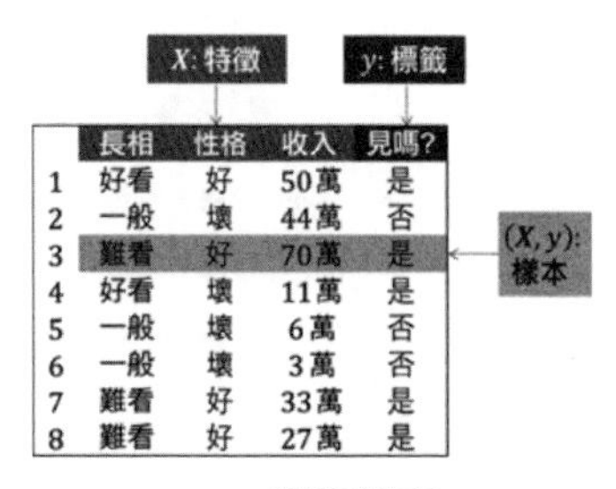

	長相	性格	收入	見嗎?
1	好看	好	50萬	是
2	一般	壞	44萬	否
3	難看	好	70萬	是
4	好看	壞	11萬	是
5	一般	壞	6萬	否
6	一般	壞	3萬	否
7	難看	好	33萬	是
8	難看	好	27萬	是

▲ 二維資料表

隨機來源：根據資料的二維結構，產生亂數據的方法有兩種。

(1) **在樣本上隨機（行取樣）**：採用自助取樣法（重置取樣），在取樣獲得的樣本集合中，可能有重複的樣本。通常是從含有 n 個原始樣本集中自助取樣出一個新的含有 n 個樣本的樣本集。

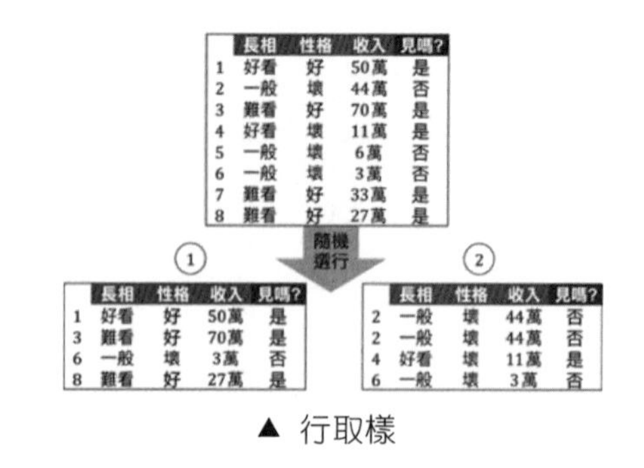

	長相	性格	收入	見嗎?
1	好看	好	50萬	是
2	一般	壞	44萬	否
3	難看	好	70萬	是
4	好看	壞	11萬	是
5	一般	壞	6萬	否
6	一般	壞	3萬	否
7	難看	好	33萬	是
8	難看	好	27萬	是

①

	長相	性格	收入	見嗎?
1	好看	好	50萬	是
3	難看	好	70萬	是
6	一般	壞	3萬	否
8	難看	好	27萬	是

②

	長相	性格	收入	見嗎?
2	一般	壞	44萬	否
2	一般	壞	44萬	否
4	好看	壞	11萬	是
6	一般	壞	3萬	否

▲ 行取樣

(2) **在特徵上隨機（列取樣）**：因為樹可以在特徵集上分裂，因此在每棵樹的不同分裂點上，從 m 個特徵中隨機選擇 j 個，通常 $j=\sqrt{m}$ 或 $j=\log_2 m$，並且規定這個分裂點只能在這 j 個特徵上進行分裂。

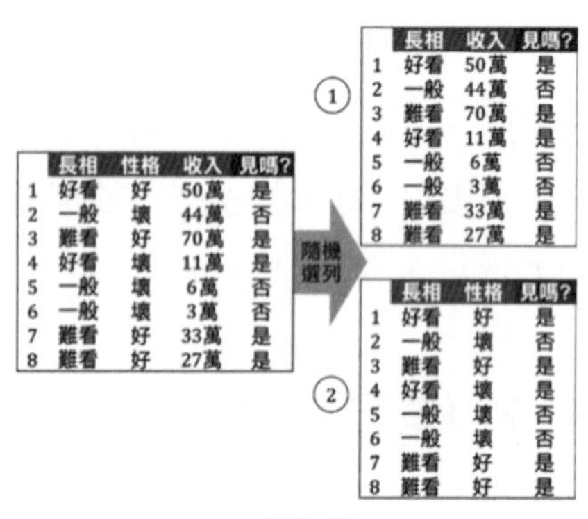

	長相	性格	收入	見嗎?
1	好看	好	50萬	是
2	一般	壞	44萬	否
3	難看	好	70萬	是
4	好看	壞	11萬	是
5	一般	壞	6萬	否
6	一般	壞	3萬	否
7	難看	好	33萬	是
8	難看	好	27萬	是

①

	長相	收入	見嗎?
1	好看	50萬	是
2	一般	44萬	否
3	難看	70萬	是
4	好看	11萬	是
5	一般	6萬	否
6	一般	3萬	否
7	難看	33萬	是
8	難看	27萬	是

②

	長相	性格	見嗎?
1	好看	好	是
2	一般	壞	否
3	難看	好	是
4	好看	壞	是
5	一般	壞	否
6	一般	壞	否
7	難看	好	是
8	難看	好	是

▲ 行取樣

因此，隨機森林有兩種常見的形式：第一種是只做行取樣，第二種是既做行取樣又做列取樣。第二種隨機森林中的樹更加隨機，因此在實作中用得也更多。這兩種隨機森林形式如下圖所示。

第一種：沒有在特徵上隨機取樣

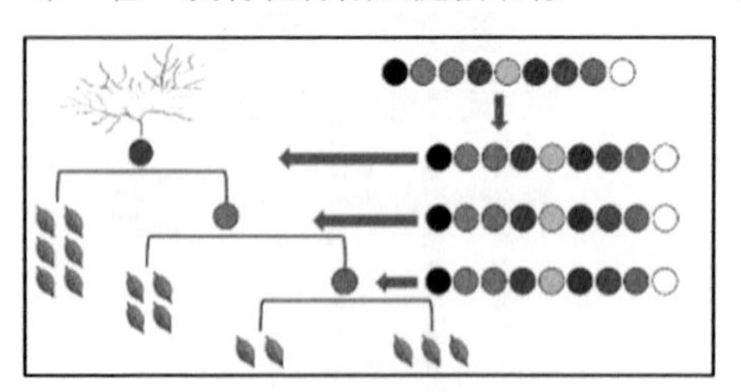

▲ 僅行取樣

第二種：每個分裂點從 9 個特徵中隨機取 3 個

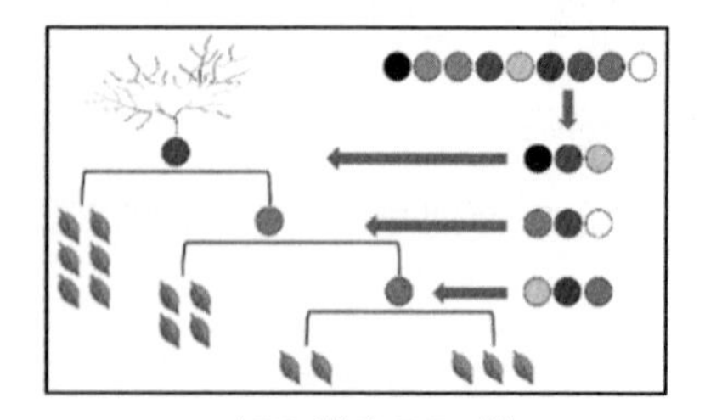

▲ 行取樣和列取樣

隨機選出資料和特徵之後，使用完全分裂的方式建立決策樹。一般決策樹演算法中都有一個重要的步驟，即剪枝，但是在隨機森林中不需要此步驟。由於之前介紹的兩種隨機取樣過程確保了隨機性，因此只要森林中的樹夠多，就算不剪枝，也不容易出現過擬合。在產生森林之後，對於一個新的輸入樣本，森林中的每棵決策樹會分別判斷。

- **分類樹**：對於每個樣本在不同樹中獲得的類別，找出得票最多的類別作為最後類別。
- **回歸樹**：對於每個樣本在不同樹中獲得的數值，求它們的平均值作為最後數值。

由於在資料和特徵上都植入了隨機的成分，因此，可大致認為隨機森林中的每棵決策樹之間是相互獨立的。假設森林有 M 棵小樹

$$森林 = \frac{1}{M}\sum_{m=1}^{M} 小樹_m$$

M 棵小樹的平均誤差等於每棵小樹與真實樹之間的誤差的平方的平均值：

$$\begin{aligned}所有樹的平均誤差 &= \frac{1}{M}\sum_{m=1}^{M} E\left[\left(小樹_m - 真實樹\right)^2\right] \\ &= \frac{1}{M}\sum_{m=1}^{M} E\left[\left(小樹_m 的誤差\right)^2\right]\end{aligned}$$

森林的平均誤差等於森林與真實樹之間的誤差的平方：

$$\begin{aligned}森林的平均誤差 &= E\left[\left(森林 - 真實樹\right)^2\right] \\ &= E\left[\left(\frac{1}{M}\sum_{m=1}^{M} 小樹_m - 真實樹\right)^2\right] \\ &= E\left[\left(\frac{1}{M}\sum_{m=1}^{M} 小樹_m - \frac{1}{M}\sum_{m=1}^{M} 真實樹\right)^2\right]\end{aligned}$$

$$
\begin{aligned}
&= E\left[\left(\frac{1}{M}\sum_{m=1}^{M}\text{小樹}_m\text{的誤差}\right)^2\right] \\
&= \frac{1}{M^2}\sum_{m=1}^{M}E\left[\left(\text{小樹}_m\text{的誤差}\right)^2\right] \\
&= \frac{1}{M}\left(\frac{1}{M}\sum_{m=1}^{M}E\left[\left(\text{小樹}_m\text{的誤差}\right)^2\right]\right) \\
&= \frac{\text{所有樹的平均誤差}}{M}
\end{aligned}
$$

在上式的 $E\left[\left(\frac{1}{M}\sum_{m=1}^{M}\text{小樹}_m\text{的誤差}\right)^2\right] = \frac{1}{M^2}\sum_{m=1}^{M}E\left[\left(\text{小樹}_m\text{的誤差}\right)^2\right]$ 這一步中，因為小樹之間是相互獨立的，因此它們之間的誤差的協方差等於零。由前面的證明可看出，隨機森林透過均勻結合的方式可以降低誤差，因而可以將每個子模型（決策樹）設為高方差、低偏差，即完全長成的樹。這樣一來，每棵小樹的缺點是方差高，優點是偏差低；而森林由獨立的小樹組成，方差降低，偏差也沒有增高。此外，隨機森林演算法在裝袋過程中可以被分配到不同的電腦中進行計算，每台電腦可以獨立學習一棵樹，樹之間相互獨立。這使得隨機森林演算法很容易實現平行化。

包外估計：對樣本數量為 n 的初始資料集自助取樣，如果取樣集的樣本數量也為 n，那麼沒有被選到的樣本大概占 $(1-1/n)^n$，當 n 很大時，則有下列極限公式

$$
\lim_{n\to\infty}\left(1-\frac{1}{n}\right)^n = \lim_{n\to\infty}\frac{1}{\left(1+\frac{1}{-n}\right)^{-n}} = \frac{1}{\mathrm{e}} \approx 0.368
$$

因此，每做這樣一次自助取樣，初始資料集中只有 63.2% 的資料被選取當作訓練資料，剩下 36.8% 沒被選取的資料可以自動作為驗證資料。這些驗證資料可以對隨機森林的泛化能力做包外（Out-Of-Bag, OOB）估計。

假設有 n 個資料，森林裡面有 T 棵樹，下表中列出每個資料 $(x^{(i)}, y^{(i)})$ 出現在不同的樹 h_T 裡的一種可能情況。

樹	h_1	h_2	…	h_t	…	h_{T-1}	h_T
$(x^{(1)}, y^{(1)})$	✓	✕	…	✓	…	✓	✕
$(x^{(2)}, y^{(2)})$	✕	✓	…	✓	…	✕	✓
…	…	…	…	…	…	…	…
$(x^{(i)}, y^{(i)})$	✕	✕	…	✓	…	✓	✕
…	…	…	…	…	…	…	…
$(x^{(n-1)}, y^{(n-1)})$	✕	✓	…	✕	…	✓	✕
$(x^{(n)}, y^{(n)})$	✓	✓	…	✓	…	✕	✕

"✓" 表示該資料出現在用來訓練某一棵樹的資料集中，"✕" 表示該資料沒有出現在用來訓練某一棵樹的資料集中。例如

- $(x^{(1)}, y^{(1)})$ 用來訓練 h_1, h_t 和 h_{T-1}；
- $(x^{(2)}, y^{(2)})$ 用來訓練 h_2, h_t 和 h_T；
- $(x^{(n)}, y^{(n)})$ 用來訓練 h_1, h_2 和 h_t。

那些沒有用來當作訓練集的資料可以自動被歸為驗證集。需要注意的是：

- 這些驗證集不需要驗證每棵樹，因為即使在驗證單棵樹後顯示其效能差，也並不能説明均勻結合後的森林的效能差。
- 驗證集中的資料只能驗證它們沒有訓練的樹，如 $(x^{(1)}, y^{(1)})$ 訓練了 h_1、h_t 和 h_{T-1}，那麼它只能驗證 h_2 和 h_T。

下表歸納了上述過程。

樹	h_1	h_2	…	h_t	…	h_{T-1}	h_T	驗證的樹集 G
$(x^{(1)}, y^{(1)})$	訓練	✕	…	訓練	…	訓練	✕	h_2, h_T
$(x^{(2)}, y^{(2)})$	✕	訓練	…	訓練	…	✕	訓練	h_1, h_{T-1}
…	…	…	…	…	…	…	…	…
$(x^{(i)}, y^{(i)})$	✕	✕	…	訓練	…	訓練	✕	h_1, h_2, h_T
…	…	…	…	…	…	…	…	…
$(x^{(n-1)}, y^{(n-1)})$	✕	訓練	…	✕	…	訓練	✕	h_1, h_t, h_T
$(x^{(n)}, y^{(n)})$	訓練	訓練	…	訓練	…	✕	✕	h_{T-1}, h_T

定義第 i 個資料對應的驗證樹集為 $\boldsymbol{G}^{(i)}$，那麼用所有 OOB 資料計算出來的驗證誤差為

$$e(\boldsymbol{G})=\frac{1}{n}\sum_{i=1}^{n}e(\boldsymbol{G}^{(i)})=\frac{1}{n}\sum_{i=1}^{n}\left(\frac{1}{n_i}\sum_{j=1}^{n_i}e(G_j^{(i)})\right)$$

其中，n_i 是第 i 個驗證樹集的大小，而 $G_j^{(i)}$ 是第 i 個驗證樹集裡的第 j 棵樹。

特徵選擇：特徵選擇（Feature Selection）的目的是使用程式來自動選擇需要的特徵，而將容錯的、不相關的特徵忽略。線性模型的特徵選擇很簡單。在第 6 章中講過，擬合出 $y=\boldsymbol{w}^{\mathrm{T}}\boldsymbol{x}+b$ 裡面的參數 $\boldsymbol{w}$，根據每個參數的絕對值大小（絕對值越大，當 $\boldsymbol{x}$ 稍微變動時，對 y 的影響越大）進行重要性排序，選出前 d 個作為最重要的 d 個特徵。因此，對於線性模型，要根據重要性（即參數的絕對值）來選擇特徵（比較嶺回歸和套索回歸），重要性 $j=|w_j|$。

但是對於非線性模型，特徵選擇就沒有這麼簡單了。幸運的是，隨機森林雖是非線性模型，但是其特有的機制可以讓其很容易做到初步的特徵選擇。其核心思想是「**如果特徵 j 是重要特徵，那麼加入一些隨機雜訊後模型效能會下降**」。直接在原有資料上加入正態分佈的雜訊好嗎？不好，因為這樣做會改變原有資料的分佈。更好的做法是把所有資料在特徵 j 上的值重新隨機排列，此做法被稱為置換檢驗（見 13.1.3 節）。這樣可以確保隨機打亂的資料分佈和原有資料接近一致。下圖展示了在「性格」特徵上隨機排列後的資料，隨機排列將「好壞壞好壞壞好壞」排成「壞壞好壞好壞壞好」。

自助採樣好的資料

	長相	性格	收入	見嗎?
1	好看	好	50萬	是
2	一般	壞	44萬	否
2	一般	壞	44萬	否
8	好看	好	27萬	是
6	一般	壞	3萬	否
5	一般	壞	6萬	否
7	難看	好	33萬	是
4	好看	壞	11萬	是

在特徵性格上做隨機排列

置換之後的資料

	長相	性格	收入	見嗎?
1	好看	壞	50萬	是
2	一般	壞	44萬	否
2	一般	好	44萬	否
8	難看	壞	27萬	是
6	一般	好	3萬	否
5	一般	壞	6萬	否
7	難看	壞	33萬	是
4	好看	好	11萬	是

▲ 在「性格」一列上做置換

在置換檢驗後，特徵 j 的重要性可被看成是森林「在原有資料中的效能」和

「在特徵 j 資料置換之後的效能」的差距：

$$\text{重要性}\ j = \left|\text{性能}\left(\overbrace{D}^{\text{原有資料}}\right) - \text{性能}\left(\overbrace{D^P}^{\text{置換之後的資料}}\right)\right|$$

但是這樣做太耗時，還要重新再用 D^P 訓練一遍隨機森林。還記得隨機森林有 OOB 資料嗎？利用它可以節省時間：

$$\text{重要性}\ j = \left|\text{性能}\left(\overbrace{D}^{\text{原有資料}}\right) - \text{性能}\left(\overbrace{D^P}^{\text{置換之後的資料}}\right)\right|$$

$$\approx \left|\text{誤差}\left(\overbrace{D_{\text{OOB}}}^{\text{原有 OOB 資料}}\right) - \text{誤差}\left(\overbrace{D_{\text{OOB}}^P}^{\text{置換之後的 OOB 資料}}\right)\right|$$

這樣就不用重新訓練模型了。訓練好森林後，將每棵樹 h_t 對應的 OOB 資料，在特徵 j 上隨機打亂（注意，現在隨機打亂的是 OOB 資料而非全部資料），分別計算打亂前和打亂後的誤差，最後在森林層面上再求平均值，公式如下：

$$\text{重要性}\ j = \frac{1}{T}\sum_{t=1}^{T}\left|\text{誤差}\left(\overbrace{D_{\text{OOB(t)}}}^{\text{第}\ t\ \text{棵樹原有的 OOB 資料}}\right) - \text{誤差}\left(\overbrace{D_{\text{OOB(t)}}^p}^{\text{第}\ t\ \text{棵樹置換之後的 OOB 資料}}\right)\right|$$

若給特徵 j 隨機加入雜訊，則 OOB 資料的誤差率會大幅加強，而重要性 j 也會大幅加強，因此該特徵比較重要而被選擇。

13.2.2 提升樹

介紹完平行結合 CART 的隨機森林，再來介紹另一種整合模型——序列結合 CART 的提升樹。提升本身只是一種方法，提升模型就是按順序不斷增加新模型，最後整合一個效能很好的模型。其中有兩點需要注意：

- 新模型可以是線性模型或樹模型，如果是後者，則提升模型就被叫作提升樹（Boosting Tree）。
- 提升演算法主要採用 13.1.2 節介紹的正向分佈演算法，更通用的提升演算法被叫作梯度提升（Gradient Boosting）。

提升樹裡的樹模型可以是分類樹或回歸樹。在提升分類樹中，我們先研究最簡單的樹模型，即提升樹樁；在提升回歸樹中，我們先研究最簡單的殘差提升（Residual Boosting），再由此類比出梯度提升。

1. 提升分類樹

回顧第 12.3 節介紹的 AdaBoost 演算法，其核心思想是「在第 $t+1$ 輪產生一個樹樁，使得它和第 t 輪的樹樁儘量獨立」。在本節中，我們根據正向分佈演算法推出的 AdaBoost 演算法，也叫提升樹樁演算法。提升樹樁模型是由決策樹樁（Decision Stump）組成的加法模型，其誤差函數用的是指數損失函數，實際歸納如下表所示。

提升樹樁模型	
基模型	$h_t(x)$ 是樹樁（用於分類）
誤差函數	$l(y,H)=\exp(-y\times H)$

定義 $H_0(x)=0$

$H_t(x)=H_{t-1}(x)+w_t h_t(x)$

因此，$H(x)=H_T(x)$

在正向分佈演算法中，**對於求出的前 $t-1$ 個分類器，我們把它們當成是已知的，而目標是將其放在之後的分類器中。**假設經過 $t-1$ 輪反覆運算已經獲得 $H_{t-1}(x)$，那麼在第 t 輪最小化誤差函數以獲得 w_t 和 $h_t(x)$。注意：這裡我們把函數 $h_t(x)$ 當作誤差函數中的參數。

$$\underbrace{\min}_{w_t,h_t}\sum_{i=1}^{n}\exp\left(-y^{(i)}H_t(x^{(i)})\right)$$

$$\Leftrightarrow \quad \underbrace{\min}_{w_t,h_t}\sum_{i=1}^{n}\exp\left(-y^{(i)}\left[H_{t-1}\left(x^{(i)}\right)+w_t h_t(x^{(i)})\right]\right)$$

$$\Leftrightarrow \quad \underbrace{\min}_{w_t,h_t}\sum_{i=1}^{n}\exp\left(-y^{(i)}H_{t-1}\left(x^{(i)}\right)\right)\exp\left(-y^{(i)}w_t h_t(x^{(i)})\right)$$

$$\Leftrightarrow \quad \underbrace{\min}_{w_t,h_t}\sum_{i=1}^{n}u_t^{(i)}\exp\left(-y^{(i)}w_t h_t(x^{(i)})\right)$$

其中 $u_t^{(i)}$ 不依賴 w_t 和 h_t，因此可被看成「常數」，但是它依賴 $H_{t-1}(x)$，因此其隨著每一輪反覆運算而改變。現在的工作就是求 w_t 和 h_t 的最佳解而使得上式的結果最小。

第一步：求解 h_t

在分類器是決策樹的前提下，首先計算出所有決策樹樁的誤差率，然後將最小的誤差率作為 h_t。因為 $w_t > 0$，要使 $\exp(-yw_th_t)$ 最小，那麼要盡可能地讓最多的「真實值 y」和「預測值 h_t」符號相同，即找一個 h_t 使得誤差率最小。

第二步：求解 w_t

將第一步求出的 h_t 帶入目標函數中，獲得

$$\begin{aligned}\sum_{i=1}^{n} u_t^{(i)} \exp\left(-y^{(i)} w_t h_t\left(x^{(i)}\right)\right) &= \sum_{y^{(i)} \neq h_t\left(x^{(i)}\right)} u_t^{(i)} \exp(w_t) + \sum_{y^{(i)} = h_t\left(x^{(i)}\right)} u_t^{(i)} \exp(-w_t) \\ &= (\mathrm{e}^{w_t} - \mathrm{e}^{-w_t}) \sum_{i=1}^{n} u_t^{(i)} I\left\{y^{(i)} \neq h_t\left(x^{(i)}\right)\right\} + \mathrm{e}^{-w_t} \sum_{i=1}^{n} u_t^{(i)}\end{aligned}$$

將上式對 w_t 求導設成 0，獲得

$$(\mathrm{e}^{w_t} + \mathrm{e}^{-w_t}) \sum_{i=1}^{n} u_t^{(i)} I\left\{y^{(i)} \neq h_t\left(x^{(i)}\right)\right\} - \mathrm{e}^{-w_t} \sum_{i=1}^{n} u_t^{(i)} = 0$$

$$\Rightarrow \quad \frac{\mathrm{e}^{-w_t}}{\mathrm{e}^{w_t} + \mathrm{e}^{-w_t}} = \underbrace{\frac{\sum_{i=1}^{n} u_t^{(i)} I\left\{y^{(i)} \neq h_t\left(x^{(i)}\right)\right\}}{\sum_{i=1}^{n} u_t^{(i)}}}_{\text{误差率}} = \varepsilon_t$$

$$\Rightarrow \quad w_t = \frac{1}{2} \ln\left(\frac{1 - \varepsilon_t}{\varepsilon_t}\right)$$

此時計算出的 w_t 和用 AdaBoost 演算法計算出來的 w_t 完全一致。在每一輪樣本權重 $u_{t+1}^{(i)}$ 更新時，有

$$\begin{aligned}u_{t+1}^{(i)} &= \exp\left(-y^{(i)} H_t\left(x^{(i)}\right)\right) \\ &= \exp\left(-y^{(i)} H_{t-1}\left(x^{(i)}\right)\right) \exp\left(-y^{(i)} w_t h_t\left(x^{(i)}\right)\right) \\ &= u_t^{(i)} \exp\left(-y^{(i)} w_t h_t\left(x^{(i)}\right)\right) \\ &= \begin{cases} u_t^{(i)} \mathrm{e}^{w_t}, & \text{如果 } y^{(i)} \neq h_t\left(x^{(i)}\right) \\ \dfrac{u_t^{(i)}}{\mathrm{e}^{w_t}}, & \text{如果 } y^{(i)} = h_t\left(x^{(i)}\right) \end{cases}\end{aligned}$$

當 $t=0$ 時，$H_0(x)=0$，因為每個 $u_1^{(i)}$ 都等於 1，規範化之後等於 $1/N$。此時算出的 $u_{t+1}^{(i)}$ 與 AdaBoost 演算法計算出來的 $u_{t+1}^{(i)}$ 也幾乎一致，就相差一個規範化因數。使用正向分佈演算法的提升分類樹樁演算法的流程如下。

演算法 13 提升分類樹樁演算法

步驟 1：定義初值 $\boldsymbol{u}_1=\begin{bmatrix}\frac{1}{N} & \cdots & \frac{1}{N} & \cdots & \frac{1}{N}\end{bmatrix}$。

步驟 2：對於 $t=1,2,\cdots,T$，計算

$h_t=$ 第 t 輪加權訓練資料錯誤率最小的樹樁

$$\varepsilon_t=\text{第 } t \text{ 輪誤差率}=\frac{\sum_{i=1}^{n}u_t^{(i)}I\{y^{(i)}\neq h_t(x^{(i)})\}}{\sum_{i=1}^{n}u_t^{(i)}}$$

$$w_t=\text{第 } t \text{ 輪分類器權重}=\frac{1}{2}\ln\left(\frac{1-\varepsilon_t}{\varepsilon_t}\right)$$

$$\text{當 } t\neq T \text{ 時，} u_{t+1}^{(i)}=\text{第 } t+1 \text{ 輪資料權重}=\begin{cases}u_t^{(i)}\mathrm{e}^{w_t}, & y^{(i)}\neq h_t(x^{(i)})\\ \frac{u_t^{(i)}}{\mathrm{e}^{w_t}}, & y^{(i)}=h_t(x^{(i)})\end{cases}$$

將 $u_{t+1}^{(i)}$ 規範化，得到 $\sum_{i=1}^{n}u_{t+1}^{(i)}=1$。

步驟 3：獲得提升樹樁 $H(x)=\sum_{t=1}^{T}w_t h_t(x)$。

2. 提升回歸樹

有 n 個資料 $(x^{(i)},y^{(i)})$，$i=1,2,\ldots,n$，現在的工作是擬合出一個函數來最小化平方誤差 $L(y,H)=\frac{1}{2}[y-H]^2$。現在你的朋友給了你一個函數 H_1，你發現函數 H_1 擬合得不錯，但不完美，在每個資料上還有誤差，例如在前兩個資料上

- $H_1(x^{(1)})=0.8$，但是 $y^{(1)}=0.9$，誤差 $=0.8-0.9=-0.1$。
- $H_1(x^{(2)})=1.4$，但是 $y^{(2)}=1.3$，誤差 $=1.4-1.3=0.1$。

現在你的朋友讓你改進這個模型，但是必須遵守以下兩個規則：

- 不能改變 H_1 中的任何項或任何參數。
- 只能在 H_1 上加額外模型 h_1（新的預測模型是 H_1+h_1）。

最簡單的模型改進做法是先直接求出第一輪殘差 $\epsilon_1^{(i)}$， $i = 1,2,\cdots,n$。

$$\begin{matrix} H_1(x^{(1)}) + \epsilon_1^{(1)} = y^{(1)} \\ H_1(x^{(2)}) + \epsilon_1^{(2)} = y^{(2)} \\ \vdots \\ H_1(x^{(n)}) + \epsilon_1^{(n)} = y^{(n)} \end{matrix} \quad \Leftrightarrow \quad \begin{matrix} \epsilon_1^{(1)} = y^{(1)} - H_1(x^{(1)}) \\ \epsilon_1^{(2)} = y^{(2)} - H_1(x^{(2)}) \\ \vdots \\ \epsilon_1^{(n)} = y^{(n)} - H_1(x^{(n)}) \end{matrix}$$

接著在資料 $\left(x^{(i)}, \epsilon_1^{(i)}\right), i = 1,2,\cdots,n$ 中進行第二輪回歸，獲得子模型 h_1，更新之前的模型 H_1 為 H_2，其中 $H_2 = H_1 + h_1$。再求出第二輪殘差 $\epsilon_2^{(i)}, i = 1,2,\cdots,n$。

$$\begin{matrix} H_2(x^{(1)}) + \epsilon_2^{(1)} = y^{(1)} \\ H_2(x^{(2)}) + \epsilon_2^{(2)} = y^{(2)} \\ \vdots \\ H_2(x^{(n)}) + \epsilon_2^{(n)} = y^{(n)} \end{matrix} \quad \Leftrightarrow \quad \begin{matrix} \epsilon_2^{(1)} = y^{(1)} - H_2(x^{(1)}) \\ \epsilon_2^{(2)} = y^{(2)} - H_2(x^{(2)}) \\ \vdots \\ \epsilon_2^{(n)} = y^{(n)} - H_2(x^{(n)}) \end{matrix}$$

接著在資料 $\left(x^{(i)}, \epsilon_2^{(i)}\right)$ ，$i = 1,2,\cdots,n$ 中進行第二輪回歸，獲得子模型 h_2 及更新模型為 H_3，依此類推可獲得最後模型。如果子模型 h 是一組回歸樹，那麼上述擬合殘差逐漸提升模型效能的過程就被稱為提升回歸樹。該模型是由回歸樹組成的加法模型，誤差函數用的是 L_2 損失函數，實際歸納如下表所示。

提升回歸樹模型	
基模型	$h_t(x)$ 是回歸樹（用於回歸）
誤差函數	$L(y,H) = \frac{1}{2}[y - H]^2$

提升回歸樹演算法的流程如下表所示。

演算法 14 提升回歸樹演算法（L_2 損失函數）

步驟 1：定義初值 $H_0(x) = 0$。

步驟 2：對 $t = 1,2,\cdots,T$：

（1）計算 $\varepsilon_t^{(i)} =$ 第 t 輪殘差 $= y^{(i)} - H_{t-1}\left(x^{(i)}\right)$。

（2）用 $x^{(i)}$ 來擬合 $\varepsilon_t^{(i)}$ 殘差獲得回歸樹 h_t。

（3）更新 $H_t\left(x^{(i)}\right) = H_{t-1}\left(x^{(i)}\right) + h_t\left(x^{(i)}\right)$。

步驟 3：獲得提升回歸樹 $H(x) = H_T(x)$。

計算 $t-1$ 輪誤差函數 L 對函數 $H_{t-1}(x^{(i)})$ 的梯度（把函數在 $x^{(i)}$ 上的值當成參數，參數空間類似函數空間）。

$$梯度^{(i)}=\frac{\partial L}{\partial H_{t-1}(x^{(i)})}=\frac{\partial \sum_{i=1}^{n}\left[y^{(i)}-H_{t-1}(x^{(i)})\right]^2/2}{\partial H_{t-1}(x^{(i)})}=H_{t-1}(x^{(i)})-y^{(i)}=-殘差^{(i)}$$

在演算法 14 中，每輪擬合的殘差剛好就是其誤差函數的**負梯度**。

梯度的概念比殘差的概念更廣，因此，現在讓我們忘掉殘差而接受梯度，其對應的提升樹被叫作梯度提升樹（**G**radient **B**oosting **T**ree，GBT）。我們類比演算法 14 而獲得如下表所示的演算法 15 梯度提升回歸樹演算法。

演算法 15 梯度提升回歸樹演算法

步驟 1：定義初值 $H_0(x)=0$。
步驟 2：對 $t=1,2,\cdots,T$，
（1）計算負梯度 $-\frac{\partial J}{\partial H_{t-1}(x^{(i)})}$。
（2）用 $x^{(i)}$ 來擬合負梯度獲得回歸樹 h_t。
（3）更新 $H_t(x^{(i)})=H_{t-1}(x^{(i)})+h_t(x^{(i)})$。
步驟 3：獲得梯度提升回歸樹 $H(x)=H_T(x)$。

殘　差	負梯度
$y^{(i)}-H_{t-1}(x^{(i)})$	$-\frac{\partial L}{\partial H_{t-1}(x^{(i)})}$
擬合殘差得出 $h_t(x^{(i)})$	擬合負梯度更新 $h_t(x^{(i)})$
根據殘差更新 $H_t(x^{(i)})$	根據負梯度更新 $H_t(x^{(i)})$

演算法 15 只是透過簡單類比獲得的，在真正的梯度提升回歸樹演算法步驟 2 中的更新 $H_t(x^{(i)})$ 的公式中還有一個參數 w_t。通常為了防止過擬合，在公式中還會增加一個縮減率（Shrinkage）η。

$$H_t(x^{(i)})=H_{t-1}(x^{(i)})+\eta w_t h_t(x^{(i)})$$

有了梯度，除前面介紹的 AdaBoost 的指數損失函數和本節介紹的平方損失函數外，GBT 還適用於回歸類損失函數：L_1 和 Huber 損失函數，及分類損失函數——Logarithm 損失函數。套用提升回歸樹的演算法 15，我們只用計算每個損失函數的負梯度即可，實際如下表所示。

損失函數	函數形式 $L(y,H)$	負梯度 $-\frac{\partial L}{\partial H}$
L_1	$\lvert y-H\rvert$	$-\mathrm{sign}(y-H)$
Huber	$\begin{cases}[y-H]^2/2, & \lvert y-H\rvert\leqslant\delta\\ \delta(\lvert y-H\rvert-\delta/2), & \lvert y-H\rvert>\delta\end{cases}$	$\begin{cases}H-y, & \lvert y-H\rvert\leqslant\delta\\ -\delta\mathrm{sign}(y-H), & \lvert y-H\rvert>\delta\end{cases}$
Logarithm	$\ln(1+\exp(-2yH))$	$\dfrac{2y}{1+\exp(-2yH)}$

提升更像是一種思想，梯度提升只是一種方法，即每次建立模型都是在之前建立模型損失函數的負梯度方向。

13.2.3 程式實現

在第 9 章中，斯蒂文用決策樹預測了貸款是良性的還是惡性的，但是，他還想進一步加強預測的準確率。他的第一反應是用整合模型（Ensemble Model），例如隨機森林和提升樹。

在 Jupyter Notebook 中，斯蒂文進行了以下操作。

（1）前置處理資料，包含平衡樣本、特徵子集和獨熱編碼。

（2）直接使用 scikit-learn 中的 RandomForestClassifier 和 GradientBoostingClassifer 模型來分類良性貸款和惡性貸款，並探索在不同棵樹下模型的表現。

（3）獨立撰寫程式，建置加權決策樹模型，細節包含計算加權誤分類個數、選擇最佳特徵分裂、創造樹葉等。

（4）獨立撰寫演算法 13 建置 AdaBoost 模型，並探索在不同樹樁個數下模型的表現。

13.3 歸納

本章內容參考了參考資料 **[2] [3] [4] [5] [6]**。隨機森林和梯度提升樹都是在決策樹上做整合學習的。

隨機森林是用自助取樣法均勻結合了一堆完全長成的 CART：

$$\mathrm{RF}=\mathrm{bagging}+\mathrm{Strong\ CART}$$

梯度提升樹是用梯度下降法非均勻結合了一些弱的 CART，甚至弱到是決策樹樁：

$$\text{GBT} = \text{Gradient Boosting} + \text{Weak CART}$$
$$\text{AdaBoost} = \text{Gradient Boosting} + \text{Decision Stump (DS)}$$

隨機森林的 bagging 本身就用於減小方差，因此，森林裡面的樹可以是高方差、低偏差而不用剪枝的強樹。此外，隨機森林容易平行處理，而且附帶 OOB 資料進行驗證，還可以做特徵選擇。提升樹是將一堆高偏差、低方差的弱樹結合起來，按順序地訓練出一棵棵樹，每棵樹透過提升梯度來改進前面的訓練結果。其中極度梯度提升 (Extreme Gradient Boosting, XGBoost) 是將梯度提升做到極致，具有速度快、效果好、功能多的優點，這也是第 14 章要介紹的內容。

參考資料

1. 隨機森林和提升樹之玩轉借貸俱樂部
2. Random Forests [paper]
   Leo Breiman, Statistics Department, University of California, Berkeley, Machine Learning, 45, 5–32, 2001
3. Greedy Function Approximation: A Gradient Boosting Machine [paper]
   Jerome H. Friedman, IMS Reitz Lecture, April 19, 2001
4. A Gentle Introduction to Gradient Boosting [notes]
   Cheng Li, Northeastern University
5. Random Forests [notes]
   Hsuan-Tien Lin, Machine Learning Techniques, Lecture 10, 2018
6. 《統計學習方法》[book]
   李航 著，北京：清華大學出版社，2012 年 3 月（第 8 章 提升方法）

14

極度梯度提升

When in doubt, use XGBoost.

– Avito.

引言

有一種人很善變，例如在比較兩份工作時，你和他説前景，他和你講技術；你和他講技術，他跟你説薪水；你和他説薪水，他和你談情懷；你和他談情懷，他又和你道前景。爭論永遠沒有個頭，而且你基本上對這兩份工作做不了任何比較。如果一份工作 A 不論前景、技術、薪水和情懷都力壓另外一份工作 B，那麼任何人都會選擇工作 A 吧。在提升樹的世界裡，有一個類似工作 A 的演算法：著名的極度梯度提升（XGB）。XGB 的本質是一個梯度提升方法，極度是指把提升做到極致。下表中展示了 XGB 和其他開放原始碼系統演算法的各項比較。

系統	確切貪心	全局近似	局部近似	核外計算	稀疏感知	並行
XGB	✓	✓	✓	✓	✓	✓
scikit-learn	✓	✗	✗	✗	✗	✗
R GBM	✓	✗	✗	✗	⍻	✗
pGBRT	✗	✗	✓	✗	✗	✓
Spark MLlib	✗	✓	✗	✗	⍻	✓
H2O	✗	✓	✗	✗	⍻	✓

本章的思維導圖如下：

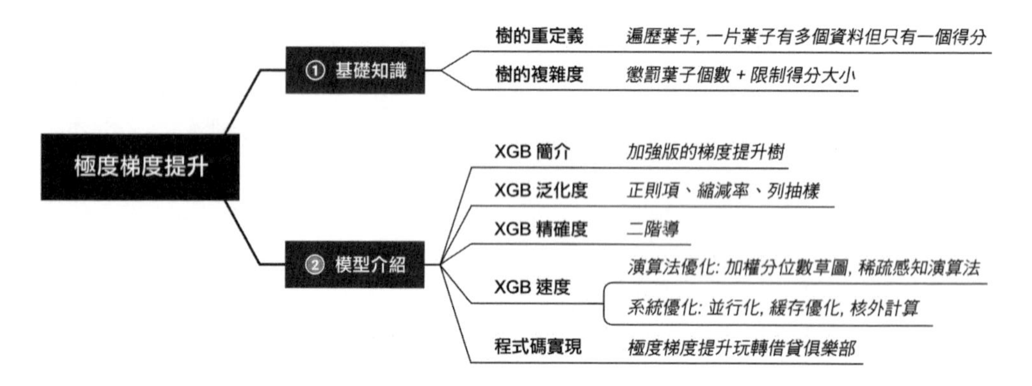

14.1 基礎知識

14.1.1 樹的重定義

回顧 13.1.1 節講的兩棵回歸樹的實例，如下圖所示。

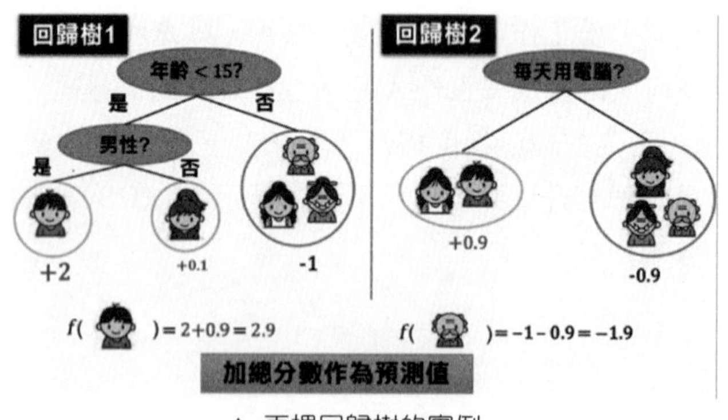

▲ 兩棵回歸樹的實例

用回歸樹對每個樣本（即家庭成員）進行預測，預測結果就是兩棵樹的預測分數的和。例如對於「是否愛玩電腦遊戲」這個問題，小男孩的得分為 2 + 0.9 = 2.9 分，而爺爺的得分為 –1 – 0.9 = –1.9 分。

下面用兩種不同的方法來定義樹，第一種定義（樹的原定義）是第 13 章介紹的隨機森林和梯度提升樹中用到的，第二種定義（樹的重定義）是本章介紹的 XGB 中用到的。這裡僅以上圖中的回歸樹 1 來舉例，先明確幾個數學符號：

- T 是葉子個數，在回歸樹 1 中有 3 片葉子，因此 $T = 3$。
- D 是家庭成員個數，在回歸樹 1 中有 5 個家庭成員：小男孩、小女孩、爺爺、奶奶和媽媽，因此 $D = 5$。

樹的原定義：對於每棵樹，將家庭成員分類到不同的葉子中並評分，如下圖所示。

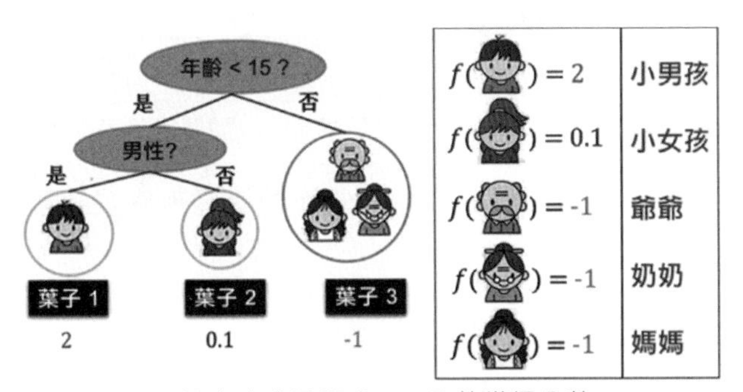

▲ 給家庭成員評分，f 函數獲得分數

上圖中的 f 函數是一個從「家庭成員」到「得分」的對映：

$$f(\text{家庭成員}) = \text{得分}$$

因此，樹可以用 f 函數表示，該函數指定每個家庭成員的得分，例如上圖顯示的 $f(\text{小男孩}) = 2$，$f(\text{媽媽}) = -1$。

樹的重定義：如果在**資料維度**（家庭成員維度）上從頭到尾檢查一遍樹，則使用上面定義的樹很方便。但有時候需要在**葉子維度上**從頭到尾檢查一遍樹，此時使用上面定義的樹就不是很方便，因此需要重新定義樹：

$$f(\text{家庭成員}) = w_{q(\text{家庭成員})} = \text{得分}, \quad \overbrace{w \in R^T}^{T\text{ 維向量，記錄每個葉子的得分}}, \quad \overbrace{q: R^d \to \{1,2,\cdots,T\}}^{D\text{ 維向量，將 }D\text{ 個家庭成員映射成 }T\text{ 個葉子}}$$

上述的定義乍一看讓人困惑，但當知道 T 是葉子個數，D 是家庭成員個數時，則一切都變得簡單了，下面來一個個地分析。

- $q(\text{家庭成員}) = \text{葉子索引} = \{1,2,\cdots,T\}$，根據 q 對映，可獲得 D 個家庭成員被分類的葉子索引。
- $w_{q(\text{家庭成員})} = \text{得分}$，$q$ 可以是 $1,2,\cdots,T$，因此 $w_1, w_2, \ldots, w_T$ 描述著每個葉子的得分。

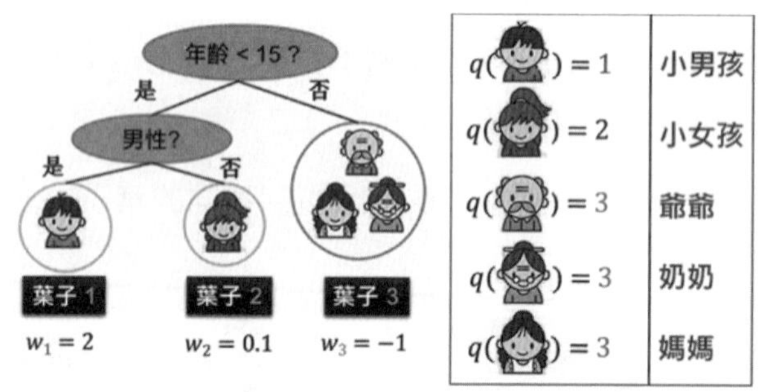

▲ 將家庭成員分類到不同葉子中，q 函數獲得葉子索引

重定義的樹可以用 q 函數表示，該函數先找到每個家庭成員被分類的葉子索引，再找到對應葉子的得分。

如果按照葉子索引來整理每個家庭成員的得分，則需要定義一個從「葉子索引」到「資料索引」的對映 I：

$$I_t = \{d|q(x^{(d)}) = t\}, \quad \underbrace{\overbrace{d = 1,2,\cdots,D}^{\text{一共 }D\text{ 個家庭成員}}}_{\text{在本例中 }D=5}, \quad \underbrace{\overbrace{t = 1,2,\cdots,T}^{\text{一共 }T\text{ 片葉子}}}_{\text{在本例中 }T=3}$$

其中

$$x^{(d)} = \text{第 }d\text{ 個資料（家庭成員）}$$

$I_t = \{d|q(x^{(d)}) = t\}$ = 第 t 片葉子對應的所有家庭成員的索引，因此 I_t 是一個集合。

公式總是看起來晦澀難懂，讀者可以照著下圖所示的實際範例再了解一遍上面的公式。

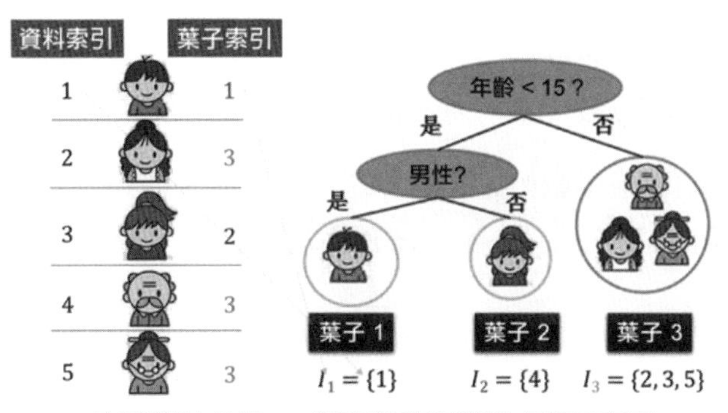

▲ 索引對映函數 I，將資料索引轉換成葉子索引

14.1.2 樹的複雜度

樹的複雜度可以被定義成樹葉個數和樹葉得分的函數加總，數學運算式如下：

$$\Omega(f) = \gamma \times \overbrace{T}^{\text{樹葉個數}} + \frac{1}{2}\lambda \sum_{j=1}^{T} z \times \overbrace{w_j^2}^{\text{樹葉得分平方}}$$

其中，γ 控制 T 的係數，λ 控制 w^2 的係數，它們都大於 0，因此，樹葉個數越多，得分越多，樹就越複雜。樹的複雜度計算如右圖所示。

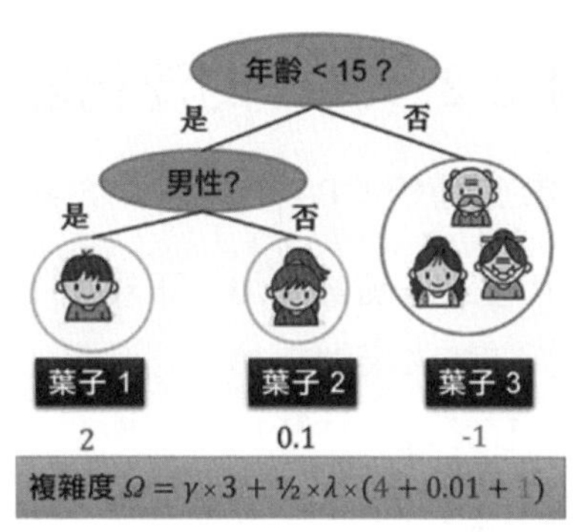

▲ 樹的複雜度的計算實例

14.2 模型介紹

14.2.1 XGB 簡介

XGB 即 eXtreme Gradient Boosting，也叫 XGBoost。從數學角度上來說，XGB 就是一個加強版的梯度提升樹（Gradient Boosted Tree，GBT），可以用來做回歸和分類。在本節中只討論回歸樹。與 GBT 相比，XGB 的改進地方有以下 3 處。

- 加強泛化度（正規項、縮減率、列抽樣）。

- 加強精確度（二階導數）。
- 加強速度（演算法最佳化、系統最佳化）。

後面會分別從泛化度、精確度和速度這 3 個方面來説明 XGB 與眾不同的地方。對於第 i 個範例（$x^{(i)}, y^{(i)}$），XGB 模型整合 K 棵樹獲得的預測結果為

$$\hat{y}^{(i)} = \sum_{k=1}^{K} f_k(x^{(i)})$$

其中 f_k 是第 k 個樹模型，它的輸出是一個得分。所有樹的得分加總就是 $x^{(i)}$ 在 XGB 模型中的得分。在學習 XGB 之前，強烈建議讀者先複習一遍 13.3 節的內容。

14.2.2 XGB 的泛化度

XGB 比傳統 GBT 的推廣能力好，是因為其使用了 3 個防止過擬合的技巧：

（1）在誤差函數中加入正規項；
（2）在加法模型中加入縮減率；
（3）在整合森林時加入列抽樣。

1. 正規項

XGB 在誤差函數裡加入了正規項，用於控制樹的複雜度。正規項裡包含了以下內容。

- 樹的葉子節點個數 T。
- 每個葉子節點的得分平方 w^2 的和。

下表中比較了 GBT 和 XGB 的誤差函數。

	GBT	XGB
誤差函數	$\sum_{i=1}^{n} \underbrace{l(y^{(i)}, \hat{y}^{(i)})}_{\text{損失函數}}$	$\sum_{i=1}^{n} \underbrace{l(y^{(i)}, \hat{y}^{(i)})}_{\text{損失函數}} + \underbrace{\sum_{k=1}^{K} \Omega(f_k)}_{\text{正則項}} = \sum_{i=1}^{n} l(y^{(i)}, \hat{y}^{(i)}) + \gamma T + \frac{1}{2}\lambda \sum_{j=1}^{T} w_j^2$

	GBT	XGB
變數解釋	• l 是損失函數 • $y^{(i)}$ 是真實值 • $\hat{y}^{(i)}$ 是預測值	• T 是樹葉的個數 • γ 根據控制 T 來控制複雜度 • w_j 是第 j 片樹葉的得分 • λ 根據控制 w^2 來控制複雜度

從權衡偏差與方差的角度來講，正規項降低了模型的方差，使經過學習的模型更加簡單，防止過擬合，這也是 XGB 優於傳統 GBT 之處。和 GBT 一樣，XGB 也是透過加法模型和正向分佈演算法來產生模型的，實際比較如下表所示。

	GBT	XGB
誤差函數	$J=\sum_{i=1}^{n} l(y^{(i)},\hat{y}^{(i)})$	$J=\sum_{i=1}^{n} l(y^{(i)},\hat{y}^{(i)})+\sum_{k=1}^{K}\Omega(f_k)$
反覆運算過程	$\hat{y}_0^{(i)}=0$ $\hat{y}_1^{(i)}=f_1^{(i)}=\hat{y}_0^{(i)}+f_1^{(i)}$ $\hat{y}_2^{(i)}=f_1^{(i)}+f_2^{(i)}=\hat{y}_1^{(i)}+f_2^{(i)}$ $\cdots$ $\hat{y}_K^{(i)}=\sum_{k=1}^{K-1} f_k^{(i)}+f_K^{(i)}=\hat{y}_{K-1}^{(i)}+f_K^{(i)}$	$\hat{y}_0^{(i)}=0$ $\hat{y}_1^{(i)}=\eta f_1^{(i)}=\hat{y}_0^{(i)}+\eta f_1^{(i)}$ $\hat{y}_2^{(i)}=f_1^{(i)}+\eta f_2^{(i)}=\hat{y}_1^{(i)}+\eta f_2^{(i)}$ $\cdots$ $\hat{y}_K^{(i)}=\sum_{k=1}^{K-1} f_k^{(i)}+\eta f_K^{(i)}=\hat{y}_{K-1}^{(i)}+\eta f_K^{(i)}$
第 t 輪	$J_t=\sum_{i=1}^{n} l\left(y^{(i)},\hat{y}_t^{(i)}\right)$ $=\sum_{i=1}^{n} l\left(y^{(i)},\hat{y}_{t-1}^{(i)}+f_t^{(i)}\right)$	$J_t=\sum_{i=1}^{n} l\left(y^{(i)},\hat{y}_t^{(i)}\right)+\sum_{k=1}^{t}\Omega(f_k)$ $=\sum_{i=1}^{n} l\left(y^{(i)},\hat{y}_{t-1}^{(i)}+f_t^{(i)}\right)+\Omega(f_t)+\sum_{k=1}^{t-1}\Omega(f_k)$ $=\sum_{i=1}^{n} l\left(y^{(i)},\hat{y}_{t-1}^{(i)}+f_t^{(i)}\right)+\Omega(f_t)+$ 常數

加法模型的核心就是在開始時指定一個常數初值，在每一步中都增加一個新的函數 f_k。這個函數的形式如何決定呢？將函數 f_k 當成 J 的變數，求 $\frac{\partial J}{\partial f_k}$ 即可。

2. 縮減率

縮減率相當於原來梯度下降裡的學習率，用 η 表示。XGB 在進行一次反覆運算後，會將新加的樹模型乘以 η，主要是為了削弱之前的每棵樹帶來的影響，讓模型在後面有更大的學習空間。在實際操作中，η 通常被設為 0.1，當然也可透過調整參數獲得。

3. 列抽樣

列抽樣是 XGB 參考了隨機森林的做法。因為樹可以在特徵集上分裂，因此，在每棵樹的不同分裂點上，從 m 個特徵中隨機選擇 j 個（$j \leqslant m$）特徵做分裂。這樣做不僅能降低過擬合，還能減少計算量。在實際操作中，通常會指定一個百分比 $a\%$，即每次 $a\% \times m$ 個特徵被選取用於分裂。

14.2.3 XGB 的精確度

傳統 GBT 在最佳化時只用到一階導數，XGB 則對誤差函數 J 進行了二階泰勒展開（忽略常數項），同時用到了一階導數和二階導數。下面以平方損失函數 $l(y,\hat{y}) = (y-\hat{y})^2$ 為例來說明。

$$
\begin{aligned}
J_t &= \sum_{i=1}^{n} l\left(y^{(i)}, \hat{y}_{t-1}^{(i)} + f_t^{(i)}\right) + \Omega(f_t) && \text{平方損失函數的定義} \\
&= \sum_{i=1}^{n} \left(y^{(i)} - \left(\hat{y}_{t-1}^{(i)} + f_t^{(i)}\right)\right)^2 + \Omega(f_t) \\
&= \sum_{i=1}^{n} \left(y^{(i)} - \hat{y}_{t-1}^{(i)}\right)^2 + \sum_{i=1}^{n} 2\left(\hat{y}_{t-1}^{(i)} - y^{(i)}\right) f_t^{(i)} + \sum_{i=1}^{n} \left(f_t^{(i)}\right)^2 + \Omega(f_t) && \text{展開平方項} \\
&= \sum_{i=1}^{n} l\left(y^{(i)}, \hat{y}_{t-1}^{(i)}\right) + \sum_{i=1}^{n} 2\left(\hat{y}_{t-1}^{(i)} - y^{(i)}\right) f_t^{(i)} + \sum_{i=1}^{n} 1\left(f_t^{(i)}\right)^2 + \Omega(f_t) && \text{平方損失函數的定義} \\
&= \sum_{i=1}^{n} l\left(y^{(i)}, \hat{y}_{t-1}^{(i)}\right) + \sum_{i=1}^{n} \frac{\partial l\left(y^{(i)}, \hat{y}_{t-1}^{(i)}\right)}{\hat{y}_{t-1}^{(i)}} f_t^{(i)} + \sum_{i=1}^{n} \frac{1}{2} \frac{\partial^2 l\left(y^{(i)}, \hat{y}_{t-1}^{(i)}\right)}{\left(\hat{y}_{t-1}^{(i)}\right)^2} \left(f_t^{(i)}\right)^2 \Omega(f_t) && \text{平方損失函數的一階導數和二階導數} \\
&= \sum_{i=1}^{n} \left[l\left(y^{(i)}, \hat{y}_{t-1}^{(i)}\right) + g_i f_t^{(i)} + \frac{1}{2} h_i \left(f_t^{(i)}\right)^2 \right] + \Omega(f_t) && \text{定義 } g_i \text{ 和 } h_i \text{ 而化簡運算式}
\end{aligned}
$$

上面證明的是「損失函數是平方形式」的特殊情況，但是能推廣到「任何損失函數」的一般情況，對第 i 個資料來說，g_i 和 h_i 是損失函數 l 對「第 $t-1$ 輪的預測值 $\hat{y}_{t-1}^{(i)}$」的一階導數和二階導數。

在求解 g_i 和 h_i 時，按照葉子維度（而非按照資料維度）整合更簡單一些，接著上面的推導（將 J 看成是 f 的函數，因此 l 可被看成是常數項而被去掉），根據 14.1.1 節中關於 $f(x)$ 和 $q(x)$ 的定義，則有

$$C = \sum_{i=1}^{n}\left[g_i f_t^{(i)} + \frac{1}{2}h_i\left(f_t^{(i)}\right)^2\right] + \Omega(f_t)$$

展開複雜度函數（T 是第 t 棵樹的葉子的個數，嚴格符號應該寫成 T_t，用 T 表示是為了簡化公式）

$$= \sum_{i=1}^{n}\left[g_i f_t^{(i)} + \frac{1}{2}h_i\left(f_t^{(i)}\right)^2\right] + \gamma T + \frac{1}{2}\lambda\sum_{j=1}^{T} w_j^2$$

用 w 代替 f，並在葉子上（而非在資料上）求和

$$= \sum_{j=1}^{T}\left[\sum\nolimits_{i\in I_j} g_i\, w_j + \frac{1}{2}\sum\nolimits_{i\in I_j} h_i\, w_j^2\right] + \gamma T + \frac{1}{2}\lambda\sum_{j=1}^{T} w_j^2$$

合併，發現 C 是 T 個獨立 w_j 的二項函數的和

$$= \sum_{j=1}^{T}\left[\sum\nolimits_{i\in I_j} g_i\, w_j + \frac{1}{2}\left(\sum\nolimits_{i\in I_j} h_i + \lambda\right) w_j^2\right] + \gamma T$$

定義 G_j 和 H_j 而簡化公式

$$= \sum_{j=1}^{T}\left[G_j w_j + \frac{1}{2}(H_j + \lambda) w_j^2\right] + \gamma T$$

當損失函數是平方函數時，

$$H_j = \sum\nolimits_{i\in I_j} h_i = \sum\nolimits_{i\in I_j} \frac{\partial^2 l\left(y^{(i)}, \hat{y}_{t-1}^{(i)}\right)}{\left(\hat{y}_{t-1}^{(i)}\right)^2} = \sum\nolimits_{i\in I_j} 2 > 0, \quad H_j + \lambda > 0$$

因此 C 是一個函數曲線開口向上的二項函數，在 w_j^* 點上有最小值 C^* $(j = 1,2,\cdots,T)$

$$w_j^* = -\frac{G_j}{2\times\frac{1}{2}\left(H_j + \lambda\right)} = -\frac{G_j}{H_j + \lambda}$$

$$C^* = -\frac{1}{2}\sum_{j=1}^{T}\frac{G_j^2}{H_j + \lambda} + \gamma T$$

上面讓人眼花繚亂的 g_i, h_i, G_j, H_j 不好了解？來看一個實例，如下圖所示。

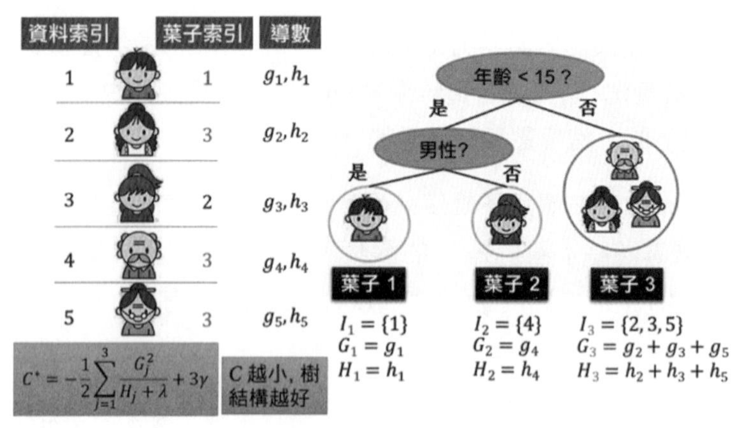

▲ 樹的結構的得分計算實例

XGB 的厲害之處是，讓模型使用者可以任意定義目標函數，只要它是一階和二階可導的就行。

回顧一下 9.2.1 節的內容，建置決策樹的關鍵步驟是分裂屬性。所謂分裂屬性，就是在某個節點處按照某個特徵屬性的不同值建置不同的分支，其目標是讓各個分裂子集盡可能地「純」，也就是儘量讓一個分裂子集中的待分類項屬於同一個類別。而對於在 XGB 裡面定義的樹的結構 q，上面公式中的 C^* 函數可被看成一個評分函數，類似決策樹裡的分裂指標（錯誤率、資訊增益、資訊增益比、吉尼係數等）。從一片葉子開始，定義

- I_L 和 I_R 分別是分裂後左、右子樹節點的集合；
- I 是分裂前樹的節點的集合，$I = I_L + I_R$（聯集）；
- T_L 和 T_R 分別是分裂後左、右子樹葉子的個數；
- T 是分裂前樹的葉子的個數，$T = T_L + T_R - 1$（分裂後會多一片葉子）。

分裂之後的獲益（Gain）為

$$\text{Gain} = \left(\overbrace{-\frac{1}{2}\frac{G_L^2}{H_L+\lambda} + \gamma T_L}^{\text{分裂後左子樹分數}}\right) + \left(\overbrace{-\frac{1}{2}\frac{G_R^2}{H_R+\lambda} + \gamma T_R}^{\text{分裂後右子樹分數}}\right) - \left(\overbrace{-\frac{1}{2}\frac{(G_L+G_R)^2}{H_L+H_R+\lambda} + \gamma T}^{\text{分裂前樹分數}}\right)$$

$$= \frac{1}{2}\left[\frac{G_L^2}{H_L+\lambda} + \frac{G_R^2}{H_R+\lambda} - \frac{(G_L+G_R)^2}{H_L+H_R+\lambda}\right] - \gamma$$

和決策樹分裂過程類似，XGB 有自己的確切貪心演算法（Exact Greedy Algorithm）。

演算法 16 XGB 的確切貪心演算法

輸入：I = 分裂前樹節點的集合，M = 特徵的個數。

步驟 1： 初始分數值 $s = 0,\ G = \sum_{i\in I} g_i,\ H = \sum_{i\in I} h_i$。

步驟 2： 對 $m = 1,2,\cdots,M$ 的每個特徵

設 $G_L = 0, H_L = 0$

在集合 I 裡按特徵值 $x_m^{(i)}$ 大小排序過的資料索引 i

$G_L := G_L + g_i \qquad H_L := H_L + h_i$

$G_R = G - G_L \qquad H_R = H - H_L$

$s = \max\left(s, \frac{G_L^2}{H_L+\lambda} + \frac{G_R^2}{H_R+\lambda} - \frac{(G_L+G_R)^2}{H_L+H_R+\lambda}\right)$ [更新分數]

輸出：最佳分裂的特徵（對應最大的 s）。

該演算法的困難和妙處是：在步驟 2 裡先排序特徵值 $x_m^{(i)}$，再掃描獲得最佳切分點。下圖用特徵「年齡」來解釋如何分裂樹。

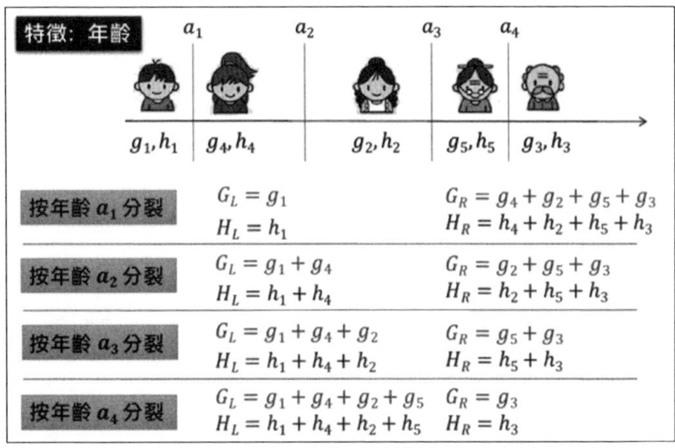

▲ 按「年齡」特徵來分裂樹的實例

假設家庭成員有 5 個，每個人都有自己的年齡，一共有 5 個年齡。將其按大小排序，算出每兩個年齡的平均值。5 個資料可算出 4 個平均值，分別記為 a_1、a_2、a_3 和 a_4。按照每個 a 分裂算出獲益，並找到最大值對應的 a 作為分裂點。

14.2.4 XGB 的速度

XGB 除了在泛化度和精確度進行了特殊處理，在速度上也加強不少，例如演算法最佳化速度和系統最佳化速度。

1. 演算法最佳化

在演算法最佳化上，XGB 主要加了以下兩種技巧。

- **加權分位數草圖**：處理類似樹學習中的實例加權。
- **稀疏感知演算法**：用於處理稀疏資料。

（1）加權分位數草圖（Weighted Quantile Sketch）

貪心演算法很強大，因為它列出所有特徵來選取分裂點，但是這樣做效率很低，因此，我們用近似演算法（Approximate Algorithm）來改進。在提升樹模型中，單棵樹被認為沒有什麼預測能力，因此，我們可以很粗糙地建置它，例如分裂特徵的做法。如下圖所示，x 代表特徵值，y 代表誤差。

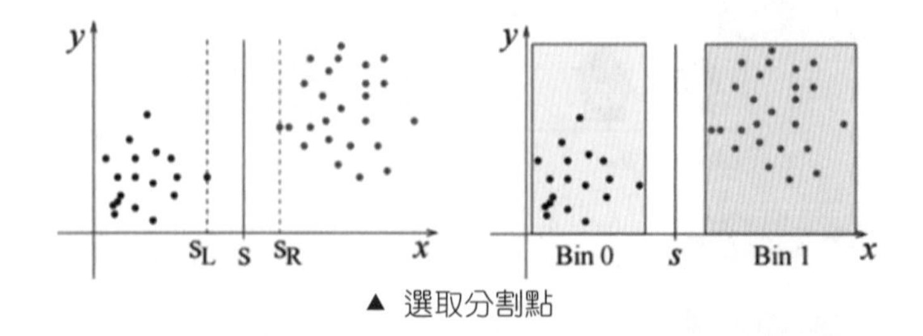

▲ 選取分割點

由左圖可以看出，分割點 s 在 $[s_L, s_R]$ 區間中怎麼變都不會影響分裂帶來的誤差。

右圖將多個黑點和紅點裝在不同的箱中，把它們當成個體，例如 Bin 0 就是 1 個資料，Bin 1 也是 1 個資料。這麼做是因為分割點 s 在 Bin 0 和 Bin 1 中間怎麼動都不會影響分裂帶來的誤差。

近似演算法先透過特徵分佈的分位數獲得候選分割點（Candidate Split Points）的分佈情況，然後根據候選分割點的分佈情況將連續的特徵值對映到不同的箱中，最後統計整理資訊。XGB 用的近似演算法被稱作加權分位數草圖，雖然其理論證明非常複雜，但說穿了也就是一種找候選分割點的方法，只不過考慮了加權。下表中列出了如何找第 m 個特徵對應的 p 個候選分割點。

演算法 17 候選分割點演算法

收集輸入資料：$D_m = \left\{\left(x_m^{(1)}, h_1\right), \left(x_m^{(2)}, h_2\right), \cdots, \left(x_m^{(n)}, h_n\right)\right\}$

定義排序函數：$r_m(s) = \frac{1}{\sum_{(x,h)\in D_m} h} \sum_{(x,h)\in D_m, x<s} h$

輸出分割點：找到 p 個候選分割點 $\{s_{m,1}, s_{m,2}, \ldots, s_{m,p}\}$，使得

$$\left|r_m\left(s_{m,j}\right) - r_m\left(s_{m,j+1}\right)\right| < \epsilon \text{，} s_{m,1} = \min_i x_m^{(i)} \text{，} s_{m,p} = \max_i x_m^{(i)}$$

對於上面的演算法，讀者可能有 3 個疑問：ϵ 的含義是什麼？為何此演算法出現了兩階導數 h？r 的含義是什麼？

回答如下：

- $1/\epsilon$ 可被當作候選點數量，如果 $\epsilon = 0.1$，那麼對應箱裡有 10 個加權候選點。
- h 實際上是加權，從配方 C 的運算式中即可看出 h 處在加權的位置：

$$C = \sum_{i=1}^{n}\left[g_i f_t^{(i)} + \frac{1}{2}h_i\left(f_t^{(i)}\right)^2\right] + \Omega\left(f_t^{(i)}\right)$$

$$= \frac{1}{2}\sum_{i=1}^{n} h_i\left[\left(\frac{g_i}{h_i}\right)^2 - 2\left(-\frac{g_i}{h_i}\right)f_t^{(i)} + \left(f_t^{(i)}\right)^2\right] + \Omega\left(f_t^{(i)}\right) + \text{常數}$$

$$= \frac{1}{2}\sum_{i=1}^{n} \underbrace{h_i\left(f_t^{(i)} - \frac{g_i}{h_i}\right)^2}_{\text{加權平方損失}} + \Omega\left(f_t^{(i)}\right) + \text{常數}$$

- r 計算的其實是一個關於 h 的分數（當 x 小於某個設定值 s 時）。分母是所有 h 的和，分子是當 x 小於 s 時 h 的和。假如 $D = \{(1,1), (2,2), (3,3)\}$，那麼

當 $s=1.5$ 時, $r(1.5)=1/(1+2+3)=1/6$

當 $s=2.7$ 時, $r(2.7)=(1+2)/(1+2+3)=1/2$

當 $s=3.2$ 時, $r(3.2)=(1+2+3)/(1+2+3)=1$

該近似演算法有全域（Global）和局部（Local）兩種類型。

- 全域近似演算法是在建樹前先找好候選分割點，並且在各層分裂時都使用它。
- 局部近似演算法是在建樹中（每次分裂）找好候選分割點。

很明顯，全域近似演算法只需要找一次候選分割點，但是為了達到與局部近似演算法類似的表現，需要更多的候選分割點。下表中列出了近似分裂演算法。

演算法 18 近似分裂演算法

輸入：I = 分裂前樹節點的集合，M = 特徵的個數。

步驟 1：初始分數值 $s=0,\ G=\sum_{i\in I} g_i,\ H=\sum_{i\in I} h_i$。

步驟 2：對 $m=1,2,\cdots,M$

根據加權分位數找到分割點 $S_m=\{s_{m,1},s_{m,2},\dots,s_{m,p}\}$。

找出集合 $I_v=\left\{i|x_m^{(i)}\in[s_{m,v},s_{m,v+1})\right\}$。

$G_{m,v}=\sum_{i\in I_v} g_i,\ H_{m,v}=\sum_{i\in I_v} h_i$。

步驟 3：對 $m=1,2,\cdots,M$

設 $G_L=0,H_L=0$

對 v = 按箱的索引 $=1,2,\cdots,p-1$

$G_L:=G_L+G_{m,v}$， $H_L:=H_L+H_{m,v}$

$G_R=G-G_L$， $H_R=H-H_L$

$s=\max\left(s,\frac{G_L^2}{H_L+\lambda}+\frac{G_R^2}{H_R+\lambda}-\frac{(G_L+G_R)^2}{H_L+H_R+\lambda}\right)$

輸出：最佳分裂的特徵（對應最大的 s）。

（2）稀疏感知演算法（Sparsity Aware Algorithm）

在實際問題中，資料很有可能是稀疏（Sparse）的，原因有 3 個：① 資料有遺漏值；② 資料封包含很多 0；③ 分類變數經過獨熱編碼。對於特徵值有缺失的樣本，XGB 可以自動學出它的分裂方向，例如下圖所示的實例。

樣列	年齡	性別
小明	?	男
小雨	12	?
小靜	25	女

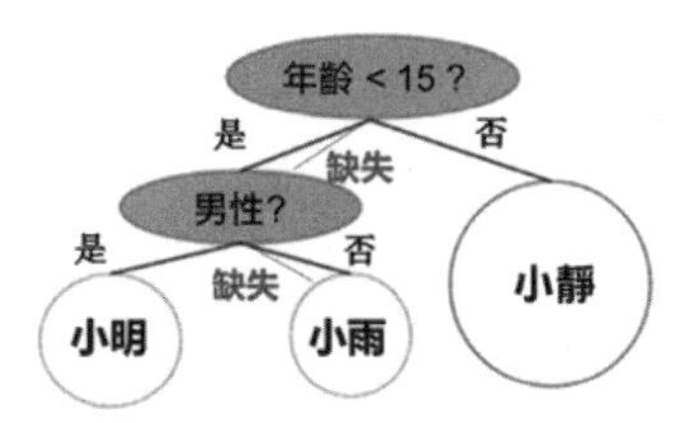

▲ 遺漏值處理方法

在根據年齡特徵分裂時，因為小明的年齡不詳，按照某種規則被分為小於 15 歲；接下來在根據性別特徵分裂時，小雨的性別不詳，按照某種規則被分為女性。這些規則都是從資料中學來的，例如將小明分為小於 15 歲還是大於或等於 15 歲，主要看分類誤差，哪個分類誤差小就選哪個。稀疏感知演算法將上面 3 種情況裡的遺漏值（包含獨熱編碼的很多 0）自動根據資料學出最佳分裂。

2. 系統最佳化

在系統最佳化上，XGB 主要多了以下 3 種特性：

- **平行化**：使用所有 CPU 核心平行訓練樹。
- **快取最佳化**：利用硬體來最佳化資料結構和演算法。
- **核外計算**： 計算超過記憶體的大類型資料集。

（1）平行化（Parallelization）

XGB 支援平行，但 XGB 的本質是一個加法模型，即在第 t 次反覆運算的誤差函數中包含了第 $t-1$ 次反覆運算的預測值。反覆運算是按順序進行的，怎麼能平行呢？雖然每一棵樹都要按順序產生，但 XGB 並不是按照樹粒度平行的，而是按照特徵粒度平行的。首先來看一看分裂過程的虛擬程式碼：

對每一層 L
　　對每片樹葉 T
　　　　對每個特徵 F
　　　　　• 按特徵值排序
　　　　　• 計算分裂值 S
　　　　選出最佳分裂值 S_{best}，並找到其對應特徵作為最佳特徵 F_{best}

接下來看一看如何平行化上面虛擬程式碼描述的步驟。下面介紹的幾種平行方式可參見資料 **[1]**。

第 1 種：在子樹建置上做平行化

對每一層 L

　　對每片樹葉 T

　　　　建置子樹（平行化）

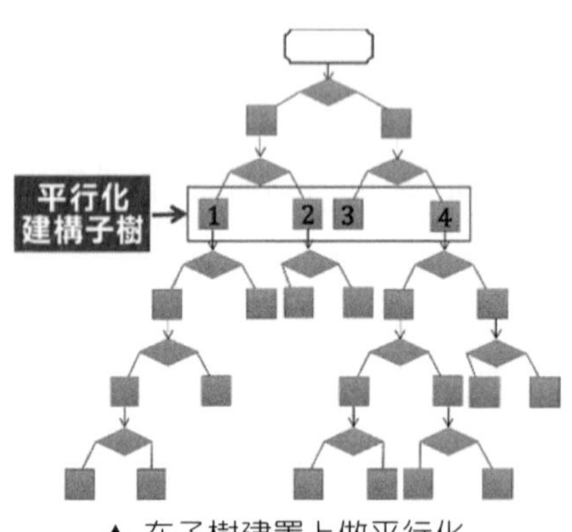

▲ 在子樹建置上做平行化

左圖所示的為以框中的 4 片葉子為例，平行化建置子樹的過程。但是這種平行方式存在嚴重的問題：工作量失衡。例如第 2 片和第 3 片葉子含有的範例數就明顯少於第 1 片和第 4 片葉子含有的範例數。這樣會造成平行時的工作量不均衡，因而平行效率也不高。

直接平行建置子樹的做法太粗暴了，我們需要一種更細分的平行化方法。

第 2 種：在某片葉子上用不同特徵計算分裂值做平行化

對每一層 L

　　對每片樹葉 T

　　　　對每個特徵 F

- 按特徵值排序（平行化）
- 計算分裂值 S（平行化）

　　　　選出最佳分裂值 S_{best}，並找到其對應特徵作為最佳特徵 F_{best}

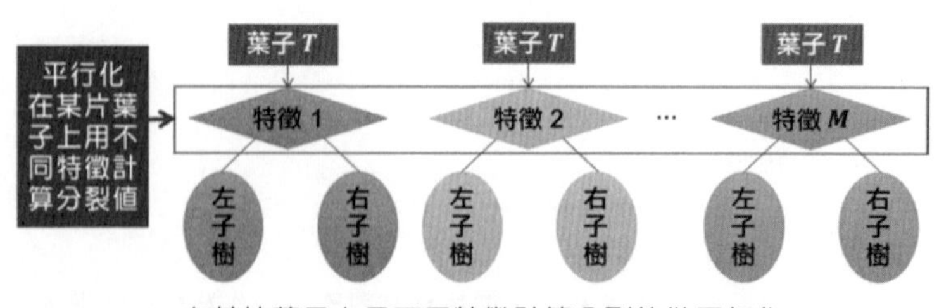

▲ 在某片葉子上用不同特徵計算分裂值做平行化

在某片葉子要進行分裂時，對 M 個特徵平行化計算分裂值 S，比較所有 S 並選出最佳分裂值。這種平行方式比第一種方式好，但當樹變深時，每片葉子包含的範例會變少，這種平行化帶來的優勢也會變小。再來看看第 3 種平行方式。

第 3 種：在不同葉子上用某個特徵計算分裂值做平行化
對每一層 L
對每個特徵 F，排序特徵值
對每片樹葉 T
計算分裂值 S（平行化）
選出最佳分裂值 S_{best}，並找到其對應特徵作為最佳特徵 F_{best}

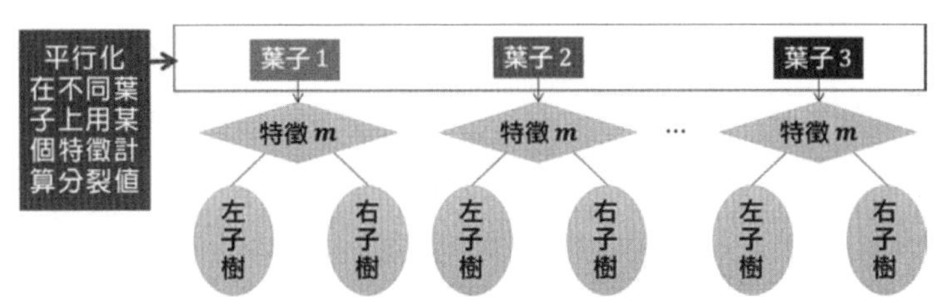

▲ 在不同葉子上用某個特徵計算分裂值做平行化

在這種平行方式中，預先對每個特徵進行排序，在後面的反覆運算中重複使用這個排序，大幅減少了計算量。

（2）快取最佳化（Cache Optimization）

快取資料是記憶體中少部分資料的複製品。它們之間的關係如下圖所示。

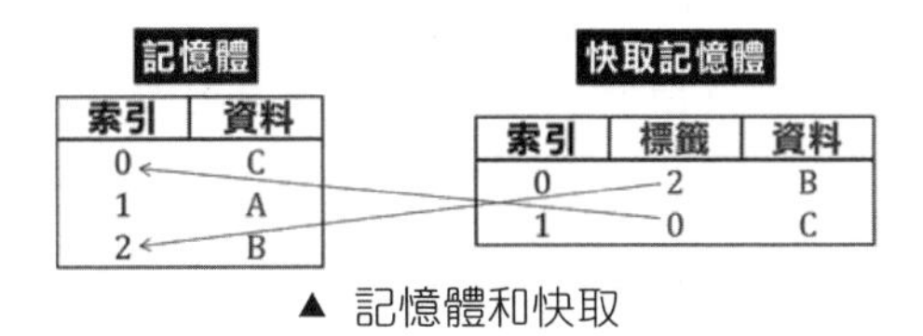

▲ 記憶體和快取

當某一個硬體要讀取資料時，會首先從快取中尋找需要的資料：

- 如果找到了，則直接執行，這種被稱為 cache hit。
- 如果找不到，則從記憶體中找，這種被稱為 cache miss。

由於快取的執行速度比記憶體快得多，故快取的作用就是幫助硬體更快地執行。在 14.2.3 節中介紹的 XGB 演算法需要收集每個資料對應的 g 和 h，但是在將特徵值排序之後，順著行索引來取得的 g 和 h ，不在連續的儲存上，如下圖所示。

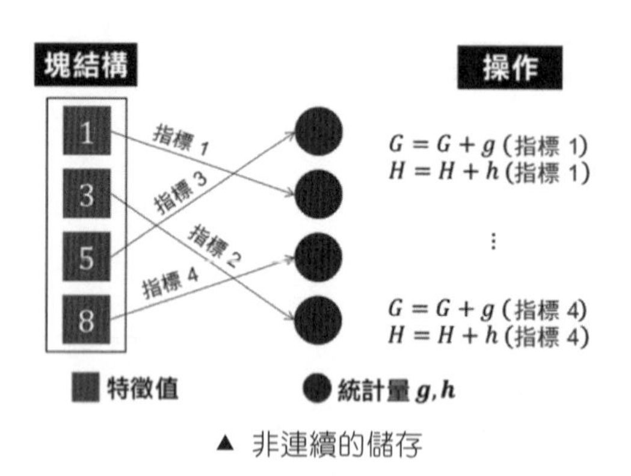

▲ 非連續的儲存

這種非連續的儲存會減慢特徵分裂的過程，而我們可以在每個執行緒中分配一個內部緩衝區，從中取得統計量，然後以小量的方式不停執行。

（3）核外計算（Out-of-Core Computing）

XGB 演算法還可以充分利用電腦的資源實現可擴充（Scalable）學習。除處理器和記憶體外，利用磁碟空間來處理記憶體處理不了的資料能大幅加強計算效率。為了啟用核外計算，我們將資料分成多個區塊（Block），將每個區塊儲存在磁碟上。在計算過程中，使用一個獨立的執行緒來預先讀取取塊主記憶體，因此，這就使得計算和磁碟讀取可以同時發生。但是，這並不能完全解決問題，因為磁碟閱讀需要大量的計算時間。減少時間負擔並增加磁碟的輸入/輸出的傳輸量都很重要。為了改進核外計算，我們主要採用以下兩個技術。

- **塊壓縮（Block Compression）**：每個區塊按列被壓縮，在其被載入到記憶體中時，用一個獨立的執行緒進行解壓縮。解壓縮雖然用了一些時間，但是節省了磁碟讀取時間。

- **塊分片（Block Sharding）**：分割資料到多個磁碟中。預先讀取取執行緒給每個磁碟分配資料並將資料讀取到記憶體緩衝區中，然後訓練執行緒從每個緩衝區中讀取資料。如果有多個磁碟，那麼絕對可以增加磁碟讀取的傳輸量。

14.2.5 程式實現

在第 9 章和第 13 章中，斯蒂文用決策樹、隨機森林和提升樹預測了貸款是良性的還是惡性的。最近斯蒂文聽說幾乎每個參加 Kaggle 比賽的人都會用 XGBoost。於是斯蒂文決心掌握它，並拿它來預測貸款是良性的還是惡性的。在 Jupyter Notebook 中，斯蒂文直接使用 XGBclassifier 模型。

- 先用簡單的資料來了解該模型的性質和特點，例如儲存和載入模型、視覺化樹、遺漏值處理、特徵選擇、提前終止和多執行緒執行等。
- 然後把模型用到貸款資料上，並逐步調整參數得出最佳模型。實際步驟為：固定學習率並調整最佳樹的個數；調整與樹相關的參數；調整正規化參數；嘗試設定小一點的學習率。

調參其實是一種藝術，沒有捷徑，只能靠累積，下面是筆者歸納的一些心得：

- 學習新模型最好從實際的實例開始，先用模型的預設值。
- 嘗試不同類型的資料，用編碼技巧處理遺漏值。
- 用提前終止技巧來防止過擬合。
- 能畫圖就畫圖，「一圖勝千言」。
- 能平行就平行，時間就是生命。
- 從重要的參數開始，先粗調，再細調。

14.3 歸納

本章受陳天奇和 Carlos Guestrin 教授的論文[3]的啟發而寫，部分圖是從論文[3]和教材[4]中參考並修改而來。

XGB 即 eXtreme Gradient Boosting，與傳統梯度提升樹相比，XGB 的改進地方在於：

- 高泛化度（正規項、縮減率、列抽樣）。
- 高精確度（二階導）。
- 高速度（演算法最佳化、系統最佳化）。

XGB 是一種可擴充的樹狀升級系統，其擴充性表現在幾個重要的系統和演算法最佳化上：

- 系統最佳化（System Optimization）

平行化（Parallelization）：使用所有 CPU 核心平行訓練樹。

快取最佳化（Cache Optimization）：利用硬體來最佳化資料結構和演算法。

核外計算（Out-of-Core Computing）：計算超過記憶體的大類型資料集。

- 演算法最佳化（Algorithm Optimization）

加權分位數草圖（Weighted Quantile Sketch）：處理近似樹學習中的實例加權。

稀疏感知演算法（Sparsity Aware Algorithm）：處理稀疏資料。

這樣看 XGB 是不是無敵了？它是 Kaggle 獲獎者最喜歡用的方法。

但是山外有山，人外有人，樹外有樹。

微軟在 2017 年開放了 LightGBM 樹模型原始碼，和 XGB 精度相當，但速度更快，兩者的主要差別是樹的生長方式。XGB 只對目前層的所有葉子進行分裂，而不考慮新產生的葉子和目前層未分裂的葉子的分裂增益大小，該方式被稱作 level-wise；而 LightGBM 是透過計算目前樹的所有葉子的分裂增益，選擇最大分裂增益的葉子進行分裂，該方式被稱作 leaf-wise。從理論上說，在每次分裂時，leaf-wise 比 level-wise 可能會產生更大的分裂增益，因此速度更快。

俄羅斯的 Yandex 公司開放了 CatBoost 樹模型原始碼，正如其名，CatBoost 在處理類型變數時有獨到之處。其先把所有類型變數用 $0\sim k$ 的整數表示。然後將連續性變數分箱成$0\sim k-1$，為兩分類變數設定值 0 和 1，將多分類變數轉換成 $0\sim k-1$。再檢查每一個樣本，用公式轉換成平滑的數值類別變數。CatBoost 相比 XGB，精度相當，但速度卻慢，只是處理類型變數的手法比較新穎。

對 LightGBM 和 CatBoost 有興趣的讀者可以參見參考資料[5]和[6]。

參考資料

1. Parallel Gradient Boosting Decision Trees [webpage]
   Zhanpeng Fang, Carnegie Mellon University, 11 May 2015
2. 極度梯度提升之玩轉借貸俱樂部
3. XGBoost: A Scalable Tree Boosting System [paper]
   Tianqi Chen, Carlos Guestrin, University of Washington, 10 Jun 2016, arXiv:1603.02754
4. Introduction to Boosted Trees [notes]
   Tianqi Chen, University of Washington, 22 Oct 2014
5. LightGBM: A Highly Efficient Gradient Boosting Decision Tree [paper]
   Guolin Ke, Qi Meng, Thomas Finley, Taifeng Wang, Wei Chen, Weidong Ma, Qiwei Ye, and Tie-Yan Liu
   Microsoft Research, Peking University, In Advances in NIPS, pp. 3149-3157. 2017
6. CatBoost: unbiased boosting with categorical features [paper]
   Liudmila Prokhorenkova, Gleb Gusev, Aleksandr Vorobev, et al. Yandex. 23 Apr 2018, arXiv:1706.09516

15 本書歸納

相信有耐心讀到這裡的讀者已經對監督式學習有了比較深刻的了解。本書第 1 章介紹了機器學習的定義及組成要素：資料、工作和效能度量。第 2 章證明了只要模型的 VC 維度有限，那麼機器學習就是可行的。第 3 章介紹了應該如何評估和選擇模型，以及訓練集、測試集和驗證集的用處。前 3 章是基礎知識，第 4 ~ 14 章分別介紹了監督式學習裡的各種模型：線性模型、非線性模型和整合模型。弄清楚機器學習的基礎理論並不難（只需要了解霍夫丁不等式），一板一眼地使用機器學習的模型也不難（在 scikit-learn 中都有直接可用的套件），真正難的是在實作中採用對應的策略，實際包含如何應對以下問題：

（1）建完模型後效果不好怎麼辦？

（2）在專案前如何設定有效目標？

（3）如何有效識別模型誤差來源？

吳恩達在他的新書《機器學習秘笈》（*Machine Learning Yearning*）中，對於上面 3 個問題列出了答案。

（1）建完模型後效果不好怎麼辦？用**正交策略**。

（2）在專案前如何設定有效目標？選**單值指標**。
（3）如何有效識別模型誤差來源？看**偏差和方差**。

15.1 正交策略

要點：每次只改變模型的某一個效能的策略叫作正交策略。

正交是幾何學中的術語，通俗地了解就是垂直。在計算技術中，

- 正交系統表示各元件互相不依賴或解耦（可以局部修正）；
- 非正交系統表示各元件互相依賴（不能局部修正）。

正交系統優於非正交系統，就像在線性代數中，正交向量優於非正交向量。如下圖左圖所示，你願意用向量 ***a*** 和 ***b*** 還是用向量 ***c*** 和 ***d*** 來表示 ***X***？同理，如下圖右圖所示，你願意將表現 ***X*** 歸結於因素 ***a*** 和 ***b***，還是歸結於因素 ***c*** 和 ***d***？

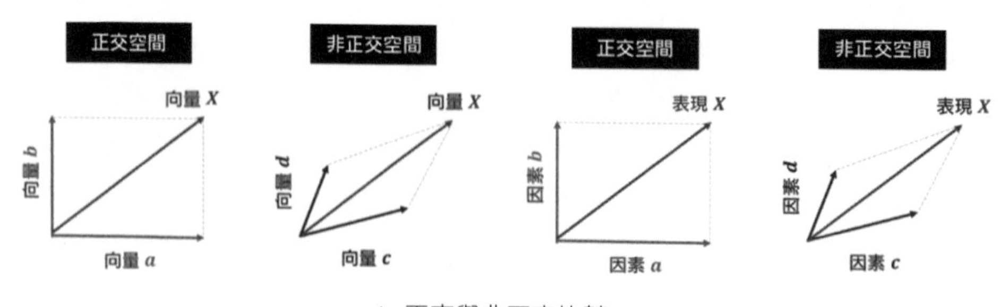

▲ 正交與非正交比較

相信你的選擇都是前者（正交系統），因為在正交系統中調整一個元件時不會影響到另一個元件。在機器學習模型中，以下 4 個命題相互正交：

- 模型在訓練集中的表現。
- 模型在開發集中的表現。
- 模型在測試集中的表現。
- 模型在真實環境中的表現。

模型在訓練集中訓練，在驗證集中調參，在測試集中評估，在真實環境中運用，因此模型的表現通常有以下關係：

$$表現_{訓練集} > 表現_{驗證集} > 表現_{測試集} > 表現_{真實環境}$$

因此，

當表現$_{訓練集}$ = 差時：

- 模型複雜度不夠（高偏差），要選擇更複雜的模型。
- 演算法不夠好，訓練時間不夠長，要加長訓練時間或選擇更好的演算法。

當表現$_{訓練集}$ = 好時，看表現$_{驗證集}$：

- 表現$_{驗證集}$ = 差，過擬合訓練集（高方差），要用更大的訓練集或使用正規化。
- 表現$_{驗證集}$ = 好，看表現$_{測試集}$：

— 表現$_{測試集}$ = 差，過擬合驗證集（高方差），要用更大的驗證集。

— 表現$_{測試集}$ = 好，看表現$_{真實環境}$：

■ 表現$_{真實環境}$ = 差：

★ 資料分佈不一樣，要修改訓練集、驗證集和測試集。

★ 誤差函數不合理，要修改代價誤差。

■ 表現$_{真實環境}$ = 好，恭喜你終於成功了！

如果模型在真實環境中表現差，則很有可能是模型沒見過的資料和模型見過的資料的分佈不一樣，這時可以修改訓練集、驗證集和測試集中的資料，使它們來自同一個分佈。

- 訓練集和驗證集要來自同一個分佈。如果在 P 分佈訓練集上訓練，在 Q 分佈驗證集上調參，則效果明顯不會好。
- 訓練集和測試集要來自同分佈。要不然訓練誤差和真實誤差（測試誤差）之間的霍夫丁不等式不成立，那麼整套計算學習理論也站不住腳了。

- 驗證集和測試集要來自同一個分佈。如果它們不來自同一個分佈，那麼我們從驗證集上選擇的最佳模型常常在測試集上不會表現很好。舉一個實例，如右圖所示，我們在驗證集上找到最接近靶心的箭，但是測試集的靶心卻遠遠偏離驗證集的靶心，結果這支箭一定無法位於測試集的靶心。

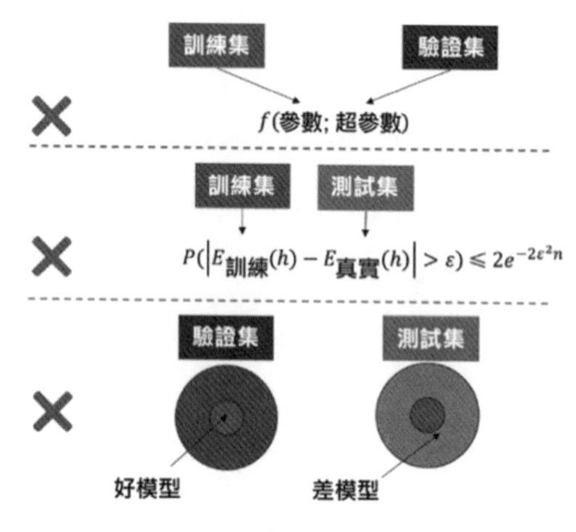

▲ 資料異分佈的實例

15.2 單值評估指標

單值評估指標（Single-Number Evaluation Metric）有助我們比較不同模型的優劣，進一步快速選擇出最佳模型。

吳恩達曾列舉了一個查準率和查全率的實例，如下表所示：分類器 A 比 B 查得全，B 比 A 查得準，那麼該選哪個分類器呢？你會發現，當多個指標標準不一致時，做決定不是那麼容易的。這時用單值評估指標「F_1 得分」求兩者的調和平均值，得知 A 的 F_1 得分比 B 的高，所以選 A！

分類器	查準率	查全率	F_1 得分
A	95%	90%	92.4%
B	98%	85%	91.0%

下面舉一個更實際也更接地氣（如果你是 NBA 球迷）的實例。每年 NBA 在評選最有價值球員（Most Valuable Player，MVP）時，都會看每個球員的各項統計資料，例如得分、籃板和助攻等。下表列出 2018 年 MVP 候選人的資料。

球　員	得　分	籃板(次)	助攻(次)	火鍋(次)	抄截(次)	……	效　率
哈登	30.4	5.4	8.8	0.7	1.8	……	29.87
勒布朗	27.5	8.6	9.1	0.9	1.4	……	28.65
維斯布魯克	25.4	10.3	10.1	0.3	1.8	……	24.80

光看各項統計資料很難決定到底將 MVP 頒給誰：哈登得分最多，勒布朗最均衡，維斯布魯克籃板球和助攻數最多且場均「大三元」（即得分、籃板球和助攻數都超過了 10 分），如何做決定？用單值指標「球員效率評級」(Player Efficiency Rating，PER）！它是由 ESPN 專欄作家 John Hollinger 最早提出的，其計算公式如下圖所示。

```
uPER = (1 / MP) *          ← 效率
  [ 3P
  + (2/3) * AST                                         ← 助攻
  + (2 - factor * (team_AST / team_FG)) * FG            ← 投籃得分
  + (FT *0.5 * (1 + (1 - (team_AST / team_FG)) + (2/3) * (team_AST / team_FG)))   ← 罰球得分
  - VOP * TOV
  - VOP * DRB% * (FGA - FG)
  - VOP * 0.44 * (0.44 + (0.56 * DRB%)) * (FTA - FT)
  + VOP * (1 - DRB%) * (TRB - ORB)                      ← 籃板
  + VOP * DRB% * ORB
  + VOP * STL                                           ← 抄截
  + VOP * DRB% * BLK                                    ← 火鍋
  - PF * ((lg_FT / lg_PF) - 0.44 * (lg_FTA / lg_PF) * VOP) ]
```

公式很複雜，我們不需要關注細節，只需要了解這個指標是將得分、籃板球、助攻數等很多因素綜合起來獲得一個單值指標 uPER（效率）。這樣看哈登的效率為 **29.87**，是最高的，所以 MVP 應該頒給他。

上述兩個實例都說明了在評估多項指標時做決定不易，用簡單平均公式或複雜公式得出一個單值指標有助我們有效、快速地做出決定。

要點 2：綜合所有指標組成單值評估指標有時很困難，這時可以把某些效能作為最佳化指標（Optimizing Metric）找出最佳值，而把某些效能作為滿意指標（Satisficing Metric），即滿足特定條件即可。

吳恩達舉過一個精度和執行時間的實例，如下表所示：分類器 A 最快但精度最低，C 最慢但精度最高，B 則介於 A 和 C 之間。通常很難列出一個函數來綜合精度和執行時間，我們可以根據本身需求來選擇模型（下文中的接受指標被稱為滿意指標，而最大化或最小化的指標被稱為最佳化指標）。

分類器	精度	運行時間
A	90%	80ms
B	92%	95ms
C	99%	1500ms

- 常人接受一定的執行時間（在 100ms 之內）以最大化精度，選 B。
- 土豪接受很長的執行時間（在 2000ms 之內）以最大化精度，選 C。
- 精度凡人接受一定的精度（在 89% 以上）以最小化耗時，選 A。
- 精度狂人接受很高的精度（在 98% 以上）以最小化耗時，選 C。

繼續前面的 NBA 評選 MVP 的實例，有人會説效率高有什麼用，帶領球隊贏球才是王道。沒錯，效率再高，球隊的戰績排在最後也不行。考慮球隊戰績後的資料如下所示。

球員	得分	籃板（次）	助攻（次）	火鍋（次）	抄截（次）	效率	戰績
哈登	30.4	5.4	8.8	0.7	1.8	29.87	65 勝 17 負
勒布朗	27.5	8.6	9.1	0.9	1.4	28.65	50 勝 32 負
維斯布魯克	25.4	10.3	10.1	0.3	1.8	24.80	48 勝 34 負

如果把戰績當成滿意指標，則

- 所處球隊戰績在 60 勝以上的，效率最高的球員只有哈登！
- 所處球隊戰績在 50 勝以上的，效率最高的球員只有哈登！
- 所處球隊戰績在 40 勝以上的，效率高的球員是哈登 > 勒布朗 > 維斯布魯克。
- 所處球隊戰績在 30 勝以上的，效率最高的球員可能還有別人，但是帶領球隊 30 勝就能獲得 MVP？

綜上所述，2018 年 NBA 的 MVP 非火箭隊的哈登莫屬！

上述案例都說明了如果多項指標不能透過一個簡單的函數來綜合，就用滿意指標來篩選，再用最佳化指標來排序。注意，滿意指標可能不止一個，但是最佳化指標一定只有一個！

15.3 偏差和方差

模型沒有完美的，總有誤差，怎樣分析誤差成分及採取正確的辦法來降低誤差？還記得第 3 章介紹的偏差和方差嗎？本節按照以下五個部分來說明偏差和方差（本節不考慮資料的雜訊）。

(1) 回顧理論派對偏差和方差的理論定義（實用性弱）。

(2) 學習實用派對偏差和方差的實用定義（實用性強）。

(3) 區別理論派和實用派中的最佳誤差。

(4) 權衡偏差和方差，以及如何減小偏差和方差。

(5) 學習從誤差點（單一偏差和方差）到誤差線（學習曲線）。

15.3.1 理論定義

要點：偏差和方差是誤差的兩大來源。

從字面上看，偏差表示預測值的期望與真實值之間的差距，而方差表示預測值的離散程度。

- 不了解偏差？想一想「認知偏差」的定義，它表示人們常因本身或情境的原因使得直覺結果出現失真的現象，其中關鍵字是**失真**，也就是人們的預測與真實的差距。
- 不了解方差？想一想「統計方差」的定義，它表示各個資料與其算術平均數的離差平方和的平均數，其中關鍵字是**離差**，也就是預測值的離散程度。

套用上面的定義，下面用一個真實的實例（用房屋面積來預測房價的線性回歸模型）來介紹偏差和方差，做以下類比：

- 真實值：目標模型 g（未知的最佳的模型）。
- 預測值：一套資料集 D 上訓練出來的模型 $h^{(D)}$。

要討論該模型的誤差和方差，就要弄清該模型的**真實誤差**。而真實誤差是測量模型在**所有**資料上（模型訓練用的，沒見過的）的表現。真實誤差是不可能透過精確計算獲得的，因為裡面有關沒見過的資料，但是我們可以在不同的資料集上做線性回歸獲得不同的模型，如下圖所示。

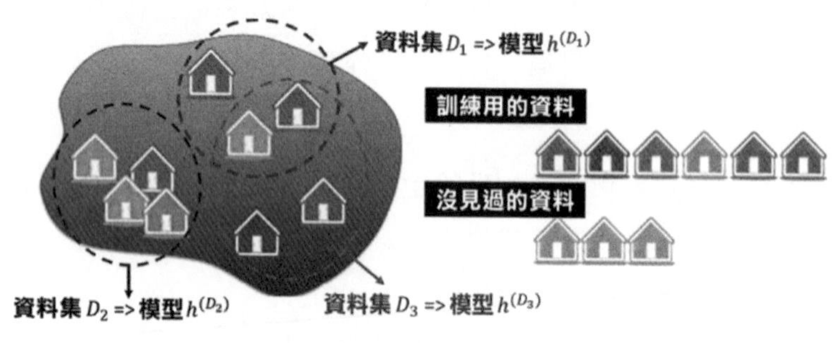

▲ 訓練集和測試集

繼續類比獲得預測值的期望和預測值的離差。

- 預測值的期望：在資料集 $D_1, D_2, \cdots, D_m$ 上訓練出模型 $h^{(D_1)}, h^{(D_2)}, \cdots, h^{(D_m)}$，求平均值得到模型 $f = E_D\left[h^{(D)}\right]$。
- 預測值的離差：每個模型和平均模型的差距 $h^{(D_1)} - f, h^{(D_2)} - f, \cdots, h^{(D_m)} - f$。

結合下面的公式與下圖了解偏差（用平方差距表示）和方差的數學定義就簡單多了。

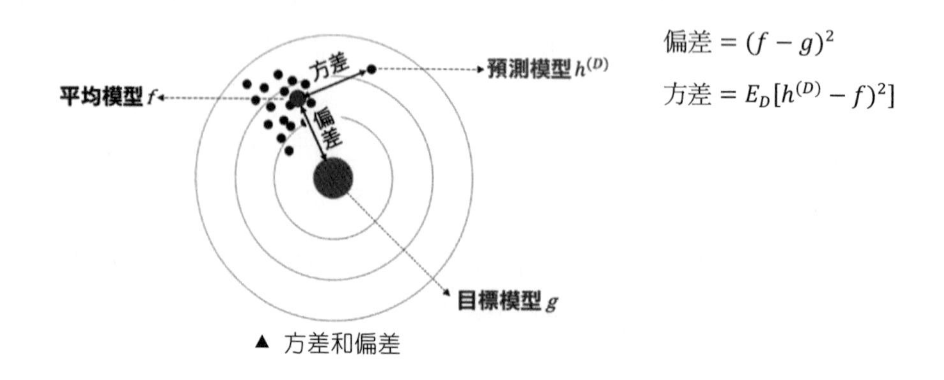

▲ 方差和偏差

現在的問題是偏差和方差都不能精確計算，因為目標函數 g 和資料分佈 $P(D)$ 都是未知的，「誤差 = 偏差 + 方差」只是一個理想的等式。儘管不能精確計算，但是上面的等式也不是一無所用，至少在降低模型誤差時我們有兩個目標：

（1）在降低偏差時不要顯著增加方差。

（2）在降低方差時不要顯著增加偏差。

這些聽起來像廢話，做起來卻不容易。能做到上面兩點必須要有**能夠計算**的偏差和方差。

15.3.2 實用定義

要點：偏差是模型在訓練集上的誤差，方差是模型在驗證集和訓練集上的誤差的差別。

吳恩達列出的偏差和方差的定義是：

- 偏差是模型在訓練集上的誤差。
- 方差是模型在驗證集和訓練集上的誤差的差別。

乍一看，這是什麼定義？下面從理論定義開始介紹。

$$\text{偏差} = (\text{平均模型誤差} - \text{目標模型誤差})^2 \approx (\text{訓練誤差} - 0)^2 = (\text{訓練誤差})^2$$

$$\text{方差} = E[(\text{某個模型誤差} - \text{平均模型誤差})^2] \approx (\text{驗證誤差} - \text{訓練誤差})^2$$

向吳恩達的定義接近（即能解釋 ≈ 符號之後的步驟）需要以下幾個不很嚴謹的觀點（把資料也當成模型的一部分）：

- 平均模型是在不同資料集上求平均值，假設認為訓練集就是透過求平均值選出來的，因此平均模型誤差 ≈ 訓練誤差。
- 目標模型就是我們千方百計想要找的模型，假設能找到它的近似模型，因此目標模型誤差 ≈ 0。
- 某個模型誤差是模型在選取的驗證集中的誤差，也假設認為該驗證集是透過求平均值選出來的。

最後將上面兩個等式的右邊開方[1]來定義偏差和方差

偏差 ≈ 訓練誤差

方差 ≈ 驗證誤差 – 訓練誤差

費了這麼大的力氣將偏差和方差的「理論定義」與「實用定義」聯繫起來，為了什麼？就是為了可以用訓練誤差和驗證誤差來**量化偏差和方差**！看一看下面 4 個情景。

情 景	訓 練 誤 差	驗證誤差 – 訓練誤差	標 注
1	1%	11% –1% = 10%	低偏差、高方差
2	15%	16% – 15% = 1%	高偏差、低方差
3	15%	30% – 15% = 15%	高偏差、高方差
4	0.5%	1% – 0.5% = 0.5%	低偏差、低方差

如果你的模型達到情景 4 的表現，那麼恭喜你，模型成功了。如果是其他情景，則還需要繼續改進模型。怎麼改進就要看到底是偏差問題還是方差問題。如何判斷就要借助訓練誤差和驗證誤差。現在你知道實用定義的偏差和方差有用了吧。

15.3.3 最佳誤差

要點：偏差分為「不可避免偏差」和「可避免偏差」，前者是客觀存在而且不可能減小的，所以我們要努力減小的是後者。

前面說過如果找到一個模型就是目標模型，那麼目標模型誤差 = 0，這時

偏差 = 訓練誤差

但是這種情況是理想化的，我們幾乎不可能找到一個誤差為 0 的模型。換句話說，最佳誤差接近但不等於零。這個最佳誤差也被稱為不可避免偏差

1 方差開方後有正負號，但驗證誤差一般都比訓練誤差大，因為從訓練集上得出的模型不大可能比它在驗證集上的表現更好。

（Unavoidable Bias），即誤差無法減小的部分，那麼可避免偏差（Avoidable Bias）就是誤差可以減小的部分。因此偏差又可以繼續被分解

偏差 = 不可避免偏差 + 可避免偏差

重新回顧 15.3.2 節中的情景 3，假設不可避免偏差有以下兩種情況：

- 情況 A：不可避免偏差 = 1%。
- 情況 B：不可避免偏差 = 14%。

則可避免偏差和方差如下表所示。

情 況	不可避免偏差	可避免偏差	方　差
A	1%	15% – 1% = 14%	30% – 15% = 15%
B	14%[2]	15% – 14% = 1%	30% – 15% = 15%

這樣看，情況 A 還是高偏差、高方差，但情況 B 卻是低偏差、高方差。確定最佳誤差的好處是讓我們只關注可避免偏差，而之後需要減小的也是可避免偏差。

15.3.4 兩者權衡

要點：通常減小偏差會增大方差，反之亦然。最好能在減小可避免偏差時儘量不要顯著增大方差。

偏差和方差的權衡關係見 3.4.2 節。在實作中，我們不希望在減小偏差或方差時對另一方產生過多的不良影響。我們的目標是

- 在減小可避免偏差時，不要顯著增加方差。
- 在減小方差時，不要顯著增加可避免偏差。

減小（可避免）偏差的方法如下表所示。

2 有些模型的最優誤差可能很大，例如一個在很嘈雜背景下的語音辨識器的誤差可能高達 14%。

減少（可避免）偏差的方法	
（1）用更複雜的模型（增加特徵）	在減小偏差時容易增加方差，一旦發現方差變大就增加正規化作用來降低方差
（2）減少正規化作用	在減小偏差時會增大方差，一般不會單獨使用
（3）訓練更長時間	直接減小訓練誤差，因而會同時減小偏差和方差。更好的模型通常很難找到
（4）訓練更好的最佳化演算法	
（5）尋找更好的模型	

歸納：減小偏差最有效的是方法（1），即用更複雜的模型搭配正規化。

減小方差的方法如下表所示。

減少方差的方法	
（1）收集更多的資料	最直接的方法，只要有足夠處理大量資料的算力
（2）增加正規化作用	在減小方差時會增大偏差，一般不會單獨使用
（3）加入提前停止條件	
（4）用更簡單的模型（減少特徵）	在減小方差時會增大偏差，在資料很多時並不是很有效
（5）透過在訓練集上做誤差分析	直接減小訓練誤差，因而會同時減小偏差和方差。更好的模型通常很難找到
（6）尋找更好的模型	

歸納：減小方差最有效的是方法（1），即收集更多的資料，唯一需要考慮的因素是算力和用時。

15.3.5 學習曲線

要點：線永遠比點表達的資訊更多。

在 15.3.4 節中，我們只在一個點（固定數目的訓練資料）上比較訓練誤差和驗證誤差，進而推斷到底是該減小偏差還是減小方差。誠然，該方法是有效的，但是能看出訓練誤差和驗證誤差隨著訓練資料數目的變化趨勢不是更好嗎（見下圖）？

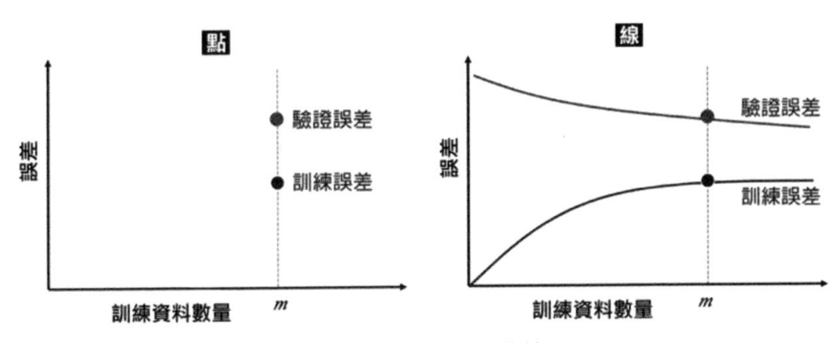

▲ 學習單點和學習曲線

其中右圖就是學習曲線，它是將訓練誤差和驗證誤差作為訓練資料數量的函數繪製的圖表。隨著訓練集的增大，

- 驗證誤差變小，資料越多時模型泛化能力越強，因此在驗證集中表現會越好。
- 訓練誤差變大，資料少時模型可以記住它們達到零誤差；資料多時「餵」不進模型，模型複雜度有限，誤差增大。

指定固定的訓練集大小，驗證誤差會比訓練誤差大。再看一看下面的 3 幅圖。

<table>
<tr>
<td>高偏差低方差</td>
<td>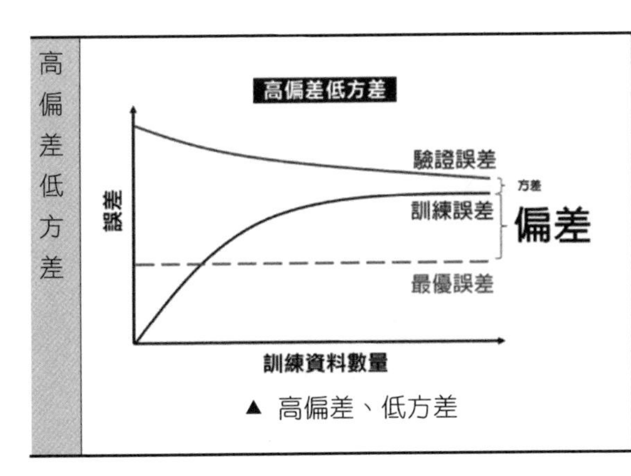

▲ 高偏差、低方差</td>
<td>如左圖所示，在高偏差、低方差的情況下，增加訓練資料只會：
• 讓訓練誤差越來越大，進一步偏差越來越大
• 讓驗證誤差越來越小，但小不過訓練誤差
這時候用更複雜的模型才是王道，增加訓練資料只會浪費工夫</td>
</tr>
</table>

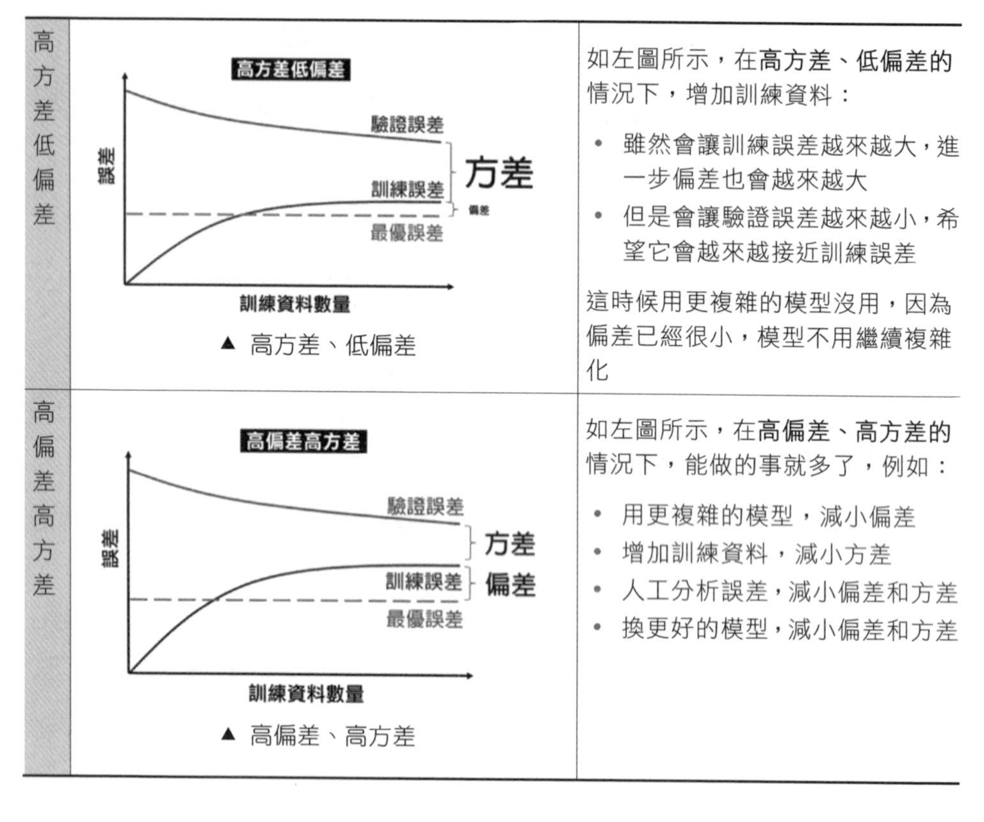

	圖	說明
高方差低偏差	高方差低偏差 誤差 驗證誤差 方差 訓練誤差 偏差 最優誤差 訓練資料數量 ▲ 高方差、低偏差	如左圖所示，在**高方差、低偏差的**情況下，增加訓練資料： • 雖然會讓訓練誤差越來越大，進一步偏差也會越來越大 • 但是會讓驗證誤差越來越小，希望它會越來越接近訓練誤差 這時候用更複雜的模型沒用，因為偏差已經很小，模型不用繼續複雜化
高偏差高方差	高偏差高方差 誤差 驗證誤差 方差 訓練誤差 偏差 最優誤差 訓練資料數量 ▲ 高偏差、高方差	如左圖所示，在**高偏差、高方差的**情況下，能做的事就多了，例如： • 用更複雜的模型，減小偏差 • 增加訓練資料，減小方差 • 人工分析誤差，減小偏差和方差 • 換更好的模型，減小偏差和方差

學習曲線可以幫助我們快速診斷出問題在哪裡，再對症下藥。我們最後的目標如下圖所示——**低偏差、低方差**。

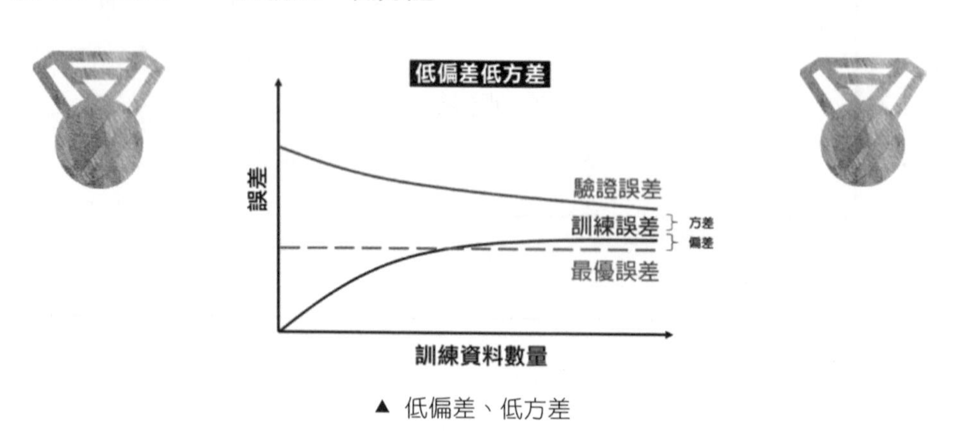

▲ 低偏差、低方差

在兩種情況下，繪製學習曲線時會遇到問題。假設整個資料集有 100 個資料，選取 10 個子集，分別包含 10 個、20 個、30 個……一直到 100 個資料，在每個子集上訓練模型，計算訓練誤差並畫圖。

- 問題一：曲線前端（例如第一個子集）的誤差值會隨機震動。
- 問題二：當資料類別不平衡時，很有可能隨機選的 10 個資料並不能反映整個資料集的類別比。

對於這兩個問題，吳恩達也給了解決方案（都是在取樣上做文章）。

- 方案一：置換挑選 10 個資料 3~10 次，每次計算誤差，然後再求平均值作為最後誤差。
- 方案二：在選取子集時，儘量使得其類別比例和全集的類別比例一致。

此外，當資料很多時，繪製學習曲線會很耗時，因為要選取不同子集來訓練模型。吳恩達給的建議是不用等距資料的方式來劃分子集，例如有 10k 個資料，下面的劃分二方式比劃分一方式好，而且也能讓我們清晰地看出趨勢。

- 劃分一：1k, 2k, 3k, 4k, 5k, 6k, 7k, 8k, 9k, 10k
- 劃分二：1k, 2k, 4k, 6k, 10k

結語

在做機器學習專案時，很難事先就知道哪種方法是最適合的，即使是專家，他也需要嘗試不同的想法後才能獲得滿意的方案。吳恩達給我們的三步建議是：

第一個想到的點子一般都行不通！

（1）嘗試一些關於系統建置的想法

（2）撰寫程式實現想法

（3）根據試驗結果判斷想法是否行得通。在此基礎上進行學習和歸納，進一步產生新的想法，並保持這個反覆運算過程

這個「小步快跑，快速反覆運算」的現象也可以類比到筆者寫書。

第一次寫書一般都不完美！

（1）從收集素材時就開始構思。

（2）開始寫作，將構思表達出來。

（3）根據讀者回饋來評估寫作品質。在此基礎上，並不斷改進，保障下一個版本或下一本書會更好，並保持這個反覆運算過程。

這是筆者寫的第一本書，目的就是深入淺出介紹監督式學習，使其通俗容易，讓那些想入門的讀者感覺門檻沒有那麼高，讓有基礎的讀者感覺內容也很豐富。為了達到這兩個目的，筆者不惜花費大量的時間和心血，用引言故事來激起讀者的閱讀興趣，用思維導圖來明晰結構，用自畫圖表來增強美感，用公式推導來講透原理。趣、美、準、全都是很重要的。筆者在寫每一章內容的同時要顧全這些會耗費大量的時間，雖然累但筆者願意做，因為這是一件正確的事，「做正確的事比把事情做正確更重要」。最後希望大家都能從本書中獲益，快樂地學習機器學習。

王聖元